U0262106

本书系第二批“云岭学者”培养项目“中国西南边疆发展环境监测及综合治理研究”（编号：201512018）、国家社科基金重大招标项目“中国西南少数民族灾害文化数据库建设（编号：17ZDA158）”阶段性研究成果

道物无际

中国环境史研究的视角与方法

周 琼 主编

The Boundlessness of Things

Perspectives and Methods in the Study of Environmental History in China

中国社会科学出版社

图书在版编目（CIP）数据

道物无际：中国环境史研究的视角与方法／周琼主编．—北京：中国社会科学出版社，2024.3

ISBN 978－7－5227－3008－0

Ⅰ.①道…　Ⅱ.①周…　Ⅲ.①环境—历史—研究—中国　Ⅳ.①X－092

中国国家版本馆 CIP 数据核字(2024)第 034043 号

出 版 人　赵剑英
责任编辑　宋燕鹏　石志杭
责任校对　石建国
责任印制　李寡寡

出　　版　中国社会科学出版社
社　　址　北京鼓楼西大街甲 158 号
邮　　编　100720
网　　址　http://www.csspw.cn
发 行 部　010－84083685
门 市 部　010－84029450
经　　销　新华书店及其他书店

印刷装订　三河市华骏印务包装有限公司
版　　次　2024 年 3 月第 1 版
印　　次　2024 年 3 月第 1 次印刷

开　　本　710×1000　1/16
印　　张　39
字　　数　620 千字
定　　价　218.00 元

前　言

环境史着力探究历史以来自然、社会及个人之间多元复杂关系。随着环境史学科的发展、多学科研究方法在研究实践中的运用，环境史研究的对象、方法和内容亦在不断变化和丰富、完善之中。随着现当代自然环境的变迁就促动变迁环境变迁要素的多元化格局的形成，社会需求及与高新科技的发展穿创新，人类对环境的认识、感知、心态及需求的变化，环境史学的视域及范畴，也在拓展及深化中。但受限于研究者的学科背景、知识积累及价值取向等多方面因素，环境史研究者尚窠臼于对历史上的环境演变、人与自然的互动进行系列研究，未能打破学科分野、文化鸿沟和狭隘意识的束缚，故环境史研究需要进一步厘清学术理念，拓展学术视野，探寻方法和路径，从区域和整体、微观和宏观的多面视角努力推动环境史研究进入新的高度和阶段。

为进一步推动环境史理论、方法与路径的创新，拓宽环境史研究的视野和内容，2019 年 5 月，适逢云南大学西南环境史研究所十周年，经西南环境史研究所全体师生讨论、组织和认真筹备，9 月，在云南大学东陆校区顺利召开“环境史研究的区域性与整体性”国际学术会议，会议就当前环境史研究中遇到的诸多问题展开了专题研讨，与会学者分别就环境史研究的理论与方法、气候与环境变化、物种及技术与生态适应、环境及资源开发与社会变迁、水环境变迁与地域社会发展、水利、景观与环境理念研究、环境及水务与区域社会治理、知识及文本与环境史、灾害记忆与地方社会应对、灾害及赈务与国家制度建设等专题，进行了深入的讨论，以期推动环境史研究的深入发展及环境史学科的建设进程。

会议结束后的三个月，新冠肺炎开始出现蔓延，肆虐席卷全球，对人类社会秩序和全球公共安全造成了严重的破坏和威胁，不仅考验着世界各国卫生系统对重大传染病的防控能力，也考验着人类社会面对新型疾病灾难时的社会可持续发展的韧性问题。更让人们进一步反思气候、环境与人类社会的多元复杂关系，尤其是促使公众思考人类的活动如何促动、增强了生命力及繁殖力更强盛的微生物的活跃度，思考人类该以什么样的方式，才能与见不到摸不着的微生物在共生共存中，使每个生命得到不威胁其他生命的情况下持续繁衍生存的，思考未来世界、未来的生物界如何保持人类及其他生命存活的环境。因此，疫情既是灾难，也让人类警醒并更进一步地、真正地关注环境、关注人与自然的关系。

在科技日新月异进步，社会经济不断发展，人类改造自然能力空前强大的今天，人们越来越意识到，大环境和小环境、长时段与短时期、全球性与地方性之间的裂变和关联。在关心个体成长发展的同时，也越来越考虑到外部环境的变化和影响，特别是重大事件和关键节点的改变对个人、群体乃至大众带来的不确定的变化，及其带来的巨大而深远的影响。因此，技术转化、资源开发、全球和区域社会发展及生态适应、生态治理等诸多议题，逐渐成为环境史家研究的对象和主题，而这些都离不开“环境变迁”的大历史背景和未来趋势。正如此次疫情事态的发展，远远超过了我们每个人的预期，让整个社会损失惨重，也使我们每个人记忆深刻，懂得反思。在此情况下，“环境”问题再次进入了公众和学界的视野，尤其是环境的场域变化及其影响更是学界关注的焦点，环境史学者亦不例外。于是，环境史研究的区域性和整体性问题，再次成为环境史家探讨的重要话题，并吸引了人类学、生态学和环境科学等其他学科领域学者的加入，形成了环境史研究百花齐放、百家争鸣的大好局面。

中国环境史自上世纪七八十年代兴起以来，环境史学者在努力探索和建构中国环境史研究理论与方法的同时，亦积极开辟区域环境史的研究路径，不仅借鉴和吸收国外优秀环境理论与方法，而且摸索本土环境史研究方法与途径。随着中国环境史研究的日趋成熟，越来越的学者更多注重从本学科的环境实际出发，积极探索融入其他学科的理念与方法，力图在跨学的基础上理解和研究中国历史上的环境及生态问题。在本书的讨论议题中，我们可以看到既有人类学家杨庭硕灾害防御专家徐海亮、历史学者夏明方及安介生教授、周琼教授对当前环境史研究主题、模式、内容、框架、线索及困境与解决方法路径等方面进行了多方面探讨，也有年轻学人如曹志红副教授、程鹏立副教授、李昕升副教授、耿金讲师等以现有环境史研究为基础，积极引入其他学科比较分析的方法，试图建立新的理论与方法分析框架，并就其中的热点问题进行剖析和探索，极大地拓宽了环境史研究的视野和内容。

此外，中国的环境史学不仅在研究理论与方法上不断进取并逐步取得进展及提升、拓展，而且在研究主题和内容上亦不断扩大和细化。从传统的农业、水利及环境问题的探讨逐渐延伸到区域灾害及其应对机制与社会治理的相关问题，特别是对与现实环境相关的重大生态问题的进一步探讨和反思，如气候变化问题、灾害治理与国家制度建设、资源开发与生态适应等问题都彰显了环境史研究的现实关怀和蓬勃生命力。

鉴于此，本书一共分为十编。第一编为“环境史研究的理论与方法”，包括吉首大学历史与文化学院杨庭硕教授、邵晓飞老师、胡文竹硕士《从“四维对接法”看环境史研究中的资料分析》，中央民族大学历史文化学院周琼教授《区域与整体：中国环境史研究的碎片化与完整性刍议》，辽宁大学滕海键教授《“东北区域环境史”研究体系建构及相关问题探论》，重庆工商大学程鹏立副教授《环境史与环境社会学的比较与借鉴：一个可能的分析框架》；第二编为“气候与环境变化研究”，包括郑州大学历史学院高凯教授《中国历史上的“霾”及其启示》，水利部减灾中心徐海亮研究员《六十年来西南地区气象干旱及气候环境变化》，云南社会科学院曹津永副研究员《气候变化对明永村环境的影响及村民的认知与应对》，西安交通大学马克思主义学院裴广强老师《近代以来美国的能源消费与大气污染问题——历史分析与现实启示》；第三编为“物种、技术与生态适应研究”，包括东南大学李昕升教授《明代以降南瓜引种的生态适应与协调》，南昌大学人文学院吴杰华《自然情感与文化变迁——以历史上的人蛇互动为中心》，四川师范大学历史文化学院姜鸿老师《科学、商业与政治：走向世界的中国大熊猫（1869—1948）》，云南大学民族政治研究院杜香玉老师《从战略资源到生态破坏物种：对20世纪以来橡胶引种的认知与反思》；第四编为“环境、资开发与社会变迁”，包括南开大学历史学院方万鹏老师《唐代水力碾硙的生产效率和营利能力发覆——从昇平公主“脂粉硙”说起》，云南省少数民族古籍整理出版规划办公室和六花副研究员《论明清两季木氏土司势力扩张与资源争夺》，扬州大学社会发展学院王旭老师、陈航杰硕士《捞铁砂：安徽大别山区铁砂矿资源开发利用史》，湘潭大学法学院张小虎副教授《英国殖民时期南非环境资源保护的立法与实践》；第五编为“水环境变迁与地域社会发展”，包括淮阴师范学院李德楠教授《“重淮扬而薄凤泗”：蓄清刷黄与明清泗州水环境变迁》，南京农业大学人文与社会发展学院吕金伟老师、吴昊老师《汉唐时期长江流域水环境史研究述评》，云南文理学院梁苑慧副教授《浅论昆明莲花池环境变迁对昆明城市环境的影响》；第六编为“水利、景观与环境理念研究”，包括复旦大学历史地理研究中心安介生教授《“人间天堂”的由来：历史时期杭州都市景观体系形成与变迁》，北京林业大学园林学院郭巍教授、中央美术学院建筑学院侯晓蕾、北京林业大学园林学院崔子淇《圩田景观视野下的宁波日月二湖传统风景营建研究》，西安建筑科技大学中国城乡建设与文化传承研究院徐冉老师《写山诗中的寒、雪、泉、松：清代前期贺兰山东坡生态环境窥探》，云南大学历史与档案学院耿金副教授《中国水利史研究路径选择与景观视角》；第七编为“环境、水务与区域社会治理研究”，包括张剑光《两宋时期华亭地区的水利和农田建设》；湖南大学岳麓书院刘志刚副教授《肥瘠之变：民国时期洞庭湖区湖田地力的衰退及其应对》，石家庄铁道大学马克思主义学院张学礼副教授《并行不悖：20 世纪七八十年代滹沱河流域生态社会管理的历史考察与启示——以河北省石家庄地区为例》，天津师范大学历史文化学院曹牧副教授《寻找新水源：英租界供水问题与天津近代自来水诞生》，青岛大学历史学院赵九洲教授、王碧颖硕士《德占时期青岛城区的供水方式变革》，第八编为“知识、文本与环境史研究”，包括贵州师范大学历史与政治学院刘荣昆副教授《清代黔西南地区涉林碑刻的生态文化解析》，红河州民族研究所师有福研究员《彝族社区保护森林的民俗祭祀仪式调查——以弥勒彝族阿哲〈祭龙经〉的内容和祭祀仪式为案例》，九江学院郑星老师《中国环境史研究的知识结构与研究热点——基于 CiteSpace 的知识图谱分析》；第九编为“灾害记忆与地方社会应对研究”，包括昆明理工大学徐正蓉、复旦大学历史地理研究中心杨煜达教授，复旦大学中国历史地理研究所空间综合分析实验室孙涛工程师《风水、科举与泄洪：1849 年南京城大水灾研究》，兰州大学历史文化学院张景平研究员《空碛行潦——民国时期河西走廊洪水的灾害社会史管窥》，云南大学历史与档案学院王彤博士《20 世纪 50 – 70 年代德宏疟疾流行与防治》；第十编为“灾害、赈务与国家制度建设研究”，包括四川大学历史文化学院牛淑贞教授《制度的外延：清代“照以工代赈之例”政策的变化与得失》，云南大学民族学与社会学学院聂选华老师《困境与路径：清光宣时期云南灾赈近代化转型研究》，云南大学历史与档案学院张丽洁博士、南京大学薛樵风、云南大学历史与档案潘威教授《清代乾嘉时期河南额定河工款项管理制度研究》。

概言之，本书汇集了来自中外环境史学者关于环境史研究理论、方法、主题和内容等方面的新思路、新视野、新方法。既体现了历史与现实的良好沟通与对接功能，环境史现实关怀功用得到彰显；亦体现了多学科的交流与对话，环境史多学科互动的特征得到加强；更体现了环境史的知识理论转向，环境史的反思和批判精神得到发扬。本书的编纂面世，我们不仅将其视为西南环境史研究的重要节点，也将其视为推动中国环境史研究不断向前所做的微弱努力，为加快构建中国特色哲学社会科学，建构中国自主的知识体系贡献一份力量。

学无止境，思索无边，环境审美的内涵及外延不断扩大并受到人们关注。在环境史学科范式逐渐形成及深化之际，环境史学人远远不满足现有的理论与路径，而是基于当前的研究及视野，进一步摸索前行，努力寻找新的方向和方法。景观作为环境的重要组成部分，早就在20世纪中叶就进入环境史学家的视野，成为环境研究的新面向，特别是人与自然的互动深刻的影响了景观的变化和塑造，故而景观的变迁历史，从一个侧面反映出了区域环境变迁的一斑状貌。如何将环境史与景观史有机结合，是环境史学界不断探索的方向。

同时，近代以来，灾害发生的种类和频次都在不断增加，从灾害文化和知识史的视角出发，发掘重大灾害的历史记忆和重要的文本载体，厘清历史时期的灾害应对机制，汲取历史智慧，吸收惨痛教训，成为学界新的关注焦点。这就需要研究者将环境作为一个有机体，资源和技术作为环境中不可或缺的元素，在实践中如何分配和协调好资源与技术在环境发展中的比例和关系，使环境各要素始终处于相对的动态平衡状态，是人文与自然学者都追求的目标，这就需要慎重考虑局部要素与整体环境的关系，即环境的整体性和区域性的关系问题。

随着民族学、人类学及新文化史的不断发展，文化亦越来越受到环境史研究者的关注，特别是地方性和民族性文化对区域环境的塑造，以及全球性和现代性的文化对世界环境、环境意识、生态理念的影响，都成为了环境史家的研究对象和内容，环境史研究的文化取向越来越成为一种新的潮流和范式，也是环境史研究不断发展的表现。于是，生态文化、生态认知、生态书写、生态伦理等理念受到学界重视，必将会推动环境史学的新发展。

然人生之有涯，而学问终无涯。环境史研究在反思及总结、改进中，必将会沿着当前的道路继续走下去，特别是随着新的学人们不断成长和发展，后继的年轻学人必会将环境史研究一步步接力、一代代传承下去，给环境史研究注入了新的血液和力量，环境史学的明天，也会更加灿烂多彩。在生态文明时代，环境史学终将在跨学科、交叉学科的视域中，成为服务于社会需求的新文科的代表，奋力前行，未来文明和谐的生态与环境，终将可期！

目　　录

第一编　环境史研究的理论与方法

第二编　气候与环境变化研究

第三编　物种、技术与生态适应研究

第四编　环境、资源开发与社会变迁

第五编　水环境变迁与地域社会发展

第六编　水利、景观与环境理念研究

第七编　环境、水务与区域社会治理研究

第八编 知识、文本与环境史研究

第九编 制度、赈济与近代国家及地方的灾害救治

附 录

第一编

环境史研究的理论与方法

从“四维对接法”看环境史研究中的资料分析

杨庭硕　邵晓飞　胡文竹*

（吉首大学人文学院，湖南吉首　41600）

摘要：环境史研究的对象，在绝大多数情况下都不是纯粹意义上的自然环境，而是经过历史上不同民族在不同地区用不同的方法加工、改造后的人造次生产物，也就是生态民族学所称的“民族生境”。在未进行环境史研究前，具体的民族生境发源过程当然不得而知，但必然会对今天的资源利用和环境保护产生不容忽视的影响。问题在于，无论是学人们从考古材料、文献资料，还是在田野调查中所获取的证据，其间的关联性总会表现得纷繁复杂，千头万绪。以至于如何探寻其间存在的客观因果关系，自然成了当代环境史研究的重大难题，弄清楚其间的发展脉络和过程机制，也成了环境史研究的目的和意义所在。为此，在整合分析来自不同学科资料时，显然需要确保“时间”“空间”“环境”和“文化”4个维度的对接重合，由此而得出的因果分析才可望接近历史的真相。其间的真相又表现为，是人类有意识或者无意识活动的结果，并且对人类社会和生态环境而言都必然会发挥重大影响，若能辨明这样的作用机制，今天的生态维护

---

* 基金项目：国家社科基金冷门“绝学”和国别史等研究专项课题“意大利藏《百苗图》民国初年临抄本的鉴定、整理与研究”（项目编号：2018VJX044）；湖南省教育科学“十二五”规划课题“多元文化视角下武陵山片区民族传统文化与幼儿教育资源整合研究”（项目编号：XJK015BMZ002）；2017年湖南省研究生科研创新项目“以洪江桐油为代表的林副复合产品生产体系研究”（项目编号：CX2017B703）。

作者简介：杨庭硕，吉首大学人文学院终身教授，博士生导师；邵晓飞，吉首大学师范学院讲师，吉首大学人文学院博士研究生；胡文竹，吉首大学人文学院硕士研究生。

说明：本文为2019年9月云南大学召开“环境史研究的区域性和整体性国际学术会议暨云南大学西南大学环境史研究所建所10周年庆典会议”上的讲演稿，由吉首大学2019级硕士研究生胡文竹整理成文。

对策也就包含在其中了。

关键词：环境史研究；四维对接法；生境

引言

在环境史研究中，不管是文献资料、田野资料，还是考古资料，搜集完毕之后关键是要进行综合分析，而综合分析就必须做到多个维度的对接重合，并聚焦于同一点去揭示其因果关系。当然，要揭示的并不是自然规律以及由此造成的后果，而是人类活动怎么在有意识或无意识中带来的生态问题，以及这样的问题在今天会造成什么样的影响。[①] 这正是今天环境史研究的目的。据此，“四维对接法”是指在处理环境史的资料时，需要综合考虑“时间、空间、环境、文化”四要素。如果同一条资料能够满足这4个要素，那么相关的资料就比较可靠可信，可以成为编纂环境史的依据。反之，那就有可能是虚假的资料，以这样的参考资料去讨论环境变迁时，就需要特别小心谨慎。

从常识上看，展开环境史的相关研究时，总希望得到明确的因果结论，即是什么样的原因导致了什么样的环境变迁，但如果我们所理解的原因和结果，不处于同一个时间界面上，不处于同一个空间范围内，不处于同一个自然生态环境中，也不在同一种文化类型之内，那么即便构拟出自认为是正确的结论，其实也可能是误判。因为，若将“时间、空间、环境、文化”这四要素作为变量，那么一个变量必然要对另一个变量发挥作用，在“四个维度”不能对接的情况下，自变量就不可能导致你心目中设想的那个因变量。据此，即使所依靠的资料都是对的，预设的因果关系也不一定能够成立，以此所形成的结论就更经不住检验了。这样的因果关系假设，在资料的甄别过程中就需要首先淘汰掉，否则的话，不管下一步做出什么努力，结论都必然是以讹传讹。

为此，本文在综合不同学科的分析方法后提出“四维对接法”，借以揭示环境史研究的目的与意义及其资料甄别的方法，但愿能够引起相关学

---

① 杨庭硕、耿中耀：《杨庭硕教授谈当代生态建设的转型与创新问题》，《原生态民族文化学刊》2017年第3期。

者的关注。具体而言，“四维对接法”需要综合考虑古今生态景观的差异，时间、空间的差异，以及文化类型的差异。

一 古今生态景观不容相混

在先秦典籍《战国策》中记录了如下一个故事，可以帮助揭示区分古今生态景观的差异在环境史研究中的重要性。

战国时，有一位纵横家叫江乙，在楚国安陵君门下做门客。江乙为了让安陵君能够得到楚王的赏识，于是献计让安陵君一定要找准机会向楚王献殷勤，并请求“以身为殉”。3 年过去了，安陵君却迟迟没有行动。江乙十分着急，还说以后再也不会来见安陵君了。安陵君听后回复说：他未曾“忘先生（江乙）之言”，只是一直没有找到机会。不久后，楚王终于在一个名为“云梦”的地方，组织了一次大规模的围猎。原文生动地记录了整个围猎的全过程。楚王在最开心时感慨说：“乐矣，今日之游也！寡人万岁千秋之后，谁与乐此矣？”安陵君听后马上哭着回答：如果楚王不幸去世，那么他就和楚王一道死去，继续在黄泉之下侍奉楚王。楚王听后一时高兴，把 500 亩的土地划给安陵君，正式封他为楚国下属的诸侯。江乙的谋划果然取得了预期的效果。[①]

这个故事，此前的历史学研究者主要是从政治的视角，探讨纵横家这种角色在战国时的社会作用和政治影响，对原文中提到的生态特点要么就不予理会，要么误以为都是一些浮夸之词不足凭信。但搞环境史研究的却不那么想，其间原因有四：

其一，在这段文字记载中，明确提到楚王这次围猎动用了 1000 辆战车。当时的战车通常都是 4 匹马牵引，连马带车总长超过 7 米，车上能载 3—4 人，车下还要配备 10 多个步兵随车而行，意味着这次围猎总共动用的兵力超过万人，其规模之大可想而知。但原文中却未提及如此大规模的

① 参见《战国策·楚策一》之《江乙说于安陵君》（节选）：“于是，楚王游于云梦，结驷千乘，旌旗蔽日，野火之起也若云霓，虎嗥之声若雷霆，有狂兕车依轮而至，王亲引弓而射，壹发而殪。王抽旃旄而抑兕首，仰天而笑曰：‘乐矣，今日之游也！寡人万岁千秋之后，谁与乐此矣？’安陵君泣数行而进曰：‘臣入则绞席，出则陪乘。大王万岁千秋之后，愿得以身试黄泉，蓐蝼蚁，又何如得此乐而乐之。’王大说，乃封坛为安陵君。君子闻之曰：‘江乙可谓善谋，安陵君可谓知时矣。’”

车队是沿着什么样的道路行驶的。我们都知道，在当时的社会大背景下，修路极其艰难，交通并不发达，一般仅是“城”与“城”之间有驿道相通。而当时的驿道，最多也只能允许2辆战车对位而过，那么1000辆战车组成的车队以什么样的方式行进？从今天来看似乎就难以理解了。

其二，在原文中明确提到，夜幕降临后，包围猎场的士兵们举起了篝火作环形状连成一片，就像天上降落的云霞一样壮观。试想，楚王和他的随从们能够将全部围猎部队的布防实况尽收眼底，说明该次围猎的地点应位于宽阔平坦的平原上，而且还要在没有山麓、森林阻碍视野的情况下，才可能呈现文献中所记载的狩猎场景。换句话说，原文中提到的“云梦”，应当是一片很大的平原，只不过在洪水季节时会被水淹，水退后才会露出草地和灌木来。这应该是当时“云梦”这个地方的真实生态景观。然而，这样的生态景观却与今天的江汉平原很不相同。因为，当时没有开辟稻田，也没有修建城市，更没有修建高速公路。也正因为如此，“云梦”才会成为野生动物的乐园，也才值得动用千军万马去展开规模性的狩猎活动。

其三，原文中还明确提及，当整个围猎队伍举起了篝火擂鼓呐喊时，被围猎的动物发出的嚎叫声，像雷霆一样此起彼伏、连绵不断。这样的描写是否属实呢？答案确实值得加以仔细甄别。原来，这样的沼泽地从大体上看虽然很平坦，但实际上也有细微的起伏，在蜿蜒的河道或崎岖的小山丘的遮蔽下，当然会留下灯火照射不到的阴暗处。那些被围猎的野生动物，一旦被火光和喊声所惊吓，肯定会逃往没有火光的阴暗处藏身。问题在于，这些被围猎的动物，不管是食草动物，还是那些凶猛的食肉动物，受到惊吓后都会躲避到阴暗处寻求庇护。当相对弱小的动物与它们的“天敌”逃到同一个地方时，必然会相互敌视、攻击，从而发出响亮的嚎叫声。那些想要躲避“天敌”而离开阴暗处的弱小动物，逃出去后又会被外面的围猎队伍声势浩大的呐喊声所惊吓，从而不得不逃回阴暗处。但它们逃回阴暗处，又再一次与自己的“天敌”相遇，还得逃出去，如此往返不绝。猎物就这样在被围的场地内，不断地拼命奔跑，不断地发出嚎叫，直到筋疲力尽。由此看来，原文中的描写，发出雷鸣般的吼声显然属实，也值得相信。因为，在围猎的过程中，动物之间因时聚时散而不断地受到惊吓，被逼得走投无路累得“半死”之后，才利于人们展开大规模围捕。

其四，原文中还写到，有一头最雄壮的野水牛，在慌乱之中直接跑到了距离楚王仅有咫尺之遥的战车旁边。楚王则站在车上使用弓箭射杀，仅一箭就射中了野水牛的头部，水牛也随即倒下。于是，全军欢呼声雷动，恭贺楚王狩猎成功，武艺高强。从今天的角度看，这好像是个神话，因为从来见人就跑的野水牛，怎么会乖乖地跑到楚王战车前找死？这似乎不可思议。但在当时的设计安排下，其实是完全可以做到的事情。考虑到当时楚王的军队高举着火把，发出震耳欲聋的呐喊声、擂鼓声，肯定会将野兽吓得四处乱窜。如果围猎部队按照野水牛的生活习性，去为楚王创造一个最佳的狩猎机会，诱导它朝楚王所在的位置逃生，那么这只野水牛其实不是去找死，而是被整个楚国的军队制造的假象迷惑了。因而这段描写并不是神话，而是当时狩猎场景的写真。这一切都是整个狩猎活动提前安排好的，目的就是讨楚王的欢心。当楚王第一个射中野兽后，其他人才敢根据等级的差异，按级别射杀相应等次的猎物，直到把被围的野生动物全部射杀，整个围猎活动才结束。

把上述 4 个方面的资料整合起来，不难想象当时的“云梦”到底是什么样的生态景观，用今天的术语来说，就是典型的“湿地生态系统”。这样的生态系统，由于受到季节性的水淹，所以长不出大树来，只能生长出小灌丛和湿生草本植物。[①] 这其实与上述 4 个方面的内容都完全吻合。至于楚王的战车为何可以在湿地生态系统中穿行，也应当有合理的说法。原来，在人们没有修筑长江大堤之前的江汉平原地区，不管是长江、汉水，还是其他支流，都经常会发生季节性的改道。这种情况在今天南美洲的亚马孙平原还可以看到。其间的地理原理很简单，任何一条河流在洪水季节，都会携带泥沙而下，流入平原区后泥沙就都会沉淀到河床底部。日积月累之后，河床就会变得比周边的土地稍高，其后的河水就会向较低的地面流走，留下来的废弃河道都是沉积下来的细沙和鹅卵石。在这样的故河道上，当时的 1000 辆战车完全可以畅通无阻，而且正好可以作为围猎的通道。这也是当时的自然生态系统的固有特征之一。

总之，《战国策》的这一记载，如果把其中有关生态的信息汇集起来，

---

① 张宝元：《西南山涧湿地的苗族文化生态研究——以意大利藏“百苗图”所载“爷头苗”的特殊犁具为例》，《原生态民族文化学刊》2018 年第 4 期。

复原战国时代江汉平原的生态景观完全可行，其可靠性有充分的保障。除《战国策》之外，还有很多先秦典籍提到过“云梦泽”这个沼泽的名称，《庄子》《墨子》《吕氏春秋》都有类似的记载。相关文献资料还明确指出，当时的中国共有9个大泽，其中有一个“云梦泽”在今天的江汉平原。

值得注意的是，先秦所说的“泽”不能理解为“固定水域”。这是因为先秦时代的典籍将固定水域称为“湖”，将较小的固定水域称为“泊”。“泽”则是指会造成季节性水淹的湿地。这样的生态景观，其典型特征是，植被以耐水淹的植物为主，并零星散布着小株灌木。因而，在古代汉语中，“湖”“泊”和“泽”的含义不能混为一谈。先秦典籍都将“云梦”称为“泽”，恰好足以佐证当时的江汉平原，显然不是固定的水域生态系统。然而，在此前的研究工作中，很多学界前辈的理解却出现了偏差。

此前，有知名学者曾写过影响深远的著述，认定有关“云梦泽”的记载值得怀疑。他们认为既然有一条长江可以把水直接泄入海洋，那么绵延数千里的“云梦泽”其水从何而来？这些水为什么会滞留在江汉平原上不走呢？他们就是以这样的理解为依据，认为在《战国策》等先秦典籍中，对“云梦泽”广阔和浩大的记载都言过其实了。另，还认为当时的江汉平原除了长江和汉水外，最多只有几个小水洼，哪有可能形成纵横几百里的湖泊呢？加之，《战国策》《庄子》和《墨子》还记载，在战国时期楚国的领地内还能够长出高大的乔木来，还能够造出亭台楼阁，还能够射杀到老虎。这显然是山区，怎么可以理解为是一片汪洋呢？从表面上看，这些前辈的论证真可以说是滴水不漏，毋庸置疑的。但如果回到环境史资料分析的轨道上看，他们的分析显然靠不住。原因全在于他们所引用的资料和需要分析的结论之间，存在着不容忽视的时间和文化上的错位。其实是用今天沿江沿河都修筑了防洪大堤后的景观，去复原先秦时代没有修筑大堤以前的环境，也就是与我们所说的“四维”没有完全对接。因而，尽管他们的依据都没有问题，但得出的结论都偏离了历史的真相。

需要解决的关键问题恰好在于沿江沿河修堤防肯定是有人类之后才能办得到事情，其他动物都不可能办到。而人类修堤防当然是要保护城市和农田的安全，但却在无意中限制了江河的自然改道，以至于堤防修得越牢固，环境的变迁也就更剧烈。先秦时代，即使要新建大堤，规模都很小，而且不可能把整个长江和汉水都护起来。但其后随着社会经济的发展，特别是宋代以后，朝廷大规模推广水稻种植，这就使得长江和汉水的堤防越修越高、越修越长、越修越坚固。这样一来，在无意中造成了一个始料不及的后果：每当洪水季节，虽然洪水不会淹过大堤、淹没房屋和田地，对农耕社会来说是一件大好事，但其负面效应不可低估。长江洪水的冲刷会将河床向下切割，日积月累之后，河床的底部会越来越深，越来越靠近海平面。最终，不管是长江，还是汉水，乃至所有长江的支流都不会改道了，而是“乖乖”顺着河道流淌。再随着时间的推进，江面的高度相比周围地标的高度会越来越低。于是周边所有的洪泛期形成的季节性沼泽，即使到了洪泛期，水都会自然地流向长江干流，而不会滞留在平原上。这样一来，古代的“云梦泽”就会越来越小。

上述结果，从好的一面看，开辟稻田变得更容易了；从坏的方面讲，当年的湿地变了个底朝天，变成了真正意义上的陆地。这样的情况一旦发生后，用今天所看到的江汉平原的景观，去复原战国时代的“云梦泽”的生态景观，肯定会变得牛头不对马嘴。原因全在于，时代变了，文化变了，环境景观也就变了，水流的区位也变了。据此，立足今天的景观，无论提出什么样的因果假设，都会与历史的实情差之毫厘，失之千里。

二　时间尺度的差异不容相混

在进行资料分析时，另一个值得注意的关键问题则是，不能将地质年代与人类社会的年代混为一谈。这是因为地质史研究所采用的时间尺度属于超长度的时间计量单位，动辄以万年、十万年，甚至百万年计，而人类社会的时间尺度以年为计量单位，相隔 100 年已经是很长的时段了。以至于人类的文明史，不管是中国，还是外国，其时间跨度都不会超过 7000 年。然而，地质史上所存在的新生代时期，时间上跨度却存在着 6000 万年，把两者混为一谈，在时间上本身就不能够对接，要做到“四维对接”那更是无从谈起。时下最大的障碍恰好在于，自然科学的研究在世界范围内，特别是在中国普遍被社会主流所看好，社会科学工作者往往都以征引自然科学的成果为荣，但却在无意中导致了时空对接上的错位，由此而提供的资料肯定在环境史研究中都派不上用场，只能忍痛淘汰。如下几个例证值得认真品味。

日本知名学者安田喜宪等人在研究稻作文化起源时，就大量引用了来自地质学家的资料。由此而得出的结论认为，到了世界的最后一个冰期结束之际，野生稻慢慢地扩展了分布范围后进入长江流域。但不久以后，全世界又进入了小冰期，长江流域又受此影响而气温骤降，促使野生稻开始普遍结实。当时的远古人类就是在此基础上将水稻驯化，从而衍生出中国境内的河姆渡稻作文化、良渚稻作文化等属于新石器时代的文化类型来。① 其间值得认真对待的关键问题恰好在于，地质学家所言完全正确，但需要注意的是所讲的“冰河期”和“间冰期”，其实是一个极其漫长的过程，其时间跨度动辄几千年甚至上万年。即使处于所谓的“冰河期”，长江流域最低温度下降到了零下 10 摄氏度，江河都冻成冰块了——这在地质史上是完全可能的事情，但从地质史来看，从开始进入冰河期，到冰河期达到极致，其间的时间跨度长达几千年、上万年，甚至是几十万年，而每年平均温度下降还不到 0.001 摄氏度。如此细微的气温下降，不要说水稻（生长期只有 100 多天），就是人类也无法感知，甚至现在最精密的测量仪器也不一定测得准确。然而要建构稻作文化，关键是靠人类的感知和人类在感知基础上的创造和发明，才能确立和实现，并被整个社会所接纳。人类生命只有几十年，平均气温下降不到 1 摄氏度，连人类自己都感受不到，怎么可能在此基础上启动相应的文化建构呢？其间的偏差，仅仅是时间概念上出现的偏差，从而导致在分析资料时出现“四维对接”上的错位。据此得出的结论，同样是差之毫厘，失之千里。尽管他们都是著名的稻作文化专家和地理学专家，但得出的结论却信不得、用不得，只能淘汰了事。

另一个例子是物候学专家竺可桢先生，他研究物候学成就斐然，但他的结论中同样存在着时间跨度和地域跨度错位的问题。据《唐书》中的记载，唐玄宗年间御花园中所种植的橘子树，竟然结出了果实来，举国上下认为是“祥瑞”征兆，为此还举行了盛大的庆典。竺先生以此认定，唐玄宗时代全球气候变暖了。② 从表面上看，这个结论似乎说得上是滴水不漏，令人不得不相信，但要提出反证同样轻而易举。就在那次事件后不久，诗人白居易回家守孝写了一首绝句，全诗云：“已讶衾枕冷，复见窗户明。

① 李国栋：《对稻作文化起源前沿的研究》，《原生态民族文化学刊》2015 年第 1 期；吴合显：《“野生稻”转性研究：日本学者的利弊得失》，《原生态民族文化学刊》2015 年第 1 期。

② 竺可桢：《中国近五千年来气候变迁的初步研究》，《考古学报》1972 年第 1 期。

夜深知雪重，时闻折竹声。”[①] 该诗描述的地点仍然是在长安城附近，但是厚厚的积雪把竹子都压断了，气候变暖又将从何谈起呢？如果再做深层次的剖析，就不难发现问题出在橘子结实的地点，不是发生在乡村，而是在深宅大院的皇宫内。皇宫的周边高墙林立，高墙内的建筑又鳞次栉比，寒风吹不进来，橘子正好又种在相对温暖的角落，再加上冬天皇宫内要烧炭、烧火取暖，这样也会导致小气候变暖。在这样的皇宫内，其实已经和“温室”没有什么差异了。在这样的条件下，偶然让橘子树在北方度过几年，直到结出果实并不是件怪事，更不是天赐祥瑞。因而让橘子结实，其实不需要气候变暖，单凭人造的小环境就可以办到，如果单凭橘子结实就断定全球气候变暖，显然是犯了以偏概全的误判。再看白居易的诗，明明写着雪可以把竹子压断，而两条史料的时间差距仅仅几十年，那么气候到底是变冷了，还是变暖了？像这样的结论，在理论解释上出现的一个明显的漏洞，就是在时间的尺度上拉开了差距。同样的例证还有南宋绍兴年间（1131—1162），范成大被派遣到开封时，冬天的运河水结了冰，要用人砸开冰河，船才能通过。于是，今天的人们又会借此认定，到了南宋年间全球气候又变冷了。诸如此类的议论，实际上都误用了地质史上的时间尺度，去解读人类文明史短时段的环境变迁。

外国学者也是如此，《大象的退却》一书，目前已经翻译成了汉文。该书就是依据商代甲骨文中多次提到狩猎大象，而且猎获的大象数量可观，一次就能达上百头。但到了今天，中国大地上除了西双版纳有大象外，其他地方大象基本已经绝迹了。该书作者认为，这是因为全球气候已经变冷了，大象耐不住寒冷所以就逃难到了南方。[②] 这样的结论同样不靠谱，要知道，大象是可以经得起长途迁徙的大型动物，在温暖的夏季，从南方跑到北方觅食，被商代的人猎获，本来就是情理之中的事情。根本不需要讨论气候是否发生了变化。需要讨论的却是，在先秦时代，所有的大江大河都没有修筑大规模的堤防，河水可以自然改道，以至于无论是长江，还是黄河，都不会是一条河道流入大海，而是分成了密如蛛网的支流分别汇入海中，每条支流的水都很浅，大象要涉水过江并不是一件难事。

① 夏于全：《唐诗宋词·第10卷·唐诗》，北方妇女儿童出版社2006年版，第245页。

② ［英］伊懋可：《大象的退却：一部中国环境史》，梅雪芹等译，江苏人民出版社2014年版。

冬天水退以后，天气变冷再跑到南方避寒，对大象来说也不是难事。由此看来，牵扯上全球性的气候变暖还是变冷完全没有必要。理由很简单，即使进入冰河期或是进入间冰期，从商代到现在短短4000余年的跨度，人类和大象都感知不到温度的升降。即使温度下降或上升，都不足以影响大象的行为方式，生搬硬套地使用地质学家的结论，不仅没有必要，而且会误导读者。

三　空间的差异不容相混

在进行资料分析时，对于空间位移问题也马虎不得。时下，不少苗族出身的学者就乐于相信南宋年间朱熹所纂的《记三苗》一文发生的地点是在今天湖南的西部。而今天的湖南省西部除了湘西州外，其他地方苗族都很少，但贵州境内却是苗族分布的大本营。于是，有些学者仅仅根据不同时代的记载做比较，就轻率断言苗族是从东边往西边迁移。幸而，这样的结论在历史文献中记载极为明确，不必牵扯到自然科学的结论就可以查个水落石出。其间的原因很简单，朱熹在写《记三苗》时，不仅贵州没有建省，就连湖广也没有建省。今天的湖南在当时归江南西道管辖，其辖境范围已经深入贵州省内。如今天的黔东南、铜仁等地，在宋代时被称为“沿边溪洞”，也由江南西道代管。元朝时设立的湖广行省，其辖境也深入今天的贵州东部。

由此看来，这些学者所引的资料虽然都可靠，但他们却没有注意到省界发生了变化，原先归湖广管辖的西部地区，后来成了贵州省的辖地，就不在湖南的管辖范围内了。也就是说，移动的是“省界”，而不是苗族居民迁到了西面的贵州省。事实上，贵州省是到了明朝永乐年间（1403—1424）才建的新省。在此之前，后世的贵州辖地要么归湖广管辖，要么归四川管辖，要么归云南管辖，学者们不注意“省界”已经发生了变动，单看文献的记载以及今天的苗族分布区，就下结论说“苗族西迁”。这其实是一种研究工作中的错觉，也是进行资料分析时需要排除的干扰因素。否则，类似的误判，研究者自己也许都没有意识到，才会导致以讹传讹的结果，最终贻害无穷。

“夜郎自大”这个成语早已脍炙人口，但西汉时期的“夜郎国”到底在哪里？当代学人也众说纷纭，成了争论没完没了的议题。查阅历代典籍

后不难发现，在漫长的历史岁月中被称之为“夜郎”的地点确实随处都有，四川有之、湖南有之、贵州有之、云南也有之。于是，相关的学者各执一端，都想把西汉时期的“夜郎国”搬到自己所在的省份去，而且同样都会找到证据，谁也说服不了谁。其实这个问题的解决，本身并不是一个难题，难就难在当代的学者不注意核对自己所用的资料，到底是出自哪个时代？到底是指哪个地区？

以《史记》《汉书》为依据的学者，通读了两书关于“西南夷”的记载后，明确注意到“夜郎国”的“牂牁江”，凭借“牂牁江”可以直通番禺（今广州）认定，“夜郎国”理应是在今天贵州省境内的北盘江沿岸；云南的学者则一口咬定，云南的南盘江水路也可以直通广州，因而“夜郎国”在今天云南省的曲靖和石林市一带；四川的学者认为，夜郎国在明代的四川境内，而且今天的遵义市下辖的桐梓县还有“夜郎坝”可兹佐证；湖南的学者们又认为，汉代“夜郎国”就在今天湖南省境内的新晃县。但是，学者们都鲜有注意到，自从南北朝的南朝东晋以后，包括今四川在内的整个大西南，都脱离了中央王朝的管辖。而朝廷为了维护国家的统一，从东晋王朝开始就在其管辖区内设置了很多“侨置郡县”。如“夜郎侨置郡”，其所在的位置就在今天湖南省的新晃县。唐代时也设置过“夜郎县”，其封地就在今天的遵义市下辖的桐梓县“夜郎坝”。而唐时，汉代所称呼的“夜郎”，其实已经落到当时南诏地方政权的手中。于是，来自四川、湖南、云南方面的学者，他们所下的结论都有据可依。其间发生的误判就在于，没有注意时间、空间必须对接这一基本原则。即他们用不同时期的“夜郎”去勾连西汉时期所建的“夜郎国”。由此而引发的争论可以说是没完没了，但汉代的“夜郎”却从来没有移位，移位的只是在不同时代被称为“夜郎”的封地。

其实，但凡是水路不通广州者，肯定不是西汉时期“夜郎国”的故址。因为西汉时的交通乃是从当时的犍为郡（今天的川南地区）进入牂牁江，而真“夜郎”肯定也就在北盘江上，而不可能在其他地方。可见，只有平息了这样的争论，围绕“夜郎国”的研究才能落到实处。但其间还隐含另外一个教训，那就是今天的学者很容易感情用事，总想把名胜古迹搬到自己的家乡去。这显然不是学术研究，而是在感情用事。而我们在研究环境史时，千万要防范这样的感情用事，否则的话会与可靠的结论永远失之交臂。

总体而言，错用“地望”是环境史研究的大忌。在这方面，沿革地理研究可以为环境史研究帮上大忙。以贵州为例，被称为“清水江”的河流就有多处。除贵州境内的“清水江”外，还有一条位于今天的湖北省，另有一条在今天的宁夏回族自治区。即使在贵州境内，除了黔东南的“清水江”，黄果树瀑布下游还有一条河也叫“清水江”。所以做环境史研究，如果不清楚是哪一条“清水江”，在资料汇总时就必然会张冠李戴，造成普通人难以识破的误判。而如何去防范这样的误判，显然是兑现“四维对接”的难点和关键支点所在。

四　文化差异不容相混

当代的民族学家已经达成共识，人类的文化类型大致可以分为 5 种，即狩猎—采集文化、游牧文化、游耕文化、农耕文化和工业文化。据此，相关民族文化所属的类型不同，其核心价值也存在区别，对所处生态环境的影响也表现得各不相同。[①] 这对于环境史研究来说，弄清楚相关民族文化所属的文化类型，一点也不能马虎。

举例说，但凡属于固定农耕文化类型，通常都需要有意识地超长期积累起改变地形和地貌的文化，而狩猎采集类型的民族却不需要这样做，如黄淮平原的沼泽被排干、钱塘江海水今天已经不会灌进西湖，这都是农耕民族文化运行的后果；狩猎采集民族则不同，如我国东北的狩猎采集民族，不管是赫哲人还是鄂伦春人，他们都没有建构起对所处的生态环境进行大规模改造的文化要素。

然而，即使是固定农耕民族，他们对资源的利用方式也会表现得很不相同，造成的生态后果也会大相径庭。在我国，有 20 多个民族都种植水稻，而且按照国家规定都是把水稻当作主粮去种植，但种植的办法却千差万别，初步统计有 60 多种不同的种植方法。

田野调查表明，宁夏银川的回族、新疆塔里木盆地的维吾尔族种植水稻根本不需要插秧；西双版纳的部分傣族种植水稻甚至不需要修筑田坎。而某些民族则建构了“梯田”“圩田”“架田”等技术复杂、类型多样的

① 杨庭硕：《农耕文明与传统村落保护》，《原生态民族文化学刊》2016 年第 4 期。

水稻种植体系。在哀牢山区，由高山区的彝族、中山区的哈尼族和低山区的傣族共同建构了“元阳梯田”，但不同区段的民族所种的水稻品种，所实施的耕作方式、用水方式却表现得各不相同，其原因在于，该地不同地域的水温各不相同。

汉族在洞庭湖周边实施的“圩田”种植，在修成“圩田”之初年年丰收，20 年之后则变得颗粒无收，于是不得不“退耕还湖”另开“圩田”。其原因也是洞庭湖地区的水温太低。一般人都习惯于认为，种植水稻怕的就是洪涝灾害，可是若采用“架田”办法种植水稻，那么就可以既不怕水淹，又不怕干旱，更不需要施肥。这是因为固定水温的水中本身容纳的营养成分，完全可以满足水稻生长所需。类似案例，不一而足。

试问，如果研究不同历史时期的环境变迁，不弄清楚上述各族文化类型中种植水稻的不同技术原理、环境适应的手段，以及由此派生的生态后果，我们又怎么能说清楚环境在人类的作用下到底会发生什么样的变迁？

同样是游牧文化类型，其生态后果也会很不一样。我国蒙古族的牧场即使经历了数百年的放牧，在雨量相对丰富的地带，如陕西、山西、宁夏、内蒙古交界的毗邻地带，要找到百年的古树并不是难事，这得归功于早年他们饲养的骆驼。这是因为，骆驼每年都要采食新发的嫩叶，以至于树长得再大，雨量再缺乏都不会枯死。[①] 因为，经骆驼采食后的树木，其水分蒸发量得到了控制，树就不会枯死，等到当年雨季到来时再大量吸收水分，就可以再长出新枝来，到第二年的春天再留给骆驼啃食。

在我国西南的彝族游牧区，牧民们反而采用“烧火地”的方式，对很多本可以长得很高大的阔叶乔木、灌木等“杂树”进行清除，以达到维护和平整牧场的目的。[②] 另，彝族乡民还采用人工手段将树木矮化，以此给牲畜提供越冬饲料。这些树木包括芸香科的橘子树、山楂科的茶叶和木樨科的女贞树等。这些高大乔木长不高，并不是生物属性和环境不好所使然，而是当地民族文化不愿意让它长高。

阿尔泰山和天山的哈萨克族、蒙古族牧民放牧又是另外一番景象。阿尔泰山的草地可以从山顶一直延伸到沙漠边缘，哈萨克牧民放牧时要按照

---

① 乌尼孟和：《游牧文化的传承与发展——论骆驼与草原生态的关系》，《原生态民族文化学刊》2015 年第 3 期。

② 耿中耀：《彝族驯养马匹的传统知识与技术研究》，《云南社会科学》2018 年第 6 期。

季节进行严苛的路线规划，并以此建构出了一套完整的禁忌习俗。[①] 牧民们一般要确保牲畜只能往山顶方向一面吃草，一面行进，而不允许畜群掉过头来沿着草地下山。牲畜要下山，则只能穿越森林。然而，牲畜在森林中不管多么难于行走，它们就是不能从草地回家。这些牧民告诉我们，如果让牲畜沿着草地顺坡下山，那么整个草地来年就会寸草不生，草原也就会彻底退化。其间的原理在于，该地区在新生代时期曾经是冰川，草地下方都是由冰碛石堆砌而成的。这样的冰碛石没有营养成分，也不能保水，更长不出草来。如果要让这样的地方长上草，就得等待森林的枯枝落叶腐烂，再加上牲畜粪便的铺垫形成腐殖质后才行得通。但一旦被牲畜搅乱腐殖质层和冰碛石，牧草种子落地后就不会生根，牧草也就长不出来了。

以上 3 个地区的游牧民族，3 种不同的游牧方法，又分别代表着 3 类不同的生态景观。试问如果把上述 3 类游牧方式张冠李戴，其真相将如何得到揭示呢？我想答案不言自明。至此，仅以如下一个文化事实为例，借以帮助我们深化认识环境史研究中“四维对接法”的重要性，以此希望引起相关学者的警惕。

从中国南方到东南亚地区，考古学家从距今 40000 年前到 5000 年前的遗址中，提取到棕榈科好几个种属（如桄榔属、鱼尾葵属、砂糖椰子属、西谷属等）的淀粉和花粉遗迹，确凿无误地证明了从原始社会开始，该类物种就被古人用来提取淀粉充作重要的食物。[②] 从历史文献上看，《后汉书》明确指出，在今天的滇黔桂地区的古代民族就是靠“桄榔木”为主粮来维持生计。[③] 我国唐宋两朝的诗人，也多有描述食用桄榔食品，利用“桄榔木”做成各种器具的诗句。凭借这样的资料，我们可以说，种植“桄榔木”显然可以是一种优秀的文化传统，甚至不妨说是一种已经失传的重要的农业文化遗产。虽然在当代中国，只有在边疆地区的少数民族，还将“桄榔木”作为救荒植物去利用，但在今天的南洋群岛乃至美拉尼西亚群岛，依然还有众多民族将“桄榔木”（如“西谷米”）作为主粮作物

---

① 罗意：《文明冲突与阿尔泰山草原生态秩序的重建》，《原生态民族文化学刊》2016 年第 2 期。

② 耿中耀：《主粮政策调整与环境变迁研究：以中国南方桄榔类物种盛衰为例》，《中国农业大学学报》2019 年第 2 期。

③ （南朝宋）范晔：《后汉书》卷 86《南蛮西南夷列传》载：“句町县有桄桹木，可以为面，百姓资之。”

进行种植和利用。

上述材料中，不仅涉及不同的文化类型（狩猎采集、游耕、固定农耕），还涉及时间、空间的差异和生态背景的差异。面对这样的事实，我们如果不考虑到“四个维度”的对接问题，那么面对这样一个时空跨度大、文化类型多样、生态系统复杂的研究课题时，就很难做到准确地去探明相关地区环境变迁的过程、原因及其机制了。类似例子，不胜枚举，还望读者借此举一反三，在研究中真正探明环境变迁的一般性规律。

五　结论与讨论

综上所述，“时间”“空间”“环境”“文化”这 4 个维度，对环境史研究而言缺一不可。不管我们要澄清任何一个时代、任何一个地方、任何一个民族所处的环境发生了什么样的变迁，都必须严格要求这 4 大要素同时指向一个点，其间任何一个要素发生变迁，相关人群所面对的环境就会大不一样。在这个问题上，以偏概全或张冠李戴肯定不会得出正确的结论来，只有对四者进行综合分析，环境史的研究才能落到实处。与此同时，有 3 个问题还值得反复强调并加以澄清。

其一，环境史研究的对象主要是指近 10000 年来在人类的活动中，因为人类的活动而引发的无机环境和生态变迁。[①] 10000 年以前的生态变迁应当属于地质史研究的内容，不应该由历史学和民族学去加以研究。因为研究这样的对象需要的是地质学方面的知识和科学素养，历史学、民族学对这样的内容不是强项，不该勉为其难。但对于近 10000 年的环境变迁史，自然科学家的结论最多只能仅供参考。因为这样的时期，已经进入人类社会文明时代，人类对环境的干预、改造已经占据了主导地位，众多的环境变迁都是因人而起，自然规律所造成的影响则降到极其次要的地位。

其二，人类面对的无机环境和生态环境千差万别，在地理空间上，有时哪怕是 1 千米之隔所处的生态环境都会迥然不同。因而对环境史的研究如果不能做到精准定位，泛泛而谈数百乃至上千平方千米的环境变迁，其实是毫无意义的，对山区更是如此。时下，不少年轻学者一谈到研究气候

① 侯甬坚、杨秋萍：《从历史地理学到环境史的关注——侯甬坚教授专访》，《原生态民族文化学刊》2019 年第 1 期。

特点时，都习惯于抄录相关县、市气象局的资料为佐证。这种做法早就习以为常，但却很少有人提出疑问。为了满足“四维对接法”的需要，我们就不得不说“不”。原因很简单，县气象局提供的资料只能代表“气象百叶箱”测定的温度，与研究者关注的那一条山谷，或者那一条河流的气候特征肯定会风马牛不相及，在山区就更是如此。如果我们引了这样的资料其实等于没有引，倒不如亲自去测量的好。另外，在我国西南和西部地区，有不少县域的总面积超过10000多平方千米，一个气象站能够代表这么宽范围的气象特点吗？这是需要我们反思的研究思路。

其三，不同民族文化对环境造成的影响极为复杂。不管发生负面的还是正面的环境影响，对当时的民族和人群而言，并不完全是有意为之，因为他们在大多数情况下根本无法预测后果。也就是说，在根本不知情的情况下环境已经改变了。诚如上文提及的那样，为了保护村寨或者农田，修筑堤防本身是无可厚非的事情，问题在于，修一道堤防守住自己村庄似乎并无大碍，但江河两岸全部修筑堤防而且联结起来，那情况就不同了。再如，在我国南方丘陵山区种植水稻，任何人都会下意识想到把稻田周边树木砍掉，或者把枝条修掉，让水稻多接受一点阳光，水稻产量肯定会增加。但当我们做出这样的决定时千万不要忘记，之后的水稻病虫害肯定会越演越烈，最终还不得不使用剧毒农药才能维持产量。然后，我们又在无意中被迫吃着含有毒药的水稻。

这些问题之所以值得反复强调，理由很简单，因为这样的事情正在我们眼皮底下不断地重演，而且上演的规模越来越大，但当事人群总是把责任推给自然界，就是不愿意承担自己的责任。这才是环境史研究的责任和重担所在。

（本文原刊于《原生态民族文化学刊》2020年第1期）

区域与整体：中国环境史研究的碎片化与完整性刍议

周　琼*

（中央民族大学历史文化学院，北京　100081）

中国环境史的研究已从2008年学科初建时的学科名称“环境史”“生态史”“生态环境史”等的名实之辩、学科归属及与其他学科关系的研讨①，经过了接受、消化国外环境史理论方法，到探讨、力图创建本土环境史理论方法，以及对中国区域环境史及其具体问题进行研究并取得丰富成果②，再到对目前研究瓶颈突破及转型等问题进行反思性总结，以及理性、冷静的学理思考③，这促进了中国环境史研究的深入及可持续发展，也促使中国环境史学由此进入新的发展阶段。

在中国环境史研究转型及学科雏形构建之际，对其他学科已出现而环境史学界尚未关注的学术视域及其理论问题进行梳理和探讨，极为必要。其中亟待讨论及明晰的问题，就是环境史进行精细的、碎片式的区域研究与系统、宏观的整体史研究的平衡及互动关系，该问题的探讨，能促进环境史学的结构、体系、话语权等层域的良性、平衡发展。史学研究对“碎片化”“整体史”及其理论已有探讨，以《近代史研究》2012年以“中国近代史研究中的碎片化问题笔谈”为主题刊发的13位史学大家的宏文最

---

* 作者简介：周琼，中央民族大学历史文化学院教授、博导。

① 周琼：《中国环境史学科名称及起源再探讨——兼论全球环境整体观视野中的边疆环境史研究》，《思想战线》2017年第2期。

② 参见各类环境史研究综述。

③ 周琼：《承继与开拓：环境史研究向何处去?》，《河北学刊》2019年第4期。

为系统、最具代表性。① 而关于环境史研究碎片化及完整性问题的讨论与思考尚未开展，这是环境史研究热热闹闹登场，却多在重弹“环境破坏论”老调，缺乏主线及宏观会通的理论架构的原因之一。本文借鉴其他学科对“碎片化”及整体史的理论研讨经验，对中国环境史研究及学科构建中如何处理碎片化与完整性，即环境史区域性与整体性问题的关系进行初步梳理，提出粗浅的思考，以期裨益于环境史学的发展及深化。

一　环境史学讨论碎片与整体的必要性

环境史研究的碎片化及整体性问题，是方法论维度的问题。史学研究的方法论不是新问题，但新兴的环境史学却应该老题新作，从方法论层面确立研究的目标层域及问题走向，以明晰学科维度及逻辑关系，推进学科协调发展。

自 20 世纪 80—90 年代后现代主义研究引入“碎片化”一词后，“碎片”因其寓意与不同领域中具体、微观的学术问题“契合”，在哲学、政治学、经济学、管理学、文学、美学、社会学、人类学、民族学和传播学等多个不同学科领域被广泛应用，逐渐成为与“完整性”相对而言的专有名称，指代完整的东西（区域、领域）破裂成诸多零碎小块，即学术研究领域及问题的多元裂化，多指学术研究中多个细小的领域及问题，其内涵大致与“区域”“具体”接近。当“碎片化”一词衍伸到学科构建中，并常与“完整性”联袂出现后，二者孰轻孰重、孰先孰后的争议及讨论，此起彼伏。最突出的争议，是先完成一个个具体、区域问题的碎片研究，在此基础上再整合、提升为整体领域（学科），还是先完成整体、宏观的理论体系及学科构想，在系统框架之下，再进行具体化、碎片化研究以丰富

① 《近代史研究》2012 年第 4 期“中国近代史研究中的碎片化问题笔谈”（上）刊文 6 篇：章开沅《重视细节，拒绝“碎片化”》，郑师渠《近代史研究中所谓“碎片化”问题之我见》，罗志田《非碎无以立通：简论以碎片为基础的史学》，行龙《克服碎片化，回归总体史》，杨念群《“整体”与“区域”关系之惑——关于中国社会史、文化史研究现状的若干思考》，王笛《不必担忧“碎片化”》；第 5 期“中国近代史研究中的碎片化问题笔谈”（下）刊文 7 篇：王学典、郭震旦《重建史学的宏大叙事》，章清《“碎片化的历史学”：理解与反省》，王晴佳《历史研究的碎片化与现代史学思潮》，王玉贵、王卫平《“碎片化”是个问题吗?》，李长莉《“碎片化”：新兴史学与方法论困境》，李金铮《整体史：历史研究的“三位一体”》，张太原《个体生命与大历史》。

学科内涵，就成为很多新兴学科无法回避的问题。

史学研究层域的整体性，指全面、系统地阐释历史整体框架下的所有内容，多侧面、多角度、多层次地展现历史面向，用综合、全局的视域对影响和决定历史发展进程的重大问题、脉络问题或主流问题等进行宏观研究，概括和总结历史本质和规律，重视对历史逻辑、历史法则或历史哲学的思考。① 环境史是生物及非生物要素间相互作用的系统、有机整体，只有综合、全面地考察及研究整体环境的历史及其变迁规律，才能准确及客观地认识环境历史的全貌，纠正、补充人类所曾经认识的，自然环境缺失状态下不客观、不准确的社会历史。

环境史及其区域、整体研究，依旧继续按各自轨迹进行。但在学科建设及发展中，如何进行区域性的"碎片化"和宏观性的"整体史"研究，并统筹二者的关系，应当进行理性思考及深入讨论。"二者不可偏废""相互结合齐头并进"等理论上完全可行的路径，在实践层面却不易兼顾及做到。

中国环境史现有研究成果中，具体的、区域性的研究极为丰富，但多是据学者兴趣及研究特色进行的，成果零碎，彼此间缺乏有机关联，难以形成整体，而宏观性的、学科构建性的整体史研究成果相对较少，更缺乏对抽象、概括、综合、比较、系统、结构等宏观问题的具体研讨，束缚了学科的建设及发展，迄今中国学者撰写的"中国环境史"尚未问世，使中国环境史的学科构建长期处于蓄势待发却无力出发的状态中。

当务之急，应该对中国环境整体史框架及其理路进行宏观思考及探讨，应该对环境史作为历史学分支学科必须具备的基础性宏观问题，如环境史的分期、学科体系、学术话语、史料学、目录学、校勘学、辑佚学、理论方法等进行系统研讨。即运用整体史的宏观视域，指导环境史研究，对转换目前的研究思路、解决当前研究中存在的缺陷至关重要。因为地球环境原本就是个有机联系、连续发展的整体，只有从整体的视角看待环境及其演变，用大跨度、长时段、大时空的视域，才能抓住环境史的主旨和主线，全面、深入地认识环境变迁的面貌和本质。如果没有整体的思考路径，就不可能深化对环境史主流和本质的认识。

---

① 李长莉：《"碎片化"：新兴史学与方法论困境》，《近代史研究》2012 年第 5 期。

但坚持整体性原则的同时，也要兼顾“碎片”。虽然不同时空背景下的环境史片段，相对于整体环境史的进程来说，多少都带有“阶段性”“区域性”的特征，很多碎片是构成整体必不可少的内涵和要素，尤其一些反映环境变迁及转折关键细节的，更需要重视。但环境碎片，并非随意选择、剪裁或拼接的片段、要素或史料，而是在尽可能全面占有、分析环境史料的基础上，把握环境历史发展的进程及规律，选取的具有代表性的个案，这样的研究才能对环境史学科体系的构建起到积极的促进作用。

二　环境区域史与整体史缺一不可

环境史研究的区域性、具体问题，与宏观的整体史研究，相互联系，互为因果。在环境史学科的构建中，二者缺一不可。

第一，区域环境史研究与整体环境史研究相互补充，不可偏废。这是句通俗但不多余的废话，整体史是中国环境史学科发展及具体研究的目标，区域是整体的一部分，没有区域环境及其碎片的内容，就不可能有宏观性的整体环境史。没有整体环境史理念及意识的环境问题及对象，是孤立、狭隘的环境碎片，不可能成为整体框架的组成部分，即便再多的区域环境的碎片，也无法组成一部完整的中国、世界环境史；缺乏长时段宏观视角及短时期微观视角结合与互动的环境变迁史，无论其立意如何高远，研究方法及路径如何“科学”，其结论也是不客观、不科学的，也不可能支撑起中国、世界整体环境史的框架。

完整性与整体性的内涵既相似，也有差异。完整性往往与碎片、具体相对，指生态及环境的内容、系统、关系、组织等，整体性往往指环境的区域、领域、体系、学科而言，与分散、微观、要素等相对；“整体性”是从学科层域来说的概念，“完整性”是从研究领域来说的概念。只有研究出了陆地环境变迁史、水域环境变迁史的一个个碎片式领域，整体性及完整性层域的环境史内涵才能得到体现。

例如，无论是中国环境史还是世界环境史的整体中，都包括陆地环境变迁史、水域环境史这两个相对大的碎片。陆地环境史又包括山地、荒漠、草原、森林、灌丛、草甸等相对小的环境史碎片；水域环境史中也有淡水、咸水环境史等。每个完整的碎片中还有更小的碎片，如淡水环境史中，有河流、湖泊、沼泽、湿地等的碎片环境史；咸水环境史中，有海

洋、盐碱沼泽及其湿地等的碎片环境史。这些碎片中又有更小的碎片，如森林环境史中，还有不同气候带（热带、亚热带、温带、寒带）植被类型的环境及生态变迁史，不同植物群落、单个植物的生态环境变迁史等；海洋环境史包括五大洋的环境史，每个大洋的环境史又可分为海洋生物（动植物）、海洋污染等的环境史，海洋生物环境史又包括海洋动物、海洋植物、微生物及病毒等的环境及生态史，海洋动物环境史还包括无脊椎动物和脊椎动物环境史，无脊椎动物环境史又包括各种螺类和贝类环境史，脊椎动物环境史包括各种鱼类和大型海洋动物如红海星、鲸鱼、鲨鱼等的环境及生态变迁史。再往下还有更小的碎片，如仅中国海域的海洋生物就有20278种（约占全世界海洋生物总种数10%），可分为水域海洋生物和滩涂海洋生物两大类，每一大类下还要更小的类，如水域海洋生物中有鱼类、头足类（乌贼、虾、蟹等）、虾蟹类生物，每个海洋生物都有其环境及生态变迁史。每个类型及个体的海洋生物都其更小的种群，大型海洋哺乳动物有鲸、海豚、海豹、海狮、儒艮等；海洋爬行动物有海龟、海蛇等；海鱼种类更多，其环境及生态史更为丰富；种类最多的是海域节肢动物、软体动物、肠腔动物等；此外，还有数量众多的海洋植物，其种群及个体也依然有其环境及生态变迁的历史……以此类推，还可以举出陆地环境史中不同层级的碎片环境史，这些不同层级、类型、个体及群体的碎片环境及其生态变迁史，组成一个个相对大的碎片。只有一个个相对较大的、有机联系的碎片，才能组成及支撑起一个完整的中国环境、世界环境的整体史。

第二，中国环境史的碎片化研究成果虽然丰富，但依然有待加强。中国环境史研究的碎片化，主要是指研究的地理区域、历史时段及具体环境问题的碎化，但就现有研究而言，“碎”的范围及程度不够，无论是区域还是时段、抑或是具体问题的碎片研究的量，都还远远不够。大部分区域环境史成果，多集中在江河流域区如黄河、长江及其生态系统的变迁史，地理区划以江南、中原及内蒙古环境史研究成果居多，西北、西南、东南地区及海洋环境史研究的成果近年来虽然也逐渐增多，但总体成果还是不够，而广大边疆区域，如新疆、西藏、东三省等地的环境史研究，几乎还是空白。因此，尽管目前碎片研究的数量已经很丰富了，但“碎片”的地域分布及内容分类畸轻畸重，严重失衡的碎片根本无法支撑起整体史框架所需要的内涵。只有有了足够量的、不同区域及类型的碎片，才能建立起从碎片到整体的完整环境史。

无论是零星区域的碎片，还是区域环境史中单个、零星环境变迁问题的碎片，都是环境整体史中必不可少的碎片。如中国区域环境史的成果，多以政区或自然区域为基础进行区域性碎片研究，无论是郡（州）县时期、道路时期、行省（省）时期的区域，还是热带、亚热带、温带、寒带等气候分区的环境史碎片，或是生物群落区域、生态系统区域的环境史碎片的研究，迄今多为空白；从具体的环境史研究对象看，除历史自然地理学、生态学或植物学等领域的学者，对部分单一动植物分布区域变迁史的研究涉及或包含了该物种环境史的内容，以及某类微生物导致的传染性疾病及医疗环境史研究，是农史学者的农作物品种及其环境史研究外，大部分生物非生物物种及其群落的环境史研究尚未进行；某一物种种群及其纲目下的各种类、群系等的环境史研究，也几乎未展开，虽然有部分具体的研究案例，但相对于整体环境史所需要包括的内容来说，既不全面也不充分，又遑论完整性？

没有足够量的碎片，如何呈现宏观的整体？中国环境史研究现有的零零星星的碎片研究，无论是数量还是质量，都不足以充实和支撑起环境整体史所需要的内容，从局部到整体的转换、整合难度太大，这也是整体环境史成果较少的主因之一。只有有了足够量的环境变迁史“碎片”，尤其个案变迁的具体过程及场景，整体环境史的全貌、全过程才有可能展现，才能更好地研究中国及全球环境变迁的内在逻辑，才能展现不同区域、时代、环境区系的内在紧密联系及相互制约、依赖的关系，以及不同生态群落、物种的特殊性及其演变的规律性。

历史是由无数个层级的“碎片”组合而成的，环境变迁的历史也是如此。环境及生态的“碎片”，是环境史研究序列中不可或缺的内容，不同层级、类型的环境史“碎片”中，都蕴涵着中国环境史整体内涵所需要的信息。因此，“碎片化”研究是中国及世界环境整体历史研究中必不可少的环节。

第三，整体环境史研究的理念及相关理论亟待补充及深入。“整体”环境史的概念，针对的不只是一个时代，也不只是一个政区或历史以来中国或亚洲的整体，而是人类及其他物种居住生存的整个地球的“大整体”，亦即环境史研究的全球史视野及内容。只有对整体环境史学的框架进行系统梳理及研究，并按环境内涵及特点建构起本学科的知识体系、理论体系及思想体系，才能进行有深度、有针对性的具体环境问题及其变迁史的研究。

在一个良好的学科整体体系及框架下，无论是国别、经纬度、气候带、水陆区系等的地理空间区划下的环境史，还是不同时段——长时段、中时段、短时段或人类历史断代、地质断代等时间维度下的环境史碎片；无论是某个具体环境问题，还是某个区域的环境变迁史碎片，都可以放到全中国、全球环境变迁史的整体框架及视域中，进行不同层域的研究。只有具备了宏观、立体、深层的整体环境史思维及逻辑框架，碎片化的研究才能进行得更深入、系统，对具体环境变迁史的研究才能进行更细致、准确的考量及定位。只有由每一个微观的、不同类型碎片组成的整体环境史，才是更全面、客观、完整的环境史。

整体史视域下的“碎片化”研究，也要注意区分和把握具体环境问题、环境演变及生态变迁过程中的“细节”关系。整体环境史需要环境变迁的细节来补充及丰富，区域及时段、具体问题的碎片式研究也需要更丰富的细节来深化及完善。环境变迁的“细节”在一定程度上具有叙事与现场、数据与精确的特点，这些细节往往被史料书写者忽略，却对区域的碎片或整体的完整性都起到关键甚至影响全局的决定性作用，是环境史研究及学科体系建构中不能忽视的内容。只有对环境变迁史的细节进行关注、还原，对环境变迁史进行事实、过程和结果、价值的判断，发现其间蕴含的环境整体史信息，选择那些具有划时代意义的环境“碎片”“细节”去研究，才能不偏离整体史的要求。应该主意的是，环境史“碎片”不同于“细节”，“碎片”因“细节”而丰满、充实，“细节”也因“碎片”而得以永恒及鲜活。

第四，注意环境史碎片的相对性及整体的有限性。在环境整体史的视角下，碎片化的概念是相对的，不能过于细化、碎化区域及时间，即不能过分强调碎片的理念，并非整体中的所有碎片都必须要一一研究，只要具备了不同时段、区域及其碎片的代表性案例，就能为整体史的书写及构建奠定基础。如果只专注、重视具体问题的研究，而忽视了整体的宏观思考及其存在的必要条件，反而容易使碎片的内容成为不能互相联系的真正意义上的零碎，那碎片就失去了其作为整体内容的一部分的价值及意义。故碎片的内涵，无论是时间或空间，都是相对的。

整体环境及生态的概念与内涵，也是有限的。整体并非无穷大的，目前能做的研究，只能是人类居住的地球环境史。而地球作为完整的整体性环境系统，尽管有其独特性及演变的规律性，也只是太阳系里的一个行星，太阳系也只是银河系的星系之一，银河系只是宇宙中一个更小的星球系统。因此，地球环境史的整体性是有限的，全球环境也只是“地球村”的整体环境，而不是太阳系或宇宙的整体环境。

第五，关注“大碎片”—“小整体”中碎片化的合理考量和界定，关注“碎片的”及“碎片研究”的可行性及其理论建构。从区域史的视角来看，从整个环境史的整体结构及内容看，碎片有其合理性、必要性，但这些相对于大整体的碎片，在面临一些更具体、细致的环境史问题时又成了小的整体，此即“大碎片”与“小整体”的存在。上文“不能过于零碎化”的话，是指不能对一些具体问题钻牛角尖、过于强调碎片而忽视了整体，一个区域性、小型的整体环境史就是一个“大碎片”，对其中具体、重要问题进行深入细致的研讨，是必不可少的。

很多更小的碎片是构成小整体的必要内核，如区域性的物种、生态群落及其系统、环境问题等，尤其是区域性的环境变迁历程及其规律，各具特色，千姿百态，凸显着不同区域环境史不可复制的发展演进特点，使区域的环境小整体因有了可以支撑的、不可或缺的“碎片”而独具价值，这就需要区分及处理好“大碎片”与“小碎片”的关系。

在不同时空范围内，随着自然条件、社会经济、文化教育及公众思想意识、制度机制、科技等的发展，碎片及整体的内容也会发生变化，甚至使环境演变及其存在基础发生颠覆性变化。原来极具宏观性的整体内容，在下个时段、其他区域，就会成为碎片；原来不起眼的碎片，在下个时段或其他区域，又有可能成为起决定作用的整体。换言之，在一定的时空范畴内，小环境能影响整体环境的发展方向，整体环境也能制约、决定碎片环境的内容及存在方式。

第六，恰当选择环境变迁的“碎片”，才能会通为一部部不同类型、客观唯物的环境整体史。“碎片化”研究虽是整体史框架及视域中不可或缺的环节，但并非所有的环境“碎片”都值得研究。环境是一切历史发生

及演进的基础，环境的内涵及其历史最为丰富、庞杂，过往的环境变迁及其对人类社会的影响，更是浩瀚纷繁、包罗万象，变迁的具体情况也因时空的不同而千差万别，且大多数具体环境及生态的演进状况，几乎是在人类没有参与甚至没有关注的情况下发生的，如很多物种及其生态系统、生存环境的产生、发展、灭绝就是在人类视域之外发生的，当然不可能有相关的史料，也没有留下任何人类可以研究的遗迹及线索，此类“环境碎片”的研究，是根本不可能进行的，在整体环境史中也不可能有其位置。对于其他有记载、遗迹可寻的环境史碎片，也需要进行恰当选择。不是每个环境变迁史的碎片及细节都能进入整体环境史的选择及书写范畴，也不是每个进入了记载的碎片都值得去研究。对一个完整的整体环境史而言，典型性、代表性、均衡性是其选择及衡量碎片的基础原则。

这就要求环境史研究者、史料记录者及书写者，必须要有一双能辨析、判定“碎片”及“整体”的慧眼，在选择具体、微观的碎片，进行碎片化环境史研究时，无论是区域还是领域，必须选择那些被赋予了特殊意义的环境历史片段——研究那些对环境及生态发展史有较大影响的“环境碎片”“环境变迁个案”，在生态学领域具有较大生态价值的碎片，其学术价值相对而言就较大。如那些与现实联系比较紧密，对现实的环境保护、环境治理、生态修复有极大资鉴价值的环境史碎片，不同时期、地区或不同民族的环境思想、环境制度、环境伦理、生态文化的碎片；那些与其他的环境及生态变迁史关联度较大、对生态尤其人类生存发展有巨大影响的环境碎片，如水环境、土地环境、生物环境、气候环境及其下属的更小的生态变迁“碎片”史；那些由生物及其生存繁衍所需要的各种不同类型、包含不同“要素”的自然因素和条件的变迁史，无疑是碎片“选择”中需要重点关注及推进的问题及领域。

当然，在众多有价值的环境史碎片面前，被当下部分学者鄙视的“宏大叙事”“长时段视角”“现实关照情怀”的会通史观及整体环境史的思维，就显得极为重要。如何把不同时空下的环境碎片及其生态史侧面和代表性案例，按环境变迁的规律及逻辑，在宏观层面按不同视域、层域的环境史构架进行“整合”“编排”，书写出相互依赖、相互联系及影响、反映中国与世界环境整体变迁脉络的历史，就是当下环境史学的任务。

三　碎片化与完整性的内在逻辑观照

区域—碎片与宏观—整体的问题，是中国环境史研究及学科建设中不能回避的问题。环境碎片中应包括什么类型及内涵的内容，是动植物、微生物或气候、岩石、土壤、大气、水体及其环境发展变迁、相互关系史，还是人类与环境相互影响（制约及促进）史，抑或是小区域生态系统长时段的环境发展演替史、小区域内的族群及其生产生活方式与生物群落、湖泊、江河、土地、多样性的生物及生态环境思维的变迁史，以及其他中国环境史及区域环境史所涉及的具体内容、问题等，都涉及整体与局部、完整与碎片的关系，都与中国环境史学科的构建与整体框架的思考密不可分，是处于起步及发展中的中国环境史需要进行理性思考及研究的问题，是当前全球生态共同体及当代环境整体史需要关注的领域。

以整体性框架研究环境史，并关注及选择性地研究不同的环境史碎片，要注意整体性研究与个案研究的关系，虽然二者在切入环境问题的角度和研究范围上存在差异，但二者是协调统一的。碎片研究是整体研究的基础，有代表性的碎片可为整体的深入研究提供支撑，与宏观的整体研究形成互补，成为整体史的组成部分或观察总体历史的视角和途径。个案的选择须有“微中见著”的特点，符合环境整体史的目标需求，有观照宏观的问题意识或学术自觉，以避免“只见树木不见森林”的研究困境。[①]

还要注意协调学科整体发展与碎片研究，即环境史研究的广度和深度的关系问题。环境史宏观研究的整体史构建，要避免“大而空”的弊端，就要处理好整体环境与碎片环境的平衡关系。环境史学科的整体史发展，需要深入系统的专题、碎片研究来推动。只有透彻研究了各领域、各层域的环境史变迁特点及规律，确定重大环境变迁节点及原因，厘清整体环境变迁史的全貌和历史趋向，才能为整体史提供基础性依据，为环境史学的发展提供有力支撑，从总体上把握环境史发展的脉络及学科建设的宗旨，达到环境史家对地球及其环境、对人类命运终极关怀的目的。同理，整体史又为环境各层域的深入研究奠定基础，从总体上把握并分析各领域内的碎片问题对整体史发展的影响和推动，有助于从新的高度去把握整体史。

① 李长莉：《“碎片化”：新兴史学与方法论困境》，《近代史研究》2012 年第 5 期。

环境史学的整体性是要具有全面、宏观的思考方法，碎片化则是要有具体、形象及深刻的洞察力，以客观、理性的原则，平衡并协调好学术研究及学科构建中碎片化与完整性的内在逻辑，才能对当前环境史学的转型及未来发展产生积极的促进作用。整体史视域及系统、动态的思维，有助于展现环境史画卷中不同的变迁面向，较好地促进自然科学和人文社会科学的交叉融合；碎片化史观及具体场景的展现，有助于丰富整体史的内涵，提升整体史的立体感，使交叉学科的研究路径更好在具体实践中展现其优势。不仅对环境史学的发展，还对历史学其他领域及分支学科，对人文社会科学、自然科学的学科建设及发展，具有重要意义。

一部部贯穿了全域或全球视野、具有不同主旨及思维导向的中国、全球环境整体史，不仅可以用“全球生态整体观”[①] 去观照并指导具体、微观的碎片环境史研究，也对当前的生态文明全球化理念及“一带一路”构想的推进，对“生态（人类）命运共同体”理念的普及及具体建设起到基础性的支撑及积极的资鉴作用。

（本文原刊于《史学集刊》2020 年第 2 期）

① 周琼：《边疆历史印迹：近代化以来云南生态变迁与环境问题初探》，《民族学评论》（第 4 辑），云南人民出版社 2015 年版。

“东北区域环境史”研究体系建构及相关问题探论

滕海键*

（辽宁大学经济学院，沈阳　110136）

摘要：当前有必要提出尝试构建“东北区域环境史”研究体系这一命题。首先应明确东北区域环境史研究的时空框架和历史分期。综合环境变迁与人类历史演变关系的阶段性特征，可初步将东北区域环境史划分为七个阶段。东北区域的环境史研究体系应依照环境史的几个维度进行构建，此外尤需注意作为北方民族活跃之地和边疆的东北区域环境史的特别之处，着重研究地域文化、民族文化、经济文化与自然环境的关系。东北区域的环境史研究应以“尽全时空”为目标，在生态语境中以环境史范式开展专题研究，同时思考宏观上的研究体系建构及相关问题，努力学习和借鉴国外的环境史学研究成果，做好区域环境史文献资料的搜集、整理和研究这项基础工作，积极推进跨学科的总体研究。

关键词：东北区域环境史；生态语境；民族环境史；边疆环境史

就目前国际和国内的学术动态和发展趋势而言，广泛开展和深入推进“东北区域环境史”研究极为必要且十分迫切。东北区域环境史是东北区域史研究的组成部分，深入开展东北区域环境史研究能够为传统的区域史

---

* 基金项目：国家社科基金重大项目“东北区域环境史资料收集、整理与研究”（项目编号：18ZDA174）中期成果。

作者简介：滕海键（1963.11—），男，内蒙古赤峰人，辽宁大学经济学院教授，辽宁大学生态文明与可持续发展研究中心主任，博士生导师，国家社科基金重大项目首席专家，研究方向为环境史、经济史。

研究提供新视角、新思维、新范式和新方法，从而能够切实推动东北区域史研究上升到新阶段。[①]

对于东北史研究中关注自然生态的重要性，王绵厚先生有过论述。他说，传统的东北史研究受近代边疆史地学的影响，多注重舆地、人文、民族等，而相对忽视自然生态和文明起源问题。这主要反映了旧式人文学科轻视自然科学传统而将山川物产等归于“方志学”。他指出，几部东北史著作中唯有李治亭先生主编的《东北通史》在前言中强调了自然地理条件的重要性。“长期以来，我们研究古代史或古代诸民族，往往忽视人类生存与发展的自然环境，视为可有可无，对历史的分析和认识，就难以达到深刻。”[②] 王先生认为，要将东北史研究达到深刻，必须关注自然生态的历史变迁。他强调自然生态是今后东北史研究中应予以高度重视的新领域。[③] 作为研究东北史的资深学者，王绵厚先生充分认识到了传统东北史研究缺乏生态意识的局限，并且为今后的东北史研究提出了方向指引。

不过，王绵厚先生只是强调了东北史研究中应重视“自然生态”，他所讲的“自然生态”可能与我们所讲的“环境史”具体内涵有所不同。环境史研究不单单关注自然生态，更主要是研究作为生物的人与生境的关系史。

要构建东北区域环境史研究体系，首先需要明确东北区域环境史研究的时空框架并尝试做出历史阶段划分。在大力开展环境史资料搜集、整理和研究工作以及主动了解、学习与借鉴国外环境史学理论成果的基础上，深入开展东北各“亚区域”不同时段的环境史专题研究，最终才能完成东北区域环境史通史。真正把东北史作为一门学科展开研究不过百年的事[④]，而环境史起步更晚。应充分认识到加强东北区域环境史研究的重要性，认识到这是开辟东北史研究新领域、推动东北史研究上到新台阶的必要途径，认识的到位是做好工作的前提。

---

① 笔者建议采纳“东北区域”这一概念和提法，强调“东北”在生态环境和文化上独特的区域性特征。

② 李治亭主编：《东北通史》，中州古籍出版社 2003 年版，第 4 页。

③ 王绵厚：《立足地域文化研究前沿　把握东北史研究的若干重大问题》，《东北史地》2013 年第 1 期。

④ 李治亭：《东北地方史研究的回顾与展望》，《中国边疆史地研究》2001 年第 4 期。

一　时空框架与历史分期

“东北”不是一个简单的方位词，它具有“边疆”内涵，处在“中国”的东北部，所属“中国”，为“中国”的一部分。“东北”一词由来已久，但普遍用以概指东北三省则是在较近的时期。抗日战争时期，著名东北史专家金毓黼先生针对日本将东北称为“满蒙”并意欲吞之的企图，明确提出采用“东北”的称谓。他指出，对于东北地区的称呼，比较恰当的有五种，辽东、辽海、安东、盛京、东三省，但只有称“东北”最为确切。[①] 这一意见得到了国人的普遍认同。

东北史的叙事从何开始，这要依据考古材料来解答。根据目前的考古资料，最早可追溯到距今50万年至14万年的“庙后山人”（本溪），其后有距今28万年的“金牛山人”（营口），距今7万年至5万年的“鸽子洞人”（喀左）和距今4万年至2万年的“仙人洞人”（海城），这些古文化遗址均位于辽河流域，是迄今发现的距今年代最久的东北区域人类遗存。据统计，辽宁已发现的旧石器时代人类活动遗址有60余处。[②] 整个东北发现的新石器时代文化遗存更多。东北区域环境史叙事自然要追溯到这个久远的“考古年代”，而且由于迄今已取得了大量环境考古资料，研究东北区域远古时代尤其是新石器时代的环境史已具备了一定条件。

“东北区域”应包括哪些地区，其空间范围如何界定是要明确的。以往的东北史研究讨论过这个问题。据孙进己先生的概括，有关东北史的研究范围长期以来有两种意见：一种认为应以历史上各个时期中央王朝的实际管辖范围来确定（应当包括北方民族所建的区域性政权）；另一种认为应以现今中国的领土管辖范围来确定，而不考虑历史上这些地区归不归属当时的中央王朝管辖。[③]

笔者认为，环境史视角中的“东北区域”首先应是一个自然地理概念，大体上包括大小兴安岭地区、长白山脉地区、燕山山脉以北地区，以

---

① 转引自王夏刚、曹德良《抗战时期金毓黼东北史研究述论》，《大连近代史研究》（第6卷），辽宁人民出版社2009年版，第498页。

② 周连科主编：《辽宁文化记忆——物质文化遗产（一）》，辽宁人民出版社2014年版，第7—43页。

③ 孙进己：《东北史研究中的若干理论问题（上）》，《东北史地》2012年第5期。

及由四大山系包含的东北平原，这是一个相对独立的生态区域。这个区域与现今的东北（东北三省、内蒙古东部及河北省东北部大体吻合）。1949年以前，作为一个政治或边疆概念，东北区域的空间范围是不断变化的。无论是“传统”的东北史研究，还是新兴的环境史研究，都必然涉及历代东北疆界问题。在理论上，环境史要超越国家主体叙事的思维定式①，以自然而非政区或“疆域”为界限；但从史料来源和具体操作层面，可能需要将两者结合起来。总之，需要综合考虑自然地理、人文地理和“边疆”地理因素，历时性地确定环境史研究中的“东北区域”。

作为一个生态区域，东北区域的自然地理环境有其独特性——所处纬度较高，温度较低，很多地区历史上曾为渔猎游牧民族的栖息地。《盛京通志》开头这样写道：“（盛京、东北）形势崇高，水土深厚……山川环卫，原隰沃肤，洵华实之上腴，天地之奥区也。”这里用“山川环卫、原隰沃肤、华实上腴、天地奥区”十六个字，言简意赅地概括出了东北区域的自然环境特征。②

东北区域群山环绕，东部为沿海山地，包括长白山及其两侧谷地；北部为外兴安岭及小兴安岭山系；西部为大兴安岭山脉，西南屏依燕山，南濒渤海。因四面环山，一面临海，所以受季风气候影响较大。水系较发达，自北向南有黑龙江水系、松花江水系、辽河水系、鸭绿江及图们江水系等。地形地貌以山地平原为主，中部为广袤的东北大平原——松辽平原，包括辽河平原、三江平原和松嫩平原。周围为山地丘陵，包括辽西辽南和辽东山地丘陵，兴安山前山地。西部是衔接蒙古高原的两大草原——科尔沁大草原与呼伦贝尔大草原。植被以森林草原为主，野生动物种属丰富。因所跨纬度大，南北温差和降水变幅较大。

东北区域的自然环境既有统一性又有多样性。根据各地气候、地形地貌和植被等自然环境的差异，可以再区分出几个“亚区域”。这些“亚区域”在不同的地理和自然环境基础上，历史上形成了不同的生业模式和经济类型，孕育了不同的民族文化和乡土民俗，形成了各具特色的地域文化，也演绎了丰富多彩的人地关系史，学界对此多有论述。大体来说，东

① 郑毅：《多维度视域下中国东北史研究的思考》，《黑河学院学报》2018年第9期。

② 参见王绵厚《纵论辽河文明的文化内涵与辽海文化的关系》，《辽宁大学学报》2012年第6期“特稿”。

北区域的东部和东北部，多山地河谷地貌，植被多为茂密的森林和草原，生业以渔猎为主，代表着东北地区固有的文化传统，这里曾是肃慎、挹娄、勿吉、靺鞨等民族的栖息之地；西部和西北部为平缓的高地和高平原，植被以森林草原和灌丛草原为主，历史上曾是北方游牧渔猎民族——东胡、乌桓、鲜卑、契丹、蒙古诸族活跃的地区；西南部以浅山丘陵地貌为主，植被稀疏，这里较早产生了农业，是农牧交错区；中部平原为多种经济形态过渡区，历史上曾为秽、貊族之夫余、高句丽诸族栖息之地。[①] 当然，这只是一种粗线条的宏观概括和描述，具体的历史要复杂得多。

迄今学界尚未有人论及东北区域环境史的历史分期问题，目前探讨这个问题也许为时过早，但笔者认为还是有探讨的必要。在讨论这个问题之前，首先需要回顾一下学界针对东北史分期的主要意见，因为两者是有联系的。

金毓黼先生在《东北通史》一书中以民族变迁为线索，将东北历史划分为六个阶段：汉族开发时代，东胡、夫余二族互竞时代，汉族复兴时代，靺鞨契丹蒙古互相争长时代，汉族与蒙古女真争衡时代，东北诸族化合时代。[②] 佟冬主编的《中国东北史》以中央王朝为主线，同时考虑到东北地区社会形态演变的特点，将东北历史划分为四个阶段。[③] 薛虹、李澍田主编的《中国东北通史》以民族政权和社会形态演替为线索，将东北历史分为六个阶段。[④] 程妮娜在《东北史》一书中以民族政权更替与王朝兴替和政策演变为线索，将东北历史划分五个阶段。[⑤]

对于上述分期，孙进己先生表达了不同看法，并提出是否可以把东北史分为以下几个时期：原始时期，包括东北各地区的旧石器时代和新石器时代至中原的春秋时代为止；东北进入文明的时期，这个从西到东时间并不相同，大约是从中原的战国、燕开发东北开始；东北各族文明的发展时

① 参阅孙进己《东北史研究中的若干理论问题（上）》，《东北史地》2012 年第 5 期；王景泽、史向辉《论中国古代东北史研究》，《文化学刊》2008 年第 2 期；郭大顺、张星德《东北文化与幽燕文明》，江苏教育出版社 2005 年版；苗威《东亚视角与中国东北史释读》，《东北史地》2013 年第 2 期。

② 转引自王夏刚、曹德良《抗战时期金毓黼东北史研究述论》，《大连近代史研究》（第 6 卷），辽宁人民出版社 2009 年版，第 500 页。

③ 佟冬主编：《中国东北史》，吉林文史出版社 1998 年版。

④ 薛虹、李澍田主编：《中国东北通史》导言，吉林文史出版社 1993 年版。

⑤ 程妮娜主编：《东北史》，吉林大学出版社 2001 年版。

期，从南北朝开始，一直到清朝中期，其间南北朝到隋唐可以作为前期，辽金到清可以作为后期；清代中期开始，东北各族已逐渐大批进入中原地区，中原汉族大量迁居东北。东北在民族和文化上经过长期的历史交流和融合，已经趋于一致。①

无论是对东北通史还是东北区域环境史进行历史分期，首先要找到和确定某种标准，然后才能据此做出分期。环境史要考察和研究历史上人与生境的互动关系，不但要掌握研究区域的“人类史”，还须了解“生境”变迁史，环境史分期须兼顾“人类史”和“生境”变迁史的阶段性特征，并将两者结合起来，根据两者关系的阶段性特征，来研究和确定环境史的历史分期。一方面，环境史分期要考虑传统历史的分期标准，并以此为基础；另一方面，不同于传统历史，环境史在理论上不能单纯以王朝或社会形态的更替和演变、文明的发展和进步为分期标准；同时，环境史也不能单纯以“自然环境变迁”为分期标准。

那么，这个人与生境（自然环境）的关系的阶段性特征具体所指为何，究竟如何确定和把握，是需要认真探讨和深入研究的。有一种提法可称其为以“人与自然环境的和谐与否”为标准，而将东北区域的“环境史”分为两个阶段：从西周至晚清的3000年间为生态与文明处于大致和谐状态；19世纪60年代至20世纪后期的百余年间，东北地区的生态文明在显现出耀眼的光环的同时，也向世人发出了警示的信号。② 但是这种以“生态与文明”大致“和谐”与否为标准的提法有些主观空泛，而且具体何为“和谐”，何为“不和谐”，也是难以把握的。

综合环境变迁与历史发展及人与生境关系的演变，我们暂且把东北区域环境史做出如下分期：距今50万年的“庙后山人”至距今万年前后为第一个阶段；万年前后至距今3500年左右为第二阶段；距今3500前后至公元10世纪为第三阶段；公元10世纪末至清末为第四阶段；晚清民国（包括日本殖民时期）为第五阶段；20世纪中叶至20世纪70年代末为第六阶段；20世纪80年代以来为最近的阶段。这个阶段划分带有很大程度的主观性，抛砖引玉，仅供讨论。

---

① 孙进己：《东北史研究中的若干理论问题（下）》，《东北史地》2012年第6期。

② 黄松筠：《东北地区生态文明特点及历史成因》，《社会科学战线》2014年第8期。

二　论题与内容，框架与线索

环境史要研究作为生物的人类与其栖息之地生境的关系，这是一种双向互动关系。要研究这种互动关系，首先需要了解特定区域的环境变迁史。与自然史研究不同，环境史学者研究环境变迁的宗旨与目的并非单纯探究环境变迁，而是要试图说明这种环境变迁对人类历史的多方面影响。由此，无论是自然环境的诸要素还是作为整体的自然生态系统，都将纳入环境史学者的考查视野。

自然生态系统由地球各圈层如岩石圈、水圈、大气圈、生物圈等组成，这些圈层包含着多种多样的自然环境要素。就自然特征及其对人类的影响而言，气候是最活跃且居于首位的自然要素，气候在很大程度上决定着其他自然要素的变化和状态，气候通过改变水热条件进而影响人类的生计和生活。气候变迁对人类的影响在高纬度的东北区域尤为突出。从既有成果来看，对史前时期的研究很多出自地学、历史地理学、环境考古学等相关学科，目的在于了解当时的气候特征及其变化，并未重点探讨气候变迁对人类的影响，有一些研究所跨时段很长。① 历史时期的相关研究主要依靠文献资料②，部分成果亦单纯探究气候变迁，也有不少研究成果着意探讨气候变迁对人类社会的影响③。气候变迁对人类社会的影响依然是今后要着力加强的一个维度，尤其要进一步拓展气候变迁对人类社会的多方面影响的研究，发掘更多论题。明清以来，我国以“小冰期”著称，这在东北表现得非常明显，今后应加强对明清以来气候变迁对东北社会影响的研究。

其他诸多自然要素的历时性变迁及其对人类社会的影响也是需要逐步开展的研究论题。一是要研究水文水系的变迁，包括江河溪流的改道、湖泊的消长等及其对人类社会的影响。东北的主要水系，包括黑龙江水系、松花江水系、辽河水系、图们江水系、凌河水系及其支流的变迁，渤海的

① 例如中国科学院贵阳地球化学研究所第四纪孢粉组、碳^{14}组《辽宁省南部一万年来自然环境的演变》，《中国科学》1977 年第 6 期。

② 例如邓辉《论燕北地区辽代的气候特点》，《第四纪研究》1998 年第 1 期。

③ 例如满志敏、葛全胜、张丕远《气候变化对历史上农牧过渡带影响的个例研究》，《地理研究》2000 年第 2 期。

升降及海岸线的变迁及其影响等，这方面的研究成果较少。二是要研究地形地貌和土壤的变迁及其对人类社会的影响。在这方面，夏正楷等先生对西拉木伦河流域黄土地貌因水流冲蚀导致梯次台地的形成，进而对考古文化演变产生影响的研究就颇为典型。① 三是要研究包括森林、草地、野生动物在内的动植物的变迁及其对人类的影响。东北历史上以渔猎文化著称，从长白黑水到辽西南部的广阔地域，曾栖息和生长着大量种类繁多的动植物，为先民提供了丰富的衣食来源，然而自晚清以来很多地区的生物多样性锐减，给这里的生态带来了灾难性后果，进而严重影响着当地居民的生计，这些都是需要着力研究的论题。四是要研究自然灾害和疾疫，如地震、沙尘暴、洪涝、旱灾、风雹、霜冻、寒潮、雪灾、虫害等灾害，包括各种传染病在内的疾疫，及其带给人类社会的影响。这些灾害和疾疫的发生多为自然力所致，其发生不但给人类的生产和生活造成了重大损害，还引发了许多社会问题，给人的心理和精神造成了严重创伤，进而影响着社会稳定，诸如此类问题均需研究。以环境史视角研究诸多自然要素的历史变迁及其与人类社会的关系，可称为“森林环境史”“草地环境史”等等，这些方面存在的空白很多，研究空间颇大。

环境史一方面要研究环境变迁及其对人类社会的影响，以探究“自然在人类历史中的地位和作用”；另一方面要研究人类对自然环境的能动作用。人类通过生产和经济及其他活动，包括建造聚落（房屋、村落、城镇和城市）等对自然产生影响，这种影响往往叠加了自然因素而导致环境的进一步变化，这种变化反过来又作用于人类，这是一种循环往复的互动。人类自诞生以来，为了改变生活和生计，凭靠智慧、知识和技术，不断地适应和改造自然。不断迁徙以寻求更为适宜的生存环境和栖息之地，发明和使用人工取火技术，栽培和种植作物与蓄养动物，建造聚落和城市，开发自然资源，乃至近代的工业化和城市化，这些都是人类适应和利用自然、改造自然以改变生活的途径，通过这些活动，人与自然发生和演绎着丰富的互动关系史。人类的生产和经济活动，包括生活方式，是人与自然互动作用的主要媒介，同时也是环境史研究的核心内容。

---

① 夏正楷、邓辉、武弘麟：《内蒙西拉木伦河流域考古文化演变的地貌背景分析》，《地理学报》2000 年第 3 期。

东北是三大经济文化——农耕文化、游牧文化和渔猎文化的发源地，三种经济文化在东北各地均有广泛分布。上述三种经济文化与自然环境的关系是要重点研究的。学界对农耕文化、游牧文化与自然环境的关系的关注较多，涉及的主题也比较广泛，诸如气候变迁与农业、游牧业起源的关系，环境变迁与农业空间分布格局及变动的关系，移民、农业开发对土地的影响，因农业开发衍生的民族关系及其他社会关系，气候变迁对北方农牧分界线的影响，游牧文化与草原生态之间的关系等等，围绕上述论题发表了大量成果。① 从环境史角度来看，这些研究在语境、论题、方法等诸多方面有待改变，不但要研究移民、农业开发对土地的不利影响，还应研究人类对土地的改造，并从多维角度深度挖掘人地之间错综复杂的社会关系。应加强相对薄弱的游牧经济和渔猎经济的环境史研究，从生态角度，对三种经济文化进行比较，发掘其内在的价值与特点。

东北区域的近代化、工业化、城市化与环境的关系是近代东北环境史研究的重要内容。以往的东北经济史、城市史研究对近代化、工业化、城市化与环境的关系虽有所涉及，但大多浅尝辄止，并未以环境史视角深度切入。关于东北近代工业化及其环境影响，衣保中、林莎曾发文做过探讨②，他们认为在百余年的工业化进程中，东北地区基本上采取了传统工业的发展模式，即依靠掠夺自然资源和破坏生态环境来换取经济的高速增长，使东北地区成为全国资源破坏和环境污染最严重的地区。当前应继续加强对近代东北工业化与环境的关系的研究，探讨环境史范式下如何从经济、环境、政治等结合的角度阐释这一历史。

从既有成果来看，近代东北区域的自然资源开发及其环境和社会影响是学界关注和探讨较多的话题。其中包括对土地、森林、草地、矿产、水资源，尤其是珍稀生物资源的开发等，特别是有关辽金时期的农业开发和近代东北移民垦殖及相关问题的研究，备受关注。以往研究范式和结论大同小异，大多通过考察移民及土地农业垦殖的历史过程，得出大致相同的

① 例如韩茂莉《论中国北方畜牧业产生与环境的互动关系》，《地理研究》2003 年第 1 期；韩茂莉《草原与田园——辽金时期西辽河流域农牧业与环境》，生活·读书·新知三联书店 2006 年版；关亚新《清代辽西土地利用与生态环境变迁研究》，吉林大学，博士学位论文，2011 年；张士尊《清代东北南部地区移民与环境变迁》，《鞍山师范学院学报》2005 年第 3 期。

② 衣保中、林莎：《论近代东北地区的工业化进程》，《东北亚论坛》2001 年第 4 期；衣保中、林莎：《东北地区工业化的特点及其环境代价》，《税务与经济》2001 年第 6 期。

结论，即人类不合理的农业开发及其他经济活动，导致了自然环境的退化和恶化。东北是我国森林资源最为丰富的地区之一，包括长白山和大小兴安岭地区。清末民初以来，伴随着近代化、工业化和城市化的发展，外国殖民势力的侵入，东北的森林资源被迅速开发。与以往不同的是，这是一种产业化开发，加之现代开发技术的采用，以及复杂的国内外政治形势和政策背景，森林的开发以前所未有的速度和规模展开，由此导致森林资源的极速消减。对草原、水利和矿物资源开发的研究与对森林资源开发的研究范式和路径大致相同。今后应思考如何将传统研究范式与环境史结合起来，探讨森林环境史、水利环境史研究的新范式。不但重视对资源开发历史过程及前因后果的梳理，更要探讨这种资源开发的复杂环境与社会效应。此外，对于近代东北的矿物资源开发，尤其是金矿开发，应给予更多关注。从环境史视角切入，借鉴国外的研究范式，来探究近代东北的矿物开发，将是很好的环境史论题。对于近代俄日等殖民势力在东北的资源开发，除了揭露其侵略和掠夺一面外，还要研究其殖民政策等其他相关问题，并可与日本在中国台湾的殖民政策进行比较。

“聚落”与环境的关系亦应引起重视。除了生产和经济活动外，人类一直孜孜以求、不懈努力，建造温暖舒适和美丽的居所、村落和城镇，由此与自然环境发生了种种关系。韩茂莉教授对这个问题进行了较为系统的研究，包括对西辽河流域史前、辽代、全新世以来及20世纪上半叶聚落与环境的多方面关系进行了探讨。[①] 夏宇旭、王小敏讨论了地理环境对契丹人居住方式的影响。[②] 近代东北区域的城市史研究成果较少，更无“城市环境史”这一概念。这方面可以借鉴美国的城市环境史研究范式，来推进东北区域的“城市环境史”研究。

其他还有可称为“军事环境史”的论题，这方面已有一些成果和探

---

① 韩茂莉：《史前时期西辽河流域聚落与环境研究》，《考古学报》2010年第1期；韩茂莉：《辽代西拉木伦河流域聚落分布与环境选择》，《地理学报》2004年第4期；韩茂莉、张一等：《全新世以来西辽河流域聚落环境选择与人地关系》，《地理研究》2008年第5期；韩茂莉、刘宵泉、方晨等：《全新世中期西辽河流域聚落选址与环境解读》，《地理学报》2007年第12期；韩茂莉，张暐伟：《20世纪上半叶西辽河流域巴林左旗聚落空间演变特征分析》，《地理科学》2009年第1期。

② 夏宇旭、王小敏：《地理环境与契丹人的居住方式》，《吉林师范大学学报》2015年第3期。

索，例如张国庆和刘艳敏在《气候环境对辽代契丹骑兵及骑战的影响——以其南进中原作战为例》一文中讨论了常年生活在较高纬度干冷气候环境下的契丹人喜凉惧热的特殊体质与其军事装备的适应性关系，南进中原的季节性选择，以及气候环境对战事结局的影响等。[①] 再如关亚新在《明末清初战争对辽西生态环境的破坏及影响》一文中讨论了明末清初在辽西发生的长达20余年的战争对当地生态环境造成的严重破坏。[②] 这些是"军事环境史"论题，今后在这方面应更多着力。

除了研究人与生境的互动关系外，因自然而发生的广义上的社会关系等也是环境研究的重要维度和内容。例如历代民间和王朝政府保护环境的行动、举措和"政策"就是一个不容忽视的主题。这方面学界发表了一些成果，做出了一些探讨和研究。例如张志勇在《辽金对野生动物的保护及启示》一文中就讨论了辽金统治者运用行政和法律等手段调整、保护狩猎和游牧的经济秩序的举措，其中也揭示了辽金统治者保护野生动物的"珍爱物命"意识。[③] 夏宇旭在《论金代女真人对林木资源的保护与发展》一文中考察了金代女真人对境域内的长白山、护国林及医巫闾山等森林资源的保护措施。[④] 总体来看，以往对历史上政府在环境问题中的作用关注不够，今后应将经济开发、环境变化、资源保护与国家政策等结合起来进行综合研究。一个典型的实例是台湾学者蒋竹山对嘉庆朝的"秧参案"的研究，作者将生态环境、人参采集与国家权力联系起来，考察18世纪末至19世纪初东北的人参采集对生态环境的影响，认为其中影响生态环境变迁的主要因素不是自然因素而是官方的政策，尤其是国家权力对人参采集的介入，这一研究范式值得借鉴。[⑤]

"环境思想史"与"环境社会史"是东北区域环境史研究的缺憾，今后应深入挖掘相关史料，特别是一些诸如诗文碑刻之类的非传统材料，积

---

① 张国庆、刘艳敏：《气候环境对辽代契丹骑兵及骑战的影响——以其南进中原作战为例》，《辽宁大学学报》2007年第4期。

② 关亚新：《明末清初战争对辽西生态环境的破坏及影响》，《哈尔滨工业大学学报》2013年第3期。

③ 张志勇：《辽金对野生动物的保护及启示》，《北方文物》2004年第2期。

④ 夏宇旭：《论金代女真人对林木资源的保护与发展》，《北方文物》2014年第1期。

⑤ 蒋竹山：《生态环境·人参采集与国家权力——以嘉庆朝的秧参案为例的探讨》，收入王利华主编《中国历史上的环境与社会》，生活·读书·新知三联书店2007年版，第86—116页。

极开展这方面的研究，填补空白。只有这样，才能构建完整意义上的东北区域环境史。

以上所述几个维度丰富的区域环境史论题需要长期投入大量资源进行系统研究，才可能初现东北区域环境史的整体面貌。在历史演进中，上述几个维度并非单线运行，它们在历史上往往密切交织在一起。这就要求研究者具有一定的“生态思维”，要以“生态—社会系统”的观念，用多维有机的总体思维，爬梳历史上自然—经济—社会—文化—政治纵横有机之关联，发掘其内在联系和演变规律，从整体上建构，方能有所创新。人与自然的互动是循环往复永无止境的，其变化也极为复杂，要彻底弄清人地之间复杂的关系及互动演变的规律并非易事。对自然环境与人类社会的关系的探讨亦不能浅尝辄止，许多认识往往似是而非。例如滕铭予教授谈到的不能把赤峰东部地区沙地扩展与环境变迁的关系简单归结为环境适宜则文化兴、环境恶化则文化衰这一论断，就颇有启发。①

东北区域的环境史研究，应当在前述时空框架内，分区、分时段，开展专题与个案研究；当然，同时也要进行全局、长时段的整体研究。专题与个案研究在理论上应“尽全时空”。研究的主线和主轴是人类的生产和经济活动与生境的互动关系史。东北区域无论是自然环境还是历史与文化均有其独特性，这就是多元文化并存，地处边疆，历史上曾是多民族栖息活跃的地区，因此，开展东北区域环境史研究要注重地方特点，可以突出对几个主题的研究：一是区域文化与自然地理环境的关系；二是民族历史及民族文化与自然地理环境的关系；三是作为边疆的东北与自然地理环境的关系；国内有学者提出了两个概念——“民族环境史”和“边疆环境史”，这两个概念如何界定及如何研究有待进一步探讨。②

东北区域文化是有其独特性的，这种带有浓郁地方色彩的区域文化的

---

①　滕铭予：《古代气候事件与古代文化间关系的再思考——以全新世大暖期的赤峰地区为例》，吉林大学边疆考古研究中心编：《边疆考古研究》（第9辑），科学出版社2010年版。

②　董学荣在《民族环境史建构——以基诺山环境变迁为例》（《黑龙江民族丛刊》2015年第4期）一文中从基诺山环境变迁切入，探讨了建构“民族环境史”的可能性、目的和意义、对象和主题、研究方法及前景。周琼教授在《中国环境史学科名称及起源再探讨——兼论全球环境整体观视野中的边疆环境史研究》（《思想战线》2017年第2期）一文中论及了“边疆环境史”。所谓的“民族环境史”和“边疆环境史”这种提法是否成立值得探讨，如果成立，如何界定，“民族环境史”和“边疆环境史”的研究对象及研究内容为何，其研究方法有何特点等，均需做进一步探讨和界定。

形成和演变离不开东北区域的自然环境。在这方面学界探讨较多的是东北民俗（习俗）文化与地理环境的关系。例如冯季昌教授撰文讨论了地理环境与东北古代民俗的关系。① 张国庆教授等撰文讨论了生态环境对辽代契丹习俗文化的影响，以及生态环境与古代东北少数民族习俗文化的关系。② 夏宇旭教授撰文探讨了生态环境与金代女真人的饮食习俗的关系，地理环境与契丹人的居住方式等。值得一提的是高凯在其博士学位论文《地理环境与中国古代社会变迁三论》中提出：汉魏时期匈奴和鲜卑族中特有的“收继婚”俗的产生，是地理环境和社会发展规律相互作用的必然产物，这一研究结合了土壤学知识和气候因素，颇具新意。③ 东北地方区域文化丰富多彩，特别是内含于宗教、艺术、文学和社会生活等各个方面的民族文化，都与自然环境存在密切关联，有大量论题尚待发掘和研究。④

另一个新概念是“边疆环境史”，“边疆环境史”强调的是因地处边疆而存在政治疆域之外的因素进入环境史中，因增添了新的因素可能会更复杂。近代东北相关的重要论题是外来因素、殖民主义与环境的关系。如何从环境史角度解构殖民主义与被殖民区域环境的关系，是一个新的命题。王希亮的文章《近代中国东北森林的殖民开发与生态空间变迁》提供了一个很好的研究范例。该文揭示了日俄两个帝国主义国家对东北森林的破坏性殖民开发导致的生态环境恶化，以及由此引发的人类生存环境及生产生活方式等生态空间的变迁。⑤ 此文超越了以往那种殖民侵略导致环境破坏的简单因果范式，将诸多因素综合起来，使人们清晰地看到了殖民主义与东北林区生态灾难之间深刻复杂的渊源关系，值得学习借鉴。

三　问题与困局，范式与路径

既往东北区域环境史研究存在时段上不连贯，空间上分布不均的问题。

---

① 冯季昌：《地理环境与东北古代民俗的关系》，《北方文物》1988 年第 1 期。

② 张国庆：《生态环境对辽代契丹习俗文化的影响》，《文史哲》2003 年第 5 期；张国庆、闫振民：《生态环境与古代东北少数民族习俗文化》，《辽宁大学学报》2005 年第 1 期。

③ 高凯：《地理环境与中国古代社会变迁三论》，复旦大学，博士学位论文，2006 年。

④ 戴逸先生认为宜用“东北区域文化”名称。他认为：“首先应看到东北三省文化的同一性，具有共同的文化特质”；“东北地域文化不宜分省命名，还是用一个统一的名称好。而‘东北区域文化’正可涵盖整个东北文化’”。见邴正、邵汉明主编《东北历史与文化论丛（序一）》，吉林文史出版社 2007 年版。

⑤ 王希亮：《近代中国东北森林的殖民开发与生态空间变迁》，《历史研究》2017 年第 1 期。

在时段上集中于史前、辽金、清代和民国；在空间上集中于生态环境比较脆弱、历史上人地关系不稳定的地区，比如西辽河流域。这主要受制于资料，也取决于学界的旨趣偏好。西南部考古资料相对丰富，此地文化与生态多元特征突出，人地关系比较典型，且明清时期的文献资料尤其丰富，为研究提供了便利。从构建东北区域环境史通史的角度考虑，今后应该加强“空白”时段及东北区域各个“亚生态区域”的环境史研究，尽可能“尽全时空”，以形成完整的区域环境史。

相较于清代的环境史研究，东北区域近现代环境史研究做得非常不够。考虑到晚清民国以来丰富的文献资料，以及开展近现代环境史研究的现实意义，今后应大力加强东北区域近现代环境史研究。可以说，东北区域近现代环境史是一个有待开拓的新领域。目前来看，国内学界很重视中国古代环境史研究，而近现代环境史研究显得薄弱，这一局面有待改变。东北区域的近现代环境史研究可以先从专题研究做起，首先聚焦于诸如近代化、经济开发与环境变迁、“殖民主义与环境”这样的论题，着力探索开展东北边疆近代环境史研究的路径。

以往的东北区域环境史研究涉及的论题“比较狭窄”，缺乏环境思想史和环境社会史等方面的研究成果。近年来研究内容虽有所拓展，但远远不够。某些论题比如东北区域“城市环境史”既无概念也无研究。未来的东北区域环境史研究一方面要拓展论题，填补空白；另一方面要突出特色，着力探讨开展边疆民族区域环境史研究的新范式。应明确提出“东北区域文化”的概念范畴，并在这一概念范畴基础上研究区域文化与生态环境的历时性互动关系。“东北区域文化”包括民族文化、地域文化和经济文化等，我们要研究这些不同层面的文化与自然生态环境的关系史。郑毅教授讲过，东北区域历史上是一个多元民族文化交融区，北部有俄国文化、南部有日本文化、东部有朝鲜半岛文化、西部有蒙古族文化，中部是以汉族移民和满族为特色的满汉混合文化，在部分区域还有不同族别的土著民族居住，可以说东北民族的文化多元特点非常突出。① 我们首先要研究不同民族文化与自然环境的关系，其次要研究地域文化与地理环境的关系。东北地域文化的提法有很多。王绵厚先生曾提出东北存在三大地域文化的观点，即辽河文明与长白山文化和草原文化，认为这种地域文化的形成基于自然环境，即独立的、自成

① 郑毅：《多维度视域下中国东北史研究的思考》，《黑河学院学报》2018 年第 9 期。

体系的自然生态系统。① 这实际上阐述的是地域文化与自然环境的关系。再次要研究经济文化与自然环境的关系。东北区域历来以农耕文化、游牧文化和渔猎文化著称，三种不同经济文化的形成、发展和演变，包括空间分布的变化等，与自然环境及其变迁存在着密切关联，这是今后应予重点研究的内容。

王绵厚先生讲过关于整个东北史和各专门史研究存在的瓶颈问题，应首先在确认东北史研究宏观分期、文化体系、基本民族分布体系和主要考古学类型分区的基础上，从历史文献学、考古学、历史地理学、民族学、分类文化学上，总结梳理过去一个世纪的研究资料和成果。② 这段话对于如何开展东北区域的环境史研究也颇有启发。我们首先应系统梳理既往相关研究的学术史，再在认清局限与问题所在以及制约瓶颈的基础上，做好宏观设计，包括时空框架、历史分期、研究内容和体系、理论方法、研究路径和范式的探讨和构建等。

以往的东北史多为专门史研究，包括民族史、文化史、中外关系史、边疆史地等，历史著述中“环境史”话语缺失。即便像孙进已和王绵厚等主编的《东北历史地理》也只是考察了自远古时代至明清时期东北历代民族分布、迁徙、活动范围以及历代行政区划建置变迁等，但该书却没有东北自然地理的内容。迄今，学界已发表了大量研究东北史的论著，唯独缺少环境史研究。东北地方史研究综述也大多未提既往研究中“环境史”缺失这一局限，这说明主流学界在思想观念上尚未将“环境史”纳入区域史研究体系之内。即便是与环境史相关的成果，有很多也尚未在“环境史”语境和范式下进行研究，其中部分成果甚至把环境史视为专门史，把“环境史”等同于“环境变迁史”，这种认识上的偏差导致实践中未能以人与自然的互动关系为主线开展环境史研究，这种局面有待改变。

所谓的“环境史语境”或“环境史范式”，首先要求具有“生态意识”“生态观念”和“生态思维”，要求将生态意识、生态观念和生态思维贯彻于环境史研究中，在具体的研究中将环境变迁史与人类史有机结合起来，解决

---

① 王绵厚：《立足地域文化研究前沿　把握东北史研究的若干重大问题》，《东北史地》2013年第1期。

② 王绵厚：《立足地域文化研究前沿　把握东北史研究的若干重大问题》，《东北史地》2013年第1期。

两者分离的问题。以往的研究或侧重于考察环境变迁，或专述人类史，而对人与自然的互动关系研究不到位。长期以来，在中国与环境史相关的研究主要在自然科学范畴内进行，而人文社会科学研究中“环境缺失”。伊懋可教授将其称为“自然科学导向的环境史”研究，夏明方教授也指出了中国灾害史研究存在着非人文倾向。这种倾向和局限在东北区域的环境史研究中不但存在，而且还比较明显。

对于东北区域的环境史研究，我们倡导以环境史的话语体系，从人与自然环境互动关系的角度出发，而非在边疆史或民族史及其他传统的地方史的话语体系下开展研究：既要考虑人类社会的历时性变化，又要考虑周围自然界的演变，并将两者勾连起来；不仅要研究人类活动对自然的影响以及这种被影响的自然对人类社会的反馈，还要研究自然环境与人类的生产、分配、交换和消费活动的关系；聚焦于人类的生产和生活以及由此与自然的一切发生的复杂关联，研究人类有关人与自然生境关系的思考和认识，以及人类对环境变化的反应等。环境史的研究视角是人与自然的互动关系，而非传统意义上的民族、文化和国家。

其次要有整体和系统观念，可以引入“人类生态系统”这一概念范畴。区域环境史研究需要有区域的“整体观念”，无论在文化上还是在生态上，尤其是在两者的关系上，将东北区域作为一个整体看待。以往的研究没有从整体视域来看待东北区域的环境史，研究碎化，只见树木不见森林。

再次是有机联系的观念，以多维、多线、多要素，复杂关联，用这些概念范畴和逻辑，来解析和构建区域环境史，探究经济活动、社会生活、民族文化等与环境之间的多元复杂关联，能够形成一种立体的“文化—生态”分析范式。

最后是研究空间范围和界域问题。传统上以政区为边界圈定研究范围，甚至把东北区域限定为东三省，还有诸如“辽宁环境史”这样的提法。环境史研究在理论上应取自然而非政区为边界，选择一个独特的生态区域，来考察人类活动与自然环境的互动关系，这是有别于边疆史地、民族文化史、历史地理的。资料的搜集、整理和研究可以依据现代政区与文献类型，但专题研究应该打破。

还有，很长时期以来，历史被归入社会科学，史学研究多为分析史学。环境史不排斥分析史学，但除此之外，叙事也是环境史的一大特色。环境史将叙事与分析结合起来，从而呈现给世人的不但是科学和逻辑，同时也是基于史实之上丰富多彩生动有趣且有广泛受众、更大社会影响和效应的作品。

总之，从生态的角度看，环境史为我们研究区域环境史提供了新概念、新思维和新范式，我们可以据以研究新问题，诸如殖民主义与环境、资源开发与皮毛贸易等等，未来完全可能会得出很多新结论，呈现很好的学术前景。

既往东北区域环境史实证研究不足，这主要受制于资料的缺乏和分散。史料是制约东北区域环境史研究的一大瓶颈，因此首先要下大功夫解决史料缺乏这个最基础的问题，加强环境史文献资料的搜集、整理与研究工作，从浩如烟海的历史文献典籍中把与环境史相关的资料搜集和整理出来。另外，以往无论是针对具体问题的研究还是针对相关史料的搜集、整理与研究，大多限于正史典籍等传统文献，对于其他诸如考古资料、碑刻资料、非文字资料、田野考察和社会调查资料、口述和报刊资料，以及域外相关资料等，都未给予足够的重视，这些都是今后要努力解决的问题。此外，还应重视不同学科的资料，比如地理学、气候学、生物学和农学等学科的文献资料；重视不同地域和地方的文献资料，如辽西地区、辽东和辽南、辽河平原、松嫩平原、三江平原、科尔沁沙地等；不同语言如蒙古语、满语及其他语言文献资料。做好资料工作是开展环境史研究的基本前提。

以往研究视阈和视野比较狭窄，东北区域的环境史研究要走向世界，必须与国际接轨，对于传统要延续和继承，但不要沉迷和固守。对国外具有世界影响力的环境史著述不要盲目排斥，而应认真阅读、虚心学习和了解，这样一方面有助于开阔视野、拓展视角、打破传统范式，另一方面也可以借鉴国外先进的环境史研究范式、理论、方法，从而能够促进我们的环境史研究。我们不但要学习和了解外国人著述的外国环境史和环境史理论成果，还应学习和了解外国人撰写的中国环境史，这对于促进东北区域的环境史研究将大有裨益。总之，环境史研究不能“闭关自守”，而要“改革开放”，只有这样，方有可能“走向世界”。

在研究方法上，我们应站在东北亚这一更为宏大的视野中来看待东北区域的环境史研究，切实采用新的研究方法，尤其是跨学科的研究方法。在吸收、借鉴和融合自然科学与社会科学研究方法的基础上，努力开展跨学科的综合研究。广泛涉猎、努力学习和掌握诸如东北地方史、地方文献学、边疆史地、民族史、文化史、边疆考古、环境考古、历史地理、气候史、农史、地理学、生态学等学科的知识、理论和方法，并运用于具体的研究中；同时应有效地开展跨部门、跨地区协作，走出一条有别于边疆史和民族文化史的研究道路；还可以吸收、借鉴诸如年鉴学派的整体史、结构分析、长时段视野等研究方法。总之，需要在广泛吸收和借鉴相关学科研究方法的基础上，来促进东北区域的环境史研究。

结语

推进东北区域的环境史研究，构建区域环境史研究体系，是一项庞大而艰巨的工程。未来的工作路径是：在梳理、洞悉既往研究的基础上，尝试构建东北区域环境史的体系框架和研究范式；下大力气开展环境史文献资料的搜集、整理和研究工作；在学习、了解和借鉴域外环境史研究成果的基础上，采用跨学科的综合方法，深入开展“亚区域”、不同时段的环境史专题研究；宏观体系建构与微观实证研究同步开展，协同推进，最终目标是构建东北区域环境史通史。东北区域环境史研究的开展，未来不但对东北地方史、边疆史、民族史、区域文化史研究是一种推动，还可能探索出民族环境史和边疆环境史研究的新范式。

［本文原刊于《内蒙古社会科学》（汉文版）2020 年第 2 期］

环境史与环境社会学的比较与借鉴：一个可能的分析框架

程鹏立*

（重庆工商大学法学与社会学院，重庆　400067）

摘要：环境史和环境社会学是社会科学对环境问题研究的两个重要的分支学科，未来两个学科的良性发展不仅关系学科自身的生存，而且关系现实环境问题的解决。环境史和环境社会学诞生的时间、地点和理论基础具有很大的相似性。环境史的发展过于强调跨学科的性质，有导致自身理论创新不足的危险，而且对社会变量关注不足也会造成解释力不够；环境社会学则缺少历史学叙事的冷静、全面和系统，而且过于关注当下，对历史事实掌握不够细致和充分。本文通过一个“癌症村”案例的研究分析，试图从历史叙事和社会变量的引入等方面建立起两个学科互相比较和借鉴的分析框架的范例。分析框架的范例强调，在历史叙事方面学习历史学的研究特长，在社会变量分析方面则学习社会学的研究优点。

关键词：环境史；环境社会学；比较与借鉴；分析框架

环境污染和生态危机是当今世界学术界关注的热点问题之一，并直接导致传统学科以环境为研究对象的分支学科的诞生。从历史学和社会学两门学科中产生的环境史和环境社会学两门分支学科经过几十年的发展取得了显著的成绩，但新兴学科的缺陷也十分明显。本文站在比较的视野，对环境史和环境社会学的学科特点进行了初步分析，希望促进两个学科之间

---

* 基金项目：国家社会科学基金项目（项目编号：13CSH040）、美国社会科学研究协会中国环境与健康项目（项目编号：RBF/SSRC－CEHI/2010－03－01）。

作者简介：程鹏立，重庆工商大学法学与社会学院社会工作系副教授。

的互相借鉴，从而促进各自学科的良性发展。本文还尝试通过一个研究案例的分析，建立跨两个学科的分析视角与框架。

一 历史学对环境问题的研究：环境史

（一）环境史的诞生与内涵

环境史作为一门分支学科最早诞生于美国的20世纪六七十年代。它的出现主要有两大社会背景：一是美国在第二次世界大战以后随着工业快速发展，污染问题日益严重，生态环境日趋恶化；二是美国环境保护运动如火如荼地在全国范围内开展起来。另外，在第二次世界大战后美国多种学科发展迅速，这些学科知识的不断积累为环境史的诞生做好了充分的准备。①

直到现在，关于什么是环境史，还没有达成最广泛的环境史学家一致认同的理解和界定，但“环境史是研究人类与自然的关系史”这个最一般的表述是能够得到大家的基本认同的。② 在环境史学界，标杆性人物对环境史的定义反映了该学者自身研究的侧重点及学术背景。美国环境史学会给出了这样的定义：“环境史研究历史上人类与自然之间的关系，它力求理解自然如何为人类行动提供选择和设置障碍，人们如何改变他们所栖息的生态系统，以及关于非人类世界的不同文化观念如何深刻地塑造信念、价值观、经济、政治以及文化，它属于跨学科研究，从历史学、地理学、人类学、自然科学和其他许多学科汲取洞见。”③

（二）环境史研究的特点

从研究环境史学科的文献来看，在理论基础上，学者们大多突出强调了环境史的生态学基础；在方法上，学者们则更加强调环境史研究的跨学科性质。

生态学学科的诞生要早于环境史约1个世纪左右。有的学者认为，生

---

① 包茂宏：《环境史：历史、理论与方法》，《史学理论研究》2000年第4期。

② 景爱：《环境史：定义、内容与方法》，《史学月刊》2004年第3期。这种情况或许正是所有新兴学科的共同特征之一，表明了该学科还处在发展的初期阶段，大约同时代在美国兴起的环境社会学也有类似的情形，相关的研究者总是遭遇“环境社会学是什么”这样问题的尴尬。

③ 转引自高国荣《什么是环境史?》，《郑州大学报》2005年第1期。

态学对环境史研究的影响主要体现在两个方面：一是生态学发展出人类生态学分支学科，学科关注的重点由生物主体转变为人类为主体，由自然生态系统到人类生态系统；二是生态学伦理化提醒人们关注人的权利之外的生物的权利。① 简单地理解，生态学对于环境史研究的贡献在于把研究对象从“物”转移到“人”，另一方面却是相反的过程。还有的学者认为，生态学对环境史的意义在于“生态学意识”。这个意识主要体现在历史学者在研究环境史时应具有历史的整体意识和人文情感。② 笔者认为，“历史的整体意识”可能受生态学的“系统”和“共同体”的概念和思想影响较大，而“人文情感”和上文提到的关注生物的权利有内在的一致性。

环境史学者注重强调跨学科研究，特别是历史学和自然科学知识的结合，自然科学主要包括生态学和地理学等。有的学者虽然没有使用“跨学科”这个概念，但还是强调了“多学科”，有的则是混在一起使用。

（三）环境史研究视角的不足

对于一门新兴的学科来说，强调研究方法的创新可能是其生命力之所在，但这种强调也可能把新兴学科埋葬在历史的潮流中。环境史研究者注重自然科学知识在研究中的重要性，但过于强调这一点，而忽视研究者自身的学科立场，常常容易使研究走向迷途。包茂宏认为，“环境史研究必须坚持历史学叙述的基本特点”，环境史研究者应该“坚持历史学的传统特点，又要回应新思维的不断挑战”③。笔者比较赞同包的观点，新兴学科的研究者们在坚持本学科立场的基础上，不断吸收借鉴其他学科的知识应该是比较妥当的做法。

环境史研究的另外一个可能的缺陷就是在研究中对“社会”这一变量关注不够。相关学者们几乎都在强调跨学科（或多学科）研究中其他自然学科基础知识的重要性，但比较少关注环境历史变迁与社会变量的关系。这样的做法可能会导致环境史研究在纵向维度和横向维度两个方面的不平衡，从而导致研究结果缺乏解释力，或者说对当代社会的启示性意义不够。

（四）一个例外：社会史对环境的研究

在历史学界，社会史研究者也开始把环境变量纳入研究范畴，考察环

① 高国荣：《什么是环境史?》，《郑州大学学报》2005 年第 1 期。

② 侯文蕙：《环境史和环境史研究的生态学意识》，《世界历史》2004 年第 3 期。

③ 包茂宏：《环境史：历史、理论与方法》，《史学理论研究》2000 年第 4 期。

境变量对社会变迁的历史作用，社会史和环境史的交叉也产生了两个新的研究方向，分别是社会生态史和生态社会史，这在一定程度上弥补了环境史学者研究中的“自然史”的取向，但相关的研究成果还比较少。[①] 而且，社会史学者在环境史的研究中也还是从历史变迁的角度关注“社会”变量，依然没有解决环境史研究的横向维度和“当下”关心的缺乏等问题。

二　社会学对环境问题的研究：环境社会学

（一）学科的诞生与内涵

历史惊人的相似，环境社会学和环境史的诞生时间和背景几乎一致。实际上，这与美国在第二次世界大战以后的社会经济大背景和学术繁荣有关。工业污染导致环境破坏，在实践领域，政治和社会领袖走在前列，积极倡导环境运动，终于形成了世界上规模最大、组织体系最发达的环境社会运动。在学术界，随着很多学术研究的重点由欧洲转移到美国，美国的学术研究异常活跃，取得了多方面的成就。传统的学术研究无法解释新的社会现象，于是一些新的学科和方向产生。环境社会学和环境史着实有着很多类似的学科理论基础，可以称为一对不同学科归属的堂兄弟（姐妹）。[②]

同环境史一样，环境社会学也一直没有学界普遍接受的定义。卡顿和邓拉普最早把环境社会学定义为“环境与社会的互动关系研究”，这个定义和环境史的经典定义如出一辙，“环境与社会”和“自然与人类”何其相似。[③]

（二）环境社会学研究的特点与不足

同环境史一样，生态学的发展也为环境社会学的诞生提供了重要理论源头。生态学对环境史的影响主要体现在“人类生态学”和“生态学意

---

① 王利华：《社会生态史：一个新的研究框架》，《社会史研究通讯（内部交流刊）》2000 年第 3 期；王先明：《环境史研究的社会史取向——关于“社会环境史”的思考》，《历史研究》2010 年第 1 期。

② 洪大用对环境社会学产生的背景有比较全面和深入的分析，参见洪大用《西方环境社会学研究》，《社会学研究》1999 年第 2 期。

③ W. R. J. Catton, R. E. Dunlap, “Environmental Sociology: A New Paradigm”, *The American Sociologist*, Vol. 13, No. 1, 1978.

识”两个方面，而生态学对环境社会学的影响主要在于生态学研究中的“社会生态学”“生态女性主义”和“深层生态学”。社会生态学认为社会不平等是生态问题的根本原因，生态女性主义认为男性支配地位是环境破坏的重要原因，而深层生态学则强调了多样性和丰富性对地球的价值。①

跨学科也被环境社会学研究者认为是其重要的研究方法，然而随之带来的学科定位问题的争论也困扰了一些学者。卡顿和邓拉普认为是否直接把环境现象作为变量，是“环境社会学”和“环境问题的社会学”的分野。有的学者认为，环境社会学是社会学的分支学科，其研究方法要基于社会学的方法论，环境不可以作为环境社会学的直接研究对象。虽然环境社会学是一门交叉学科，但环境社会学不能包揽环境与社会关系的所有研究层次，应该给自身准确定位。②

环境社会学界对学科定位的争论可能在很长一段时间里将成为其学科研究视角的不足和引起争议的地方。这种争议早期体现在对所谓“NEP 范式”的批评，讨论的焦点是社会学的研究对象是物理性的环境变量还是“社会化了点环境变量”③。

三　通过比较走向互相借鉴

（一）环境史与环境社会学的比较

环境史和环境社会学都是诞生于40 多年前的年轻学科，在第二次世界大战后产生的众多学科分支中能够幸存并顽强地活下来，本身就说明了这两个学科自身的生命力。两门学科均诞生于美国，同在 20 世纪 90 年代传入中国，进入 21 世纪后得到较高的社会关注，学科保持良好的发展势头。然而，中国环境史和环境社会学面临的挑战依然严峻，不仅体现在理论建设，也体现在方法论建设上。

包茂宏总结了中国环境史研究存在的 4 个方面的问题，其中第一点就强调了理论基础薄弱。中国的历史地理研究就不重视理论分析，到环境史

① 程鹏立：《环境社会学的理论起源与发展》，《生态经济》2013 年第 4 期。

② 吕涛：《环境社会学研究综述——对环境社会学学科定位问题的讨论》，《社会学研究》2004 年第 4 期。

③ 关于什么是 NEP，参见 W. R. J. Catton，R. E. Dunlap，“Paradigms，Theories，and the Primacy of the HEP – NEP Distinction”，*The American Sociologist*，Vol. 13，No. 1，1978.

研究这种情况没有得到改善。相关研究的理论水平还停留在马克思和恩格斯给定的分析框架里，并没有尝试进行综合性的研究。包对中国环境史研究缺乏理论探索的精神进行了比较直白的批评。[①] 相比较而言，中国环境社会学也存在理论薄弱的问题，但学者们却对构建本土的环境社会学理论比较重视，且出现了一些中国本土化的研究概念、微观和中观的理论。这可能和两个学科的学科属性有关，历史学本来就注重依据史料来叙述历史，因而更加强调“史实”，而社会学历来重视从理论出发研究“社会事实”、检验理论或创新理论，总之又回到理论。当然，这种学科思维的长期训练对学者的研究会产生影响，但也不应成为没有理论创新的借口。无论是环境史，还是环境社会学，理论对话和创新应该始终贯彻研究的全过程。

环境史和环境社会学都是多学科知识积累和演化的结果，两门学科都强调跨学科方法和多学科知识的重要性。在环境史相关研究方法或方法论的文献里，我们经常可以看到强调环境史研究需要自然科学的研究方法，而且相关的学科门类众多。这种倾向有可能导致环境史研究偏离自身的学科立场，“多学科”和“跨学科”变成“无学科”，失去了历史学研究环境问题自身的魅力。当然，也有学者认识到这种倾向的危害性，提醒环境史研究者研究的落脚点一定是历史学，否则就可能导致“灾难性后果”[②]。在这种环境社会学的论文中，我们也看到了这样的一些“灾难性的后果”，过多强调自然科学的知识，使得研究缺乏“社会学味”。对环境史和环境社会学的研究者来说，研究具有自然科学属性的环境问题时应该有较好的多学科知识储备，准确理解研究对象的自然科学特征，但研究立场始终应该是历史学或社会学的，始终坚持自身学科的研究范式。

（二）走向互相借鉴：可能性探讨

环境史和环境社会学就像同源同宗的兄弟或姐妹，长大以后各自发展，且闯出自己的一片天空，但是在关键的时候，他们（她们）还是可以精诚合作，继续做强做大。从各自的学科出发，环境史和环境社会学经过几十年的发展都取得了一定的成就，然而缺点却也依然明显。通过比较而

---

① Maohong, Bao, “Environmental History in China”, *Environmental and History*, Vol. 10, No. 4, 2004.

② ［美］D. 格里芬：《后现代科学——科学魅力的再现》，马季方译，中央编译出版社 1998 年版。

互相借鉴对方学科的优点，在不改变自身学科属性的前提下，环境史和环境社会学都能获得好处，促进自身更好更快发展。在研究视角和研究方法两个方面，环境史和环境社会学各有可取之处。

在研究视角上，环境史可以在更大程度上引入“社会”变量，形成“自然—人类—社会”研究链，丰富环境史的研究内容。目前，环境史研究更多地强调其跨学科性质中的“自然科学”属性，依然有比较明显的“自然科学中心主义”特征，是一种缺乏学科自信的表现。环境史研究应该更多关注自然和人类关系变迁的过程中社会因素的影响，比如社会结构、社会性别等对这种过程的影响。对“社会”变量关注不足可能导致环境史研究对现当代的环境问题，或者说是“当下”的环境污染关心不够，这也是包茂宏提出的中国环境史研究存在的第三点问题。[①] 相反，环境社会学研究者应该借鉴环境史研究的历史视角。在研究中，环境社会学不仅要关注环境问题的“当下”现状，还要追根溯源，分析该问题的历史，只有这样，才能做到对环境问题的“冷静、全面、系统地思考和认识”，而不是仅通过历史断面的认识“用道德诉求和煽情的方式来唤起群众对环境问题的关注和激情”[②]。

在方法论和研究方法上，环境社会学首先应该向历史学学习。历史学（环境史也不例外）十分擅长对历史文献资料进行细致处理，并把“故事”讲出来。社会学具有很强的“问题意识”和“当下意识”，对把握新近发生的社会事实有比较强的敏感性，但对历史事实的考据和分析显得关心不够或有意远离。其实，社会学本来就有历史主义的传统，经典社会学家马克斯·韦伯等都十分擅长利用历史资料进行比较分析，并出版了大量经典著作。这种传统沉寂了三十年后，20 世纪 60 年代在美国一门新的学科终于诞生——历史社会学。[③] 环境社会学不仅可以从环境史，也可以从历史社会学中汲取营养。对环境史来说，从环境社会学身上应该更多学习社会学研究者的实地调查方法和实证精神。一方面，在社会科学领域，社会学研究在方法上一直占据较强的优势，积累了比较好的研究经验。另一方面，环境史研究者虽然强调跨学科研究，但仍然带有天然的浓烈的历史学的方法惯习：不注重实地调查，历史学者中考古学者可能是例外。环境史

① Maohong, Bao, “Environmental History in China”, *Environmental and History*, Vol. 10, No. 4, 2004.

② 包茂宏：《环境史：历史、理论与方法》，《史学理论研究》2000 年第 4 期。

③ 李华俊：《历史社会学研究的起源、发展与前景》，《武汉科技大学学报》2012 年第 4 期。

研究与传统的历史学研究的区别在于，它的研究对象涉及自然环境，研究者必须学会走出书斋，走向自然和社会。

在下文，笔者尝试运用以上的分析和结论，对一个“癌症村”的案例进行研究。由于笔者是一个环境社会学的研究者，分析的基本视角基于社会学，但努力借鉴环境史的理论与方法，促使研究走向更综合的层次。

四　尝试建立新的分析框架：一个“癌症村”的案例

（一）“故事”的开始：古泉“癌症村”

“癌症村”是中国近十几年来随着工业、农业污染加重，农村居民身体健康受损所出现的一种独特的现象，“癌症村”是民间和媒体的说法，并不是严谨的科学概念。[①] 古泉村位于中国西部唯一的直辖市重庆下辖的T县，距离重庆主城不到50千米。[②] 顾名思义，古泉村因有温泉而出名，在重庆作为国民政府陪都时期，古泉村因为自然环境好，气候相对凉爽，还有养生温泉，吸引了国民政府一些政要在此设立居所和疗养机构等。然而，就是这样一座以环境好而闻名周边的小村在2004年年底却因污染严重和癌症高发成为地方和中央新闻媒体关注的焦点。到了2013年，古泉村更是成为民间人士制作的“中国癌症地图”上榜的200多个“癌症村”中的一个。

为何有这样大落差的转变？笔者带领课题组成员分别于2013年5月和2013年9月两次进入古泉村，通过实地调查了解情况，并撰写了调查报告。从2013年到2015年，课题组还通过其他途径收集古泉村的其他相关情况，特别是相关的历史文献资料，并对调查报告进行修改完善。

（二）如何讲“故事”：叙事

有的环境史学者认为，“历史学家研究历史就是写对历史进行语言上的故事化处理的叙述史学”，进而提出在面临后现代主义对传统历史学研究方法的严峻挑战时，“环境史研究应该坚持历史学叙述的基本特点”[③]。实际上，这是近年来人文社会科学面临的共同挑战，即“人文社会科学中

---

① 陈阿江、程鹏立：《“癌症—污染”的认知与风险应对——基于若干“癌症村”的经验研究》，《学海》2011年第3期。

② 依据学术规范惯例，本文对县及以下的地名，还有人名均进行了匿名化处理。

③ 包茂宏：《环境史：历史、理论与方法》，《史学理论研究》2000年第4期。

的叙事转向”。社会学也有重视叙事的历史，只是今天提高到叙事社会学的学科的角度，梅思也提出了叙事的三个基本要素。[①]

“污染—癌症”之间的关系，是“癌症村”社会学研究中最核心的话题。[②] 在很多案例中，污染和疾病两个变量既是历史，也是现实，因为污染已经发生，现在仍然存在，而疾病也是这样。在古泉村案例中，存在着有关污染和疾病两种叙事，一种是文献资料的叙事，一种是调查发现的叙事。

（三）文献的叙事

有关污染的文献来源主要有两个：一是期刊，这部分较少，且时间较早，信息也很间接；二是新闻报道，这部分信息比较充分，时间较后，主要集中在某段时间里，但是很直接。古泉村的最大污染源是一家造纸厂，这家造纸厂历史悠久，最早可追溯到1937年左右。该造纸厂最早由我国著名的造纸专家留德博士张永惠创建，后来被晏阳初的中华平民教育促进会掌控。1949年以后，造纸厂成为国有企业，1984年到1989年效益逐年变好，曾经是重庆市最大的造纸企业。[③] 期刊《四川造纸》于1986年、1990年、1996年的三期文章中都提到造纸厂对环境的污染，分别有“对环境污染十分严重”“对环境水体造成严重污染”“不仅不能饮用，就是作工业用水也影响到产品质量”等表述。新闻媒体对古泉村造纸厂的污染报道，主要集中在2004年11月22—24日这三天，《重庆晨报》连续三天对古泉村的污染进行了报道，正是这三天的报道把古泉村推向了“中国癌症村地图”中的上榜村，之后，新华网等各大新闻媒体也转载了相关报道。这三天的连续三篇报道直接指向了造纸厂造成的严重水污染，纸厂排放的污水有多种颜色，不仅污染河水，还污染了稻田。

有关疾病的文献也集中在22—24日，特别是22日的报道中，记者一开始就交代了古泉村近年的癌症死亡名单，并对这份死亡名单进行了分析，然后借卫生院医生的话，把癌症的病因指向水污染。根据笔者多年对多个“癌症村”研究的经验，这常常是媒体揭露“癌症村”的习惯手法，先是从最吸引人注意的“癌症高发”出发，再把矛头引向当地的污染。

---

① 参见成伯清发表在社会学视野网站的论文“叙事与社会学”，http：//www. sociologyol. org/yanjiubankuai/fenleisuoyin/shehuiyanjiufangfa/dingxingfangfa/2008－09－24/6163. html，2008年9月。

② 陈阿江、程鹏立：《“癌症—污染”的认知与风险应对——基于若干“癌症村”的经验研究》，《学海》2011年第3期。

③ 苟立异：《重庆造纸工业的一颗明珠》，《四川造纸》1990年第3期。

（四）调查的叙事

运用参与式观察和深度访谈获取资料，是社会学家田野调查的主要方法。实地调查不仅能够帮助研究者获得直接的感官体会，而且能够挖掘文献资料缺乏的材料，这些材料常常是由访谈对象讲出来的。

实地调查获取的污染和疾病的资料是互相交错的，没有截然分开。课题组的调查为 2013 年的 5 月和 9 月共 2 次，但通过调查和观察得知，古泉村的造纸厂在 2011 年左右就已经完全停产了，虽然厂子依然还在，厂里的设施也还保持原样。随着时间的流逝，污染已经不再，河水已经变得干净清澈，但是否仍然含有昔日污染留下的有毒物质不得而知。

对昔日污染情况的了解主要来自村民的回忆。村民们反映，造纸厂在生产的时候，不仅排放废气、飞尘，还排放污水。沿河附近的村民经常能够闻到很臭的气味，白色的烟尘不仅落在身上和头发上，还落在菜地里，像下雪一样。纸厂排放的污水不仅很臭，排入河里还让鱼虾都绝迹了。河水和地下水都遭到了纸厂废水的污染，导致村民多次变更饮用水水源。

对照新闻媒体报道中的癌症数据，课题组成员通过实地调查也收集了一些癌症发病和死亡的数据。通过不精确的粗略统计分析，课题组认为从 1985 年到 2013 年靠近造纸厂的古泉村 5 组癌症发病和死亡情况比较严重，其中患肺癌死亡的人数所占比例最大。这个结果和《重庆晨报》记者统计的结果基本相符。通过实地调查，课题组成员对癌症还有直接的感知，调查对象中有个患肝癌的妇女，初次调查的时候她还在门口晒太阳，再次去的时候，她却已经去世了。

（五）更大的分析框架：其他“社会”变量的引入

如果说，环境史和环境社会学研究的借鉴表现为在叙事上不断行走在历史与当下之间，那么，更多“社会”变量的引入将会使得叙事更有学术的意味。

在“癌症村”系列案例的研究中，居民对污染与疾病关系的认知与应对常常是研究者关注的一个重要变量，或者说污染引起的环境抗争是社会学家的研究热点。[①] 在污染和疾病同时在“当下”存在的村庄中，研究者

---

① 关于更多“癌症村”的社会学研究案例，请参见陈阿江、程鹏立等《“癌症村”调查》，中国社会科学出版社 2013 年版。

通过调查常常能够获得大量有关环境抗争的资料，相关的研究成果在环境社会学研究领域也较常见。在本案例中，非常特殊的是，污染和疾病都呈一定程度上的“过去式”，环境抗争的资料也就较少。

在更广的时间和空间中思考古泉“癌症村”，会发现，污染与造纸厂有关，而造纸厂又和重庆的工业遗产有关。重庆的工业遗产主要来源于国民政府陪都时期大力发展的军工企业和民用企业，另一个来源是20世纪60年代到20世纪80年代初中国实施的“三线建设”。这些工业遗产一方面为重庆的工业发展奠定了基础，另一方面也留下了很多环境破坏与污染问题。“工业遗产”与环境破坏将是一个更大时间和空间上的环境史和环境社会学都可以研究的有意义的话题。

五　结语

环境史和环境社会学都产生于人类对环境破坏现象的担忧和关心，都有明显的“问题意识”和人文关怀。除了都强调跨学科研究特质之外，基于各自的学科归属，环境史和环境社会学都发展出了不同的研究特点，这些研究特点各有强调的重点，然而也暴露出了各自的不足和缺陷。环境史研究存在的可能不足就是过于强调跨学科特点，可能导致学科立场的迷失；另外，对社会变量关注不够，也可能导致研究结论的解释范围狭小。借鉴环境社会学强调社会变量和实地调查的研究方法，有可能弥补环境史研究的不足；同样，学习环境史细致和系统的历史叙事方法，将有利于改正环境社会学研究讲“故事”粗糙的缺点。通过环境史和环境社会学的比较，促使两个学科走向借鉴和互补，将会有利于两个学科更好地发展。

文章尝试对环境社会学关注的一个“癌症村”案例进行分析，把环境史和环境社会学研究的借鉴和互补运用到实践中去，建立一个新的分析框架。限于作者的水平和文章篇幅的限制，案例分析还处于尝试性的阶段，今后的研究可以在实践领域进行更多的对话和讨论。

（本文原刊于《中国矿业大学学报》2017年第5期）

气候与环境变化研究

中国历史上的“霾”及其启示

高　凯*

（郑州大学历史学院，河南郑州　450001）

摘要：中国历史上的“霾”作为一种特殊的天气现象，很早就已经出现。就传世文献与甲骨文的记载看，殷商晚期就出现了；就历史上“霾”发生的规律看，“霾”现象的增多与历史上的干旱期、农业生产的大发展、人口爆炸以及社会安定等一系列重大问题有着密切的联动关系。

关键词：中国；历史；霾；气候

“霾”是古今中国一种特殊的天气现象，它的起源很早。《竹书纪年》中就有“帝辛五年，雨土于亳”的记载可以与甲骨文中“乙酉卜，争贞：风隹有霾”“癸卯卜，王占曰：其霾……”“贞：兹雨隹霾”“惟霾……有作”的记录以及《诗经》中“终风且霾，惠然肯来”的诗句相印证，这实际上可以证明，早在殷周时期就有“霾”字的出现和“霾”发生的迹象了。以东汉许慎《说文解字》释“霾”，称其“风雨土也”，《尔雅·释天》亦有“风而雨土为霾”之说，而由汉代注疏家所言，先秦及两汉时期的“霾”，显然就是今天人们常说的沙尘现象。

近百年来，学术界不断有学者讨论历史上的“霾”问题。现在，学术界通行观点认为：自殷商后期开始出现“霾”，到两汉时期，经历魏晋南北朝隋唐时期，再到宋元明清时期乃至近代以来，“霾”在传世文献中出现的频率越来越高。就“霾”在历史上出现的规律看，“霾”现象多发生在北方及西北地区；就“霾”发生的时间看，多在冬春季节；至于“霾”产

---

* 作者简介：高凯（1965—2021），郑州大学历史学院教授，河南省特聘教授。

生的原因，除了人为因素、地质条件、经济方式等原因之外，还有着历史气候的因素存在。然而，通过进一步研究自殷商结束后的3000年来“霾”出现的历史看，每每我们发现“霾”现象的增多与历史上的干旱期、农业生产的大发展、人口爆炸以及社会安定等一系列重大问题有着密切的联动关系。

网络检索的结果显示，目前国内学术期刊网上共有论文有5538篇、报纸中有17353篇报道以及学位和会议论文360多篇是关于中国“霾”问题的。① 然而以这些成果看，多是以现当代的“霾”及“雾霾”天气为对象的；至于专门讨论中国古代的“霾”及其产生背景者却为数不多。② 以现代地质知识来认识历史上的“霾”及其背景者，应是王嘉荫先生的《中国地质史料·雨土》③ 部分和《历史上的黄土问题》④ 一文。至于近30年来，以竺可桢“仰韶温暖期”后近3000年来分四个温湿期和四个冷干期的历史气候变化理论⑤来研究“霾”问题者，应该是张德二的《历史时期“雨土”现象剖析》⑥ 和《我国历史时期以来降尘的天气气候学初步分析》等多篇文章⑦；其后还有黄兆华《我国西北地区历史时期的风沙尘暴》一文，认为西北地区自公元前3世纪至1990年共发生沙尘暴140次，其中历史与现代各居其半；且沙尘暴的总趋势是13世纪后频率增高，18世纪后大增⑧；周伟《商代后期殷墟气候探索》一文，将殷墟甲骨文“霾”字出现与占卜及考古地层所反映地下水位的下降相结合，认为殷商后期的气候趋于干燥，有“霾”出现的背景⑨；王社教《历史时期我国沙尘天气时空分布特点及成因研究》一文，认为自汉代至明清时期有253次沙尘暴，进而认为中国历史上的沙尘暴在16至19世纪次数最多，范围最广，持续时

---

① 以2013年10月25日检索的结果。

② 陈邦福：《商代失国霾卜考》，《国立第一中山大学历史学研究所周刊》1928年第30期。

③ 王嘉荫：《中国地质史料》，科学出版社1963年版，第110—119页。

④ 王嘉荫：《历史上的黄土问题》，《中国第四纪研究》1965年第1期。

⑤ 竺可桢：《中国近五千年来气候变迁的初步研究》，《考古学报》1972年第1期。

⑥ 张德二：《历史时期“雨土”现象剖析》，《科学通报》1982年第5期。

⑦ 张德二：《我国历史时期以来降尘的天气气候学初步分析》，《中国科学（B辑）》1984年第3期。

⑧ 黄兆华：《我国西北地区历史时期的风沙尘暴》，载方宗义等编《中国沙尘暴研究》，气象出版社1997年版，第31—33页。

⑨ 周伟：《商代后期殷墟气候探索》，《中国历史地理论丛》1999年第1期。

间最长[①]。刘多森、汪枞生的《中国历史时期尘暴波动的分析》一文，认为自公元300年—1909年共发生尘暴436次，尘暴日数达901天；尘暴频发对应历史时期的寒冷时段，冷干期有利尘暴发生；在涉及的1610年中，每年平均降尘的厚度约为0.54cm，从而说明黄土的风成过程仍在进行中。[②] 邓辉、姜卫峰的《1464—1913年华北地区沙尘暴活动的时空特点》一文，就明清及民国时期可确认的沙尘1180条记录，进行时间分布的对比与分析，认为华北沙尘暴具有明显的波动性。[③] 关于中国古代"霾"现象的东扩问题，张德二《中国历史文献中的高分辨率古气候记录》[④] 和《中国历史气候文献记录的整理及其最新的应用》[⑤] 两文，将文献中"雨土"等降尘点进行地理标注，认为历史上的沙尘暴范围西起新疆、东至海滨，北起内蒙古，南至华南均有分布，且降尘地的分布与中国黄土的分布大致相当。宋豫秦、张力小在《历史时期我国沙尘暴东渐的原因分析》一文中认为，随着对北方开发的拓展，两汉以后沙尘暴的发生地点由西北逐渐东扩，到元、明、清时代，其范围逐渐影响到整个华北地区。[⑥] 至于古代政治与"霾"现象发生的关系问题，近有晋文的《汉代靠惩治贪腐应对霾雾》一文认为汉代"霾雾"发生较多，但直接材料很少；与天人感应相联系，汉代的"霾"是以"蒙气"来替代的；与"霾"相关，每次出现都是政治事件，统治者的关注点在如何应对"天"的警告上。[⑦]

总之，"霾"作为一种古今都曾经大量出现过的天气现象，在近几十年来越来越受到地理学界、历史学界和农学界的关注与研究。然而，纵观诸多历史时期"霾"问题的研究成果，我们不难发现上述研究在谈到历史气候时都只是利用了竺可桢气候变迁的理论，而忽视了对近三十年来历史气候新成果的吸收与运用，以至于对明清时期的气候变迁与"霾"发生的密切关系没有给予充分的揭示；同时，与近些年来的研究多偏重于对历史时期"霾"的

---

① 王社教：《历史时期我国沙尘天气时空分布特点及成因研究》，《陕西师范大学学报》2001年第3期。

② 刘多森、汪枞生：《中国历史时期尘暴波动的分析》，《土壤学报》2006年第4期。

③ 邓辉、姜卫峰：《1464—1913年华北地区沙尘暴活动的时空特点》，《自然科学进展》2006年第5期。

④ 张德二：《中国历史文献中的高分辨率古气候记录》，《第四纪研究》1995年第1期。

⑤ 张德二：《中国历史气候文献记录的整理及其最新的应用》，《科技导报》2005年第8期。

⑥ 宋豫秦、张力小：《历史时期我国沙尘暴东渐的原因分析》，《中国沙漠》2002年第6期。

⑦ 晋文：《汉代靠惩治贪腐应对霾雾》，《人民论坛》2013年第5期。

次数、分布地区、分布特点的研究相对应，学术界对“霾”与历史上的干湿规律、与农业发展的态势、与历史人口的规模、与战争及社会动荡的程度等方面之间的联动关系却疏于揭示。有鉴于此，拙文拟简述之。

一　中国历史上的“霾”及与之有联动关系的方面

如前所述，学术界目前的研究已经就历史时期“霾”的次数、分布地区、分布特点以及“霾”与历史气候的变迁做了大量卓有成效的研究。但是，仍然没有对自殷商末年后的3000年，以“霾”和“雨土”为特征的沙尘天气与历史气候中的干湿规律、农业发展、人口规模、战争及社会动荡的密切的联动关系给予足够的认识。其具体的理由如下：

首先，以“霾”“雨土”“黄雾四塞”“黄雾昼晦”“风土蔽天”“雨霾”“雨沙”“扬尘蔽空”等为例，我们发现自“仰韶温暖期”结束后的殷商末年开始，经历了西周、春秋战国、秦汉魏晋南北朝、隋唐到宋、辽、金、元、明、清约3000年时间里，共发生沙尘天气约1925次。以500年内发生的沙尘天气为例，柱状图一、二、三都明显地表示出自魏晋南北朝时期开始，沙尘天气在逐渐增多，并在明清时期达到最高值。

图一：

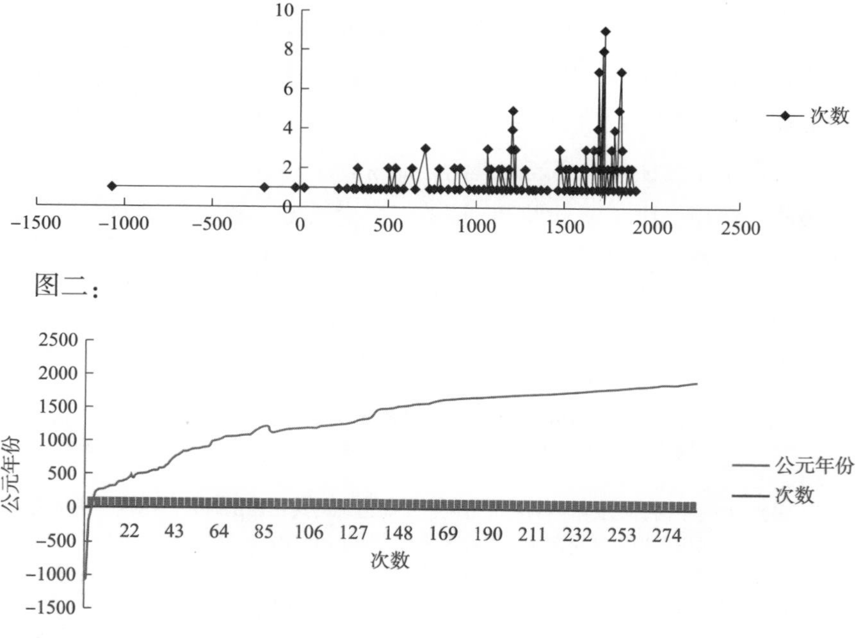

图三：

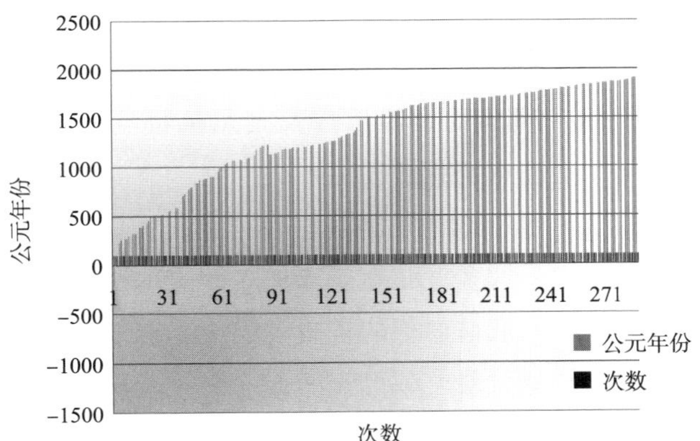

竺可桢先生在1972年发表的《中国近五千年来气候变迁的初步研究》文章中认为，“仰韶温暖期”结束后的3000年里存在四个温湿期和四个冷干期。但是，新的研究成果表明，“仰韶温暖期”结束后的3000年里，中国历史气候大约经历了十个变温期，这与竺可桢先生的说法明显不同①；而且，以3000年中的公元前11世纪起至公元前8世纪、公元前5世纪中叶至公元前2世纪中叶、公元2世纪至6世纪、公元8世纪至10世纪、公元14世纪至清末五个寒冷期看，1500—1900年是一次世界性气候寒冷期，就中国而言，也是近五千年来五个低温期中持续时间最长、气温最低的时期②。而从文献中我们不难看到，“霾”现象最早即在公元前11世纪起至公元前8世纪的寒冷期中出现，并在其后的寒冷期中逐渐增多，直至1500—1900年达到年年频发的程度！可见“霾”的出现并增多与3000年来5个寒冷期具有高度的吻合性。又，郑斯中等人的《我国东南部地区近两千年来旱涝灾害及其湿润状况的初步研究》一文认为：以公元1000年为分界线，前期干旱的时间短，温暖湿润的时间长；后期干旱的时间长，温暖湿润的时间短；以近500年的情况看，旱灾又多于水灾，以南涝北旱最为常见；黄河流域的旱灾尤为频繁，其中16、17世纪旱多涝少，18、19

---

① 邹逸麟：《中国历史地理概述》（修订本），上海教育出版社2013年版，第13—19页；满志敏、张修桂：《中国东部十三世纪温暖期自然带的推移》，《复旦学报》1990年第3期；满志敏、张修桂：《中国东部中世纪温暖期（MWP）的历史依据和基本特点》，载张兰生主编《中国生存环境历史演变规律研究》，海洋出版社1993年版。

② 邹逸麟：《中国历史地理概述》（修订本），上海教育出版社2013年版，第17—18页。

世纪涝多旱少，20 世纪又是旱多涝少。这些情况说明，15 世纪下半叶到 17 世纪末为干旱时期，18 世纪到 19 世纪为湿润时期，而 20 世纪又进入到干旱时期。① 郑斯中等人的近 2000 年气候干湿规律的研究，同样也让我们看到：明清时期“霾”现象的大量出现及其东扩特点，与 1500—1900 年寒冷期的严寒和干旱有着密切的联动关系。

其次，中国古代“霾”现象的逐步高发与历史人口的规模增长有着高度的一致性。因为人口的增多，必然要求更多的土地资源来生产人们必需的物资资料，并满足人们居住愿望的实现。而为了有效地获取土地和建筑材料，不仅使得原来一些可耕可牧的土地或者林地变成了耕地，而且，也逐步使得北方地区的今六盘山、中条山、黄土高原和太行山等地区成为光山秃岭，从而加剧了北方土壤沙化和山林的水土流失，其结果必然带来干旱事件以及“霾”现象的增多。

图四：

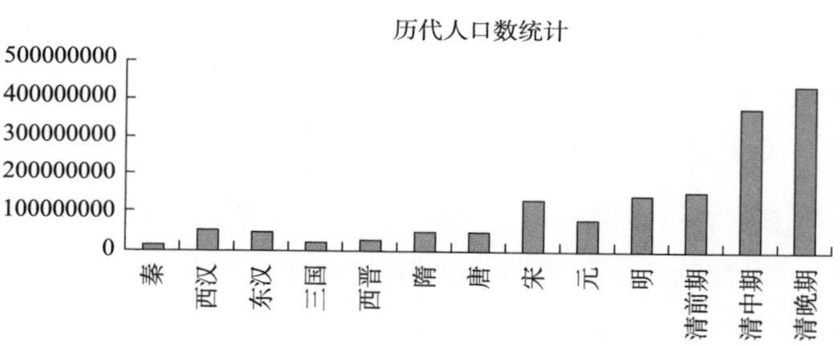

众所周知，人是一切社会经济、政治、文化活动的创造者；历史时期环境的变迁，从某种意义上讲，就是人类不断活动与自然界相互作用、相互制约的结果。同样，在中国古代“霾”出现的历史中，也无不反映着这种密切关系。从中国古代人口统计的历史看，《国语·周语》所记载的周宣王四十年（前 788 年）曾“料民于太原”② 的举动，应该是最早的人口统计活动。但是，图四中没有更早的全国人口数，连秦朝人口两千万左右也源自推测。③ 从文献记载可信的角度看，第一个全国的人口数应该是西

① 郑斯中等：《我国东南部地区近两千年来旱涝灾害及其湿润状况的初步研究》，《气候变化和超长期预报会议文集》，科学出版社 1977 年版。

② 徐元诰撰，王树民、沈长云点校：《国语集解》，中华书局 2002 年版。

③ 范文澜：《中国通史简编》，人民出版社 1964 年版，第 18 页。

汉平帝元始二年（2）才有全国性的人口数5767.1401万①，由此我们也看到西汉时期是中国历史上第一个人口总数超过5000万的王朝。此后的东汉国家到永寿三年（157）全国人口达到最盛，有人口5648.6856万，基本相当于西汉人口最多时的水平。三国时期，由于连年战争，瘟疫流行，人口大约下降到3000万。② 而到西晋短期统一之时，西晋的人口最多3500万。③ 西晋灭亡后，大量北人迁往南方，谭其骧先生推测，当时至少有90万北方人迁到南方④，南北方人口分布与增长的态势开始发生变化。南北朝时期由于战争不断、政权更迭频繁，所以，各国的户口材料缺失严重。以后随着公元589年隋朝统一，结束了三百多年的南北分裂局面，全国人口在大业五年（609）时约有5600万左右。⑤ 其后的唐代人口到天宝年间达到高峰值，将各种隐匿人口加进来，唐王朝天宝十四年（755）左右的人口峰值应该有7500万—8000万人。⑥ 到北宋，虽然有辽、西夏两政权长期与北宋国家对峙，但社会经济还是高度发展的。据学者研究，北宋大观年间人口约过1亿大关⑦；如果加上辽和西夏的人口，当时中国全境的人口约14000万⑧。南宋的人口峰值也大体是14000万的规模。至于元代，由于蒙古铁蹄统一全国的战争持续半个世纪，所以，各方人口的损耗十分严重。据学者研究，元代人口的峰值应该在元朝后期达到8500万左右。⑨ 到明朝，经过明初的统一战争，到洪武二十六年（1393）全国人口总数约在7300万左右，到明末崇祯十七年（1644）全国人口约1.5亿人。⑩ 清代康熙年间全国人口约1.6亿，乾隆四十一年（1776）已达到3.115亿人，嘉庆二十五年（1820）当时人口达到3.8亿，咸丰元年（1851）人口有

---

① （汉）班固：《汉书》卷28《地理志》，中华书局1962年版。

② 葛剑雄：《中国人口发展史》，福建人民出版社1991年版，第132页。

③ 葛剑雄：《中国人口发展史》，福建人民出版社1991年版，第132页。

④ 谭其骧：《晋末永嘉丧乱之民迁徙》，《长水集》上册，人民出版社1987年版。

⑤ 葛剑雄：《中国人口发展史》，福建人民出版社1991年版，第147页。

⑥ 冻国栋：《中国人口史·隋唐五代时期》（第2卷），复旦大学出版社2002年版，第182页。关于唐代最高的全国人口数有几种说法：赵文林、谢淑君的《中国人口史》认为有6300多万；王育民的《中国历史地理概论》认为唐天宝间人口峰值为8050万；葛剑雄的《中国人口发展史》认同王育民先生的说法，认为唐755年前后，人口在8000万—9000万之间。

⑦ 吴松弟：《中国人口史·宋辽金元时期》（第3卷），复旦大学出版社2002年版，第340页。

⑧ 吴松弟：《中国人口史·宋辽金元时期》（第3卷），复旦大学出版社2002年版，第349页。

⑨ 吴松弟：《中国人口史·宋辽金元时期》（第3卷），复旦大学出版社2002年版，第390页。

⑩ 曹树基：《中国人口史·明时期》（第4卷），复旦大学出版社2000年版，第240、247页。

4.36亿，但经过了15年的太平天国战争以后，至光绪六年（1880）全国人口下降到3.65亿。到宣统二年（1910）全国人口达4.36亿，达到清朝全国人口的最高值。①

以上是自秦王朝以来至清王朝末年全国人口数大体变化的过程，应该说由西汉时期开始，汉朝国家自汉武帝之后就已经控制了相当于今天的国土面积了，而人口只有不到6000万的规模，所以，当时及其后的很长时间内是不可能在全国范围内出现“土狭民众”问题的。两宋时期，虽然全国人口高峰值都在1.4亿，但由于寒冷和半干旱、干旱地区几乎都在西夏、辽或者金王朝控制当中，而这些王朝基本上是以游牧经济为主导的，所以，理论上对包括今蒙古高原、黄土高原以及其他植被条件不好区域的环境破坏作用不大。元朝统治全国不到一百年，人口最盛时也只有8500万，且黄河以北地区基本上被强制实行游牧经济，所以，即使是元朝后期气候再次进入自公元14世纪至清末的中国历史上的第五个寒冷期，不到1亿人的人口规模对地理环境的破坏也不会太大。但是，从明代开始到清朝末年，中国北方环境开始出现很大的压力：一方面，明清王朝的人口峰值在不断提高，由明朝末年的1.5亿到乾隆四十一年（1776）的3.1亿，再到清朝末年全国人口达4.36亿。众多人口对土地、粮食、建材等生活必需品的要求越来越多，使得明长城脚下可耕可牧的沙地、今汉中南部林地、鄂西山地以及闽粤赣山地等被大量地开垦出来。另一方面，元朝以来在北京建都，明清时期又在北京不断扩建，北京附近及太行山的森林资源被砍伐殆尽，加之明代在长城南北为了廓清视野，每年都要烧草、伐林，地面植被几被破坏殆尽②，所以，明清时期人口规模的急剧扩大，不仅加剧了北方土壤的沙化和南方水土流失的程度，也是明清时代“霾”现象增多、“霾”现象东扩及南扩的重要因素。

再次，明清时期新作物的引进和迅速推广，既为明清时期人口的增长和人口增长后对北方沙地、南方林地的开发提供了很好的外部物资条件，又是明清时代北方地区沙化严重与加速南方水土流失的幕后推手。

中国作为世界性的农业大国，早在新石器时代就已经以种植粮食作为

① 曹树基：《中国人口史·明时期》（第4卷），复旦大学出版社2000年版，第832页。
② 邹逸麟：《中国历史地理概述》（修订本），上海教育出版社2013年版，第26—27页。

生活中食物的主要来源了。以考古资料和后来的文献资料记载的情况看，当时粟、黍、麦、稻、菽最具代表性。以其中的粟、黍和水稻为例，就可以看出粟、黍、稻在中国历史上的重要作用了。作为耐干旱、耐瘠薄土而著称的、适合种植在水利条件缺乏的半干旱地区的粟、黍，是黄河流域分布最广的粮食品种，一直到今天，仍然是当地人民重要的口粮。水稻原是长江流域的作物，以后逐渐北传。夏商时期河南为亚热带气候，温暖而湿润，所以，在殷商甲骨文中有见“稻”出现，另在郑州白家庄商代早期遗址和安阳殷墟都发现有稻壳。[①] 此后，《诗经·豳风·七月》中亦有“十月获稻，为此春酒”之句，说明水稻在关中地区已经普遍种植。汉唐时期，国家之所以强盛，其重要的原因是关中平原和黄淮海平原种植着亩产量高的水稻，为当时社会经济的发展提供了坚实的保证。[②] 以后，随着自魏晋南北朝时期开始的气候的变冷变干，尤其是黄河的频繁改道，黄河中下游天然湖泊的消失和河道的淤塞，稻作农业逐步退出这一地区，而小麦的种植开始占主导地位。明清时期引进了许多适合干旱、贫瘠土壤生长，具有高产稳产特点的粮油作物。其中最为著名有产自南美洲地区的玉米、红薯、土豆和花生，而且随着这些作物的迅速推广，不仅极大地促进了农业经济的发展、人口的增加[③]和人们生活的改善，而且也无意中促进了明清时期对南北方荒地、林地的开发速度，直接促成了中国北方土壤沙化的过程。

以玉米为例，明中期从西亚传入，至19世纪中后期即推广至全国。玉米耐瘠、耐旱涝，高产稳产，在明清时期平原地区尽行开垦之后，大量人口以各种形式迁往无人沙地、林地，从而将沙地及山林的开垦推向一个又一个高潮。[④] 土豆作为适合高纬度、寒冷的沙壤生长的农作物，自南亚传入中国后，迅速在中国北方传播开来，在今天的山西、陕西、内蒙古、甘

---

① 彭邦炯：《商代农业初探》，《农业考古》1988年第2期。

② 高敏：《古代豫北地区的水稻生产问题》，《郑州大学学报》1964年第2期；高敏：《历史上冀鲁豫交界地区种稻同改良盐碱地的关系》，《人民日报》1965年12月7日；高敏：《我国古代北方种稻改碱经验的探讨》，《中国社会经济史论丛》（第2辑），山西人民出版社1982年版；邹逸麟：《历史时期黄河流域水稻生产的地域分布和环境制约》，《复旦学报》1985年第3期。

③ 高凯：《关于实行超生人口税的建议》，《学术百家》1987年第3期。该文认为：中国历史人口在清代中期的大增长与康熙五十年实行“摊丁入亩”，取消沿袭两千多年的人头税政策有着密切的关系，而不完全是新作物引进的结果。

④ 邹逸麟：《中国历史地理概述》（修订本），上海教育出版社2013年版，第265—266页。

肃、宁夏等地仍然是通行的农作物。① 至于花生，始见于元末明初贾铭的《饮食须知》一书。② 花生原产于南美洲中部，主要分布在南纬 40 度至北纬 40 度之间的广大地区中，既耐半干旱的气候，又耐贫瘠的沙地。所以，花生传入中国后，迅速在南北地区，尤其是在北方干旱土壤、碱性土壤和沙地中生长起来。直至今日社会，中国是世界范围内花生产量最高的五个国家之一。之后的红薯（又名甘薯、番薯），在明万历十年（1582）从南亚地区传入东南沿海地区，也像玉米、土豆和花生一样，在 19 世纪传遍全国。③ 总之，明清时代来自南美洲地区的玉米、红薯、土豆和花生等新作物，由于它们独特的耐旱涝、耐贫瘠、耐沙壤的优点被迅速推广至全国广大的区域里，并在中国北方土壤的进一步沙化和南方林地水土流失进程中，起了推波助澜的作用。而随着北方土壤的沙化，明清时期“霾”现象的大增成了无法避免的后果。

最后，中国历史上的“霾”与战争或者社会动荡有着密切的联动关系，其具体的表现在于历史上有一些“霾”现象直接由战争或者战役引起；另一方面，从中国古代农民起义的发生地与发生时间的统计资料看，除了因为统治者的腐朽、政治腐败而引起社会动荡之外，在干旱、贫瘠的地区和气候寒冷期中的偶发事件，其地点和时间往往是引发社会动荡的高发区和高发期。

中国历史上王朝历来重视祥瑞和灾异与政治的密切关系。从前引《竹书纪年》中就有“帝辛五年，雨土于亳”的记载看④，实际上反映的是殷商末年商纣王统治时期因北半球气候由温暖湿润转入为干旱、寒冷期所引发的一次天气异常现象。但是，在史家和以后的统治者眼里，这次事件意义重大，以至于殷商以后的史书仍念念不忘。如《国语·周语上》有言：“昔伊洛竭而夏亡，河竭而商亡”⑤；《墨子·非攻下》亦言：“至乎夏王桀，天有祰命，日月不时，寒暑杂至，五谷焦化”⑥，即是将自然气候现象与王朝兴亡联系起来的记载。西汉成帝建始元年（公元前 32 年）四月，

① 启宇：《中国作物栽培史稿》，农业出版社 1986 年版，第 277—279 页。

② （元）贾铭著，吴庆峰、张金霞整理：《饮食须知》，山东画报出版社 2007 年版。

③ 杨宝霖：《我国引进番薯的最早之人和引种番薯的最早之地》，《农业考古》1982 年第 2 期。

④ 王国维著，黄永年校：《今本竹书纪年疏证》，辽宁教育出版社 1997 年版。

⑤ （春秋）左丘明著，鲍思陶点校：《国语》，齐鲁书社 2005 年版。

⑥ 方勇译注：《墨子—中华经典名著全本全注全译丛书》，中华书局 2011 年版。

曾发生风霾，史称：“大风从西北起，云气赤黄，四塞天下，终日夜著地者，黄土尘也”[①]。事后朝野震动，最后汉成帝也不得不以自责：“朕承先帝圣绪，涉道未深，不明事情，是以阴阳错缪，日月无光，赤黄之气，充塞天下。咎在朕躬”[②] 来平息这件事，可见当时朝野对异常天气变化的警惕与不安。同时，我们还应该看到战争或者动荡就是政治的继续。西汉初年汉楚争霸时就有记载，时项羽在彭城即将合围刘邦，但一场意外的“风霾”救了刘邦。史称“大风从西北起，折木发屋，扬沙石，窈冥尽晦，楚军大乱”[③]，自此之后，刘邦虽屡战屡败，但最终借此置之死地而后生的机会战胜了项羽，完成了建国大业。从秦末汉初的这场意外的“风霾”和西汉成帝建始元年发生的“霾”看，都是处在公元前5世纪中叶至公元前2世纪中叶的寒冷期中。但汉高祖得益的这场意外的“风霾”，显然是与“楚汉战争”紧密联系的。此外，通过统计资料可以发现，黄淮海平原在中国古代是暴发农民起义最多最频繁的区域，其中在寒冷期，这种现象尤为严重。以明末李自成起义为例，当明崇祯末年时，黄河流域连年旱灾。虽有新作物的大量引种，但连年旱灾，农民只能颗粒无收。所以，当单位面积内土壤的承载力极度下降而无法继续供养人口时，北方农民就只能揭竿而起了。同样的事例在明清两代皆举不胜举，这里就不赘述了。

图五：

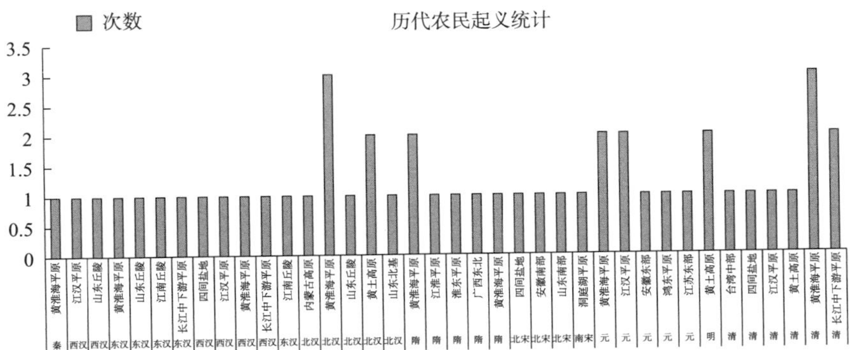

---

① （汉）班固：《汉书》卷27《五行志下》。

② （汉）班固：《汉书》卷10《成帝纪》。

③ （汉）司马迁：《史记》卷7《项羽本纪》。

二　简短的结论

通过对中国古代3000年来“霾”现象发生的历史背景、发生原因以及有密切联动关系对象的简单揭示，我们不难看出，历史上“霾”与气候关系密切，从近3000年来十个变温期看，“霾”的发生与五个寒冷、干旱期密切相关；同时，历史上“霾”现象的逐步多发与人口规模的扩大、新作物的引进与推广、非农业区的不合理开垦有着密切的联动关系，最后，“霾”的发生，也与历史上政治危机和社会动荡有着一些联动关系。总之，通过对中国历史3000年“霾”现象的研究，可以带来一些可贵的启示：

其一，从“霾”现象产生的历史看，它首先是北半球自然环境下的产物，是地质时代就已经发生过很久、并且现在正在发生，将来还会继续发生的一种自然现象，它的过去、现在的发生，意味着整个风成黄土区的黄土再造仍然还在继续中。所以，我们要用一种公允、达观的态度，去看待我们身边经常发生的“霾”现象。

其二，从“霾”现象产生及逐步频发的角度看，历史上“霾”与气候关系密切，与3000年五个寒冷、干旱期的出现高度吻合；尤其是明清时期，是近3000年持续时间最长、气候最寒冷和最干旱的时期，而这一时期，也是“霾”现象的大量出现及其东扩的时期。所以，从近十年“雾霾”天气的急剧增加看，或预示着未来几十年是中国气候波动和持续干旱的时期。

其三，从“霾”现象产生及逐步频发的过程与明清时代新作物的引进和农业再开发的过程提示我们：未来中国农业的发展要注意做好前瞻性、适应性的研究，并密切注意防范再一次出现像明清时期后期因为粮食危机造成剧烈社会动荡的事件。

其四，中国历史上的“雨霾”与现代社会“雾霾”天气的出现，既有联系，又有本质上的区别。今天“雾霾”天气的出现，与现代工业粗放式的发展关系密切，也与中国西部、中国北方以及蒙古国的以原材料为对象的开发密切相关，所以，在充分考虑开采成本的基础上，建议调整西部产业规模和产业发展方向。

六十年来全国与西南地区气象干旱及气候环境变化
——以云南为例

徐海亮*

（中国灾害防御协会灾害史专业委员会，北京　102208）

摘要： 本文基于水利部信息中心技术和各省市相关资料及多种评价指标体系，分析1960年代以来实测气象资料，结合干旱灾害记载，重建西南地区省市气温、降水变化和干旱灾害的60年序列，回顾和剖析干旱环境变化过程，研讨区域干旱灾害时空分布特征和年际、年代际变化，确认旱涝气候突变发生时机。认识到：继20世纪末叶的干旱灾害变化趋势，在21世纪初中国旱涝格局发生重大转变同时，西南地区年代际气温普遍趋增、相应降水趋减，干旱化态势持续，干旱灾害发展。结合西南各省市分析实例，综述区域冬、夏半年气温和降水变化特征，以及引发干旱化的物理环境因素。注意到：随着部分重要大气环流系统及要素的正、负位相在世纪交接前后的相互转化，1970年代以来中国东部"南涝北旱"形势，正在发生深刻、复杂的变异，出现东部"北涝南旱"、西南持续干旱化的新格局。这一趋势将涉及未来西南干旱气候及灾害环境的发展变化，影响政府和社会应对和决策。

关键词： 六十年；旱涝序列；气象干旱；西南干旱化；气候及灾害环境

---

* 基金项目：本综合研究系云南大学周琼教授主持的2017年度国家社会科学基金重大项目"中国西南少数民族灾害文化数据库建设"（项目编号：17ZDA158）的中期成果"西南气候环境变化"内容之一。

作者简介：徐海亮，水利部减灾中心客座研究员，教授级。

一　全国和西南干旱态势的变化概况

回顾1949年以来出现的数次干旱灾害高峰期，从耕地受旱、成灾面积记录看，1957—1962年、1972年、1978—1982年、1985—1989年、1991—1995年、1997年、1999—2002年属于干旱高峰期（含高值年），年均受旱面积均在3000万公顷以上。1950—1990年的41年间，中国有11年发生了特大干旱，发生频次为27%。2000—2010年，发生8次重大干旱，发生频次达到80%。2010年至今，虽然干旱成灾面积大幅下降，但区域性跨年跨季的干旱接连发生，特别是一度偏涝的南方转涝为旱，西南地区出现严重、持续的干旱化趋势。在经济超前发展和气候变化的大环境下，干旱化对人们日常生活、生产，对国民经济、社会心理、社会稳定都造成巨大冲击，是当前气候剧烈振荡、环境恶化的突出标志之一。

从长序列看，21世纪初到2010年，严重受灾年次较为频繁，近9年有所缓解。成灾率高的年份，在2000年以前已达到50%以上的比例（集中在59—61，72、78、80—81、88—89、90年代和2000年），在2000年以来，高成灾率年份的比例占到统计阶段的55%，它们又集中发生在21世纪的前十年里。

21世纪以来除2004、2009、2011、2012、2014、2017、2018年之外，全国干旱灾害的成灾率，均在53%—67%之间徘徊，高于1950—2010年平均水平（44%）。在以上成灾率略小的年份中，西南地区仅仅2017、2018年没有发生较大干旱，其他每年均发生了区域性的中到重旱。

（一）中国夏季降水的区域雨型分析与西南干旱的关系

回顾1950年代以来西南与华南以及全国其他地区的降水过程、逐年与各季节水旱距平，认为每一年水旱总体趋势，大致以夏半年或夏季、汛期降水多少——由主要雨区的时空分布来决定的。按中国气象局气候中心的分析和划分，中国夏季降水距平百分率最大区域作为主雨带，划分逐年的主要雨型，归纳出中国夏季降水的三类雨型年：1类雨型属于北方型，主要多雨带位于黄河流域及其以北地区，江淮大范围少雨，梅雨偏弱，有明显伏旱，江南南部至华南为次要多雨区。2类雨型属于中间型，主要多雨带位于黄河长江之间，雨带一般在淮河流域一带，黄河以北和长江以南大部地区少雨。3 类雨型为南方型，主要多雨带位于长江或江南一带，淮河以北大部及东南沿海少雨。①

表 1　　近 70 年来中国夏季降水的三类雨型年

1 类雨型年	1953、1958、1959、1960、1961、1964、1966、1967、1973、1976、1977、1978、1981、1985、1988、1992、1994、1995、2004、2012、2013、2015、2016、2018
2 类雨型年	1956、1957、1962、1963、1965、1971、1972、1975、1979、1982、1984、1989、1990、1991、2000、2003、2005、2007、2008、2009、2010、2017
3 类雨型年	1951、1952、1954、1955、1968、1969、1970、1974、1980、1983、1986、1987、1993、1996、1997、1998、1999、2001、2002、2006、2011、2014

从夏季（或汛期）降水看，1950、1960 年代和 21 世纪初，华北处于多雨时期，1970 年代和 21 世纪初，淮河、中间地带多雨，而 1980—1990 年代到 2001—2002 年，南方是普遍多雨，偏涝。

从近 70 年来实际分析和统计结果看，全国夏季降水以北方型的为多。而且这个降水主雨带变化趋势（并旱涝趋势），从 1950—1960 年代的以华北为主，主雨带渐南，经 20 世纪 60 年代末到 80 年代初的转折，主雨带位置自淮河流域一带，变化到 1980—1990 年代的长江、华南地区，形成通常称为的“南涝北旱”阶段。这个局面大致在世纪转换之际结束，21 世纪初的前 10 年发生重大转折，主雨带自长江、江南向中间型的淮河流域转变，并继续向北推进。

这些变化，在全国全年降水距平的时空变异中体现出来。从我们实时跟进的水旱监测与总体回顾看，中国东部地区 1970—1990 年代的“南涝北旱”局面，已经改变。

下图系 1961—2000、2000—2019 年初全国降水量距平趋势，可见 1990 年代的北旱南涝态势已经改变。西北东部和华北东部转偏涝，华北西部、华中、江南中西部偏旱；西南地区的川滇黔渝和西藏东南部降水均减少了两成左右。显示出长时期明显的气象旱涝增减变化态势。

① 参阅赵振国主编《中国夏季旱涝及环境场》，气象出版社 1999 年版，第 1 页。

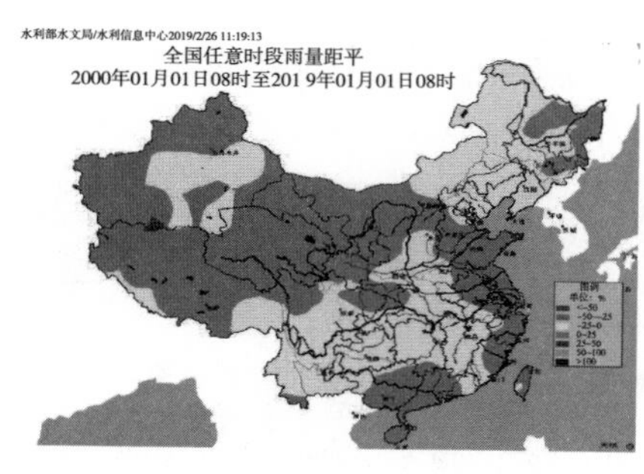

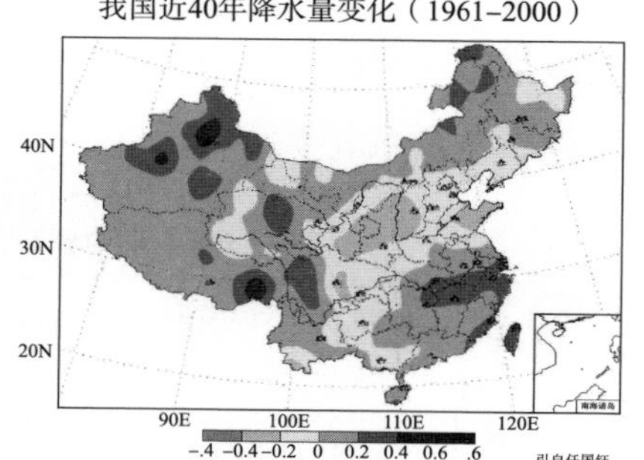

图 1　1961—2000、2000—2019 年全国降水距平增减趋势

注：左图系本研究据水利部信息中心平台绘制（2019），右图据任国玉统计绘制（2012）。

21 世纪南方的季节性干旱频出，特别是滇、黔、川、渝、桂等省区。西南地区从 20 世纪末叶即已现偏旱，21 世纪初干旱局面发展趋重，发生令国人瞩目的系列严重的干旱事件。所以，不论中国东部地区夏季降水是属于哪一种类型，西南地区都可能面临因汛期缺水的干旱局面，特别是在后继的冬半年发生干旱持续和扩展（含秋冬、冬春旱）的状况。

一般来说，中国东部地区春季——特别是春夏降水多寡，决定前汛期的水旱形势，乃至全年旱涝态势。西南地区汛期降水的多少，受到东亚大气环流的影响。而秋末、初冬，到冬末春初（或春末初夏），容易出现较大范围的干旱，并非夏季降水就可控制的。回顾 20 世纪后半期，在 1、2 类雨型年，有 12 年次西南地区出现偏旱或中到重旱。所以 20 世纪后半期，在北方型和中间型的夏季降水年，整个南方从东到西降水偏少，西南地区都可能产生干旱；21 世纪 1、2 类雨型，是 2004、2012、2013、2015、2016 和 2000、2003、2009、2010、2017、2018 年，滇、黔、桂、川、渝的夏、冬半年均有较多的机会遭遇干旱，或部分省市遭遇华西秋雨的变异（偏少）。这是一个总的趋势。遇 3 类南方雨型年，西南地区也有偏旱现象，如 1970 年。夏季降水对全年旱涝趋势的影响是显著的。但到 21 世纪，3 类型的南方雨型年实际情况发生变化，西南地区冬半年会遭遇中到重旱，如 2001、2002、2006、2011、2014 年。东部降水各种类型对西南的影响，已发生重大变化。如单纯以夏季主雨带位置来分析旱涝区域，已解释不了西南地区的旱涝环境场的特征及其复杂性。显然，形成西南地区干旱灾害的物理环境场，和中国东部大多数省市不完全一样。东部各类雨型年，西

南均可能遭遇较严重的干旱。究竟青藏高原和南亚气候环境与西太平洋大气环流各要素的耦合变化，对西南地区发生什么作用？已有很多研究，我们留待将来择要进行陈述与评估，本篇只回顾本区的气象干旱及灾害变化实际过程。

（二）西南地区冬、夏半年与汛期降水距平的分析

21 世纪的近 20 年，西南地区发生多次重大的气象干旱事件，下图（据水利部信息中心业务平台）分别罗列了系列冬（夏）半年的降水距平分析，显示了西南地区 21 世纪干旱形势发展的严峻性。从图中可以发现在 2009 年下半年前，西南地区以偏旱到局部中旱为主，2009 年冬半年开始，形势发展到偏旱、中旱到重旱局面。但同时比邻的两广区并未发生重大干旱，这和 20 世纪后半叶情况不同。从下图所列举的典型年看，干旱又以冬半年为主，即秋冬旱、冬旱、冬春旱。

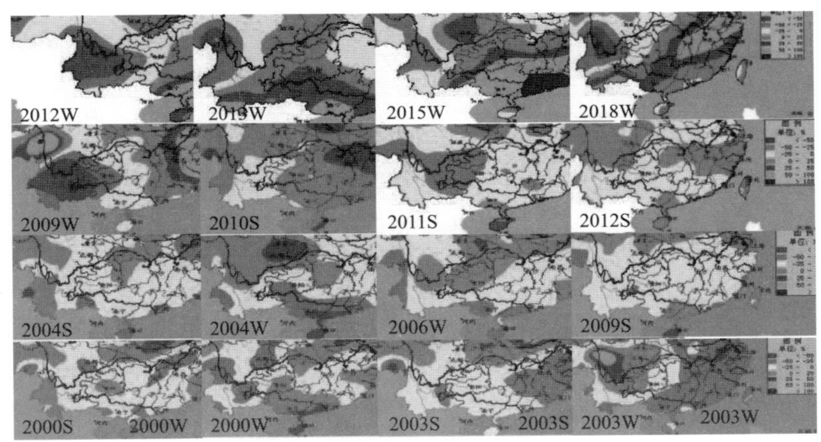

（本分析图基于水利部气象水文信息中心资料和GIS业务平台生成制作复合）

图 2　21 世纪华南和西南地区冬（夏）半年降水距平（W/S：冬/夏半年）

图 2 显示冬半年发生的干旱为多。而且，21 世纪初叶的西南气象干旱局面，早在 20 世纪末叶已经出现，在下面的文字中这个问题将引用一些具体分析来突出说明。下图即 1980 年代末到 1990 年代初的西南和全国汛期（6—8 月）典型年降水距平图，可见西南地区汛期的干旱，与相邻的西藏东部、华南西部的干旱大致同期，在 20 世纪末叶已经发生。

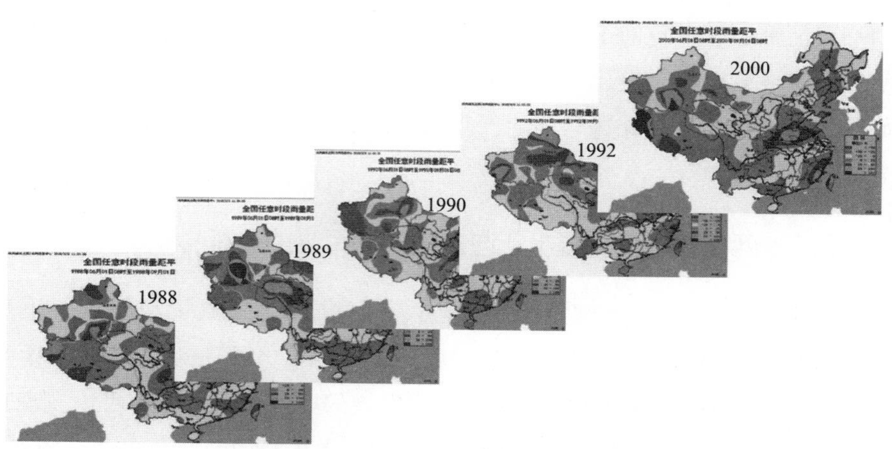

图3　20世纪末西南、华南地区汛期中降水距平偏旱典型（据水利部信息中心数据绘制）

以上年度降水距平，只是气象降水的算术平均表述，不完全等于水文干旱和农业干旱。毕竟降雨的多少，不一定必然导致干旱形势出现。干旱成灾率在相当程度上表征了农业干旱的灾害程度。以四川省和贵州省为例，下图给出1981—2000年两省（含重庆市）干旱成灾率变化，以40%成灾率为均值，四川约有半数年份超过，贵州有大多数年份超过成灾率均值：

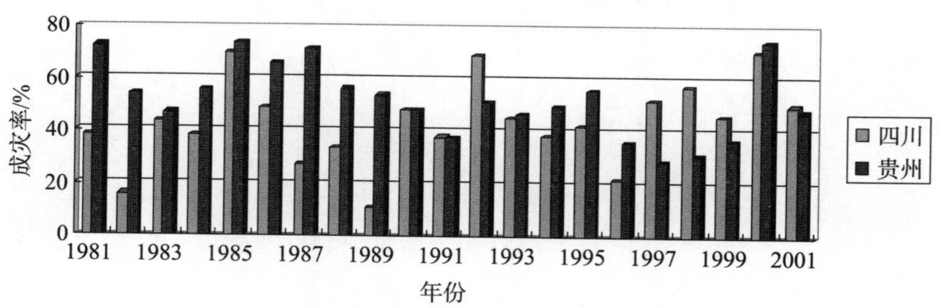

图4　1981—2001年四川和贵州干旱成灾率变化

表2　1950—1990年代西南地区年均农业干旱灾害数据统计

面积单位：万亩

年代	水旱受灾总面积	旱灾受灾面积	受旱面积所占比例%	旱灾成灾面积	旱灾成灾占总成灾面积比例%	旱灾成灾率%
1950	2448.08	3221.87	67.05	1404.93	88.93	43.61
1960	3433.33	3696.43	81.71	1699.68	84.49	45.98
1970	8085.67	4767.22	49.66	1740.01	50.08	36.50
1980	6640.75	3638.05	58.49	1724.01	61.21	47.39
1990	10280.93	4030.95	46.44	2237.34	42.26	45.37

川、黔干旱成灾率基本显示了西南地区在20世纪后期农业干旱成灾程度，也反映出灾害程度和社会总体减灾能力的变化。从表2统计成果可以看出：20世纪后期西南地区干旱成灾面积逐年代波动上升，受旱面积在水旱灾害中所占比例有所下降，渐占一半的比例；干旱成灾面积持续上升，但在水旱灾害成灾总面积中所占比例略呈下降状态，干旱成灾率惟1970年代低于40%，但在此两头——其他年代均超过40%几个百分点，且成灾率在逐年代增长中。

考虑到实际的农业干旱的影响，以及全国2000年以来旱涝形势的重大改变，特将21世纪以来全国和华南、西南的干旱态势列表附后：

表3　　21世纪来全国和西南农业干旱灾害统计（据水利部统计资料）

年份	受灾面积（千公顷）	成灾面积（千公顷）	成灾率（%）	灾害范围及情况
2000	40540.67	26783.33	60.00	东北西部、华北大部、西北东部、黄淮及长江中下游地区旱情特别严重
2001	38480.00	23702.00	61.58	华北、东北、西北、黄淮春夏旱，长江上游冬春旱，中下游晴热高温、夏旱，东部秋旱
2002	22207.30	13247.33	59.60	华北、黄淮、东北西、南部、华北、西北东南部及四川、广东东部、福建南部连续4年重旱
2003	24852.00	14470.00	58.20	江南、华南、西南伏秋连旱，湘、赣、浙、闽、粤秋冬旱
2004	17255.33	7950.67	46.00	华南和长江中下游大范围秋旱，粤、桂、湘、赣西、琼、苏、皖降雨量为1949年以来同期最小值，华南部分地区秋冬春连旱
2005	16028.00	8479.33	52.90	宁、内蒙古、晋、陕春夏秋连旱，粤、桂、海南发生严重秋旱，云南初春旱
2006	20738.00	13411.33	64.60	川、渝伏旱，重庆极端高温，长江中下游夏旱、两广秋冬旱
2007	29386.00	16170.00	55.00	内蒙古东部、华北、江南大部、华南西部、西南的东南部夏旱，华南湘、赣、闽、两广秋冬旱
2008	12136.80	6797.52	56.00	江南、华南北部、东北旱，云南连旱
2009	29258.80	13197.10	45.10	华北、黄淮、西北东部、江淮春旱；冬半年滇、黔中到重旱，夏半年华南、滇、黔、两广大部偏旱
2010	13258.61	8986.47	67.77	云、桂、黔、渝秋冬春大旱，广东重旱，华北、东北秋旱

续表

年份	受灾面积（千公顷）	成灾面积（千公顷）	成灾率（%）	灾害范围及情况
2011	16304.20	6598.60	40.46	华北大部、西北东部、两湖、黔滇偏旱，夏半年两广轻到中旱，云南贵州中到重旱；冬半年滇北中旱，黔、桂、琼轻旱
2012	9333.33	3508.53	37.58	云南中部和北部地区旱情从2011年7月持续到2012年6月；冬半年黔、滇中到重旱，湖北中北部地区遭受春夏秋连旱
2013	11219.93	6971.17	62.13	夏秋长江流域高温连旱，降水量偏少5成多，为1951年以来最低。滇、黔偏旱
2014	12271.70	5677.10	46.26	干旱集中在北方地区，辽宁、河南、内蒙古较严重；冬半年，黔、桂轻旱，粤东中度干旱
2015	10067.05	5577.04	55.39	华北冬春旱和夏旱。河北、山东、山西、甘肃、陕西冬春旱，内蒙古、河北、辽宁、山东、山西、吉林发生夏旱；华南和西南局部地区出现了阶段性春旱和夏旱
2016	9872.76	6130.85	62.09	黑龙江、内蒙古、甘肃3省（自治区）旱情较重。夏半年滇东、黔南、桂西、粤西偏旱
2017	9946.43	4490.02	45.14	夏滇西北偏旱，冬华南滇、黔、桂、粤、琼普遍偏旱
2018	7397.21	3667.23	49.57	冬半年滇北轻到重旱，琼轻到中旱
2019				

与其全国统计对应，21世纪来西南地区部分干旱年干旱成灾率统计如下：

表4　2000—2010年代西南地区部分旱年的干旱成灾率统计

省区	2007	2008	2009	2010	2011	2012	2013	2014	2015	2016
广西	44.3	56.7	43.4	69.2	49.4	53.3	43.5	26.9	49.3	58.4
重庆	66.6	59.8	34.3	24.9	39.3	56.2	57.9	61.8	95.3	63.5
四川	37.8	33.1	32.5	61.1	54.3	45.2	39.4	28.8	34.9	59.8
贵州	47.9	58.2	66.6	80.1	64.8	30.8	62.0	28.4	/	50.0
云南	49.9	75.5	40.1	68.5	48.1	40.5	70.4	58.5	66.3	31.9

显然，多数年份的干旱成灾率的灾情程度，西南地区已超过了表3全国的平均统计灾情程度，在西南五个省区中，干旱导致成灾特别严重的是重庆、贵州和云南，多年份成灾率超过60%，广西和四川相对略轻。下面

我们以21世纪干旱化特别严重的云南灾害气候变化为例。

二 60年来气温、降水变化研究的综述——以云南省为例

（一）全国气象水文业务平台对六十年跨度的西南地区年度降水距平分析

过去，干旱灾害尚缺科学标准的定性定量评估指标，全年的或季节的降水距平，仅是一个降雨量的数学平均集合，掩盖了旱涝变化的极端值，不能科学代表季节性的干旱程度和多种气候条件下（如温度、蒸发、风等变化）、前期降水影响下的实际农业干旱状态。

为了追溯前期降水的累积效应对当前干旱的影响，本文引进了年度降水距平指数进行分析。

对于西南诸省市长时间尺度的干旱灾害过程，本文采用水利部水文司水利信息中心研发的防汛抗旱雨情系统，生成单站长序列（1960—2019年）的年度降水距平指数曲线进行分析研判。

功能：计算单站的年度降水距平指数P，逐旬连续追溯计算

原理与方法：$P = 0.6 * P1 + 0.25 * P2 + 0.15 * P3$；

P1：计算时刻至去年该时刻（1年）的降水距平百分率值，表征前一年以来降水平值的综合累计过程和降水偏离性状；

P2：去年该时刻至前年该时刻（1年）的降水距平百分率值，表征上一年的降水距平值的累计过程和性状，考虑到前期偏差的贡献，对评估结果采用一定权重打折；

P3：前年该时刻至大前年该时刻（1年）的降水距平百分率值，表征前年的降水距平值的累计过程和性状，考虑前期偏差的贡献，对评估结果采用一定权重进一步打折。

本文按水利部信息中心数据库具有的10万个雨量站约70年数据进行计算，生成数值不是某站点在计算时刻某时段的降水距平百分值，而是追溯三年以来累积的（逐年逐月）逐旬的距平数的滑动综合统计值，动态反映了该站点降水偏差的三年逐旬累积，波动发展的状态，可以视为一个包含了前期降水偏差程度的滑动追溯分析结果。本文分别分析了滇黔两省的计算结果，云南计有楚雄、大理、会泽、昆明、丽江、景洪、思茅、文山

数站；贵州省则有遵义、凯里、毕节、桐梓、威宁、兴仁、罗甸、榕江数站（下面将介绍和陈述）：

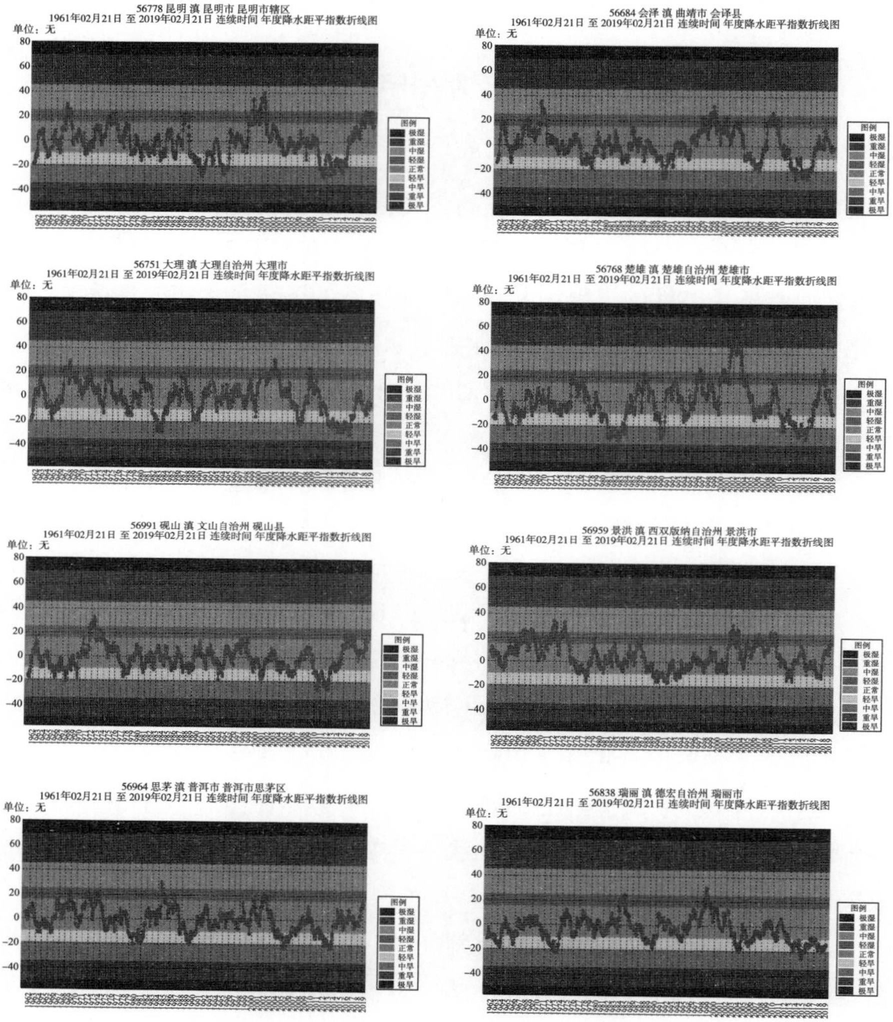
56778 昆明 滇 昆明市 昆明市辖区
1961年02月21日 至 2019年02月21日 连续时间 年度降水距平指数折线图
单位：无
56684 会泽 滇 曲靖市 会泽县
1961年02月21日 至 2019年02月21日 连续时间 年度降水距平指数折线图
单位：无
56751 大理 滇 大理自治州 大理市
1961年02月21日 至 2019年02月21日 连续时间 年度降水距平指数折线图
单位：无
56768 楚雄 滇 楚雄自治州 楚雄市
1961年02月21日 至 2019年02月21日 连续时间 年度降水距平指数折线图
单位：无
56991 砚山 滇 文山自治州 砚山县
1961年02月21日 至 2019年02月21日 连续时间 年度降水距平指数折线图
单位：无
56959 景洪 滇 西双版纳自治州 景洪市
1961年02月21日 至 2019年02月21日 连续时间 年度降水距平指数折线图
单位：无
56964 思茅 滇 普洱市 普洱市思茅区
1961年02月21日 至 2019年02月21日 连续时间 年度降水距平指数折线图
单位：无
56838 瑞丽 滇 德宏自治州 瑞丽市
1961年02月21日 至 2019年02月21日 连续时间 年度降水距平指数折线图
单位：无
图例
极湿
重湿
中湿
轻湿
正常
轻旱
中旱
重旱
极旱

图 5　云南省不同地区 1960—2019 年八个雨量站年度降水距平折线

综合分析云南省的 11 个雨量站长期降水距平的极值过程，大致存在 1960 年代初、1970 年代末、1980 年代初、1980 年代末、1990 年代初、2000 年代初、2010 年代早中期多个不同的严重干旱阶段。但全省东部和西部、北部和南部的雨量站点同期的偏离程度，有所差异。

在农业水利意义上，除以上的降水距平法、年度降水距平指数、帕尔

默指数法（PDSI，含降水量、蒸散量、径流量和土壤有效水分储存量）外，气象界也引进 SPI（标准化降水指数，追溯一月、三月、半年降水）、SPEI（标准化降水蒸散指数）分析和标志旱涝形势，后者也考虑了气温和蒸发量变化对于气象水文干旱和农业干旱分析的实际作用。我们特别注意到 21 世纪以来华南、西南往往在冬半年发生较严重干旱，可能与东亚气温变化相关。中国科学院大气物理研究所黄荣辉等研究指出："中国冬季气温在 1988 年前后和 1999 年前后发生了明显年代际跃变。这两次中国冬季气温的年代际跃变的特征有明显不同，发生在 1988 年前后的年代际跃变的特征是中国北方（包括东北、华北和西北）出现持续暖冬现象；而发生在 1999 年前后的年代际跃变的特征是中国北方先出现冷暖相间现象，特别从 2008 年之后出现持续偏冷现象，而我国西南、华中和华南出现偏暖现象。""从 20 世纪 90 年代末之后，我国冬季气温和东亚冬季风发生了明显的年代际跃变。从 1999 年之后，随着东亚冬季风从偏弱变偏强，我国冬季气温变化从全国一致变化型变成南北振荡型（北冷南暖型）。"[①]

北冷南暖对西南影响究竟如何？云南气温发生了什么变化，季节性降水又将如何响应？这是本文特别关注的问题。以下介绍关于 1950 年代以来，云南气温和降水变化、气候带变化、干旱气候的异常环流形势的各种分析，及其反映出的云南降水气候变化的一些实际过程和原因。

（二）云南全省温度和降水气候变化趋势的各种分析

从各种方法和角度分析看，长期以来云南气温处于增高、降水处于减少状态。如卜明等根据 1960—2012 年全省 30 个气象站实测资料的分析，认为："云南省 1960—2012 年的年平均气温呈明显上升态势，线性上升率达 0.21℃/10a，1977 年为突变点，云南省冬季升温最为明显，升温幅度较大区域为滇西和滇西南。云南省年平均降水量线性减少率为 9.8mm/10a，其中，夏、秋季降水量减少速率较大；滇东北和滇东南区域年平均降水量减少趋势较为明显。"[②] 卜明等的分析成果指出了 50 年来的温度、降水变

① 黄荣辉等：《20 世纪 90 年代末东亚冬季风年代际变化特征及其内动力成因》，《大气科学》2014 年第 4 期。

② 卜明等：《1960—2012 年云南省年际气温与降水量的区域性变化特征》，《贵州农业科学》2017 年第 8 期。

化趋势，是一重要的概括分析：

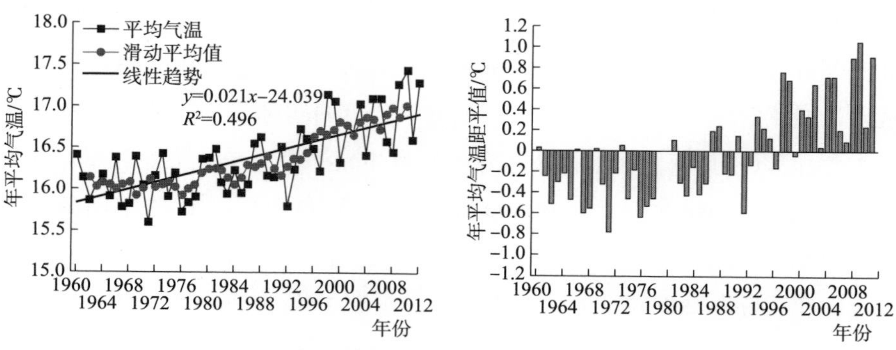

图6　1960—2012年云南省年平均气温的变化趋势（左）及距平（右）

分别分析云南全省四季降水变化趋势如下：

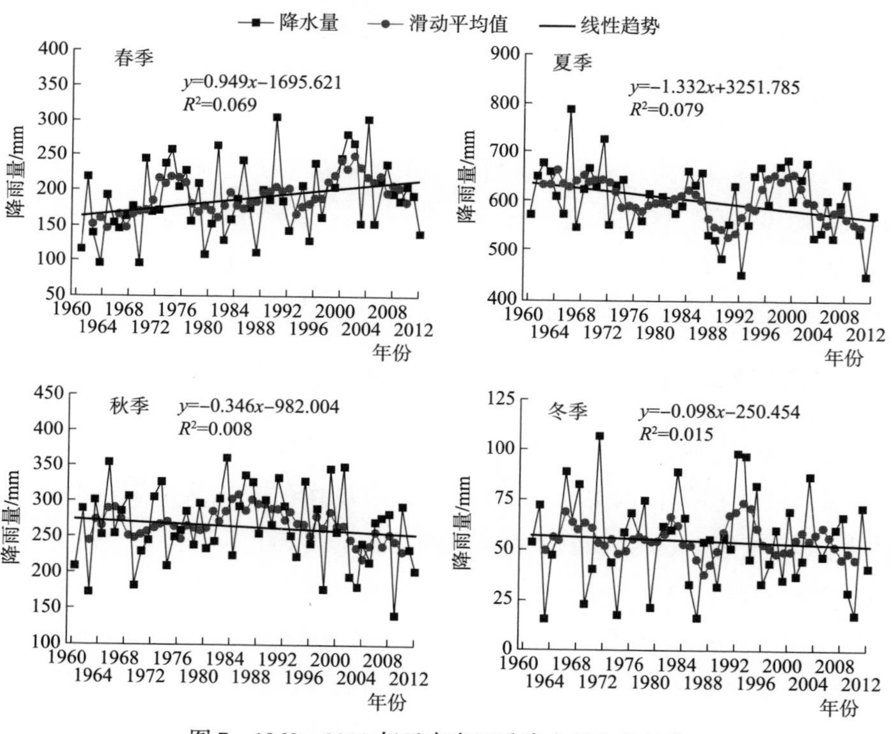

图7　1960—2012年云南省四季降水量变化趋势

成果显示，所统计时期，气温呈增高趋势，降水总的呈减少趋势，其中仅春季降水呈增加趋势，夏、秋、冬季呈减少趋势，出现干旱的概率较高。气温与降水的变化存在密切关联。

另外一个类似的分析也说明了总的情况和各种气象监测的情况，云南省气象局程建刚等分析云南50年来的气候资料，认为："云南近50年气温变化与全球、北半球、中国变化趋势基本一致，气温变化幅度略大于全球，弱于北半球和全国变化。云南20世纪80年代中后期以后出现增暖现象，以90年代后期增温最明显，1986年以来出现13年暖冬，大部分地区冬春季降霜日数减少。随气候变暖，香格里拉地区降雪日数呈下降趋势，西双版纳地区雾日明显减少，全省降雨日数逐渐减少，大雨频率变化不大，暴雨、大暴雨频率上升，高温干旱事件频率增加。进入21世纪以后，云南降水减少，高温干旱事件有增强增多趋势"。看来，以上变化趋势尚未结束。而一些城市站点呈现了："自80年代开始，昆明降霜日数在逐渐减少……滇西北香格里拉站1958—2006年气温变化情况，自60年代中后期开始出现增温现象，增温较全省其他地区早，90年代以后增暖最明显……滇南西双版纳景洪站……与1954年相比，2006年气温上升了1.3℃，与最低的1971年相比，气温上升了1.9℃。"①

昆明自1990年代以来温度明显升高，出现正距平，其变化也说明了昆明和全省相同的趋势："近60a昆明市气候变化呈气温升高、降水量略微减少的暖干化趋势；气温上升率0.24℃/10a，降水量下降率3.89mm/10a；干季增温强于雨季，而雨季降雨量下降趋势明显；2001—2010年是近60a来昆明气温最高、降水量最少的10a。"② 不过昆明变化是否存在城市化环境效应？需更长时期更多的研究资料来进一步说明。

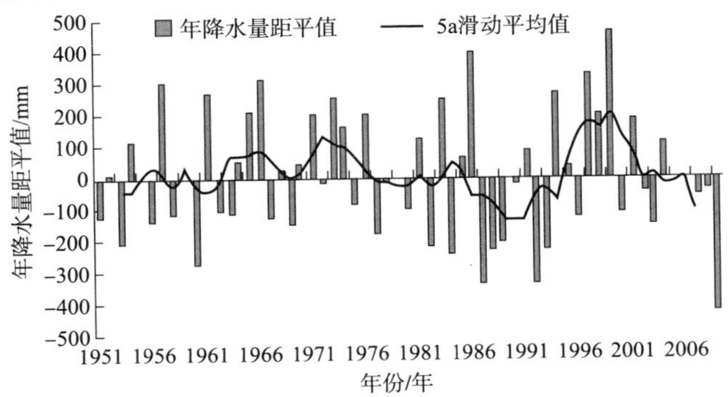

图8　1951—2010年昆明年平均气温距平值逐年变化（据He 2012）

① 程建刚：《近50年云南区域气候变化特征分析》，《地球科学进展》2008年第5期。

② 何云玲等：《近60年昆明市气候变化特征分析》，《地球科学》2012年第9期。

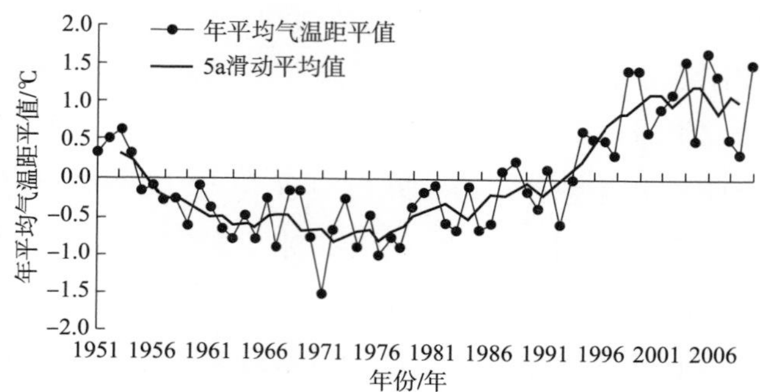

图9　1951—2010 年昆明年降水量距平值逐年变化

但云南各地情况不同。大理市气象局有分析认为：“云南省 1971—2004 年年平均气温升温率为 0.24℃/10a，大理相同时期的年平均气温升温率仅为 0.10℃/10a……（春、夏、秋、冬四季）变化倾向率分别为 0.13℃/10a，0.04℃/10a，0.08℃/10a，0.03℃/10a，从中可以看出春季增温最为明显，其次为秋季，夏季增温最少。”分析认为大理这一时期春、秋、冬季降水均在增加中，“夏季为明显减少趋势，其向量倾斜率为 −25.58mm/10a。”显然大理与全省和昆明的趋势并不一致。① 刘翔卿等“利用大理和丽江气象站 1951～2010 年的逐日气象资料，分析了横断山脉东部气温、降水的气候特征。结果表明，1991 年以后，大理和丽江地区均存在显著增温的趋势（0.58 和 0.55℃/10a），明显高于同时期中国平均气温的增加幅度；而在 1991 年之前，大理和丽江的年平均气温呈现下降或微弱上升的趋势（−0.14 和 0.07℃/10a）。与夏季平均气温的增温幅度相比，冬季平均气温的增温更显著，且其变化趋势与年均气温的气候特征是一致的。大理和丽江年总降水及各季节降水量在 1951—2010 年并没有明显增加或减少的趋势”②。看来，由于地域和站点的地理位置不同、分析时段差异和分析者差异，大理和丽江情况与上述全省、昆明变化态势不太一致，特别是降水尚无明显的增减。

另外也有分析认为：“60 年来云南省 8 个州（市）干旱与旱灾发展趋势并不完全一致，干旱仅滇东北的昭通夏季呈显著加剧的趋势，而旱灾各

① 董保举等：《云南大理市 45 年气温及降水变化特征研究》，会议论文。

② 刘翔卿等：《1951～2010 年云贵高原大理和丽江气温、降水的气候特征分析》，《气候与环境研究》2018 年第 5 期。

地均呈明显加重的趋势，特别是改革开放以来经济快速发展的后30年旱灾明显加重。”①

滇南的景洪市气象局的细微分析很有意思，他们按地表下不同深度监测了地温的变化：“各年、季浅层平均地温均呈现极显著的升高趋势，升温率为0.14—0.40℃/10a，春季最小，冬季最大，年和春、冬两季表层升温率最大。各浅层平均地温在1980年秋季均发生了突变，冬季突变出现在1978年，以突变点划分，前为冷期，后为暖期，0cm、15cm和20cm年平均地温，突变前只有20cm年平均地温增温趋势不显著，突变后则相反，只有20cm年平均地温呈显著的增温趋势，这表明20世纪80年代以来，20cm地温对气候变暖的响应更强。”②

因此，云南不同地区对于气候变化的响应是不同的，甚至有的变化趋势和总体情况完全相反。对此，中国科学院地理研究所刘佳旭等做了较为综合的分析，似更为细致准确，他们“基于云南省1954—2014年32个气象站点逐月降水量资料，采用线性倾向估计法、径向基函数空间插值法、小波分析法、R/S分析法、Z指数法，分析了61年的云南省降水序列、旱涝情态的时间特征和空间格局。结果表明在此期间除春季外，其余各季节降水量均呈现减少态势，年降水量总体以8.1mm/10a的速率减少，并且在未来一段时间内将保持减少趋势……旱灾易发地区主要涉及5个州，分别为迪庆州、德宏州、西双版纳州、红河州、楚雄州；洪涝易发地区涉及3州2市，依次为怒江州、大理州、文山州、普洱市及昭通市”③。

不同地区和季节存在很大的差异，也是取类分类对比的重要途径。云南大学的何娇楠等进一步对不同地区不同季节长时段的干旱特征做出具体分析和归纳：“基于云南省126个气象站点1961—2012年逐月降水数据，采用标准化降水指数（SPI），分析年度和季节干旱强度、干旱频率以及干旱影响范围的时空变化特征。结果表明：1）年尺度上干旱强度呈增强的趋势。春季干旱强度减弱，夏、秋季干旱强度增强，冬季变化不明显；

① 段琪彩等：《近60年来云南省干旱灾害变化特征》，《安徽农业科学》2015年第18期。

② 蒙桂云等：《1961～2005年西双版纳浅层地温对气候变化的响应》，《气象科技》2010年第3期。

③ 刘佳旭等：《1954—2014年云南省降水变化特征与潜在的旱涝区域响应》，《地球信息科学学报》2016年第8期。

82%站点的干旱强度呈增强的趋势，其中滇东地区增强趋势最为显著。2）滇西北、滇中、滇东南及滇西南部分地区干旱发生频率较高，滇东和滇东北地区易出现极旱。春季干旱主要发生在滇西北、滇西地区；夏季干旱主要发生在滇西、滇西南地区；秋季干旱集中分布在滇西、滇西南、滇中和滇东北地区；而全省大部分地区冬季干旱发生频率都较高。3）近30年来干旱影响范围逐渐扩大，向区域性、全域性等大范围干旱扩展。从季节变化来看，春季和冬季干旱影响范围呈现出减小的趋势，夏季和秋季干旱影响范围则表现出扩大的趋势。"①

因此，云南不同的季节和不同的地区，干旱趋势的增减和变化是不太相同的，不好大而化之地谈云南干旱问题，需要做具体分析。但是总的来看，全省气温趋增降水趋减，是肯定的了。

旱季中干旱因子作用需要具体研究。云南气候中心黄中艳则从旱季诸要素出发进行细微的具体分析："基于云南省15个站点1961—2007年干季9项气候要素实测数据，应用因子分析法研究云南干季干湿气候变化特征。提取了表征干季干湿气候变化的3个公共因子，阐明了云南干季干湿气候变化特点和原因。结果显示：1960年代以来5个年代干湿气候变化明显，变化原因各异，总变化趋势是湿度缓降、干旱强度渐强；1960—1980年代都处于中等干旱偏弱态势，进入1990年代后降水时间分布不均和气候变暖导致干季气候持续典型偏干。"②

基于地理要素和世纪变化进行的云南气候带划分及其区位的变化，也在很大程度上说明了气温和环境的变化对气候带的影响，云南气象局程健刚利用云南115个气象观测站1961—2006年逐日平均气温求算稳定≥10℃积温，并对积温资料按年代建立与海拔、经度和纬度相关联小网格推算模型，再应用地理信息系统（GIS）订正到0.01×0.01°网格点，得出"云南5个不同年代细网格积温分布。在此基础上划分7个气候带地理分布区域，并分别计算其面积。据此分析，近50年来云南气候带总体上呈热带亚热带范围扩大、温带范围减少的变化趋势，其中以北热带增加最明显，增幅达到90.2%；而南温带减少最明显，减幅为12.5%。在年代际变化上，

① 何娇楠等：《云南省1961—2012年干旱时空变化特征》，《山地学报》2016年第1期。
② 黄中艳：《1961—2007年云南干季干湿气候变化研究》，《气候变化研究进展》2010年第2期。

1960—1970 年表现出热带亚热带范围减小，温带范围增加的趋势；从 1970 年后则呈现热带亚热带范围快速增加，温带范围减小的趋势，而 1990 年代以来是气候带变化最大的时期。”①

相对湿润度指数是区别于一般干旱指数与其他方法的另一种比较分析指标。中国气象局成都高原气象研究所任菊章等提出：“基于云南 15 个代表站 1961—2010 年气候资料，使用相对湿润度（M）指数和 Morlet 小波变换方法分析云南干旱气候的时空变化规律和特征。结果表明：雨季 M 指数主要反映降水对干旱的影响，干季 M 指数对气温、日照等共同引发的蒸散量变化有相应的响应……云南的严重干旱均为上年雨季（或其末期）M 指数偏小、随后的干季 M 指数典型偏低和当年雨季开始偏晚相叠加的结果。在全球变暖背景下，云南雨季有气候变干的趋势，干季大多区域呈干旱略加强趋势。近年云南多数区域 M 指数的主要变化周期相继进入谷值期，并与降水偏少同步出现，导致严重干旱发生频率加大。”② 任菊章等人认为，云南气候显著变暖始于 1990 年代中期，进入 21 世纪后 00 年代升温明显加剧。

以上介绍的各种分析和陈述，基本上说明了云南省气温的增高，区域降水递减、旱季干燥程度加大、雨季湿润程度减小的总体趋向。类似的分析方法还很多，大同小异，不再一一介绍比较。鉴于每篇论文针对的时间序列不同，基础不同，认定气温显著变化的年代或年次，也很不一致。这是可以理解的样本误差、分析偏差，对本文分析结论并无影响。

（三）云南干旱环境异常的驱动机理和典型干旱年的一些探讨

与依靠仪器监测数据进行统计和分析的研究论文相比，仅就云南一地进行干旱灾害机理分析的文章仍然较为有限。这里选择几篇典型研讨论文直接摘录如下，以供研究参考：

云南气候中心利用 1961—2010 年 NCEP/NCAR 全球逐月资料，“对云南 4 次极端干旱年春季（3—4 月）的大气环流特征与多雨年春季的大气环流特征进行了合成对比分析。结果表明，云南极端干旱年春季与多雨年春季的大气环流特征有明显的差异”。“干旱年 500hPa 高度距平场上欧洲、

---

① 程健刚等：《近 50 年来云南气候带的变化特征》，《地理科学进展》2009 年第 1 期。

② 任菊章等：《基于相对湿润度指数的云南干旱气候变化特征》，《中国农业气象》2014 年第 5 期。

亚洲以40°N为界北负南正，南支槽偏弱；地面上西伯利亚高压偏弱；700hPa中纬度为西风距平，西风带偏强，以纬向环流为主，低纬地区孟加拉湾、中南半岛及南海为大范围异常反气旋环流，云南为偏西偏北风距平。”“极端干旱年，北半球低纬地区整层对流层为下沉运动，对产生降水的动力条件不利。同时这种形势使后期云南雨季开始偏晚，有利于干旱持续到初夏，形成极端干旱事件。”甚至，“AO（北极涛动）为负位相时云南高温少雨，易出现春旱，有利于极端干旱的发生”①。该研究列举了多次云南春旱年，北极涛动均处于负位相，东部和北部多数地区气温偏低，降水偏多，云南的气温和降水反响恰好相反。回顾看，21世纪以来多年冬春AO处于负位相，华北暖冬不再，这可能也是21世纪以来云南冬春气温升高，降水减少，干旱频率增高的一个重要参考要素。

北极涛动指北半球中纬度地区与北极地区气压形势差别的变化，对于北半球中低纬度环流有不可低估的影响。现将1950年代以来的北极涛动负位相年和干旱影响年作对比：全域性干旱的1960、1961、2009、2011年，均为AO负位相年；区域性干旱的1965、1988、1992、2003和2012年，仅1992年非AO负位相年；部分区域干旱的1962、1963、1972、1977、1980、1989、2010年，仅1962年和1989年AO为非负位相年；局域性干旱的1967、1975、1979、1981、1982、1984、1987、1993、1994、2005、2006、2015年，仅1975、1979、1984、1994、2006年非负位相年，但相邻年仍可能是AO负位相年。说明云南的干旱与AO负位相年关联相当紧密。

典型的重干旱年的具体分析非常重要，分析通常会带来理性的结论。针对2005年春旱大气环流异常情况进行分析，晏红明认为“2005年4—5月是自1979年以来云南出现的最严重干旱的年份，干燥的空气和强烈的下沉运动是这次干旱发生时云南区域高低层所表现的最显著的大气异常状态。而导致这次干旱发生的最主要原因是北印度洋地区持续的异常东风、持续偏强偏西的西太平洋副热带高压以及赤道附近较弱对流活动的影响，北印度洋地区持续的纬向异常东风可以认为是引起这次云南干旱最关键的因素……冬季东亚中纬度地区对流层低层或中高层较强冷空气的向南输送

① 郑建萌等：《云南极端干旱年春季异常环流形势的对比分析》，《高原气象》2013年第6期。

有利于后期云南春季干旱的出现。”①

有分析认为2005年干旱，因“南亚高压季节性北跳偏晚，极地冷空气偏弱，亚洲地区的经向环流造成西太平洋副高偏强、偏西、偏南，中高层大气环流季节转换滞后所致”②。

地形、地势、高程等基本地理要素，是造成云南不同地区气温变化差异的必要条件。云南省气候中心张万诚，“利用云南省122个气象观测站1961—2012年逐月极值气温资料，采用线性趋势分析等方法分析1961—2012年云南省四季和年极端气温的变化趋势特征。结果表明：低纬高原地区年平均最高（最低）气温及四季最高（最低）气温的空间分布呈现北低南高的形式，整体上从滇西北向南随纬度的降低而增加，表现出明显的地区差异，最高（最低）气温的高值区域主要分布在河谷地区、云南南部地区，最高气温和最低气温的分布特征不仅受复杂地形的影响，而且还与观测站的海拔高度有关。最高（最低）气温低值区域主要分布在滇西北、滇东北；云南年平均最高气温与夏、秋、冬季最高气温的变化趋势基本相似，春季最高（最低）气温的变化具有明显的区域特征。除局部地区有降温外，升温趋势是最大的特点，升温最快的区域在滇西北。云南最高气温和最低气温的变化均呈明显的增温趋势，而最低气温的变化速度比最高气温的升温幅度快，说明云南的冷事件在减少，暖事件在增多”③。此文提出了区域、纬度、地形地貌对于气温变化的深刻影响。实际上，西南地区山地、丘陵地形复杂，对区域增温作用有不同的影响。2006年川东干旱，调查曾发现靠近一个小丘的不同方位的农地，有不同程度的干旱响应。云南横断山深谷和山坡，也往往是不同地理带的分野。

吴志杰对长序列的云南气温和降水做分析，认为：“1）1961—2010年云南中部地区年平均升温速率为0.17C°/10a，除金沙江沿岸的元谋干热河谷外，云南中部地区各地增温趋势明显，升温中心位于城市；年降水呈波动减少的态势，变化速率为－12.6mm/10a，楚雄以及元谋干热河谷地区降水略有增加。年均温和降水存在24年的主周期，并分别于1974、1993和1997年发生了突变，出现了趋势上的变化。50年来，四季平均气温均呈上

---

① 晏红明等：《2005年春季云南异常干旱的成因分析》，《热带气象学报》2007年第3期。

② 刘瑜等：《2005年春末初夏云南异常干旱与中高纬度环流》，《干旱气象》2007年第1期。

③ 张万诚等：《1961—2012年云南省极端气温时空演变规律》，《资源科学》2015年第4期。

升趋势，其中冬季的升温速率最大 0.31C°/10a，春季最小 0.10C°/10a；雨季降水量趋于减少 -14.6/10a，而在 2000 年后干季、雨季降水量均呈减少趋势。2）标准化降水蒸散指数 SPEI 在云南中部地区具有较好的适用性。1961—2010 年云南中部地区年均 SPEI 总体呈波动下降趋势，干季 SPEI 在 1990 年以前缓慢下降，1995 年后显著降低，呈现出气候暖干化态势。SPEI 年均于 1997 年发生了突变降低，出现了明显的气候暖干化趋势，这一趋势在研究区东南部表现得尤为突出，而在西北部的元谋干热河谷则表现出相反的湿润化趋势。3）云南中部地区城市化发展对地表气温的影响是显著的，城市型台站的年平均升温速率为 0.27C°/10a，其中由城市化引起的增温速率为 0.13C°/10a，城市化增温贡献率为 47.3%，在季节变化上，由城市化引起的增温速率在冬季最大 0.20C°/10a，春季次之 0.14C°/10a，夏季最低 0.06C°/10a。城市化对季节增暖的贡献率则为春季，最高 58.9%，其次为冬季，41.9% 和秋季 35.9%，夏季 33.3%，相对较小；城市化对城市降水序列影响相对较小，其增雨效应约占年降水变化总量的 18.5%。”①

以上分析与前面实测数据分析总趋势基本一致，认为云南东南部气候暖干化特征突出，而西北部的干热河谷响应则相反，也不认为城市化的增温对降水影响就必定很大。

印度洋大气环流的活动变化，是影响云南旱涝气候变化的重要因素。陈艳提出：“云南月降水量的年际变化十分显著。与月多雨对应的环流形式是印缅槽异常加深，槽前上升运动异常增强和东亚中纬度冷空气异常活跃。而从水汽的输送变化来看，大尺度水汽输送异常对旱涝的变化也有明显的影响，即当索马里以东的热带印度洋洋面出现异常强的西风水汽输送，孟加拉湾向北的水汽输送也异常增强时，若南海至东亚大陆地区水汽输送弱，而中高纬地区冷空气活跃，并与来自孟加拉湾的暖湿气流在我国西南地区频繁交绥，易形成锋面降水从而导致云南初夏多雨。相反，当热带印度洋地区西风水汽输送弱，而南海及我国东部地区水汽输送强，同时东亚中高纬地区的冷空气活动较弱时，则易发生干旱。”②

① 吴志杰：《城市化对云南高原中部区域气候变化的影响研究》，云南大学，硕士学位论文，2015 年。

② 陈艳：《东南亚夏季风的爆发与演变及其对我国西南地区天气气候影响的研究》，南京信息工程大学，博士学位论文，2006 年。

而近二十年的实测印度洋等环流强弱得到云南干旱形势发展的对应印证。但基于更大范围的环境场的云南研究的类似论文，数量很少。

云南和西南地区在全国旱涝形势变化中，究竟处于什么特殊地位？全国旱涝格局究竟发生了什么变化？这个变化在云南和西南地区的响应又是怎样的？本文特别关注以下中国科学院大气物理所马柱国、符淙斌等的最新研究成果："近 16 年（2001 ~ 2016 年），中国东部地区（100°E 以东）'南涝北旱'的格局正在发生显著的变化，长江上中游及江淮流域已转为显著的干旱化趋势，而华北地区的降水已转为增加趋势，东部'南旱北涝'的格局基本形成；北方过去的'西湿东干'也转变为'西干东湿'的空间分布特征。显然，中国区域的降水格局在 2001 年后发生了明显的年代大尺度转折性变化，两种常用干旱指数 scPDSI（矫正帕尔默干旱指数）和 SWI（地表湿润指数）的分析也证明了这一点。"① 矫正帕尔默干旱指数和地表湿润指数，是较之过去单纯的降水距平和标准化降水指数、蒸散指数及早前的帕尔默干旱指数等，更为精细和本质说明下垫面干旱机理的分析手段。变化分析图如下：

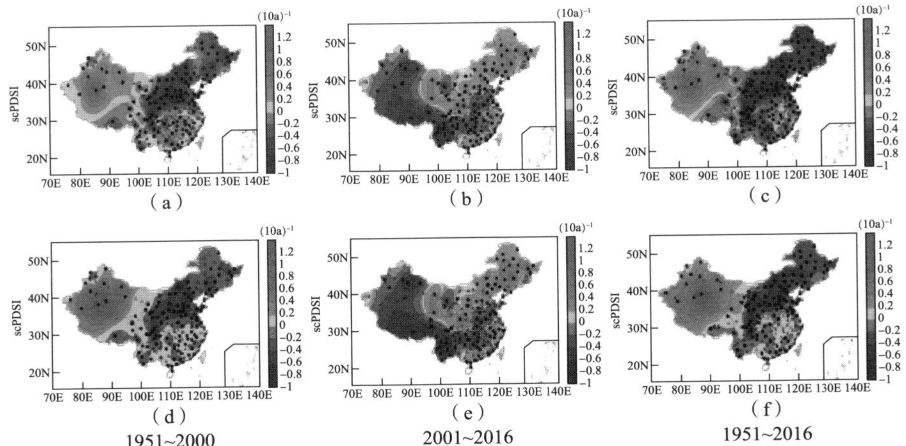

图 10　全国不同历史时段（1951—2000，2001—2016）旱涝趋势（*Ma.* 2018）

注：深灰色表示干旱化趋势，灰色表示湿化趋势。（a、d）1951—2000 年、（b、e）2001—2016 年和（c、f）1951—2016 年不同时段中自矫正帕尔默干旱指数 scPDSI（第一行）和地表湿润指数 SWI（第二行）变化趋势。

该图向研究者传递了一个最新的研究信息（2018a），显示了一个非常

① 马柱国等：《关于我国北方干旱化及其转折性变化》，《大气科学》2018 年第 4 期。

重要的、气候转折性的趋势：无论是采用修正的帕尔默指数法，还是地表湿润指数法分析，20世纪后半期中国东北、华北、淮河流域大部和江南、西南局部都呈大片干旱的趋势，但21世纪以来，黄淮大部、华中、江南西部和西南地区、新疆西藏连片呈干旱态势，中国的西部地区整个呈现干旱局面。干旱化空间发生了较大的趋势上的变化。20世纪江淮、江南连片偏涝的形势也在21世纪大大压缩，仅两广地区偏涝。所以云南和西南地区在2000年以来的干旱，存在着一个更宏观的干旱空间变化的背景，即中国南方干旱化趋势的出现。

这里还没有涉及欧亚大陆地区降水与干旱的区域关联的介绍，实际上西南地区的干旱化与西亚、南亚、东南亚的旱涝变化是关联的，存在欧亚内陆的泛干旱趋势变化区。这个世界性的气候变化和干旱化关联性问题，已经超出本研究的范围，这里不予介绍和讨论。

太平洋—南海和印度洋—孟加拉湾大气环流的各种组合变化，显然影响着云南的旱涝情况，以2009年干旱为例，玉溪市气象局艾永智等对南海和孟加拉湾环流的分析结论认为，“2009年秋季，由于南海南部季风低压水汽环流圈异常偏强，而南海副高和孟湾季风低压水汽环流圈偏弱，孟湾和南海北部大量水汽流入南海南部，造成两地向我国输送的水汽异常减少是导致同期西南干旱的主要原因。在El Niño年，我国西南及江南地区秋季水汽通量比La Niña年明显增大，而西北及华北则减少，高原南侧的南支槽活动也比La Niña年频繁。2009年秋季，我国的降水分布及南海一带水汽输送特征与El Niño年特征不符，甚至出现相反状态。经对2009年秋季东亚El Niño影响特征作简单还原和模拟分析，认为上述差异可能与El Niño反气旋环流影响位置偏北有关”①。

也有人专以La Niña和El Niño年的特征，对应云南和西南地区研究旱涝现象的。这里就不再赘述了。

西南和云南的特大干旱，也有周边环境宏观性干旱背景。2009年特大干旱具有典型性。从长序列看，它处于西南的数次特大干旱背景中，当年

① 艾永智等：《南海、孟加拉湾不对称环流变化对2009年西南特大秋旱的影响》，《热带气象学报》2012年第4期。

秋—冬，则处于周边的干旱中心里①：

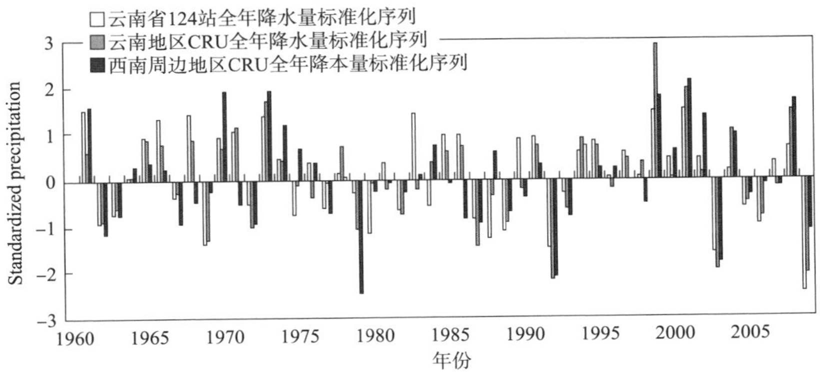

图 11　1961～2009 年西南地区和云南降水量标准化序列（据 Liu yang 2016）

注：白色为云南省台站降水量，灰色为云南地区（20°～30°N，97°～107°E）的 CRU 降水量，深灰色为西南周边地区（10°～30°N，90°～115°E）的 CRU 降水量。

图 11 的降水量标准化（非距平数值）序列直方图，清晰地反映了近 60 年来西南和云南的逐年降水变化，以及变化的趋势。云南大致存在数个降水负距平的干旱阶段，而 1980 年代以来，干旱化趋势加强，21 世纪初则处于一个极端干旱的长时段。云南的干旱化趋势，则有西南地区降水变化的较为宏观的气候背景，这个问题将在下面西南区进行分析。

回顾几十年来云南省的年度干旱事件，往往总寓于整个西南地区和境外的宏观干旱环境下，就如 2009 年西南周边降水大势：

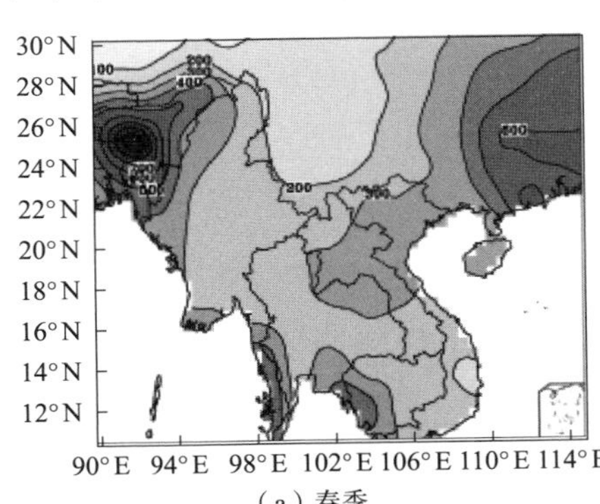

（a）春季

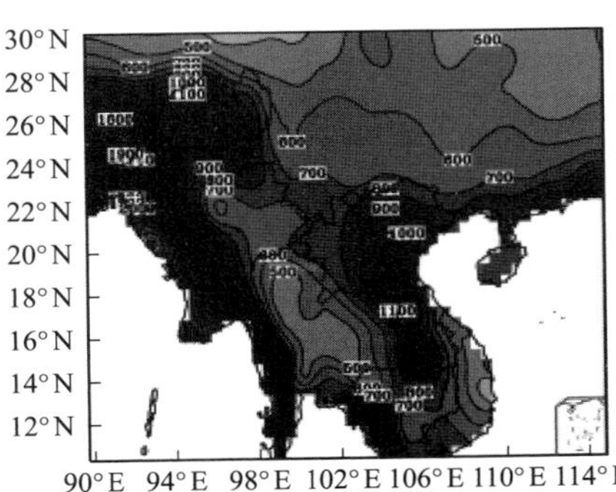

（b）夏季

① 刘杨等：《我国西南地区秋季降水年际变化的空间差异及其成因》，《大气科学》2016 年第 6 期。

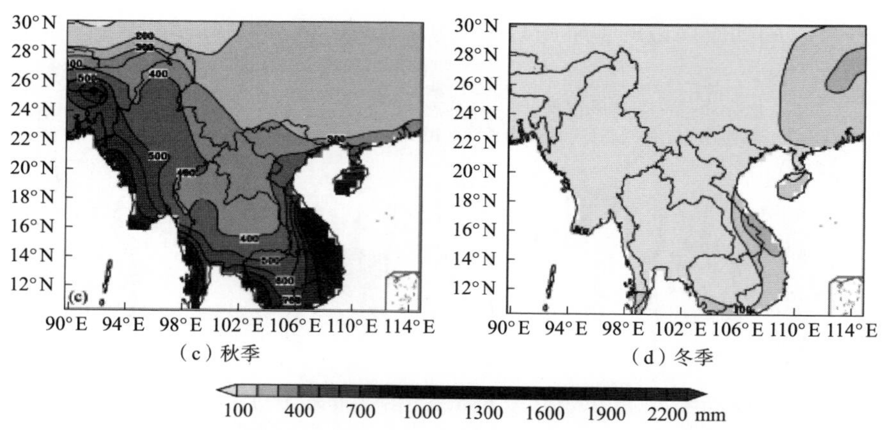

图 12　2009 年西南周边地区季节平均降水量分布（据 Liu yang 2016）

2009—2010 年的干旱极具典型性。2009 年冬至 2010 年春的严重干旱，有严酷的气象条件。从 1952 年以来的气象资料看，2010 年元月云南气温是历年最高的：

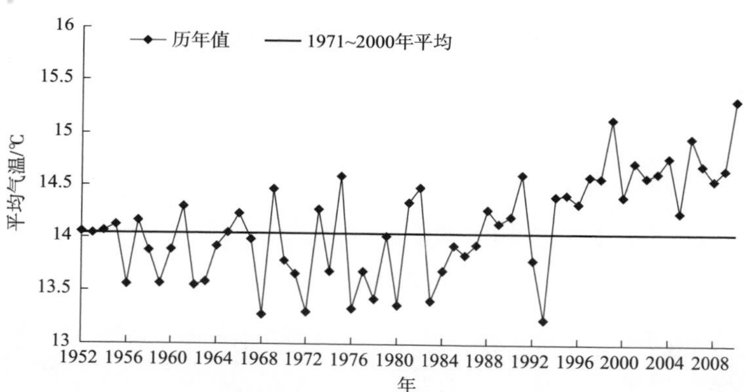

图 13　云南 1952—2009 年历年元月最高气温变化（据国家气候中心）

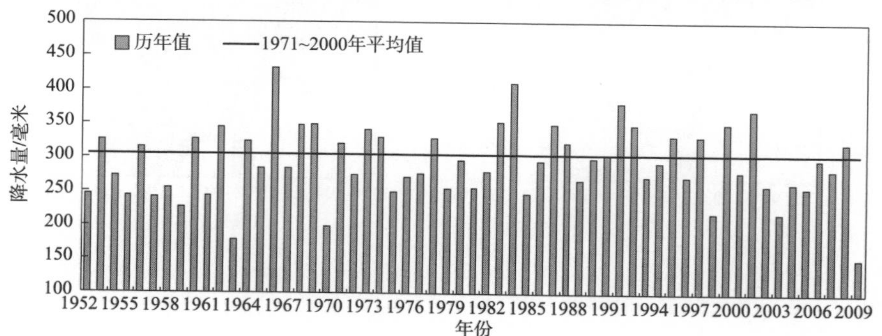

图 14　云南 1952—2009 年的 9 月 1 日到次年 1 月 26 日平均降水量变化（据云南和国家气候中心）

从以上统计数据可以看出，近 50 年来，云南 2010 年元月气温最高，而 2009 年 9 月到 2010 年元月，是历年降水最少的一个（秋）冬季。

高温，是 2009—2010 这一极端干旱年的重要标志和诱发因子。

以上综述仅仅是部分涉及云南论文资料，最近十来年，分析云南和西南干旱气候问题的论文还有不少，也采用了多种方法和指标体系来进行研讨。除本文提到的外，影响华南和西南地区全年旱涝形势的环境因素还有很多，诸如：亚洲季风——东亚和南亚季风，西太平洋副热带高压、南太平洋副高振荡、越赤道气流、南亚高压、印度低压、北半球极涡，三大涛动——南方涛动、北太平洋涛动和北极涛动，太阳活动，海温，索马里急流，等等。目前国家气候中心提供的多达 88 项大气环流指数变化，大多均可与华南、西南地区的降水指数变化进行相关的分析。回顾过去造成旱涝形势的生成机制，需要对各种环境要素进行综合分析比对，有的因素存在明显的正相关关系，有的则为负相关，或者组合关系相互馈送与反馈，影响十分复杂，也不一定存在必然的因果关系。

毕竟全年各季节每一个气候要素均在自身变动或互为反馈的演化之中。我们目前还没有通过数值分析和数值预报，掌握大气环流演化这个大黑箱中的全部机制，但我们总可以从黑箱的终端——它的产出，看到一般的趋势和其必然性。

（本文原刊于《昆明学院学报》2020 年第 2 期）

气候变化对明永村环境的影响及村民的认知与应对

曹津永*

（云南省社会科学院民族文学研究所，云南昆明　650034）

摘要：目前，气候变化是学界非常热门的研究话题，而少数民族的传统知识对于气候变化的认知和应对，则又是其中的重要议题之一。笔者通过对德钦县明永藏族村的田野调查发现，对于气候变化及其带来的环境影响和变化，村民有着一整套传统框架内的认知和解释系统，然而却没有很好地应对这些变化及其带来的冲击。面对着由发展旅游而带来的现代文化对于社区传统文化的影响，或许需要重新构建新的适应体系。从少数民族传统文化中寻求文化生态多样性保护的智慧和途径，是人类学尤其是生态人类学中早已有之的思路和模式。这样的模式有着基于学科理路的思维惯性的优势，却也应当引起学者的思考和反思。

关键词：气候变化；认知；应对

一　引言及田野点概况

最近几十年来，全球气候变化无疑是世界各地人们都在讨论的焦点和面临的一个重大问题，应对全球性的气候变化，大抵有两种途径，其一是通过国家间主流政治组织的协商、合作，以科学的途径来阻滞全球气候变

* 作者简介：曹津永，云南省社会科学院民族文学研究所副研究员。

注：原文曾修改并以《差异、局限与传统视域的反思——云南省德钦县明永村气候、环境的改变及村民的认知与应对》为题发表于《云南社会科学》2014 年第 5 期。

化，使其向有利于人类生存的方向发展；20世纪后期以来，世界各国一直就在为此不停努力，1979年第一次世界气候大会召开呼吁保护气候；1992年通过的《联合国气候变化框架公约》确立了发达国家与发展中国家“共同但有区别的责任”原则并阐明了其行动框架，力求把温室气体的大气浓度稳定在某一水平，从而防止人类活动对气候系统产生“负面影响”；1997年通过的《京都议定书》确定了发达国家2008—2012年的量化减排指标；2007年12月达成的巴厘路线图，确定就加强UNFCCC和《议定书》的实施分头展开谈判，并于2009年12月在哥本哈根举行缔约方会议。第二种途径，则是从科学的角度，对气候变化进行研究，并提出应对气候变化的策略和方法。这其中包括两个方面，其一是国家和科学技术层面的应对策略，这方面的研究散于相关的各个自然科学学科和社会科学学科，成果丰硕庞杂；其二则是的在现代科技之外的“他者”的传统生态智慧和知识，以资启迪并追求人类知识的补充和完善。这一途径是目前学界，尤其是人类学界和文化学研究正在兴起的重要焦点所在。也是本文所关注和要讨论的焦点所在。

“明永”藏语为“明镜”的意思。[①] 明永村位于澜沧江上游西岸，梅里雪山脚下，率属迪庆藏族自治州德钦县云岭乡斯农村委会。目前全村51户共326人（2008年第五次全国人口普查），共包括明永一社和明永二社两个村小组，由于习惯上称呼村名为明永，加之自1998年明永冰川旅游开发以来，两社一直一起公平合作参与发展旅游，因此本文中所说的明永村，包括国家行政体系划分的明永一社和二社，一社26户，村民称为明永上村；二社25户，包括村民所说的中村（10户）和下村（15户）。明永村属于“纯藏族”聚居的村寨，除了一个从德宏嫁过来的汉族姑娘和因为盖房、牵马等因打工而临时居住在这里的个别纳西、傈僳和汉族人之外，全村居民都是世居于此的藏族。1997年，“香格里拉”落户迪庆之后，由于处于著名的梅里雪山脚下，具有明永冰川的地理资源和旅游资源优势，明永村开始发展旅游业，最先发展的主要是马队，即牵马载游客上冰川，后来逐渐发展了餐饮、住宿和零售等行业，到目前，从事旅游业获得的收

---

① 明永村民的解释。《德钦县地名志》也因其干热的峡谷气候而解释为“火峪盆”。但村民大多不认同这一说法。

入已经成了村民收入的绝对主力。

明永村坐落在著名的明永冰川旁边，明永冰川藏语称“明永恰”（“明永”系冰川下一村寨，“洽”是冰川融化的水之意），明永冰川从梅里雪山卡瓦格博峰下海拔5500米处，沿明永山谷蜿蜒而下，呈弧形一直铺展到海拔2600米处的原始森林地带，冰川冰舌一直延伸至海拔2650多米的地方，离澜沧江面仅800多米。其绵延11.7公里，平均宽度500米，面积约为13平方公里。[①] 据自然科学学者的研究，明永冰川卡瓦格博峰的年平均气温约-19.2℃，雪线海拔4800—5200米处的年平均气温约-3—-5.6℃，年降水量约1500毫米。明永冰川是目前北半球海拔最低的冰川，同时也是纬度最低的冰川之一，还是我国年平均运动速度533米的运动速度最快的冰川。[②]

二　明永村民对周边环境的传统认知与管理

明永村所在地海拔2300米，属于较典型的青藏高原干热河谷气候区，由于海拔较低，这种气候较海拔较高地区明显偏热，全年降水不多，农作物生长期偏短。而明永村则因为明永冰川的影响，全年降水较同海拔地区要多，农作物成熟期较同类型地区也相应推迟。由于地处著名的梅里雪山景区，加上有效且具有宗教意义的传统管理机制，明永村所属地域的资源，虽然在十年旅游开发中遭到了不同程度的破坏，但还是得到了相当的保护。

（一）明永村民对生态环境的传统认知和管理

明永村村民对周边环境的传统认知和管理是以神山信仰为基础的。明永村紧邻太子雪山，又称梅里雪山，其主峰绒赞卡瓦格博峰被藏民认为是藏区的八大神山之首，另外，除去“梅里十三峰”中著名的加瓦日松贡布峰、布迴松阶吾学峰、玛兵扎拉旺堆峰、帕巴尼丁九卓峰等5座全藏的神山之外，明永村还有15座的神山[③]，是远近闻名的圣地中心。尤其是卡瓦

---

① 1998年研究数据。

② 郑本兴、赵希涛、李铁松、王存玉：《梅里雪山明永冰川的特征与变化》，《冰川冻土》1999年第2期。

③ 扎西尼玛、马建忠：《雪山之眼》，云南民族出版社2010年版，第12页。

格博，村民们都尊称他为“阿尼卡瓦格博”，阿尼是藏语爷爷的意思，他深深存在于当地藏民的心中。因此，明永村的神山信仰非常浓郁，村民们都相信，神山范围内的动物都是卡瓦格博豢养的家畜，明永村的牛、骡子等家畜，直至现在，仍然每年都会有3—5头被山上的狼和熊猎杀，但是，明永村的人们相信狼是卡瓦格博的猎狗[①]，因此，也都没有猎杀它们。村民们认为，神山上的植物也都是神山的宝伞，是有灵性的，很多树是“赞新”，即被赞神[②]附体的树，要是砍了会生重病。不仅如此，神山上的石头、药材等等，都是神山的财产，人们不能随便乱动，否则触怒了神山，将会受到神山的惩罚，神山将会用冰雹、暴雨、泥石流等严重的灾害使人们遭受灾难，因此，神山上的狩猎、砍伐等行为是绝对禁止的。在当地人们的传说中，卡瓦格博在藏传佛教传入之前的苯教时代叫绒赞岗[③]，是九头十八臂的凶煞神，被莲花生大士调伏后受了居士戒，转变为法力巨大的护法神，绒赞卡瓦格博神威广大，凶悍无比，他主宰着辖地内的冰雹、雷电、山川、洪水、雨雪、瘟疫、虫害，等等。一旦遇到人类的不敬行为，他就会进行报复，施以灾害。人们对此深信不疑[④]，无人敢随意僭越。

卡瓦格博掌控着藏东南的广袤大地，各地的神山都是他的仆从，神山们掌管着这方空间，看上去就像一个组织严密的管理体系。另外，明永村还有不少的圣地，有的山是卡瓦格博神山放牧鹿的地方，还有属于寺庙（主要是太子庙和莲花寺）的地方，都是不能随意开发破坏的。

另外，明永对生态环境的传统管理，还有一个叫“日卦”的封山管理系统[⑤]，由寺庙的喇嘛和地方的行政官员，依海拔高低、距村远近以及当地森林的实际情况而划出一条封山线，即“日卦”线。划定时，喇嘛要以传统的方式，间隔一定距离堆上玛尼堆或埋上地藏宝瓶，并诵经7—21天加持，以后每年都要诵经加持。[⑥] 而行政官员则会制定相应的村规民约。

---

① 也有的当地人认为狼是1995年以后才多起来的。

② 赞神据说是苯教的火神。

③ 扎西尼玛、马建忠：《雪山之眼》，云南民族出版社2010年版，第3页解释为：三江流域的王者。

④ 1991年的梅里登山事件，当地人的解释是：登山开始至准备冲顶，当时卡瓦格博到西藏去参加世界神山大会了，对此并不知情，开完会回来，发现肩膀上趴着几个黑点，于是一吹，就全都下去了。

⑤ 郭家骥：《生态环境与云南藏族的文化适应》，《民族研究》2003年第1期。

⑥ 据郭净、郭家骥、张忠云等基于美国大自然保护协会委托项目的调查。

划定以后，日卦线以上的部分封山，禁止人们的采伐、打猎等破坏行为。日卦线以下的部分可以适当利用，但人不能乱砍滥伐。明永村的日卦线在海拔3000多米的地方，划定以后得到村民的一致遵从，日卦线以上的生态环境得到了很好的保护。

（二）明永村民对明永冰川的认知和管理

严格意义上来说，明永冰川属于上述神山信仰系统的一部分，然而，却又是气候变化导致的环境变化的重要焦点所在，因而要单独列出加以详述。

卡瓦格博是藏地二十四圣地之一，自1260年二世噶玛巴活佛噶玛拔希著写《卡瓦格博圣地祈文》，开启卡瓦格博圣地之门，并注明卡瓦格博是成就各种事业之地后，卡瓦格博就成了藏地著名的修行和朝拜的殊胜之地，藏传佛教还认为卡瓦格博的腹心地域是自然天成的胜乐金刚坛城。[①] 而明永冰川正位于卡瓦格博的怀抱之中，冰川在藏传佛教中是“圣宫殿”的意思，是圣域，圣域是不能被破坏的[②]，尤其要保证冰川的洁净，否则会触怒神山，招致惩罚。

在当地人的观念中，冰川也预示着世道的运势，冰川延伸则预示着世道昌盛，冰川收缩则预示着运势不利。由冰川融化而形成的水，即明永河的水，被认为是殊胜的圣水[③]，能永远庇护这一地区的生灵。因而，外地来转经的人们通常都会取这种雪融之水，作为世间最美好的礼物，送给不能亲自来转经的亲人们，以求消灾免难。当地人还把冰川水作为村庄与神山连接的某种纽带，人们通过冰川水的变化，来预知神山的各种心情，从而预测年时，预测会不会有灾害发生。冰川水洁净而大小适中的时候，表明神山对人们的行为满意，一切都会顺遂；而冰川水污浊而又莫名变大，尤其是颜色变黑，则被认为是神山即将发怒要惩罚人类的预示，此时，必然要举行煨桑祈福或诵经祈福等活动，祈求神山对人们错误行为的原谅，

---

① 扎西尼玛、马建忠：《雪山之眼》，云南民族出版社2010年版，第5页。

② 郭净：《冰川融化的另一种解释》，《人与生物圈》2007年第6期。

③ 斯那都居、扎西邓珠编著：《圣地卡瓦格博秘籍》，云南民族出版社2007年版，第54页。载：莲花生大师在卡瓦格博地区传教弘法时，曾亲自对这些雪融之水进行开光加持。

否则必然招致灾难。①

村民们不能把不洁净的物品摆放到冰川上，也不能随意到冰川上走动。当发生大的雪崩时，村民就要到冰川对面的太子庙烧香祈福。当冰川塌陷，堵住了冰舌下面的出水口，冰河不再流水的时候，全村的妇女就要聚集到冰川的岸边，排成一队唱诵嘛呢调，唱着唱着，冰块被冲开，冰河水又流了出来。

三　气候变化导致的明永村的环境变化

由气候变化导致的明永村的环境变化，在当地村民看来，1999 年是一个较为明显的分水岭，1997 年香格里拉落户迪庆后，大批的游客进入，而明永村则正是从 1999 年开始接触大量的游客。由此，村民们的生计开始发生变化，由半农半牧的生计方式逐渐过渡到旅游业，为游客牵马成为了主要收入来源，辅以传统生计和游客接待等方式。同时，村民也日益感觉到村周边的环境开始发生变化。在他们看来，有如下几个方面：

第一是气温逐渐升高，降水减少，降雪逐渐推迟，可以用肉眼明显观察到的就是雪山的冰雪逐渐消融，逐渐变薄，甚至在 2006 年盛夏，卡瓦格博峰的冰雪全部融化，露出了黑色的岩体。② 这在以前是没有发生过的事情，也引起了村民的恐慌。

第二则是生产上的变化，最主要的是葡萄种植线的不断上移。明永村的葡萄种植最早源于距离村子不远的澜沧江边的布村，布村由于气候温和，海拔稍低，非常适合葡萄种植，有着悠久的葡萄种植历史。明永村的土地，以海拔高低为标准，大抵可以分为三个部分：最高处的是村子后边和对面上山的山地，比较贫瘠，管理也较为粗放，以前主要种植青稞，也有一点玉米，现在则主要养草为马和骡子提供饲料；海拔居中的则是村子周边的台地，这一部分土壤最为肥沃，种植小麦、青稞、玉米等，是主要的粮食供给区，土地面积也最大；第三部分则是位于村子下方的明永小河谷的土地，这一部分面积最小，产量却最好。明永最早的葡萄种植，仅仅限于第三部分的土地，即村子下方的小河谷地区，种植的规模不大，但是

① 源于笔者 2009 年 9 月明永村的田野调查。

② 扎西尼玛、马建忠：《雪山之眼》，云南民族出版社 2010 年版，第 28 页。

葡萄的品质很好，成熟度好，味道也很甜。近些年则原先种不出葡萄的村边台地，也能种出很好的葡萄，而且葡萄的种植线正逐年上升。而明永村因葡萄种植而获得的收入也逐年增高。葡萄是对海拔、气温、空气湿度、光照等条件要求极为苛刻的作物，因此，种植线的不断上升扩大，就被村民作为气候变化、气温升高的一个标志。

第三则是生活环境的变化，在明永村，最为显著的就是大量的各种现代软饮料逐渐深入到藏民的日常生活中。笔者2009年9月和2013年7月在明永的调查都时值夏季，气温很高，村民对现代饮料非常依赖，尤其是现在几乎每户都有冰箱，村民们特别钟情于冰镇的雪碧、可乐、果粒橙、冰红茶等解暑佳品。这些现代的软饮料也逐渐取代传统的酥油、砖茶、红糖等，成了村民之间时尚而又受欢迎的送礼佳品。这种现代软饮料的盛行，会为以酥油茶、糌粑等藏式餐饮为传统的藏族饮食文化带来何种的影响这里姑且不论，却很直观的带来了大量的白色生活垃圾，而这些也是传统的明永村不曾面对的。

第四也是对于明永村最为重要的，则是明永冰川的不断消融。根据当地村民的讲述，冰川的大规模消融也是从1999年下半年开始的，明永冰川的前沿从海拔2660米的地方向上缩进了约200米，厚度从原来的300多米变成了150多米。[①] 莲花寺过去的这个地方冰川原来宽度有500米，化了150米左右。2006年已经退缩到归缅庙附近，退缩了将近500米。[②] 笔者2009年赴明永村调查，村民们认为当时冰川每年的退缩速度约50米，但是有加快的趋势。大批游客进来的约2000年左右，为开发旅游资源，当地政府和村民在冰舌旁边修建了观景台，当时，冰舌一直延伸到观景台的后方[③]，游客可以到冰川上玩耍，还可以敲下冰川冰块用水瓶装回家，后来被限制了。同时，为了方便游客游览冰川，也减少对冰川的破坏，当地政府在1999年修建了两段总长约1200米的栈道，但是当地的老百姓很快就发现，靠近栈道一侧的冰川消融的极其厉害。2009年笔者调查发现，冰川退缩明显，在观景台那里已完全不能看到冰川，顺着冰河往里走，至少要走500—600米才能走到冰舌附近。同时冰川表面布满了黑灰色的砂石，边

---

① 郭净：《雪山之书》，云南人民出版社2012年版，第82页。

② 扎西尼玛、马建忠：《雪山之眼》，云南民族出版社2010年版，第28页。

③ 笔者2009年的明永调查，村民玛吉武所述。

缘还有一些随冰川冲积下来的树枝和树干。冰川水中夹杂着大量的泥沙，比较混浊。而据明永村的老人回忆：他们的前辈人说，很久以前从家里的窗户就能看见冰川，感觉到冰川的凉气，那时冰川的冰舌位置在渡汉桥（嘉亚桑巴）附近，他们小的时候，冰川还在都贵坡（海拔2380米），那时候冰川很大，把山谷堆得满满的，整天都能听到冰川开裂发出的巨响。[①]

而根据自然科学学者的研究，实际上明永冰川的变化如下：明永冰川从1959年至1998年一直处于前进阶段，1932年至1959年冰川后退约2000米，平均每年后退74米；1959年至1971年7月，冰舌前进730至930米，平均每年前进60至77.5米；1971年至1982年7月，冰舌前进70米，平均每年前进6.3米；1982年至1998年，冰舌前进了280米，到达海拔2660米的地方[②]；1993年到2010年则向后退缩约262.26米[③]。

四　明永村民对环境变化的认知和应对

明永村民对于气候变化引起的环境变化有着一整套传统文化系统内的认知和应对体系。

对作物品种和种植时间进行调整来应对气候变化，并非很难的事情，虽然气候变化会导致传统的节令节律改变，导致农时也要相应改变[④]，但这种变化同样会反映在作为时节标志的动物或者植物身上，因此人们会进行适应性的调试。明永村因气候变化引起的生产与生活的变化正好与旅游开展以后的生计变迁历程重叠起来，因而，对于村民来说，气候变化影响最明显的不在于传统生计和生活方式，而是集中到作为神山信仰系统以及新兴的经济来源的主要载体——即明永冰川的变化上。

对于冰川的消融，自然科学学者的研究则认为主要是全球气候变暖在区域内的表现，也有学者认为修栈道造成的破坏以及游客多了造成的小区

---

① 扎西尼玛、马建忠：《雪山之眼》，云南民族出版社2010年版，第28页。

② 郑本兴、赵希涛、李铁松、王存玉：《梅里雪山明永冰川的特征与变化》，《冰川冻土》1999年第2期。

③ 蓝永如、刘高焕、邵雪梅：《近40a来基于树轮年代学的梅里雪山明永冰川变化研究》，《冰川冻土》2011年第6期。

④ 尹仑：《藏族对气候变化的认知与应对——云南省德钦县果念行政村的考察》，《思想战线》2011年第4期。

域内的气温变化也是重要的原因。[①] 而明永村的村民们则有着自己的认知体系：第一种原因与早期外来的洋人有关。早在19世纪50年代，就有法国传教士进入云南藏区进行传教和探险活动，1902年，英国就曾派遣过登山队攀登梅里雪山，以失败告终。明永村人扎西尼玛拍摄的影片《冰川》，记录了明永村民关于冰川融化的一场讨论："很早以前洋人来这里收集植物种子，在莲花寺用望远镜往山头看，见卡瓦的怀抱里有牛奶湖，湖里有珊瑚林，还有白独角兽和蓝独角兽。他派两个人上去看，从莲花寺对面上去，见对面有个自然显现的海螺遗迹，莲花寺与海螺遗迹之间冰层很厚。去的一个人在那里拉了泡屎，他又往上走，却总是回到那泡屎旁边。走了一整天，没办法，只得下山来。他们跟洋人讲，洋人说不怕的，我可以让冰川在100年后化掉。于是在莲花寺的冰上烧火，架起大锅，放进酥油，做起法来。此后冰川就明显消融了。"[②]

第二种原因则认为是外来游客太多[③]，而有的游客不尊敬神山，大喊大叫，并乱扔垃圾，早几年前的随意踩踏等，污染了冰川，导致冰川消融[④]。

第三种原因则是外来的登山活动造成了冰川的污染，引起神山不高兴，因而冰川消融加速。尤其是1991年中日联合登山，17名队员全军覆没，而尸体等遗物则是在7年后的1998年7月18日才首次发现，这些遗物污染了神圣的冰川，同时也污染了明永的饮用水源——明永冰河，给当地人带来疾病和灾难。

第四种原因则是村民们曾热烈讨论的用电的问题。[⑤] 村民们认为：2000年以后，来的游客又多，又通了电，污染又严重，这几个事情凑到一起，因而冰川的消融就变得特别厉害了。

在传统文化的体系内，明永村民们把冰川融化的原因归结为外人带来

① 《梅里雪山白雪"渐行渐远"?》，引自新华网云南频道（2007年10月5日），http：//www. yn. xinhuanet. com。

② 郭净：《梅里雪山，冰川告急——全球气候变暖的地方性解释》，《南风窗》2008年第18期。

③ 截至2007年9月，当地海外游客接待从1997年的2.88万人次增加至2006年的30.8万人次，国内游客从51.75万人次增加至286.6万人次。

④ 笔者的调查发现，这是村民们最认可的一种原因。

⑤ 郭净：《雪山之书》，云南人民出版社2012年版，第97页。

的污染导致冰川不洁净，引起卡瓦格博神山的愤怒，从而引起冰川的加速消融。传统文化体系内的认知，与现代科学的解释截然不同，后者注重自然的所谓“科学”技术和知识，而前者则注重历史和人文的因素。[①] 冰川的融化同时又被村民视为神山即将惩罚人类的预兆，因而必须每个村民都要共同承担起来。

首要的就是反省自己的所作所为，有何触犯了神山。是否有什么行为造成了冰川的污染等；接着就是采用传统的各种方式，到太子庙煨桑、烧香、诵经祈福。尤其是当各种异样的预兆非常明显的时候，2006 年卡瓦格博峰全部裸露，引起人们恐慌，因而2007 年春节就举行了盛大的诵经祈福仪式。冰川融化的持续并不断加剧正表明山神对人们的过度索求日益失去耐心。村民们很明白，没有什么专家或先进技术能阻止灾难的逼近，除了人们自己的“觉悟”和行动。[②]

还有的村民认为，明永冰川在 1971、1972 年的时候曾经退缩得很厉害，一直退缩到太子庙附近，下面的冰川曾经全部消融了。因而目前的这种冰川消融也是一个过程，等消退到一定的时候，又会自己下来了。

1998 年发现梅里山难遇难者的遗物，其后若干年的时间陆续发现遗物，村民们认为，冰川已经被污染了，有很多是没有办法恢复的了，诵经祈福也已经那么多年了，冰川依旧融化，因而面对这样的现实，村民们也很无奈，不知道该怎么办了。因而现在则是旅游照样如火如荼地进行，冰川也在持续的消融。然而，这种时刻会遭受到神山的惩罚的状态，让村民们就像头顶悬着利剑一样，随时都处于深深的担忧之中。[③]

五　讨论与结论

土著民族的传统知识对于应对全球气候变化蕴藏的潜力，目前正逐渐为人们所重视。[④] 明永村是探讨这一问题的一个典型案例。在全球化背景下，对于市场体系对传统社区文化体系造成的冲击、人类活动和气候变化带来的对环境的影响和改变，基于传统文化体系的认知，与现代科技体系

① 郭净：《冰川融化的另一种解释》，《人与生物圈》2007 年第 6 期。
② 郭净：《冰川融化的另一种解释》，《人与生物圈》2007 年第 6 期。
③ 明永村扎西尼玛述。
④ 尹仑、薛达元：《气候变化的人类学研究述评》，《中南民族大学学报》2012 年第 6 期。

的认知差异很大。在明永藏民的观念中，对于由污染造成的冰川的融化以及环境的变化，首要的就是对自身的行为进行反思，先反省自身的义务做了没有，这种认知方式值得人们的深思，尤其是对于传统中国社会①来说。全球气候变化，环境污染是每个人都面临的重要问题，是与每一个个体的人都息息相关的，人们不能推卸一个国家、一个社区或者每一个个体的责任和义务，把与个人的行为直接相关的后果，变成了全球化浪潮下的一个时髦的议题，把深深与社会文化复杂背景紧密相连的一个现象与变化，变成了现代科学意义上的一个简单的正在研究的问题。

生态人类学的理论观点认为：文化与环境是处于相互调试中的适应体系，传统的知识体系是人们适应于当地环境的文化系统。然而，在面对全球气候变化这种当地未曾遭遇过的巨大变化时，当地村民能在传统文化的体系内加以认知，但却并不一定都能在传统知识的框架中很好地应对。面对明永冰川的持续消融，村民们也采用很多的传统方法向神山祈祷，然而却依然不能很好地解决这个问题，因此，村民们日益焦虑，为传统文化体系不能解决的困局而焦虑。传统知识的研究，对气候变化有着不菲的潜力和价值，但是也有局限，传统知识体系并不能很好的应对气候变化对当地社区的经济社会文化带来的影响和冲击。而同时，村民的传统知识体系也是不断变迁的，新的适应体系需要不断构建。这是生态人类学理论研究中，同时也是人类学气候变化以及传统知识研究中必须辨明的一个基本事实。

在传统的关于气候变化与土著民族的传统知识的研究中，人们的惯势思维在于：研究土著民族传统文化对气候变化的感知、认知以及应对，以给现代人应对气候变化的新的智慧和启迪。大家都只关注到传统知识体系对于气候变化的作用和启示，很少有人能采用逆向观察的视角，关注全球气候变化对土著民族社区社会文化的影响。关于明永村的外来垃圾问题，还是一个非常值得解读的案例：由于村民大量饮用软饮料以及外来游客的乱扔乱丢，导致明永村白色垃圾骤增，而传统的明永村不存在垃圾的问题，生产、生活垃圾都能在人—畜—地的传统生计循环中完全消耗。因而，村民们就如何处理这些现代垃圾绞尽脑汁：运出去成本太高，没有固

① 认为公民的社会属性的权利义务来源于国家权威自上而下分配。

定的支出来源；掩埋也没有可以埋的地方，随意乱丢显然更是不可能的了，最后只能在景区管理站下面建一个垃圾池进行焚烧，然而，这样就产生了一个真正的问题：与传统的煨桑、烧香产生的烟不同，焚烧垃圾产生的黑烟被认为是对冰川的污染，是对神山的大不敬。村民们对此忧心忡忡，却也没有别的办法。传统与现代的矛盾和冲击，就在这个小案例上巧妙而又尴尬的共存。气候变化引起环境变化从而引起文化适应体系的变化，这是一个长期而必然的过程，在明永村，尤其是在同步的旅游开发带来的外来观念的冲击下，气候变化对传统社区传统文化体系的影响和冲击才是最深层次，也是最令人担忧的。

近代以来美国的能源消费与大气污染问题
——历史分析与现实启示

裴广强*

（西安交通大学马克思主义学院，陕西西安　710049）

摘要：近代以来，能源消费之于环境变迁的影响愈发直接而深刻，持续重塑着环境问题的形成途径和表现形式，影响着环境污染的程度和解决方式。通过对美国最近两百余年的能源消费和大气污染问题进行深入考察，发现能源结构的转型导致大气污染物类型出现新变化；能源服务的普及和消费规模的增大致使大气污染的地理波及范围扩大；能源效率的高低很大程度上决定着大气污染程度的演化。梳理和分析近代以来美国能源消费与大气污染问题之间蕴含的一般性关系，不但有助于从学理层面探讨能源史和环境史研究的契合路径，而且对于从实践层面妥善解决当前中国的大气污染问题，也具有重要的启示意义。

关键词：能源消费；大气污染；美国史；能源史；环境史

能源是一个内涵丰富的概念，具体种类多样，划分标准不一。从对环境的影响来看，一般可以将其分为非清洁能源（以柴薪代表的植物能源及煤炭、石油代表的化石能源为主）和清洁能源（以天然气代表的化石能源及太阳能、风能、水能、核能等代表的可再生能源为主）两大类。① 人类

---

* 基金项目：本文系教育部人文社会科学研究青年基金项目“近代江南的能源转型与社会经济变迁研究（1865—1937）”（项目编号：17YJC770021）阶段性研究成果之一。

作者简介：裴广强，西安交通大学马克思主义学院讲师。

① 严格说来，天然气在燃烧过程中会排放一定量的二氧化碳和氮氧化物，并非纯粹的清洁能源。不过，因其排放的污染物种类少且数量大大低于煤炭和石油，故可在相对意义上将其视作清洁能源。

社会消费能源的种类、数量以及方式是社会经济得以不断演进的最重要物质条件之一，同时，能源消费过程中产生的废弃物是导致自然环境变迁的最关键诱导因子之一。因此，考察近代以来特定国家或地区社会经济发展中能源消费与环境问题之间的关联，成为能源史及环境史研究的有效分析视角。

在因能源消费而导致的一系列环境问题之中，尤以大气污染问题最为直观和典型。20 世纪 80 年代以来，学界从能源消费角度持续推进对大气污染史的研究，积累了较为丰富的成果。不过，既往研究仍存在诸多不足，留有进一步推进的空间。首先，研究时段和内容多聚焦于20 世纪五六十年代之前的煤炭利用与煤烟污染问题，对于此一时段前后其他种类能源消费之于环境的影响关注不够。其次，研究对象多设定为英国，对其他国家相关问题及历史经验的分析不足。再者，研究方法多侧重史料梳理与定性描述，量化分析程度有待加深。[①] 实际上，相比英国等国而言，近代以来美国的能源消费规模更为庞大，由此引致的大气污染问题也更为突出，更能体现出大国能源消费与环境问题之间的复杂关联。鉴于此，本文在前人研究基础上，尝试借鉴能源史和能源经济学的分析方法，进一步强化量化研究力度，从能源消费领域三个相对独立且又相互联系的维度出发，对近代以来美国的大气污染问题进行长时段分析，以期揭示经济发展过程中能源消费与环境变迁的一般性关系，并且基于美国经验所具有的启示意义，对当前中国的大气污染治理提出一些浅见。

一　能源结构与大气污染类型

近代以来，美国的能源结构实现了由以植物能源为主向以矿物能源为主的转型。由于各类能源在物质构成上存在很大差别，燃烧后排放的大气

---

① 代表性成果有 David Stradling, *Smokestacks and Progressives*: *Environmentalists*, *Engineers*, *and Air Quality in America*, *1881 – 1951*, Baltimore and London: The Johns Hopkins University Press, 1999; Stephen Mosley, *The Chimney of The World*: *A History of Smoke Pollution in Victorian and Edwardian Manchester*, London and New York: Routledge Taylor &Francis Group, 2008; Frank Uekotter, *The Age of Smoke*: *Environmental Policy in Germany and the United States*, *1880 – 1970*, Pittsburgh: University of Pittsburgh Press, 2009; William M. Cavert, *The Smoke of London*: *Energy and Environment in the Early Modern City*, Cambridge: Cambridge University Press, 2016; ［美］彼得·索尔谢姆：《发明污染：工业革命以来的煤、烟与文化》，启蒙编译所译，上海社会科学院出版社 2016 年版；［澳］彼得·布林布尔科姆：《大雾霾：中世纪以来的伦敦大气污染史》，启蒙编译所译，上海社会科学院出版社 2016 年版等。

污染物类型亦有诸多不同。正如大气污染史研究先驱彼得·布林布尔科姆所言，燃料的燃烧在大气污染问题的产生上"扮演了一个关键性的角色"①。可以说，美国每次能源结构的转型都会导致新型大气污染问题的产生，这成为推动大气污染类型不断演变的主要原因。

（一）能源结构转型历程

传统农业社会中，各国的能源结构均较单调，彼此之间存在很大相似性，表现在主要以植物燃料为主。国际著名能源史学家保罗·马拉尼马认为传统农业社会里超过95%的能源来源于植物，风力和水力等所占比重不足5%。② 美国自不例外，1775—1845年间木柴在其总能耗中的比重接近100%。有学者估计直到19世纪中期，木柴仍是美国最主要的能源种类，占总能耗的90%，支撑了整个国家对于热能的需求。③ 第一次工业革命的发生和在全球范围内的扩散，促使美国的能源结构开启了由植物型为主向化石型为主的转型。④ 对照图1，可以发现自19世纪50年代左右至今，美国的能源转型经历了总体前后相继且局部有限重合的三个阶段，实现了由植物能源——煤炭——石油——天然气为代表的清洁能源之间的交替嬗变。

1850年至1950年左右，是煤炭在能源消费结构中比重逐渐上升，继而占据最大单一能源种类地位的时期。美国早期殖民者多居于森林茂密的东部，以木柴为主要燃料，使用煤炭有限且大都由英国直接进口，因而最初对煤炭的开采并不熟悉。18世纪40年代，有人曾在马里兰和弗吉尼亚交界处尝试利用奴隶采煤。⑤ 商业采煤业兴起于弗吉尼亚的里士满，此后宾夕法尼亚、俄亥俄、伊利诺伊、印第安纳等地相继兴起采煤业。然而，由于当时植物能源充足易得，煤炭利用成本相对较高，一些早期推广使用煤

---

① ［澳］彼得·布林布尔科姆：《大雾霾：中世纪以来的伦敦大气污染史》，第7页。

② Astrid Kander, et al. *Power to the People*: *Energy in Europe over the Last Five Centuries*, Princeton: Princeton University Press, 2013, p. 38.

③ 杨国玉：《美国能源结构转换的特点》，《能源基地建设》1994年第6期。

④ 加拿大能源史学家瓦茨拉夫·斯米尔在分析一个国家能源转型时认为，在由一种旧能源转向另一种新能源的过程中，如果新能源在总能耗中的比重达到5%，则可认为是新能源系统开始转型的标志。参见 VaclavSmil, *EnergyTransitions*: *History*, *Requirements*, *Prospects*, Santa Barbara: Praeger, 2010, p. 63。本文亦将5%作为定义美国阶段性能源转型开始的标志。

⑤ ［美］约翰·塔巴克：《煤炭和石油——廉价能源与环境的博弈》，张军等译，商务印书馆2011年版，第10页。

炭的活动多以失败告终。直到 19 世纪初，普通住户仍然缺乏如何有效利用煤炭的知识，煤商们向家庭销售煤炭的努力面临很大阻力。随着社会经济的发展和能源需求量的扩大，木柴、木炭价格不断上涨，煤炭价格整体下跌，最终促使后者得到普遍利用。[①] 1850 年，煤炭已占美国总能耗的 10% 左右。[②] 根据山姆 · H. 舒尔和布鲁斯 · C. 奈特斯彻的研究，受交通运输业、冶炼业和大工业等高能耗部门快速发展的推动，1885 年煤炭在能源结构中的比重超过 50%，标志着美国向以煤炭为主的能源结构转型的完成，进入了“煤炭时代”。1910 年，煤炭在总能耗中的比重接近 77% 的历史峰值水平。之后，随着石油、天然气以及水电资源开发和利用程度的提高，煤炭的比重逐渐下降，到 1940 年已不足 50%。[③] 到 1950 年左右，煤炭的比重（35.6%）首次被石油（38.5%）超过，结束了其作为最大单一能源种类的历史。[④]

1910 年左右至 1978 年，是石油在能源消费结构中比重逐渐上升，继而开始占据最大单一能源种类地位的时期。19 世纪末之后，美国的社会经济发展虽然继续受益于第一次能源转型，但是除此之外也出现了一些新的重大变化，即石油开始以规模化应用的形式登上历史舞台。美国是世界上第一个商业化生产石油的国家，于 1859 年在宾夕法尼亚的缇特斯韦尔地区建立了第一个商业油井。1861 年，宾州的帝井（the Empire Well）和菲利浦油井（the Phillips Well）的日产量合计达到 6500 桶，当时“足以满足全世界的石油需求”。由于其他油井也同时开始出油，而市场需求非常有限，因而造成供大于求的局面。[⑤] 1880 年，美国已经成为世界上最主要的产油国，年产量 250 万桶，高于英国、法国和德国等其他欧洲国家。[⑥] 不过，美国在世界石油产业中执牛耳的地位，并不能够保证其快速实现向以石油

---

① Peter A. O'Connor, Cutler J. Cleveland, U. S. “Energy Transitions, 1780 - 2010,” *Energies*, Vol. 7, No. 12 (2014), pp. 7968 - 7969.

② 根据美国能源信息部（EIA）官网（https://www.eia.gov/todayinenergy/detail.php? id = 10# 和 https://www.eia.gov/totalenergy/data/annual/#summary）（2018 - 09 - 02）相关数据核算。

③ Sam H. Schurr, Burce C. Netscher, *Energy in the American Economy*, 1850 - 1975, Baltimore: The John Hopkins University Press, 1960, p. 36.

④ 根据美国能源信息部（EIA）官网（https://www.eia.gov/todayinenergy/detail.php? id = 10#和 https://www.eia.gov/totalenergy/data/annual/#summary）（2018 - 09 - 02）相关数据核算。

⑤ ［美］约翰 · 塔巴克：《煤炭和石油——廉价能源与环境的博弈》，张军等译，商务印书馆 2011 年版，第 106 页。

⑥ Owen E. W, *Trek of the Oil Finders: A History of Exploration for Petroleum*. Tulsa, OK: American Association of Petroleum Geologists, 1975, p. 12.

为主的能源结构转型。在现代石油产业建立的最初半个世纪内，因精炼技术和利用技术较为落后，石油主要是被提炼成煤油以作照明之用。加之利用成本较高，迟迟难以刺激市场扩大有效需求，故而其在美国总能耗中的比重不大。1910 年左右，石油的比重才超过 5%。此后，随着各行业对汽油、柴油、燃料油和润滑油需求的增大，石油消费量在能源消费总量中的比重才逐渐上升。尤其是第二次世界大战之后，燃料工业和化学工业迅速发展，刺激石油消费量急剧增长。1950 年左右，石油的比重超过煤炭，成为最主要的能源消费种类。1977—1978 年间，其比重一度达到 47% 的峰值。此后虽有下降，但直到现在仍是美国最大的单一能源种类。

表 1　三种能源的污染物含量　（磅·每十亿 BTU）

污染物	煤炭	石油	天然气
二氧化碳	208000	164000	117000
一氧化碳	208	33	40
氮氧化物	457	448	92
二氧化碳	2591	1122	1
颗粒物	2744	84	7

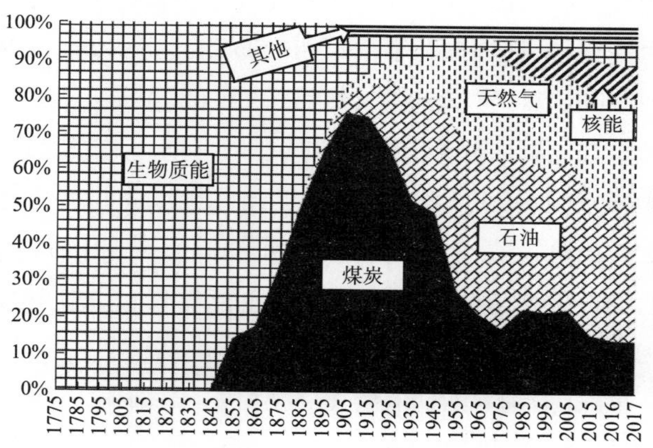

图 1　1775—2017 年美国一次能源消费结构变迁

资料来源：1. 图 1（1）煤炭、石油、天然气、核能、水电 1775—2009 年数据以及生物质能 1775—1945 年数据，参见美国能源信息部（EIA）官网，https：//www. eia. gov/todayinenergy/detail. php? id = 10#（2018 - 09 - 02）；（2）煤炭、石油、天然气、核能、水电 2010—2017 年数据、生物质能 1949—2017 年数据以及地热能、太阳能、风能数据，参见美国能源信息部官网，https：//www. eia. gov/totalenergy/data/annual/#summary（2018 - 09 - 02）；（3）生物质能 1775—1945 年数据仅包括木柴在内；（4）其他类能源指水电、太阳能、风能和地热能。

2. 表 1 数据参见 Scott L. Montgomery, *The Powers That Be*: *Global Energy for the Twenty - First Century and Beyond*, Chicago: The University of Chicago Press, 2010, p. 305。

1925 年左右至今，是天然气和水能、风能、核能、太阳能、地热能等清洁能源在能源消费结构中比重逐渐增长的时期。风能和水能是传统农业社会里最主要的动力能源种类。伴随着西进运动的开展，风车在美国曾得到大量使用。直到 20 世纪后半期，其仍是广大半干旱地区农业庄园内的标准配置。与风力的情况相类似，水力的应用也比较早。18 世纪晚期，水力（水磨）曾被作为动力源而广泛利用。1790 年时，美国大约有 1.3 万台水车，到 1840 年增加到 7.1 万台。不过，两者在美国总能耗中的比重很低，甚至可以忽略不计。清洁能源比重的扩大，主要是与天然气的开发、利用密切相关。据资料记载，1626 年法国探险家在伊利湖附近发现渗出的可燃气体，自然产生的天然气遂被发现。[①] 1821 年，北美首次天然气钻井活动在纽约弗洛德尼亚地区拉开帷幕。[②] 如同早期石油的利用情况一样，天然气在其初期发展阶段主要用于产地周边地区的照明、取暖及炊事之用，利用规模有限，且开采过程中伴随有大量浪费现象。此后，得益于长距离燃气输送系统的建设，天然气在总能耗中的比重于 1925 年首超 5%，开启了向清洁能源系统的转型。20 世纪 40 年代以降，美国很多城市家庭中开始集中使用燃气，工业亦在制造和加工环节利用天然气来加热锅炉或发电。第二次世界大战结束后至 1970 年间，美国继续加大对天然气管道网络建设的投资，天然气行业迎来黄金发展期。[③] 因此，天然气的比重随之快速上升，在 1958 年超过煤炭，成为仅次于石油的第二大能源种类，继而在 1971 年接近 33%，达到有史以来的峰值。相比而言，其他清洁类能源则发展缓慢，在总能耗中的比重仅从 1895 年的 1.3% 左右增长到 2017 年的 15% 左右。不过，如将天然气包括在内，那么清洁能源的比重在 1900 年时即超过 5%，2017 年已超过煤炭（14.3%）和石油（37.1%），达到 44% 左右。[④]

---

① Peter A. O'Connor, Cutler J. Cleveland, "U. S. Energy Transitions 1780 – 2010", p. 7971.

② ［意］尼克拉·艾莫里、文思卓·巴尔扎尼：《可持续世界的能源——从石油时代到太阳能将来》，陈军、李岱昕译，化学工业出版社 2014 年版，第 57—58 页。

③ ［英］戴维 G. 维克托等：《天然气地缘政治：从 1970 到 2040》，王震等译，石油工业出版社 2010 年版，第 6 页。

④ 根据美国能源信息部（EIA）官网（https：//www.eia.gov/todayinenergy/detail.php？id = 10#和 https：//www.eia.gov/totalenergy/data/annual/#summary）（2018 – 09 – 02）相关数据核算。

（二）大气污染类型演化

一般而言，大气污染源绝大多数源自人类生产、生活消耗的燃料。从绝对意义上看，任何燃料的燃烧都会产生污染物。不过，由于不同能源在物质构成方面存在很大差异，在利用过程中具有的环境效应亦显著不同。内战之前，美国能源结构以植物燃料为主，其在燃烧过程中会产生微量二氧化硫，同时还有一定量的一氧化碳和颗粒污染物。[①] 鉴于同时段工业化和城市化水平较低，燃料在城市的集中规模和利用程度有限，多数城市因燃烧木柴而排放的烟气能够得到自然扩散和稀释，并没有构成严重的大气污染问题。内战以后，美国的能源消费结构开始了向以矿物能源为主的转型，大气污染物来源增多，成分趋于复杂化。据表 1 所示，在生产同等热量的情况下，煤炭、石油、天然气具有的污染物含量明显不同，个别污染物之间甚至存在巨大差别。可以说，能源消费结构的不断变化，势必会对大气污染物的类型造成直接影响。近代以来美国社会对大气污染问题的关注主要经历了从煤烟颗粒物和酸雨——臭氧——二氧化碳[②]和悬浮颗粒物排放三个总体前后相继且局部有限重合的阶段。

19 世纪 50 年代开始，大气污染类型主要是燃煤引起的煤烟型污染，代表性污染物为煤烟颗粒物和二氧化硫。从世界范围来看，因化石能源利用而导致的大气污染问题最早出现在美国以外的一些城市。16 世纪上半叶，伦敦已开始大规模使用煤炭，开创了大气污染史的“新篇章”[③]。14—19世纪的北京由于人口众多，居家和作坊燃煤排放的烟尘已给大气质量带来很大负面影响，成为当时社会关注的问题。[④] 与伦敦和北京不同，美国在能源转型之初主要使用宾夕法尼亚东部产出的无烟煤。随着社会经济的发展，东部市场上无烟煤的价格不断上升，在中西部和南部城市更是

---

① 夏征农、陈至立主编：《大辞海·能源科学卷》，上海辞书出版社 2013 年版，第 337 页；［美］斯坦·吉布里斯科编：《可替代能源揭秘》（第 2 版），赵青阳等译，机械工业出版社 2014 年版，第 278 页。

② 二氧化碳的过量排放会导致全球气候变暖，故而本文也将其视作一种大气污染物。

③ ［澳］彼得·布林布尔科姆：《大雾霾：中世纪以来的伦敦大气污染史》，启蒙编译所译，上海社会科学院出版社 2016 年版，第 70—71 页。

④ 邱仲麟：《清代北京用煤与环境生态问题》，复旦大学文史研究院编：《都市繁华——一千五百年来的东亚城市生活史》，中华书局 2010 年版，第 328—362 页。

如此。加之烟煤分布较无烟煤普遍①，因此使其消费量快速超过无烟煤，在整个煤炭消费结构中占据主导地位。烟煤燃烧较快，不易完全燃烧，内部含有的挥发性物质如碳氢化合物和一氧化碳会形成烟，碳粒会形成尘，硫会形成二氧化硫。② 由于烟煤含有的各类物质均较无烟煤高，故而其在燃烧后具有的含烟量、灰尘量和二氧化硫量也比无烟煤多，导致煤烟问题逐渐凸显。美国的煤烟问题最先出现于大量燃烧烟煤的匹兹堡。早在1823年，就有人在给《匹兹堡公报》（*Pittsburgh Gazette*）的一封信中表达了对煤烟的不满，认为煤炭和工业"在给这座城市带来繁荣的同时，也产生了日益增加的、向外吐露着大量黑色烟柱的烟囱，让人几乎难以忍受"③。内战之后，由于工业化和城市化进程的加快，烟煤消费量快速增长，美国各大城市都出现了煤烟污染问题。

19世纪末以降，随着煤烟颗粒污染危害的日益加深和普遍，企业和居户在政府的督促下陆续采取了一系列消除烟尘的措施，旨在清理煤烟中的大颗粒污染物，逐步使得视觉上的煤烟污染得到缓解。但是，煤烟型污染问题并没有随着烟尘颗粒物的消失而结束，而是演变成了一种更加隐蔽的污染方式。烟灰和烟尘可以中和大部分硫，因此一旦遏制了颗粒排放物，酸性排放物污染就显得更为突出。④ 煤炭中含有的硫杂质燃烧后会以无色二氧化硫的形态排入大气，在特定化学作用下生成硫酸盐，最终以pH值小于5.6的大气降水（雨雪雾露霜）到达地面，形成酸雨。早在19世纪中叶，英国默西赛德郡、圣海伦斯和格拉斯哥等地一些工厂的纯碱和烧碱制造，就曾引起附近住户投诉酸雨对农作物和林地的破坏。⑤ 无独有偶，曼彻斯特的建筑师们发现巨大的公共建筑（如新市政厅）很快会被酸雨污

---

① 截止到1900年，有超过20个州开采烟煤，意味着多数大城市能够很方便获得廉价的烟煤。参见David Stradling, *Smokestacks and Progressives: Environmentalists, Engineers, and Air Quality in America, 1881－1951*, p. 9.

② 《国外城市公害及其防治》编译组编：《国外城市公害及其防治》，石油化学工业出版社1977年版，第85—86页。

③ Letter to the Editor, *Pittsburgh Gazette*, 7 November, 1823.

④ Graedel, Thomas, et al. "Global Emissions Inventories of Acid－Related Compounds", *Water, Air and Soil Pollution*, Vol. 85, No. 1 (1995), pp. 25－36.

⑤ Dingle AE, "The Monster Nuisance of All: Landowners, Alkali Manufacturers, and Air Pollution, 1828－1864", *Economic History Review*, Vol. 35, No. 4 (1982), pp. 529－548; Hawes R, "The Control of Alkali Pollution in St. Helens, 1862－1890", *Environment History*, Vol. 1, No. 2 (1995), pp. 159－171.

染，而议会大厦、圣保罗大教堂和约克大教堂等石质建筑在酸雨的影响下也受到腐蚀。[①] 不过，直到20世纪60年代末至70年代初期北美东部地区首次通过实地监测发现酸沉降的区域效应之后，酸雨才开始引起美国社会各界的普遍关注和治理行动。[②]

20世纪40年代开始，燃油的使用使得酸雨问题进一步加剧，同时导致臭氧污染问题的出现，代表性污染物为二氧化硫、氮氧化物和挥发性有机物等。石油是决定20世纪美国环境史进程的一个重要因素。第二次世界大战之后，随着石油的大量使用，美国的大气污染状况发生了明显变化，其原因既有石油燃烧后排放物造成的一次污染，也有各类污染物相互反应后形成的二次污染。首先，相比煤炭而言，石油的灰分很少，燃烧1吨油产生的烟尘只有0.1千克，但是含硫量却较高，1吨油含有5—30千克的硫，有的甚至高达50千克。而且，燃油还会释放大量氮氧化物，其与水接触后进行化学反应，产生硝酸盐为主的酸性化合物，与硫酸盐同为酸雨的重要前驱物。[③] 因此，生产和交通部门大量使用燃油，加剧了已有的酸雨污染。[④] 其次，燃油导致大气污染的另一个主要因素是汽车的使用。汽车尾气排放出大量污染物，其中氮氧化物和挥发性有机物在阳光的照射下相互反应，制造出一种新的、更加复杂的二次污染物——臭氧，对局部地区能见度造成潜在影响，甚至替代了煤烟对于雾霾（Smog）一词的使用权。[⑤] 由于海岸盆地地形、阳光充沛以及汽车保有量巨大且能源效率较低等方面的原因，臭氧污染最先于1943年在洛杉矶出现。此后，雾霾问题在南加州地区的日常投诉与政治争论话题中长时间名列前茅。洛杉矶又于1949—1950、1952—1954、1960、1967年发生比较严重的同类污染事件。除了洛杉矶，“阳光地带”也即美国

---

① Stephen Mosley, *The Chimney of the World: a History of Smoke Pollution in Victorian and Edwardian Manchester*, pp. 45 – 50.

② Peter Brimblecombe. “Air Pollution History”, in Sohki RS ed al., *World Atlas of Atmospheric Pollution*. London: Anthem Press, 2008, pp. 7 – 18.

③ 前驱物又称前驱体或母体物，某些一次污染物倘能转化成二次污染物，则前者为后者的前驱物。参见《环境科学大辞典》编委会主编《环境科学大辞典》（修订版），中国环境科学出版社2008年版，第495页。

④ 《国外城市公害及其防治》编译组编：《国外城市公害及其防治》，第95页。

⑤ “雾霾（Smog）”一词由伦敦煤烟减排协会的哈罗德·德沃兹（Harold Des Voeux）博士于1905提出，最初用来描述冬季工业城镇里因燃煤和其他活动造成的烟雾与自然雾天的融合现象。20世纪下半期之后，逐渐用来描述以光化学烟雾（臭氧）污染为代表的大气污染现象。

南部和西南部城市的大气污染基本上属于此种类型。[①] 东部、中部和北部其他地区的一些大城市在兼具煤烟污染外，也逐渐出现该种污染。由此促成的臭氧污染在美国持久不消，并在个别时段和地区呈加重趋势。

20 世纪 70 年代以后，美国社会对于大气污染的理解逐渐泛化，开始关注全球变暖和悬浮颗粒污染问题，代表性污染物为二氧化碳和 $PM_{2.5}$。凭借过去积累的化石能源消费，人类释放出大量二氧化碳，深刻地改变了全球的碳循环。二氧化碳含量的增加，会使大气层吸收地面长波辐射能力增强，引起温室效应。二氧化碳的过量排放并不是一个新问题，但却是认识较晚的一个问题。1896 年，瑞典科学家斯万特·阿列纽斯首先表达了对燃烧煤炭导致二氧化碳积聚，并有可能提高地球平均温度的忧虑。1938 年，英国气象学家盖伊·S. 卡伦达警告人类因燃烧化石燃料而排放的二氧化碳正在改变全球气候。然而，二氧化碳排放在很长一段时间内并没有引起美国学界的充分重视，有人甚至只看到全球气温的上升对局部地区粮食产量提高的作用。20 世纪 70 年代末，第一次世界气候大会在瑞士日内瓦举行。世界气象组织（WMO）和美国国家环境保护局成员等来自 50 个国家的 300 多位科学家齐聚一堂，共同探讨全球变暖问题，人为二氧化碳排放导致长期气候变化的事实方才得到一致认识。[②]

相比二氧化碳排放而言，美国对于悬浮颗粒物问题的认识更晚。悬浮颗粒物是漂浮在大气中的固体、液体和气体颗粒状物质的总称。与 PM_{10} 多源于自然不同，$PM_{2.5}$ 多源自化石燃料的燃烧和大气化学反应过程。具体来看，美国东部主要来自燃煤发电厂，美国西部主要来自柴油巴士、重型卡车、农业机械、建筑以及采矿车辆。$PM_{2.5}$ 颗粒体积更小，包含烟灰、硫酸盐、金属和飞灰等成分[③]，会对人体健康和大气能见度带来负面影响。1994 年 10 月，世界卫生组织（WHO）宣布悬浮颗粒物安全值没有下限，各国遂认识到无论多么微量的颗粒物都有危险，因此纷纷修改限定标准，对排放源采取更加严格的规定。美国国家环境保护局在 1997 年之前修改了原先

---

① 《国外城市公害及其防治》编译组编：《国外城市公害及其防治》，第 105 页。

② Stephen Mosley, "Environmental History of Air Pollution and Protection", in Mauro Agnoletti, Simone Neri Serneri, *The Basic Environmental History*, New York: Springer International Publishing, 2014, p. 163.

③ Mark Z. Jacobson, *Air Pollution and Global Warming: History, Science, and Solutions.* Cambridge: Cambridge University Press, 2012, pp. 109 – 110.

仅以 PM_{10} 为限制对象的颗粒物标准，增设 $PM_{2.5}$ 标准，旨在加强对化石燃料燃烧后颗粒物排放的控制。1999 年，又用大气质量指数（AQI）取代污染标准指数（PSI），以纳入新的 $PM_{2.5}$ 和臭氧标准。目前，美国已经设立遍及全国的监测点，对 $PM_{2.5}$ 进行常规检测和数据采集。[①]

二　能源服务与大气污染范围

能源服务是指通过能源消费而为消费者（生产、生活、交通和商业部门）提供的服务，主要包括热能、光能和动力能三种形式。就其产生途径而言，能源服务绝大部分依赖于化石能源的燃烧，带有明显的环境外部性特征。近代以来，美国社会经济的快速发展为能源部门投资者提供了稳定的经济回报，刺激能源服务领域改造升级，进而推动能源消费规模的不断扩大。从空间维度来看，能源服务的普及和能源消费规模的扩大，致使大气污染波及范围不断延伸，从城市性污染最终演变为全球性问题。

（一）能源服务的更新换代

1. 热能领域

热能是能源所能提供的一种最基本的服务，主要用于生活领域空间加热、水加热、衣物烘干以及烹饪加热等。近代早期，热能消费在总能耗中占绝对比重。1800 年，美国的热能几乎全由木柴提供。[②] 随着木柴价格的上升，煤炭逐渐被用作加热燃料。1900—1940 年左右，煤炭在热能领域占据主导地位。1912 年，美国矿务局（USBM）曾针对 300 多个城市的燃料消费情况进行过调查，发现每个城市的家庭主要燃料几乎都是煤炭。[③] 匹兹堡在 1940 年时共有 17.5 万户居民，其中有 14.2 万户燃烧煤炭，占总户数的 81%。到 20 世纪 40 年代下半段，该市仍有 10 万户居民使用手工燃煤炉和熔炉烹饪、取暖。[④] 随着石油、天然气和电力的崛起，煤炭在城市生

① ［日］山本节子：《焚烧垃圾的社会》，姜晋如、程艺译，知识产权出版社 2015 年版，第 138—139 页。

② Sam H. Schurr, Burce C. Netscher, *Energy in the American Economy 1850 – 1975*, p. 49.

③ Samuel B. Flagg, "City Smoke Ordinances and Smoke Abatement", *Bullet.* 49, Bureau of Mines, Washington, DC, 1912, pp. 15 – 18.

④ H. B. Meller, "Smoke Abatement, Its Effects and Its Limitations", *Mechanical Engineering*, Vol. 48, 1926, pp. 1275 – 1283; Joel A. Tarr, *The Search for the Ultimate Sink: Urban Pollution in Historical Perspective*, Akron: Akron University Press, 1996, p. 249.

活热能领域快速失势。当廉价天然气自西南地区通过管道越来越方便地到达匹兹堡后，迅速成为居民的主要燃料。1940 年，该市只有 17.4% 的家庭燃烧天然气，到 1950 年升高到 66%，代表了将近一半家庭燃料类型的变化。[①] 不独匹兹堡，其他城市也一并跟进。到 1960 年，天然气已经取代煤炭，成为全美家庭热能的主要来源。截至 2011 年，美国家庭所耗一次能源中，天然气超过 80%，远较其他能源为多。不过，此一时段前后，热能在总能耗中的比重已较之以往大大下降，如 2006 年时不足总能耗的 21%。[②]

2. 光能领域

光能最初并非一项专门的能源服务，很多情况下由家庭炉灶在加热过程中连带提供。1825—1850 年间，美国人口翻了一番，城市化和工业化进程加快，促使对照明的需求急剧增长。[③] 19 世纪上半叶，蜡烛制造和油灯技术的改进初步满足了这一需求。当时的照明燃料主要包括鲸油、猪油和以松节油为原料制成的莰烯等。鲸油产量在 1825—1846 年间迅速增长，从大约 400 万加仑增加到超过 1200 万加仑，此后由于可捕鲸数量的减少而迅速下滑。猪油长期以来被加工成油灯燃料，通常比鲸油便宜，比莰烯更安全。莰烯在 1830 年左右引入市场，在美国针对酒精征税之前获得了巨大的市场份额。不过，随着 19 世纪下半叶矿物燃料照明的崛起，植物和动物油灯逐渐衰落。煤炭液化油在 1850 年左右面世，很快以煤油（Kerosene）之名出现在城乡市场，之后该称呼转用于石油精炼后提取的照明用油。煤气自 1813 年开始用于街道和一些富裕家庭照明，到 19 世纪六七十年代占据相当一部分市场。1882 年，纽约爱迪生珍珠街发电站及其电气照明系统的运行，开启了照明领域有史以来最伟大的创新。较之其他照明方式，电气照明在安全性、舒适性和方便性方面具有明显优势，因此快速取代煤油和煤气，成为照明领域的绝对首选。[④] 光能虽然与热能和动力能同样重要，但是其在总能耗中的比重则相对最低，2006 年时仅为 3% 左右。[⑤]

---

① Joel Tarr, *The Search for the Ultimate Sink: Urban Pollution in Historical Perspective*, p. 252.

② EIA (U. S. Energy Information Administration), *Annual Energy Review 2012*, p. 49.

③ H. F. Williamson, et al, The *American Petroleum Industry: the Age of Illumination 1859 – 1899*, Evanston: Northwestern University Press, 1959, p. 33.

④ Peter A. O'Connor, "Energy Transitions", *The Pardee Papers*, Boston University, No. 12, 2012, pp. 24 – 27.

⑤ EIA, *Annual Energy Review 2012*, p. 48.

3. 动力能领域

作为一种能源服务，近代美国社会对动力能的消费需求与对热能、光能的需求同步上升。考虑到近代以降各种能源服务的供给越来越依赖于动力领域的进步，且动力所耗能源在总能耗中的比重越来越高，故而可以从原动机[①]利用的角度考察经济发展类型和能源消费规模问题。1800 年以来，美国经济的发展以三种原动机为核心，主导着生产、生活、商业和交通领域内相关行业的能源服务和消费。

第一种原动机是蒸汽机，在其影响下形成煤炭经济发展团。[②] 18 世纪末，美国主要依靠从英国进口蒸汽机。1804 年，奥利弗·伊文斯首次在费城制造出瓦特式蒸汽机，之后被运往路易斯安那、密西西比、匹兹堡、费城、佛罗里达等地销售，促使机械动力系统在美国的普及利用。[③] 到 19 世纪中叶，蒸汽机不仅在采矿业、冶金业中得到广泛使用，也推动了多个行业的发展。在机械制造业领域，轧钢机、起重机、压路机、挖掘机和拖拉机等由蒸汽机推动。在纺织业领域，各地较大规模的毛纺厂和棉纺厂采用蒸汽机带动锭子进行生产。在交通运输领域，罗伯特·富尔顿于 1807 年发明蒸汽船，开创了轮船航运业的新时代。20 世纪 20 年代之前，美国几乎所有铁路机车均为燃煤驱动。罗伯特·艾伦推测 1870 年美国固定式蒸汽机装机容量已达 149 万马力，相当于同时段英国装机容量的 72%。[④] 得益于蒸汽机在各个行业的广泛使用，美国至 19 世纪七八十年代完成了从植物能源经济体系向煤炭经济体系的转变。

第二种原动机是内燃机，在其影响下形成油—气经济发展团。蒸汽机体积大且功率/质量比值低，不适于运输需要。内燃机的出现，弥补了蒸

---

① 原动机是指将其他形式的能量变换成机械能的装置，它是驱动整部机器完成预订功能的动力源。参见 Vaclav Smil, *Energy Transitions: History, Requirements, Prospects*, Santa Barbara: Praeger, 2010, p. 6.

② 英国经济学家达赫门（Dahmen）曾用“发展团（Development Block）”的概念来描述重大发明的应用、扩散以及对社会产生的影响［参见 Astrid Kander (eds.), *Power to the People: Energy in Europe Over the Last Five Centuries*, p. 28］。从能源史的角度来看，蒸汽机、内燃机和电动机无疑均可以看作是重大发明。每一种原动机在社会中的应用和扩散，都会构成相对应的经济发展团。

③ 韩毅、张琢石：《历史嬗变的轨迹：美国工业现代化的进程》，辽宁教育出版社 1992 年版，第 91 页。

④ ［英］罗伯特·艾伦：《近代英国工业革命揭秘：放眼全球的深度透视》，毛立坤译，浙江大学出版社 2012 年版，第 275 页。

汽机的缺点，开始使能量密度更高的石油取代煤炭在运输中的地位。早期内燃机在运输业中的前景虽然并不乐观[①]，但是事实证明其从发明到在美国运输领域占据绝对统治地位，仅用了几十年时间。福特式流水线的推广促使美国汽车数量快速上升，价格不断降低，推动汽车工业迅猛发展。[②] 20 世纪前 20 年，美国已成为世界范围内燃油动力交通工具的领导者，在汽车、航空和航运领域广泛使用内燃机。第二次世界大战之后，美国更是成为名副其实的“轮子上的国家”。1950 年，美国人驾驶着世界上一半数量的汽车。1950—1990 年，机动车行车英里数增长了 4 倍。[③] 此外，一段时间内油价的下降和天然气的开发，还极大促进了从小型燃油机械、油气两用汽车到燃油（气）发电站等多种形式内燃机的利用，使美国建立起以石油为主、以天然气为辅的经济发展团。

第三种原动机是发电机，在其影响下形成电力经济发展团。19 世纪末，得益于发电机和电动机的发展，美国电能应用的重点逐渐从照明向工业领域转移。据统计，电力 1909 年占制造业初级马力的 21%，1919 年为 50%，1929 年达 75%。[④] 此外，电力还广泛用于交通领域。20 世纪初，尽管汽车刚出现在城市街道上，但是美国有轨电车里程数已达 2.2 万英里左右。[⑤] 1895 年，巴尔的摩与俄亥俄州铁路公司将 7000 余英尺的铁路电气化，开启了铁路电气化的趋势。[⑥] 建设中央电站、工厂动力系统、电车和照明网络，成为 20 世纪上半叶美国社会的一道壮美风景。理论上，任何种类能源都可通过燃烧或机械运动产生电，同时电能也可转化为光能、热能和动力能，因此电力系统的兴起使能源系统的灵活性上升到一个新水平，

---

① M. Hard, A. Jamison, “AlternativeCars: The Contrasting Stories of Steam and Diesel Automotive Engines”, *Technology in Society*, Vol. 19, No. 2 (1997), pp. 145 – 160.

② Bruce Podobnik, *Global Energy Shifts: Fostering Sustainability in a Turbulent Age*, Philadelphia: Temple University Press, 2006, p. 55.

③ ［美］J. R. 麦克尼尔：《阳光下的新事物：20 世纪世界环境史》，韩晓雯译，商务印书馆 2003 年版，第 60 页。

④ ［美］乔纳森·休斯、路易斯·P. 凯恩：《美国经济史（第 7 版）》，邱晓燕等译，北京大学出版社 2014 年版，第 358 页。

⑤ Martin V. Melosi, *Coping with Abundance: Energy and Environment in Industrial America*, Philadelphia: Temple University Press, 1985, p. 63.

⑥ David Stradling, Joel A. Tarr, “Environmental Activism, Locomotive Smoke, and the Corporate Response: The Case of the Pennsylvania Railroad and Chicago Smoke Control”, *The Business History Review*, Vol. 73, No. 4 (1999), pp. 677 – 704.

而由电力催生的经济发展团更是囊括社会各个行业，至为庞大。

近代以来美国热能、光能和动力能领域的持续更新换代，提高了能源利用的水平和能源服务的质量，降低了能源利用的单位成本，推动了微观层面上各个部门能源需求的增加和宏观层面上能源消费规模的扩大。从图2可知，1775—2015年间，总能耗除了在个别时段短暂下降或增长缓慢之外，整体呈快速上升态势，由0.2千兆BTU上涨至100.2千兆BTU，年均增长率在26%左右。值得注意的是，美国能源服务水平的提高以化石能源消费量的不断攀升为基本前提。1855—1975年间，煤炭、石油、天然气的消费量几乎每年都在总能耗的90%以上。只是在第一次能源危机之后，由于可再生能源的开发，其消费量才相对降低，但1975—2015年间年均消费量仍达总能耗的86%左右。①

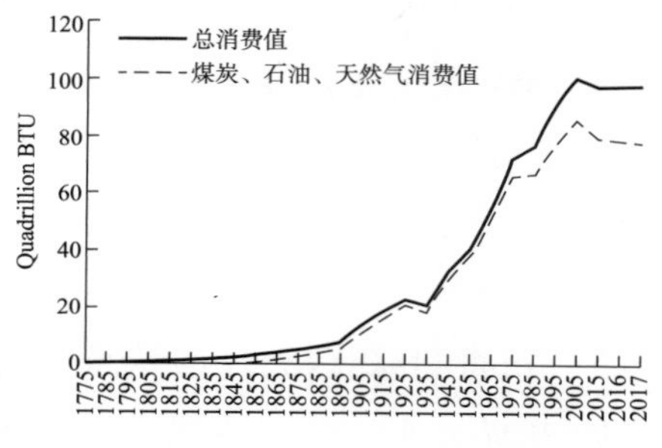

图2 1775—2017年美国一次能源消费数量

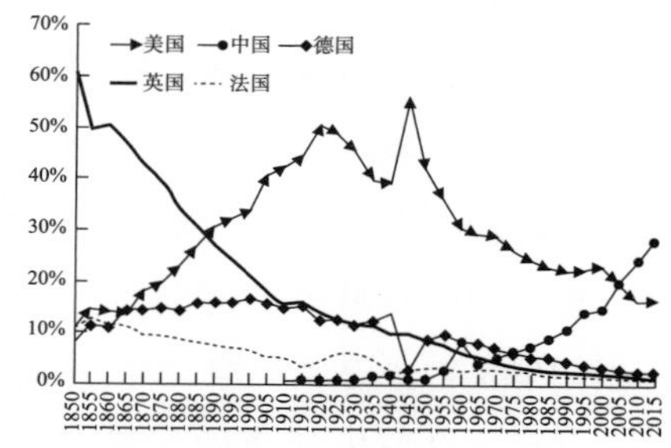

图3 五国 CO_2 排放量占全球总排放量比重

资料来源：1. 图2（1）美国1790—1970年人口数据参见U. S. Bureau of the Census, *Historical Statistics of the United States: Colonial Times to* 1970, U. S. Department of Commerce, 1975, p. 8；1975—2015人口数据参见《美国历年人口总数统计》，http：//www. kuaiyilicai. com/stats/global/yearly_ per_ country/g_ population_ total/usa. html（2018－09－02）；（2）美国能源消费数据同图1，其中1790、1800、1810、1820、1830、1840年的消费值为前后两个5年段消费值的平均数。

2. 图3（1）1850—2010年各国数据参见世界资源研究所（WRI）官网：https：//www. wri. org/blog/2014/05/history－carbon－dioxide－emissions（2018－09－02）；2015年各国数据参见IEA，*CO2 Emissions from Fuel Combustion*：2017，pp. II. 4－II. 5；（2）全球1850—2010年数据参见美国能源部二氧化碳信息分析中心（CDIAC）官网：http：//cdiac. ess－dive. lbl. gov/ftp/ndp030/global. 1751_ 2014. ems（2018－09－05）；2015年数据参见IEA，*CO2 Emissions from Fuel Combustion*：2017，p. II. 6。

3. 相关数据按照1Quadrillion BTU＝1055・10^6GJ换算。

---

① 根据美国能源信息部（EIA）官网（https：//www. eia. gov/todayinenergy/detail. php？id＝10#及https：//www. eia. gov/totalenergy/data/annual/#summary）（2018－09－02）相关数据核算。

（二）大气污染的范围

追根溯源，近代以来美国热能、光能和动力能等能源服务绝大部分源自化石燃料的燃烧，具有明显的环境外部性特征，因此必然会导致能源消费地生活、商业、生产以及交通领域内大量固定和移动污染源的形成。从地域上看，当污染物排放量超过环境自净能力之后，一方面容易引起能源消费地大气污染问题，另一方面污染物也会受到大气环流的影响，飘至其他地区，导致污染范围的扩大。受此影响，美国大气污染的波及范围逐渐扩大，从城市性污染、区域性污染向广域乃至全球性污染演变。

1. 城市性污染

美国大气污染问题最初表现为单个城市性污染，从类型上看主要是生活、商业和工业等固定污染源引起的煤烟型污染。近代早期，生活、商业污染源大部分源自居民和商户出于对热能的需要，在壁炉、铁炉、锅炉中燃烧煤炭，向大气中排放烟气的行为。由于使用人数多，涵盖范围广，由此造成的煤烟污染渐趋严重，成为导致各城市大气污染的主要原因之一。鉴于新的燃烧工具资本投入较高以及居民燃烧习惯、生活习俗难以改变等因素，家庭燃煤烟雾问题在很长一段时间之内无法消除。① 工业污染源主要是发电厂、冶炼厂、化工厂等工矿企业在生产过程中排放的煤尘、粉尘。近代美国的大工业首先集中在地理位置优越、煤铁资源丰富的东北部和中西部地区。19 世纪中叶以后，在东北部，以纽约为中心，费城、波士顿等城市迅速发展，形成以服装、造船、机械制造等为主体的制造业城市群；在中西部，匹兹堡、芝加哥、底特律、伯明翰、圣路易斯、辛辛那提、克利夫兰、密尔沃基、堪萨斯等依据各自区位优势，建立了以钢铁、煤炭、冶金和汽车为基础的工业体系。② 在各大城市内部，一座座拔地而起的厂房，一根根排放滚滚浓烟的烟囱，成为日常景观的真实写照。

固定污染源排放的滚滚浓烟，极大恶化了大气质量，致使较早发生工业革命的城市里大气污染都相当严重，许多城市饱受烟害之苦。匹兹堡很

---

① Victor J. Azbe, "Rationalizing Smoke Abatement", in Carnegie Institute of Technology, *Proceedings of the Third International Conference on Bituminous Coal*, Pittsburgh, 1931, Vol. II, p. 603.

② ［美］H. N. 沙伊贝等：《近百年美国经济史》，彭松建、熊必俊译，中国社会科学出版 1983 年版，第 90 页。

早就因其煤烟而臭名昭著，素有“揭开盖子的地狱”[①] 之称，但它却不是唯一的烟城。内战之后，大气污染已遍布美国中西部各大城市。比如截止到1869年，不断增长的工厂和大量烟煤的使用，使得克利夫兰长时间被烟雾笼罩，以致《日常领导》杂志（*Daily Leader*）的一位编辑警告该市正处在不断丢失美丽城市声誉的危险之中。[②] 几乎同一时段，芝加哥的黑色烟幕“使太阳失去光辉，让城市变得黑暗、了无生气”[③]。辛辛那提、密尔沃基、圣路易斯等多个城市在19世纪90年代城市改革运动兴起之前，因烟煤导致的大气污染也已非常明显。[④] 相比而言，直到第一次世界大战以前，使用无烟煤的东部城市如费城、纽约、波士顿等地大气仍较为清洁。[⑤] 不过，由于随后无烟煤供给的短缺，这些城市烟煤利用数量渐趋增多，大气也终于随之“黑化”。

2. 区域性污染

区域性大气污染是在城市性污染基础之上，由交通工具为代表的移动污染源催生的、涵盖毗邻城市群或大工业地带的污染现象。19世纪初燃煤蒸汽船发明后，航运公司通过燃料实验、技术改进和积极的营销策略，推动了蒸汽航运业的快速发展。南北战争前后，美国逐渐形成了从东北部内河蒸汽船、西部浅层蒸汽船到大湖区和沿海大型蒸汽船的蒸汽航运网。与此同时，铁路事业也在稳步发展。1830—1840年间，波士顿、纽约、费城、巴尔的摩、华盛顿等地之间已有短程铁路相通。美国南北战争之前，宾夕法尼亚、马里兰、俄亥俄、密执安、伊利诺伊等州开始大规模修建铁路，逐渐形成密集的东北—中西部铁路网。随后，美国又于1862—1893年间相继完成太平洋、圣菲、南北太平洋和大北铁路，最终建成了完整的大陆铁路网。除此之外，19世纪末汽车出现之后，美国还掀起了公路运输领域的革命。一些传统大城市和新兴城市逐渐用汽车替代马车，重塑城市运

---

① DavidsonCliff I，“AirPollution in Pittsburgh：A History Perspective”，*Journal of the Air Pollution Control Association*，Vol. 29，No. 10（1979），p. 1037.

② *Daily Leader*，7 May 1869. 转引自 David Stradling，*Smokestacks and Progressives：Environmentalists，Engineers，and Air Quality in America，1881 – 1951*，p. 38.

③ Martin V. Melosi，*Pollution and Reform in American Cities，1870 – 1930*，Austin：University of Texas Press，1980，p. 86.

④ Martin V. Melosi，*Coping with Abundance：Energy and Environment in Industrial America*，p. 32.

⑤ B. Freese，*Coal：A Human History*，NewYork：Penguin Books，2003，p. 149.

输格局。20 世纪初，美国已基本建成水路、铁路以及公路纵横交错的全国性交通网。

相比固定污染源，轮船、火车和汽车等交通工具在运行过程中同样会排放出大量污染物，加重城市性大气污染。不过，从污染地理学的角度看，交通工具最重要的环境影响是作为移动污染源，将之前相对分散的单个城市性污染区连接在一起。轮船、汽车和火车以相对较低的高度排放尾气，加之移动不定，摆脱了局部地形、大气环流和光照条件等自然地理以及行政区划的限制，促使区域性大气污染问题得以形成。从政策方面看，直到 20 世纪 50 年代前半段，美国都没有针对移动污染源制定统一的监管方案。一些城市针对烟雾管制的条例就不适用于进入、离开或者穿越城市的列车。比如南加州是美国汽车数量最多的地区，1954 年汽车和卡车数量达 236 万辆，成为该地区最大的污染源。虽然洛杉矶县大气污染管理区每天能够防治当地固定污染源排放的 5000 余吨污染物，但是自由往来进出的汽车却排放出 1.2 万吨左右不受控制的尾气。[①] 到 1966 年，机动车在美国各地贡献了 60% 以上的污染物，以致至少有 27 个州以及哥伦比亚特区都出现了严重的区域性大气污染问题。[②]

3. 广域－全球性污染

大气是流动的，任何一个地区都无法将本地大气与其他地区隔离开来。只要有风，只要不存在全国性甚至全球性的大气污染控制努力，那些试图保持自身大气清洁的地区就会不可避免地受到其他地区肮脏大气的污染。大气环流催生的跨界大气污染绝非局限于毗邻的两个州，很多时候其会促使大气污染从区域性问题演化为广域性乃至全球性污染问题。

导致广域性大气污染的污染物主要是硫氧化物、挥发性有机物和氮氧化物，典型现象为酸雨和臭氧污染。美国大烟囱工业的普遍兴起，是广域性酸雨污染形成的基本前提。第二次世界大战之后，鉴于大气污染被认为是一个地方性问题，市—县—州层面制定了严格的环境立法，限制区域污染物浓度标准。为了避免硫氧化物浓度超标，许多大型企业都提高烟囱高度，利用大气环流稀释污染物浓度。比如在 1963 年时，一些电厂的烟囱已

① “APCD Completes Job”, *Montebello News*, 7 November, 1957.

② Martin V. Melosi, *The Automobile and the Environment in American History*. http://www.autolife.umd.umich.edu/Environment/E_Overview/E_Overview4.htm (2018－10－05).

达到 700 英尺。1970—1979 年间，美国各地电厂又建造了 178 个超过 500 英尺的烟囱。[①] 这些烟囱将酸性物质由近地面输送到高层大气，致使其扩散至数百公里乃至数千公里外的下风向地区，形成广泛的酸雨污染问题。酸沉降在 20 世纪 50 年代首次于美国被实地检测发现，此后在一些含碱性化合物含量较低的山区，如田纳西州东部、北卡罗来纳州西部、佐治亚州北部、西弗吉尼亚州东西部等地，都曾发现明显的酸沉降。[②]

由于受到大气环流和高空移动污染物的影响，一些即使本地污染源较少的城市，也可能存在严重的污染问题。匹兹堡虽然早在第二次世界大战后不久就摘去了“煤烟之都”的称号，但是它仍然面临着臭氧污染的问题，其主要原因很大程度上与匹兹堡正好处在大气污染物转移扩散的通道上有关。夏季之时，美国北部及东北部一带盛行西风，推动大气由内陆向东部海岸缓慢移动，从而将俄亥俄、伊利诺伊、印第安纳等地排放的氮氧化物、挥发性有机物吹向匹兹堡。这些污染物在匹兹堡集聚，并受到高温辐射的影响，最终形成夏季臭氧污染问题。[③] 20 世纪 70 年代，大规模的污染物运输和臭氧形成机制在包括纽约、新泽西在内的中东大西洋和东北部各州被发现。纽约市排放的臭氧污染物由盛行风吹至康涅狄格州，最远可到达马萨诸塞州东北部；新泽西州臭氧水平也随盛行风向的变化而呈现季节性升降特征。[④]

从更大的空间范畴来看，一地排放的大气污染物在超越区域和广域污染之后，最终会成为全球性污染的一部分。近代以来，人类因利用矿物能源而排放的二氧化碳不断增多。在过去 10 年中，全球二氧化碳排放量超过从工业革命开始到 1970 年左右的排放总量，仅 2011 年就比 1850—1880 年

---

① U. S. Council on Environmental Quality, *Environmental Quality: 1980*, Washington, D. C: Executive Office of the President, Council on Environmental Quality, 1980, pp. 173 – 177.

② Ellen Baum, “Unfinished Business: Why the Acid Rain Problem Is Not Solved”, *Clean Air Task Force*, Boston, Spectrum Printing & Graphic, Inc. 2001, p. 3；［美］菲利普·罗斯等：《美国西部酸雨》，梁思萃等译，中国环境科学出版社 1986 年版，第 60—66 页。

③ 美国国家工程院、中国工程院等：《能源前景与城市大气污染——中美两国所面临的挑战》，中国环境科学出版社 2008 年版，第 163 页。

④ WS Cleveland, et al, “Photochemical Air Pollution Transport from the New York City Area into Connecticut and Massachusetts”, *Science*, Vol. 191, No. 4223 (1976), pp. 179 – 181; Paul J. Lioy, Panos G. Georgopoulos, “New Jersey: A Case Study of the Reduction in Urban and Suburban Air Pollution from the 1950s to 2010”, *Environmental Health Perspectives*, Vol. 119, No. 10 (2011), pp. 1351 – 1355.

间的排放量还多。[①] 不同国家出于不同国情，在二氧化碳排放量占全球总排放量比重方面存在很大差别。图 3 对 1850—2015 年间美国及四个主要经济体进行了比较，可以发现美国虽然初始比重较低，但是增长很快，1890 年左右即超过英国，跃居世界第一。1920—1940 年短暂回落后很快反弹，至 1945 年达到 55% 的峰值水平。此后整体趋于下降，然而所占比重仍远高于其他国家，直到 2005 年才被中国超过。总体来看，美国是全球二氧化碳历史排放量的最大贡献者，是导致全球气候变暖的最大行为国。

三　能源效率与大气污染程度

能源消费与大气污染问题之间的关联除了上述两方面外，还突出表现在能源效率与污染程度层面。倘若不考虑能源质量、能源和环境政策等因素，能源效率与大气污染程度之间构成一对辩证关系，即能源效率越高，燃料的燃烧越彻底，大气污染程度越低；反之，燃料燃烧后的剩余物质越多，大气污染程度越高。因此，近代以来美国能源效率的历时性变化，成为影响大气污染程度以及未来走势的关键变量。

（一）物理能源效率与大气污染程度

1. 物理能源效率

按照能源经济学的定义，能源效率可分为物理能源效率和经济能源效率。所谓物理能源效率，系指在能源利用过程中有效消费量与实际消费量之比，反映的是能源系统本身在一定技术水平下的运行效率，通常用热效率（%）、质量/功率比（g/W）或者最大功率数（W）表示。[②] 由于能源在开采之后要以能源转换器为应用中介，故而很大程度上又可将物理能源效率等同于能源转换器效率。[③] 近代以来，美国在热能和光能领域曾涌现出多种式样、效率不一的能源转换器。不过，早期转换器效率较低，后期

---

① Eric Holthaus, ChrisKirk, *A Filthy History*: *Which Countries Have Emitted the Most Carbon since 1850*? http://www.slate.com/articles/technology/future_tense/2014/05/carbon_dioxide_emissions_by_country_over_time_the_worst_global_warming_polluters.html（2018-09-25）.

② 林伯强、何晓萍编著：《初级能源经济学》，清华大学出版社 2014 年版，第 67 页；Vaclav Smil, *Energy Transitions*: *History*, *Requirements*, *Prospect*, pp. 2-12.

③ 能源转换器是将一种能源转换为另一种能源或者能源服务的设备。参见 Peter A. O' Connor, Energy Transition, p. 2.

虽有提高，但所耗能源在总能耗中的比重仍然有限。可以说，热能和光能转换器效率的变化，对整体能源效率的提高影响较小。严格来说，自原动机的发明和完善以来，整体能源效率才显示出长足进步。

参照图4并结合相关资料，可见近代以来几种主要原动机的利用效率均发生了很大变化。(1) 蒸汽机。18世纪初纽可门式蒸汽机效率极低，仅能将煤炭中化学能的0.5%转化为机械运动。18世纪末，瓦特改良式蒸汽机传入美国，效率为3%～4%。1800年，蒸汽机效率达到5%。1900年左右，大规模固定蒸汽机效率已超过20%，较小船用蒸汽机效率为10%左右，蒸汽机车为6%～8%。① 此后，蒸汽机效率保持缓慢增长，到20世纪40年代接近25%。(2) 内燃机。1876年，奥托完成四冲程内燃机的实际设计，其效率约为17%，质量/功率比为250克/W。1900年左右，汽车功率已达到26千瓦，质量与功率比不到9g/W。20世纪之后，汽油内燃机效率仍在提高，1910年左右超过20%，1940年左右超过30%。柴油内燃机通过高压缩来提高燃料效率，1897年时效率即超过25%，到1911年进一步提升到40%。此后，其在水运和陆运市场陆续取代蒸汽机。2000年，船用型柴油内燃机效率已超过50%。② (3) 蒸汽和燃气轮机。1885年，蒸汽轮机原型机的功率只有7.5千瓦，效率低于2%。但是得益于持续改造，第一次世界大战之前其效率已达到25%左右。20世纪40年代后期，其效率开始新一轮增长，一直持续到70年代，质量/功率比稳定在1～3g/W左右。20世纪30年代后期，燃气轮机建造成功。第二次世界大战推动了喷气发动机的发展，其最大功率快速上升。21世纪初，燃气—蒸汽联合循环机功率能够达到10^9W，效率超过60%。③ 总体来看，1800—2000年间美国原动机最大效率从5%左右飙升到60%多，增长了11倍之余，物理能源效率大大提高。

---

① Vaclav Smil, *Two Prime Movers of Globalization: The History and Impact of Diesel Engines and Gas Tu-rbines*, Cambridge, MA: The MIT Press, 2010, p. 12; Vaclav Smil, *Energy Transitions: History, Requirements, Prospects*, p. 54; [美] J. R. 麦克尼尔：《阳光下的新事物：20世纪世界环境史》，第11页。

② Vaclav Smil, *Two Prime Movers of Globalization: The History and Impact of Diesel Engines and Gas Turbines*, pp. 27, 30, 37.

③ Vaclav Smil, *Energy Transitions: History, Requirements, Prospects*, pp. 54, 58-59.

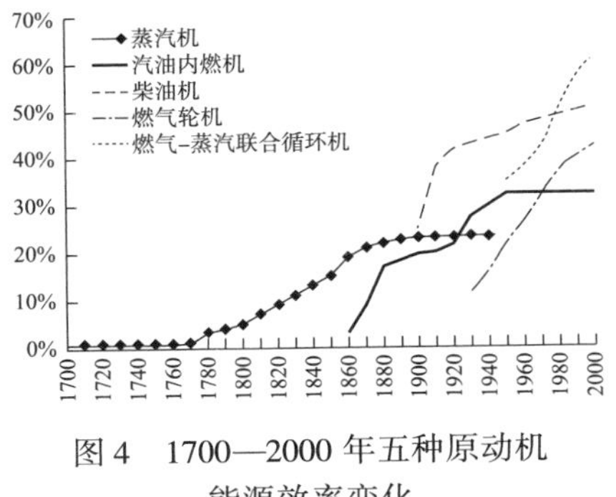

图4　1700—2000年五种原动机能源效率变化

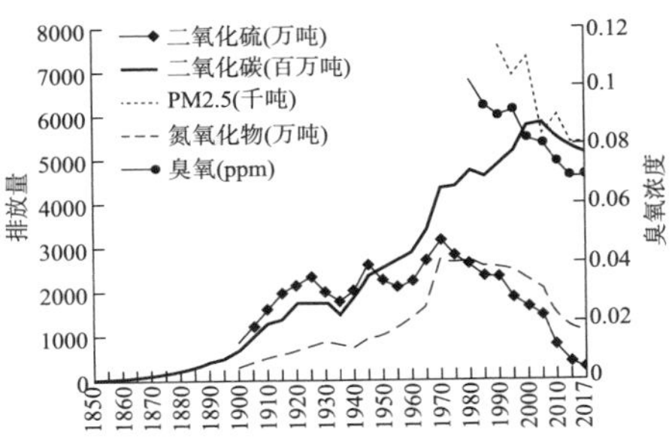

图5　1850—2017年美国主要大气污染物排放量

资料来源：1. 图4数据参见 Vaclav Smil, *Energy Transitions: History, Requirements, Prospects*, p. 9.

2. 图5（1）二氧化硫、$PM_{2.5}$、氮氧化物1940—1985以及1990—2014年数据参见陈健鹏《污染物排放与环境质量变化历史趋势国际比较研究》，中国发展出版社2016年版，第232—234页；2015—2017年数据参见美国国家环境保护局官网：https：//www. epa. gov/air – emissions – inventories/air – pollutant – emissions – trends – data（2019 – 09 – 06）；（2）二氧化硫、氮氧化物1900—1935年数据为Gschwandtner、Hubbert和Schurr三人估算结果的平均值，其中二氧化硫1905、1915年数据以及氮氧化物1905、1915、1925、1935年数据为前后相邻五年排放量加和的平均值，参见Jane Dignon，Sultan Hameed，Global Emissions of Nitrogen and Sulfur Oxides from 1860 to 1980，*JAPCA*，Vol. 39，No. 2（1989），pp. 180 – 186；（3）二氧化碳1850—2011年数据参见世界资源研究所（WRI）官网：https：//www. wri. org/blog/2014/05/history – carbon – dioxide – emissions（2018 – 09 – 05）；2012—2017年数据参见美国国家环境保护局官网：https：//www. eia. gov/environment/emissions/carbon/、https：//www. eia. gov/todayinenergy/detail. php？id = 36953（2018 – 09 – 07）；（4）臭氧浓度1980—2017年数据为全国200个监测站每天最大8小时浓度均值的年第四大值，参见美国国家环境保护局官网：https：//www. epa. gov/air – trends/ozone – trends（2018 – 09 – 08）。

3. 相关数据按照1Quadrillion BTU = 1055 · 10^6GJ换算。

2. 大气污染程度

不同类型能源转换器效率的历时性变化，推动不同类型污染物的程度也随之发生变化。就精确性而言，最好是通过现场监测排放量或化验浓度的方法对污染程度进行测量。1970年美国国家环境保护局成立之后，即将此作为主要任务之一。不过，1970年之前并不存在针对各类污染物的上述相似活动，只是存在个别城市于个别时段针对某一类污染物的监测行为。在此参照图5并结合相关间接资料，对近代以来美国各类污染物程度的变化过程进行勾勒。

（1）煤烟颗粒物

历史资料中关于近代早期美国煤烟颗粒污染的记载不乏其数，但基本都为定性描述。目前学界主要通过分析煤烟之于动植物生长、建筑物美观以及人体健康等方面的负面影响的大小，间接考察煤烟颗粒污染的程度。

比如沙恩·G. 杜贝等人通过对自然历史博物馆中鸟类标本羽毛颜色的对比分析，对美国100余年来碳颗粒污染程度的变化进行了研究。据其研究，煤炭消费量与颗粒污染程度之间存在密切关系。19世纪中期至20世纪50年代，消费量与污染程度呈正向关系。20世纪前20年，由于烟煤消费量的增多和较低的能源效率，煤烟颗粒浓度达到污染程度的峰值，成为美国大气污染史上“最黑暗”的一段时间。20世纪50年代以后，消费量与污染程度脱钩，也即消费量增多的同时，浓度持续下降。① 到20世纪70年代之前，煤烟颗粒污染问题基本消失。

（2）酸雨

与煤烟颗粒污染问题类似，化石能源消费量和酸雨污染程度之间也存在紧密关联。不过，相比前者，后者之间呈现正相关的时间相对较长，从19世纪中期一直延续到20世纪七八十年代。二氧化硫排放量于1900年接近1000万吨，此后虽在某些特定时段有所波动，但总体呈上涨态势，至1970年代初达到3000余万吨的峰值。② 氮氧化物排放量在很长一段时间内都低于二氧化硫，不过其持续增长速度很快，到1980年超过二氧化硫并达到2700余万吨的峰值。受此影响，酸雨污染在20世纪七八十年代最为严重。东北部局部地区，如西弗吉尼亚威灵（Wheeling）酸雨的pH值一度低至1.5。③ 自此之后，化石能源消费量与酸雨污染程度脱钩。虽然煤炭和石油消费量仍在增多，但是大部分城市监测点显示1980—2013年间年平均二氧化硫浓度下降幅度超过85%。④ 2017年，二氧化硫排放量已不足300万吨，氮氧化物排放量在1000万吨左右，较之历史峰值降低接近80%。⑤

---

① Shane G. Du Bay, Carl C. Fuldner, “Bird Specimens Track 135 Years of Atmospheric Black Carbon and Environmental Policy”, *Proceedings of the National Academy of Sciences of the United States of America*, Vol. 114, No. 43 (2017), pp. 11321 – 11326.

② S. J. Smith, et al, “Anthropogenic Sulfur Dioxide Emissions: 1850 – 2005”, *Atmospheric Chemistry & Physics Discussions*, Vol. 10, No. 6 (2011), pp. 16111 – 16151.

③ Clive Ponting, *A Green History of the World: The Environment and the Collapse of Great Civilizations*, New York: St. Martin's Press, 1991, p. 336.

④ Gene E. Likens, Thomas J. Butler, “Acid Rain Pollution: History”, *Encyclopedia Britannica*. https://www.britannica.com/science/acid-rain/History (2018 – 10 – 08).

⑤ 根据美国国家环境保护局官网（https://www.eia.gov/environment/emissions/carbon/和https://www.eia.gov/todayinenergy/detail.php?id=36953）（2018 – 09 – 07）相关数据核算。

（3）臭氧

关于臭氧浓度的全国性监测数据始于1980年，当年达到0.102ppm的峰值水平，但这并不意味着1980年以前的浓度就较低。第二次世界大战之后，因汽车普及利用而引起的光化学污染问题开始加剧，臭氧污染事件在各大城市层出不穷。考虑到早期内燃机物理能源效率相对有限，作为臭氧主要前体物的氮氧化物和挥发性有机物排放量较多，臭氧浓度在个别地区很可能达到更高水平。尤其是加利福尼亚州中部和南部，以及美国中西部和东部许多大的城市区域，都可能维持着高排放水平。最近30余年，氮氧化物和挥发性有机物排放量不断下降，促使臭氧浓度也呈持续下降趋势，由1980年的峰值降至2017年的0.069ppm，降幅超过30%。①

（4）$PM_{2.5}$

限于大气监测技术的发展水平，美国对$PM_{2.5}$排放量的全国性监测晚至1990年才开始。与臭氧浓度情况相似，虽然1990年$PM_{2.5}$排放量达到756万吨的峰值水平，但是并不意味此前的污染程度就较低。二氧化硫、氮氧化物和挥发性有机物为$PM_{2.5}$的主要前体物，每一类排放量的变化都会对后者的浓度产生影响。鉴于20世纪七八十年代酸性物质的排放量达到峰值，故可推测当时$PM_{2.5}$的排放量亦维持在高位，至少要超过1990年的水平。受酸雨、臭氧污染治理力度加大的影响，各类前体物排放量逐渐减少，$PM_{2.5}$排放总量也随之下降，从1990年的峰值降至2017年的534万吨，降幅接近30%。②

（5）二氧化碳

与其他四类大气污染问题具有较为特定的燃料来源不同，所有化石能源的燃烧都会排放二氧化碳。因此，根据化石能源消费量数据，可以重构二氧化碳排放量年度序列。近代以来美国化石能源消费量快速增长，二氧化碳排放量处于同步增长趋势。1850年时虽然只有0.2亿吨，远低于英国（1.23亿吨），但是仅仅用了30余年，到1890年左右便接近3.8亿吨，超

---

① 根据美国国家环境保护局官网（https://www.epa.gov/air-trends/ozone-trends）（2018-09-08）相关数据核算。

② 根据陈健鹏《污染物排放与环境质量变化历史趋势国际比较研究》，第232—234页；美国国家环境保护局官网（https://www.epa.gov/air-emissions-inventories/air-pollutant-emissions-trends-data）（2019-09-06）相关数据核算。

过英国（3.33亿吨），跃居世界第一。在20世纪某些特定时段，二氧化碳排放量曾随化石能源消费量的暂时减少而下降，不过随后快速反弹。2005年，美国二氧化碳排放量达到58.3亿吨的峰值。最近十余年，排放量不断下降，从2005年的峰值降至2017年的51.4亿吨，降幅约为12%。①

总体来看，上述各类污染物程度变化趋势具有一定共性，突出表现在均与物理能源效率的变化存在密切关系。20世纪七十年代以前，物理能源效率不断提升，减少了生产同等产值的煤烟颗粒物排放量。20世纪七八十年代以后，多类污染物程度的下降除了受控污技术进步的影响之外，与物理能源效率的进一步提高息息相关。第一次能源危机之后，美国开启了能效提升的缓慢过程。自1975年以来，相继制定了《能源政策与节约法案》《公司平均燃料经济标准》以及《能源政策法案》等重要制度性框架。这些法案通过鼓励能源技术和能源管理创新等措施，推动各部门不断提高物理能源效率，降低平均能耗，最终达到减少污染物排放的目的。因此之故，目前美国的大气污染程度呈总体降低趋势。

（二）经济能源效率与大气污染程度

1. 经济能源效率

对能源转换器的分析，提供了微观层面观察物理能源效率变化的诸多样本，而对经济能源效率的分析，则有助于把握能源系统在宏观经济系统中效率的变化趋势。所谓经济能源效率，系指国民经济的单位产值能耗，通常用能源强度表示。② 能源强度越低，能源效率越高；反之，能源效率越低。图6参照相关资料，重构了1795—2017年美国的能源强度变化趋势。结果发现，包括生物质能源在内的总能源强度呈持续下降趋势。不过，如果只统计煤炭、石油、天然气三类化石能源，能源强度变化则呈倒U型趋势。具体来看，19世纪中期至20世纪初是美国工业化起步和快速发展时期，产业结构以高能耗重化工业为主。受此影响，能源强度从1855

① 根据世界资源研究所（WRI）官网（https：//www.wri.org/blog/2014/05/history－carbon－dioxide－emissions）和美国国家环境保护局官网（https：//www.eia.gov/environment/emissions/carbon/以及https：//www.eia.gov/todayinenergy/detail.php？id＝36953）（2018－09－07）相关数据核算。

② 能源强度即经济产出与能源消费量之比（GDP/E），参见林伯强、何晓萍编著《初级能源经济学》，清华大学出版社2014年版，第66页。

年的3.7MJ/千美元快速上涨到1915年的接近18MJ/千美元的峰值水平。此后，随着产业结构的调整和电力化的开展，能源强度持续降至2017年的3.2MJ/千美元的历史最低点。[①] 基于历史发展趋势，可以预测未来美国经济能源效率仍将不断下降。不过，这一下降过程很难继续保持以往速度，理由主要有以下三点：

首先，经济能源效率的进一步提升，受到能源反弹效应的钳制。能源反弹效应概括了这样一种现象，即能源效率的提高使得单位产出的能源投入减少，从而刺激能源密集型行业发展，导致能源需求增加，同时，能源效率的提高也能带动整个经济的增长，反过来增加对能源的消费。[②] 美国境内丰富的自然资源连同能源强度的不断下降，提高了人均能耗水平和浪费倾向。参照图7，纵向上来看，1800—2000年间人均能耗除了在个别时段短暂下降外，其余时段均呈增长态势，由1800年的75GJ增长至2000年的369GJ的峰值，增长将近5倍之多。到21世纪初，才呈现下降趋势。横向上来看，除了1860—1900年间以外，美国人均能耗都要超过英国、德国、法国和荷兰等国，而且这种差距在21世纪前还有逐渐扩大的趋向。人均能耗的居高不下和总能耗的持续增长，很大程度上抵消了能源效率提高所具有的意义。

其次，经济能源效率的进一步提升，遭遇技术瓶颈。根据热力学第二定律，能量从一种形式转化为另一种形式的过程中会产生损耗，也即意味着效率的增长终究存在限度，不会无限提升。实际上，即使是目前一些已经成熟可行的节能技术，也并没有得到普及。图4中某一时间点内某类原动机的效率一定程度上只能代表最高效率，并不能反映其在社会中的普遍应用水平。比如就美国化石能源消费大户——发电厂而言，如果采用优质煤，高新技术燃煤电厂的效率可以达到39%—43%左右。不过，美国目前很多燃煤电厂设备较为陈旧，遵守的是1970年的《清洁大气法案》标准，

---

① 根据美国经济分析局（BEA）官网（https://search.bea.gov）（2018-10-05）、美国能源信息部官网（https://www.eia.gov/todayinenergy/detail.php?id=10#以及https://www.eia.gov/totalenergy/data/annual/#summary）（2018-09-02）相关数据核算。

② Lorna A. Greening, et al. "Energy Efficiency and Consumption - the Rebound Effect - a Survey," *Energy Policy*, Vol. 28, No. 6-7 (2000), pp. 389-401.

很少采取控污措施，效率只有20%多。① 相比而言，普通汽油汽车的能源效率仅为15%—18%②，也存在较大上升空间。

再次，经济能源效率的进一步提高，受到其他经济、政治等因素的制约。理论上来说，能源结构摆脱对化石能源的依赖，转向清洁能源，是提高能源效率的终极途径。美国虽然是世界上可再生能源政策制定较早的国家，但是太阳能、风能、水能等清洁能源的开发、利用成本一直居高不下，高于化石能源。从经济角度来看，能源结构向清洁能源的转型可能在一定时段内不利于相关经济部门的发展。奥巴马执政时期以清洁和减排为能源政策核心，致力于在全球发挥对抗气候变化的领导者的角色，通过向清洁能源领域提供巨额补贴，弥补其带来的经济亏耗。特朗普上台之后，改弦更张，转而以经济和就业为核心，逐步推翻奥巴马的能源政策，推动煤炭、石油等传统能源行业发展。这就为美国未来能源转型和能源效率的提高，蒙上了一层阴影。③

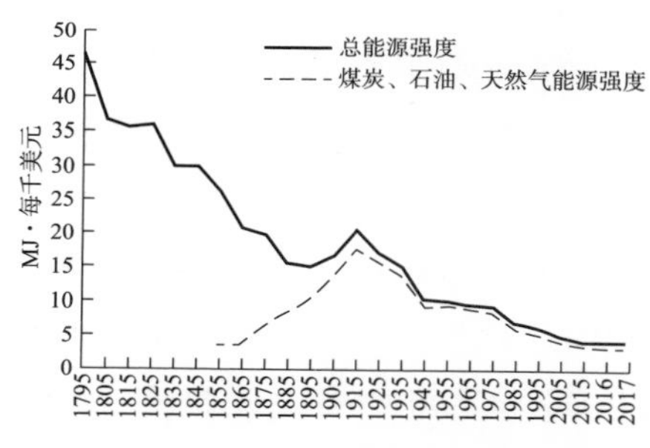

图6　1795—2017年美国能源强度变化

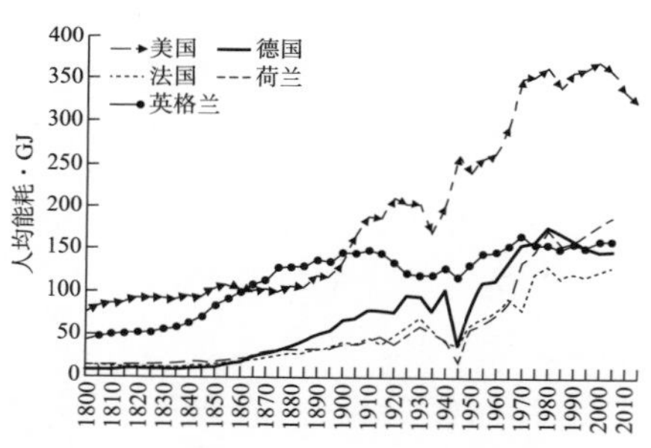

图7　1800—2015年多国人均能耗比较

资料来源：1. 图6（1）GDP数据根据美国经济分析局官网 https：//search. bea. gov（2018－10－05）数据换算；（2）能源消费总数据以及常规能源消费数据参见美国能源信息部官网 https：//www. eia. gov/todayinenergy/detail. php？id＝10＃（2018－09－02）以及 https：//www. eia. gov/totalenergy/data/annual/#summary（2018－09－02）。

2. 图7（1）美国1790—1970年、1975—2015年历史人口数据同图2（1）；（2）美国能源消费数据同图1，其中，1790、1800、1810、1820、1830、1840年的消费值为前后两个5年段消费值的平均数；（3）英格兰、德国、法国、荷兰统计范围包括食物和饲料在内，参见剑桥—哈佛“能源史：历史与经济联合中心”官方数据库：www. energyhistory. org（2018－09－03）。

---

① 美国国家工程院、中国工程院等：《能源前景与城市空气污染——中美两国所面临的挑战》，中国环境科学出版社2008年版，第118—119页；潘锐：《美国国际经济政策研究》，上海人民出版社2013年版，第125页。

② Scott L. Montgomery, *The Powers That Be*: *Global Energy for the Twenty－First Century and Beyond*, p. 22.

③ 张礼貌：《特朗普能源政策阻碍美国能源转型》，《中国石油报》2017年2月14日，第2版。

2. 大气污染：未完的梦魇

从环境保护的角度来看，最清洁的方式是不使用化石能源。近代以来美国的能源结构一直以化石能源为主，其能源强度虽然不断下降，促使同等产值的产品能源消费量和污染物排放量逐渐减少，但是能源效率尚没有与环境目标达成完全一致，由此决定了美国当前及未来一段时期仍然无法摆脱大气污染的魔咒。

能源效率进一步提高过程中遇到的困难，使得大气污染问题在步入21世纪后继续存在。美国肺脏协会（ALA）利用官方大气质量检测数据，对照国家大气质量标准，对各大城市臭氧及 $PM_{2.5}$ 污染水平进行了跟踪分析，发现2007年有46%的美国人居住在污染水平超标的地区；2009年时几乎每个大城市的大气质量都会在某些时段不达标，影响人群达1.86亿人，超过总人口的60%；2018年仍有超过1.3亿的居民生活在不达标地区。就污染区域来看，遍布各州，尤其以加州污染程度为重。比如在臭氧和颗粒物污染最严重的50个城市中，加州占14个，其余还涉及得克萨斯、亚利桑那、内华达、弗吉尼亚、俄亥俄、肯塔基、宾夕法尼亚、马里兰、密苏里、纽约、田纳西、亚拉巴马、路易斯安那、佐治亚、密歇根、西弗吉尼亚、印第安纳等州的个别城市。[①] 当前的大气污染程度还会引发人体健康问题，减损寿命乃至致人死亡。有学者汇集了51个大都市地区211个县的预期寿命资料，并与20世纪70年代末至80年代初以及20世纪90年代末至21世纪初的大气污染数据进行了匹配分析，发现每立方米悬浮颗粒物浓度减少10微克，平均预期寿命会增加0.61±0.20年。[②] 杰西·D·伯曼等还通过研究发现，如果将臭氧浓度标准分别设定为75 ppb、70ppb和60ppb，则因臭氧导致的过早死亡数较之2012年时可依次减少1410—2480人、2450—4130人、5210—7990人。[③]

---

① “Water and Air Pollution”. https://www.history.com/topics/water-and-air-pollution (2018-09-12); “Report Lists Worst, Best Cities for Air Quality”. http://www.nbcnews.com/id/30476335/ns/us_news-environment/t/report-lists-worst-best-cities-air-quality/ (2018-09-12); “U.S. Cities with the Worst Air Pollution”. https://www.cbsnews.com/pictures/air-pollution-worst-us-cities-2018 (2018-09-12).

② C. Arden Pope III, et al, “Fine-Particulate Air Pollution and Life Expectancy in the United States”, *The New England Journal of Medicine*, Vol. 360, No. 4 (2009), pp. 376-386.

③ Jesse D. Berman, et al, “Health Benefits from Large-Scale Ozone Reduction in the United States”, *Environmental Health Perspectives*, Vol. 120, No. 10 (2012), pp. 1404-1410.

能源效率进一步提高过程中遇到的困难，也为大气污染问题的未来走向埋下伏笔。多数污染物排入大气之后，并不能被自然界立即净化，而是需要一定的降解时间。这意味着目前污染物排放量虽然已经大大降低，但是由于仍远高于前工业化时期，其具有的延时损害效应使得未来的生态系统仍处于危险之中。与臭氧和悬浮颗粒物相比，酸性排放物的降解需要几十年甚至上百年。自 19 世纪中期以来酸沉降的持续累积使得美国局部地区森林植被受损，湖泊和河流酸化。[①] 美国国家大气沉降计划（NADP）的监测数据显示，20 世纪末 21 世纪初，俄亥俄、印第安纳、伊利诺伊、宾夕法尼亚、马里兰、弗吉尼亚、西弗吉尼亚、肯塔基、北卡罗来纳、田纳西、佐治亚、南卡罗来纳、纽约、佛蒙特、缅因、康涅狄格、新罕布什尔、马萨诸塞、新泽西等州湿沉降的 pH 值仍在 4 以下。如果要扭转长时期酸沉降的负面影响，必须进一步提高能源效率，减少氮氧化物和二氧化硫的排放。在新罕布什尔、纽约和弗吉尼亚等州进行的分析表明，只有在酸性物质排放量比 1990 年《清洁大气法修正案》规定的排放量基础上再高出 80%，才能保证上述地区 pH 值在未来较短时间内恢复到 19 世纪中叶的水平。[②] 较之酸性物质，二氧化碳的降解时间更久，通常能够在大气中存在几个世纪，而且只能依靠海洋和生物作用缓慢吸收，无法做到人为加速。考虑到历史上以及当前巨大的二氧化碳排放量，美国理应对当前以及未来全球变暖及其引起的潜在自然灾害心存忧虑，并应主动担负责任，推动能源效率的进一步提升和向清洁能源结构的转型。

五　余论

本文对美国 200 余年来的能源消费与大气污染问题进行了长时段考察，发现城市化和工业化的发展刺激能源消费领域同时出现三大重要变化，对大气污染问题的演化造成直接影响。首先，能源消费结构发生连续转型，从以木柴为代表的植物型为主依次转变到以煤炭、石油、天然气为代表的化石能源为主。由于不同种类能源在物质构成和污染物含量方面存在很大

---

① Gene E. Likens, Thomas J. Butler, "Acid Rain Pollution: History", *Encyclopedia Britannica*. https://www.britannica.com/science/acid-rain/Effects-on-lakes-and-rivers (2018-10-08).

② Ellen Baum, "Unfinished Business: Why the Acid Rain Problem Is Not Solved", pp. 1-2, 4-6, 7.

不同，使得这一转型过程引起大气污染类型的长期变化，也即由以煤烟颗粒污染为主相继向酸雨、臭氧、悬浮颗粒物（$PM_{2.5}$）和二氧化碳污染过渡。其次，在能源服务领域，热能、光能和动力能服务质量不断提高，尤其是动力能领域内各种原动机持续更新换代，获得长足发展。能源服务领域的革新，扩大了化石能源消费的规模，使其绝对消费量快速攀升。在化石能源消费过程中大量固定和移动污染源的联合作用下，大气污染地域范围不断扩大，从单个城市性污染逐渐演化为区域性、广域性乃至全球性污染。最后，能源消费过程中各种转换器的物理能源效率和能源强度代表的经济能源效率均有很大提高，致使各类大气污染问题的污染程度长期来看均逐渐降低。不过，由于能源效率的进一步提高遭遇技术、经济和政治等困境，加之受到大气污染问题本身特殊性的影响，美国当前及未来一段时间仍存在较为严峻的环境问题。

近代以来中国城市与美国城市，以及中国城市之间虽然在地形地貌、自然气候、人口密度和经济结构方面有着明显差异，但是化石能源的大规模利用却使其都面临着不同程度的、相似的大气污染问题。比如早在民国年间，由于大量煤炭的使用，上海等地便产生了严重的煤烟颗粒污染问题。① 当前中国以煤为主的能源消费结构仍没有改变，城市普遍存在煤烟颗粒和二氧化硫为代表的煤烟型污染。此外，燃油机动车尾气的排放又催生或加重了臭氧、悬浮颗粒物和二氧化碳污染，推动城市大气向复合型污染转变，并使空气质量呈现整体恶化趋势。这充分说明近代以来美国能源消费与大气污染问题中反映出来的内在关联和变化趋势，绝不能仅仅被看作是美国独有的经验。实际上，从中透视出来的更多是一个城市化和工业化过程中超越时间和地域限制的一般性原则，也即能源消费与大气污染问题的同源性关系。具体来说，能源消费结构、服务水平和利用效率的变化，必然会对大气质量产生直接而深刻的影响，而大气污染问题的产生、演变乃至解决，也必须要在能源消费的背景下予以理解。

妥善处理能源消费与大气污染之间的关系，是推进中国特色社会主义生态文明建设的当务之急和应有之义。他山之石，可以攻玉。美国历史经

① 裴广强：《近代上海的大气污染及其成因探析——以煤烟为中心的考察》，《中央研究院近代史研究所集刊》第97期，2017年9月，第45—86页。

验中蕴含的一般性原则，对于中国解决当前大气污染问题具有重要启示意义。短—中期来看，一是应在保障能源安全和经济稳步发展的前提下，逐步扭转以煤炭和石油为主的化石能源消费结构，因地制宜地推行“煤改气”工程和其他替代性清洁燃烧技术的使用，从源头上减少各类能源潜在的污染物排放量；二是应加大对于能源利用新技术的投入和研发力度，紧跟国际先进趋势，促进能源转换器（尤其是各类原动机）及时更新换代和能源服务质量的不断提高，实现物理能源效率的持续增长，降低单位产值能耗和人均能耗；三是应切实推进产业经济结构的优化升级，控制高能耗、高污染产业新增产能项目的扩大再生产，鼓励服务业和高新技术产业的发展，实现结构性节能减排，提高经济能源效率，减少对于化石能源的需求力度。长期来看，应该制定合理的国家能源政策，扶植光伏、风能、水电等可再生能源的大发展，推动能源消费结构向以可再生能源为主转型，最终剔除能源消费旧有的环境外部性特征，切断化石能源消费与环境问题之间的关联。

（本文写作过程中，同济大学环境科学与工程学院陈颖军教授曾提供了若干富有建设性的意见，在此致以诚挚的谢意！）

（本文原刊于《史学集刊》2019 年第 5 期）

物种、技术与生态适应研究

明代以降南瓜引种的生态适应与协调

李昕升*

（东南大学人文学院，江苏南京　211189）

摘要：美洲作物南瓜是“哥伦布大交换”中的急先锋，最早进入中国且推广速度最快，作为救荒作物影响日广。个中要义在于南瓜是典型的环境亲和型作物，高产速收、抗逆性强、耐贮耐运、无碍农忙、不与争地、适口性佳、营养丰富等。在环境史视野下观之，南瓜衍生了丰富的生态智慧，在“三才”理论体系下，南瓜展现了人与自然的和谐统一。从整体史观的角度考察南瓜的生命史，贯穿了地宜、物宜的生态思想，南瓜就是自然与社会二重属性的统一。

关键词：环境史；南瓜；自然；人

南瓜（*Cucurbita moschata*，*Duch.*），系葫芦科南瓜属一年生蔓生性大型草本植物，自间接从美洲传入后，以菜粮兼用的救荒性作物身份流布中国。历时性的看，基于南瓜在中国历史上的重要地位，笔者曾经论证过南瓜的方方面面①，不再多费笔墨。本文在已有研究的基础上，探索南瓜的延展性视域，也是笔者之前忽略的关键问题——南瓜引种的生态适应与协调，以南瓜为中心，探究人与自然的互动关系，可为《中国南瓜史》补编。

今之显学环境史脱胎于传统史学，主要归功于前人对农业史、历史地

---

* 作者简介：李昕升，东南大学人文学院副教授。

① 李昕升：《中国南瓜史》，中国农业科技出版社 2017 年版；李昕升、王思明：《近十年来美洲作物史研究综述（2004—2015）》，《中国社会经济史研究》2016 年第 1 期。

理做出的努力，环境史经过十几年的发展，结合学者们对国外环境史理论的引介，环境史已经有了较为成熟的理论架构和学科界域，更多结合生态学的话语体系进行前瞻性研究。然而毕竟中国环境史研究导源于本土学者在相关领域的前期研究，具有浓厚的本土性，笔者并不认为采取“老一套”的问题意识和理论方法就是“新瓶装旧酒”的旧思路和旧方法。

本文整合南瓜史研究的诸多成果，笔者解读和运用的主要史料，首推方志，如方万鹏先生所言的对方志中环境结构要素的提取。① 从整体史观的角度升华，希冀展示南瓜环境史的新思维，从南瓜这一特有的细部之“物”作为突破口，透过南瓜来考察人与自然的互动乃至人类社会变迁和新陈代谢，进而深化环境史研究。

一　环境亲和型作物

南瓜在16世纪初叶的嘉靖年间传入中国，在美洲作物中堪称最早进入中国，之后以迅雷不及掩耳之势迅速传遍中国大江南北，南瓜与其他美洲作物相比，最突出的特点就是除了个别省份基本上都是在明代引种的，17世纪之前，除了东三省、新疆、青海、台湾、西藏，其他省份南瓜栽培均形成了一定的规模。虽然玉米、番薯在清中期之后在产量、面积上绝对超越，后来又有烟草、辣椒在产值上后来居上，但是不可否认，南瓜是美洲作物中的“急先锋”。而且在改革开放之前，南瓜都一直是重要的口粮，具有超越绝大多数蔬果作物之重要地位，与今天反差鲜明。我们不禁要追问南瓜为什么如此与众不同？

（一）南瓜与自然

1. 南瓜对环境的迎合

南瓜的初生起源中心是墨西哥和中南美洲，即美洲热带干旱地区。这里地形复杂、气候变化多样，以干旱土瘠为主要特征，在这种复杂的环境条件下形成了南瓜抗逆性强、适应性强的特性。以根、茎为例——

根：根系强大，直根深达两米，侧根横伸分布于土层的半径可达一米以上，形成强大的根群，具有与土壤接触面积大、吸收水分和养分的能力

① 方万鹏：《〈析津志〉所见元大都人与自然关系述论》，《鄱阳湖学刊》2016年第6期。

强、适应性广的特点。

茎：主蔓一般长达3—5米，个别品种达10米以上。南瓜的匍匐茎节上，能发生不定根，可深入土中20—30厘米，起固定茎蔓及辅助吸收水分、养分的作用。

南瓜的植物学特性，决定了其抗旱能力强，在旱地也能正常生长，并获得产量，直播的南瓜，抗旱能力更强；耐低温与高温，较其他瓜类更强，适宜生长温度是13—35摄氏度；对土壤要求不严格，根系吸收营养能力强，在较贫瘠的土壤也能生长，最适宜排水条件好且不过于肥沃疏松的沙质土壤，中性或微酸性土壤均可；此外，南瓜病虫害极少，且不如茄类之多土壤传染病，故可连作，且连作能抑制生长，增加结果，提高品质，促进早熟，反而不宜施肥过多。

要之，南瓜的植物学特性和对环境的要求反映了其在原产地形成的自然特性，在那种恶劣的环境条件下形成了南瓜这种环境亲和型作物。南瓜栽培容易、管理便利、耐粗放管理，既可爬地栽培也可搭架栽培，还可以在贫瘠的山坡、道旁的零星隙地、十边地、院前屋后种植。因此，南瓜除了大面积（大田）栽培外，各地均有零星栽培，是主要的庭园蔬菜作物，在世界尤其我国分布十分广泛。

总之，正是因为南瓜的生态适应性，所以中国绝大部分地区均适宜南瓜栽培，无论是“天下之山，萃于云贵，连亘万里，际天无极”的云贵高原，抑或干旱半干旱的西部地区，还是“七山一水两分田”的江南丘陵，南瓜均可栽培。“农家多种之，最易生”①，“南瓜北瓜最易生”②，“少水可收，至春间亦可切条晒干致远”③，“春间随处可点种，极易生长”④，“用不着许多工作，自己便能生长”⑤，“瓜品中惟北瓜（南瓜）易生，且可佐餐，最宜多植”⑥，“人们在地头山脚屋后种了秧苗，瓜藤就会慢慢沿着山坡、围墙边向上延伸了，不必太多打理，秋季一来，瓜藤上便会挂出一个

① 民国二十四年（1935）《商河县志》卷2《物产》。

② 康熙十八年（1679）《宁晋县志》卷1《物产》。

③ 乾隆三十七年（1772）《新疆回部志》卷2《五谷》。

④ 民国二十九年（1940）《广元县志稿》卷11《物产》。

⑤ 齐如山：《华北的农村》，辽宁教育出版社2007年版，第236页。

⑥ 光绪三十一年（1905）《束鹿县乡土志》卷12《物产》。

个丰硕的果实"[①]，"瓜类中南瓜的产量最多，地不问南北，夏秋间农村遍地都是"[②]。

另外，南瓜"宜园圃宜篱边屋角"[③]，在十边地、零星隙地、瘠薄地、院前屋后均可栽培，"倭瓜，一名南瓜，十区全有，其味甘，人家往往种于墙头篱角"[④]，"南瓜是农村最常见的蔬菜了，它好长，易管，深受农家的喜爱，家前屋后，只要有空地，就栽上几棵，到了秋天，总要收获一筐金黄的南瓜……那时，我的家还在滩涂边，土壤较为贫瘠，喜肥的庄稼长不起来，而南瓜，不要怎么样侍弄，也能长得很好"[⑤]，"今年春天，我们曾在荒地上撒下几颗南瓜的种子……慢慢的成长起来，透出了泥土"[⑥]，南瓜是适合荒地的为数不多的可任意栽培的作物；还可以充分利用山地，"山田隙地多种之"[⑦]，"凡是高埂、山坡、堤岸壁、水位不到的沟滩、坟墩，以及不适宜种植其他农作物的地方，都可用来种南瓜"[⑧]。一句话，"栽种南瓜之地，除了沙漠之外，其余大约全很相宜，它的繁殖，也比别种植物容易"[⑨]。

2. 南瓜对环境的塑造

每一个特定的时空断面的物产分布都是最基本的，它们所构成的景观正是往日一个个时间断面业已日渐消失的物产地理面貌之基本图景。人地关系的多样性和环境条件的复杂性决定了农业景观的时空差异，因此环境景观伴随着作物组合的调整和经济方式的变革肯定不是一成不变的。

历时性、全局性地看，美洲作物以玉米、番薯形成的景观最为宏大，清代南方是玉米、番薯的主产区，西部玉米种植带与东南番薯种植带相对峙，民国时期二者进一步向北方扩展。总之，传统社会玉米、番薯即给人一种"处处有之"的景观印象，其对环境的塑造无疑是非常明显的。南瓜亦是如此。

---

① 《乾潭名镇的"饭瓜"》，《钱江晚报》2007 年 11 月 2 日。

② 向清文：《南瓜的营养价值》，《家庭医药》1947 年第 13 期。

③ （清）何刚德：《抚郡农产考略》草类 3《金瓜》，光绪三十三年（1907）刻本。

④ 民国二十六年（1937）《滦县志》卷 15《物产志》。

⑤ 《难忘的南瓜饭》，《建湖快报》2009 年 10 月 17 日。

⑥ 张高鋆：《南瓜（自然）》，《儿童杂志》1936 年第新 4 期。

⑦ 民国二十五年（1936）《东平县志》卷 4《物产志》。

⑧ 王杰：《利用高埂斜坡种南瓜》，《人民日报》1959 年 3 月 26 日。

⑨ 《播种南瓜的法子》，《绥远农村周刊》第 53 期，1935 年。

南瓜，并不只是想象中的只种植在园圃、篱边、屋角，如此形成的景观必然只是奥景，但是实际上南瓜在大田中并不罕见，已经是为旷景。一是密集分布在山田，这是美洲作物的共性，配合了移民入山，“可以充饥乡人每种于山田中”①、“沿边山地种者尤佳”②；二是进军大田，展现其重要性，然常被学者所忽略，“果菜圃出为黄瓜、西瓜、甜瓜……等，田出南瓜、搅瓜、笋瓜等”③，南瓜在阳城县被称为“田蔬”，“农家比户种瓜，至秋红实离离，有以北瓜补粟之缺者”④，南瓜（在山西即北瓜）不是出自“圃蔬”部或“山蔬”部而是“田蔬”部，可见南瓜在当地已经在田地中栽培，反映出“补粟”的重要地位。青浦县光绪时人总结南瓜挤占良田的四弊，提出“舍本逐末竟以稻田为瓜田”的质疑⑤；三是在荒地野生，经常可得，所以张璐称南瓜为“至贱之品，食类之所不屑”⑥，“临淮一军，偪处其间，势最微，饷最乏。兵勇求一饱而不得，夏摘南瓜，冬挖野菜，形同乞丐”⑦，与野菜一样，南瓜随处可得，分布颇广，不需耗费人力专门照看。

景观塑造之外，我们也能看到玉米、番薯对环境产生的不利影响，棚民垦山种植玉米、番薯造成的水土流失现象，此间论述甚多，不再赘述。南瓜的负面影响则从未见记载，有一种观点是，即使南瓜构成了“全景式”的景观，也是局限在个别区域，不能与玉米、番薯这样的美洲粮食作物相颉颃。这是低估了中国的“南瓜热”，尤其在集体化时期，种植南瓜的热潮空前绝后，南瓜是重要的“跃进”产物，主要驱动力是行政管控，在计划体制、国家命令的要求下导致的南瓜产业发展。“人们对南瓜为什么这样感兴趣呢？因为它产量高，用处广，人吃是好菜，喂猪是好粮。既可煮酒，又可制糖。猪全身是宝，南瓜全身也是宝。”⑧ 当时的口号是“南瓜大跃进，才有猪的大跃进”，掀起了全民大种南瓜的群众运动。于是，

---

① 光绪三十四年（1908）《新会乡土志辑稿》卷14《物产》。

② 光绪十二年（1886）《遵化通志》卷15《物产》。

③ 民国六年（1917）《河阴县志》卷8《物产》。

④ 同治十三年（1874）《阳城县志》卷5《物产》。

⑤ 光绪五年（1879）《青浦县志》卷2《土产》。

⑥ 张璐、赵小青等校注：《本经逢原》卷3《菜部》，中国中医药出版社1996年版，第152页。

⑦ （清）曾协均：《请开皖北屯田疏》，转引自盛康《皇朝经世文续编》卷39《户政》11《屯垦》。

⑧ 石秀华：《南瓜满山猪满圈》，《人民日报》1960年5月18日。

全国各地出现了许多南瓜山、南瓜岭、南瓜坡，一时全国“一片黄”，漫山遍野皆南瓜，对景观的塑造极其明显。

然而南瓜景观并未对环境造成不利影响，这是我们称南瓜为环境亲和型作物的精要所在，南瓜爬地生长，根系颇深，抓地牢固，反而起到了稳固、改善土壤的作用；植株低矮立体空间占据小、栽培株行距大，不需将原地植株替换殆尽，完全可以与高秆作物套作组合立体农业，早在民国时期涡阳县就采用与棉花或芝麻间种的方法栽培南瓜，“县地园圃及瓜地棉花芝麻地皆杂种之”①。在前哥伦布时代的美洲，南瓜就与菜豆、玉米间作套种，菜豆固定土壤中的氮元素和稳定秸秆、南瓜为玉米的浅根提供庇护、玉米则提供天然的格架，三者被称为三姐妹作物（three sisiters）。

所以集体化时期的“南瓜热”非但没有产生环境问题，反而在三年困难时期因为南瓜种得多，不知道挽救了多少人民的生命，“瓜菜代”核心作物南瓜被称为“保命瓜”，以瓜代粮度夏荒。

（二）南瓜与人

南瓜能较好地适应人的生理需求是其快速引种及本土化的又一个重要原因。南瓜性甘温，有补中益气的作用。李时珍早在1578年就指出“南瓜，甘，温，无毒。补中益气”②，清代更多文献显示“南瓜，味甘温，入手太阴经，功专补中益气”③，“南瓜，味甘淡性温，无毒补中气”④，“味甘温平，充饥甜美”⑤ 等。所以南瓜在生理上容易被人所接受，消化吸收后不会感觉不适。而且“金灿灿的南瓜，通常给人嘴馋的感觉，但若将它作为主食，那吃不上多少便容易饱腹、腻口，很快让人达到半饱状态”⑥，让人易饱；事实上，南瓜一般亩产2000—3000公斤，在单产上优势明显，是天然的救荒作物。

---

① 民国十三年（1924）《涡阳风土记》卷8《物产》。

② （明）李时珍：《本草纲目》卷28《菜部》，辽海出版社2001年版，第1029页。

③ （清）陈其瑞：《本草撮要》卷4《蔬部》，世界书局1985年版，第61页。

④ （清）何克谏：《增补食物本草备考》上卷《菜类》。

⑤ （清）徐大椿：《药性切用》卷4中《菜部》。

⑥ 《南瓜饭是如何“炼”成的》，《台州商报》2009年8月12日。

南瓜“味甘适口”[①]，“熟食面腻适口”[②]，“煮熟则绵而味甜美”[③]，口感较好，味甜好吃，煮食兼有番薯和鸡蛋的味道，受到众人的喜爱，符合国人口味，儿童尤其爱吃，“味甘，小儿最喜食之”[④]，南瓜的其他食用方式同样可口，可同其他食物搭配食用，“宜去皮切碎加肉作馅则味美，故县志有腥瓜之称”[⑤]；南瓜子富含脂肪，炒食香脆可口，“可充果品”[⑥]，“番瓜种类颇多，瓤皆黄赤，味甜，核炒食佳”[⑦]，“子炒食尤香美，款宾上品也，茶房酒舍食者甚多”[⑧]；南瓜茎“茎去皮寸断，炒食颇嫩脆适口”[⑨]，还有南瓜花、南瓜叶等均可食用，堪称全身是宝，可食用部分口感均佳。

南瓜的主要食用部分是肥厚果肉，嫩瓜味道鲜美，老瓜味甜，可食部分含有蛋白质、脂肪等多种营养成分，又属于低脂肪、高膳食纤维食物，综合营养作用在世界上常见的129种蔬菜作物中排在前列，是一种既可食用又具有保健功效的功能性蔬菜。古语有：“冬至吃南瓜，长命百岁”，这是古人的智慧，因为在新鲜蔬菜缺少的冬天，吃南瓜是补充胡萝卜素和维生素的需要。[⑩]

早在民国时期就有人认为瓜类中，不管是冬瓜、丝瓜、黄瓜、甜瓜、瓠瓜，没有哪一种的营养成分比它强。[⑪] 南瓜所含热量相当于玉米、小麦，蛋白质相当于菜豆，维生素A相当于番茄（含量居瓜菜之首），维生素C相当于黄瓜。南瓜干物质含量较高，所以常被用来救荒，作为粮食替代品的生理原因就是它让人更加易饱。昔日农村妇女把南瓜当做补品[⑫]，适合给病人食用，乾嘉文人钱维乔《竹初诗文钞》有载：“太夫人体羸多病，

---

① 民国十四年（1925）《兴京县志》卷13《物产》。

② 民国二十三年（1934）《清河县志》卷2《物产》。

③ 民国十五年（1926）《澄城县附志》卷4《物产》。

④ 民国二十五年（1936）《安达县志》，转引自《方志物产10》，南京农业大学中华农业文明研究院藏抄本，1960年，第299页。

⑤ 民国二十三年（1934）《完县新志》卷7《物产》。

⑥ 民国十七年（1928）《房山县志》卷2《物产》。

⑦ 光绪九年（1883）《江儒林乡志》卷3《物产》。

⑧ 民国二十年（1931）《宣汉县志》卷4《物产志》。

⑨ 民国二十一年（1932）《桦甸县志》卷6《物产》。

⑩ 丁云花：《南瓜的食疗保健价值及开发前景》，《中国食物与营养》1998年第6期。

⑪ 向清文：《南瓜的营养价值》，《家庭医药》1947年第13期。

⑫ 张绍文等：《南瓜·西葫芦四季高效栽培》，河南科学技术出版社2003年版，第3页。

恒磨粗粝杂南瓜为饭强茹之"①。另外，猪特别喜食南瓜，南瓜是畜牧业的良好饲料，其茎叶也可加工成为饲料。

南瓜果实硬度大、皮厚在运输中损耗极低，所以人们又称南瓜为"长了腿的蔬菜"。南瓜供应期长，耐贮藏，采后可保存数月，直至第二年，"经霜收置暖处，可留至春"②，"霜时耴置暖处至春不腐"③。南瓜"佳者味甜如粟子，宜煮食，夏藏至冬味不变，诚园圃上品也"④，味道适口，烹饪简单，可长期保存而不变质。康熙时人高士奇有诗名为《赐御馔倭瓜论曰塞上此公不可得故特赐也》："裹糇愁屡尽，饱食仰天家，侑饭每尝肉，充肠复得瓜，香日宜烂煮，姜桂法微加，塞上何能至，疑从博望槎。"该诗信息量颇大，裹糇也就是裹糇粮，谓携带熟食干粮，以备出征或远行，御赐南瓜，一方面因为"塞上此公不可得"，可能当时在塞上尚未遍及；另一方面就是南瓜可"充肠"且便于携带与长期不坏。

因为南瓜良好的生理适应性，南瓜才很快登上了我国食物结构的历史舞台，吃起来味佳且好处多多，虽然时人并不知道南瓜的科学成分，但食用优势在长期能够体现，所以人们乐于食用，纷纷引种、推广，而不是像古代的"五菜"：葵、韭、藿、薤、葱，多数重新回归野生状态。

二　南瓜衍生的生态智慧

我们用大量篇幅实证了南瓜与自然与人的和谐，这些逻辑因素造就了南瓜在推广速度、价值影响等方面的"急先锋"地位。在人与自然相互平等、和谐共存的思想下，我们既要摈弃人的中心，也要反对环境的中心，南瓜正是人与自然多元交汇展演的舞台之一，南瓜史正是人与自然交互作用的历史界面之一。下面我们就南瓜衍生的生态智慧做一些学理求索。

（一）土宜

中国精耕细作的农业传统历来倡导集约的土地利用方式，正是土地生

① （清）钱维乔：《竹初诗文钞》文钞卷5《传状》，嘉庆年间刻本。

② （明）李时珍：《本草纲目》卷28《菜部》，辽海出版社2001年版，第1029页。

③ 乾隆三十年（1765）《将乐县志》卷5《土产》。

④ 民国三十八年（1949）《安宁县志》，转引自《方志物产194》，南京农业大学中华农业文明研究院藏抄本，1960年，第299页。

产率、利用率的不断提高，才促使传统社会一再打破马尔萨斯神话，突破想象中的人口上限。黄宗智的“过密化”理论固然有其合理性，然而也受到越来越多的挑战，归根结底中国社会的主要矛盾不是人口而是耕地，因为耕地是限制农产收成的短板，而且本来人口压力或劳动生产率的判断标准是复杂的。要之，传统社会末期的经济增长和社会发展主要归因为耕地产出率的提高，即以作物组合调整为核心的耕地替代型技术。

耕地产出率的提高，或是集约经营或是扩大耕地，南瓜生产可以说兼而有之，这就暗合了一句古话——种无闲地。

从集约经营上说，中国的复种指数和土地单产举世闻名，通过轮作复种、间作套种的连作制和堤塘综合利用（生态农业）大大提高了土地利用率；创造代田法、区田法、亲田法等耕作法竭力实现高产栽培；“用粪如用药”“惜粪如惜金”，广辟肥源、粮肥轮作，实现土地的用养结合、“地力常新壮”。

从扩大耕地上说，国人在与山争地、与水争田上很有一套，各式的土地利用形态琳琅满目。湖田、圩田（柜田）、涂田主要防止海潮、洪水的侵袭，沙田、葑田、架田，则是为了利用水面的创举。耕地向高处发展，则是最主要的扩大耕地的方式，梯田可以旱涝保收，可谓对山地水土资源的高度利用。

总有一些土地无法充分利用，我们称之为边际土地。有的边际土地，古人采取低产田改造的措施，针对盐碱田、冷浸田等，下了不少功夫，甚至发明出“砂田”这种利用模式，堪称农田利用史的奇迹。但是，还有一些边际土地，无论如何改造也无法利用，或是改造、利用成本过高，无奈便一直闲置或种植一些低产作物，美洲作物的大举进入无疑充分利用了这些边际土地，南瓜是其中的最杰出代表，前文已经充分展现了这一点。

土宜概念自古有之，古人很早就知道“相地之宜”，根据不同的土地类型、土壤生态安排农业生产。“五地”山林、川泽、丘陵、坟衍、原隰，适合不同的作物，多数不适合大田作物，南瓜以其强大的生命力，均可栽培，亦可高产。曾雄生先生在《中国南瓜史》序中说：“有些农民也会在自家的坟头四周种上南瓜，将瓜蔓引向坟顶。因为有了南瓜这种作物，使人们担心的‘死人与活人争地’的土葬对于农地的占用限缩至最小，使坟堆有了生态和生产功能，而南瓜也借助于坟头这种特殊的农地得以生长、结实"①，是对南瓜土宜观的完美诠释。

（二）物宜

环境决定技术选择，人类对环境利用形成的技术形态彰显对环境的适应或改造。适应是"盗天地之时利"，即土宜思想；改造是"参天地之化育"，提高农作物自身的生产能力，即物宜思想。

农作物各有其不同的特点，需要采取不同的栽培管理措施，这就是最朴素的物宜观。南瓜物宜观主要体现在二：

一是在南瓜传入中国后，劳动人民通过长期人工选择与自然选择培育出高产、优质的诸多南瓜品种资源，给我们今天留下了丰富的种质资源，构成了今天南瓜号称多样性之最的局面，也是今天中美南瓜形态、生态、口味等特性产生巨大分野的原因。仅《中国蔬菜品种志》就收录120个优质南瓜品种；据中国农业科学院蔬菜花卉研究所国家蔬菜种质资源中期库的报道，中国南瓜种质资源共有1114份。如南瓜品种"盒瓜"在方志中的最早记载是在乾隆《会同县志》，可见"盒瓜"是海南会同县（今琼海市）在清代中期培育而出的新品种，"盒瓜"仅存广东、海南一带也印证了这个观点。

南瓜品种资源最丰富的地区是华东地区、华北地区和西南地区，能够反映南瓜栽培繁盛的面貌，至少在历史时期这些地区南瓜栽培欣欣向荣，以及栽培历史比较悠久，形成许多各具特色的地方品种和地方种质资源。

二是在南瓜栽培和管理过程中，人民根据南瓜特性采取相应的技术措施。域外传入的南瓜仅仅是一个作物品种，美洲虽已有较为成熟的南瓜栽培技术体系，但并没有与南瓜一同传入中国。国人完全是在传统瓜类种植技术的基础上，后发地创造出一整套的栽培技术体系。

南瓜田间管理的技术要点是整枝、压蔓、保花坐果。整枝可改善光照、通风，提高光合作用和坐果率，《马首农言》最早介绍了南瓜单蔓整枝的技术措施，"其性蔓生，且多支节。叶下皆有一头，以手切去，方不混条"②，《抚郡农产考略》最早集中阐述多蔓整枝的办法，"瓜藤长八九

---

① 曾雄生：《〈中国南瓜史〉序》，《中国农史》2016年第3期。

② （清）祁寯藻著，高恩广、胡辅华注释：《马首农言注释》全1卷《种植》，农业出版社1991年版，第16页。

尺时宜断其杪，则藤从旁生结瓜更多”[①]；花期不遇是南瓜落花落果的主要原因，乾隆《澎湖纪略》最早记载了人工辅助异花受粉，“土人取公花之心插在母花心之中，方能结瓜。盖瓜亦有雌雄。此澎地之所独异也”[②]；民国时期多有压蔓记载，“长成条后将条之中间用土压之，俟开花结瓜后将结瓜前之条剪去，每颗可成一瓜”[③]，待被压蔓生根后与母株割离，形成新植株的方法，属于无性繁殖技术。以上技术体系都十分先进，虽不一定是首创，乃国人独创，俱是人在南瓜这个作物的种植生产实践中体现出来的农耕生态智慧。

（三）三才

天、地、人“三才”理论是中国传统农学思想的核心和总纲，贯穿所有农书，是传统农学立论的依托，“三才”理论应用到农学领域，最早见于《吕氏春秋》审时篇：“夫稼，为之者人也，生之者地也，养之者天也”，体现了农业生产与人与自然的和谐统一，亦即自然再生产与经济再生产的统一。清人马一龙在《农说》中首次把时宜、地宜、物宜“三宜”思想纳入“三才”理论。从本质上说“三才”是前文的基础和总结，我们努力的方向是着力把南瓜推向观察人与自然整体的前台，力图透过南瓜来解剖整体的历史，同时，也要从整体史的角度来考察南瓜，“三才”理论正是提供了这样一个支撑点。

农业本就与自然与人相互依存、相互制约，以南瓜为例，南瓜不仅具有自然性，还有社会性，具有明显的二重性特征。一方面，它有鲜明自然特征，南瓜是大自然的一部分，其形态、生态、用途都是自然形成；另一方面南瓜经过人类的社会性劳动，栽培、采收、加工、传播，成为人类社会不可或缺的农产，接着进入交换、消费、使用领域，有突出的社会性特征。

“三才”中农业生产的诸多因素堪称有机联动的整体，正是在这种整体观的指导下，我们发现历史时期南瓜“全身是宝”，南瓜的各个部分都有足够的用途，并与畜牧业协调发展；南瓜打顶等技术措施，体现

① （清）何刚德：《抚郡农产考略》草类3《南瓜》，光绪三十三年（1907）刻本。

② 乾隆三十一年（1766）《澎湖纪略》卷8《土产纪》。

③ 民国二十四年（1935）《张北县志》卷4《物产志》。

了对物质循环和能量流动的基本表达；美洲三姐妹作物是一种合理的作物群体结构，变无序为有序，三者形成的共生关系是一种典型的可持续的农业。

在某种意义上，人居于“三才”的主导地位，但不是自然的主宰，而仅仅是自然过程的参与者，“和”始终是人的追求，人只能在顺应自然规律的前提下，趋利避害，争取稳产高产，而不能异想天开。南瓜虽然抗逆性强，但并不适合在沙漠、高寒气候下生长；大跃进的南瓜“卫星”能放到亩产万斤以上；《人民日报》曾报道山东省园艺科学研究所利用苹果的幼果，嫁接在正在生长期间的南瓜上（在南瓜上戳一小孔，然后把苹果柄插入瓜内，一般一个南瓜可接四个苹果），实现了瓜果双丰收[①]，如同天方夜谭。

传统社会“风土论”观点，指导着域外作物的引种，但是我们不能唯“风土论”。南瓜在传入中国后种、形等特性较之美洲本土发生了一些变化，这就是南瓜在中国这种非原产地环境下发生的自然变异，确实具有适应新环境的能力，突破了风土限制。要之，在尊重规律的基础上，可以充分发挥主观能动性，化不利为有利。

三　余论

南瓜与衣食住行等日常生活的关系，还可揭示南瓜的生命与人的生命的关系，这也是环境史关注的对象。笔者建构的南瓜生命史，其实暗合王利华先生提出的“生命中心主义”和“生态认知系统”。

通过剖析民众对南瓜形而上的“描绘”和“想像”，揭示南瓜与民间信仰、地域文学、地方政治的复杂关系。笔者近期获悉福建畲族的祖先创世神话与南瓜息息相关，简要之，畲族祖先是从南瓜中诞生，在畲族方言中南瓜的读音是“pʌmpkɪn”（庞肯），与英文读音完全一致，让人非常吃惊。福建正是南瓜最早登陆中国的地区，或是因为畲族人民食用南瓜较多，或是南瓜在畲族最为常见（福建山区尤多南瓜），导引了南瓜在畲族的重要地位，于是，畲族人民自发建构了以南瓜为主角的创世神话。

---

① 山东省园艺科学研究所：《苹果寄生在南瓜上　果园隙地可以充分利用》，《人民日报》1958年12月1日。

总之，环境亲和型作物南瓜，体现了人与自然的和谐统一，三者三位一体，最能代表中国的传统农业。南瓜充分利用了边际土地，基本不与大田作物争地，对环境几乎负面影响，又无碍农忙，具有高产、营养、适口、耐贮等天然口粮和救荒备荒的优势，极大地提高土地利用率、劳力利用率，增加食物供给，为养活数量众多的中国人口做出了巨大的贡献。

自然情感与文化变迁

——以历史上的人蛇互动为中心

吴杰华*

（南昌大学人文学院，江西南昌　330031）

摘要：中国动物形象在历史上多发生过变化，蛇在唐五代以前的文本中，基本以负面形象示人。唐五代以后，对蛇的积极描述不断增加，家蛇观念出现，白蛇传说结局扭转，蛇与孝道亦勾连在一起。但蛇形象的衍变并非因为自然环境发生重大变化，而是人对蛇的态度发生改变所导致的。

关键词：唐五代；蛇恐惧；动物形象

在动物史研究领域，文焕然、何业恒已做了比较深入的研究。① 在这之后亦出现非常多的研究成果，如《中古华北的鹿类动物》②、《大象的退却：一部中国环境史》③、《老虎与人：中国虎地理分布和历史变迁的人文影响因素研究》④、《转凶为吉：环境史视野下的古代喜鹊形象再探讨》⑤等。其中，《转凶为吉：环境史视野下的古代喜鹊形象再探讨》提到喜鹊

---

* 作者简介：吴杰华，南昌大学人文学院讲师。

① 动物史作为专门的研究领域是由文焕然、何业恒两位先生开创，文焕然先生的研究可以参见《中国历史时期植物与动物变迁研究》（重庆出版社 1995 年版）一书。何业恒先生的著作就更多，主要可以参考《中国珍稀动物变迁丛书》，丛书中包含何业恒先生五本专著，分别是《中国珍稀兽类的历史变迁》（湖南科技出版社 1993 年版）、《中国珍稀鸟类的历史变迁》（湖南科技出版社 1994 年版）、《中国虎与中国熊的历史变迁》（湖南师范大学出版社 1996 年版）、《中国珍稀爬行类两栖类和鱼类的历史变迁》（湖南师范大学出版社 1997 年版）、《中国珍稀兽类的历史变迁 2》（湖南师范大学出版社 1997 年版）。

② 王利华：《中古华北的鹿类动物与生态环境》，《中国社会科学》2002 年第 3 期。

③ ［英］伊懋可：《大象的退却：一部中国环境史》，梅雪芹等译，江苏人民出版社 2014 年版。

④ 曹志红：《老虎与人：中国虎地理分布和历史变迁的人文影响因素研究》，陕西师范大学博士学位论文，2010 年。

⑤ 夏炎：《转凶为吉：环境史视野下的古代喜鹊形象再探讨》，《南开学报》2013 年第 4 期。

正面形象确立的时间大致发生在唐朝。对于动物形象衍变而言，这可能并非个案，唐五代可能是中国古代动物形象变化的一个关键时期。本文以蛇为对象，通过考察古代蛇形象衍变，对这一问题做进一步深入研究，敬请各位方家指正。

一　人蛇之间持续的紧张情感

人类对蛇存在普遍恐惧的心理，这一点早已被心理学界承认并利用，但这种恐惧并非与生俱来，而是受到外部环境刺激的结果。① 这种刺激指的是外部的蛇威胁，人类普遍害怕蛇的心理是在长期受到蛇威胁之后产生的应激反应，人们普遍害怕蛇本身也是古代人蛇之间紧张情感的直接表现。

根据文献记载，尧舜时期可能蛇类就已横行，"当尧之时，水逆行，泛滥于中国，蛇龙居之，民无所定"②。《淮南子》亦云："逮至尧之时，十日并出，焦禾稼，杀草木，而民无所食。猰貐、凿齿、九婴、大风、封豨、修蛇皆为民害。"③ 可见在尧那个时代，不论是水逆流，爆发水灾，或是十日并出，出现旱灾，与其相伴随地都出现了蛇害，人蛇关系紧张，历史上就有大禹驱蛇一说。《孟子》载："洚水者，洪水也。使禹治之，禹掘地而注之海，驱龙蛇而放之菹，水由地中行，江淮河汉是也。"④ 大禹不仅治理洪水，而且"驱龙蛇而放之菹"。故而《韩非子》所说"上古之世，人民少而禽兽众，人民不胜禽兽虫蛇"⑤ 并非毫无根据，《说文解字》中"上古草居患它，故相问'无它乎'"⑥ 也并不是危言耸听，在当时古人力量相对弱小的情况下，蛇对人而言确实是非常大的威胁。这种威胁在历史上一直持续，而且因为蛇的活动范围非常广，至少在中国，有人的地方就

---

① Cat Thrasher and Vanessa LoBue, "Do infants find snakes aversive? Infants' physiological responses to 'fear - relevant' stimuli", *Journal of Experimental Child Psychology*, Vol. 142, 2016, pp. 382 - 390.

② （清）焦循撰，沈文倬点校：《孟子正义》卷 13，中华书局 1987 年版，第 447 页。

③ 何宁：《淮南子集释》卷 8《本经训》，中华书局 1998 年版，第 574 页。

④ （清）焦循撰，沈文倬点校：《孟子正义》卷 13，中华书局 1987 年版，第 447—448 页。

⑤ （清）王先慎撰，钟哲点校：《韩非子集解》卷 19《五蠹第四十九》，中华书局 2003 年重印本，第 442 页。

⑥ （汉）许慎：《说文解字》卷 13 下，中华书局 1985 年版，第 450 页。

有蛇，这就加剧了人蛇之间情感的紧张，蛇的威胁也无处不在。

山、谷是蛇比较活跃的区域，虽然人类的足迹不常踏足如此“危险”的地方，但危险仍然时常笼罩附近的居民或往来者。《搜神记》载有“李寄斩蛇”一事，其起因就是“东越闽中，有庸岭，高数十里。其西北隙中，有大蛇，长七八丈，大十余围，土俗常惧。东治都尉及属城长吏，多有死者”①。福建庸岭中的大蛇，就给周围人带来了伤害。四川在古代也有类似的事情发生，《方舆胜览》记载：“蜀郡西山有大蟒蛇吸人，上有祠，号曰西山神，每岁土人庄严一女，置祠傍，以为神妻，蛇辄吸去。”② 四川的大蟒蛇也是为害一方，吸人为食。不唯独南方，北方山谷中的蛇同样对人造成威胁，“恒州井陉县（今属河北）丰隆山西北长谷中，有毒蛇据之，能伤人，里民莫敢至其所”③。河北井陉县山谷中是毒蛇给人造成困扰，而不是大蛇，这与北方大蛇不如南方多有关。

蛇虽可在严酷的沙漠环境中生存，但草木之间似乎更受到蛇的喜爱，在树木或者草丛中，不经意间就能与蛇遭遇。“每嗤江浙凡茗草，丛生狼藉惟藏蛇”④ 就是欧阳修对茶树、草丛间多蛇的描述，若如欧阳修所言，进入江浙茶园，或许就很容易与蛇相遇。宋朝洪适更是有草丛遇蛇的亲身经历，洪适一天晚上在户外“闻有物丛草间，其声渐逼。少驻而视，则蛇也”，吓得洪适“惊悸流汗趋避它径”⑤。洪适就是户外步行时不经意间在草丛遇蛇，而且颇受惊吓，并写下《戒蛇文》给予蛇“警告”。活动于树上或树周围的蛇对人而言，也能造成威胁。宋代岳珂笔下就有一则故事，讲述的是盗贼得逞后逃跑，“一盗出蛇岗山，将如赣、吉。昼日尝过其下，见道傍梅有繁实，夜渴甚，登木而取之。有蛇隐叶间，伤其指，负伤而逃。至侯溪，则指几如股矣”⑥。文中盗贼因爬树摘梅解渴，被树上的蛇咬伤。《咫闻录》也有类似的例子，其记载“滇黔风俗尚鬼”，有一位姓徐的

① （晋）干宝：《搜神记》卷19，中华书局1979年版，第231页。

② （宋）祝穆：《方舆胜览》卷53《隆州》，中华书局2003年版，第958页。

③ （五代）孙光宪撰，贾二强点校：《北梦琐言·逸文》卷4《毒蛇遇制》，中华书局2002年版，第445页。

④ （宋）欧阳修：《欧阳修全集》卷7《次韵再作》，中华书局2001年版，第115页。

⑤ （宋）洪适：《盘洲集》卷29《戒蛇文》，《四部丛刊初编》，商务印书馆1922年版。

⑥ （宋）岳珂：《桯史》卷4《九江二盗》，中华书局1981年版，第42页。

巫士装神弄鬼，书写符箓，“手入桑中，将取怪物，忽被蛇螫，吞啮大指”[①]。徐巫也是手入桑树中被蛇咬伤。

野外的山谷、草木中如上所述，充满危险，随时可能遇到蛇，甚至可能失去性命。而在水中或者水边，同样不可掉以轻心，因为在水中或者水边，同样有蛇的存在。水中今日为大众所熟知的或许是水蛇，毒性不强，但古代可能并非这样，古代水中有不少大蛇存在。《搜神记》载：“太兴中，吴民华隆，养一快犬，号‘的尾’，常将自随。隆后至江边伐获，为大蛇盘绕，犬奋咋蛇，蛇死。”[②]《搜神记》中华隆是在江边被大蛇盘绕，被自己的犬所救，事情可能并非真实，但江边遭遇蛇患之事却不能说当时就不存在。《太平广记》中就引《纪闻》曰：

> 宣州鹊头镇，天宝七载（748 年），江水盛涨漫三十里。吴俗善泅，皆入水接柴木。江中流有一材下，长十余丈，泅者往观之，乃大蛇也，其色黄，为水所浮，中江而下。泅者惧而返，蛇遂开口衔之，泅者正横蛇口，举其头，去水数尺。泅者犹大呼请救，观者莫敢救焉。[③]

文中吴地人入水中接柴木，误将大蛇认作木材，被蛇吞噬，但这似乎是一次偶然事件，并非大蛇有意杀人。

明朝《尘余》所记一事，更能让人感受到水中蛇对人造成的伤害。其文讲述的是一少年新婚，与女方一起回娘家，在途中少年碰到好友不免攀谈，而女方继续前行，渐行渐远，年轻人追上去却怎么都找不到自己的新婚对象，而其调查结果是女方被水中的大蛇吞噬，衣服尚可见，而剖开蛇的肚子，女方“肉已化，惟骨尚存”[④]。仅仅是在回娘家的路上，新婚对象就被水中大蛇吞噬。

古代除了野外蛇的数量较多，对人造成困扰之外，在房屋当中，蛇同

---

① （清）慵讷居士：《咫闻录》卷 1《徐巫》，《笔记小说大观》第 24 册，广陵古籍刻印社 1983 年版，第 281 页下。

② （晋）干宝：《搜神记》卷 20，中华书局 1979 年版，第 241 页。

③ （宋）李昉：《太平广记》卷 457《宣州江》，中华书局 1961 年版，第 3740 页。

④ （明）谢肇淛：《尘余》卷 3，明万历刻本。

样威胁着人的安全。《晋书》载："武帝咸宁中，司徒府有二大蛇，长十许丈，居厅事平橑上而人不知，但数年怪府中数失小儿及猪犬之属。后有一蛇夜出，被刃伤不能去，乃觉之，发徒攻击，移时乃死。"[①]《晋书》作为正史，记事应当相对可靠，其中就记载司徒府中有大蛇吞食小孩和猪犬之类的动物。清代王椷笔下的王某"夏夜，纳凉檐下，檐际有蛇坠其项，绕之三匝，固不可解，以刀断之，而气已绝"[②]。夏夜在屋檐下纳凉竟有蛇落下，王某并不幸运，最终身死人亡。名为松姑的女子同样遭遇不幸，其"午夜欲起礼佛，觉有物触臂，方惊诧而腕已受伤。呼婢烛之，则有一蛇，长二尺许，色如墨，蜿蜒下榻去"[③]。即使是有婢女驱使的富裕之家，蛇都能在床上逞凶伤人，导致松姑"黎明竟卒"。而且古代如厕也是一件充满危险的事情，清代陈梓之侄临近婚期，却在早晨如厕时被毒蛇咬伤，不治而亡。[④] 此事为陈梓本人记载，并非虚构的故事。

如此，不论是从纵向的角度，或者是横向的角度来看，蛇的威胁一直与古人形影不离。其在历史上不仅一直存在，而且由于蛇的生活区域与人的活动区域高度重合，故而蛇的威胁对人而言无处不在，不论是在陆地上还是在水中，不论是在野外还是居室之中，人与蛇之间紧张的情感都被展现得淋漓尽致。但古代人对蛇的情感并非没有改变，这种改变主要不是因为环境的变迁，或者是蛇类的变迁，而是来自人的改变，人的力量在不断增强，这使得古人在面对同样的危险时，有了更多的应对办法和信心，对蛇的恐惧也有所缓解。

二　古代人蛇情感的转变

古人在应对蛇的威胁时，往往受到各种因素的影响，比如道教和佛教，因道士和僧侣本来就具有一定的超然性，故而在相关的治蛇叙述中总是有着夸张和虚构的成分。即使不是道士或者僧侣，身怀治蛇异术的"普

---

① （唐）房玄龄等：《晋书》卷29《五行志》，中华书局1974年版，第904页。

② （清）王椷：《秋灯丛话》卷9《好击蛇报》，黄河出版社1990年版，第148页。

③ （清）俞樾：《耳邮》卷1，《笔记小说大观》第26册，广陵古籍刻印社1983年版，第225页下。

④ （清）陈梓：《删后文集》卷4《巨蟒记》，《清代诗文集汇编》第254册，上海古籍出版社2010年版，第44页上。

通人”在被叙述的过程中也往往失真。若是将这些因素排除，仅仅观察古代普通人在面对蛇威胁时如何被叙述，更能反映历史的真实。

蛇分大小，小蛇也能对人造成威胁，特别是毒蛇。但杀死形体不大的蛇对普通人而言并非难事，由此带来的震撼有限，如元朝方回有诗《久雨》：“肺病兼脾病，葵花复槿花。闲犹常不乐，老欲更何加。客讶添新犬，童喧断小蛇。穷居非得句，持底谢年华。”[①] 其中“童喧断小蛇”已经将杀小蛇之事生活化，而且斩杀小蛇儿童就可以做到，春秋战国时期年幼的孙叔敖杀两头蛇亦是如此。

相比较而言，普通人面对大蛇的意义就完全不一样。大蛇可以直接吞食人类，对人的威胁巨大，仅凭个人的能力又很难将其斩杀，故当普通的个人面对大蛇时，是非常危险而又感到震撼的。而在这些普通个人面对大蛇，并且战胜大蛇之后，他们如何被文本叙述？这其中为何涉及人蛇情感的变化？这是下文所要谈论的问题。

在人类刚出现的时候，大蛇就已经存活于地球上，当时的人类只是大蛇诸多食物中的一种，故而人类很早就开始面对大蛇，不过当时并没有记录流传下来。到了后世，大蛇一直都存在，古人也难免遭遇大蛇，如春秋时期“晋文公出猎，前驱还白，前有大蛇，高若堤，横道而处”[②]。但晋文公在遇到大蛇时采取了回避的方式，并没有正面对抗。普通个人遇到大蛇，并且正面对抗的最早文献记载是汉初高祖斩大蛇事，《史记》载：

> 行前者还报曰：“前有大蛇当径，愿还。”高祖醉，曰：“壮士行，何畏！”乃前，拔剑击斩蛇。蛇遂分为两，径开。行数里，醉，因卧。后人来至蛇所，有一老妪夜哭。人问何哭，妪曰：“人杀吾子，故哭之。”人曰：“妪子何为见杀？”妪曰：“吾子，白帝子也，化为蛇，当道，今为赤帝子斩之，故哭。”人乃以妪为不诚，欲告之，妪因忽不见。后人至，高祖觉。后人告高祖，高祖乃心独喜，自负。诸从者日益畏之。[③]

---

① （元）方回：《桐江续集》卷8《久雨》，文渊阁《四库全书》本。

② （汉）贾谊撰，阎振益、钟夏校注：《新书校注》卷6《春秋》，中华书局2000年版，第248页。

③ （汉）司马迁：《史记》卷8《高祖本纪》，中华书局2013年版，第438—439页。

高祖斩大蛇事迹的宣传其实是为了突出自身的权威与神异，构建汉朝政权的合法性。在文本叙述中，大蛇虽有所指，但在那个人蛇关系异常紧张的年代，至少在他人眼中，斩杀大蛇本身已经让刘邦变得非同寻常。[①]

《搜神记》中有李寄斩蛇事，其中的李寄在叙述中也存在高祖斩大蛇式的逻辑，事件的起因是“东越闽中，有庸岭，高数十里。其西北隙中，有大蛇，长七八丈，大十余围，土俗常惧。东治都尉及属城长吏，多有死者”，故而当地人被迫以小女孩为祭品，满足大蛇果腹之欲。李寄身为小女孩，只是一个普通人，甚至属于普通人当中的弱者，其只身前往蛇窟斩杀祸害一方的大蛇。与高祖斩大蛇类似的是，李寄因为斩杀大蛇，同样也被人尊奉，受民众感恩，“其歌谣至今存焉”。而在民众尊奉之下，李寄斩蛇后地位提高，故越王有“聘寄女为后”之举。[②]

到了唐朝，普通个人战胜大蛇受人尊崇的逻辑仍然存在。《南诏野史》引《白古记》云：“唐时洱河有妖蛇名薄劫，兴大水淹城，蒙国王出示，有能灭之者赏半官库，子孙世免差徭。部民有段赤城者，愿灭蛇，缚刀入水，蛇吞之，人与蛇皆死，水患息。”[③] 妖蛇薄劫能兴大水淹城，当属于大蛇，杀蛇者段赤城采取的是在身上缚刀与妖蛇共亡之策。而在其死后，段赤城受人尊奉，“时有谣曰赤城卖硬土”，又“龙王庙碑云洱河龙王段赤城”，将段赤城当作龙王。

到了大致五代宋初，从汉初一直延续的普通个人战胜大蛇的叙述逻辑开始改变，普通个人能够战胜大蛇在叙述中逐渐不再是受人尊奉之事。宋初《稽神录》曰：“舒州有人入灊山，见大蛇，击杀之。视之有足，甚以为异，因负之而出，将以示人。”[④] 这位舒州人进入灊山，见到大蛇将其击杀，而此事的神奇之处在于此大蛇有足而且可以隐身，击杀大蛇者没有特殊本领，而且并未因为杀死大蛇而受人尊奉或者显得与众不同。这样的叙述逻辑与高祖斩大白蛇、李寄斩蛇、段赤城灭蛇已经完全不一样，而这种不一样的叙述逻辑在之后的历史中取代了消灭大蛇后受人尊奉的叙述模式，类似的事件在之后的历史中也存在。

---

① 参见吴杰华《再论高祖斩白蛇》，《中国典籍与文化》2017 年第 1 期。

② （晋）干宝：《搜神记》卷 19，中华书局 1979 年版，第 231—232 页。

③ （明）倪辂：《南诏野史》卷上，成文出版社 1968 年版，第 49 页。

④ （五代）徐铉撰，白化文点校：《稽神录》卷 2，中华书局 1996 年版，第 21 页。

明朝祝允明撰《王昌传》，其文曰："义兴人王昌，有奇力。治田不以牛，身犁而耕，妻驾之，昌一奋，土去数尺，或抵塍，塍为之动。……昌山行，见蝇蚋纷然起丛薄间，眂之，有巨蛇长几十寻。昌走不竟蛇，蛇将尾而寘之口。昌怒捉蛇尾振之，举投空中，逮地死矣。"[①] 王昌有自己的独特之处，即其力量惊人，虽然见到大蛇第一反应是逃跑，却也是普通人正常应该有的反应。王昌后在被逼无奈的情况下，以蛮力将大蛇杀死。在文本叙述中，王昌杀死大蛇后同样没有受人尊崇。

而即使如李寄、段赤城这般，以普通人的身份消灭为害一方的大蛇，在此时的文本中同样不被尊奉。宋朝文献中有冯珉杀巨蛇事，冯珉"少事游猎，有巨蛇为乡民害。珉持槊往从之，见蛇在岩下，与黄特相持。珉推巨石厌之，蛇竟死。后每思之，虑蛇为怨对，乃求佛解释，投志西方"[②]。冯珉本为乡民除害，与李寄、段赤城杀蛇情节相似，按照其叙述的逻辑，本应推崇有加，但文中并未提及冯珉因为杀死危害乡民的巨蛇而得到任何特殊待遇，反倒是在斩杀害人之蛇后，其竟生出罪恶之悔，投身佛门。

又明朝文本《耳谈类增》载《丐子制蛇法》：

> 世谓雄黄制蛇，非也。巨蛇反舐雄黄。闻粤西山谷中，有巨蛇食人畜无算，里人醵钱募除制者，皆亡其法。或往亦必死。有丐者令以板絙缀之，使周其身，独当目处斫眼通明，上覆板，可开合。行逼其地，从上掷物撩之。蛇出，莫可施毒，盘蟠束之数匝，其性也。丐者故倒地，辗压之，蛇已节节断。其巧捷如此。[③]

此处详细记载了乞丐为民除害、杀死巨蛇的方法，文章末尾直夸乞丐的方法"巧捷"。但乞丐本身就属普通人，而且文本中的乞丐杀蛇属于商业交易，杀死为害一方的巨蛇后乞丐可以拿到报酬，并无任何尊崇、追捧之意。

要之，普通个人面对大蛇并战胜大蛇之事在汉朝至清朝的文本中一直

---

① （明）祝允明著，薛维源点校：《祝允明集·祝氏集略》卷20，上海古籍出版社2016年版，第358页。

② （宋）释志磐：《佛祖统纪》卷28《净土立教志第十二之三》，《大正新修大藏经》本。

③ （明）王同轨：《耳谈类增》卷20《丐子制蛇法》，中州古籍出版社1994年版，第170页。

存在，但其叙述模式在五代宋初却发生了改变。在这之前，无论是高祖斩大蛇、李寄斩蛇，或者是段赤城消灭为害一方的大蛇，在事后他（她）们都受人尊崇，被人拥戴、歌颂，或被认为与众不同。而在这之后，当个人面对大蛇，将大蛇斩杀，即使是斩杀为害一方的大蛇，在文本叙述中却如平常事件一般，个人杀死大蛇已经不是值得夸耀之事，杀死大蛇也不再受人尊崇，不再被认为与众不同。在这种叙述模式转变的背后，实际上是古人对蛇情感发生变化的反映。当大蛇成灾，为人深深恐惧的时候，个人面对大蛇且能战胜大蛇很容易就被人尊奉，被人认为非同寻常。而一旦古人力量增强，对大蛇不再如此恐惧，个人能够战胜大蛇在民众心中就失去了以往那般非同寻常的意义，个人能够战胜大蛇也就不再受人尊崇。

而人对蛇感知的变化最终又影响到了古代的蛇文化。当人们对蛇不再如此恐惧的时候，人们也不再专注于蛇的负面书写，许多蛇的负面书写到了明清时期发生了巨大的转变。

三　人蛇情感转变视角下的中国蛇文化

人蛇情感以及人对蛇的感知大致在五代宋初发生变化，蛇文化随之也悄然改变。在宋朝以后，特别是在明清时期的文本中，不少蛇的负面叙述逐渐消失，蛇的积极叙述不断增加，其中最为典型的就是古代家蛇观念的出现。

家中出现蛇可以威胁到人的生命，这在上文已经提到，如《耳邮》中的松姑就是半夜起床，被蛇咬伤丧命。又《千金宝要》载："睡中蛇入口，挽不出，以刀破蛇尾，内生椒三两枚，裹着，须臾即出。"① 古代在睡梦中蛇都可能进入人的口中，若挽不出同样会丧命等。故在漫长的历史长河中，家中出现蛇似乎并无多少正面含义，反倒是负面意义更多。如"熹平元年四月甲午，青蛇见御坐上"②，在东汉时期，这条进入皇宫的青蛇是作为"龙蛇孽"来处理，并无正面含义，反倒引起官员上书劝诫。

宋代《太平广记》引《广古今五行记》曰："齐王晏字休默，位势隆

① （宋）郭思：《千金宝要》卷2《蛇蝎毒等第六》，人民卫生出版社1986年版，第42页。
② （南朝宋）范晔：《后汉书》志第17《五行五》，中华书局1965年版，第3345页。

极，而骄盈怨望，伏诛焉。其将及祸也，见屋桷悉是大蛇。”[1] 就将家中出现的蛇作为王晏遭到诛杀的前兆，屋中出现的蛇不是带来好运，而是预示厄运。与此类似，斛律光在将要被诛杀之前，其家“大蛇屡见”[2]，在家中出现的蛇同样是斛律光即将死亡的象征。宋代刘器之买了一间旧宅，其中经常出现蛇，而刘器之在质问土地神时亦说：“此舍某用己钱易之者，即是某所居矣。蛇安得据以为怪乎？”[3] 刘器之竟将宅中蛇当作怪物，唯恐避之不及。到了明代，刘基亦言：“若酪断不成，必是屋中有蛇及虾蟇之故。”[4] 屋中的蛇在这里同样也没有积极的含义，反倒是能造成“酪断不成”的后果。

住宅中蛇的负面含义在后世正史中也有提及，成书于宋代的《新五代史》有言：“蛇穴山泽，而处人室，鹊巢乌，降而田居，小人窃位，而在上者失其所居之象也。”[5] 正史中这段记载也将蛇居人室看作是小人窃位、上者失居的象征，并无积极含义。

也就是说，长期以来，家中出现蛇往往意味着不幸，这与家中出现的蛇能够威胁到人的安全有密切的关系。但在五代宋初以后，人对蛇的情感发生了变化，古人在蛇的威胁面前不再如以往那般恐惧，在这种氛围下，到了明清时期，家中出现的蛇逐渐有了正面的含义，家蛇观念开始出现。

明代刘嵩《杀蛇篇》载：“旷氏庭有蛇，赤质黑章，出丛薄间，伯逵早作遇之，见蛇获黑蟾，方据以啮，未死也，亟命操挺往击之。家人惊告曰：‘此为神蛇，第纵之勿击。’”[6] 文中旷氏庭院中出现蛇，家人认为是神蛇，不可打杀，其中已经蕴含家蛇不可打杀的意味。又清代《寒夜录》载：“彭渊材尝从郭太尉游园，自诧曾传禁蛇咒，试无不验。俄园中有蛇甚猛，太尉呼曰：‘渊材可施其术！’蛇举首来奔，渊材反走流汗，冠巾尽脱，曰：‘此太尉宅神，不可禁也。’”[7] 这则材料中彭渊材在情急之下道出蛇为宅神不可禁之语，可能是当时家蛇不可打杀观念的反映，但太尉、彭

---

① （宋）李昉：《太平广记》卷142《王晏》，中华书局1961年版，第1019页。
② （宋）王钦若：《册府元龟》卷951《咎征第二》，中华书局1988年版，第3790页下。
③ （宋）蔡绦：《铁围山丛谈》卷4，中华书局1983年版，第67页。
④ （明）刘基：《多能鄙事》卷2《造酪》，明嘉靖四十二年范惟一刻本。
⑤ 《新五代史》卷39《王处直传》，中华书局1974年版，第421页。
⑥ （明）刘嵩：《槎翁诗集》卷2《杀蛇篇》，文渊阁《四库全书》本。
⑦ （清）陈宏绪：《寒夜录》上卷，清钞本。

渊材二人在主观上都有杀蛇后快之意，可见这时候家蛇不可打杀的观念也并不稳固。

家蛇观念发展到近现代，相关文本就更为明了。民国时期在《吉普周刊》上有一篇文章，名为《宁波的家蛇》，作者讲了其在宁波被蛇惊吓，以至于病倒的经历。但在文中也讲到他小时候常去的宁波某家庭养了蛇，“据说是家蛇，很吉利的，要是不见了蛇，那就有什么祸事降临了”①。到了现代仍然如此，朱少伟在讲述其小时候的一段经历时，就是如此。他在自己的著作中讲到：

> 数天后，我走过老屋东的米屯，蓦地瞥见上面盘着一条蛇，它有一米多长，手腕粗细，遍体呈金黄，分布黑色花纹。在我的尖叫声中，爷爷跑过来，他见状平静地说：“这就是我们的家蛇，它守着米屯，老鼠不会来偷吃。”我刚想仔细端详，它却因受惊动而悄悄溜走了。②

类似这样的事情对于新出生在城市的年轻人而言或许很遥远，但在传统的农村中，特别是在老人中间，这样的观念仍然存在。

概而言之，在文献记载中，古代家中出现蛇在历史早期代表不幸，鲜有积极的含义，但到了明清时期，这种叙述方式开始改变，家中出现的蛇逐渐有了积极的含义，传统的家蛇观念也逐渐形成。

无独有偶，在明清时期，中国著名小说故事《白蛇传》中的白蛇形象也经历了与家蛇类似的转变。在唐朝《李璜》篇与宋代的《西湖三塔记》中，白蛇化作的女子是迷惑男子的妖物，属于害人的形象。到了明清时期，文本开始被改造，明朝《白娘子永镇雷峰塔》已经将白娘子刻画成敢爱敢恨的正面形象，清朝方成培的《雷峰塔传奇》则将之进一步完善。③如此，在明清时期，不仅家蛇的叙述经历了由负面到正面的转变，白蛇故

---

① 吉羊：《宁波的家蛇》，《吉普周刊》1945 年第 6 期。

② 朱少伟：《岁月留痕》，上海三联书店 2009 年版，第 3 页。

③ 相关论著非常丰富，研究也很成熟，本文就不展开叙述，具体可参见林丽秋《论雷峰塔白蛇故事的演变》，“国立”中山大学中国文学研究所 2001 年版；李耘《白蛇传故事嬗变研究》，首都师范大学，硕士学位论文，2002 年；裴香玉《白蛇故事试探》，《重庆师范大学学报》2004 年第 5 期；李夏《论白蛇形象之演变及文化意蕴》，《民族文学研究》2012 年第 2 期。

事中的白蛇形象同样经历了相似的转变。

除此之外，从宋朝开始，在墓地周围出现的蛇，也逐渐变成了积极的意象，成为衬托子女孝顺的表征。宋人所著《新唐书》相比《旧唐书》增加了《程袁师传》，其曰：

> 程袁师，宋州人。母病十旬，不褫带，药不尝不进。代弟戍洛州，母终，闻讣，日走二百里，因负土筑坟，号癯，人不复识。改葬曾门以来，阅二十年乃毕。常有白狼、黄蛇驯墓左，每哭，群鸟鸣翔。永徽中，刺史状诸朝，诏吏敦驾。既至，不愿仕，授儒林郎，还之。①

可以明显得知的是，从宋代开始，忠孝观念相比以往有着越发受重视的趋势，在这样的社会氛围下，强调三纲五常的宋代理学孕育而出。程袁师本来在《旧唐书》无传，到了《新唐书》，大概也是为了宣扬孝道，为其立传，以其孝行传之后世。文中衬托其孝行者主要是其生前尽心侍奉生病的母亲，母亲死后又悲痛欲绝，“日走二百里”，“负土筑坟”，甚至异象频生，有白狼、黄蛇出现在墓周围，程袁师每次痛哭也都有群鸟鸣翔。在这里，墓周围出现的黄蛇就是衬托程袁师孝顺的异象之一。

到了明清以后，这样的事例和叙述多到不胜数的地步，墓地周围蛇的出现，已经成为叙述孝道的书写模式。如张缙“祖母刘卒，丧葬令礼，有赤蛇、苍兔、蜂蜎驯扰之异”。李茂“母丧，庐墓有二狐穴于旁，龟蛇周旋左右不去，人咸谓诚孝所感云”。又有开州甘泽，凤阳周绪“俱葺茅守墓，有苍乌、青蛇驯绕，异草丛生”②。这些古代孝子因为孝顺，墓地周围都出现蛇，而且受到明朝的旌表。又如聊城人朱举，守丧三年“白燕乳巢，兔蛇驯扰”，“有司具其事闻于朝，诏旌其里”③。此人在文本叙述中同样因为孝行受到朝廷旌表，在诸多异象中，可见兔蛇驯扰。

① （宋）欧阳修、宋祁：《新唐书》卷195《孝友传》，中华书局1975年版，第5580—5581页。

② （清）万斯同：《明史》卷392《孝友上》，《续修四库全书》，史部第331册，上海古籍出版社2001年版，第247—248页。

③ （明）过庭训：《本朝分省人物考》卷96《朱举传》，《续修四库全书》，史部第535册，上海古籍出版社2001年版，第612页下。

明清之后，流传至今的地方志甚多，此类记载更是充斥其中，如清朝《云南通志》载：云南徐讷父殁，“庐墓哀恸，有青蛇绕墓之异，诏旌其门”[①]。《重修安徽通志》载：汪观“事母委曲如意，母殁，毁瘠，庐墓，出入必告有蛇虎驯扰之异”。同书还有张广德，“庐墓三年，有蛇虎驯扰之异。同治八年旌”[②]等。康熙《江西通志》亦载：廖洪，“父母亡，捧土为坟，结草庐居，有青蛇、白兽来止庐侧。咸通中表其门”[③]。又乾隆《江南通志》载：郭藩，“嘉靖中，父寿卒于京藩，徒步数千里扶榇归葬。结庐墓旁，日夜环冢哭，有剽掠者过其庐，戒曰：‘此孝子也，勿惊。’墓常出金色蛇，人以为孝感”[④]等。诸多记载，不一而足，无法一一列出。

在这些记载中，其主人公都是大孝子，在亲人亡故后，墓地周围都有蛇出现，这被当作是证明其孝行的证据之一。在墓地出现蛇并不稀奇，这样的事情也并不少见，特别是守丧时间一般长达三年，三年期间遇到数回甚至数十回蛇都不奇怪。但是在上述的叙述中，从宋朝以后，将蛇当作是孝行异象的叙述模式大量出现，而且雷同，这恐怕已经脱离现实，成为叙述孝子孝行的模式了。

单独一个案例可能是偶然，但是宋朝以后，不仅家中出现蛇的描述经历了由消极到积极的转变，白蛇传中的白娘子同样如此；而且从宋朝开始，墓地周围出现的蛇成了衬托孝道的因素之一，到了明清时期甚至成了彰显孝道的叙述模式，这些事情加在一起就并非偶然了。也就是说，从宋朝开始，特别是明清之后，对蛇的书写和叙述有了一个明显趋同的转变，这种转变并非个案，说明在这些转变背后有着共同的时代背景。而这种背景就是古代人对蛇的情感的转变，五代宋初以后，中国人对蛇的情感发生变化，中国人对蛇的恐惧得到了部分的缓解，而对蛇的积极描述也是从宋朝开始增多，明清时期尤盛。正是在五代宋初之后，古人力量壮大，不再对蛇如此恐惧，故而在书写和叙述中亦不再执着于负面的表达，对蛇的积

---

① 雍正《云南通志》卷21之2《宦迹》，文渊阁《四库全书》本。

② 光绪《重修安徽通志》卷238《人物志》，《续修四库全书》，史部第654册，上海古籍出版社2001年版，第153页下。

③ 康熙《江西通志》卷71《人物六》，《中国方志丛书·华中地方第782号》，成文出版社有限公司1989年版，第1412页下。

④ （清）黄之隽编纂，（清）赵弘恩监修：《乾隆江南通志》卷162《人物志》，广陵书社2010年版，第2656页下。

极叙述逐渐增多，甚至在明清时期成了一种文化上的趋势，以往充满负面描述的蛇形象也发生了逆转，成为拥有诸多积极意义的文化载体。

综上所述，古代人蛇之间的情感关系一直比较紧张。从纵向的角度而言，蛇对人的威胁在历史上一直存在，从人类出现一直到明清时期都是如此。从横向的角度来看，由于蛇的生活区域和古人的活动范围重叠度很高，故而无论是在陆地或者水中，不论是在野外还是家中，蛇的威胁都无处不在。而人蛇之间紧张的情感在历史上也有过变化。在历史早期，蛇对人造成了很大的威胁和困扰，特别是大蛇，能够斩杀大蛇在当时也是能够受到民众推崇之事。而随着人力量的增强，由蛇带来的威胁虽然仍然存在，但人对蛇的恐惧已经得到部分的缓解，故而此时，能够斩杀大蛇已经不再受人推崇。这种人蛇情感转变又对当时的蛇文化产生了影响，人们不再专注于蛇的负面表达，从宋朝以后，特别是到了明清时期，对蛇的正面描述不断增多。

科学、商业与政治：走向世界的中国大熊猫（1869—1948）

姜　鸿*

（四川师范大学历史文化与旅游学院，四川成都　610068）

摘要：近代博物学的兴起改变了西方人看待自然的方式，物种知识的产生和流行亦在商业、生态和政治文化方面引发跨国连锁反应。大熊猫作为博物学兴起后被重新“建构”的新物种，逐渐受到西方国家的普遍关注，博物学机构的展览需求也为大熊猫的商品化过程拉开帷幕。当大规模的猎捕活动给大熊猫种群造成冲击，国民政府将管理重心由管控外国人转向保护物种，外人在华猎捕大熊猫成为非法行为。商业渠道中断后，欧美动物园为了得到大熊猫，直接向中国政府提出赠送请求，国民政府认识到大熊猫有特殊作用，“熊猫外交”遂开始出现。有管控的物种交流也为大熊猫物种的保护提供了条件。从博物学知识的全球流行开始，中国的野生动物也开始为世人所熟悉，并成为中国对外交往的重要“使者”。

关键词：大熊猫；博物学；熊猫外交；野生动物

收集域外的奇禽异兽是古代欧亚各国统治阶层共享的文化。① 然而，到了近代，随着博物学的复兴和公共博物学机构的建立，域外物种在分类

---

* 作者简介：姜鸿，四川师范大学历史文化旅游学院讲师。

① Jr. Vernon N. Kisling（ed.），*Zoo and Aquarium History*：*Ancient Animal Collections to Zoological Gardens*（Boca Raton：CRC Press，2001），pp. 1—48；Marina Belozerskaya，The Medici Giraffe：and other Tales of Exotic Animals and Power（New York：Little，Brown and Company，2006）；［美］托马斯·爱尔森：《欧亚皇家狩猎史》，马特译，社会科学文献出版社 2017 年版。

学上是否具有特殊地位成为西方国家收集动物的主要考量因素。与古代主要通过进贡等方式实现物种交流不同，近代的物种交流主要通过科学考察和标本贸易实现。伴随着殖民扩张的全球推进，西方博物学家、探险家不断深入世界各地考察和采集动物标本，这也成为中国野生动物走向世界的主要方式。由于西方势力最先在中国东南沿海登陆，华南地区的鸟兽也最早被西方人关注，不过该区域的鸟兽多为普通物种。随着内陆地区逐渐向西方人开放，横断山区、西北地区、东北地区亦成为西方探险家竞逐的区域。栖息在这些地方的大熊猫、川金丝猴、羚牛、白唇鹿、普氏野马、普氏原羚、麋鹿、东北虎、绿尾虹雉、褐马鸡等也逐渐被西方人所认知，并成为博物学上的新物种，它们的名字也常常跟法国传教士谭卫道（Armand David）、俄国探险家普尔热瓦尔斯基（Н. М. Пржевальский）等人联系在一起。[①] 当这些物种被科学发现之后，大批欧美探险家相继来华狩猎标本或捕捉活动物，中国稀有动物的全球贸易渐次兴起。与其他物种稍有不同的是，大熊猫在20世纪40年代被用作外交宣传，这使其进一步成为世界知名的物种。

近几十年来，学术界已对谭卫道发现大熊猫的经过，以及欧美探险家来华猎捕大熊猫的过程做了详细研究。[②] 关于20世纪40年代的“熊猫外

---

① 关于外国人来华考察和采集动物标本的综合性研究有：罗桂环《西方人在中国的动物学收集和考察》，《中国科技史料》1993年第2期；《近代西方识华生物史》，山东教育出版社2005年版；［美］范发迪《知识帝国：清代在华的英国博物学家》，袁剑译，中国人民大学出版社2018年版；И. Егорчев，Ю. Ефремов，*Амурский тигр：Домыслы，легенды，факты. 1855—1925 гг.*（Владивосток：Русский Остров，2014）。

② 朱昱海：《法国遣使会谭卫道神父的博物学研究》，北京大学，博士学位论文，2015年，第129—132页；［英］亨利·尼科尔斯：《来自中国的礼物：大熊猫与人类相遇的一百年》，黄建强译，生活·读书·新知三联书店2018年版，第9—67页；赵学敏主编：《大熊猫：人类共有的自然遗产》，中国林业出版社2006年版，第52—53页；［美］维基·康斯坦丁·克鲁克：《淑女与熊猫》，苗华建译，新星出版社2007年版；Cäsar Claude，“Bambusbären（Ailuropoda melanoleuca David，1869）aus der Stötznerschen Expedition 1913/15 in Schweizer Museen”，Vierteljahrsschrift der Naturforschenden Gesellschaft in Zürich，Jahrgang 116，Heft 1（März，1971）；Ramona and Desmond Morris，*The Giant Panda*（New York：Penguin Books，1982）；Michael Kiefer，*Chasing the Panda：How an unlikely Pair of Adventures Won the Race to Capture the Mythical* “White Bear”（New York：Four Walls Eight Windows，2002）。

交”，也有学者从南京国民政府角度建构了“熊猫外交”的形成过程。[①] 不过，论者通常未能深入讨论大熊猫之所以能够走向世界的科学与商业背景。同时，由于对南京国民政府在外国人来华采集标本活动中扮演的角色缺乏研究，有学者认为当时的中国政府无力管控外国人来华狩猎大熊猫。也正因为缺少对中国政府的管理政策和物种保护政策的分析，论者亦未能够观察到商业渠道中断后的观赏需求与“熊猫外交”的形成存在内在联系。本文即考察晚清民国时期中国大熊猫如何逐步走向世界的过程，同时讨论南京国民政府对外国人来华采集标本的管理和稀有物种保护政策，进而分析欧美的“熊猫热”与国民政府“熊猫外交”之间的内在关系。

一　近代博物学、全球贸易与中国大熊猫走向世界

近代世界是知识急剧转型的时代，也是商品急速流通的时代，两者亦存在相辅相成的内在联系。近代博物学的兴起和全球贸易的发展正是这种联系的集中体现，它们也是中国大熊猫走向世界的重要背景。如要对大熊猫如何逐步走向世界做出解释，则需分别对博物学的复兴、博物学机构的展览需求、探险家在西南的活动和动物贸易进行具体分析。

（一）博物学在近代的复兴

在大熊猫走向世界过程中，近代博物学为西方人发现和认识大熊猫奠定了知识基础。博物学这门最早可追溯到古希腊的学问经过长时期的沉寂，在16世纪中期全面复兴并不断发展壮大，分类、描述和命名成为其主要内容。[②] 博物学的复兴改变了西方人看待自然的方式，即如法国哲学家

---

① 参见家永真幸『近代的シンボルの創出——南京国民政府时期における「パンダ外交」の形成（一九二八——一九四九）』、『国宝の政治史——「中国」の故宫とパンダ』、東京、東京大学出版会2017年版、120—148頁；邵铭煌《抗战时期鲜为人知的“熊猫外交”》，《百年潮》2012年第9期；王晓《20世纪40年代的“熊猫外交”及其社会反应——基于中国报刊资料分析》，湖南师范大学，硕士学位论文，2019年。

② 关于西方博物学，具体参见N. Jardine，J. A. Secord and E. C. Spary（eds.），*Cultures of Natural History*（Cambridge：Cambridge University Press，1996）；［英］大卫·埃利斯顿·艾伦《不列颠博物学家：一部社会史》，程玺译，上海交通大学出版社2017年版；刘华杰主编《西方博物学文化》，北京大学出版社2019年版。

福柯（Michel Foucault）所言，“一个新的可视性领域全方位地建构起来了”[①]。具体而言，对自然事物分类方法的改变是近代博物学最重要的转变。已有研究表明，近代早期的博物学家多从人类利用的层面出发，而不是根据动植物的内在特征进行分类。[②] 不过，随着博物学的发展，这种功利主义取向的分类方法逐渐被独立、客观和不以人类为中心的新分类体系所取代。其中，瑞典博物学家林奈（Carl Linnaeus）确立的以植物性器官识别植物的分类体系被博物学界广泛采用。近代博物学的另一转变表现在由注重古代文献到重视田野考察。瑞士地质学家、动物学家阿加西（Louis R. Agassiz）的口头禅即是博物学转型后的具体体现，他说：“假如你只是在书上研究自然，你走出门去根本找不到它。”[③] 伴随着殖民扩张的推进，博物学在空间上得到拓展。经过近代博物学洗礼的法国传教士谭卫道进入四川穆坪（今宝兴县）后当即察觉到大熊猫的科学价值，因为这种动物在博物学上从没被记录和描述过，他在日记中写道：“这种动物将成为科学上一个有趣的新发现。”[④]

有必要说明的是，中国虽有发达的博物传统[⑤]，但在本土知识谱系中大熊猫并未优先被近代国人认知，这主要与中西方的博物传统存在本质差异有关。当西方博物学朝近代科学方向发展时，中国博物学的运用仍停留在利用层面，即观察本土动植物。譬如，清朝嘉庆、道光年间（1796—1850），当地文人对大熊猫的形态有过较精准的描述，诸如“性最痴”，“不食五谷，食竹连茎”等。[⑥] 但由于他们不具备一套类似西方分类体系的思想资源来确定这个物种的位置，他们将大熊猫视为无用的怪物，道光时期的《留坝厅志》就称其为“腹无五脏，惟一肠，两端差大，可作带系

---

① ［法］米歇尔·福柯：《词与物：人文科学考古学》，莫伟民译，上海三联书店2002年版，第175页。

② 参见［英］基思·托马斯《人类与自然世界：1500—1800年间英国观念的变化》，宋丽丽译，译林出版社2008年版，第43—83页。

③ 转引自陈怀宇《动物史的起源与目标》，《史学月刊》2019年第3期。

④ Armand David and Helen M. Fox, *Abbe David's Diary: Being an Account of the French Naturalist's Journeys and Observations in China in the Years* 1866 *to* 1869 (Cambridge: Harvard University Press, 1949), p. 276.

⑤ 参见吴国盛《博物学：传统中国的科学》，《学术月刊》2016年第4期。

⑥ 参见嘉庆《汶志纪略》卷3《物产》，嘉庆十年刻本，第19页；道光《留坝厅志》卷1“紫柏山图”，道光二十二年刻本，第27页。

腰"①。与文人的看法相同，大熊猫在当地农民眼中同样无甚价值，德国人种学家、探险家施特茨纳（Walther Stötzner）在汶川的经历为我们了解农民的观念提供了可能。1914年施特茨纳为了养活买到的大熊猫幼崽，想在当地找人做保姆，但他发现当地人很难理解为何西方人会对一只"笨熊"如此大惊小怪，一个姓薛的人告诉施特茨纳，如果要他照顾这只小熊，"瓦寺的妇女会嘲笑他"②。大熊猫之所以会成为本土文化中的怪物，正与中国博物传统中的功利主义有关，因为其不具有经济价值。大熊猫的皮不值钱、肉不可食，这是当地人对其不感兴趣的主要原因。到访过川西地区的很多外国人都留有这方面的记载，譬如德国探险家台飞（Albert Tafel）就明确告诉读者，虽然"竹熊"皮偶尔会落到汉族商人手中，但当地人并不认为其珍贵，因为它的毛很短，只能得到很少几个铜钱，台飞同时指出，"竹熊"肉在当地也被认为不可食用。③

显然，大熊猫的现代意义难以通过本土知识加以赋予。当然，西方博物学知识仅是其被博物学界认识的条件之一，大熊猫能够在博物学界引起广泛关注，还因为它在分类上具有不确定性，并引发争论。谭卫道首次看到"黑白熊皮"时推测这个物种是熊类的新种，在对猎人随后带来的标本仔细观察后，谭卫道认为"它一定是熊类中的一个新种"④。在写给巴黎自然博物馆馆长爱德华兹（A. Milne－Edwards）的信中，谭卫道将此物种命名为Ursus melanoleucus（黑白相间的熊），但当标本运抵博物馆后，爱德华兹认为这个物种不是熊类的新种，而是与熊猫和浣熊更接近的新种，因此被命名为Ailuropoda melanoleucus（黑白色的熊猫）。然而，博物学家们却不尽赞同爱德华兹的看法。关于博物学界围绕熊与熊猫展开的持续争论，学界多有介绍，兹不赘述。⑤笔者想强调的是，这场争论虽然无果，却引来了更多人对大熊猫的关注。

---

① 道光《留坝厅志》卷1"紫柏山图"，第27页。

② Walther Stötzner, *Ins unerforschte Tibet*: *Tagebuch der deutschen Expedition Stötzner* 1914 (Leipzig: K. F. Koehler, 1924), S. 122.

③ Albert Tafel, *Meine Tibetreise*: *Eine Studienfahrt durch das nordwestliche China und durch die innere Mongolei in das östliche Tibet*, Bd. 2 (Stuttgart: Union Deutsche Verlagsgesellschaft, 1914), S. 233.

④ Armand David and Helen M. Fox, *Abbe David's Diary*: *Being an Account of the French Naturalist's Journeys and Observations in China in the Years 1866 to 1869*, p. 283.

⑤ D. Dwight Davis, "The Giant Panda: A Morphological Study of Evolutionary Mechanisms", *Fieldiana*: *Zoology Memoirs*, Vol. 3 (1964), pp. 14—16.

（二）博物学机构的展览需求

除了知识层面的因素，大熊猫能够进入西方社会还与博物学机构的展览需求分不开。博物学在18、19世纪的蓬勃发展直接催生了自然博物馆和动物园这两个现代机构。根据美国学者法伯（Paul Lawrence Farber）的研究，截至1900年，英、美、法、德4个国家共建成自然博物馆950座，动物园也成为欧美国家大城市的“标准景点”[①]。

自然博物馆希望得到完整的大熊猫标本，主要用于分类研究和展览两个层面。由于大熊猫在分类上具有不确定性，自然博物馆急需得到完整的标本，以便澄清科学上的谜团。就展览而言，博物馆的藏品最初主要供专业博物学家研究之用，但随着公众的博物学热情日渐高涨，向公众开放、同时实现教育目的亦成为博物馆重要功能之一。[②] 除教育之外，展出稀有物种的标本也成为标榜权力的表达。亦即是说，展出大熊猫这种世界稀有动物的标本可以成为自身实力的象征。因此，当芝加哥菲尔德自然博物馆成为首个拥有完整大熊猫标本的博物馆后，哺乳动物部主任奥斯古德（Wilfred H. Osgood）急于向外界证明他们在博物学界的地位，他说，他们的大熊猫标本虽然不是全球仅有的，“却是唯一一个完整又完美的，也是唯一一个被白人射杀的”[③]。

同自然博物馆一样，近代动物园的创建也旨在推进博物学的发展，差别仅仅在于动物园研究和展出的是活动物。值得注意的是，随着大众科学的日渐普及，从19世纪中期开始，理性娱乐、教育和保育逐渐成为近代动物园的主要发展方向。大卫·米切尔（David W. Mitchell）担任伦敦动物学

① ［美］保罗·劳伦斯·法伯：《探寻自然的秩序：从林奈到E. O. 威尔逊的博物学传统》，杨沙译，商务印书馆2017年版，第115—121页。

② John Thackray and Bob Press, *The Natural History Museum: Nature's Treasurehouse* (London: The Natural History Museum, 2004), pp. 93—105; Bob Mullan and Garry Marvin, *Zoo Culture* (Urbana: University of Illinois Press, 1999), pp. 116—130.

③ “Roosevelts' giant panda group installed in William V. Kelley Hall”, *Field Museum News*, Vol. 2, No. 1 (1931), p. 1.

会秘书之后对伦敦动物园进行的改革是这种转变的起点。① 有学者指出，为了吸引大众游览和培养工薪阶层的休闲方式，米切尔“汲汲于寻找引人注目的藏品”，并进行大量的广告宣传。② 关于欧美动物园发展史的研究表明，伦敦动物园的改革，不仅对英国本土动物园转变经营方式起到示范作用，还对其他国家动物园的经营理念产生重要影响。③

因此，就不难理解为何稀有的大熊猫会成为欧美动物园普遍搜求的对象。有证据表明，纽约布朗克斯动物园开园之初，纽约动物学会就致力于为其获得大熊猫。据载，布朗克斯动物园园长霍纳迪（William T. Hornaday）在1901、1902年向东亚旅行者和标本采集员支付佣金，要他们带回中国的麋鹿和大熊猫，他表示愿意用500元（西班牙银元）购买大熊猫。④ 伦敦动物学会在此之前是否宣称过类似需求，尚待更多资料佐证，不过可以肯定的是，从20世纪20年代开始他们亦加入竞逐行列之中。1929年4月，当美国探险家史密斯（Floyd T. Smith）将其西南探险计划透露给外界后，伦敦动物学会秘书彼得·米切尔（Peter C. Mitchell）当即表示对此有兴趣，即是明显的例证。⑤

（三）探险家在西南的活动和动物贸易

当然，博物学机构能否顺利展出标本或活动物还有赖探险家来华考察和收购动物。英国学者亨利·尼科尔斯（Henry Nicholls）认为博物学机构之间为了竞争，主动组织探险队赴华猎捕大熊猫。⑥ 事实上，来华的探险

① Sofia Åkerberg, *Knowledge and Pleasure at Regent's Park: The Gardens of the Zoological Society of London during the Nineteenth Century* (Umeå: Umeå University, Department of Historical Studies, 2001); Takashi Ito, *London Zoo and the Victorians, 1928—1959* (London: The Boydell Press, 2014).

② ［美］保罗·劳伦斯·法伯：《探寻自然的秩序：从林奈到E. O. 威尔逊的博物学传统》，第119页。

③ Harriet Ritvo, *The Animal Estate: The English and Other Creatures in the Victorian Age* (Cambridge: Harvard University Press, 1987), pp. 213—217; R. J. Hoage and William A. Deiss (eds.), New Worlds, *New Animals: From Menagerie to Zoological Park in the Nineteenth Century* (Baltimore: The Johns Hopkins University Press, 1996).

④ William Bridges, *Gathering of Animals: An Unconventional History of the New York Zoological Society* (New York: Harper and Row, Publishers, 1974), pp. 221—222.

⑤ Hartmut Walravens (Hg.), *Kleinere Schriften von Berthold Laufer*. Teil 3: Nachträge und Briefwechsel (Stuttgart: Franz Steiner Verlag Wiesbaden GmbH, 1985), S. 198.

⑥ ［英］亨利·尼科尔斯：《来自中国的礼物：大熊猫与人类相遇的一百年》，第49页。

队是由各大博物学机构赞助。20世纪初的探险活动，通常由博物馆赞助经费和设备，探险家狩猎的标本则归博物馆所有。美国探险家罗斯福兄弟（Theodore & Kermit Roosevelt）1929年与芝加哥菲尔德博物馆的合作正是采取这种方式。[①] 罗斯福兄弟成功狩猎大熊猫的事件，引发更大规模的外国人赴川西狩猎稀有动物和收集动物区系资料。史密斯、费城电业大亨托马斯·多兰（Thomas Dolan）之孙布鲁克·多兰（Brooke Dolan）、哈佛大学法学系学生塞奇（Jr. Dean Sage）、美国浸礼会传教士葛维汉（David C. Graham）等也都是得到不同博物馆赞助的知名探险家。以史密斯为例，就在罗斯福兄弟追踪大熊猫之际，他萌生出与菲尔德博物馆合作的想法，美国弗利尔美术馆馆长毕安祺（Carl W. Bishop）在一封信中谈道："史密斯的愿望是在中国南方几省进行为期数年的标本采集活动，并建立一些标本采集营地，他将对其进行个人监督。"[②] 最后，在毕安祺的担保下，哺乳动物部主任奥斯古德同意赞助史密斯赴川滇采集大熊猫等动物的标本。

除赞助外，博物学机构也购买标本或活动物，这也为那些未能得到赞助或者解除合约后的探险家出售大熊猫提供了条件。就史密斯来说，受经济危机影响，菲尔德博物馆在他完成1931年考察后就解除了合约，此后史密斯多次向菲尔德博物馆出售标本，其中就包括大熊猫标本。[③] 就出售活体大熊猫而言，美国探险家威廉·哈克内斯（William H. Harkness）的遗孀露丝·哈克内斯（Ruth Harkness）和史密斯是主要的人物。露丝·哈克内斯是首个将活熊猫带到美国的人，并成功向芝加哥布鲁克菲尔德动物园出售2只大熊猫。[④] 史密斯则是向欧美动物园出售大熊猫数量最多的人。1937年和1938年，史密斯至少收购了11只大熊猫，其中5只成功运抵伦敦。[⑤] 史密斯之所以能够获得众多的大熊猫，与他在川西地区设置的标本采集营地有关。解约后的史密斯未经南京国民政府组设的中央研究院同

---

① ［美］西奥多·罗斯福、［美］克米特·罗斯福：《跟踪大熊猫的足迹》，王晓芸、蔡晓龄译，云南民族出版社2014年版，第5页。

② Hartmut Walravens（Hg.），*Kleinere Schriften von Berthold Laufer*. Teil 3：Nachträge und Briefwechsel，S. 198.

③ Michael Kiefer，*Chasing the Panda*：*How an unlikely Pair of Adventures Won the Race to Capture the Mythical* "White Bear"，p. 87.

④ 分别售得8750美元和8500美元，见维基·康斯坦丁·克鲁克《淑女与熊猫》，第161、230页。

⑤ "An Easter Attraction at the London Zoo"，*Illustrated London*，April 8，1939.

意，私自前往川西活动，后被四川省政府“勒令出境”[①]，不过他的代理人继续为其收购动物。成都当地报纸《新新新闻》报道称，一位自称芝加哥博物馆学者的美国人驻扎在茂县马良坪山间，派人分赴屯区各县，“大价收买各种生物鸟兽”，据此人透露，这些动物系带回美国供博物学研究和制作标本之用。记者发现，此人在4个月时间内收购的动物种类不下一百种，且“大都为活着的珍禽异兽”[②]。

另外，售卖活动也可能在科技合作的名义下进行。大熊猫在芝加哥引发观赏热潮，这让纽约动物学会坚定了投资大熊猫的信心，当时史密斯有几只大熊猫待售，但因价格问题交易最终没能达成。[③] 纽约动物学会遂将目光投向华西协合大学。此时的纽约动物学会理事塞奇向华西协合大学提议，由纽约大学向华西协合大学提供教学材料和科研器材，后者帮助采集川西地区的动物标本。该协议的主要目的正是为了获取大熊猫。塞奇在信中写道，他们首先想得到的是1只活的大熊猫幼崽，“如果可能，最好是一对，一雄一雌”[④]。纽约布朗克斯动物园由此得到了大熊猫“潘多拉”和“潘”。

总之，近代博物学的兴起和全球贸易的发展为中国大熊猫走向世界创造了条件。博物学首先在知识层面奠定基础，物种知识的传播以及在分类问题上的争论使大熊猫进一步成为博物学界关注的焦点。博物学机构为大熊猫进入西方社会提供制度平台，他们的展览需求也为大熊猫的商品化过程拉开帷幕。20世纪30年代是外国人来华运出大熊猫标本和活熊猫数量最多的时期[⑤]，他们运出的大熊猫标本约45个，活熊猫有14只（具体参看表1）。这一结果的产生，除科学和商业因素之外，亦与当时中国政府的管理有关。

---

① 《美人司密氏违令采集标本》，《新新新闻》1932年8月20日，第9版。

② 《支加哥博物院学者美人哥德罗在松茂采生物标本》，《新新新闻》1934年11月28日，第7版。

③ Michael Kiefer, *Chasing the Panda: How an unlikely Pair of Adventures Won the Race to Capture the Mythical* “White Bear”, p. 169.

④ “How ‘Pandora’ came to the Zoological Park”, *Bulletin of the New York Zoological Society*, Vol. 41, No. 4 (July—August, 1938), p. 116.

⑤ 1869—1928年运到国外的大熊猫标本约15个，参见“Our First Giant Panda”, *Scientific American*, Vol. 21, No. 7 (1920), p. 15; Alice W. Raines, “Weiss's Pandas”, *Time*, Vol. 29 (January 4, 1937), p. 6；胡锦矗《大熊猫研究》，上海科技教育出版社2001年版，第10—12页。

表 1　外国人从中国运出的大熊猫标本和活熊猫概况一览（1929—1939）

（单位：个/只）

姓名	年份	标本	活熊猫	昵称	去向
罗斯福兄弟	1929	6			芝加哥菲尔德博物馆
葛维汉	1929—1934	20			美国国家博物馆
柯培德（Rudolph L. Crook）	1930	1			芝加哥菲尔德博物馆
杨帝泽、杨帝霖	1930—1934	4			纽约自然博物馆
多兰	1931	3			费城自然科学研究院
塞奇	1934	2			纽约自然博物馆
布洛克赫斯特（H. C. Brocklehurst）	1935	1			伦敦某商铺橱窗
拉塞尔（W. M. Russell）	1937	1			不明
露丝·哈克内斯	1936—1938		2	“苏琳”“妹妹”	芝加哥布鲁克菲尔德动物园
史密斯	1930—1938	3	7	“唐”“宋”“明”“老奶奶”“开心果”	芝加哥菲尔德博物馆、伦敦动物园、圣路易斯动物园
丁克生（Frank Dickinson）	1938—1939		2	“潘多拉”“潘”	纽约布朗克斯动物园
史居（William H. Shultz）	1939		1	“宝贝”	圣路易斯动物园
斯蒂勒（A. T. Steele）	1939	4	1	“美兰”	芝加哥布鲁克菲尔德动物园
斯莫（Waltes Small）	1939		1		死亡
总计		45	14		

资料来源：Cäsar Claude，“Bambusbären（Ailuropoda melanoleuca David，1869）aus der Stötznerschen Expedition 1913/15 in Schweizer Museen”，Vierteljahrsschrift der Naturforschenden Gesellschaft in Zürich，Jahrgang 116，Heft 1（März，1971），S. 435；Michael Kiefer，Chasing the Panda：How an unlikely Pair of Adventures Won the Race to Capture the Mythical “White Bear”，p. 87；Diary No. 8（March 10，1930），Smithsonian Institution Archives，Series 2，Box 1，p. 37；“Another Live Giant Panda”，The China Journal，Vol. 26，No. 4（1937），p. 190；《国立中央研究院十九年度总报告》第 3 期，1930 年，第 371 页；杨帝泽《饮水思源》，《中央日报》出版部 1989 年版，第 120 页；亨利·尼科尔斯《来自中国的礼物：大熊猫与人类相遇的一百年》，第 51 页；《中央研究院致外交部函》（1939 年 6 月），中国第二历史档案馆藏，“中央研究院”档案，393（2）/25。

二　从管控来华外国人到保护大熊猫

有学者认为 20 世纪 30 年代运到国外的大熊猫标本和活熊猫是外国人

来华盗猎的结果，当时的南京国民政府无力管控外国人在华的狩猎行为。[①] 但事实上，南京国民政府从 1929 年起就已开始对外国人来华采集标本进行严格管理。在最初，管理的目的主要是为了维护国家权益和管控采集标本的外国人，到 1939 年保护物种成为他们的主要关切点。

（一）中央研究院管控来华采集标本的外国人

20 世纪 30 年代来华采集标本的外国人具有一些有利的外在条件。具体到猎捕和运输大熊猫来说，一是“九一八”事变后西南地区的战略地位不断提升，内河航运条件亦随之改善，外国人可以乘船直抵大熊猫产区附近。到了 20 世纪 30 年代后期，外国人还可通过汽车、飞机等交通工具运输大熊猫。二是华西协合大学作为大熊猫的暂养基地，成为运输的中转站。三是随着国民政府经营西南力度的增强，外国人在该区域考察时的安全也得到保障。应该说，外国人能够在 20 世纪 30 年代集中运出大熊猫离不开这些条件。不过在有利条件的背后，他们也受到比前人更为严格的管控。

1929 年筹备、1930 年成立的中央研究院自然历史博物馆（下文简称“自然博物馆”）是外国人来华采集动植物标本的主管机构。整个 20 世纪 30 年代，中央研究院对外国人来华采集标本有着严格管理，不过管理的目的主要是管控采集标本的外国人和维护国家权益，而保护物种最初未成为他们的管理重点。不论是管理政策的制定还是管理条例的运行都能清楚反映这一点。首先，鉴于外国人来华采集标本事先不经中国政府同意，并将有学术价值的标本悉数运出中国，中国政府认为外国人的这种行为有损国家权益。[②] 为了审核外国人来华考察的资格，并提留有学术价值的标本，南京国民政府规定外国人来华采集标本必须先与中央研究院接洽，并签订“限制条件”[③]。其次，在与外国人签订的“限制条件”中，中央研究院并未对外国人所采标本的种类和数量做出限制，他们关心的是，外国人的采集活动是否在中国政府的监视下进行，标本运出中国之前是否经主管部门

---

① 赵学敏主编：《大熊猫：人类共有的自然遗产》，第 78 页；［英］亨利·尼科尔斯：《来自中国的礼物：大熊猫与人类相遇的一百年》，第 51 页。

② 《国立中央研究院自然历史博物馆十九年度报告》，《国立中央研究院十九年度总报告》第 3 期，1930 年，第 375 页。

③ 《教育部联席会议议决案》（1930 年 10 月 2 日），《国立中央研究院院务月报》第 2 卷第 3 期，1930 年 9 月，第 52—53 页。

审查和提留。

中央研究院没有限制大熊猫等标本的出口也有更加现实的考虑，他们希望通过外国人的资源来为本国获取有学术价值的标本。外国人与中央研究院签订的“限制条件”也就成为一种合作协议，这在提留标本的规定上体现得尤其明显。在 1930 年“自然博物馆”与菲尔德博物馆合作人史密斯签订的文件中就明确规定，标本经专家审查后，“须留存一全份在中国”[①]。1934 年 7 月，改组后的“自然博物馆”即中央研究院动植物研究所与纽约自然博物馆的合作人塞奇、谢尔登（William G. Sheldon）达成协议，规定标本经审查后，“须以一份完整的复本作为赠品存放在中国”[②]。这一模式的产生，与当时的科研经费紧缺有关。“自然博物馆”1932 年的年度报告中指出，由于经费困难，当年“仍无力购置”设备和仪器，原计划进行的大规模采集活动也因经费问题而推迟。[③] 在一定程度上而言，中外合作正可对这一困境起到缓解作用。除通过外国人获得本国的稀有动物标本之外，中央研究院也希望能从国外换回一些有价值的学术标本，外国人申请运出大熊猫正好提供了这样的机会。1938 年 5 月，华西协合大学申请运美大熊猫 1 只，中央研究院给四川省政府的函电指出：“该校如欲运美研究，须先与美方商换有价值之研究标本，方能启运。”[④]

可见，中央研究院最初的管理重视对外国人的限制和对国家权益的维护。这也为身份不合法的探险家冒名申请大熊猫出口许可证提供了机会。美国探险家史密斯的行为十分典型。1935 年 5 月，史密斯冒用菲尔德博物馆的名义从中央研究院获得了内地考察护照[⑤]，但他深知自己的考察不合法，担心申请出口许可证时露出破绽，从而遭到拒绝。因此，冒名露丝·哈克内斯成为他规避自身身份问题的方法。1938 年 6 月，史密斯致函中央

---

① 《中央研究院致教育部函》（1930 年 11 月 8 日），《国立中央研究院院务月报》第 2 卷第 5 期，1930 年 11 月，第 45 页。

② 《中央研究院致总办事处函》（1934 年 7 月 3 日），中国第二历史档案馆藏，“中央研究院”档案，393/527。

③ 《国立中央研究院自然历史博物馆二十一年度报告》，《国立中央研究院二十一年度总报告》第 5 期，1932 年，第 334 页。

④ 《华西大学校，一只小白熊》，《新新新闻》1938 年 6 月 4 日，第 9 版。

⑤ Willys R. Peck to the Secretary of State，January 21，1936，Records of the Department of State Relating to the Internal Affairs of China，1930—1939（Part 1），National Archives（United States），893. 111/312.

研究院总干事朱家骅，称哈克内斯打算运出她在四川收购的各种动物，他帮助哈克内斯“代办护照”。申请出口的动物为3只大熊猫、1只羚牛、1只斑羚和14只雉鸡，并称将来还打算收购。[①] 按照“限制条件”提留标本的规定，史密斯赠给中央研究院动植物研究所1只大熊猫，其他动物则由滇越铁路运出。[②] 很显然，史密斯之所以能够冒名成功，正是利用了中央研究院未重视物种保护的管理疏漏。这一局限也为大熊猫种群数量的保持留下隐患。

（二）商品化对大熊猫种群的冲击

西方学术界关于大英帝国狩猎史的研究表明，探险家和动物商在非洲、南亚等地的活动，造成当地部分稀有野生动物种群数量急剧减少。[③] 其实，动物商品化同样给中国的稀有野生动物种群造成冲击，而大熊猫则首当其冲。

1929年之前虽然有个别传教士、外交官和探险家购买大熊猫皮，但由于是偶发现象，当地未出现商业狩猎。[④] 不过罗斯福兄弟1929年入川之后，这种情况逐渐发生改变。罗斯福兄弟当年为了买到大熊猫皮，开价50元（墨西哥银元）购买一张熊猫皮，致使稍后进入四川穆坪，为美国史密森尼学会采集标本的葛维汉只能低价买到残次品。[⑤] 也就是说，外国人通过提高收购价格促成了大熊猫标本的商品化。这种模式亦适用于活体大熊猫的商品化过程。到了20世纪30年代中后期，标本已不具有吸引力。这一转变的出现，不只是因为市场供应量的增加，探险家的兴趣转移亦是重要原因。所以当市场需求转向活熊猫后，很多大熊猫被运到成都。《芝加

---

① 《朱家骅致傅斯年函》（1938年6月24日），中国第二历史档案馆藏，“中央研究院”档案，393/532。

② 《运往伦敦的四川珍禽奇兽——史密斯漫谈大熊猫》，《新闻报》1938年7月6日，第15版；《兽王之妻抵港，携来奇禽异兽》，香港《申报》1938年11月6日，第4版。

③ John M. Mackenzie, *The Empire of Nature: Hunting, Conservation and British Imperialism* (Manchester: Manchester University Press, 1988); Harriet Ritvo, *The Animal Estate: The English and Other Creatures in the Victorian Age*, pp. 243 – 288.

④ 罗斯福兄弟抵达穆坪时难以找到有狩猎大熊猫经验的人正是这种情况的具体表现，参见［美］西奥多·罗斯福、［美］克米特·罗斯福《跟踪大熊猫的足迹》，第150页。

⑤ Diary No. 7 (June 29 – July 16, 1929), Smithsonian Institution Archives, Series 2, Box 1, pp. 6 – 7, 13 – 14.

哥每日新闻》驻华记者斯蒂勒（A. T. Steele）在1938年指出，自从外界得知芝加哥支付高昂价钱购买大熊猫后，很多大熊猫被带到成都，其中既有活的也有死的，活熊猫在成都的离岸价格为每只25—180美元不等。[①] 毋庸置疑，大量的熊猫被捕捉正是高价刺激的结果。除《新新新闻》中提到的“大价收买”外，露丝·哈克内斯在一封信中也提到史密斯的诱捕手段，她说，史密斯派人到山里散布消息，说他需要20只大熊猫，“当地猎手就变得疯狂起来”[②]。大量的熊猫现身成都，给一些西方人造成大熊猫并不稀有的印象，斯蒂勒的文章《大熊猫稀有？有人在开玩笑》即是这种错觉的体现。

按照生态学原理的普遍解释，猎捕量急剧增加必然导致种群数量减少。当时，一些区域的大熊猫甚至绝迹。汶川县草坡乡是外国人猎捕和收购大熊猫的首选地，1938年春再次赴该地为哈克内斯购买大熊猫的美籍华裔探险家杨帝霖告诉雇主，瓦寺的两条深沟中曾有很多大熊猫，“现在已被猎捕殆尽”[③]。其实史密斯对此亦有同感，不过他并不愿意承认这与自己的商业活动有关。在接受记者采访时，他声称有人希图通过大熊猫获利，故大肆搜捕，“结果使科学性质之收集，遂遭其影响”。他说这种捕捉活动并非必要，但谋利之人出以高价，引诱土人搜捕，结果使大熊猫日渐减少，行将灭种。[④] 史密斯显然是在批评他的竞争对手哈克内斯，他的言下之意是自己的“科学”活动不会对大熊猫种群造成危害。关于他们之间的恩怨此处置而不论，不过这些材料清楚反映出他们的商业活动确已造成种群破坏，其实这也符合当代动物学家在草坡调查研究后得出的结论。西华师范大学珍稀动植物研究所胡锦矗教授在1992年指出，20世纪30年代草坡乡被捕捉的大熊猫超过20只，“导致那里的种群，迄今已过了半个世纪仍未恢复”[⑤]。四川、西康两省的熊猫被大量猎捕，不仅引起生活在上海的英国博物学家苏柯仁（Arthur de C. Sowerby）的高度关注[⑥]，亦引起当地政

---

① Ramona and Desmond Morris, *The Giant Panda*, p. 66.

② ［美］维基·康斯坦丁·克鲁克：《淑女与熊猫》，第237页。

③ 参见［美］维基·康斯坦丁·克鲁克《淑女与熊猫》，第238页；Arthur de C. Sowerby, “Live giant pandas leave Hongkong for London”, *The China Journal*, Vol. 29, No. 6 (1938), p. 334。

④ 《运往伦敦的四川珍禽奇兽——史密斯漫谈大熊猫》，《新闻报》1938年7月6日，第15版。

⑤ 胡锦矗：《大熊猫的种群衰落初析》，夏武平、张洁主编：《人类活动影响下兽类的演变》，中国科学技术出版社1993年版，第43页。

⑥ Arthur de C. Sowerby, “Live giant pandas leave Hongkong for London”, *The China Journal*, Vol. 29, No. 6 (1938), p. 334.

府官员对大熊猫生存的忧虑。这也成为国民政府最终出台大熊猫保护政策的重要背景。

（三）国民政府出台大熊猫保护政策

1938 年 11 月和 1939 年 3 月，西康省政府的前身西康建省委员会和四川省政府分别发布命令，要求各县禁猎和保护大熊猫。这两份禁令并非针对当地农民的一般性狩猎，地方政府主要关心的是如何制止外国人来华诱捕大熊猫。

首先，地方政府认为当地猎捕行为的产生是外国人诱捕造成的。西康建省委员会向各县指出，自从罗斯福兄弟在西康猎得大熊猫后，受报纸杂志大肆宣传的影响，“中外人士之来取猎者日多”，西康建省委员会认为大熊猫的数量本就稀少，如不加以限制，将有灭种之虞。① 四川省第十六区行政督察专员谢培筠在呈请四川省政府发布保护大熊猫的命令时也指出，“外邦人士往往不惜重价收买，奖励土人猎捕射杀”，谢培筠认为如果不加以禁止，“必致愈捕愈稀，终必使之绝种”，届时将成为学术上的重大损失。② 总之，他们都认为外国人诱捕是大熊猫的最大威胁。其次，地方政府并未打算制订当地人应该如何保护大熊猫的具体措施。伦敦动物学会秘书、英国进化生物学家朱利安·赫胥黎（Julian Huxley）得知中国政府开始保护大熊猫后，致函中国外交部询问保护大熊猫的具体措施及其成效。不过，谢培筠在外交部多次催问下并未做出答复。③ 正是由于地方政府主要关心制止外国人的诱捕行为，谢培筠才在报告中特地强调，请四川省政府致函主管部门，“禁止外邦人士潜赴区内各地，重价收买及私行秘密入山猎捕”④。

地方政府禁止外国人猎捕大熊猫的建议引起了国民政府有关各部高度

① 《西康建省委员会致内政部函》（1938 年 11 月 22 日），台北“国史馆”藏，“内政部”档案，026000003572A。

② 《四川省政府咨外交部》（1939 年 4 月 3 日），台北“国史馆”藏，“外交部”档案，020/049910/0007。

③ 《禅德本致外交部函》（1939 年 8 月 31 日）；《四川省政府致外交部电》（1940 年 2 月 5 日），台北“国史馆”藏，“外交部”档案，020/049910/0007。

④ 《四川省政府咨外交部》（1939 年 4 月 3 日），台北“国史馆”藏，“外交部”档案，020/049910/0007。

重视。当外交部征询中央研究院意见时，动植物研究所所长王家楫同意四川省政府的意见，认为确有查禁的必要。他向外交部建议，大熊猫确系动物界的珍品，近年来“射猎漫无限制”，实有绝种之虑，“亟应加以保护”[①]。1939年4月22日，外交部以“节略”形式向各国驻华使馆转达了中央研究院的意见，并要求通知其国民，“禁止采捕，以资保护”[②]。由于一些大熊猫在禁令公布前被捕捉，中央研究院仍准其出口。[③] 财政部鉴于禁猎政策公布后仍有人向海关报运出口，他们认为只有在海关方面厉行禁止出口才能有效保护大熊猫。于是，9月18日财政部向有关部门指出，为了保存大熊猫等“奇禽异兽”，严禁带毛禽皮，带毛或去毛各种野禽兽，以及活野禽兽出口，并强调“无论何人报运及作何用途，一概不准放行”。9月30日，内政部将这项新规定通令全国，要求各地严厉查禁。[④]

相应地，中央研究院也加强了对大熊猫的出口管理。中央研究院拒绝赠送悉尼动物园大熊猫是管理加强后的典型案例。1939年10月，悉尼动物园以“中澳两国邦交益臻亲善”为由，请求中国政府赠送一对大熊猫，并表示愿意提供一对袋鼠给中国。[⑤] 对此提议，中央研究院未表同意，王家楫指出：

> 举世动物园不下数百，悉尼之园，犹不得谓大，一旦大熊猫赠给该园，他处势作同样之要求。夫敦睦邦交，除仇敌外，当一视同仁，不得独厚于澳洲，是他处之请，亦难拒绝，而在我将供不应求矣。[⑥]

战时无力捕捉、经费紧缺和有碍法令也是王家楫提出的反对理由，不

---

① 《中央研究院致外交部函》(1939年4月19日)，台北“国史馆”藏，“外交部”档案，020/049910/0007。

② 《外交部致驻华各国大使馆、公使馆节略》(1939年4月22日)，台北“国史馆”藏，“外交部”档案，020/049910/0007。

③ 《又一熊猫运美》，《科学》第23卷第10期，1939年10月，第638页；《中央研究院致外交部函》(1939年6月)，中国第二历史档案馆藏，“中央研究院”档案，393（2）/25。

④ 《令知严禁禽皮及野禽兽出口并狩猎案》(1939年10月6日)，《重庆市政府公报》第1期，1939年11月，第61页。

⑤ 《外交部致中央研究院函》(1939年10月14日)，中国第二历史档案馆藏，“中央研究院”档案，393/541。

⑥ 《动植物研究所致总办事处函》(1939年10月17日)，中国第二历史档案馆藏，“中央研究院”档案，393/541。

过，通过前述引文可以看出王家楫最担心的还是此例一开将“供不应求”的问题。此时的中央研究院已意识到外国人猎捕活动带来的深刻影响，即大熊猫种群数量的锐减和国际市场的巨大需求。

大熊猫作为博物学兴起后被重新定义和“建构”的新物种，逐渐受到欧美国家的关注和偏爱。回顾20世纪30年代的大熊猫出口之路，一系列的探险和猎捕活动促进了大熊猫全球贸易的兴起。在大规模的猎捕活动冲击大熊猫种群后，中国政府开始将管理重心由“外人”转向“物种”。四川、西康地方政府率先动议，推动外交部、财政部以行政命令的方式禁止外国人在华猎捕大熊猫。作为外国人来华采集标本主管机构的中央研究院，也按照政府的禁令顺势改变管理理念。在一系列的政策规范之后，欧美动物园获得大熊猫的方式转变为由中国政府赠送。

三　欧美的观赏需求与“熊猫外交”的形成

从1941年开始，国外主要通过中国政府赠送获得大熊猫。政府对外赠送动物并非近代出现的新事物，与古代象征皇权的赠送行为不同的是，近代的赠送活动更多是国家间友好关系的象征。不过与当代中国对外赠送大熊猫不同，国民政府赠送的主体并非政府组织，而是民间机构。学界对“熊猫外交”已多有关注，但研究者多从国民政府角度建构“熊猫外交”的形成过程，强调中国政府的战略意图。如日本学者家永真幸认为赠送大熊猫是国民政府“极其合理的战术选择”①。英国学者亨利·尼科尔斯认为中国政府官员已察觉到西方大国的“熊猫热”，所以希望能以大熊猫来强化与这些国家的关系。② 不过，邵铭煌认为赠送大熊猫其实与宋美龄在中美外交中的个人创意有关。当时，宋美龄正希望通过赠送具有中国特色的礼物来表达对“美国援华联合会”的感谢之意。③

不可否认，对中国政府来说，赠送大熊猫确有政治考虑，但如果把这种考虑作为赠送活动出现的原因，就可能颠倒了因果关系。事实上，“熊猫外交”的形成并非国民政府的战略构想，而是在欧美动物园请求赠送大

---

① 家永真幸：『近代的シンボルの創出——南京国民政府时期における「パンダ外交」の形成（一九二八——九四九）』、『国宝の政治史——「中国」の故宫とパンダ』、147—148頁。

② ［英］亨利·尼科尔斯：《来自中国的礼物：大熊猫与人类相遇的一百年》，第68页。

③ 邵铭煌：《抗战时期鲜为人知的“熊猫外交”》，《百年潮》2012年第9期。

熊猫的情况下顺势做出的政治策略安排。

（一）欧美的“熊猫热”

欧美的“熊猫热”无疑是“熊猫外交”得以展开的前提。1936 年至 1938 年，露丝·哈克内斯和美国探险家史密斯在华捕捉到大熊猫的事件是西方媒体关注的焦点。媒体的大肆炒作，动物园是直接受益者。当大熊猫入住动物园后，游客们纷纷涌入动物园。据称，1937 年大熊猫“苏琳”在芝加哥布鲁克菲尔德动物园展出的第一天就吸引了 53000 多人来参观，以至园方不到一周时间就赚回了购买“苏琳”的费用。[①] 大熊猫在美国的其他城市同样受欢迎，譬如，1939 年圣路易斯动物园的“开心果”首次展出时也吸引了 35000 多人到场观看。[②] 纽约布朗克斯动物园的“潘多拉”更是在 1939 年纽约世界博览会展览期间吸引了近 30 万名付费游客。[③]

同美国的情况一样，大熊猫进入伦敦动物园之后也引发了当地市民的观赏热潮。1938 年底，伦敦动物学会以 2400 英镑的价格从美国探险家史密斯手中购买到 3 只大熊猫（“唐”“宋”“明”），其中体型最小的“明”最先被展出，伦敦市民立即被其滑稽可爱的形象所吸引。1939 年 4 月 9 日，伦敦动物园接待了 89437 名游客，创下历史新高。游客们的目标很明确，动物园主任维弗斯（Geoffrey Vevers）告诉记者，这些游客“无一例外都是想看看熊猫宝宝”[④]。

通过詹姆斯·费希尔（James Fisher）的研究可知，20 世纪上半叶欧美动物园主要是依靠国际贸易获得异域动物，自然保护区和国家公园在非洲的建立也未能阻止动物商在保护区内购买动物。[⑤] 1939 年大熊猫保护政策的出台，标志着中国脱离国际动物贸易市场，但欧美国家的“熊猫热”却未因商业渠道的中断而消退。如果大熊猫病死，势必产生新的需求。在这种情

---

① Douglas Deuchler and Carla W. Owens, *Images of American Brookfield Zoo and the Chicago Zoological Society* (Charleston SC: Arcadia Publishing, 2009), p. 38.

② Mary Delach Leonard, *Animals Always*: *100 Years at the Saint Louis Zoo* (Columbia: University of Missouri Press, 2009), p. 45.

③ Daniel E. Bender, *The Animal Game*: *Searching for Wildness at the American Zoo* (Cambridge: Harvard University Press, 2016), p. 139.

④ Montague Smith, “How Bored I am with This Panda”, *Daily Mail*, April 12, 1939.

⑤ James Fisher, Zoos of the World: *The Story of Animals in Captivity* (New York: The Natural History Press, 1967), pp. 134—183.

况下，直接向中国政府提出赠送请求就成为欧美动物园的一项主要考虑。

（二）“熊猫外交”的形成

20 世纪 40 年代由国民党中央宣传部国际宣传处（以下简称“国际宣传处”）牵头主持的大熊猫赠送活动共有三次：1941 年赠送“美国援华联合会”大熊猫、1946 年赠送伦敦动物园大熊猫和 1946 年赠送纽约布朗克斯动物园大熊猫。这三次赠送活动的出现都有一个相同的背景，即欧美动物园首先向中国政府提出赠送请求。

第一，1941 年对美赠送大熊猫的成功实践，缘于纽约布朗克斯动物园通过“美国援华联合会”提出申请后，国民政府做出的积极回应。1941 年对美赠送大熊猫通常被视为开启“熊猫外交”的标志性事件。1941 年 11 月 9 日凌晨 4 点 45 分，“赠送熊猫典礼”在重庆广播大厦举行。参加赠送活动的人员有宋美龄、宋霭龄、美国哥伦比亚广播公司驻远东代表邓威廉、纽约布朗克斯动物园动物学家蒂文（John Tee Van）、华西协合大学教授葛维汉等。赠送活动的主要内容在于对美广播。宋霭龄首先讲述了赠送大熊猫的两层含义，即表达中国对美国的友谊和对“美国援华联合会”的感谢，宋美龄则从战争前线的亲身经历谈起，阐述了中美两国在维护正义和人道上的一致性，宋美龄最后表示，希望这 2 只大熊猫能够给美国人民，特别是儿童带去快乐。讲话结束后，由蒂文代表“美国援华联合会”和纽约布朗克斯动物园接受大熊猫，蒂文表示，“此珍奇可爱之礼物，必受美国人民无上之感谢”①。

如前所述，已有研究认为这场赠送活动的出现是中国政府官员的外交创意。但事实上，对美赠送大熊猫的想法最早由“美国援华联合会”提出。“国际宣传处”处长曾虚白在工作日记中写道，“国际宣传处”驻纽约办事处来函称，纽约动物园的大熊猫最近突然病死，美国人士极感惋惜，“猫熊为我川康特产，年前美方每以猫熊为中国之代表产物，故在宣传上实为有力之媒介”②。国民党“中宣部”的档案也记载称，“该会前建议猎

① 《交换珍贵亲切的友情，孔蒋两夫人对美播讲，同时举行熊猫赠送礼》，《中央日报》1941 年 11 月 10 日，第 2 版。

② 中国第二历史档案馆：《曾虚白工作日记（二）》，《民国档案》2000 年第 3 期。

求我国川康特产之猫熊一头，致赠纽约动物园”[①]。

那么，“美国援华联合会”为什么要提出赠送大熊猫的建议？1941年5月，大熊猫“潘多拉”病死，纽约动物学会理事塞奇立即致电华西协合大学，请后者设法提供一对大熊猫。[②] 但中国政府早已明文规定严禁出口大熊猫，华西协合大学的民间渠道已经走不通。纽约动物学会又想到《时代》周刊的创办人、“美国援华联合会”负责人亨利·卢斯（Henry R. Luce）。卢斯当时在中国考察，帮助中国做抗战宣传，纽约布朗克斯动物园总干事詹宁斯（Allyn R. Jennings）立即给卢斯拍发了电报，请他向中国政府询问“有关提供大熊猫的情况”[③]。不过卢斯在华期间未向中国官员提及相关问题，回到美国后他将此事告诉给了“国际宣传处”驻纽约办事处的负责人。[④] 换言之，纽约布朗克斯动物园希望卢斯帮助他们获得大熊猫是“美国援华联合会”提出赠送建议的直接原因。

卢斯之所以选择以“美国援华联合会”的名义向“国际宣传处”驻纽约办事处提出建议，其实与他的工作性质紧密相关，他希望利用大熊猫做抗战宣传。由于大熊猫是中国特产动物，卢斯认为对美赠送大熊猫可以在政治上取得宣传效应，故向“国际宣传处”驻纽约办事处提议，在赠送纽约布朗克斯动物园大熊猫之前，先以宋美龄的个人名义赠送“美国援华联合会”，再由后者转赠给纽约布朗克斯动物园。1941年6月，“国际宣传处”驻纽约办事处将此建议汇报给了曾虚白，并称如此“所得宣传效力必大”[⑤]。对此建议，曾虚白、董显光和宋美龄均表赞同，董显光稍后写道“品类新奇”，寓意深远。[⑥]

第二，与对美赠送大熊猫的情况一样，国民政府1946年对英赠送大熊猫，也是动物园提出赠送请求之后做出的决定。1944年底，“明”病死，

---

① 《美国中国救济事业联合会工作情形》（1941年9月），中国第二历史档案馆藏，“中宣部”档案，718（5）/13。

② “Mourning Zoo Seeks Successor to Panda”, *New York Times*, May 15, 1941.

③ “Tee - Van Flies to Australia and China on Quest for Zoological Rarities”, *Animal Kingdom: Bulletin of the New York Zoological Society*, Vol. 44—45（1941—1942）, p. 159.

④ 几个月后商讨出的“宣传计划”中有一条是宣传卢斯对此事的贡献，可知此事确由卢斯提出。中国第二历史档案馆：《曾虚白工作日记（五）》，《民国档案》2001年第2期。

⑤ 中国第二历史档案馆：《曾虚白工作日记（二）》，《民国档案》2000年第3期。

⑥ 《董显光致孔祥熙函》（1941年11月20日），中国第二历史档案馆藏，“中宣部”档案，718（4）/184。

由于“唐”“宋”早已死去，伦敦动物园此时已无大熊猫可展，再从中国获得新的大熊猫就成为伦敦动物学会的当务之急。而摆在动物学会面前的难题则是如何才能解决中国政府禁止出口大熊猫的限制。纽约布朗克斯动物园通过外交渠道获得大熊猫的经验使伦敦动物学会的理事意识到，有必要跟“国际宣传处”驻伦敦办事处的中国官员进行试探性的接触。在萨维尔俱乐部一次晚宴上，伦敦动物学会科技总监辛德尔（Edward Hindle）抓住了机会。伦敦动物学会动物学家莫里斯（Desmond Morris）在其著作《大熊猫》中写道：“辛德尔向叶公超提到，伦敦动物园正在寻求联系，以便能够获得1只大熊猫。叶公超答应将竭尽所能提供帮助，并向中国政府发回了公函。”莫里斯同时指出，四川省政府主席张群收到赠送请求后决定赠送伦敦动物园2只大熊猫，而不是1只，“作为中英两国友好关系和联合的一种表示”。①

值得注意的是，赠送2只大熊猫其实并非由四川省政府主动提出。1945年8月，行政院秘书处向四川省政府指出，“中央宣传部国际宣传处函陈伦敦动物园提请赠与熊猫一对一案，附抄中央宣传部国际宣传处原函”②。由于未能看到叶公超的原函内容，尚不能确定“赠与熊猫一对”的提议出自伦敦动物学会还是出自叶公超。不过可以肯定的是，赠送伦敦动物园2只大熊猫不是四川省政府的计划，四川当局未制定相应的规章将赠送活动制度化也侧面反映出这种赠送行为的临时性。1946年6月14日，农林部致函四川省政府，询问赠送伦敦动物园大熊猫的经过以及四川省政府制定的关于猎捕、出口和赠送大熊猫的各项规则。③ 四川省政府向农林部指出，他们是按照行政院秘书处来函内容依次落实的，“并未订定该项熊猫捕猎出口赠送各项规则”④。

基于国际宣传的考虑，四川省政府同意赠送伦敦动物园一对大熊猫。四川省教育厅向行政院表示，“猎取熊猫赠送英伦动物园，旨在敦睦邦交，

---

① Ramona and Desmond Morris, *The Giant Panda*, pp. 87—88.

② 《四川省政府呈行政院》（1946年2月26日），台北“国史馆”藏，“行政院”档案，014/010300/0108。

③ 《农林部致四川省政府函》（1946年6月14日），台北“中央研究院”近代史研究所档案馆藏，农林部档案，20/23/037/09。

④ 《四川省政府致农林部函》（1946年8月6日），台北“中央研究院”近代史研究所档案馆藏，农林部档案，20/23/037/09。

加强外交宣传，自应力予赞助”[①]。当然，四川当局同意赠送一对大熊猫还有发展四川省教育方面的考虑。行政院秘书处曾向四川省政府指出，“国际宣传处”在函中特别提到，“该英伦动物园主任表示，此项请求倘得如愿，拟以英金二百五十镑奖学金，邀请我国动物学家一人前往进修”[②]。四川省教育厅厅长郭有守由此意识到可以通过赠送大熊猫来促进四川省的教育发展，四川省教育厅遂致函“国际宣传处”，提出捕捉到大熊猫后，将由四川大学生物系讲师马德赴伦敦进修。[③] 郭有守并决定以后如要出口大熊猫，则必须交换相应的奖学金名额，“一只熊猫，一个奖学金名额”[④]。鉴于1941年猎捕熊猫时猎户借此机会索要巨款，1945年8月8日，郭有守以个人名义致函汶川县长祝世德，请祝在不声张的情况下猎取大熊猫幼崽2只。[⑤] 经过4个多月时间的追捕，1只大熊猫被捕获。1946年5月5日，这只大熊猫在马德伴送下搭乘飞机前往伦敦。[⑥]

第三，1946年对美赠送大熊猫，同样不是南京国民政府主动提议，而是在纽约布朗克斯动物园提出申请后做出的变通决定。就在伦敦动物学会提出赠送请求后不久，中国政府1941年赠送“美国援华联合会”的大熊猫病死1只。当时，四川省政府主席张群正在美国治病，这就为布朗克斯动物园提出新的赠送请求提供了便利。1945年10月26日，曾来华接受大熊猫的蒂文致函张群，称中国政府赠送的大熊猫已死亡1只，希望得到新的大熊猫。张群在复函中同意蒂文“设法另择一头赠为配偶”。1946年4月，布朗克斯动物园正式向“国际宣传处”递交了申请。行政院秘书处接到“国际宣传处”来函后，随即致函四川省政府，要求后者办理。[⑦]

1946年5月31日，四川省政府命令祝世德猎捕第三只大熊猫，以便

① 《四川省政府呈行政院》（1946年2月26日），台北“国史馆”藏，“行政院”档案，014/010300/0108。

② 《四川省政府呈行政院》（1946年2月26日），台北“国史馆”藏，“行政院”档案，014/010300/0108。

③ 《四川省政府呈行政院》（1946年2月26日），台北“国史馆”藏，“行政院”档案，014/010300/0108。

④ 《外交部致中央研究院函》（1946年6月7日），中国第二历史档案馆藏，“中央研究院”档案，392（2）/151。

⑤ 拾名：《记熊猫》，《青年生活》第12期，1946年12月16日，第218页。

⑥ 陈樾：《联合小姐：熊猫》，《风土什志》第2卷第1期，1946年9月。

⑦ 《外交部致农林部函》（1946年10月30日），台北“中央研究院”近代史研究所档案馆藏，农林部档案，20/23/037/09。

赠送给纽约布朗克斯动物园，“敦睦邦交及加强国际学术研究”。由于计划赠送伦敦动物园的第二只大熊猫已运到汶川县城，祝世德建议先将这只大熊猫赠给美国。祝世德提出此建议主要有两方面的考虑，首先，大熊猫不易猎捕。他在工作日记中写道：“余思第二头方在县中，送英送美，自当由省府决定之，然余固愿其先送美人，俾吾汶人略有休息机会也。”其次，大熊猫不易饲养，特别是气候炎热直接威胁到大熊猫的生存。[①] 四川省政府同意将祝世德的建议转报给“国际宣传处”，并命令祝在未得到正式答复前，不得将大熊猫运往成都。不久，四川方面的建议得到“国际宣传处”的同意，1946 年 9 月 20 日，四川省政府电令祝世德将大熊猫运至成都，“以便运沪转美”，不过这只大熊猫被运到上海后旋即病死。[②]

（三）战后的大熊猫赠送计划

其实，第二次世界大战结束后的大熊猫赠送计划也是在动物园提出赠送请求后做出的选择性安排。战事结束不久，圣迭戈动物学会、圣路易斯动物园、好莱坞坎顶基金保管委员会也相继提出申请。以圣迭戈动物学会为例，太平洋战争爆发前夕，圣迭戈动物学会秘书卞启莱（Belle J. Benehley）致函华西协合大学葛维汉，请后者帮助获得一对大熊猫，战事随即爆发，此事就此搁置。战争结束后卞启莱旧事重提，葛维汉了解情况后答复称，四川省教育厅厅长郭有守为了发展教育，决定出口大熊猫必须交换相应的奖学金名额，且每年出口的大熊猫不得超过 2 只。由于 1946 年已决定出口 2 只大熊猫，葛维汉认为圣迭戈动物学会只有等到来年才有希望获得大熊猫。葛维汉同时提到，用提供奖学金的方式获取大熊猫必须先向南京国民政府提出申请，得到行政院批准后再由四川方面具体落实。鉴于此，卞启莱认为最好由美国驻华大使馆与中国政府接洽。1946 年 1 月 17 日，卞启莱致函美国国务卿贝尔纳斯（James F. Byrnes），请美国驻华大使馆帮助获得一对大熊猫，并请驻华大使馆询问装运出口大熊猫需适应何种条款，卞启莱向贝尔纳斯表示，圣迭戈动物学会准备接受四川省政府提出的

① 拾名：《记熊猫》，《青年生活》第 12 期，1946 年 12 月 16 日。
② 拾名：《记熊猫》，《青年生活》第 12 期，1946 年 12 月 16 日。

关于奖学金名额的“所有条款”[①]。

不过，此时中国对大熊猫出口已有更为严格的管控。当外交部征询有关部门意见时，农林部表示同意，行政院和中央研究院则表示反对。农林部的考虑是，美国国务院来函申请，“有关邦交”，同意援照英国前例猎捕赠送。[②] 行政院却不以为然，他们认为近年来各国频繁索求，如果一一允许，大熊猫将绝迹，“此事应婉却”[③]。行政院拒绝赠送，应该是参考了中央研究院的意见。中央研究院动物研究所所长王家楫曾向代理院长朱家骅指出，大熊猫仅分布于四川西部和西康东部，繁殖力亦不强，“不能供无厌之求”，否则“必有绝迹之一日”，王家楫建议只准美国间隔五年猎捕一对。[④] 1946 年 7 月 9 日，朱家骅请外交部向美国驻华大使馆转达王家楫的意见。同时，中央研究院致函教育部，请他们命令四川省教育厅，“切勿贪图学额”，而允许外国年年来捕。[⑤] 因此，前述几家美国机构提出的申请被四川省政府登记在册，间隔五年依次猎捕赠送。[⑥]

欧美动物园能否在间隔五年期内得到提前赠送，则要看他们的申请在国际宣传方面是否对国民政府具有吸引力。密尔沃基华盛顿公园动物学会能够获得例外，正是由于该学会忖度到了中国政府官员的心理，他们在来函中特别强调“把熊猫放在麦克阿瑟将军的故乡展出是无与伦比的”[⑦]。王家楫就认为该学会的建议对本国有利，农林部起初是想在第二个五年间隔

---

① 《卜启莱致国务卿贝尔纳斯函》（1946 年 1 月 17 日），中国第二历史档案馆藏，“中央研究院”档案，392（2）/151。

② 《农林部呈行政院》（1946 年 8 月 30 日），台北“中央研究院”近代史研究所档案馆藏，农林部档案，20/23/037/09。

③ 《行政院令农林部》（1946 年 9 月 2 日），台北“中央研究研院”近代史研究所档案馆藏，农林部档案，20/23/037/09。

④ 《王家楫致朱家骅函》（1946 年 6 月 18 日），中国第二历史档案馆藏，“中央研究院”档案，392（2）/151。

⑤ 《中央研究院致外交部函》（1946 年 7 月 9 日）；《中央研究院致教育部函》（1946 年 7 月 9 日），中国第二历史档案馆藏，“中央研究院”档案，392（2）/151。

⑥ 《四川省政府致外交部电》（1947 年 12 月 31 日），台北“国史馆”藏，“外交部”档案，020/050205/0107。

⑦ 《驻芝加哥总领馆致外交部电》（1947 年 10 月 3 日），台北“国史馆”藏，“外交部”档案，020/050205/0107。

期内赠送，当获悉中央研究院有意通融后，他们也改变了态度。[①] 外交部也认为既然该市是麦克阿瑟将军的故乡，“自与他处索赠不同”，建议提前猎捕赠送。[②] 但因一些客观原因限制，祝世德并未立即展开捕捉[③]，随着国民党政府在后来的国共战局中连续失败，此事也就不了了之。

通过对历次赠送活动和赠送计划的梳理，我们可以大致观察到中国政府在其中扮演的角色和次序。欧美动物园最先产生观赏需求，在商业渠道中断的背景下，园方通过中国驻外机构或本国驻华机构向中国政府提出赠送请求。在抗战时期，基于国际宣传的考虑，中国政府乐于从事这种赠送活动。但在赠送请求不断增加的情况下，战争结束后的中国政府亦开始发生态度转变。就这种非持续且现实的政治考量而论，“熊猫外交”的形成就并非国民政府主动的、有计划的外交战略，而是一种顺带产生的政治安排。

结语

1869 年法国传教士谭卫道发现大熊猫，使其首次在博物学上被全世界所认识。大熊猫的稀有性和分类上的不确定性，使西方博物学机构对完整的标本和活体产生了强烈需求，这为探险家和动物商提供了合作机遇，同时也造成了滥捕风潮。整个 20 世纪 30 年代，面对外国人的猎捕，中国政府开始有意识地采取保护措施，从针对外国人的管理转向针对动物的禁捕。与此同时，运回欧美的大熊猫迅速被商品化，并引发市民的熊猫观赏热，而当商业渠道中断后，取而代之的则是由中国政府对外赠送。欧美民间动物机构通过外交渠道获得大熊猫，抗战时期的国民政府为满足国际宣传需要，遂配合这一需求，“熊猫外交”开始出现。有管控的物种交流也为大熊猫物种的保护与研究提供了条件。

很显然，大熊猫走向世界是博物学、全球贸易和政治文化相互关联、各种因素共同影响的结果。整体而言，19 世纪的博物学不但位属普遍流行

---

① 《中央研究院致外交部函》（1947 年 11 月 5 日），台北“国史馆”藏，“外交部”档案，020/050205/0107；《农林部致外交部函》（1947 年 12 月 11 日），台北“中央研究院”近代史研究所档案馆藏，农林部档案，20/23/037/09。

② 《外交部致中央研究院函》（1947 年 12 月 18 日），中国第二历史档案馆藏，“中央研究院”档案，392（2）/151。

③ 《汶川县政府令耿达乡公所》（1948 年 4 月 15 日），阿坝州档案馆藏，汶川县政府档案，003/01/0380。

的大众科学，还与殖民扩张、全球贸易紧密关联。首先，博物学既是一种科学实践，也是一种知识话语，它为西方人理解、识别和控制自然世界提供了新的思想资源，大熊猫能够被“发现”，根源即在此。其次，博物学又是一门与海外扩张协同而行的殖民科学。已有研究表明，英、法等国政府对博物学家海外探险活动的支持，与他们希图发掘殖民地经济潜力的考量有关。[①] 在这个意义上，博物学家的科考记录即是资源调查清单，博物标本亦即资源样本。随着旅行书写的大量印刷出版，物种知识得到传播普及，这也成为探险家能够迅速定位大熊猫这种商品的有利条件。大熊猫的故事当然不是特例，中国的金丝猴、羚牛、白唇鹿、麋鹿、普氏野马等动物走向世界亦复如此。非洲、南亚等地的类人猿、羚羊等动物被世人认知，同样可以作如是观。[②]

需要指出的是，博物学与殖民扩张的结合并非博物学实践的全部内容。随着“人文博物”传统的不断发展壮大[③]，“保护”“保育”话语在19世纪末20世纪初开始形成。20世纪30年代后期，中国的一些知识分子和政府官员也在很大程度上接受这套话语。欧美动物园的赠送请求虽然让中国政府认识到大熊猫具有特殊作用，但保护物种依然是首要的考量因素，这在第二次世界大战结束后的大熊猫赠送计划中体现得尤为明显。由中央政府管控的珍稀动物出口不失为一种进步，在保护本国珍稀动物的前提下，不仅可以适当满足国与国间的动物需求，还可以促进国与国间的科研合作。同时，对于国民政府来说，通过赠送大熊猫还可促进邦交，传达中国的价值观念。因此，外交方式实现物种交流使中外双方找到了互惠的平台，到20世纪中后期这也成为一项国际通用的惯例。

（本文原刊于《近代史研究》2021年第1期）

---

① 参见［美］玛丽·路易斯·普拉特《帝国之眼：旅行书写与文化互化》，方杰、方宸译，译林出版社2017年版；［英］帕特里夏·法拉《性、植物学与帝国：林奈与班克斯》，李猛译，商务印书馆2017年版。

② 参见 John M. Mackenzie, *The Empire of Nature*: *Hunting*, *Conservation and British Imperialism*; J. A. Mangan and Callum C. Mckenzie, *Militarism*, *Hunting*, *Imperialism*: '*Blooding*' *the Martial Male* (London: Routledge, 2010)；［英］赫胥黎《人类在自然界的位置》，蔡重阳等译，陈蓉霞校，北京大学出版社2010年版，第3—31页。

③ 关于“人文博物”，参见刘华杰《大自然的数学化、科学危机与博物学》，《北京大学学报》2010年第3期。

从战略资源到生态破坏物种：对20世纪以来橡胶引种的认知与反思

杜香玉*

（云南大学民族政治研究院　昆明　650091）

摘要：20世纪以来，中国橡胶的引种与开发使得学界对橡胶的认知经历了从珍贵的战略资源到生态破坏物种的历程。从20世纪前半叶，巴西橡胶树引种的失败促使本土替代性橡胶植物的发现；到20世纪下半叶橡胶作为外来物种完全取代本土橡胶植物被大力开发与利用，并成为具有巨大潜力的经济战略物资，对其生态特性的认知也逐渐增强。自21世纪以来，橡胶则普遍被视为生态破坏物种，学界开始重新审视与思考橡胶所发挥的价值及其所产生的负面生态效应之间的关联。从环境史视角看，橡胶的引种与开发是在特殊时期被绑架的产物，所付出的生态代价远高于本土橡胶植物，对于反思当前人与自然的协同共进关系及其生态修复与治理具有重要现实价值。

关键词：环境史；巴西橡胶；战略资源；生态破坏物种；本土橡胶植物

橡胶既是重要的战略物资，又是工业文明及生态破坏的代名词。20世纪以来，中国学术界对橡胶的认知，在不同历史时期存在极大的差异，从橡胶促进了社会经济发展到橡胶大规模、单一化、无序化种植与扩张造成严重生态问题的过程，是中国人对橡胶从初识到逐渐熟悉其经济战略价值、再到认识其生态破坏后果的认知历程，这个历程是伴随着橡胶从一个外来物种向本土物种转化的无数次尝试而渐进的。虽然目前生态学、人类

* 基金项目：国家社科基金青年项目“总体国家安全观视域下西南生态安全屏障建构路径研究”（项目编号：22CZZ040）阶段性研究成果。

作者简介：杜香玉，云南大学民族政治研究院助理研究员。

学、民族学、农林史学界对橡胶的战略价值及生态破坏状况进行了梳理，但从环境史角度对该物种及其认知的历史价值进行长时段梳理及研究的成果，尚不多见。在橡胶引种115年之际，从环境史视角，对橡胶及其作用、认知的历史功过进行探究与反思，还原不同时期橡胶的时代面目，再现学者眼中外来物种的经济化、本土化、逆生态化历程，不仅极为必要，也对当今生态治理及本土生态修复，具有极大的资鉴作用。

一　20世纪前半叶橡胶的战略价值及本土替代性植物

20世纪前半叶，随着橡胶所发挥的工业价值、经济价值、军事价值逐渐受到世人的关注和重视，国内关于橡胶的研究成果开始涌现，尤其是化学、植物学领域的学者开始聚焦到世界植胶史、橡胶工业、橡胶植物等方面的探讨。晚清时期，橡胶作为工业原料，其工业价值初步被国人认知；民国初年，橡胶制造业首次在国内得到小规模发展，橡胶的经济价值凸显；民国后期，因战事频繁，橡胶作为军工制造原料，成为珍贵的军工战略物资。由于国内对橡胶原料需求的激增，橡胶作为一种外来物种初步引种到我国，但因战乱频仍、环境的限制和阻碍以及培育技术、管理方式等的缺陷，尚难普及和推广，从而促使学界转向对本土橡胶植物的探索与尝试。

（一）橡胶作为富国强兵的珍贵战略资源的认知

20世纪初期，国内学界初步认识到橡胶的工业价值，发展橡胶工业确系实业救国之所需。然而，这一时期橡胶工业的早期发展以及使橡胶被国人所认知和接受则得益于海外华侨这一群体。民国初年，南洋华侨陈嘉庚、张永福从海外将橡胶鞋底运至国内，并在广东销售，橡胶鞋底因轻软的优势逐渐得到了国人的认可。先是国内一些商人纷纷投资在南洋设厂，又因运输成本较高，归国华侨则于广东设厂，如广东兄弟树胶公司、祖光树胶公司、广州实业制造树胶公司、中华树胶公司等。此后，上海、福建、贵州、汉口等大多数地区都设立了橡胶工厂①，极大地推动了我国橡胶制造业的发展。除海外华侨外，国内商人群体也开始关注到橡胶制造业，但国内橡胶硫化法及成品制造颇为简单，又因橡胶制造技术落后，缺少技术人员，国

① 《中国橡胶工业》，《无锡杂志》1933年第20期。

内橡胶工厂多仰赖于国外技术人员。因此，橡胶制造业传入我国之初，也仅是小规模发展。加之时人普遍认为橡胶事业不适合在中国发展，此种认知在一定程度上也阻碍了此一时期橡胶工业的发展，同时也导致国内橡胶工业较之于世界其他地区发展滞后。这也促使国内学界逐渐意识到橡胶的重要性，逐渐将国外橡胶制法介绍到国内，并通过报纸期刊向社会推广。

晚清时期，因国内不产橡胶原料，学界无法进行实验分析、实地观察研究，对于橡胶的认知主要是通过查阅、翻译欧美及日本等国外文献资料来认识、了解这一外来物种，译介国外橡胶起源、硫化法及橡胶工业发展概况。还有一些学者开始思考我国橡胶工业的发展，如沈质彬介绍了世界橡胶事业发展的历程，尤其是指出了中国橡胶工业发展初期橡胶制造技术之难度①；陈国玱则还原了橡胶工业迅速发展的全貌，清晰地呈现了20世纪前半叶橡胶在军事、工业、日常生活中所发挥的作用②。因战事频繁，橡胶作为重要的军工战略物资，既是各国争夺与垄断的物资，也成为日常生产生活不可或缺的资源。国民政府对于橡胶工业的发展愈加重视，全国经济委员会对于我国橡胶工业的发展情况进行了详细调查，并出版了第一本《橡胶工业报告书》，这是一本较为全面论述我国橡胶工业原料、制造技术、制品以及橡胶进口与关税情况的调查资料。橡胶工业已然成为实业救国的新兴工业，更是富国强兵的重要战略资源。

（二）橡胶的早期引种及本土橡胶植物的发现

橡胶作为近现代工业发展之重要原料，又成为现代文明生活所必需之品，标志着现代化进程的加快；第二次世界大战期间，橡胶更是成为各国争夺的重要军事战略物资；也因此，这一时期对于橡胶原料的需求与日俱增，进一步激发了国人寻求橡胶的欲望。通过对比其他国家种植橡胶的环境条件，王丰镐指出，我国具备种植橡胶的环境条件，橡胶在赤道北二十五度至二十八度的中国江湘云贵闽粤诸省可以推广种植。③ 实业救国、经济利益刺激之需，进一步推动了政府支持下的海外华侨、国内商人群体首

① 沈质彬：《橡胶事业与中国》，《科学》1932年第16卷第11期。

② 陈国玱：《橡胶及橡胶工业》（附图、表），《广西省政府化学试验所工作报告》1936年第1期。

③ 王丰镐译：《论橡胶》（原载于《热地农务报》），《农学报》1897年第2期。

次将橡胶引种到我国，并建立民营胶园，这也是我国最早的民营胶园。

晚清时期，一批归国华侨最先意识到橡胶的经济价值，并试图以此致富，开始从新加坡、马来西亚、泰国等东南亚地区相继运来橡胶胶苗及种子分别在中国台湾、海南、云南试种。清光绪三十年（1904），橡胶树引种到台湾省的嘉义和恒春，同年，云南德宏干崖（今盈江县）傣族土司刀安仁也率先从新加坡引种胶苗8000株试种；清光绪三十二年（1906），海南华侨何书麟从马来西亚引进4000粒橡胶种子种植于会县（今琼海市）和儋县，清光绪三十三年（1907）又从马来西亚引种入海南岛那大西。① 民国三十七年（1948），车里②开始试种橡胶，暹罗华侨钱仿周等人建立了“暹华胶园”。但橡胶的早期引种难以保证橡胶种子、胶苗在运输过程中有良好的存活环境，加之技术管理人员的短缺、资金和劳动力缺乏以及战乱频仍，更为重要的是早期橡胶引种的品种的生态特性及生理特性在短期内尚难融入当地新的生态系统之中，这些环境限制、人为因素阻碍了橡胶引种的本土化。

而在20世纪40年代初期，国内学者在实地调查的基础上发现的大量的本土橡胶植物则是这一时期取得的重大发现和突破性成果。橡胶植物在世界上大部分地区都有广泛分布，从植物科属来看主要有大戟科、桑科、夹竹桃科，我国的橡胶植物一直未被重视，直至俄国发现橡胶原料，及其制品的制造成功，才引起国人的注意与研究。③ 而国内首批关注并发现本土橡胶植物的学者以彭光钦为代表，最早于1943年首次在广西发现本土橡胶植物④，在桂林附近发现产胶植物薜荔（桑科）和大叶鹿角果（夹竹桃科），此种植物当时在我国分布区域极广，如能广泛种植可实现橡胶原料自给。⑤ 此时，董新堂又进一步指出，除彭光钦等发现的橡胶植物以及粤桂十万大山调查队所发现的5种橡胶植物色泽成本胶力均佳外，还有11种产胶植物。⑥ 橡胶草也是这一时期发现的产胶量相对高的橡胶植物，吴志

① 张箭：《在中国试种橡胶树之前的故事》，《中国人文地理》2009年第10期。

② 今西双版纳傣族自治州景洪市。

③ 卢林记、彭光钦：《国产橡胶的前途》，《科学知识（桂林）》1943年第2卷第5期。

④ 卢林记、彭光钦：《国产橡胶的前途》，《科学知识（桂林）》1943年第2卷第5期。

⑤ 彭光钦、李运华、韦显明：《国产橡胶植物之发现》，《广西企业季刊》1944年第2卷第1期。

⑥ 董新堂：《国内之橡胶植物》，《新经济》1945年第11卷第10期。

曾专门研究了橡胶草的形态特征、栽培方法。[①] 此一时期的国内学者对于产胶植物的开发与探索在一定程度上为弥补国内橡胶原料之不足提供了解决之道。此外，全国经济委员会对于世界植胶国橡胶植物的分布、种类、面积、产量运用了大量的表格进行了定量与定性分析。[②] 植物学家焦启源对于橡胶植物的分类、生理习性与人造橡胶的分类及习性进行了更为全面、系统的论述，并将各种橡胶植物的花、茎、叶、果描绘出来，还进一步探讨了战后我国橡胶工业的发展以及天然橡胶植物的引种。[③] 可以说，橡胶工业的迅速发展进一步刺激了橡胶植物的多元开发与利用，学界关于外来橡胶的引种以及本土橡胶植物的探索取向更为偏重于本土橡胶植物的发掘，而且这一时期本土橡胶植物也在广西绥靖公署橡胶厂用以试制汽车零件、飞机零件、鞋底及其他物品，品质均极优良。[④] 较之于外来物种，本土物种所花费的时间、成本要更低，而且本土物种在被开发与利用之后在生态适应性上显然要高于外来物种，较之于引种橡胶，本土橡胶植物所付出的生态代价显然要低。

这一时期国内学界并未对橡胶这一外来物种的引种及发展有过多关注，反映了学界的研究取向与民国时期国民党政府的态度密切相关，国民党政府虽支持橡胶的引种，但并未将其视为是一项重要事业，国内橡胶原料仍是仰给于东南亚国家。可以说，此时的国内学界对于橡胶的认知受政治、经济、军事的影响，关注和重视的是橡胶所发挥的工业价值、经济价值、军事价值，将其视为实业救国之新兴工业、富国强兵之珍贵战略物资，而且，更为看重的是橡胶作为重要原料的外在价值，缺乏对橡胶的生理属性及生态特性的探索与思考，这也是这一时期橡胶引种失败的重要原因。

二　20世纪后半叶橡胶引种的巨大经济潜力及利益最大化

20世纪前半叶，国内橡胶种植的规模、橡胶工业发展速度较为缓慢，

---

① 吴志曾：《橡皮草栽培问题之研讨》，《东方杂志》第40卷第15号。

② 全国经济委员会：《橡胶工业报告书》，1935年。

③ 焦启源：《橡胶植物与橡胶工业》，金陵大学农学院植物系发行，1943年。

④ 《发现国产橡胶》，《云南工业通讯》，1943年第1期。

橡胶原料的供应多数依赖进口。1949 年，国内已有各类小型胶园种植面积达 2800 公顷，橡胶树 120 万株，年产天然橡胶约 199 吨①；1950 年国外进口橡胶为 7. 15 万吨②，截至 1951 年我国年产干胶不足 200 吨。20 世纪 50 年代，因朝鲜战争爆发，美国等西方国家对中国实行经济封锁，橡胶是其中禁运的一种，因我国国防工业建设的需要，必须实现橡胶原料自给。1952 年 9 月 15 日，中苏两国签订《中苏橡胶协定》，橡胶种植开始受到中央政府的高度重视，由此开始了中华人民共和国成立之后首次大力开发与引种橡胶时期。在中国话语体系之下，国内学界开始注重橡胶植物自身的开发与利用，重视探索与挖掘橡胶的潜在价值，国内橡胶研究领域遂从化学、植物学拓展至生物学、生理学、气象学等学科，逐渐拓展到橡胶生存环境条件、栽培技术、生理特性、自然灾害应对等方面的探讨。

（一）20 世纪 50—70 年代橡胶作为新物种的开发与利用

20 世纪 50 年代，巴西橡胶已在海南、云南、广东、广西、福建等热带、亚热带地区广泛进行引种，但因处于试种阶段，且橡胶生长周期较长，在此期间，需要花费大量的资金、技术、劳力进行栽培和管理，从我国橡胶原料的生产情况来看，巴西橡胶无法在短期内满足当时国内需求。因此，20 世纪 50 年代初，仍有一批学者致力于探讨可替代橡胶的国内产胶植物的开发与利用。尤以罗士苇为代表的研究成果突出，指出橡胶树、橡胶草、银色橡胶菊等产胶植物中橡胶草生长周期短、更易广泛种植，而且橡胶草适合于生长在北温带，华中、华北、西北和东北四个区域都有培植橡胶草的可能，华南和西南区域可以广泛试种银色橡胶菊，海南和云南南部可以种植橡胶树。③ 此外，杜仲也是国产的重要产胶植物④，早在民国时期便已有学者提出。1950 年以来，王宗训又进一步肯定了杜仲作为本土产胶植物的价值所在，提出杜仲的含胶量虽少于橡胶树、橡胶草，但经培育之后可以提高产量。⑤ 学界对于可替代天然橡胶的本土产胶植物的开发

---

① 云南省农垦总局、云南农垦集团编：《中国天然橡胶 100 周年》，云南教育出版社 2008 年版。

② 中华人民共和国国家经济贸易委员会编：《中国工业五十年》，中国经济出版社 2000 年版。

③ 罗士苇：《橡胶草——橡胶植物的介绍之一》，《科学通报》1950 年第 8 期。

④ 罗士苇：《银色橡胶菊——橡胶植物的介绍之二》，《科学通报》1951 年第 1 期。

⑤ 王宗训：《杜仲——一种出产硬性橡胶的植物》，《科学通报》1951 年第 4 期。

与利用进一步解决了国内橡胶原料短缺问题，有利于更好地实现原料自给，也对后世橡胶产业的可持续发展具有重要作用。但因本土橡胶植物产胶量远低于巴西橡胶树，更为重要的是在西方禁运封锁之下，为尽快满足国内橡胶原料需求，不得不开始大力引种与开发橡胶，可以说这一时期我国橡胶的引种是被绑架的产物。

1954 年开始，我国开始将巴西橡胶作为新物种进行初步探索，并成立专门的华南亚热带作物研究所，橡胶研究学科团队的建立，其学科性、专业性更为明显。这一阶段的学者首次将橡胶作为新物种进行思考，并意识到单个学科内部存在的局限性，而橡胶的研究应需要不同学科的介入；开始有意识地运用生态学的观点、生物学的技术与手段，剖析橡胶与环境之间关系的规律性，并认识到橡胶作为植物资源所依存的环境的重要性。还有一些学者从植物生理学的视角探讨橡胶树的生理习性及生态特性，这也是认识与驯化外来物种的首要前提之一，如柳大绰通过解剖实验观察了解胶苗在各个生长时期中乳管发达和外界环境的关系，对橡胶的生物合成和环境条件对于乳管形成的影响两个方面进行了深入探讨①；刘乃见从生物学视角首次较为全面地分析了巴西橡胶树在天然橡胶中的地位、形态、生物学特征、栽培情况及产销管理②；钟洪枢运用植物学原理对巴西橡胶树的光合、蒸腾、灌溉生理指标问题进行了初步探讨③；韩德聪、黄庆昌对广州地区的巴西橡胶树的生态生理学特征进行了剖析，指出在广州地区的干季适当补充土壤水分，增强水分代谢，有利于橡胶树的生长。④ 这些研究为今后橡胶树更好地栽培、管理提供助力，更是在生态学、生理学、生物学研究中取得了一定的进展。

20 世纪 50 年代末 60 年代初，橡胶种植面积逐渐形成一定规模，学界对橡胶的思考从橡胶作为新物种的开发与利用转到橡胶作为新物种的开发与利用及其环境之间的互动关系研究。农业科学、林业科学方面的学者集中于橡胶种植、培育、管理等方面的研究。广西亚热带作物研究所总结了

---

① 柳大绰：《巴西橡胶树幼苗乳管发达的初步观察》，《植物生理学通讯》1956 年第 5 期。

② 刘乃见：《巴西橡胶树》，《生物学通报》1957 年第 7 期。

③ 钟洪枢：《巴西橡胶树的几个生理问题》，《植物生理学通讯》1959 年第 1 期。

④ 韩德聪、黄庆昌：《广州地区巴西橡胶树在湿季和干季中的水分状况的研究》，《中山大学学报》1963 年第 Z1 期。

橡胶种植需要春天播种、露天盖草催芽、幼苗摘顶几点经验能够保证橡胶幼苗的培育。[①] 华南亚热带作物科学研究所农业气象组较早从农业气象的视角对橡胶白粉病进行了早期研究，认为橡胶白粉病的流行与气候、天气条件密切相关[②]，较早关注到环境对于橡胶造成的影响。20 世纪 60 年代以来，一些学者开始意识到橡胶种植对于环境造成的影响，认识到橡胶林段结合林地覆盖，传统橡胶间作农作物会抢夺橡胶的肥料并造成严重水土流失，而间作豆科植物，可以改良土壤，控制水土流失。[③] 橡胶在生态环境之中扮演的角色已经从单纯依存于环境、受环境限制转变为间接影响环境，在当地生态系统之中发挥重要作用。然而，橡胶树作为一种外来物种，在驯化初期，开始出现一系列对于非原生生态系统的排斥现象，诸如病虫害的暴发流行以及水土流失等，针对此种现象，学界已经意识到橡胶对于环境的潜在威胁，但因国防、社会经济需要，橡胶产业迫切需要得到发展，学界所进行的反思是如何通过改良橡胶品种以及改善其生存环境来进行抵御，这种研究取向也占据整个学术话语权，主流观点也必然导向于实现橡胶经济效益的最大化。

（二）20 世纪 80—90 年代橡胶经济效益最大化下的生态认知

改革开放以来，因国家政策导向、市场经济刺激，民营橡胶得到大力发展，极大地增加了民众的经济收入，也推动了地方社会经济发展速度的加快，橡胶种植面积也出现空前的扩张趋势。在巨大经济利益的刺激之下，上至政府、下至民众，都处在橡胶种植所带来的巨大经济利益的欢呼浪潮之中。国内学界关于橡胶的研究，对其生态特性的认知也在逐渐增强，生态学、环境科学开始将橡胶纳入其研究范畴，运用生态学理论与方法进行探讨，关注到橡胶对于生态环境的影响，尤其是橡胶种植是否会造成生态失衡引起热议。

20 世纪 80 年代，橡胶研究的主要区域集中于海南、云南、广东等天然橡胶种植区，关于“植胶必然毁坏森林”“原有的林下植物日益减少，

---

① 广西亚热带作物研究所：《橡胶种植的几点经验》，《广西农业科学》1959 年第 Z1 期。

② 华南亚热带作物科学研究所农业气象组：《贯彻农业八字宪法　加速橡胶幼树生长》，《中国农垦》1959 年第 23 期。

③ 萍踪：《大力推行橡胶林段间作》，《中国农垦》1960 年第 4 期。

珍贵树种难以找到，稀有植物处于灭绝濒危之中，大好的生物资源宝库瞬即空虚”① 等说法颇多，基于此种说法，“橡胶”备受争议。学界给予的较具代表性的回应是橡胶种植在一定程度上可以维持生态系统平衡，以一批常年在海南、云南、广东从事橡胶事业的老一辈学者为代表，尤其是关于云南西双版纳橡胶种植区域生态问题的探讨更为突出。以李一鲲为代表，较早提出其争论的焦点便是发展橡胶是否会破坏该区的生态系统平衡，橡胶林开垦之前是竹木混交林、竹林、灌丛和草地，垦殖橡胶不是破坏森林、破坏生态平衡的主要原因，橡胶林是将低价天然植被改造为高价人工林，建立了新的生态平衡。② 王任智、李一鲲指出，橡胶林具有一般森林和热带雨林的共性，即涵养水源、保持水土、调节气候的巨大作用，虽橡胶林的土壤水分平衡状态在某些方面不及热带雨林，但与竹木混交林、竹林、灌丛草地相比，其土壤水分平衡状态却有很大提高。③ 与云南相较，也有一批学者针对广东、海南地区的橡胶林对当地生态的影响进行了探讨。周果人、高素华、黄增明指出，广东地区橡胶林人工生态系统有良好的生态效益、经济效益和社会效益，因在热带草原或荒山草坡植胶，会明显地改善当地的生态环境，即使以橡胶林更替低山丘陵区的热带次生杂木林，也不会引起当地生态环境变劣和经济收益下降。④ 此一时期的学界关于橡胶研究的认知往往与政策导向、经济发展的趋势是同步的，人云亦云，也导致关注生态的呼声被淹没，并未说明，橡胶种植之前的垦区植被也有原生竹林，橡胶林的开垦改变了原生植被覆盖的结构，原本的生态系统已经被破坏，这在一定程度上威胁到本土生物物种。政府此时的态度也比较明晰，一方面大力鼓励和支持发展橡胶产业；另一方面为了做到有计划地开发利用土地资源，保护自然生态平衡，保护热带雨林，要求凡原植被属竹林、杂木林的地段，一律不得开垦⑤；也表明这一时期官方已经注

---

① 云南省地方志编纂委员会总纂、云南省农垦总局编撰：《云南省志·卷三十九·农垦志》，云南人民出版社 1998 年版，第 793 页。

② 黄泽润、李一鲲、曾延庆：《垦殖橡胶与生态平衡》，《中国农垦》1980 年第 3 期。

③ 王任智、李一鲲：《从橡胶林土壤水分平衡看植胶对生态平衡的影响》，《云南热作科技》1981 年第 3 期。

④ 周果人、高素华、黄增明：《广东橡胶林生态效益的初步研究》，《热带作物学报》1987 年第 1 期。

⑤ 2125－006－0431－013，《河口县不准开垦竹林、杂木林种植橡胶等的情况报告》，场发（1985）年 11 号，国营大渡岗农场，1986－10－10。

意到橡胶的不合理开垦会破坏生态系统平衡。在经济利益的驱动下，普通民众更为重视种植橡胶所带来的丰厚收入，社会的普遍共识完全导向于橡胶带来的经济价值，尤其是在20世纪90年代，受国际橡胶市场价格影响导致国内橡胶价格攀升，橡胶种植更是被推崇，经济大潮锐不可当，民营橡胶发展迅速，成为橡胶种植区产业发展的重要支柱，更是边疆民族地区脱贫致富的重要经营对象。但同时也使得橡胶种植单一化、无序化，种植面积的迅速扩张，给生态环境带来无限制影响。

此时，一些生态经济学学者开始思考如何在发展经济的基础上保护生态，而胶林间作则是较早提出的既能实现社会经济效益，又能产生良好的生态效益的生态胶园建设的一种早期探索，也反映了学界已经开始关注橡胶种植所带来的生态环境问题。但更多的研究明确指向橡胶对生态并无危害这一普遍定论，并且主流观点也认为橡胶林所营造的生态系统不亚于原生生态系统，这与橡胶对国家、地方、民众所产生的巨大经济价值密切相关，橡胶作为经济战略物资的价值地位也更为凸显。在关于胶林间作的理论与实践的研究中，橡胶林本身便是一种生态农业的体现，通过橡胶间作可以更好地实现经济效益、社会效益和生态效益相协调，但仍是偏重于实现经济效益最大化。在橡胶间作的物种选择中，高收益、高产出的经济作物一向受到推崇，在学者的研究中，这些经济作物与橡胶树间作可以更好地维护生态系统平衡。黄克新、倪书邦指出，橡胶树和咖啡间种，可以建立植物组分的立体生态结构，使其具有与热带雨林大致相同的多层次和多种类的特点，增加橡胶树非生产期的经济收益。① 此外，杨曾奖、郑海水认为，橡胶间种砂仁、咖啡等经济作物较之纯胶林，含水量、土层、土壤有机质有所提高。② 但橡胶间作主要是为减少土地资源浪费，实现土地资源的最大化利用以及农业生产效益的最大化。③ 以上研究也表明了对于挖掘橡胶树甚至是橡胶林的经济潜力，以获取巨大的经济效益，推动社会经济发展是这一时期的主流认知。

---

① 黄克新、倪书邦：《建立生态经济型橡胶园橡胶咖啡间作模式》，《生态学杂志》1991年第4期。

② 杨曾奖、郑海水、尹光天、周再知、陈土王、陈康泰：《橡胶间种砂仁、咖啡对土壤肥力的影响》，《林业科学研究》1995年第4期。

③ 李图宝：《橡胶砂仁间作套种可行性分析》，《农业开发与装备》2019年第6期。

不可否认，橡胶的成功引种及其广泛种植促进了社会经济迅速发展，加快了边疆民族地区的现代化进程，更是极大地提高了中国在国际上的话语权。1982年7月5日，《人民日报》头版头条刊载了《我国种植橡胶北移成功》，橡胶在我国北纬18度至24度的试种成功是经历了三十余年艰辛探索的重大成果，对于我国甚至在国际天然橡胶生产上都是重大突破，具有重大战略意义。学术的发展历来皆受政治的导向、政策的约束，社会生活环境也给学术以重大影响。[①] 也因此，这一时期，在国防建设及国民社会经济发展的迫切需求之下，橡胶成为极其重要的经济战略物资，在经济价值与生态价值之间，其蕴藏的巨大经济潜力必然占据主导地位。

三 21世纪以来橡胶产生的负面生态效应及其人文反思

21世纪以来，学界对于橡胶的认知较之前出现了重大转向，生态学领域开始对橡胶种植带来的负面影响给予重点关注。而人类学、民族学、历史学等人文学科的介入则进一步拓宽了橡胶的研究视角，开始关注到橡胶大面积种植之后，地方经济结构、社会文化、民族关系、生计方式、生态环境等的剧烈变迁，这对于深入理解橡胶与环境、人类社会之间的互动关系极其重要。

（一）生态视角下橡胶产生的负面效应的客观认知

21世纪以来，橡胶种植面积的明显扩张受到国家政策及市场经济的影响。尤其是2002年国际天然橡胶价格上涨，直至2008年呈持续上涨趋势，在此期间，2006年林权改革之后，要求实现“山有其主，主有其权”，民众自此有权利在所有林地上种植橡胶，直接导致橡胶种植面积急速扩张，如西双版纳2007年林权改革之后，橡胶种植面积的急速扩张。[②] 截至2006年年底，西双版纳全州橡胶种植面积已突破630万亩，占该州面积的22%，而橡胶宜林地正好是热带雨林的分布地[③]，橡胶面积的扩张也反映

① 李治亭：《东北地方史研究的回顾与思考——写在建国60周年》，《云南师范大学学报》2009年第2期。

② 张娜：《西双版纳林权改革前后橡胶种植变化及政策影响原因》，云南大学，硕士学位论文，2015年。

③ 周雷：《西双版纳的胶林危及——一种植物身上的政策轮回》，《生态经济》2008年第6期。

了热带雨林面积的缩减，而且橡胶在大面积、单一化种植之后的生态问题也日益严重，公众媒体开始质疑这一外来物种本土化的植物。学界也开始将一系列生态问题的罪责指向橡胶，其中，生态学界也逐渐打破了20世纪80年代橡胶种植可以维持生态平衡的论点，聚焦于橡胶林对生态造成负面效应的研究。

云南作为我国第二大天然橡胶种植基地，与广西、广东、海南等地不同，云南尤其是西双版纳是全球生物多样性热点地区，有大面积热带雨林分布，而且与缅甸、老挝接壤，其地理区位、生态区位极其重要。也正因如此，21世纪以来，随着西双版纳橡胶的大面积种植，较之于其他区域的橡胶种植对于当地生态环境造成的破坏更为严重，尤其是热带雨林逐渐被侵蚀，生物多样性减少，其他如水土流失、地下水减少、土壤污染等生态问题日渐突出。学界通过对橡胶林的实地考察、实时监测、实验研究，也进一步证实了橡胶的大规模、单一化种植在不同的阶段对于生态产生的负面效应。周宗、胡绍云指出橡胶在开垦种植、割胶、更新阶段对生物多样性、动物生存环境、水土流失、水源、气候、土壤和水质污染、地质灾害等方面存在生态影响。① 鲍雅静、李政海等认为热带雨林开采为橡胶林之后，群落层次结构简单化，物种多样性明显下降，地上生物量下降，土壤养分状况变劣，次生林介于二者之间。② 张佳琦、薛达元指出西双版纳大面积种植橡胶林后，热带雨林生态系统的生物多样性、保持水土能力、土壤质量均有明显下降，热带雨林景观出现较为严重的破碎化和片段化，病虫害大面积爆发。③ 刁俊科、李菊等从生态经济学视角评估了橡胶种植的经济社会效益和造成的生态损失，云南当前橡胶种植年纯利润约15.59亿元，年土壤侵蚀及水源涵养损失价值约8.35亿元，此外还有不可估量的区域气候变化和生物多样性损失，扣除生态损失价值，橡胶种植的经济社会效益将大打折扣。④ 橡胶种植所带来的生态后果日趋严重的同时，也对周

---

① 周宗、胡绍云：《橡胶产业对西双版纳生态环境影响初探》，《环境科学导刊》2008年第3期。

② 鲍雅静、李政海、马云花、董玉瑛、宋国宝、王海梅：《橡胶种植对纳板河流域热带雨林生态系统的影响》，《生态环境》2008年第2期。

③ 张佳琦、薛达元：《西双版纳橡胶林种植的生态环境影响研究》，《中国人口·资源与环境》2013年第S2期。

④ 刁俊科、李菊、刘新：《云南橡胶种植的经济社会贡献与生态损失估算》，《生态经济》2016年4期。

边国家的生态环境构成威胁，尤其是云南橡胶种植跨境区域，杨为民、秦伟认为中老缅跨境民族地区橡胶种植面积扩大，导致农业种植结构单一，给跨境地区生物多样性带来威胁，人工种植橡胶林的不断扩大，热带雨林被大面积蚕食，将直接影响到大湄公河次区域的气候状况，甚至给全球带来预想不到的生态灾难。①

学界的观点也逐渐与政府官员、普通民众产生共鸣，逐渐意识到种植橡胶对生态环境会造成一定的负面影响。橡胶问题不再只是经济问题、三农问题、国家战略物资问题，而是生态问题②，但此种认知却并非是一种全民共识，仍有一部分人为追求经济效益而忽略生态效益。生态—经济复合型胶园模式则是解决这一生态问题，力求实现经济价值与生态价值共赢，走环境保护和经济发展相协调的可持续发展之路的重要路径。目前学者们较为普遍认同的生态胶园的含义是：以天然橡胶为主体，多物种融合，共生共长，相互促进，具有经济功能和生态功能的多物种、多层次、立体型的橡胶林复合生态系统。③ 关于生态胶园建设模式的思考发端于20世纪60年代的橡胶种间套作模式，这种模式主要是为在保证经济效益的同时，实现橡胶间作在涵养水土、保持生物多样性、防治病虫害等方面的生态效益。曹建华、梁玉斯等认为适宜的间作复合生态系统能改善胶园生态环境小气候，在夏秋高温季节，能明显地降低近地空气和地表土壤的温度，减少土壤水分的蒸发，增加空气湿度，从而减少高温和干旱对胶树的伤害。④ 张永发、邝继云等提出"猪—沼—橡胶"能源生态模式，沼液用于喂猪、养鱼，沼肥用于发展橡胶产业，形成"养猪—沼气池—橡胶产业"良性循环的生态农业模式，达到高效利用农业资源、改善生态环境、提高橡胶产量、增加农民收入的目的。⑤ 黎青松、傅国华总结了海南橡胶林间种模式，包括胶—畜（禽）、胶—热农作、胶—菌、胶—药、胶—蜂、胶—

---

① 杨为民、秦伟：《云南西双版纳发展橡胶对生态环境的影响分析》，《生态经济》2009年第1期。

② 周雷：《西双版纳的胶林危机：一种植物身上的政策轮回》，《生态经济》2008年第6期。

③ 汪铭、李维锐、李传辉：《云南农垦生态胶园建设实践与思考》，《热带农业科技》2014年第4期。

④ 曹建华、梁玉斯、蒋菊生：《胶－农复合生态系统对橡胶园小环境的影响》，《热带农业科学》2008年第1期。

⑤ 张永发、邝继云、符少怀：《"猪—沼—橡胶"能源生态模式浅析》，《农业工程技术》2013年第5期。

草复合栽培、胶—花卉模式，提出发展林下橡胶经济，探索生态胶园建设的补偿机制，鼓励有机橡胶园的建设，实现经济效益与生态效益相协调。①

中国科学院西双版纳热带植物园陈进认为在橡胶产业的问题上，最根本的问题是一种生态理念和经济发展生态人文观能否调整。② 而环境友好型生态胶园是当前学界普遍认同的提法，发展环境友好型生态胶园是改善胶园生态环境、提高胶园经济效益、建设植胶区生态文明、实现“绿水青山就是金山银山”的重要举措。③ 西双版纳是我国第二大天然橡胶种植基地，近30年来，由于市场经济刺激、经济利益驱使以及国家政策、价值观念、生计方式的转变，当地民众、企业及外来商人大规模种植橡胶树。而适合种植橡胶的土地资源有限，部分区域出现了超规划、超海拔、超坡度种植现象，远远超过西双版纳的生态承载极限，导致了一系列橡胶种植业发展与生态环境保护不相协调的问题，环境友好型生态胶园是橡胶种植业的一次新的尝试。④ 环境友好型生态胶园是当前学界取得的突破性成果，但理论指导与具体实践的结合有所脱节，在具体的实际操作层面仍旧存在一定的难度，虽已经在橡胶种植区域进行推广，但尚难普及及实现可持续性发展。这与自然科学领域缺少更多的人文关怀视角密切相关，亟待人文社科领域的介入。

（二）人文视角下的橡胶与社会、文化、生态变迁的客观认知

21世纪以来，橡胶的大面积种植给地方社会文化、生态环境带来剧烈变迁，尤其是少数民族地区传统的生产生活方式、思想观念、生态文化发生了重大转变。橡胶研究也因此成为人文社科领域关注的重点，开始受到人类学、民族学、历史学的重视和关注，它们将“橡胶”作为一种文化载体，重点探讨橡胶与民族关系、人口结构、生计方式、民族文化、价值观念、生态环境之间的关联，剖析隐藏于橡胶背后的深层人文社会问题。

---

① 黎青松、傅国华：《海南橡胶林间种模式及发展建议》，《中国热带农业》2013年第4期。

② 转引自周雷《西双版纳的胶林危机——一种植物身上的政策轮回》，《生态经济》2008年第6期。

③ 云南省热带作物科学研究所热带作物生理与生态研究中心：《环境友好型生态胶园建设》，《热带农业科技》2018年第3期。

④ 宋志勇、杨鸿培、田耀华、杨正斌、岩香甩、余东莉、孔树芳：《西双版纳环境友好型生态胶园与橡胶纯林鸟类多样性对比分析》，《林业调查规划》2018年第3期。

人类学家尹绍亭最早从生态人类学的视角研究橡胶，提出橡胶作为一种工业社会的产物，给西双版纳各民族的生产生活带来巨大冲击，造成了区域社会文化的剧烈变迁，同时将橡胶所带来的地方传统文化的转变视为是一种新的文化模式的探索。[①] 此种视角下，更为注重考察橡胶如何嵌入到地方社会，地方社会又是如何应对橡胶进来之后所带来的一系列变迁，从而更为客观地看待橡胶及其周边环境与人之间的互动关系，而非一味地批判。围绕这一论点，近十几年间，人类学、民族学学者以生态解读文化，通过长期的田野调查，深入探讨了橡胶种植所带来的一系列社会、经济、文化、环境影响，也进一步证实了橡胶的大规模种植导致了当地民族社会文化的剧烈变迁，对生态环境造成严重的负面影响。如橡胶对农业生物多样性造成影响，致使传统栽培植物和采集食物的减少甚至消亡，更是无形中消解了山地民族的传统自然观念和行为规范，最终导致了干旱频发、河流枯竭、生物多样性明显减少、气候明显变暖等现象。[②] 而且大面积的橡胶林侵占原有的热带雨林，导致热带雨林面积急剧减少，随着橡胶种植面积的扩大和橡胶产量的增加，越来越多的橡胶加工厂如果不加以规范管理，其排放的污水也将可能造成水源污染、空气污染等问题。[③] 人类学、民族学将“橡胶”作为一个文化载体，深入分析了橡胶进入当地社会之后所带来的意识形态、经济关系、传统文化、民族关系、生计方式、生态环境等方面的关系变化，其研究区域集中于单一民族单一村落，从微观层面来看整个区域、民族的社会文化变迁及其变迁后所形成的新的文化模式。当前，此类型研究已经成为一种范式，一些已被定论的问题也不断地被学界“旧瓶装新酒”，较难在研究理论与方法上有所突破和创新。

21 世纪以来，历史学家开始将橡胶纳入其研究范畴，主要集中于世界史、农林史，世界史较早便将橡胶作为其研究对象，其研究区域集中在印度尼西亚、马来西亚等东南亚国家，研究时段主要集中在第二次世界大战

---

① 尹绍亭、［日］深尾叶子主编：《雨林啊胶林》，云南教育出版社 2003 年版。

② 尹仑、薛达元：《西双版纳橡胶种植对文化多样性的影响——曼山村布朗族个案研究》，《广西民族大学学报》2013 年第 2 期。

③ 张雨龙：《从边境理解国家：中、老、缅交界地区哈尼/阿卡人的橡胶种植的人类学研究》，云南大学，博士学位论文，2015 年。

后，从政治、经济层面进行考察。[①] 历史学界对于橡胶的关注使橡胶研究向纵深发展，关注到与橡胶相关的政治、经济、文化、社会层面，大到全球化的视野，小到一个群体的书写，揭示了橡胶在人类历史发展过程中更为重要的价值与地位。张箭是历史学界较早关注和研究橡胶的学者，因其兼具世界史、中国史研究背景，对全球橡胶发展历程的研究可谓是驾轻就熟，立足于农林史视角，考察了橡胶在世界的发展历史，橡胶的世界传播、扩展和普及，发现橡胶既便利了人们的生活，又带来巨大财富，由此形成胶农、橡胶农场职工、橡胶厂的工人、橡胶商等新的从业群体，橡胶种植园、橡胶作坊、橡胶加工工厂，以及胶制品商店等新的经济实体。[②] 中国史研究则集中于从移民史、开垦史等层面进行探讨，尤其是20世纪50年代至70年代的橡胶移民，是云南边疆历史上影响较大的一次移民。[③] 然而，当前历史学界关于橡胶的研究仍旧停留于传统的史实梳理，或许被政治史、经济史、农林史所关注，但其研究理论和方法并未有新突破。随着历史学的生态化转向，环境史开始将橡胶作为其研究对象进行探讨，如周琼立足于环境史视角，将橡胶视为一个本土化的外来物种，认为其塑造的新环境对本土环境的危害处于无意识状态。[④] 这也是首次将橡胶作为一个特殊物种进行的探讨，为从环境史视角研究橡胶这一外来物种开辟蹊径，也使中国环境史研究开始将橡胶纳入研究范畴。

进入21世纪之后，学界对于橡胶的认知更具多元性、客观性。这一时期，自然科学更为翔实和全面的实验数据以及人文社会科学对于历史与现实的强烈关照与关怀使学界对于橡胶的认知更为明晰化。较之于21世纪之前，橡胶所带来的诸多生态环境问题的暴露，以及边疆民族地区的橡胶种植区域出现的社会文化的剧烈变迁将橡胶推至舆论的高峰，加之，2016年以来，国际橡胶市场价格的持续跌落，以及周边国家橡胶收购价格略低，

---

① 如郭又新《战后印度尼西亚橡胶种植业发展问题探析》（《东南亚研究》2005年第6期），姚昱《从殖民地经济到现代经济——战后马来西亚的橡胶政策及其影响》（《东南亚研究》2008年第4期）等。

② 张箭：《国际视野下的橡胶及其发展初论》，《河北学刊》2014年第6期。

③ 苍铭：《云南边地的橡胶移民》，载尹绍亭、［日］深尾叶子主编《雨林啊胶林》，云南教育出版社2003年版，第7页。

④ 周琼：《近代以来西南边疆地区新物种引进与生态管理研究》，《云南师范大学学报》2018年第5期。

在一定程度上导致了我国以橡胶为生的地方胶农经济收入降低，开始出现大面积砍伐橡胶树而种植其他经济作物的现象，这是一些投机者盲目、跟风种植橡胶所造成的严重后果，也是经济浪潮从巅峰转向低谷的惨痛教训，生态环境也因经济利益驱使造成破坏。生态治理与生态修复是维护生态系统平衡的唯一途径，官方、民众也逐渐意识到“橡胶”是一面双刃剑，但如何更好地应对橡胶带来的冲击和影响，使得学界不得不重新反思“橡胶”这一话题。

四　结语

20世纪以来，中国橡胶研究在取得一定进展的同时，国内学界不同学科的学者们关于橡胶从战略物资到生态破坏物种的认知历程，也有其时代局限性。在学者们对橡胶历史功过的评判中，不同时代的研究取向受到政治、经济、军事、环境因素所影响，但这一渐进历程却反映了橡胶从一个外来物种向本土物种转变的经济化、逆生态化，更好地还原了学界认知橡胶价值、作用及其效应的过程，从而更好地反思当代生态文明建设背景下生态治理与本土生态修复工作。在国际话语体系的导向下，橡胶是一种生态破坏物种已经成为一种共识，但这种共识更多停留于意识层面，屈服于眼前利益，很难付诸实践。政府官员对于橡胶的认知更多受国防经济建设所影响，而社会民众则更多受经济利益所驱动，不同群体在不同历史阶段对于橡胶的认知值得进一步研究，可以更好地还原国人对于橡胶的态度与橡胶种植规模、面积变化、生态环境变迁、社会文化变迁等的关联。目前，橡胶的巨大经济价值和无限潜力被发挥殆尽，所带来的生态后果也是有目共睹的，而且中国橡胶的大规模、大面积、单一化种植所带来的负面生态效应一度成为国外学者批判的焦点。在生态文明建设与人类命运共同体视野下，要求必须以绿色创新驱动绿色产业发展，推动尊崇自然、绿色发展的生态体系的构筑。橡胶作为一个全球性生态扩张物种，橡胶产业的传统发展路径已无法适应当前需要，重视其经济价值还是生态价值，或者说有没有实现两者共赢的路径，亟待提出新思考、新路径、新模式。从环境史视角看，橡胶引发的生态灾变是被跨文化胁迫的结果，在当前生态文明建设过程中，中国应当进一步培育与发展本土物种，建构中国话语体系，这对于当前区域、国家乃至国际生态安全、生态屏障建设具有重要现实价值。

第四编

环境、资源开发与社会变迁

唐代水力碾硙的生产效率和营利能力发覆

——从昇平公主“脂粉硙”说起

方万鹏*

（南开大学历史学院，天津　300350）

摘要：史载昇平公主有水力“脂粉硙”两轮，所谓“脂粉硙”可作两解：一是水硙乃提供谷物加工服务的生产工具，其营利所获用于公主的脂粉之资；二是水硙乃参与脂粉生产的技术工具。从历史时期的文本记载来看，两种观点皆有成立的可能性。

关键词：脂粉硙；生产效率；营利能力

水力碾硙是以水为动力、以谷物制粉为主要功用的加工工具，是人类有效利用自然力和制造大型机械能力有机结合的产物，较之人力、畜力，水力碾硙的生产效率更高，营利能力亦更具优势。史载有唐一代，富商大贾、权势之家竞相于关中的河渠上设置水力碾硙谋取私利②，昇平公主有“脂粉硙”两轮即在其列。《旧唐书·郭暧传》载：“大历十三年，有诏毁除白渠水支流碾硙，以妨民溉田。昇平有脂粉硙两轮，郭子仪私硙两轮，所司未敢毁彻。”③《唐会要·硙碾》亦载其事，称“时昇平公主，上之爱

---

* 作者简介：方万鹏，南开大学历史学院副教授。

② 参见梁中效《唐代的碾硙业》，《中国史研究》1987年第2期。自20世纪初，中外学界围绕唐代碾硙业的研究文章颇多，比较有代表性的有［日］那波利贞《中晚唐時代に於ける燉煌地方佛教寺院の碾磑経営に就きて（上）》，《东亚经济论丛》1941年第1卷第3号；［日］西嶋定生《碾硙寻踪——华北农业两年三作制的产生》，韩昇译，载刘俊文主编《日本学者研究中国史论著选译》第4卷《六朝隋唐》，中华书局1992年版，第358—377页；钱穆《水碓与水硙——思亲疆学室读书记之十四》，《责善半月刊》1942年第2卷第21期；吴晗《中古时代的水力利用——碾、硙、碓》，《中国建设月刊》1948年第6卷第1期；等等。

③ （后晋）刘昫等：《旧唐书》卷120《郭暧传》，中华书局1975年版，第3470页。

女，有硙两轮，乞留。上曰：‘吾为苍生，尔识吾意，可为众率先。’遂即日毁之”[①]。水硙本与谷物加工密切相关，那么所谓的“脂粉硙”该作何解呢？前贤诸论于此未有着墨，而且与此相关的水力碾硙实际生产效率和营利能力问题亦鲜有讨论。如果这些涉及技术的基本问题没有得到解决，那么由此延展的诸多史实判断将缺乏准确合理的历史解释，而这正是本研究意欲探讨和补论的着力所在。

一

一般来讲，“脂粉硙”容易被解读为“汤沐邑”[②]的一种类型，即两轮水硙提供谷物加工服务的营利所获（加工费用）作为公主的脂粉之资。这个看法当然解释得通，以“汤沐邑”的形式供给脂粉之资古已有之，如刘裕曾于东晋义熙九年（413）“罢临沂、湖熟皇后脂泽田四十顷，以赐贫人”[③]。而在昇平之后，宪宗长女惠康公主亦有脂粉田，唐人权德舆有诗称其逝后，“雾湿汤沐地，霜凝脂粉田”[④]。因此，水硙和田地一样作为不动产，其经营收益被用作脂粉之资亦合乎情理。

武则天尚为皇后时，曾于咸亨三年（672）“助脂粉钱二万贯”用以造像。[⑤]《旧唐书·杨贵妃传》称“韩、虢、秦三夫人岁给钱千贯，为脂粉之资”[⑥]。《新唐书》记其事称“赐诸姨钱岁百万为脂粉费”[⑦]。可见，脂粉钱数量颇为不菲，昇平身份尊崇，下嫁之郭家亦是权贵，虽然8世纪中后期的唐廷局势维艰、财力困顿，但是作为极受代宗宠爱的公主的脂粉钱却要以水硙营利的形式开支，多少还是令人心存疑惑，尤其是当两轮水硙要被拆毁时，公主又亲赴宫廷恳求代宗予以特赦。那么，两轮水硙的营利能力究竟有多大呢？

---

① （宋）王溥：《唐会要》卷89《硙碾》，上海古籍出版社1991年版，第1925页。

② “汤沐邑”源于周代制度，本指天子赐给朝见诸侯的王畿以内供住宿和斋戒沐浴的封邑，后指皇后、公主等受封者收取赋税的私邑。

③ （唐）房玄龄等：《晋书》卷10《安帝纪》，中华书局1974年版，第264页。

④ （唐）权德舆：《权载之文集》卷8“挽词歌诗·赠梁国惠康公主挽歌词”，《四部丛刊》景清嘉庆本。

⑤ 温玉成：《〈河洛上都龙门山之阳大卢舍那像龛记〉注释》，《中原文物》1984年第3期。

⑥ （后晋）刘昫等：《旧唐书》卷51《杨贵妃传》，第2179页。

⑦ （宋）欧阳修、（宋）宋祁：《新唐书》卷76《杨贵妃传》，中华书局1975年版，第3494页。

《新唐书·高力士传》记高力士封渤海郡公后通过各种途径大肆敛财，其中包括“都北堰沣列五硙，日僦三百斛直”[①]。《说文解字》称“僦，赁也”[②]。又此处“直”当通“值”，故所谓“日僦三百斛直”，即谓沣水上的五轮水硙每日的赁值收入可达三百斛。然《旧唐书》记该事则略有不同，《旧唐书·高力士传》称其“于京城西北截沣水作碾，并转五轮，日碾麦三百斛”[③]。意指五轮水硙每日一共可以加工小麦三百斛。这两条材料是中古时期水硙加工、营利情况所仅存的文本记载，在有关唐代农业、经济、城市工商业等研究中也经常被引用，但是，所指并不相同的两个记载究竟孰是孰非呢？

水硙的经营方式多为租赁经营，其谋利方式是通过加工谷物收取加工费用，费用以实物为主，即从需要加工的谷物中按照一定的比例扣除。所以，《新唐书》中所谓的赁值可做两种理解：一是水硙由高力士直接经营，每天收取的谷物加工费用为三百斛；二是高力士将水硙租赁给承租人，承租人每天需要给高力士交纳三百斛的赁金。一般来讲，承租人交纳的赁金出自经营水硙赚取的加工费用，也就是说如果是第二种情况，则意味着五轮水硙每天要比第一种情况加工更多的谷物。

那么，水硙在唐代加工费用的扣除比例一般是多少呢？唐耕耦根据伯希和非汉文文书1088（A. B. C）号硙课历，计算得出吐蕃占领敦煌时期干麦、罗麦、粟的硙课征收比例分别为10%、25%、20%。唐先生指出，照此比例，则“磨面加工费是相当昂贵的”，因此他强调“这是吐蕃占领时期的加工费，其他时期，是否也是如此，缺乏材料，不得而知”[④]。所谓干麦和罗麦均指被加工的小麦，其扣除比例的不同依加工成品——粗面和细面的工序繁简程度不同而定。假设高力士的五轮水硙是由自身经营，每日收取加工费三百斛，在非特殊时期，若以10%计，那么每日的粮食加工量要多达三千斛；如果这个数字是承租人交纳的赁金，那么每日的加工量还要远超过三千斛，这与《旧唐书》所记的日加工量出入甚大。所以，判定

---

① （宋）欧阳修、（宋）宋祁：《新唐书》卷207《高力士传》，第5859页。

② （汉）许慎撰，（宋）徐铉校：《说文解字》（附检字），中华书局1963年版，第168页。

③ 《旧唐书》卷184《高力士传》，第4758页。需要说明的是，沣水乃渭河支流，所谓“八水绕长安”，沣水即其中之一。“沣”的繁体为“灃”，与“澧”字字形颇为接近，《旧唐书》中华书局点校本将“沣水”误作“澧水”，应予纠正，澧水属长江南岸洞庭湖水系。

④ 唐耕耦：《关于敦煌寺院水硙研究中的几个问题》，《文献》1988年第1期。

孰是孰非的关键在于了解水碨合理的加工效率，也即一轮水碨一天究竟能够加工多少谷物呢？

关于水碨加工效率的精确记载，唐以前的文献基本没有。有唐一代，也就仅《旧唐书·高力士传》一条，即所谓“日碾麦三百斛”，但其作为待论证对象，暂且不能当作参考。宋人王珪记晁仲衎称“郡境有沁水，创碾碨借水势岁破麦数千斛”①。晁氏所创碾碨数量不详，姑且仅按一轮计算，一年的加工能力方才数千斛，由此可见即便是五轮水碨，单日加工即达上千斛是不太合理的。一般来讲，水碨的形制和技术特点在历史时期变化不大，即便有所改进，也应是朝着进步的方向，所以仅就加工效率而言，晚近以来的文献记载亦有较高的参考价值。《甘肃乡土志》称：“沿黄河、洮河各县，亦皆有设置，惟临夏装设者多，且水磨制造较佳，每盘每昼夜出面二千斤，为全国冠。”② 再如《平定县志》称当地“每盘水磨昼夜可磨面650公斤”③。兹按一斛合今制一百二十斤来粗略估算，则号称“全国冠”的黄河、洮河流域水磨每盘每昼夜的加工量约合二十斛（按民国二千斤合今制二千四百斤计算），而滹沱河流域平定县的水磨每盘每昼夜则约为十一斛。所以，《旧唐书》所载五轮水碨“日碾麦三百斛”是相对比较合理的，即每轮每日可加工六十斛，这个数字相对于晚近以来水磨的普遍加工效率，已属很高了。《新唐书》所载“日儳三百斛直”有可能是纂史者在渲染高力士敛财之术时的率意之笔，不可据信，当以《旧唐书》所载为准。

回到昇平公主的两轮水碨，参照高力士五轮水碨日碾麦三百斛，那么单轮水碨可达六十斛，两轮即一百二十斛，单日营利十二斛（按碨课比例10%）。唐开元《水部式》称：“诸溉灌小渠上，先有碾碨，其水以下即弃者，每年八月卅日以后，正月一日以前，听动用。自余之月，仰所管官司于用碨斗门下，着鏁封印，仍去却碨石，先尽百姓溉灌。若天雨水足，不

① （宋）王珪：《华阳集》卷50《提点京东诸路州军刑狱公事兼诸路劝农事朝散大夫行尚书祠部员外郎充秘阁校理上轻车都尉借紫晁君墓志铭》，文渊阁《四库全书》本。

② （民国）朱允明：《甘肃省乡土志稿（二）》，《中国西北文献丛书》第1辑《西北稀见方志文献》第31卷，兰州古籍书店影印稿本1990年版，第140页。

③ 平定县志编纂委员会编：《平定县志》，社会科学文献出版社1992年版，第140页。

须浇田，任听动用。"[①] 也就是说，水硙每一年度可正常运营四个月，其中要注意，于关中河渠而言，十一、十二月是枯水期，而且十二月是结冰期，再加上水硙修缮等，其运营时间可能远不足四个月。当然，如史书所载，权势之家罔顾法规的情况时有存在，所以姑且按四个月、连续运营120天来计算，两轮水硙的年营利为1440斛。唐代粮价变化前后很大，货币购买力亦相差较远，黄冕堂《中国历代粮食价格问题通考》[②] 称一石皮粮（稻、粟、高粱等）在初唐至盛唐为50—200文，唐后期200—400文，若按300文计，则昇平的两轮水硙年营利为432贯。即便抛开唐前、后期的货币购买力差异不讲，这个数字无疑与前面提到的武则天、杨贵妃姐妹的脂粉之资相去较远，而同样的粮食数量，如果按照初唐至盛唐的价格折算，折钱数将变得更少。

《旧唐书》记昇平"尤喜诗人，而端等十人，多在暧之门下。每宴集赋诗，公主坐视帘中，诗之美者，赏百缣"[③]。可见公主财力不菲，那么又何必为了数百贯钱要亲自赴宫中乞求代宗留下两轮水硙呢?

二

由此，"脂粉硙"似还可以作第二种理解，即水硙乃参与脂粉制造的特殊工具。因为唐人尚浓妆，脂粉消费市场庞大，不仅后宫妃嫔、达官妇人[④]有相应的脂粉款项，即便是宫女、普通民众的消费数量亦非少数。王仁裕《开元天宝遗事》载："贵妃每至夏月，常衣轻绡，使侍儿交扇鼓风，犹不解其热。每有汗出，红腻而多香。或拭之于巾帕之上，其色如桃红也。"[⑤] 王建《宫词》讲述一个宫女盥洗之后，洗漱盆中犹如泼了一层泥浆，诗称"舞来汗湿罗衣彻，楼上人扶下玉梯。归到院中重洗面，金花盆

---

① 唐耕耦、陆宏基：《敦煌社会经济文献真迹释录》第2辑，全国图书馆文献缩微复制中心，1990年，第581页。

② 黄冕堂：《中国历代粮食价格问题通考》，《文史哲》2002年第2期。

③ （后晋）刘昫等：《旧唐书》卷163《李虞仲传》，第4266页。

④ （宋）李昉《太平广记》卷497"杂录五·脂粉钱"引《嘉话录》称："湖南观察使有夫人脂粉钱者，自颜杲卿妻始之也。柳州刺史亦有此钱，是一军将为刺史妻致，不亦谬乎。"中华书局1961年版，第4078页。

⑤ （五代）王仁裕撰，曾贻芬点校：《开元天宝遗事》卷下《红汗》，中华书局2006年版，第51页。

里泼红泥"[1]。《法苑珠林》记一女子"盗父母百钱，欲买脂粉"[2]。《酉阳杂俎》记"房孺复妻崔氏，性忌，左右婢不得浓妆高髻，月给燕脂一豆、粉一钱"[3]。庞大的消费市场无疑催涨了脂粉产量，如此一来，若是营事脂粉生产，获利必相当可观。

唐人罗隐有诗《昇平公主旧第》，云：

> 乘凤仙人降此时，玉篇才罢到文词。两轮水硙光明照，百尺鲛绡换好诗。
>
> 带砺山河今尽在，风流樽俎见无期。坛场客散香街暝，惆怅齐竽取次吹。[4]

所谓"两轮水硙光明照"，"光明"当作何解？《后汉书·南匈奴传》称昭君"丰容靓饰，光明汉宫，顾景裴回，竦动左右"[5]。是故"光明"当是形容公主"光彩动人"，而罗隐将"两轮水硙"与"光明照"放在一起，似乎是将水硙与脂粉质量联系了起来，即水硙研磨出的上好脂粉，使公主的容颜光彩动人。此外，《诗·周颂·敬之》载："日就月将，学有缉熙于光明。"郑玄笺曰："且欲学于有光明之光明者，谓贤中之贤也。"[6] 也即光明亦可作贤者之仪范讲。罗隐作为稍晚于昇平时代的诗人，如果公主在代宗毁硙事件中表现出的姿态已经作为佳话广为流传的话，那么"光明照"作"贤明"之义也是讲得通的。

如果说罗隐之诗尚有模棱两可之意的话，那么，后人对"脂粉硙"的理解似乎比较明确地将其与脂粉生产联系了起来。元人马祖常《拟唐宫词》称："合宫舟泛跃龙池，端午争悬百彩丝。新赐承恩脂粉硙，上阳不敢妒蛾眉。"[7] 这个地方的理解，倾向于认为"硙"是承恩赏赐、用以加工

---

① （明）毛晋编：《三家宫词》卷上"唐·王建"，文渊阁《四库全书》本。

② （唐）释道世：《法苑珠林》卷92《十恶篇》，上海古籍出版社1991年版，第536页。

③ （唐）段成式：《酉阳杂俎》前集卷8"黥"，中华书局1981年版，第78页。

④ （唐）罗隐撰，潘慧惠校注：《罗隐集校注·甲乙集》卷8《昇平公主旧第》，浙江古籍出版社1995年版，第234页。

⑤ （南朝宋）范晔：《后汉书》卷89《南匈奴传》，中华书局1965年版，第2941页。

⑥ （清）阮元校刻：《十三经注疏》，中华书局1980年版，第599页。

⑦ （元）马祖常：《石田文集》卷5《拟唐宫词》，文渊阁《四库全书》本。

生产脂粉的工具，且加工质量当属上乘，以致上阳众多宫女“不敢妒蛾眉”。又有元人许有孚《记塘上草木二十四首》之十一称：“粲粲白玉簪，堕自天仙髻。幻作奇绝花，清香偶兰蕙。蜕形冰雪窟，脱身脂粉硙。云胡不自持，终焉芼姜桂。”① 所谓“脱身脂粉硙”，同样倾向于将硙理解为加工脂粉的工具。那么，如果这些推测成立的话，水硙是如何参与脂粉生产的呢？欲解答这个困惑，我们应该先了解一下唐代及其之前的脂粉生产原料和技术细节。

国人施脂粉的习惯可以上溯至先秦时代，所谓脂粉，其实是“脂”和“粉”的合称。“脂”一般指由动、植物提炼出的油质、脂膏，如用植物花瓣做成的胭脂，以及使用火煎的方法制作的猪脂、牛脂等，而“粉”则是指用来扑面做妆底的米粉、铅粉等，谷物粉是其中重要的一种。《说文解字》称：“粉，傅面者也，从米分声。”② 《齐民要术》卷五“种红蓝花、栀子第五十二”较为详细地记载了几种脂粉制作之法。兹择其要，列表如下：

表 1　《齐民要术》作脂粉法③

作燕脂法	预烧落藜、藜藋及蒿作灰，……取第三度淋者，以用揉花，和，使好色也。揉花。十许遍，势尽乃止。布袋绞取淳汁，着瓷椀中。取醋石榴两三个，擘取子，捣破，少着粟饭浆水极酸者和之，布绞取渖，以和花汁。……下白米粉，大如酸枣，粉多则白
作紫粉法	用白米英粉三分，胡粉一分，不着胡粉，不着人面。和合均调。取落葵子熟蒸，生布绞汁，和粉，日曝令干。若色浅者，更蒸取汁，重染如前法
作米粉法	梁米第一，粟米第二。必用一色纯米，勿使有杂。臼使甚细，简去碎者。各自纯作，莫杂余种。……于木槽中下水，脚踏十遍，净淘，水清乃止
作香粉法	唯多着丁香于粉合中，自然芬馥。亦有捣香末绢筛和粉者，亦有水浸香以香汁溲粉者，皆损色，又费香，不如全着合中也

从技术发展可能性的角度来看，旋转磨在贾思勰的时代理应比较成

① （元）许有壬等：《圭塘欸乃集》卷下，文渊阁《四库全书》本。

② 《说文解字》（附检字），第 148 页。

③ （北魏）贾思勰撰，缪启愉、缪桂龙译注：《齐民要术》卷 5“种红蓝花、栀子第五十二”，上海古籍出版社 2009 年版，第 361—366 页。

熟①，但是《齐民要术》中关于旋转磨的记载并不多见，所以，以上表作米粉法为例，所谓“臼使甚细”，而非用磨。但是对于谷物制粉而言，纵然臼、碓都可以通过反复捶捣的方式来完成，但是真正高效且有质量保障的加工工具应该还是以旋转磨为优选。汉魏以降，小麦作为主粮的地位在黄河中下游地区逐步上升，并最终在唐中后期实现了与粟平分秋色，其重要原因即在于旋转磨的普及和制粉技术的不断进步，水硙的发明和应用即是这一制粉需求旺盛和技术成熟时代的产物。在以往的论述中，研究者提到水硙，往往只注意到它的加工效率，其实相较于一般的旋转磨，水硙的磨盘重量和转速优势突出，制粉质量亦属上乘。因此，唐代的脂粉一旦因社会消费风尚而成为可以获利的大宗商品，营事谋利者使用水硙来参与到生产工序中也是有可能的。

要之，昇平公主的“脂粉硙”不论是作为“汤沐邑”之一种，还是作为脂粉生产的工具，其加工对象均是谷物，只是出于不同的加工目的，其工序和制粉的精细化程度会有较大的差异，产量亦会明显不同。较之前者，用于脂粉制作的谷粉加工量不会很大，但精细化程度无疑要求更高，所获收益亦要大得多。总之，两种论点解说的背后实则是唐人权力、资本、技术和社会消费风尚关联的一个历史侧面，或许有更多相关的细节值得继续挖掘。

---

① 参见李发林《古代旋转磨试探》，《农业考古》1986 年第 2 期；卫斯《我国汉代大面积种植小麦的历史考证——兼与（日）西嶋定生先生商榷》，《中国农史》1988 年第 4 期。

论明清两季木氏土司势力扩张与资源争夺

和六花*

（云南省少数民族古籍整理出版规划办公室，云南昆明　650091）

摘要：金沙江流域自然环境复杂多样，境内民族众多、文化多元，是一个集边疆安全、生态安全、多民族族际经济文化交流为一体的整体性多功能富集区。木氏土司在明朝统一云南过程中立下战功并积蓄实力，"大一统"后，明朝意欲通过木氏土司政权掣肘滇藏川毗连区地方势力，维护边疆安宁，木氏土司进而充当了"中央王朝与滇蜀边区诸土酋间的主要协调者与代理者"，获得了这一区域的统治权，并展开了一系列以资源掠夺为导向的开疆拓土活动。

关键词：明清；木氏土司；势力扩张；资源争夺

金沙江流域是一个集边疆安全、生态安全、多民族族际经济文化交流为一体的整体性多功能富集区。明清两季，木氏土司势力范围涉及金沙江滇西段大部，其在该地区的百年风云史，也是一部事关土地、矿产、森林等区域资源变迁的环境史。环境史关注人与环境的关系及历史，包括人类的环境认知、人与自然关系的定位、人类活动与环境的相互作用等问题。本文从明清两季木氏土司对金沙江流域的开发为切入，以木氏土司在金沙江流域的金矿开发为例，考察木氏土司政权的势力扩张、移民垦殖、人口

---

* 基金项目：国家社科基金重大项目"中国西南少数民族灾害文化数据库建设"（项目编号：17ZDA158）子课题"西南少数民族古籍中的灾害数据搜集与整理"。

作者简介：和六花，云南省少数民族古籍整理出版规划办公室副研究员，云南大学西南环境史研究所兼职研究员。

格局乃至区域文化与环境的互动，探寻区域生态变迁的内驱力和影响机制。

一　木氏土司势力在金沙江流域的兴起与经营

（一）木氏土司在金沙江流域的崛起

金沙江流域是早期人类活动的重要区域之一，秦汉时期在西南夷地区设置郡县，金沙江流域就纳入了中原王朝的“大一统”格局中，中央王朝基于开疆拓土的需要，对西南夷地区开展了有限的过境开发。魏晋南北朝和唐宋时期，对西南夷地区的开发不断深入，但“金沙江流域既是中国地理上的封闭地带，亦是中国经济和文化的独特区域”①。1274 年，元朝设立云南行省，后来在木氏土司兴起的区域设置丽江路，并设军民总管府，后改置宣抚司，领一府七州一县。

洪武元年（1368），朱元璋建立明朝，当时元朝梁王盘踞云南，并联系北方元朝遗老，复元朝之心不死。大理段氏、麓川思氏和滇东夷人首领各称霸一方，朱元璋数次派使臣招徕云南诸部无果。洪武十四年（1381），朱元璋痛下决心，“今元之遗孽把匝剌瓦尔密等自恃险远，桀骜梗化，遣使招谕，辄为所害，负罪隐匿，在所必讨”②。同年九月，命傅友德、蓝玉、沐英率大军征讨云南。是年十二月，傅友德大军进兵曲靖，包围中庆路（今昆明），败梁王军。洪武十五年（1382）正月，大军进驻威楚（今楚雄），招谕段氏。段氏未能领会“拟欲华夷归一统”的真谛，仍想“依唐宋故事，奉正朔，定朝贡，以为外藩”③，大军压境还威胁明王朝“莫若班师罢戍，奉扬宽大”④。然明太祖深思元朝大军借道云南攻下南宋的历史，坚定决心，攻灭了大理国政权，正式统一云南，在这场实现“大一统”的战争中，木氏家族登上历史舞台。

---

① 马国君：《历史时期金沙江流域的经济开发与环境变迁研究》，贵州大学出版社 2015 年版，第 10 页。

② （明）薛应旗撰，展龙、耿勇校注：《宪章录校注》，凤凰出版社 2014 年版，第 84 页。

③ （清）倪蜕辑，李埏点校：《滇云历年传》，云南大学出版社 1992 年版，第 250—251 页。

④ （明）傅友德：《大理战书》，方国瑜主编：《云南史料丛刊：第四卷》，云南大学出版社 1998 年版，第 549 页。

洪武十五年（1382），丽江土酋阿甲阿得“率众先归，为夷风望，足见摅诚！且朕念前遣使奉表，智略可嘉。今命尔木姓，从总兵官傅拟授职，建功于兹有光，永永忽忘，慎之慎之”①。次年，任命木得为丽江府土官知府，子孙世袭罔替，“永令固石门，镇御蕃鞑”②，自此，木氏土司获得在金沙江滇西段的合法统治权。

（二）木氏土司在金沙江流域的扩张

历代中央王朝在西南地区的开发可分为过境开发、羁縻开发、间接开发和直接开发四种，土司制度时期采用间接开发模式，又称“授权土司开发”③。历朝对云南多采用“羁縻政策”，因俗而治，明代亦大体因循此制，推行土司制度，并在土官衙门安插“流官”，协助土司管理治内事宜、推行“教化”，掣肘土司。朱元璋秉持“非惟制其不叛，重在使其无叛”④的原则，土司在其势力范围内拥有较大的自主权。木氏家族在得到土官之职后，背负着“守石门以绝西域，守铁桥以断吐蕃……免受西戎之患”⑤的守家固边责任，开始其势力扩张。

《丽江府志略》记载：“十五年春，克大理，遂下鹤庆、丽江诸路，破石门关。是年改丽江府。以阿得首先款付，命知府事，赐姓木，降北胜为州，并永宁、浪渠、兰、顺拨隶鹤庆府。十七年改兰州仍隶本府，共领通安、巨津、宝山四州，临西一县。”⑥ 可知，通安州（今丽江坝）、巨津州（今玉龙纳西族自治县巨甸金沙江河谷）、临西县（今迪庆藏族自治州维西傈僳族自治县大部）是木氏土司祖上留下的家业。木氏土司在明朝统一云南过程中立下战功，得到朝廷的赏识和信任，随后，识时务的木氏土司又屡立战功，在跟随明朝东征西讨的过程中，木氏土司一方面为朝廷效力，赢得朝廷的信任和嘉奖，另一方面趁机组建和磨练自己的军队。是时，木氏土司辖区以北康藏地区因教派争端、明朝廷鞭长莫及，处于分崩离析的

① 《皇明恩纶录》，周汝诚：《纳西族史料编年》，云南民族出版社1986年版，第219页。

② 《皇明恩纶录》，周汝诚：《纳西族史料编年》，云南民族出版社1986年版，第219页。

③ 杨庭硕、罗康隆：《西南与中原》，云南教育出版社1992年版，第197—218页。

④ 《明太祖实录》卷142，洪武十五年二丙寅条。

⑤ （清）张廷玉：《明史》，中华书局1974年版，第8099页。

⑥ （清）管学宣修，（清）万咸燕纂：《丽江府志略》，杨寿林、和监彩校点，丽江纳西族自治县县志编委会办公室翻印，1991年，第45—46页。

边缘，木氏土司便利用明朝廷“以蛮治蛮，诚制边之善道”① 的政策，向康藏地区用兵，扩张势力范围。首先进攻西番②地区的是木嵚土司，于天顺六年（1462）先后攻破今宁蒗彝族自治县永宁拉伯村和泥罗村，尔后于成化四年到六年（1468—1470）、成化十八年（1482）、成化十九年（1483）三次进攻西番地区。随后木泰、木定、木公、木高、木东、木旺、木青、木增土司皆承先祖遗志，从天顺六年到1646年持续用兵西番地区，先后夺取你那、照可、忠甸、鼠罗、巴托和香水六大区域。③ 明朝廷对西番地区鞭长莫及，在康区任命了大大小小的土司，却难于统摄这些互不臣服的地方势力，便希望通过木氏土司来牵制西番势力，“以西番地广，人犷悍，欲分其势而杀其力，使不为边患，故来者辄授官”④。对于明朝廷，木氏土司亦做足了姿态，进攻西番过程中，每有战果便派人进贡，朝廷也适时封官加爵。受木氏土司侵扰的西番各蛮多次向朝廷上告，朝廷充耳不闻。明朝廷对木氏土司在可控范围内的纵容，给了木氏土司极大的发展空间。至雍正六年（1728），云贵总督高其倬提请丽江府改设流官府时，丽江土官府的势力范围已是“元明时俱资以障蔽蒙番，后日渐强盛，于金沙江外则中甸、里塘、巴塘等处，江内则喇普、处旧、阿敦子等处，直至江卡拉（盐井）、三巴、东卡皆其自用兵力所辟，蒙番畏而尊之曰：萨当汗”⑤。雍正年间（1723—1735），金沙江滇西段几已全部纳入木氏土司势力范围。⑥

木氏土司对金沙江滇西段的统治一直延续到“改土归流”前，其间随着滇藏川毗连藏族分布区势力的强盛，势力范围逐步缩小。崇祯十二年（1639），和硕特部攻入康区，打败德格白利土司，两年后，卫藏地区纳入

---

① （清）张廷玉：《明史》，中华书局1974年版，第8591页。

② 史籍所载“西番”有广义和狭义之分，“广义的‘西番’是一种泛称，它在不同的时间、空间里有不同的指代，或曰吐蕃、或曰西羌、或曰古宗、或曰巴苴”。李志农、刘虹每：《“西番”族称辨析》，《北方民族大学学报》2017年第1期。本文所述“西番”，泛指滇藏川毗连区的氐羌后裔分布区，是一个广义的概念。

③ 潘发生《丽江木氏土司向康藏扩充势力始末》一文就木氏土司对康藏地区扩充势力范围的路线、原因、地域变化等做了详细的论述。

④ （清）张廷玉：《明史》，中华书局1974年版，第8589页。

⑤ （清）倪蜕辑，李埏点校：《滇云历年传》，云南大学出版社1992年版，第528页。

⑥ 木氏土司在康藏的实际控制范围，学界尚有争议，周智生曾撰文认为，明代木氏土司的有效控制范围北至今四川巴塘、理塘一带，西到西藏的左贡、芒康一带和云南怒江一线，东至四川木里及其附近区域，主要范围即今滇藏川毗连的藏族分布区。

和硕特部管辖区。随后，五世达赖与固始汗共同治理滇藏川毗连藏族分布区，木氏土司治下的部分藏族土目、百姓归藏之心显现，终至“木天王、噶玛巴的势力已是日落西山”①。顺治十六年（1659），吴三桂率兵抵云南，木懿土司率众归降清廷，通安、宝山、兰州、巨津等四州和临西一县划归丽江府，中甸则在1665年蒙番兵进入后，单独设置宗和宗官。康熙年间（1662—1722），吴三桂反清助长了教派之争，噶玛噶举派丧失了在今香格里拉和德钦地区的发言权，木氏土司在滇藏川毗连区的统治走向终结，势力范围缩小至以今天丽江为主的区域。雍正元年（1723），实行改土归流，木钟土司去世，木氏土司自此衰败。

（三）木氏土司的势力扩张与资源掠夺

“不同民族之间相互作用的历史，就是通过征服、流行病和灭绝种族的大屠杀来形成现代世界的。”② 不同民族相互征服的过程中，既有着弱肉强食的霸权争夺，也有奋起求生的顽强抵抗。木氏土司势力扩张的根源，一是来自明廷的政治暗示，明廷无力在滇藏川毗连藏族分布区“纵深地带实现直接而有效的行政化管理，因此对这个区域各部落势力名义上的多封众建，并未带来希望的长治久安，却因为部落纠纷争斗不断而成为边患”③。故“利用实力日臻强大的纳西族木氏土司来控制、牵制今迪庆和康区部分地区的藏族头人势力”④，因军功受明朝廷嘉奖、赏识的木氏土司，无疑是洞悉了其中缘由，积极为朝廷分忧解难，充当“中央王朝与滇蜀边区诸土酋间的主要协调者与代理者”⑤。二是木氏土司不堪忍受西番诸蛮侵扰，起而抗之，这是明初木氏土司与西番共处呈现的状态。“（洪武）十六年（1383），西番大酋卜劫将领贼众，侵占本府白浪沧（丽江龙蟠）地面。”⑥ 宣德八年（1433）三月，“永宁番贼掳去宝山州知州”。“景泰二年

---

① 刘先进：《木里政教大事记摘抄》，《西藏研究》1987年第1期。

② ［美］贾雷德·戴蒙德：《枪炮、病菌与钢铁：人类社会的命运》，谢延光译，上海译文出版社2006年版，第5页。

③ 周智生：《明代丽江木氏土司藏区治理策略管窥》，《中国边疆史地研究》2013年第4期。

④ 杨福泉：《纳西族和藏族的历史关系》，民族出版社2005年版，第97页。

⑤ 连瑞枝：《山乡政治与人群流动：十五到十八世纪滇西北的土官与灶户》，（台湾）《新史学》第27卷3期，2016年9月。

⑥ 《木氏宦谱（乙种本）》，郭大烈主编：《中国少数民族大辞典·纳西族卷》，广西民族出版社2002年版，第552页。

(1451)，番寇阿扎侵扰巨津州”①，景泰六年（1455），“宝山州白的等处，被番贼劫掠”②；等等记载，说明木氏土司地界数次遭到西番诸蛮侵扰。明初，木氏土司还在积蓄力量，因功受封土官后，自身实力不断增强，到了明中期，具备了起而抗之的实力。三是打着固国守边的名义展开以占有资源为目的的势力扩张。天顺六年（1462），木氏土司一改此前被西番诸蛮侵土掠地的被动局面，主动向康藏腹地发起进攻，开启长达185年的拉锯战。

从环境史视域出发，木氏土司与藏族土司之间这场旷日持久的势力争夺战，资源掠夺是其主要动因。两者之间的势力争夺发生在今滇藏川三省（区）毗连区，由北向南依次是藏东的高山峡谷区、滇西北横断高山峡谷区和川西南高原，高山峡谷相嵌、山地平坝相间。海拔较高、气温较低的藏族土司辖境以游牧为主，物产相对单一，特别是事关生产生活必需品的物产有限，在商贸往来不便的明代，滇藏川毗连藏族土司获取生产生活资料面临着较大困境。相反，木氏土司核心控制区多是有利于农耕的坝区和金沙江河谷地段，物产丰富、粮食供给充裕。仅就生产生活必需品而言，木氏土司辖区的出产远比藏族土司辖区丰富。古往今来，游牧民族为维持族群延续和发展，将劫掠农业区作为其获取生活补给品最廉价、最易成功的方式，匈奴南下西汉、辽金侵掠北宋莫不如是。故而，明初经常发生滇藏川毗连藏族分布区诸部南下木氏土司辖区的金沙江、澜沧江河谷区“聚众抢夺村寨”的事件。

木氏土司控制区与中原地区的联系更为紧密，社会生产力水平远超藏族土司辖区。然而，一个地方政权要维系其发展，除具备适宜的自然生态环境、良好的社会政治环境和掌权者的雄韬武略之外，还必须积累足够的社会财富。历史时期，矿产资源无疑是最为重要的社会财富，从这个层面来看，滇藏川毗连藏族分布区土司辖境无疑占有绝对优势。金沙江流域的矿产、水能和动植物资源异常丰富，特别是矿产资源种类多、储量大。历史时期对矿产资源的利用有一定的局限性，主要是金矿、银矿、铜矿、铁

① 《木氏宦谱（乙种本）》，郭大烈主编：《中国少数民族大辞典·纳西族卷》，广西民族出版社2002年版，第553页。

② 《木氏宦谱（乙种本）》，郭大烈主编：《中国少数民族大辞典·纳西族卷》，广西民族出版社2002年版，第553页。

矿、盐矿等矿种，与明初木氏土司主要控制区（丽江坝区和金沙江河谷地带）相比，藏族土司统治的迪庆、凉山、甘孜乃至西藏芒康等区域，在矿产资源方面有着极大优势。除此之外，土地、森林等资源也是木氏土司扩展其势力范围的主要动因。

二　木氏土司在金沙江流域的资源开发与拓展

木氏土司不断向滇藏川毗连藏族分布区扩张，每征服一地，便积极经略，稳固其统治，同时开发利用域内资源。在新控制区的经营策略，是决定其政权、社会运行及开发，甚至环境变迁的机制和内在机理。

（一）重构基层社会组织

元明两代对滇藏川毗连区诸部推行广封众建，却未推行有效的管理策略，对众部抱着“西番之势益分，其力益弱，西陲之患亦益寡”[①] 的最低期望。然而这种放任的、心存侥幸的态度，并未让各部自我约束，反而助长了他们的相互较量，使这一区域争抢不断、械斗频发。木氏土司在明朝廷的默许下，用武力征服这些区域，并针对特殊的区域政治形势，派属下亲信、得力干将前往主持大局，重建区域基层社会组织，确保征服区统属木氏土司，又各有界限，相对独立。

据《巴塘县志》载：“明隆庆二年至崇祯十二年（1568—1639），云南丽江土知府纳西族木氏土司攻占巴塘，并派一大臣驻扎巴塘，以巴塘为中心建立得荣麦那（得荣）、日雨中咱（中咱）、察哇打米（盐井）、宗岩中咱（宗岩）、刀许（波柯）等五个宗（相当于县）进行统治……1991 年纂修之《理塘县志》第一篇第一章载：‘元明时期，理塘被云南丽江土知府纳西族木氏土司占领，统治约 70 余年。在此期间，木氏土司先后将大批丽江纳西族人强行迁入理塘。’”[②] 木氏土司征服某一区域后，依据一定的组织原则分而治之，而是否有明确的区划、行政体系，囿于资料，实难断定，但可以肯定的是，木氏土司采借了汉族地区基层行政设置来管理滇藏

---

① （清）张廷玉：《明史》，中华书局 1974 年版，第 8542 页。

② 丽江纳西族自治县志编纂委员会编著：《丽江纳西族自治县志》，云南人民出版社 2001 年版，第 517 页。

川毗连藏族分布区辖地，推行与中原地区步调一致的基层行政区划。

在明确基层行政区划的基础上，完善基层管理机构和管理制度，才能有效管理基层社会。木氏土司是明朝廷在滇藏川毗连区的协调者、代言人，而木氏土司经过征战控制这些区域后，亦要派出其代言人对新征服区进行管理。《维西见闻录》载："明土知府木氏攻取吐蕃六村、康普、叶枝、其宗、喇普地，屠其民，徙麽些戍之，后渐蕃衍……建设时，地大户繁者为土千总、把总、头人，次为乡约，次为火头，皆各子其民，子继弟及，世守莫易，称为'木瓜'，犹华言'官'也。对之称为'那哈'，犹华言'主'也，所属麽些，见皆跪拜。"① 木氏土司根据村落大小，设置土千总、把总、头人、乡约、火头等级别的行政官职"各子其民"，若得木氏土司认可，还可"世守莫易"，滇藏川毗连藏族分布区人民将这些行政官员称为"绛本"（意为"纳西官员"），"绛本"统领一地军政事务，其下分设基层军事长官"木瓜"和行政事务官"本虽"，二者各司其职，共同听命于"绛本"，"绛本"又归属于木氏派出管理这一区域的大头人，层层归属，形成了一个相对完整、权责明确的社会控制体系。此外，木氏土司进一步效仿明朝廷"以夷制夷"之策，扶持并在当地民族内部挑选代理人，若滇藏川毗连藏族分布区头人、首领臣服后，亦委以"木瓜"和"本虽"等职，让其继续管理地方。木氏土司"因其俗而柔其人"的政治共情能力取得了良好的效果，故在迪庆归滇前后，部分滇藏川毗连藏族分布区头人奔赴丽江，亲求"投诚归滇"。木氏土司在滇藏川毗连藏族分布区推行的基层社会管理制度，显现出很强的适应性和生命力。如四川省稻城县的东尼乡（东义），直到中华人民共和国成立初期，还延续着纳西族统治时期的"白色"制。②

木氏土司通过武力实现势力扩张，到建立健全基层社会组织维护区域统治，既为明王朝解决了边境之患，又实现了木氏土司壮大势力的目的，更方便了木氏土司在滇藏川毗连藏族分布区获取资源。

① 郭大烈主编：《中国少数民族大辞典·纳西族卷》，广西民族出版社2002年版，第526—527页。麽些，纳西族历史称谓之一。史籍中，纳西族称谓无定字，有"摩沙""磨些""末些""摩娑""么些"等十余种。

② 杨嘉铭、阿戎：《明季丽江木氏土司统治势力扩张始末及其纳西族遗民踪迹概溯》，政协四川省甘孜藏族自治州委员会编：《甘孜州文史资料》第18辑，2000年，第240页。

（二）开疆拓土与移民垦殖

木氏土司不断向北、向西、向东扩张，北线沿金沙江、澜沧江逆流而上，从丽江—白水台—中甸—奔子栏—德钦—松顶—巴美—盐井—芒康，即大体沿今天的214国道北上；东线涉及鸣音、奉科、俄亚、木里、巴塘、理塘；西线则从丽江—石鼓—巨甸—维西—塔城—怒江，一路西去。三条扩展路线，除稳固木氏土司治下的边境安全外，都以获取资源为导向，北线、东线拥有丰富的矿产资源和宜于放牧的自然环境，西线则有丰富的森林、建筑材料和适宜农耕的自然环境。木氏土司在履行“封疆大吏”分内职责的同时，乘机扩大势力范围，将这些资源名正言顺地收入囊中，土地、盐矿、金矿、银矿、森林等，无一不是支撑木氏土司统治集团四处征战扩充势力的根源。

木氏土司在新的征服区建立基层行政机构，稳固政权，推行移民实边、垦殖，用整村、整族移民的方式，先后从丽江、鹤庆等地迁移大量人口到中甸、巴塘、理塘、芒康、木里等地，直接影响了域内民族人口的分布格局。任乃强在《西康图经·民俗篇》中说：“万历中，丽江木氏浸强，日率麽些兵攻吐蕃地，陷维西、其宗、喇普、康普、叶枝、奔子栏、阿敦子诸地，屠其民而徙麽些戍之。更出兵北伐，筑碉于九龙、木里等处，巴里等番皆迎。”① 木氏土司不断向四境用兵，势力范围一度东达雅砻江，西抵怒江，北至打箭炉、巴塘、理塘附近，怒江、澜沧江、金沙江、无量河、雅砻江流域都广泛分布着麽些人，这一族群的人口迁移、分布格局，和木氏土司“徙麽些戍之”的策略密切相关。

以木氏土司在中甸地区的扩张和移民垦殖为例。从成化十九年（1483）开始对中甸用兵，随后木嵚、木泰、木定、木公、木高等土司数度“得胜忠甸”，至嘉靖三十二年（1553）占领中甸全境，历经70余年。中甸高山密林、人迹罕至，“惟至明季，确经丽江木氏移民渡江作大规模屯殖”②。木氏土司为了镇守新领地，在一些战略要地建行宫——“年各羊恼寨”（意为“木天王宫”），并派出亲戚、子女镇守各处的“年各羊恼

① 任乃强：《西康图经·民俗篇》，南京新亚细亚出版科1933年版，第313页。

② 段绶滋等纂修：《中甸县志稿》稿本，1939。

寨”，统领各地基层组织。今天小中甸的古城堡遗址，便是建于嘉靖八年（1529）的一个“年各羊恼寨”，是木氏土司家族统治迪庆藏区一处最重要的屯兵屯田要塞，“小中甸为全县三大平原之一，南北袤长四十余里，东西之广半之，地势平衍，草木丰茂；复枕倚石嘎雪山之险，左扼阱口，右通金江，诚宜牧宜耕，尤宜屯兵之形胜地区矣。路西有荒废古城，询诸故老，谓系木天王所筑……实当日木氏经营边地屯田之所，即《唐书》所谓‘堡障’也”[①]。木氏土司在中甸地区移民垦殖，使得大量纳西族人口进入迪庆藏区，民国十七年（1928）九月，民国政府以为时隶属于云南的中甸、维西、阿敦子（德钦）几个区域内古宗人口多，为便于管理意欲将其划归西康省，经粗略估算，发现“此区内居民以麽些为主，盖麽些多已汉化，其他民族之融合以麽些为中心也”。民国二十一年（1932），麽些有12884人，古宗有9777人[②]；到民国二十八年（1939），麽些有8259人，古宗有8252人[③]。不难看出木氏土司“徙麽些戍之”的力度之大，因移民实边进入中甸地区的纳西族人口和当地古宗人口数量已基本持平，部分时段纳西族人口甚或远超古宗人口。

木氏土司在新的征服区推行移民垦殖策略，战时为兵，闲时为民，开垦造田，建寨立堡，随着纳西族人口的大量进入，区域人口数量激增，进一步打通了扩张路线，推动经贸往来。

三　木氏土司在金沙江流域的金矿开采与政权巩固

资源是木氏土司在滇川藏毗连区开疆拓土的主要驱动力，木氏土司北线进攻的主要目的是盐井，自隆庆二年到崇祯十二年（1568—1639）攻占巴塘，派大臣驻扎巴塘，管辖得荣麦加（得荣）、日雨中咱（中咱）、察哇打米（盐井）、宗岩中咱（宗岩）、刀许（波柯）等五个宗，并迁徙了大量纳西族人口到盐井开采盐矿。《盐井乡土志》载：“今传盐井为麽些王所

① 段绶滋等纂修：《中甸县志稿》稿本，1939年。

② 冯骏纂，和清远修：《中甸县志资料汇编：四》，和泰华、段志诚校注，中甸县志编纂委员会1991年版，第31页。

③ 冯骏纂，和清远修：《中甸县志资料汇编：四》，和泰华、段志诚校注，中甸县志编纂委员会1991年版，第44页。

开，又谓宗崖之城为木天工（王）所建……盐井之开创于木氏无疑。”① 今西藏自治区芒康县盐井纳西民族乡的纳西族人就是当时移民过去开采盐矿的矿工后裔。而木氏土司在金沙江流域扩张最重要的目的之一是争夺金矿。

（一）木氏土司攻掠“三江口”的原因

金沙江流出虎跳峡后，向东北奔流“三江口”，“三江口”即洛吉河、水洛河（无量河）和金沙江交汇之处，囊括四川木里县俄亚乡、依吉乡，云南丽江玉龙纳西族自治县奉科乡、宝山乡，云南迪庆藏族自治州香格里拉市洛吉乡、三坝乡。“三江口”地处西南三江成矿带，金矿、铁矿等矿产资源丰富，其中，“甘孜—理塘结合带是西南三江地区重要的金多金属成矿带，金矿类型以构造蚀变岩型为主”②。

明清时期，滇藏川毗连区分属不同的土司，囿于资料匮乏，难于明确“三江口”区域的归属，也不能排除是一块无主之地，但可以明确这一区域在明初不属于木氏土司。“三江口”位于木氏土司控制核心区丽江的东北方，木氏土司向北线扩张，从鸣音—奉科—宝山—木里—巴塘—理塘，中途还要经过稻城和香城，“三江口”一带丰富的金矿资源是引导其不断深入的主要原因。《元一统志·丽江路军民宣抚司》载：金沙江，“古丽水也，今亦名丽江。白蛮谓金沙江，麽些蛮谓漾波江……此江沿河皆出金，白蛮遂名曰金沙江”③。又《滇略·产略》载：“其江曰金沙……江浒沙泥，金麸杂之，民淘而煅焉”，“丽江之金不止沙中，又有瓜子、羊头等金，大或如指，产山谷中，先以牛犁之，俟雨后即出土，夷人拾之，纳于土官”④。金沙江滇西段沙金从何而来？追根溯源，是从金沙江诸条支流冲刷而来的。木氏土司在北线征服了宝山、奉科等地后，无疑已知道木里一带有着更为丰富的矿产资源，才雄心勃勃地进攻鼠罗地区。中甸东面大雪

---

① 段鹏瑞编：宣统《盐井乡土志·源流》，中国地方志集成编辑委员会编：《中国地方志集成·西藏府县志辑》，江苏古籍出版社 1995 年版，第 409 页。

② 马鹏程、王富东等：《四川木里博念沟金矿地质特征及找矿预测》，《金属矿山》2018 年第 10 期。

③ （元）孛兰脱等撰，赵万里辑：《元一统志（下）》，中华书局 1966 年版，第 560—561 页。

④ （明）谢肇淛：《滇略》，方国瑜主编：《云南史料丛刊·第 6 卷》，云南大学出版社 2001 年版，第 689 页。

山与水洛（鼠罗）、理塘二河分水岭之间为鼠罗地域，“三江口”区域即为明代文献中记载的鼠罗区域。①

“天顺十六年（1462），得胜剌宝鲁普瓦寨、鼠罗你罗占普瓦寨。”②木氏土司开启征服鼠罗地区的行动。成化二十三年（1487），鼠罗土司侵入木氏土司辖境的丽江宝山州白甸（今迪庆三坝乡白地），木泰土司为边境安宁，亲率军队战于哈巴江口（今丽江大具渡口），得胜，将鼠罗兵逼至可琮（今迪庆香格里拉市洛吉乡壳租村），鼠罗土司兵败，吾牙（今木里俄亚大村）等寨臣服木氏土司。为维持对鼠罗地区的控制权，木氏历代土司不断加强对这个区域的经营管理，数次征伐鼠罗。正德三年（1508），木定“得胜鼠罗长安寨”③，嘉靖十五年（1536），木公“得胜鼠罗铁柱寨、乡押寨”④，嘉靖三十三年（1554），木高“得胜建立鼠罗那天水寨，立各以下归服”⑤，木旺在“万历十年（1582）永宁会五所兵，毁伤鼠罗村寨二十七处……本年八月亲领大兵，分军而进，前至鼠罗、导立、左所，约领众兵转营，杀溃解围”⑥，万历二十九年（1601），木增在“鼠罗杀叛，得胜”。鼠罗地区是木氏土司用兵最多的地区，纵观《木氏宦谱》，记载便有20余次。从中可以看出，矿产资源是封建时代极为重要的社会财富，是影响政权稳定的重要因素。

（二）垦殖在“黄金世界”的俄亚大寨

四川省木里县俄亚纳西族乡，与云南省香格里拉市隔山相连，与丽江市隔金沙江相望。俄亚现有纳西族人口3000余人，皆是明代木氏土司派来移民垦殖人口的后裔。俄亚大寨是“三江口”地区最具特色的淘金村，时

---

① 潘发生：《丽江木氏土司向康藏扩充势力始末》，《西藏研究》1999年第2期。

② 《木氏宦谱（乙种本）》，郭大烈主编：《中国少数民族大辞典·纳西族卷》，广西民族出版社2002年版，第553页。

③ 《木氏宦谱（乙种本）》，郭大烈主编：《中国少数民族大辞典·纳西族卷》，广西民族出版社2002年版，第553页。

④ 《木氏宦谱（乙种本）》，郭大烈主编：《中国少数民族大辞典·纳西族卷》，广西民族出版社2002年版，第554页。

⑤ 《木氏宦谱（乙种本）》，郭大烈主编：《中国少数民族大辞典·纳西族卷》，广西民族出版社2002年版，第553页。

⑥ 《木氏宦谱（乙种本）》，郭大烈主编：《中国少数民族大辞典·纳西族卷》，广西民族出版社2002年版，第554页。

至今日一直延续着淘金的传统。1981 年，刘尧汉、宋兆麟、严汝娴等曾到俄亚考察，宋兆麟回忆："过去，到了农闲时期，许多男子成群结队去挖金，有单人干的，也有若干人合伙挖金的，地点大多在金沙江、冲天河和龙达河两岸。"①《俄亚、白地东巴文化调查研究》一书述及近年俄亚黄金开采情况，"俄亚的经济是典型的农业经济，没有工业，手工业有铸铁(犁铧)、淘金、织布"，"苏达村收入较高，该村全村挖金，小伙子都不在家，一家几个人分别参加几伙，十一月上山，四月下山，在龙达河中上游挖金。2008 年每公斤黄金 19 万元，苏达村年产黄金几十斤……""从俄日到大村的途中，我们在路旁有一些用荆棘封口的土洞，这是以前挖金留下地，封以荆棘是怕牲口跑进去。在大村河滩上，有一处淘金的工地。一个很深的坑，一部柴油抽水机，坑里的泥沙用畚箕提上来，在木槽里冲洗。……俄亚小学的教导主任，去年挖了十多斤金子。"②

木氏土司每征服一个区域，就要稳固征服区的基层社会组织，迁徙一定数量的纳西族人前来实边。今天的俄亚纳西族人认为自己的祖先是木氏土司派来移民垦殖的，当前学界也基本认同这个推断。洛克说："这些纳西人大都是明朝木增统治时期（1587—1646）防守在这个区域的纳西士兵的后裔。"③ 刘龙初先生也持同样的观点："俄亚乡扼守金沙江、冲天河和东义河要冲，是进兵宁蒗、木里、盐源的战略要地。丽江木氏土司可能派兵在这里驻守，或实行移民戍边。我们推测，俄亚纳西族祖先瓦赫嘎加可能是丽江木土司派驻这里的一个头目，由他来管辖这块地方。"④ 李静生、喻遂生等学者也认同这个观点。⑤ 更有学者通过考察今天俄亚大村的聚落特点，认为俄亚大村是因矿而兴的纳西族村寨，"一般为木石结构的土笋房，以块石砌墙，用木柱支撑。房屋一般为三层，最底下一层是畜圈，中间一层为主屋，卧室、粮仓均在这一层，最高一层为草楼和黏土晒坝。村

① 宋明：《俄亚纳西古寨："木天王"留下的淘金工棚》，《中国民族报》2016 年 4 月 1 日，第 10 版。

② 喻遂生等：《俄亚、白地东巴文化调查研究》，中国社会科学出版社 2016 年版，第 71—75 页。

③ 洛克：《中国西南的古纳西王国》，云南美术出版社 1999 年版，第 278 页。

④ 刘龙初：《四川木里藏族自治区俄亚乡纳西族调查报告》，四川省编辑组、《中国少数民族社会历史调查资料丛刊》修订编辑委员会：《四川省纳西族社会历史调查》，民族出版社 2009 年版，第 76 页。

⑤ 喻遂生等：《俄亚、白地东巴文化调查研究》，中国社会科学出版社 2016 年版，第 68 页。

里的房屋集中在一起，户与户相通，远远望去，鳞次栉比，村中的街道宽约两米，像迷宫一样”①。俄亚大村的建筑和西藏盐井纳西人的建筑很相似，呈现出原始工区建筑的特点。

综上所述，木氏土司基于稳固、扩展政权，获取维持其统治所需的各种资源，不断扩展其势力范围，为了更好地经营管理征服区、开发利用资源，完善基层社会组织，推行移民实边。木氏土司有效的行政管理政策，更大限度地促进了其对资源的开发利用，改变了区域的聚落、人口分布和资源转移路线。

（本文原刊于《北方民族大学学报》2020 年第 2 期）

① 宋明：《俄亚纳西古寨：“木天王”留下的淘金工棚》，《中国民族报》2016 年 4 月 1 日，第 10 版。

捞铁砂：安徽大别山区铁砂矿资源开发利用史

王　旭　陈航杰*

（扬州大学社会发展学院，江苏扬州　225002）

摘要：安徽大别山区河流铁砂矿开发与利用的历史大致可以上推至清嘉道年间，清末已有一些“官督商办”的公司在此收买铁砂、生铁贩运出口。民国时期，开发有所深入，销售区域扩展到周边诸省，但产量仍没有质的突破，这与其淘炼技术低下、交通不便、原料供应不足等因素相关。由于近代“利权”意识的觉醒，对于铁砂矿的开发从一开始就存在中外势力的“冲突”。1937 年以后，安徽大别山区被分割为国统区和沦陷区，中日对于铁砂资源的争夺随之升级。中华人民共和国成立之后，对于铁砂矿的开发存在三个高峰期：一是 1958 年前后的大炼钢时期；二是改革开放之初，扶持乡镇企业发展时期；三是 20 世纪 90 年代洪涝灾害时期。大约以新千年为界，政府及民众对淘炼铁砂所引起的环境问题有着不同的认识。

关键词：大别山；皖西地区；铁砂矿；开发与利用；生态环境

大别山区位于皖、鄂、豫三省交界地带，主体山脉在安徽省西部，包括今六安、霍山、舒城、霍邱、金寨，以及安庆、太湖、桐城、宿松、岳西、潜山等县市。地貌以山地丘陵为主，地势西高东低，中高南北低，矿产资源丰富。在此地区的淠、史、杭埠等河流的河床中，蕴藏着丰富的河砂资源，此外还有一定数量的磁铁矿、金红石、钛铁矿、赤铁矿及锆英石等资源，统称为大别山铁砂。这些铁砂资源是大别山脉的鸡窝矿经长年风

---

* 作者简介：王旭，扬州大学社会发展学院讲师；陈航杰，扬州大学社会发展学院中国史硕士研究生。

化后，由雨水冲刷入河床而形成的外生矿，为今天安徽大别山区发展工矿业的重要资源。其藏量，据地质部门勘探，仅六安地区淠河流域上自霍、金两县、东西淠水源头，下至马头集段，就达300多万吨，实际储量应该更高。铁砂含铁品位较高，大多都在60%以上，开采条件便利。

对于这一资源的研究目前主要见于一些地质学、矿物学、化学工业方面的成果①，而从长时段历史学角度对其开发和利用情况进行的研究目前还未见专文。作为一种较为重要的矿产资源，政府和民众对其认识、开发和利用存在一个长时段的变化过程，地方志书在叙述该资源时无不突出“历史悠久”的传统，但对其细节却语焉不详，使我们无法形成全面的认识。基于这一不足，本文拟对清代以来的开发和利用情况进行一番梳理。不当之处，尚祈方家指正。

一　清代对铁砂的初步开发与利用

大别山区利用铁砂的历史，一些地方志书追溯到秦汉时期，甚至更早。如《安徽省志·轻工业志》载：“汉代，今安徽金寨、舒城等8县境内已能以铁砂、木炭炼取土铁。”又《安徽省志·地质矿产志》称：“早在西周、战国和秦汉时期，境内长江沿岸的铜官山、贵池等地即已炼铜、铁以及大别山区史河、淠河的铁砂，唐宋年间尤盛。”② 然而这些说法都没有相关证据，不太可靠。就笔者目力所及，该地区淘炼铁砂最早的记载出自光绪《霍山县志》卷二《地理志下·物产》：

> 嘉、道间，有人于漫水河采收金沙，居民淘取如铁沙之法，尽一

---

① 田炳烈：《安徽大别山六安区淠河、杭埠河、太湖宿松区太湖河（长河）、二郎河冲积层中重砂的初步调查》，《合肥工业大学学报》1960年第8期；周作平：《论大别山铁砂资源的开发利用》，《安徽科技》1989年第5期；吴存运：《利用大别山铁砂生产优质铁精矿的实践》，《矿产综合利用》1990年第5期；金卓仁：《铁砂的综合利用》，《安徽化工》1993年第1期；金卓仁：《从低品位钛铁矿中制取钛酸钡》，《安徽化工》1993年第3期；赵福安：《大别山铁砂用于马钢炼铁生产的探讨》，《马钢技术》1994年第3期；常前发：《超纯铁精矿的选矿工艺及其开发利用的有效途径》，《金属矿山》1997年第12期。

② 安徽省地方志编纂委员会编：《安徽省志·轻工业志》，方志出版社1998年版，第276页；安徽省地方志编纂委员会编：《安徽省志·地质矿产志》，安徽人民出版社1993年版，第297页。

日之力，售值不满百文，以故淘者少，未详熔炼成色何。①

漫水河是东淠河的西源头，系淠河主源流。霍山县民众借鉴“铁沙之法”以“采收金沙”，说明淘铁砂之法在当时已被地方民众所熟知。同属大别山区的河南信阳县，其淘炼铁砂的历史差不多可以推至道光年间，民国《重修信阳县志》卷十二《食货三·物产》载：“道光初，有粤人居西双河，见沙中蕴铁甚富，始教人淘炼之法，创设铁锅各厂。”② 较之霍山县略晚，这应是因为古代山区交通不便，技术的传播不能像今天这样迅速，信阳、霍山虽同属大别山区，但对淘沙冶炼技术的掌握时间还是有早晚之分。这似乎也说明，对于该资源的利用和技术的掌握，在大别山区存在一个由南向北传播的过程。综上所述，笔者认为将安徽大别山区淘炼铁砂的历史定在清中期比较合适。但是要说当时已经出现了大规模的淘炼，似乎不太可能。光绪《霍山县志》“物产”条又载：

> 矿务自明季扰乱，惩羹（炊）〔吹〕虀，悬为厉禁，士大夫相戒，莫敢置喙者二三百年，自海禁大开，忧时者见泰西诸国往往于矿极意经营，不得不倡开采之议……惟邑西仙人冲口旧有矿坑，前明禁碑尚存，南岳山口亦以有矿封禁。③

所谓“明季扰乱”，当是指万历年间由于中央政府派遣宦官四处开矿而激起民变。④ 实际上，当时不仅是政府试图掠夺矿产资源，受到“弛禁”政策的影响，当地“奸邪之徒”乘时盗采的情况也十分严重。万历重修《六安州志》卷四《秩官志·矿防》就载：“六安所属霍山县及凤阳府之霍丘县境内矿山在焉，奸民射利，盗采矿砂，贻害地方，巡山官军日久玩

① 光绪《霍山县志》，《中国地方志集成·安徽府县志辑 13》，江苏古籍出版社 1998 年版，第 58 页。

② （民国）陈善同等：《重修信阳县志》，中国方志丛书·华北地方·第 121 号，成文出版社 1968 年影印本，第 550 页。

③ 光绪《霍山县志》，《中国地方志集成·安徽府县志辑 13》，江苏古籍出版社 1998 年版，第 58 页。

④ 李鹗荣、李仲均：《中国历代矿政史概述（下）》，《河北地质学院学报》1991 年第 3 期。

惕。"① 万历三年（1575）颖州兵备佥事聂廷璧请设把总一员，驻扎于麻埠镇，弹压盗采之乱，但效果并不明显，"山民顽梗，恐非武弁所能服也"。入清以后，鉴于明代开矿致乱的教训，对矿务以"禁采"为主，这也导致当地人"莫敢置喙者二三百年"。清后期，"海禁大开"（鸦片战争之后），帝国主义侵略者开始染指矿产，"于矿极意经营"，迫于外部压力，才有了开采之议。19 世纪末 20 世纪初，在帝国主义疯狂掠夺矿产资源的严峻形势下，安徽掀起了第一次"办矿热"，仅甲午战争至辛亥革命期间，由民族资本创办的矿业公司就达 23 家，领有矿区 32 区②，对于铁砂矿的开发和利用当是在这一背景下兴起的。

目前记载清代安徽大别山区铁砂矿利用的材料并不多，仅见两条，且都出自晚清。其一是光绪三十一年（1905）《霍山县志》卷二《地理志下·物产》：

> 按旧志（乾隆《霍山县志》），明万历间，千户王遇桂希珰旨，兴六、霍开矿之议，州绅何庆元上书沈蛟门阁学，力陈其害，事乃寝，又谓宇内矿山多在南服，大江而北矿闻者绝少，地之所限，不可强此，则有为言之非确论。铜锡旧无传说，铁矿所在多有，但识其苗者尚少，境内所出皆淘沙熔炼而成，其溶冶之法，先以高炉煽沙化汁，倾出成瓦，为生铁，用以铸造钟磬锅罐农具等器，生者再入地炉沙炼，即成熟铁，钢则购自芜湖及外洋，土人无能制造者。泰西炼钢法极简易，以生熟铁相间，合以炭养，倍如火力炼之即成。新译西书具有其法，能仿行之，利必倍徙。惟铁质颇佳，州下多喜购用，因河道浅塞、簰运维艰，成本既重，故出境者无几。③

其二是出自冯煦、陈师礼修纂《皖政辑要》卷九十《农工商科·矿务》所附"铁砂"条：

① 万历《六安州志》，日本藏中国罕见地方志丛刊，书目文献出版社 1991 年版，第 540 页。
② 王鹤鸣、施立业：《安徽近代经济轨迹》，安徽人民出版社 1991 年版，第 393 页。
③ 光绪《霍山县志》，《中国地方志集成·安徽府县志辑 13》，江苏古籍出版社 1998 年版，第 59 页。

> 又，潜、太两县沿山河内向产铁砂，无业贫民私行淘炼，本干例禁。光绪二十三年，巡抚邓华熙委员会县查勘，出示弛禁，招商试办。旋据太湖县绅士王述祖等禀请集股开办同益公司，于两县出铁通筏之乡，设立总栈分栈，就地收买转运出口。拟定章程，各炉户均须赴公司报名，汇册呈送商务总局，核给执照（缴照费银一两一钱）。按年更换，不准私开。每炉一座约出铁八百石，照二厘核扣，酌抽铁十六石，由公司收齐变价解缴（作价二十两）。出口税银每石五分，归经过首卡征收，外加落地税银二分五厘。为通行安徽境内税则，并推广桐、舒、六、霍四州县，一律仿照办理。于二十四年奏准立案。查北方河内多产沙金，其出产最旺之处，近山必有金矿。今潜、太各邑既产铁砂，附近各山必有铁矿可知。兹特附志，以备参考。①

分析上述两条材料，大致可对晚清大别山区铁砂矿的开发与利用情况有一个初步的了解。由材料一可知，当时炼制铁砂矿普遍采用的是传统方法，即“先以高炉煽沙化汁，倾出成瓦为生铁”，“生者再入地炉沙炼，即成熟铁”，尚未采用新式炼钢法，所以不能炼钢，不过所炼铁器质量“颇佳”，可用于铸造日常的锅罐器具和农具，颇受当地人欢迎。然而由于交通不便、运输成本过高等劣势，基本上不外销，“出境者无几”。由材料二可知，光绪二十三年（1897）以前，私淘私炼为官方禁止，但对于当时面临“内忧外患”的晚清政府来说，禁令难以贯彻，仍有大量“无业贫民”从事此业。光绪二十四年（1898），政府采取有条件的“弛禁”政策：一方面仍然禁止民众“私开”；另一方面又采取“官督商办”的方式积极开发。在国家政策引导下，太湖县乡绅王述祖等集股开办了同益公司，“于两县出铁通筏之乡，设立总栈分栈”，收购潜山、太湖两县所炼之铁“转运出口”，政府在办理执照、出铁、出口等步骤上抽取税银，其税则后成为通例，推广到桐城、舒城、六安、霍山等地。总体来看，材料一说在霍山县“识其苗者尚少”，材料二最后推测“附近各山必有铁矿可知”，说明政府当时对大别山铁矿资源的开发，尚未涉及矿山，河流中的铁砂矿应是

---

① （清）冯煦主修，（清）陈师礼总纂：《皖政辑要》，黄山书社 2005 年版，第 845 页。

他们开发的重点。

但是两则材料所呈现的情况又有所“矛盾”，材料一说当地所炼之铁“出境者无几”，而材料二却说收买之铁“转运出口”。光绪《霍山县志》成书于1905年，晚于太湖同益公司开办的光绪二十三年（1897），不过对于地方志所记述事件的年代我们还是得谨慎，由于史料来源庞杂且很多是抄袭自前代志书，故所述炼制铁砂的情况并不一定就是成书年代的。不过大致可以明确的是，19世纪末20世纪初，对于铁砂炼制品的销售存在“内外”之别。笔者认为造成差异的原因有三：第一，开发者不同。材料一的开发者是地方民众，即材料二所说的“无业贫民”，他们往往是迫于生计才淘炼铁砂，这决定了开发规模不会很大，而材料二的开发者是政府和地方绅商，他们的开发掺杂了谋取商利和“爱国”的思想。较之前者，后者不仅有政策方面的支持，还有较为充足的资金，这在很大程度上解决了运输成本过高的问题。第二，利用方式不同。地方民众淘炼铁砂多是用以“铸造钟磬锅罐农具等器”，原料为“生铁”，由于冶炼规模不大且多为日用品，故大多可以在附近的地区销售完，无需出境。而“官督商办”的企业并不直接参与淘炼，而是起到转运的作用，且收买的为质量较好的“熟铁”，面向国际市场销售。第三，地理条件不同。霍山、潜山、太湖三县虽然都位于大别山区，但微地形和交通条件存在较大差别。具体来说，霍山县地处大别山腹地，淠河上游，从流域地理的角度看，属淮河水系。而潜山、太湖两县则位于大别山区边缘，地形较为平坦，潜水、皖水、后部河等河流连接长江，水运条件较霍山县要好。1887年，根据《烟台条约》的规定，芜湖被辟为通商口岸，第二年又设海关、租界。芜湖的开埠使得安徽省被卷入资本主义世界市场经济体系，逐渐沦为西方列强的产品倾销地和原料供应地，铁砂当然也是他们攫夺的重要资源。潜山、太湖所炼之铁可以沿长江水道贩运至芜湖进行销售，而霍山县却没有这样的优势，这应是两地销售范围存在差异的主要原因。另外，据虞和寅1915年对霍山金家寨的调查，光绪二十九年（1903）在其船坊街已经出现了铁棚，由商城人李某所创，所炼之铁由中兴和铁局贩运到外省。[①] 这大致说明六安地区对于铁砂的大规模开发应是受到河南的影响，而非安庆地区，其进

① 虞和寅：《安徽六安县金家寨一带铁砂调查报告书》，《农商公报》第11卷第10期。

程也比南部地区稍晚一些。

综上所述，笔者认为晚清时期安徽大别山区已经普遍受到资本主义世界市场体系的影响，对于铁砂矿的利用也呈现出“由内向外”“由少到多”“由私采向官办”转变的趋势。当然，这种影响存在着地域差异，表现出由南向北扩展的趋势，即先是长江流域的太湖、潜山等地，再是淮河流域的霍山、六安等地。材料二最后说，将潜、太两县税收例则推广到“桐、舒、六、霍四州县”即是这种扩展趋势的体现。

二 民国时期的开发及各方势力的争夺

辛亥革命推翻了清廷的统治，为民族资产阶级的发展提供了契机。1914年，北洋政府农商部颁布了《矿业注册条例》《中华民国矿业条例》《矿业条例施行细则》等一系列法律法规，为工矿业的发展提供了一些优惠政策，加之1914年第一次世界大战爆发，西方列强忙于战争，减轻了对中国民族资本主义发展的压力。大战期间，国际钢铁价格上涨，也在很大程度上刺激了国内矿业的发展。时人云：“惟在此以前三四年间，国内矿床之探索，日有发现，内外矿商之投资，日见踊跃，各地矿厂之产额，亦年有增加。”① 铁砂矿作为一种开采便利和成本低廉的资源，开发也随之升级。如在潜山县，民国六年（1917）《潜山物产调查记》载：

> 土中之铁砂每随水流沉河底，居民淘之，铁炉铸之，是名生铁。邑之北部有铁炉六所，亦可见其出铁之富也。②

又民国九年（1920）《潜山县志》卷四《食货志·物产》载：

> 矿产以铁为大宗，山洪涨后，泥沙满河，土人淘取铁沙，就山建炉冶之，业此者甚众，其法置沙洪炉，倾汁为瓦，制成铁块，或铸造

① 秦孝仪：《十年来之中国经济建设》第2章《实业》第5节《矿业（上）：矿业行政及其发展实况》，（台北）中国国民党中央委员会党史委员会藏本，1976年，第48页。

② 《潜山物产调查记》，《安徽实业杂志续刊》1917年第4期。

锅罐并各种用具，运输出境，岁计巨万焉。①

与晚清“无业贫民”私淘的情况不同，这一时期“业此者甚众”，炼铁炉数量较多，仅县北一带就有六处。就其炼制品来说，除了用以制造“锅罐”等器具的生铁外，还有“铁块（熟铁）”，又称方铁、沙铁，呈方形，大体长四寸、阔一寸、后八九分，多用以出口外销。就其销售规模来说，“运输出境，岁计巨万”。

较之晚清时期已有较大的发展，俨然成了当地的重要产业。不过对于这一时期铁砂矿的开采和利用情况，这些认识还是过于“粗线条”，下面笔者将主要利用三份材料对其细节进行探析。

第一份是1925年虞和寅在《农商公报》第11卷第10期上刊登的《安徽六安县金家寨一带铁砂调查报告书》（以下简称《报告书》），这份调查报告其实早在十年以前就已经完成，在1915年第53期《安徽公报》中就有这次调查的批文，载：“批矿科技术员虞和寅详报调查六安金家寨等处铁砂情形，由安徽巡按使公署批。详悉所查金家寨史河所产铁砂淘取融化成铁运售情形颇为详悉，应即存备查考。此批中华民国四年七月日。”《报告书》中也记载：“此次调查日期自民国四年六月九日至同年同月十四日。”由于当时虞和寅的职务为“本部派充安徽财政厅矿务技术员”，且调查是由安徽巡按使公署所批示，所以这次调查具有“官调”性质。他的调查相当全面，《报告书》包括总论、地质及矿床、沿革、淘铁沙法、制炼概论、制铣铁法、制炼铁法、铁棚职工员数、劳动时间及赁金、产铁额及最近五年间之铁价、贩路用途及输出节期、铁棚一年间费用及其利益，运费及厘金矿税等内容。

第二份是1920年陶平叔在《实业杂志》第37期上刊发的《安徽沙铁采炼法》（以下简称《采炼法》），该文主要对沙铁制法以及运输方法进行了论述，但实际涉及的内容颇为丰富。文章同时又在《中华工程师学会会报》1920年第7卷第11期以及《江苏实业月志》1921年第30期上刊登，可能在当时影响较大。作者陶平叔（1895—1981）为江苏无锡人，1912年

① （民国）刘廷凤纂，王用霖、吴兰生修：《民国潜山县志》，《中国地方志集成·安徽府县志辑17》，江苏古籍出版社，第79页。

毕业于南洋公学，1918 年毕业于日本国立东京工业大学纺织科，曾在浙江省立工业专科学校、中央纺织染工程研究所等机构任职。1949 年后历任南通纺织学院、交通大学、华东纺织工学院教授。[①]

第三份是 1920 年李少穆在《新青年》第 7 卷第 6 号“‘劳动节纪念号’：走进工人”中刊发的《皖豫鄂浙冶铁工人状况》（以下简称《状况》），此文主要关注的是从事铁砂淘取、冶炼、运输的工人及炭户的相关情况。作者李少穆曾是陈独秀所办《劳动界》的主要编辑人员，发表了《女工与育婴堂》等文，该刊是上海最早创办的向工人阶级宣传马列主义，引导工人运动的刊物，后又在 1922 年翻译了安利科·马赉特斯太的《两个工人谈话》。[②]

综合运用这三份材料，能够较全面地探析当时铁砂矿的开发和利用情况。因为它们具有如下特点：第一，时间上的连贯性。《状况》虽发表于 1920 年，但文中有“记者当欧战方殷之时，曾作多次调查”这样的文字，说明调查进行了多次，时间跨度较长。而《报告书》完成于 1915 年，《采炼法》发表于 1920 年，大体上能反映出辛亥革命以后大约十年的情况。第二，空间上的差异性。《报告书》的调查地点是六安金家寨（今金寨县城），位于皖西北，属淠河（淮河）水系。而《采炼法》主要是以安庆潜山县一带为叙述对象，位于皖西南，属于潜水、皖水（长江）水系。一南一北，再结合全面调查性质的《状况》，能比较全面地反映当时整个安徽大别山区的情况。第三，调查者的身份不同。虞和寅是政府工作人员，故《报告书》具有“官调”性质，而《采炼法》和《状况》则为“民调”性质，且《状况》的作者为共产党人，而另两文的作者为国民党人，这些差异使其观察视角更加多样化。第四，调查的对象存在差别。《报告书》和《采炼法》较多关注的是铁砂本身，其目的是鼓励开发和利用此资源，而《状况》则主要关注的是“人”，即劳动者的生活状况。相关情况可分述如下：

---

① 《上海高等教育系统教授录》编委会编：《上海高等教育系统教授录》，华东师范大学出版社 1988 年版，第 406 页。

② 许力以主编：《中国出版百科全书》，书海出版社 1998 年版，第 619—620 页；田子渝、蔡丽、徐方平、李良明：《马克思主义在中国初期传播史（1918—1922）》，学习出版社 2012 年版，第 503 页。

（一）产地

具体的产区及其数量今已难以统计，不过诸县均有之确是事实。《状况》载："统计记者亲身所到之处，如安徽潜山县前后河，有土炉四十座；太湖县店前河一带，有二十座；英山县有十五座；霍山县头陀河至诸佛庵一带，有三十座；舒城县晓天至下浒山一带有二十座；桐城与舒城交界之处，有十座；六安毛坦厂一带，有二十座；河南省商城与固始两县之官畈、桐香树、银山畈各处，有七十座；湖北之罗田、麻城两处，亦有三十座……"产地几乎遍及整个大别山区的皖、豫、鄂诸县。可见随着淘炼铁砂技术的传播，凡河流流经县区，都可能成为铁砂产地。如金家寨一带，"铁棚林立，不遑枚举……调查所知者言之，其三十有三。计在商城境内者二十三棚，在六安县境内者一棚，在固始县境内者九棚"这些铁棚"距离自二三里以至三四十里不等，各于其地收买邻近土人淘得之铁砂及所产之栗材，以供化炼之用"。总之，当时整个大别山区对此资源的利用和开发已经相当普遍。

（二）生产者及经营者

生产者根据分工不同可细分为淘砂、冶炼和运输者。淘铁砂之人俱为附近贫民，"散在各处，为数甚多。就金家寨一处而论，约有二三十人"，"每日每班淘工，可洗得净砂一担。一班计三人，……每炉一昼夜须用砂十二担，约有淘工三十六人。统计约有一万五千人"。仅就《状况》统计的二百九十座土炉，"有此项手工业者，约四千人"。平均下来，每一座土炉需要约十四个淘砂工。冶炼工根据所从事的工作不同还可以细分。一般情况下，一座土炉需用十二人，用炉司正副二人，掌钳二人，打鎚四人，拉箱二人，打杂二人。不过，十二人之数也并非通例，会随着炼炉的大小而增减，称呼也存在一些差异。在潜山一带，一炉只有七人，其中工头二人、工人五人。在金家寨一带，船坊街中兴和铁局内除职员自经理以下六人外，高炉有风箱夫四人（昼夜各二人）、装料及出铁夫二人（昼夜各一人），共六人；低炉有风箱夫一人、炒铁一人、铗铁夫二人、鎚铁夫四人，共八人。整个铁局大约是二十人左右，这应是当时铁棚的正常规模。

由于大别山区炼制铁砂多用木炭，故在淘工、炼工之外，还有炭户，人数也相当多。据《调查》载，一炉“每二十四小时，须用（炭）三十担。每担售钱五六百文不等。此种炭窑，全在高山峻岭，人迹罕到之区，故送炭夫每日竟有往返一次者，约计此项运夫，亦不在万人以下”。这些炭户不仅要烧制木炭，还要负责将木炭运送到冶炼处。另有运铁者，其数亦不可胜计，《状况》载：“均平每炉至少须雇三十人运送，故照上列二百九十家，即须有运送夫万人左右。”铁砂矿的开发将原来大多是从事农业生产的农民吸纳为淘工、炼工、炭夫、运夫，解决了不少人的生计问题。无怪乎虞和寅在《报告书》中说，“惟今年百物腾贵，贫民每日非二百文不能度生”，建议“多设铁棚”，认为“其有造于贫民，实非浅鲜，盖一铁棚足养贫民百余口”。

铁棚经营者多为当地绅商，且业主更易频繁。以船坊街（金家寨北三里）某棚为例，清光绪二十九年（1903）由商城县李某创设，三十一年（1905）由相长发接办，三十四年（1908）年复由胡宝文接办，胡商接办一年即行闭歇，后又由张墨青继续开办，即为中兴和铁局，其资本金约六七百元。在短短六年之里，四易业主，究其原因，是因为这些铁棚大多为私人开办，规模小、经济力量薄弱、技术不足，非常容易受到社会局势、国家政策、自然环境等因素的影响。

（三）产量

由于采用人工淘砂和土法炼制，故其产量总体来说并不高。首先看淘砂情况，在金家寨一带，“一人一日间平均可淘粗铁砂四砂箕……每箕盛铁砂一百二十斤左右”，即每人每天大约可以淘五百斤粗铁砂，如以纯铁砂计算，“一人一日可淘铁砂百余斤”。由于人均劳动量相对均衡，故推之其他地方的淘砂量也大致如此，不过具体也要视各地区河流铁砂的含铁量而定。

再看产铁量，大体上一座炼炉每年的产量大约是十万斤。在潜山地区，以天来计算，一炉“二十四小时之内可出沙铁八百余斤，所需原料，则铁沙一千四百余斤”，如以年来计算，“每炉一年之中，只工作一百二十天。二十四小时可制成生铁九担，共计产三十一万三千二百担”。以一天二十四小时出铁 800 斤、一年生产 120 天计算，一炉一年的产铁量约为

96000斤。在金家寨一带，“高炉大小种类一昼夜间可出铣铁约一千斤及铁渣四、五百斤，计费铁砂三千斤，栗炭六千斤”。以120天计算，一年产铣铁120000斤、铁渣48000—60000斤，产量大致与潜山地区相同。再如中兴和铁局，有高炉一座（炼制生铁）、低炉两座（炼制熟铁），每年可以制铁十万斤左右，基本体现了当时的平均水平。不过具体到某一铁棚，则有大小之别，在金家寨一带，“本地每年产铁总量未经详细调查，虽不能知其确数，大约一棚每年制铁额自五万斤以至二十万斤不等。俱视年中收买栗木炭之多寡为准，各棚平均计之，一棚每年约制铁八万斤，而金家寨一带三十余棚，每年产铁总额约两百五十万斤，内外当无大差”。

上文说到炼铁以“年中收买栗木炭之多寡为准”，说明产铁量存在时间上的差异，这种差异又可细分为两类：其一是年际上的差异。受气候及降雨量的影响，每年的产铁量并不固定。在潜山地区，“每年销行之额既无统计之可言，又因降雨量及寒暑气候之如何，而每年产额亦随变化无常”。由于河流中的铁砂矿是由上游山脉矿石冲刷而来，而冲刷量又与降雨量相关，故存在年际波动；其二是在一年之内存在月份上的差别。在金家寨地区，产铁以十一、十二、一、二这四个月（120天）间输出最多，“铁棚亦以此时制炼最盛”。秋冬季节河流浅涸，铁砂的淘取比较容易，故制炼也最盛。

（四）工具、设备及相关技术

淘砂用人力，而冶炼均用“土法”，陶平叔称“其制造法传自古，昔由来极久，故方法简陋”。淘铁砂的器具有淘砂铲、砂箕、淘砂槽、淘砂笊、淘砂耜等数种，形制颇为简单。对于淘砂地点的选择，时人已积累了较为丰富的经验，“铁砂常聚积于河之两岸，而在河流之弯曲处沉淀尤易……凡淘铁砂者俱于此等处致意焉”。淘得粗砂后再设铁砂精淘场滤出纯铁砂，其方法是在河流两岸选择适宜位置，堆砂隆起，中设倾斜水道，水道稍高处为流水入口，嵌以淘砂槽，中置粗铁砂，引河流过其上，以淘去砂砾，留取之铁砂即为精砂。随后用淘砂笊“在槽上反复淘汰之，继用淘砂耜淘之如前”，所剩者即为黑色之纯铁砂，可用于炼制生铁，粗砂与纯铁沙的比例大概是4∶1。炼铁的设备和工具有高炉、低炉、风箱、铸铁槽、铁瓢、炒棒、大铁杆、铁铗、铁垫、铁锤等。制炼之法，俱用“间楼炼法”，其程序可分为两段，“先于高炉内入铁砂及木炭（不用溶剂）烧之，溶制铣铁后复于低炉锻之，使成炼铁是也。”高炉、低炉的炼制之法不相同，且各有一套较为严密的工序，此不详述。炼铁的燃料为栗木制成的炭及松木条，运用“间楼炼法”炼制，每一百斤铁大概需六百斤木炭，耗费巨大。

（五）销售范围

销售范围大多为周边省县，有些也远及国外。如在英山县，“土人淘取铁砂，售于炉家，用栗炭溶为铁，有生铁、熟铁二种。生铁可铸锅罐，熟铁可制农器，除供本地用外，亦有出售外县者”①。在舒城县，民国十一年（1922）知事鲍庚《舒城县大概情形》载：“皖中各县，所售之豆腐铁，大半出自舒城。”② 在六安金家寨，所产之铁除在本地销售外，“余俱运至三河尖售与各铁行，复由三河尖运至河南埠、五沟营、周家口（以上在河南省内），颍州、亳州、寿州、怀远（以上在安徽省内）等处，然后由该处分销于河南、安徽、江苏各内地。盖金家寨一带所产炼铁，实以三河尖为聚散之总市场，故该处铁行甚多，其大者则有王益泰、协盛永、公太益、协同栈等数行”。都说明此时所产之铁不限于在本地区销售。

除了分销于周边诸省县外，应还有一部分会出口。《采炼法》中还说：“（沙铁）其大部分运销于九江、安庆、芜湖、大通各地”，这里的“大通”是指铜陵的大通镇，中英《烟台条约》后，与安庆同成为外轮的停泊地点和上下货物的“寄航港”。上述这些地区基本上都是开放之埠或者对外联系较为紧密的通商口岸，帝国主义国家在此设置洋行收购内地物资，沙铁运销至此应多是为了出口。

（六）产销模式以及交通条件

产销模式大致遵循“淘取→土法炼制（铁棚）→集市→府县州城→通商口岸”这样的渠道。据《状况》所载：“至于运送一项，炉主须雇人运

---

① 民国《英山县志》卷8《实业志》，成文出版社1985年版，第541页。

② 舒城县地方志编纂委员会编：《舒城县志》附录《地方重要文献辑录》，黄山书社1995年版，第651—657页。

铁至大镇出卖。最近市场，亦有山路百余里，运送人约需四天始可往返。”较为明晰地展现了“铁棚——集市”这一段的情况，在集市中收买沙铁的是商行，如上述三尖河市的王益泰、协盛永等行。在水网较为密布的地区，多采用水路运输，而在水运不太发达地区，则需雇人挑运到附近的集市。在潜山县一带，“土民均从河中取沙制成沙铁，此项沙铁制成后，则以水吼岭村之街市为市场，凡附近沙铁均集散于此，盖水吼岭四围数十里内之村庄（约在五十以上）均沙铁制产地也……”至于“集市——府州城”这一段的运输情况，后文又叙述到“沙铁集中于水吼领村之后，即用竹筏（长三丈阔九尺）运至石牌（怀宁县城），约程百里，共需二日，每竹筏载三十余担，至石牌后方得改装民船直至安庆，每船约载五百担，需一天。故自水吼岭村至安庆共需三日，至为不便”。据上文所述，可知在金家寨一带，从铁棚运至集市需要两日，而在潜山一带，从集市运送到州城大概需要三日，故在理想的状态下，从冶炼地运送到州城大致需要五日，运输时间较长。至于运输，则多是依赖挑夫、竹筏，效率不高。

（七）工资及销售价格

淘砂售价及炼铁工人的工资，三份文献中的记载存在差别。首先看铁砂售价。《报告书》载“纯铁砂售与铁棚，每斤值钱一文”，《采炼法》载每斤十文左右，而《状况》则说每斤铁砂可售钱五六文。再看炼铁工人的工资。《报告书》载：“高炉工头赁金每日每人三百文，饭费二百五十文，合计五百五十文；低炉工头赁金每日每人一百二十文，饭费三百文，合计四百二十文；高炉职工赁金每日每人一百文，饭费二百五十文，合计三百五十文；低炉职工赁金每日每人六七十文，饭费三百文，合计六百六七十文。”《采炼法》载：“工头，每工八百文；工人，每工四百文。”《状况》载：“炉司正手，每日五百文；炉司副手，每日三百文；掌钳，每日二百六十文；打铁、拉箱、打杂，每日二百文。饭食由炉主供给。”出现这种差异估计跟与各地区经济发展水平有关，大体来说，当时皖西南地区铁砂的价格以及炼工的工资要高于皖西北地区。至于运夫的雇价，据《状况》载：“此辈工价极廉，每担约二百六十文至三百六十文不等，伙食自备。”可能是由于雇价太低，这些挑夫“去则挑铁，回时则为山乡店铺批货挑回”。

铁的售价，目前仅见皖西北地区的数据。《报告书》载："本地现时零售铁价，每炼铁（熟铁）一斤值钱四十四文，至其批发之价，则以三河尖之市价为准。"可列表如下：

表 1　六安三河尖市熟铁批发价变化（1911—1915）

时间	1911	1912	1913	1914	1915
最贵时价值（一万斤/两）	220	230	240	240	260
最贱时价值（一万斤/两）	200	200	220	230	230
年内差价（一万斤/两）	20	30	20	10	30
平均价值（一万斤/两）	210	215	230	235	245
年际增长幅度（一万斤/两）	无	5	15	5	10

熟铁的售价有批发和零售之分，其批发价在一年之中存在浮动，但幅度不太大，每万斤的变化在 30 两以内。1911—1915 五年间，熟铁价格呈上扬趋势，每年以 5—15 两的价格上涨，虞和寅也注意到"近时炼铁销路甚广，价亦逐年腾贵，即倍前产出，亦无滞留之虞"。铁价上涨，所以铁棚也能获得较大的商利，"大约除职工赁金外，其他棚内一切杂费，约需制钱五百千文，而每年出铁十万斤左右，可得利益金七、八百元云"。皖西南地区的铁价目前还未找到相关数据，不过从市场化程度以及铁砂售价、炼工工资的情况看，应该要高于皖西北地区。

铁价虽高、销路虽广，但产量却未能显著提高，甚至还陷入停滞。《报告书》中已经指出了这一现象："然而本地产铁，仅保旧额，不见增加者。"其说法还有一些数据方面的支撑。根据 1941 年《资源委员会季刊》第 1 卷第 1 期所列《中国土法铁矿产量估计表》，可作安徽民国十五年至二十三年（1926—1934）情况表。

表 2　安徽土法铁矿产量估计（1926—1934）

时间	1926		1927		1928		1929		1930		1931		1932		1933		1934	
类型	矿砂	生铁	矿砂	生铁	矿砂	生铁	矿砂	生铁	矿砂	生铁	矿砂	生铁	矿砂	生铁	矿砂	生铁	矿砂	生铁
产量（吨）	6000	2400	6000	2400	6000	2400	5000	1600	5000	1600	5000	1600	5000	1600	5000	1600	5000	1600
总计	8400		8400		8400		6600		6600		6600		6600		6600		6600	

根据表格后面的备注记载，可知安徽的数据是根据立煌、霍山等县情

况得出，由于大别山区在当时尚没有对矿山进行大规模的开采，故所谓“土法铁矿”估计大部分就是指利用河流铁砂所炼之铁。既然是估算，数据当然不会太准确，但仍能反映出当时的历史事实。从1926—1934这九年的数据可以直观地看到，铁的产量不仅没有增加，甚至还有略有下降。虞和寅在《报告书》中对其原因有所分析，认为有二：一是原料供应不足，“本地铁棚制铁，以栗木制成之炭为燃料，而本地附近所产栗木，年有限度，由他处输入，则运费尤昂，即以近年而论，各铁棚因木炭缺乏，时呈停炉之惨状”；二是“食料价值腾贵”。物价过高导致“一人一日平均工价连伙食费在内约需钱四百文内外，而制炼费遂及影响也”，由于山区的物资供应困难，而粮食又难以自给，故“本地年中所产之米，仅足供本地四五月间之需，余俱由他处运来，故米价甚贵，银洋一元，仅贸易中等米八升”。宣统三年（1911）一斗米尚只需五六百文，到了民国四年（1915）则需要一千六百文左右，涨幅达到两倍。

他的分析不无道理，也具有普遍意义，但并不全面。笔者可以补充如下几点原因：第一，抵制铁砂外运运动大大限制了出口（详下论述）。这种抵制使铁砂的淘炼技术长期得不到革新，外资也无法注入。第二，20世纪20年代以后，随着第一次世界大战的结束，国际市场对矿砂、钢铁的需求量下降，国内的生产也随之萎缩。第三，交通条件不便利。关于这一点，前文已有所叙述。《调查书》在“结论”部分中说：“交通自史河顺流而下，水涨时二三日可达三河尖，运输亦非甚难。”但在“交通及附近著名市镇”条中却载：“（金家寨）负山临河，故陆路崎岖，跋涉为艰，所赖以交通者，厥为史河，但史河河床虽广，而倾斜颇大，故水流湍急，易盛易竭，深自一二尺以至四五尺不等，仅浮载重约一万斤之竹筏或木排而已。”由于铁棚距离周边较大的市镇基本上都有一两百里的路程，故所谓“运输亦非甚难”可能只是调查者希望政府增加开发投资而采取的权宜策略。就整个大别山区来说，在现代铁路、公路修建之前，货物的外运大多靠肩挑人扛，有些地区虽有水运，但据前文所述，运铁时节多是秋冬季节，洽是河流枯水期，运力有限。由于交通方面的缺陷，导致地区之间汇兑艰难、通信不易，在潜山一带，“自水吼岭村至安庆共需三日，至为不便，其运费每担须一角五分。且水吼岭村与安庆间汇兑艰难，通信不易，殊足为铁沙业发达之阻碍”。第四，铁砂的炼制大多采用土法，所出“方铁”质量不高，市场竞争力有限。金家寨一带所用“间楼炼法”，容易导致“铁砂中所含铁分损失甚多，是其缺点。盖其一部入于铁渣，其得为铣铁者仅当原料中所含铁分之半数耳”，故大多仅“可供制造农具及家用釜锅刀等之用”。在潜山一带，“所得铁质亦欠纯粹，只足供零星铁器及炼钢等原料”。且河流中的铁砂淘取量存在年际和月际的波动，在尚未使用机械淘取之前，原料的供应难以得到保证。第五，大别山区铁砂的储量虽然不少，但不能与皖南地区的铜官山、桃冲等大型矿山相比，受到的重视不够。《采炼法》载：“幸铁沙之天藏甚富，取之无极，大可利用，以拓财源，故甚望巨大之投资，有以开拓之也”，“尚以科学的方法及较大之资本从事制造，则以如此天富之地，无限之沙，其发展当无限量”。其言下之意是当时该资源尚未得到大规模的投资和开发。第六，政府的盘剥。按照《矿业条例》规定，采取铁砂须缴纳矿区税和矿产税，但在金家寨一带，由于“本地淘取铁砂制炼铁质，向任土人私自采炼，无矿区矿业权等之设立”，故不征收这两种税。但这并不代表政府放弃此项利益，对于厘金的征收仍较重，仅金家寨至三河尖就有四道厘金征收处，每一万斤铁在金家寨厘局要征收八元、孙家沟厘局十元、蒋家集厘局六元、三河尖厘局十二元，共计三十六元。如以每年生产十万斤计算，那么仅厘金一项就要缴纳三百六十元，而据前文所述，一家铁局的资金才六百元左右，年利润七、八百元，也就是说，厘金所收大概是铁局半年的收益。这对于小本经营的私营铁棚来说，无疑是沉重的剥削，严重阻碍了再生产的扩大。

20世纪20年代，铁棚、铁局均为私人开办，尚未出现官办性质的工厂、公司，政府仅收取一些厘金。但至20世纪30年代中期，或迫于财政压力或为了追求利益，官营铁厂成立。《安徽省二十三年度行政成绩报告》载：

> 开办立煌砂铁工厂。立煌特产，素以铁纸茶麻竹木为大宗，惟因设治未久、财力薄弱，对于各种特产工厂，势难同时举办。惟有铁砂工厂设备简单，养人较多，该县拟先筹办。当灾害之余，人民苦困已极，粮食尤感缺乏，政府成立工厂，尽力开发以，则铁砂输出易粮米以输入，周转之间，人民倍受其惠。本年度业由省库拨款二千元，作为工厂开办费，并由匪区善后经费项下划拨五千元，作为流动基金。

> 已于上年十二月正式成立，开工制造。依照原定计划，厂内分设铁砂炉铸锅炉两部，铁砂炉四座，约养淘金贫民三千余人，铸锅炉二座，所有原料以铁砂木炭为主，木炭由山内贫民烧纸，铁砂由附近灾民淘卖，老幼自食其力，远近咸受其惠。①

据上文所述，政府在立煌县开办砂铁工厂，有其客观条件，也有主观需求。就客观条件来说，这里的铁、纸、茶、麻、竹木等资源虽相当丰富，但政府的财力有限，难以做到同时投资，而铁砂工厂设备简单、投资不大，开办起来较为容易。就主观需求来说，此地刚遭受灾害，人民生活极其困难，粮食缺乏，通过开办砂铁工厂一方面可以解决部分民众的生计问题，即“养人较多”；另一方面，又可以用铁砂换取粮米，解决粮食紧缺的问题。不过笔者认为，政府在这一时期开办砂铁工厂，并拨款七千元，或许还有规范当地采炼秩序，改变商办企业资金短缺、技术落后局面，以及谋求商利的考虑。当然，不可否认的是，官办的砂铁工厂与原来就存在的私办铁棚、铁局一同为当地铁砂矿的开发做出了贡献，这一格局一直持续到日本发动全面侵华战争之时。

全面抗战爆发以后，大别山区铁砂矿的开发出现了新的局面。1937 年年底，日军侵入安徽，仅用一年的时间就占领了大部分县市。但从严格意义上讲，安徽属于半沦陷区，日军虽占据了主要城市和交通线，但皖西、皖南的一些地区尚属国民政府控制区。1938 年 1 月，国民政府任命第五战区司令长官李宗仁兼任安徽省政府主席，省政府先迁六安，后又迁往立煌(金寨)。在皖西大别山区，有半沦陷县市，如桐城、怀宁；有小部分沦陷县市，如宿松；还有曾遭敌人骚扰现已完整者，如太湖、潜山、六安、霍邱、立煌、舒城、岳西。② 大别山区由此就被分割为国统区与沦陷区，为了争夺物资，敌我双方的斗争相当激烈。虽然不同阶段有程度上的差异，但双方的指导思想都是统制己方物资，防止流入敌境，同时又极力诱购对方物资。

首先看国民政府方面，他们所控制的地区多为山区，交通不便、工业

① 安徽省政府编：《安徽省二十三年度行政成绩报告》第 4—8 编，1934 年，第 202 页。
② 安徽省档案馆、蚌埠市档案馆编：《日本侵华在安徽的罪行》，未刊本，1995 年，第 1 页。

基础薄弱。虽然全面抗战之初，为了谋求大后方经济的发展，动员沿海工厂内迁，但迁入交通阻塞的大别山区的工厂应该不会太多。为了摆脱物资紧缺的困境，国民政府采取了两方面的措施：一是极力诱购或走私沦陷区的物资；二是努力发展国统区的工业。对于前一措施，由于日方严密的经济封锁，从沦陷区流入国统区的物资应不会很多。仅就最紧缺的粮食来说，“我方各地常有奸民偷运粮食至敌伪地区贩卖，未闻敌方或沦陷区人民，以粮食向我方走私者”①。可见走私活动具有单向性的特征。在这种情况下，发展国统区工业成了国民政府主要的生存途径。就铁砂矿来说，政府采取的措施是开办官营冶铁厂。

> 筹办裕皖冶铁处。本处鉴于史河流域盛产铁砂，根据地尽其利之原则，特筹设裕皖冶铁厂藉供战时军民之需要。爰于三十年（1941）十月十四日派调查员徐枏前往史河调查铁砂及民营冶铁工业情形，并附带勘定厂址。该员于同月二十四日调查蒇事返处，据呈史河铁砂品质既优，产量又大，甚宜积极利用。原有之冶铁厂，为数虽多，但多以资金短绌，生产方法不良，致业务无法进展，深为可惜。关于厂址可设之地甚多，就中以距立煌二十五里之胡店于交通运输上、原料供给上最称便利，拟即以其地为该厂厂址，嗣经技术专员周凌飞于十月三十日复勘，已决定该地为是厂厂址，十一月六日委派郑干夫为该厂筹备员，前往胡店，开始筹备。旋奉会令缓办，当即令饬该员等遵照办理。②

当时国民政府对铁砂资源的开发应该较有效果，民国三十三年（1944）《安徽概览》“建设”条记载了抗日战争时期安徽矿业概况，砂铁产量如下所示：一是太湖各小铁矿，每年总计产量约可得2600担，全用土法采冶；二是立煌史河流域产铁砂，每年产量约可得80000担，全用人工淘冶；三是舒城晓天一带亦产铁砂，每年产量约3560担，人工淘冶；四是霍山淠河两岸产少量铁砂；五是岳西各山各谷河岸等地，全年产铁砂约

---

① 罗浔：《敌伪之粮食管制（1941年2月）》，《档案史料与研究》2001年第2期。

② 《国民政府行政院档案》，中国第二历史档案馆编：《中华民国史档案资料汇编》第5辑第2编“财政经济（五）”，江苏古籍出版社1997年版，第526页。

7284 担。[①] 可见国统区砂铁的产量相当可观，合计约有 95000 担。其中又尤以立煌县史河流域的产量最高，占总量的八成以上，其中应有“裕皖冶铁处”的贡献。

再看日伪方面。随着战线拉长、战争规模不断扩大、战事延宕，日方资源匮乏的劣势逐渐显现了出来。当时不仅侵华日军的军需难以补给，其国内市场的物资也相当匮乏，“原棉和棉布在日本国内市场上脱销，铁‘稀少得像黄金一样’，市面上很难买到一个炒菜用的铁锅”[②]。在这种情况下，他们一方面加强对沦陷区的物资掠夺，如成立华中振兴公司和华中矿业公司全面负责安徽日占区内的矿企，其中华中矿业公司总部设于当涂，直辖铜陵铜官山矿区、马鞍山铁矿区、繁昌桃冲铁矿、当涂太平矿区等多处矿区、矿企，主要掠夺长江沿线的铁矿和铜矿。另一方面还千方百计地从国统区套购走私物资，如 1940 年 8 月 12 日，日军总部对中国派遣军下达“新形势下的基本任务”，提出“鉴于重庆物质方面的战力下降，应重视对敌封锁，同时大力获取敌方之重要物资”[③]。对于日伪方的套购走私行为，国民政府当然也力图阻止，但并不十分有效，日伪政权利用汉奸、奸商及不法之徒，甚至设立专门的“统购”机构，在国统区进行大规模的走私活动，掠夺了大量非占领区的物资。[④]

作为重要的战略物资，铁砂当然也在套购走私之列，国民政府虽然严禁铁砂外运，但相关规定并没有起到应有的效力。更有甚者，军政高层也亲自参与走私，其中以战时曾任安徽省主席的新桂系将领李品仙最为典型，长期进行走私活动。1940 年夏，他正式设立“立煌企业公司”，专门收集内地农产品、矿产品，如棉花、木、茶、麻、桐油、生漆、皮革、铁砂等物资。南面从无为、庐江运到芜湖出售，北面则从正阳关运到蚌埠出售，再从沦陷区购买食盐、香烟、人造丝、棉布、洋酒、日用品、化妆品

① 李品仙署：《安徽概览 · 建设 · 工商矿冶》，1944 年，第 218 页。

② ［美］约翰 · 亨特 · 博伊尔：《中日战争时期的通敌内幕》上册，陈体芳、乐刻等译，郑文华校，商务印书馆 1978 年版，第 194 页。

③ 日本防卫厅战史室编纂，天津市政协编译委员会译校：《日本军国主义侵华资料长编——〈大本营陆军部〉摘译》，四川人民出版社 1987 年版，第 666 页。

④ 齐春风：《中日经济站中的走私活动（1937—1945）》，人民出版社 2002 年版。

等货物，运回内地销售，市场遍及皖豫两省以及西安、老河口、重庆一带。[①] 政府官员尚且走私牟利，民间走私估计更加频繁。

实际上，对于铁砂矿资源的争夺并不仅仅发生在抗日战争时期，早在20世纪初就已经存在，由于绅商群体的崛起和民族意识的觉醒，与外商争权、争矿之事屡有发生，最为著名的就是中英铜官山矿权纠纷案。具体到铁砂资源，在1917年12月11日的《申报》中刊登了这样一则消息：

> 潜山县中实铁砂公司一案，黄省长面嘱晋知事从速查明，陈覆以便核办。

是什么重要的案子需要省长当面嘱咐知事从速查明呢？同月20日的报道中给出了答案，《皖省近事》载：

> 皖省潜山县境，本系崇山峻岭，煤铁等矿林立，素未开采。前有张家杰等在该县组织铁砂公司，近该县公民储春浦（系省议员）等以铁砂关系军用要品，张之公司闻有搀入外股情事，特呈请省公署敕县严禁铁砂外溢，以挽利权，现黄省长已令潜山县知事查复。

中实公司应即张家杰等人开办的铁砂公司，被省议员储春浦等人举报有"搀入外股"之事。然而他们的举报似乎并没有充足的证据，而只是"听说"，但省长还是非常重视，当面"令潜山县知事"复查此事。省政府对此事件的态度一方面说明铁砂一类"军用要品"的开发"忌讳"外资入股，另一方面也从侧面反映出类似的事情可能在当时非常普遍。在邻近的太湖县，1918年5月2日的《申报》上刊登了《敕禁私收铁砂》一文，载：

> 实业厅呈复陆谦，在太湖县后部河一带设炉收买铁砂，确有外资嫌疑，应请严禁，省长令该厅赶速令其撤消，仰仍转行该县知事以后如有似此禀请设炉炼砂者，随时驳阻，以免交涉。

① 洪从恒、李稼蓬、汪斑：《安徽经济社会发展战略研究》，中共中央党校出版社1996年版，第37页；吴怀民：《新桂系在皖的搜刮机构——"安徽省货检处"和"立煌企业公司"》，《安徽文史资料选辑》第1辑，1983年，第113—120页。

同年7月17日：

> 太湖、潜山铁砂近有人盗卖于外人，现被该县绅民查知，已电省长，严行禁止，以免利权外溢。

以上报道中多次提到“利权”，这实际上是一种包裹着政治主权内核的经济独立权诉求。近代中国工矿业的发展与外国势力密不可分，进入民国以后，民族资本和国有资本越来越重视矿业的开发，与此同时，资本主义国家旧有的外商开矿模式无法适应新形势的需求，纷纷改变掠夺模式。如日本商人通过借款办矿、输出技术等方式与矿商签订购砂合同，买断了繁昌、当涂等地的铁矿石，形成长期供应关系。对于外资的注入和外售铁砂之事，官民都是极力反对，但由于民族资本主义的软弱性、妥协性和两面性，作用甚微。

三　中华人民共和国成立之后对铁砂矿的利用及环境影响认知过程

由于前两个阶段的开发，到中华人民共和国成立之初，政府对安徽大别山区铁砂矿资源的基本情况已经有了比较全面的了解。据1951年的《中国土产综览》记载：

> 铁砂
>
> （一）概述：
>
> 本区所产的砂铁，原料是采自各山涧河流中的铁砂所炼裂而成，靠近大别山区各河流中沙滩上，都蕴藏有黑色的铁砂，其产区以六安专区的金寨县为最多，质量以舒城为最好。
>
> （二）产地、产量：
>
> （1）产地：六安专区有东河、西河之分，东河包括霍山县之漫水河、草场河、钱家坪、鹿头石铺、石槽及舒城之晓天等地，西河包括金寨县之齐石冲、流渡礓、麻埠等地。全区东西两河长约130里，南北阔约100里，除此重点外，沿河地区都有蕴藏。安庆专区产在潜山、岳西、太湖、桐城等县。

(2) 产量：根据皖北行署财委会的资料，六安专区之金寨、霍山、舒城战前年产铁约360万斤；锅30万担。安庆专区之太湖、岳西战前年产铁26万斤，锅24万担，合计战前年产铁386万斤，锅54万担。合计现在全区年产铁240万斤，锅50，000担，较战前减产40%强。

(三) 销售地区：

除供本区自需外，方铁与锅尚畅销于鲁南、豫东、苏北等地，南京、无锡、上海亦有行销。

(4) 用途：

(1) 瓦铁：即生铁，铸锅及制农具等用，并可翻砂。

(2) 方铁：即熟铁，制农具（锄、锹、镰等）用，外销以上海为主。

(五) 加工

(1) 瓦铁：将铁砂倒入火炉内，俟溶成液体后，再倒入泥槽（模型）中，冷却后即成，共形似瓦，故名瓦铁。

(2) 方铁：系将瓦铁打碎，置于栗炭火中，烧成团，取出用铁锤锤成小方块，每块二斤。

(3) 铁锅：将瓦铁打碎倒入炭火炉中，熔化后注入锅模中即成，这种方法相沿已久，未谋改进。

(六) 集散地区

安庆专区所产，以安庆、潜山、店前河、衙前、太湖等为集散地。

(七) 价格：

安庆专区所产的方铁，战前每市斤合伪法币一角三分，约折米三斤四两，现在每斤合人民币1000元，折米一斤五两，铁锅战前每担合伪法币二元，约折米500斤，现在每担合人民币14万元，约折米200斤。[①]

与20世纪二三十年代的情况相比，这一时期铁砂的淘炼技术无明显进

① 中国土产公司计划处：《中国土产综览》上册，中国土产公司印行，1951年，第73页。

步，而产量和价值却有所下降。周作平教授曾在《论大别山铁砂资源的开发利用》一文中说："关于大别山铁砂资源的开发利用问题，三十多年来，安徽省科委、冶金厅等有关部门曾会同地、县和一些研究院所、高校做过反复多次的研究探讨，沿河床两岸地方政府和老百姓，也在含铁砂较多的地段，进行简易的淘选或磁选铁砂资源，近年年产已达10万吨左右，主要作为炼铁原料销售。笔者于七十年代初曾参加由省科技局组织的对该项资源开发利用的研讨会。七十年代中期又承担了铁砂经磁选后尾砂的综合利用课题研究工作。"① 该文刊发于1989年，向前推三十多年，即20世纪50年代中后期。根据他的叙述，20世纪50年代以后地方政府和群众仍在持续利用开发铁砂资源，省科委、冶金厅也一直在寻求技术改良，试图进行更合理地开发，但直到20世纪70年代中期，仍未有改观。

不过应该认识到对于铁砂资源的开发并非"均质"的发展过程，中间因人为和自然原因，存在三个高峰期：

第一次是1958年前后的大办钢铁时期。1957年底，中共中央在中国工会第八次代表大会上下达了要在十五年内在钢铁及其他重要工业产品产量上赶超英国的决议，揭开了全国大办钢铁浪潮的序幕。在此背景下，安徽也着力发展钢铁工业，数次修改决议，提高计划指标，提出"小型为主、土法上马、多采多炼、遍地开花，开快车发展钢铁工业""土洋结合、以土为主，大办钢铁工业"等方针和口号。

由于工业基础薄弱、淘炼设施落后，这一时期钢铁的冶炼大多采用"土法"。在缺乏大规模机械设备的情况下，原材料的获取非常艰难，而在大别山区，相比开发困难和投入较大的矿山，河流中铁砂的淘取无疑更加便利，故而成为着力开发的资源。这在一些地方志书中有所记载，如《六安市志》在"大事记"条中载："（1958年）9月，城区干部、居民和在校学生响应党的号召，大办钢铁，利用淠河铁砂，用坩锅和土高炉炼铁。"②《安庆地区志》载："当时的教学，实际是以劳动为主。各校师生都上山砍树烧炭，下河淘铁砂，因而无法上课。"③《霍山县志》载："（1958年）9月1日，寿县3万钢铁大军开进山区炼钢铁，建土高炉300

① 周作平：《论大别山铁砂资源的开发利用》，《安徽科技》1989年第5期。
② 六安市地方志编纂委员会：《六安市志》，江西人民出版社1991年版，第15页。
③ 安庆市地方志编纂委员会编：《安庆地区志》，黄山书社1995年版，第925页。

余座，把从河中淘洗的铁砂装进用粘黄泥做成的高 1.3 市尺，粗 1 市尺，厚 3 分的坩锅里，放在小炉内烧炼，燃料是木炭或柴。全县有 17 万人参加，占全县总人口的 80%，因炉温低，铁砂难以熔化。"① 淘炼铁砂无需复杂的工程设备和技术手段，投入相应的人力即可，与群众性炼钢运动"相得益彰"。

在很多文学作品中，也有这一时期"淘炼铁砂"的记述。如《陈所巨文集》附录四《陈所巨先生创作年表》就载："（1958 年）9 月，桐城掀起'大跃进'、'大炼钢铁'、'大办人民公社'高潮。……其父去三道河淘铁砂、修水库。"② 再如袁家荣在《恒心——一个普通人的故事》一书中叙述道："六安农校在此形式下（"大跃进"）办了两件事：一件是大办钢铁：这样说，学校也办钢铁吗？不，不是学校办钢铁厂，而是学校为钢铁厂提供炼钢的原料——铁砂。那么，学校又为钢厂到哪里去搞铁砂哩？在六安这地方是具备了这个条件，那就是史河，这河里的砂含铁量很大。那又怎样将他搞出呢？这就叫"淘铁砂"，将河里的砂用水淘洗或是冲洗，由于铁重砂轻，这样砂就会被水冲洗走，剩下的黑色砂就是铁砂。学校发动师生，全校出动，师生上阵，一同带着锹、铲、筐、扁担、炊具，到六安城西五里外的窖岗嘴，住下埋锅造饭，师生全动手。为大办钢铁献上一份力量，交上一份铁砂。"③ 这些文学作品语言平实，基本上能反映当时的历史现实，即在国家政策的引导下，淘炼铁砂成为大别山区全民性的运动。

第二次是 20 世纪 90 年代洪涝灾害时期。1991 年，六安地区发生了百年不遇的特大洪涝灾害，农工商业遭受重大损失，为了稳定社会经济局面，政府采取了多种措施，其中之一是大力支持灾民打捞铁砂。据不完全统计，灾后投入捞砂的人数多达 4.25 万人，人均收入为每天 5 元左右。为了更好地支持灾民以副补农，中国人民银行还先后发放 40 万元"四编"企业出口创汇贷款和 150 万元收购铁砂周转金贷款。④ 张希昆等著《中国大洪灾：1991 年中国特大洪涝灾害纪实》中更为详细地描述了灾民淘捞铁

---

① 霍山县地方志编纂委员会编：《霍山县志》，黄山书社 1993 年版，第 291 页。

② 陈所巨：《陈所巨文集》第 7 卷，安徽文艺出版社 2007 年版，第 540 页。

③ 袁家荣：《恒心——一个普通人的故事》，团结出版社 2015 年版，第 55 页。

④ 安徽省金融学会：《安徽金融资料（1991）》，未刊本，第 117 页。

砂的情景：

> 捞黄沙！捞铁砂！史河、灌河、淠河等大河之中，数万名男女老少灾民们站在淹没膝盖的浑浊水中，弯腰弓背地拉动伸入河底的“沙耙子”，来回地拖来拉去，在河里淘“金”。……灾区人民也在寻思着“先进”的自救方法。他们将几十块磁石绑在一块木板上，安上一根长长的绳子，有二三十斤重，在水中来回不停地拖拉，将泥沙中的铁砂吸附到磁石之上。七八十岁的老汉在河中捞铁砂，十一二岁的小姑娘也在河中捞铁砂，青壮汉子也在河中捞铁砂。一个强壮劳力一天能从河中捞出三百多公斤的铁砂，净挣三十元钱，小毛丫头捞上一天也能够挣上几元钱。大人们捞铁砂挣钱重建家园，孩子们捞铁砂挣钱交学费上学。每天从早到晚，五六万人泡在河中捞铁砂，卖给专业户，直接销往合肥，信阳等地，人来人往，热火朝天，场面十分壮观。另外有捞黄沙的大船在河中也忙得不亦乐乎，灾民们把捞出的大沙运往安徽的淮南，阜阴等地去卖，一条船一天的收入，也能养活得了四五户人家。①

由上文可知，洪灾之后，迫于生计，无论男女老少都从事捞铁砂活动，人数、规模远高于其他年份。洪涝与铁砂开采是相互影响的关系：一方面洪水淹没农田民居，沿河群众失去生计来源，不得不另谋生路，而打捞铁砂进行“自救”是较为可行的方式；另一方面，由于河流的铁砂量与当年的降雨量呈正比关系，故洪水所带来的除了“灾难”外，还有比往常年份更多的铁砂资源，这为沿河群众大力淘采创造了客观条件。

第三次是改革开放初期，乡镇企业的发展。所谓乡镇企业是指农村集体经济组织或以农民投资为主，在乡镇开办的各类企业，包括乡镇办企业、村办企业、农民联营合作企业、个体企业等形式。改革开放以后，伴随着自由灵活的经济形势，乡镇企业获得迅速发展。作为重要的地方性资源，这一时期沿河群众开采铁砂的积极性大大提高，产量也成倍增加。陈

① 张希昆、严双军：《中国大洪灾：1991 年中国特大洪涝灾害纪实》，地震出版社 1993 年版，第 435 页。

嘉秀指出："外生矿床主要分布在山地、丘陵区的河道之中，平均含铁量67.7%，这种以铁砂形式出现的铁矿的最大缺点是分散，然而对于发展乡镇企业则颇为合适。"[①]

在舒城县，随着乡镇企业的发展，利用房前宅后闲置用地，发展"庭院经济"的势头不断扩大。沿杭埠河、南港河及山区的其它河流两岸捞黄砂、淘铁砂规模越来越大。[②] 霍山、六安等县，沿河群众下河淘铁砂，仅1984—1987 三年间，就生产铁砂 10 多万吨，产值 760 多万元，收益约 500 万元，出现了 15 家专营铁砂的企业和专业户。[③] 为促进铁砂企业发展，地方政府还在政策、资金上对其进行扶持，如潜山县金融部门为支持山区农民打捞铁砂，向收购单位贷款 150 万元。[④] 企业就近收购铁砂，又进一步激发地方群众淘砂的热情，铁砂产量也节节攀升，如当时霍山县某铁砂开发公司，旺季每天有四、五千人下淠河淘铁砂，强劳力每天可挣十多元，弱劳力也能挣上三四元，易涝的淠河转身一变为"摇钱河"[⑤]。

不过在中华人民共和国成立以后较长的一段时间内，地方政府和民众对淘炼铁砂与环境的关系并没有清晰的认识。表现在两个方面：第一，对于铁砂资源只重开发，而基本没有环境保护的意识。如 1986 年的《安徽经济年鉴》就载："在史河、淠河、杭埠河、百年河、挂车河、潜水等河砂中，尚有铁砂 101.9 万吨（不包括史河储量）；在潜山境内的一些河砂中，尚有钛砂 2.95 万吨，多处品位已达可淘取标准。现在已经开采的矿，规模都较小，今后应有重点的扩大。"[⑥] 由于经济利益的驱使，政府和民众都试图扩大开采量，而对其环境影响并不关注。第二，一段时间内曾流行铁砂矿"取之不尽，用之不竭"的说法。当这种口号性语言出自领导之口或作为决策文件时，往往造成很严重的后果。如《潜山县志》载："皖、潜两水有取之不尽的铁砂、黄沙。铁砂出售，收入颇丰。黄沙年产量十多

---

① 中国科学院南方山区综合科学考察队第一分队：《皖西丘陵山区自然资源及其合理利用》，河南科学技术出版社 1988 年版，第 141 页。

② 陈立人：《安徽省县级综合农业区划要览》，中国科学技术大学出版社 1991 年版，第 281 页。

③ 《安徽经济年鉴》编辑委员会：《安徽经济年鉴》，1987 年，第 195 页。

④ 安徽省科学技术委员会编：《安徽省大别山区综合发展战略》，安徽人民出版社 1988 年版，第 239 页。

⑤ 周曰礼：《农村改革理论与实践》，中共党史出版社 1998 年版，第 490 页。

⑥ 安徽经济年鉴编辑委员会：《安徽经济年鉴》，1986 年，第 6 页。

万吨，远销马鞍山、南京、上海等沿江城市。”[①] 王书明《中国市县经济发展概况》载：“（六安市）高品位的铁砂资源裸露老淠河床面，取之不尽，年产 4 万吨。”[②] 这种错误认识导致铁砂矿的开采完全以经济利益为导向，片面追求产量。

实际上，无节制地开采铁矿对当地环境造成了恶劣的影响。首先是对河流的影响。对河道来说，不合理的采砂容易引起河道河床的剧烈变化，改变水流方向，造成塌岸，威胁堤岸的稳定。对河流动物的生存环境来说，采砂活动破坏了它们的繁殖场、栖息场和索饵场，威胁其栖息、繁殖甚至生存，生物多样性由此减少。此外，采砂活动还对河流水质也有较大的影响。在改革开放之前，机械化采砂尚未普及，人工采砂量有限，对河道的影响尚不十分严重。1958 年“大炼钢铁”时期，为了解决淘砂效率低下的问题，大别山区“发明”了很多简易磁选机（又名铁砂分离机），如手推干式铁砂磁选机、手摇干式铁砂磁选机、手摇慢速湿式磁力选砂机、手摇快速湿式磁力选砂机等[③]，但这些土法的淘砂机仍然需要人力操作，难以称作“机械化”。改革开放以后，机械化采砂才真正在大别山区推广开来，如 1985 年由安徽省六安师范专科学校教师王栋发明的 TCX—300、360 型铁砂采选机，至 1989 年在大别山系河流区域已经有了一千多台，推广非常迅速。相较土法淘砂机，该机是采用磁选原理的小型化铁砂采选设备，便于体力驱动和流动作业，特别适宜乡镇企业和农民副业开采（工业无法开采的）贫瘠（含铁 10%）铁砂矿资源。1985—1988 三年间，在无需国家投资情况下，提供了五百多万吨优质铁精砂，创毛利税（含劳务工资）约两亿元。[④] 可以想见，当时在大别山区类似的小型铁砂采选设备应已普及。由于采用机械化采砂，铁砂的产量也大幅度提高，赵福安指出：“近年来，当地农民为脱贫致富，加速了回收利用铁砂的步伐，回收方法从过去分散的手工捞选到现在集中的机械磁选，产量由每年几百吨增加到

---

① 安徽省潜山县地方志编纂委员会编：《潜山县志》，社会科学文献出版社 1993 年版，第 82 页。

② 王书明：《中国市县经济发展概况》第 2 卷，经济科学出版社 1989 年版，第 159 页。

③ 郦瑞麟：《几种简易磁选机》，摘自徐敏时编《铁砂矿简易磁选机》，冶金工业出版社 1959 年版，第 17—32 页。

④ 中国技术成果大全编辑部：《中国技术成果大全·安徽专辑》1989 年第 20 期，第 155—156 页。

数十万吨，应用上也由过去的小范围发展到大工业使用。”① 对河流生态环境的影响也日益加深。

其次是对植被的影响。改革开放之后淘取的铁砂多作为炼铁原料运送到合肥、马鞍山、南京、上海、济南等地的钢铁厂，由于不在本地冶炼，没有木炭的需求，故对植被的破坏并不十分严重。而在此之前，铁砂要在当地炼制成生铁或熟铁，需要消耗大量的木炭。如民国时期的潜山一带，一座熔炉在一日一夜可出沙铁八百余斤，所需原料为铁沙一千四百余斤及木炭二千八百余斤。② 所耗木炭是出铁量的二至三倍，这些木炭又被称为闷子炭，是用大量的栎类树木烧制而成，出自附近山林，故冶炼砂铁在很大程度上影响了植被覆盖率。中华人民共和国成立以后，烧炭炼铁的情况仍在继续，水土保持方面的专家傅焕光在1952年就已经注意到这一问题，并指出：

> 目前山区副产点护林保土有抵触者述之如下：(1) 铁炉。铁炉的原料为铁砂和木炭。水源上游共有铁炉21处，每炉每次须烧炭4000斤，出铁800斤。常年产量以烧840炉计，共出生铁672000斤，需要木炭336万斤，合生柴3360万斤。如以每立方公尺木材重1680斤计，则铁炉用柴相当于20000立方公尺的材积，这都是采用剔光头式砍伐幼林而得到的。③

由于淘炼技术一直没有得到革新，所以炼铁仍需消耗较多的木炭，生铁与木炭的比例达到近1∶5。烧炭炼铁除了对森林植被造成破坏外，还影响到河道，由于水土流失加剧，河流泥沙量增加，降低了河道的调洪和过水能力，流域的生态系统由此失衡。然而由于当时认识的局限性，傅焕光等学者提出的环境问题以及解决措施并未引起足够的重视。从前文叙述的三次高峰期看，至少在中华人民共和国成立以后的四五十年内，环境保护

① 赵福安：《大别山铁砂用于马钢炼铁生产的探讨》，摘自朱光亚、周光召主编《中国科学技术文库：普通卷（矿业工程、冶金工程）》，科学技术文献出版社1998年版，第1073—1074页。

② 陶平叔：《安徽沙铁采炼法》，《实业杂志》第37期，1920年。

③ 傅焕光：《安徽佛子岭水库上游水源林计划草案（初稿）》，摘自《傅焕光文集》，中国林业出版社2008年版，第328—341页。

并不是铁砂采炼所考虑的因素。以“大炼钢铁”时期为例，据林业部门后来的估算，当年安徽全省被砍伐的树木烧成木炭达到120万吨，遭到毁灭性砍伐的森林面积约500万亩，全省有50万人专门从事砍树，仅六安专区一地就动员近30万人进山伐木。[①] 在金寨县，1958年，三万多名外县人组成“钢铁野战师”，浩浩荡荡地开进山区砍伐林木，烧炭炼铁，导致后来炼铁作坊正常燃料断绝，铁棚关闭。[②]

到了20世纪末，这一情况才开始有所改观。1989年12月26日，在第七届全国人民代表大会常务委员会第十一次会议上通过了《中华人民共和国环境保护法》，对于矿业环境的保护当然也涵盖其中。而早在三年之前，即1986年3月19日，第六届全国人民代表大会常务委员会第十五次会议就修订通过了《中华人民共和国矿产资源法》，随后又在1996年再次进行了修订，并对矿业环境保护作出原则性规定，如其第四章《矿产资源的开采》第三十二条就规定：“开采矿产资源，必须遵守有关环境保护的法律规定，防止污染环境。开采矿产资源，应当节约用地。耕地、草原、林地因采矿受到破坏的，矿山企业应当因地制宜地采取复垦利用、植树种草或者其他利用措施。”这些法律法规的颁布是政府对矿业环境认识不断加深的体现。

也正是在这种背景下，大别山区铁砂矿开采逐渐规范化，环保意识日渐形成。如在潜山县，据2008年4月3日《安庆日报》报道，在不到10千米的潜河县城段水源保护区内，曾有200余条非法采砂船，“严重影响了河势稳定、堤防安全，同时污染了县城水源，破坏了生态环境”，故自当年3月17以后，该县各部门联合执法，强行拆除并清理了在潜、长、皖、大沙四条河道非法开采铁砂的设备100余台，而大部分采砂设备已在集中整治之前自行撤除。除了强制性措施外，政府还专门召开动员会，充分利用广播、电视等宣传工具，广泛宣传有关法律法规；同时在深入调研的基础上界定了县内“四条大河”禁采区域，制定了整治方案；水利部门对“四条大河”河道采铁砂船只下达了《限期拆除非法采砂机械设备通知

① 杜诚、季家宏：《中国发展全书·安徽卷》，国家行政学院出版社1997年版，第26页；沈葵：《1958年安徽大办钢铁述评》，《安徽史学》1995年第2期。

② 佚名：《金北古重镇——开顺街》，摘自《金寨文史》第3辑，1986年，第34—40页。

书》。[①] 在邻近的太湖县，2008 年 4 月 21 日，县政府专题布置了铁砂市场专项整治活动，规范长河河道铁砂开采秩序，确立了“持证开采，规范税费，秩序稳定”的制止河道铁砂无序开采的原则和思路，通过专项整治，全县铁砂开采实现了河床环境不遭破坏，河堤、堤坝、桥梁、公路不受影响；完善系列税费征收及监管办法，应缴税费不得流失；建立健全河道铁砂开采监管体系，完善采砂权人依法开采的“三个确保”整治目标。[②]

四 小结

安徽大别山区河流铁砂矿资源利用和开发的历史展示了在长达两百年的时间里，在不同的时代背景下，资源利用者们是如何管理和使用区域性“公共资源”的。总体来说，铁砂矿不及大型矿山藏量丰富，但具有含铁品位高、分布广泛、开采条件便利等优势，自清中期以后逐渐成为重要的地方性资源。初期的开发形式为民众私自淘炼，主要用于铸造钟磬锅罐农具等器具，销售区域和生产规模有限。1887 年《烟台条约》签订以后，安徽大别山区逐渐被卷入资本主义世界市场体系，对铁砂矿的开发也呈现出“由内向外”“由少到多”“由私采向官办”转变的趋势。民国初年，受惠于某些工矿业的优惠政策以及第一次世界大战的国际形势，开发有所深入，销售区域也扩大到周边诸省，但是受到淘炼技术低下、交通不便、原料供应不足等因素的影响，规模难以进一步扩大。由于近代“利权”意识的觉醒，长期以来对铁砂矿的开发掺杂了中外势力的冲突，这种冲突的本质是民族资本主义与外国资本主义的矛盾。民族资本主义一方面需要外国资本主义的资金和技术支持；另一方面又不希望资源和利益旁落，这鲜明地体现出民族资本主义的软弱性、妥协性和两面性。1937 年，日本发动全面侵华战争，安徽大别山区被分割为国统区和沦陷区，双方“经济战争”的指导思想都是统制己方物资，防止流入敌境，同时又极力诱购对方物资，铁砂成为中日争夺的重要战略资源。

对于铁砂开发与环境的关系，存在一个长时段的认知过程。大致以新

① 王阵、陈言革：《潜山整治非法开采铁砂》，《安庆日报》2008 年 4 月 3 日。

② 李传林、杨宏伟：《向非法吸采铁砂“开战”》，《安庆日报》2008 年 4 月 24 日。

千年为界，在此之前，资源利用者们对于铁砂资源只重开发，而基本上没有环境保护的意识，一段时间内甚至流行铁砂矿“取之不尽，用之不竭”的说法。对于这一说法我们需要辩证地看待：一方面，我们并不能过分苛责前人的“过度”开发，因为对铁砂开采环境效应的认识有其时代局限性。无论是中华人民共和国成立之初、20 世纪 90 年代洪涝灾害时期，还是改革开放初期，大别山区的经济都面临困境，政府对于铁砂资源的开发以扶持地方经济、保证民众生活为目标存在现实的必然性；另一方面，这一时期缺乏环保意识可能还受到“科学和技术可以使大自然无限多产”错误思想的影响，即认为科学和技术可以为了最大化的产出而操控环境，这在整个 20 世纪都是非常“流行”的思想。如 20 世纪 90 年代高校科研人员金卓仁就认为：“我省大别山区如六安、金寨、霍山、霍邱、岳西等县都蕴藏丰富的铁砂资源，目前对铁砂的利用大都停留在初级阶段。如能以村、乡或个体联营等方式集中开发，加以综合利用，凭借科技，投入一定的资金，生产、开发适销对路的铁系和钛系新产品，一定能取得更好的经济效益和社会效益。”① 20 世纪末，国家制定和修订了一系列环保和矿业法规，对矿业环境的保护开始得到重视，大致在新千年之后，对铁砂资源保护的意识也逐渐形成，地方政府严厉打击非法采砂，着力规范采砂秩序，并制定了相关法律法规。

① 金卓仁：《铁砂的综合利用》，《安徽化工》1993 年第 1 期。

英国殖民时期南非环境资源保护的立法与实践

张小虎*

（湘潭大学法学院，湖南湘潭　411105）

摘要：1806 年至 1961 年，南非处于英国殖民统治之下，作为英国的原材料生产地，南非的自然资源在这期间遭受了毁灭性破坏，生态环境逐渐恶化。为保障利益，英殖民当局采取了一系列环境资源保护措施，建立自然保护区与国家公园，制定有关土壤、森林资源和野生动物保护的法律，南非的环境资源法得到发展。此外，英殖民时期的环境保护观念呈现出由“利用性”保护转向整体性保护和种族歧视性保护的变化，其实质是赋予英殖民者掠夺资源和开发环境以法律特权。

关键词：英殖民时期；南非；环境资源法；立法

南非环境资源法的发展经历了五个重要的时期：1652 年以前土著人与自然相互依存，由此产生了征服自然、利用资源的原始观念，这是南非环境资源观的萌芽时期；1652 年至 1806 年荷兰殖民者入侵南非，对环境资源造成了破坏，也形成了有关土地和水资源的法律规定，这是南非环境资源法的形成时期；1806 年至 1961 年英国的殖民活动给南非的环境资源造成了巨大的影响，生态与资源问题进一步恶化，相应地，有关物种保护和资源开发的法律制度也在这一时期逐渐确立，这是南非环境资源法的发展时期；1961 年至 1991 年南非虽然取得独立，但矿业和城市发展带来了资

* 基金项目：2016 年湖南省哲学社会科学基金项目“南非环境法研究”（项目编号：16YBQ057）阶段性成果。

作者简介：张小虎，湘潭大学法学院副教授，中非经贸合作研究院湘潭大学中非法律与人文交流研究基地研究员。

源枯竭、环境污染和人口膨胀等问题，在种族隔离偏见下，相关立法亟待变革，这是南非环境资源法律危机的爆发时期；1991 年至今，新南非政府的成立给南非法制带来了革命性变化，新的环境资源法以《南非宪法》第 24 条公民环境权为核心，由此形成了宪法、环境基本法、环境单行法、环境政策和国际环境法相互融合的新体系，这是南非环境资源法的改革时期。其中，英国殖民者在南非统治时间最长，对资源的掠夺式开发也给南非带来了十分严重的影响。同时，为了保障原料和资源的持续供应，英国殖民者在“利用性保护”和“整体性保护”等原则上，对南非的环境资源法律制度进行了新的设置，也将英国的普通法移植至南非，由此形成了比较完备的殖民时期环境资源立法，对南非环境资源法的发展产生了重要影响，在野生动物保护区建设等方面，相关制度一直沿袭至今，在持续发挥影响的同时展现出鲜明特色，颇具研究价值。

一　南非国家公园与自然保护区建设

英殖民时期，南非的野生动物被视为一种猎物资源，在狩猎运动和皮毛贩卖活动中，原本丰富的南非动物种群开始消失。面对受损的利益，欧洲殖民宗主国陆续签订一系列动物保护协定，保护作为猎物资源的南非野生动物。随后，在整体性保护的思想下，殖民者于 19 世纪 80 年代陆续在南非建立国家公园和自然保护区，对濒危灭绝和有经济价值的动物展开集中保护。期间，甚至引入野生动物栖息地保护观念，通过立法，严格管理控制猎杀和偷猎行为，使保护区中野生动物的总体数量得到迅速地恢复。

（一）频繁狩猎促使殖民者签订动物保护条约

狩猎原本是南非土著居民征服自然、维持生存的重要手段。但在殖民时期，狩猎却是欧洲精英阶层喜欢在殖民地中开展的一项体育休闲活动，而猎杀野生动物及贩卖皮毛等附加产品也让殖民者有利可图。鉴于丰厚利润，殖民者开始签订动物保护条约、协定，构建野生动物保护区，避免南非野生动物的灭绝。但颁布法令、缔结条约和保护区建设反而让殖民者更加垄断了南非的野生动物资源。

面对频繁地猎杀野生动物，新的问题开始暴露，首当其冲的是因猎物资源所有权垄断而产生的矛盾。殖民统治下的狩猎表现为三种路径：为体

育运动而狩猎、为生计而狩猎、为商业利益而狩猎，三者间就野生猎物的所有权问题发生了冲突，而且遭大量猎杀的野生动物种群也需要长时间的繁育才能恢复正常数量。于是，英殖民当局试图建立一种新的狩猎管制方式，即狩猎管制思路下的“保护猎物”（这并非保护野生动物或生态环境，而仅仅保护作为猎物资源的动物）。在新政策下，英国殖民当局在南非“设置了每年禁止狩猎的季节，要求保护幼年野兽，并列举出一些禁止猎杀的动物种类”①。此外，殖民当局也对南非土著居民长期采用罗网、陷阱和圈套等方式进行捕猎的行为进行批评和禁止。

从过去宣称“捕猎为殖民者的基本权利”“猎物为自由获取的公共财产”的理念，到“有条件的狩猎管制”“有限度的保护责任”观念的形成，殖民者认识到过度捕猎所带来的生态损害。这种生态恶化导致的直接后果，就是殖民者经济利益的受损，这是英殖民当局迅速按照欧洲经验制定保护动物资源的法律并在南非殖民地推广适用的根本原因，其目标仍然是维护白人统治者对全部猎物资源所有权的垄断。所以，到 19 世纪中叶，一些以狩猎作为生计食物和经济来源的地区也颁布法律要求合理地捕杀猎物。如，在布尔人建立的德兰士瓦共和国中，人民会议就立法规定布尔人要明智、合理地捕杀猎物并确保该地区白人统治者对猎物资源的垄断权。在殖民地猎物管制立法中，出现了合理开发“生态资源”和“可持续性”狩猎动物等条款的雏形。如，“有一条法令特别规定，狩猎应该仅限于维持生计，每一次猎杀量不能超过一辆马车的载重量”②。受其影响，在一些土著部落中，酋长也应要求改变了原有狩猎的传统习俗，开始在其部落的猎场领土内对狩猎活动进行一定的限制。如，南部非洲茨瓦纳的酋长卡玛和恩德贝勒族的酋长洛本古拉都将这样的节制狩猎观念推广至其统治的部落族群中。

但受制于土著居民的历史传统、风靡一时的狩猎运动以及猎杀野生动物带来的丰厚经济利润，让殖民当局和酋长制部落制定的粗浅的野生动物保护法令与制度变得难以落实，许多法规有名无实。到了 20 世纪初，南非野生动物保护的状况变得异常堪忧，更加广泛且行之有效的“保护区制

---

① Aldo Leopold, *Game Management*, New York: Charles Scribner's, 1933, pp. 12 - 18.

② ［英］威廉·贝纳特、［英］彼得·科茨：《环境与历史：美国和南非驯化自然的比较》，包茂红译，译林出版社 2011 年版，第 33 页。

度”呼之欲出。在认识到既有法令和狩猎管制已无法有效规制捕杀野生动物的行为之后，殖民当局开始考虑制定更加严厉有效的野生动物保护制度。于是，动物保护协会和保护区开始在殖民地进行尝试，动物保护条约协定也得到签署。殖民者希望以此途径开展野生动物的保护工作。

在20世纪末期，南非诞生了首批动物保护协会，鼓吹猎物资源保护和构建保护区的“德兰士瓦猎物保护协会”成立。1926年“南非野生动物学会（Wildlife Society of South Africa）”成立。同时期，宗主国英国也发起成立了一系列动物保护协会。如，“皇家鸟类保护协会”“帝国野生动物保护协会”。但从这些协会的实践状况来看，会员们依然没有放弃在殖民地的狩猎运动，并且继续为野生动物繁衍提供资助。可见，白人统治者的目标依然是想通过法令、协会和保护区等内容来保障用于狩猎运动的野生动物能够源源不断地得到提供。

在南非有越来越多的保护区得到筹划建立。为了改变欧洲殖民者狩猎与捕杀的行为，改变野生动物数量迅速下降的状况，集中保护大型哺乳动物并建立相关自然保护区提上日程。在英国和德国的倡议下，1900年《非洲野生动物、鸟类和鱼类保护协定》（Convention for Preservation of Wild Animal，Birds and Fish in Africa）于伦敦被众多撒哈拉以南非洲的殖民宗主国签署。[①] 协定让殖民者可以在各自的殖民地中对濒临灭绝的少数动物物种进行全方位的保护，也对捕杀其它动物种类提出了明确的限制措施。同时，协定还禁止使用某些特殊的狩猎方法，并且倡议在撒哈拉以南的非洲殖民地中设置更多的猎物保护区。然而协定倡议筹建的猎物保护区仍然没能达到理想的效果，它们在管理上脆弱无力，在保护规模上难以扩大，而参与动物保护行动的人士的保护意愿往往也受到制约。另一方面，在《非洲野生动物、鸟类和鱼类保护协定》的框架下，设立保护区的指令大多以白人统治者行政命令的方式下达，实践效果无法达到预期。甚至还出现了必须将对人类造成威胁的野生动物剔除出保护区的错误观念，破坏了生态多样性。而且，在南非土著部落群居地区，保护区的构建还时常因为原住民的传统习俗而受到原住民的干扰，无法继续推进，有的保护区还面

① Annie Patricia Kameri - Mbote，Philippe Cullet，“Law，Colonialism and Environmental Management in Africa”，*Environment Management in Africa*，Vol. 6，No. 1（1997），pp. 23 - 31.

临着撤销或者面积缩小等窘况。可见，野生动物保护的殖民协定以及当局法令依然与南非传统部落习俗和习惯法有相互冲突之处，从而导致实施效果不佳。

随后，1933 年殖民宗主国再次于伦敦签订了《动植物保护协定》(Convention Relative to the Preservation of Fauna and Flora in the Nature State)。相比 1910 年《非洲野生动物、鸟类和鱼类保护协定》，该协定摒弃了原有不予保护那些对人类有危害的动物的错误观念，认为只有建立动物保护区才能限制人类的干扰和破坏。该协定禁止人们在保护区内捕杀野生动物、采集和破坏野生植物，并提出建立缓冲地带的新理念，让缓冲地带中的居民在不影响该区域内野生动植物的前提下继续从事生产活动。但是，该协定还是为殖民狩猎者保留了一部分活动区域，保持了一些在经济上易于重新获取的动物种类以供狩猎之用。[①] 可见，这些西方殖民宗主国签订的适用于南非的野生动植物保护协定仍然存在着殖民主义的倾向，法律效力和保护效果大打折扣。

(二) 野生动物保护区和国家公园的建立

在管制狩猎法令失效的状况下，1880 年殖民当局首次将构建猎物保护区提上议程，于 1886 年开始保护大型野生动物，在开普殖民地中制定相关法规，在英殖民的斯威士兰以南建立了庞戈拉保护区，又在东德兰士瓦共和国建立了萨比和辛格维齐保护区。至此，建立保护区对野生动物展开集中的整体性保护已经通过立法和兴建保护区的形式被确定下来。

1910 年南非联邦成立之后，萨比保护区首任主管英国人詹姆斯·史蒂文森推崇全面性保护的理念，随后英殖民者颁布 1918 年《猎物保护区委员会报告》，确立了野生动物整体性保护的思想。即，“抛弃原有将野生动物作为猎物的孤立保护做法，将野生动物作为一个整体进行合理保护。由于殖民者疯狂的狩猎活动，许多南非的野生动物彻底改变了原有生活习性”[②]。所以，设立野生动物保护区以避免狩猎行为影响野生动物，让动物学家深入保护区进行研究。期间，一些专门性的动物保护区尝试建立。

---

① 张永宏：《非洲发展视域中的本土知识》，中国社会科学出版社 2010 年版，第 83 页。

② Jane Caruthers, “Creating a national park, 1910 - 1926”, *Journal of South African Studies*, Vol. 15, No. 2 (1989), pp. 188 - 216.

1890年在祖鲁兰地区建立保护白犀牛的“乌姆弗洛齐保护区”；1898年在德兰士瓦共和国东部动物种类丰富地区建立“萨比保护区”；但并非所有南非殖民者都认同保护区的建设，因为农牧业和采矿业的经营者往往能够通过土地开发利用和限制其他人使用土地的规定中获得利益。一些农场主和兽医联手还迫使建立不久的“乌姆佛罗齐野生动物保护区”暂时关闭。

但不论是国家级还是省级自然保护区，他们对野生动物及其栖息地的保护均有一定的局限性，是一种有限的环境策略。因为在影响面积和保护种群上，保护区的能力都十分有限，同时它还要屈服于殖民地的政治和经济利益。于是，为了弥补这些缺陷，在那些尚未得到保护的区域内，资源保护者和商业化农场主似乎达成了一套利益共享的方案。在南非的乡间边缘地带，私人的猎物保护区得到了迅速的发展。一些富裕的农场主或具有法人资格的土地所有者，他们通过设置私人保护区，一方面长期蓄养大量的猎物供观赏狩猎，另一方面也让那些少数种群和濒危动物获得较好的生存环境而得以幸存。例如，与克鲁格国家公园相邻的提姆巴瓦提私人猎物保护区，就因良好的管理模式和保护效果让前来游览的游客络绎不绝。有利可图的野生动物保护与观赏生意让类似的私人公园数量大大增加，特别是在德兰士瓦省，旅游业、狩猎休闲甚至旅馆、营地的收入就能够维持公园日常开销，剩余收入也再次投放回私人公园内野生动物与濒危物种的保护，形成了一个良性的自然保护、管理与开发路径。造成上述现象还有一个主要原因，那就是南非联邦政府为了建立国家公园而将园区中过剩的野生动物赶至私人市场上出售，再运送至全国各地的私人保护区中，使得这些私人的公园或保护区呈现出多样性和自然化的特性。① 由于南非国家保护野生动植物的巨大压力，这些购买了野生动物的小型私人保护区就能够很好地缓解这些压力。一些人甚至积极鼓吹这种让私人土地所有者购买国家公园剩余野生动物或猎物的方式，认为这是保障南非野生动物及其栖息地的最佳途径。时至今日，南非依然存在着许多私人的动物保护区，兼具着动物保护功能与旅游资源的私人保护区成为当地的特色之一。

保护区建设也促使殖民者开始在南非构建更大范围的国家公园，英殖

① 例如，在奥兰治自由邦的威廉·比勒陀利乌斯猎物保护区中就有公开宣传的野生动物出售广告：“野牛10头、跳羚360只、面斑大羚羊175只，角马265头、大羚羊20只、狮子3只……”

民者甚至认为这是资源保护主义者践行生态事业的象征。当时，在南非约有3%的土地面积作为国家公园而受到相关环境法律的保护。在南非各省的国家公园或是森林与野生动物的保护区中，大量土地得到了法律的保护。因此，殖民者发现必须建立一个拥有国家权力保障的正规管理体系，以培养更加广泛的支持者来维护国家公园的秩序。于是，1926年南非联邦议会通过立法，正式设立了克鲁格国家公园。在南非的国家公园兴盛后不久，殖民者发现公园和保护区的建立成功地促进了南非自然旅游业的发展。所以，在环境信托理论的前提下，国家公园一方面承担着国家对自然遗产的托管经营权，另一方面还要积极发展旅游休闲产业来实现经济利益并继续维持政府对国家公园和环境保护的开支。不可否认，以国家公权力为保障的生态资源保护行动还是取得了一定的成效，在政府职权范围内建立的国家公园让自然保护区得到了整体性保护，许多野生动植物的生存得到了保障。例如，整个南非在19世纪末至20世纪初时仅剩下几百头大象，但在国家公园和自然保护区的整体性保护作用下，到了1980年左右，在南非得到繁衍生息的大象已经恢复到8000多头。相比撒哈拉以南非洲其余国家因保护不利和财力不足而导致的大象数量锐减（全非洲大象的总体数量从100万头下降到60万头），以南非为首的，津巴布韦、博茨瓦纳和纳米比亚等南部非洲国家的大象种群数量却在大大增加。①

（三）动物保护实践引发的环境利益冲突

英殖民政府在整体性保护的观念下，积极筹建国家公园和自然保护区，试图对濒危物种展开集中保护。但是，南非本土居民的利益时常因保护野生动植物资源而遭受严重侵害，这些问题值得反思。例如，在19世纪殖民者对南非国有森林中的大象和水牛展开保护行动时，经常要求南非土著黑人强制迁移到生存环境恶劣的水源短缺地区，并且殖民政府不给予任何补偿。当地土著居民被隔离在野生动物保护区和森林植物资源之外。这种歧视性做法，让殖民者推行的环境保护法律政策逐渐远离乡村部落，导致土著居民对殖民者的保护区建设产生了厌恶与敌意。同时，也割裂了当

① Edward B. Barbier, Joanne C. Burgess, Timothy M. Swanson and David W. Pearce, Elephants, *Economics and Ivory*, London: Earthscan, 1990, p. 67.

地居民与土地资源的利用关系，让环境禁忌、原始宗教、朴素环保观念等无法实现。面对种族歧视性的野生动植物保护法律与政策，土著黑人被迫举家迁移。随着南非国家公园和保护区的增加，白人管理者与黑人土著间有关环境资源利用的冲突持续发酵。

根据南非野生动物保护法律和环境政策，国家允许私人农场主为了消灭极易传播锥虫病的采采蝇及相关野兽而猎杀野生动物，但又明确规定在与农村毗邻的、设置了栅栏的猎物公园中的野生动物不可猎杀。这种模糊的法律和政策规定让偷猎问题变得复杂化。土著居民乃至白人偷猎者与国家公园和保护区对利益的争夺变得白热化。在南非的纳塔尔公园、白人农场和其他小型保护区，它们大多与黑人保留地紧邻，黑人的偷猎行为屡见不鲜。甚至在 20 世纪 50 年代以后的一段时期内，护林员与偷猎者发生过多次枪战，一些偷猎者曾被当场射杀。公共生态资源与当地居民种群之间的矛盾日益激化。

为了解决因保护区与国家公园的建设而引发的殖民开发者与土著居民的冲突，南非殖民当局和部分国家公园董事会协商决定，通过一些方式和手段让非洲居民能够参与其中，并向他们开放一些权利。例如，允许南非本土居民在保护区域中放牧或收集蜂蜜、承诺拿出部分公园盈利作为信托基金、在当地招募了解本地民俗的居民作为导游、允许在公园内销售土著居民的手工艺品。通过邀请本地居民参与并创造利益的方式，缓和开发者与本地人的冲突，让他们能够“参与其中”，而不再是“与之争利”，从而化解因环境保护区设置而造成的土著居民利益受损问题。这种方式也被 1990 年“世界自然保护联盟（International Union for Conservation of Nature)”的决议精神所认可，在公园与居民关系缓和的过程中实现“人性化的自然保护主义”①。例如，为了保护野生动物资源及其总数，德兰士瓦共和国当局颁布野生动物保护法令制止白人猎手过度狩猎，但在实践中，白人政府却将保护法令演变为禁止本土黑人进入保护区和国家公园的法则，并且剥夺了黑人合理利用保护区和公园内自然资源的权利，还将南非野生动物总数的下降归结于土著黑人的过度狩猎行为。可见，自然保护区和国

① See, David Anderson, Richard Grove, *Conservation in Africa: People, Politics and Practice*, Cambridge: Cambridge University Press, 1987, p. 79.

家公园的建设，包含有浓厚的种族主义色彩。在这些自然环境和野生动物保护法令下，南非黑人获取自然资源的权利再次被白人政府剥夺。

综上，在保护区和国家公园的建设实践中，南非殖民者看到了生态环境保护工作取得的良好效果，也收到了显著的经济效益。虽然其中也充满着环保与当地人利益冲突的危机，但一些积极改变还是让南非殖民者看到了希望。对于公园和保护区的社会意义的认识显然已不能局限于它们对自然遗产的救济和保护，对野生动植物及其栖息地展开的以生态中心主义为指导的整体性保护，让今天南非的生态物种和自然环境受益匪浅。尽管，在保护区与公园建设过程中对土著黑人的生存权利有过粗暴的干涉，种族偏见在英殖民时期的南非环境保护法律与政策中屡禁不止。但随着生态科学和保护实践的发展，南非殖民当局和资源保护主义者开始将黑人纳入他们重要的生态环境保护事业。纳尔逊·曼德拉也曾经参加过南非环境保护公益影片的拍摄。因此，在南非种族隔离愈演愈烈和国际社会一致谴责的环境下，国家公园和自然保护区的发展实践需要建立一套科学合理的环境价值体系，也需要普及一种非种族性的自然保护意识，这也是英殖民时期留给未来南非有关自然资源与环境保护的主要议题和改革突破口。

二　森林资源开发及其保护性立法

在对自然资源利用性保护观念的驱使下，英殖民政府为了满足板材行业发展对林木资源的大量需求，提出有条件地保护既有森林资源，大量移植培育生长快速、产量丰富、利益丰厚的外来树木品种。于是，英殖民在南非颁布林草保护法律，设置森林管理机构，保护森林资源。另外，19 世纪 60 年代末南非发现了金矿和钻石矿，在淘金热驱使下的欧洲殖民者疯狂掠夺南非的矿产资源，对生态环境与自然资源造成了空前破坏，原本稀缺的林木资源在采矿燃料、建筑木材的需求下，变得更加贫乏。

（一）外来林木威胁南非生物多样性

受 19 世纪至 20 世纪全球殖民经济的影响，板材行业开始兴起，由此造成了殖民地森林资源的极大破坏，大量的原始树木遭到砍伐和贩卖。为了获得更加丰厚的贸易利润，一些外来树木品种在南非被推广种植，它们威胁了南非的生物多样性和本土物种。例如，英国殖民者于 1811 年在南非好望角南部海岸森林资源最丰富的地区划出了一片“普莱腾堡湾保护区（Plettenberg Bay）”，宣示英殖民者垄断了保护区内林木资源的所有权。为了满足殖民者的需要，源自大洋洲的金合欢树与桉树等域外树木品种被移植到南非。一开始金合欢树为当地殖民者和居民带来了丰富的家用木料和柴火燃料，其木材也可以用来为牲畜养殖建筑围栏、房屋。在制革业繁荣时，金合欢树的树皮还能为其提供基本原料。同时，为了缓解水土流失和沙漠化，在开普平原地区金合欢树这种适应性极强的外来物种被大量种植。此外，在特兰斯凯地区等黑人土著居住区中，由于其能够为土著居民提供修建房屋的木材和日常生活的燃料，金合欢树也成了这些地区的主要树木品种。于是，利益的驱使让种植金合欢树的人越来越多，甚至侵入了其他草地和林区。然而，金合欢树、桉树的树叶不是当地野生动物喜爱的食物，这导致以本地植物树叶作为食物的南非野生动物无法生存。域外林木品种的大面积种植，严重影响了南非本土植物和树种的生存，甚至导致了某些野生动物物种的消亡，破坏了南非的物种多样性。事实上，研究表明，金合欢树和桉树并不适合南非的土壤和环境，它们破坏了物种平衡与生物多样性，导致地下水位降低，造成水土流失，而且，桉树的极强吸水性还导致了土地干化。同样的状况还发生在凡波斯植被区（Fynbos），罪魁祸首是被移植进来的哈克木与松树。移植的外来物种破坏南非生态链和多样性的后果，直至20世纪初才逐渐显露。殖民者为满足经济利益而盲目移植外来物种，对南非原有物种的纯洁性和生物的多样性产生了不利的后果。这些繁衍力极强的外来物种大量涌入并占领了原有植被的生长区，破坏了当地的生态环境。

（二）林业资源保护立法及其他措施

受林木砍伐与外来物种的影响，在那些殖民贸易和航海沿岸地区，环境退化最为明显，而英殖民者于1881年在普莱腾堡湾建立的森林保护区，经短期尝试便告终止。于是，英殖民者开始对南非开展关于林业资源保护的立法。一方面，向烧荒行为发出警告；另一方面，积极立法保护森林自然资源。面对屡禁不止的森林与草地破坏行为和林木滥伐活动，英国殖民当局于1859年颁布了《开普林草保护法》，确保开普殖民地执政者能够继续发挥自然资源保护的先导作用。根据《开普林草保护法》，1880年英殖

民者在开普设置了“林木主管”职位，并成功将这种管理模式和立法向南非其他的殖民地区推广。

同时，在南非的林业保护实践中，滥伐森林的行为遭到公开反对：“在大多数人看来，毁林意味着破坏本国最肥沃地区，意味着本国仅有的美景被损毁……而文明政府不可推卸的道德义务就是要直面反对破坏森林的行为……就像必须反对奴隶制和巫术等其他社会罪恶一样。”[①] 在林木被滥伐的地区，残留在林地周围的枯梗残叶是极易引发山林大火的易燃物，土著居民的烧荒、狩猎者留下的火药等将引发严重的林火，从而造成动植物生态家园的破坏。对此，南非甚至将一些孤单的离群小幼羚作为一种形象的比喻宣传画，张贴在许多广告牌上，提醒人类滥伐林木、引发山火将会导致野生动物的流离失所。

开普殖民地的灌溉事务官员关注到水源地植被的消失让那些昂贵的水坝灌溉工程徒劳无功。对水源地植被的破坏，才是导致南非水源紧缺、灌溉渠道淤塞的根本性原因。于是，从20世纪早期开始，奥兰治自由邦的森林保护监督官员就向当地议会提出，通过植树造林、水土保持来确保奥兰治河与卡利登河的水源供应。

进入20世纪，在经济利益和功利主义的驱使下，以消除浪费和不必要砍伐为核心的树木资源保护观念深入人心。为进一步满足商业木材消费的需要，殖民者开始在国有或者私有的土地上栽种林木。相应地，在乡村部落地区，居民也开始种植树木，以解决生计需求和燃料问题。殖民当局的林业部门也鉴于生活燃料的需求，允许非洲土著居民在大型水利种植园或保护区周边收集、拾捡被大风吹落的树叶。甚至在非洲土著居住的特兰凯斯地区，一些林业事务官员不但开发种植了一些可供转让的林地，还大力鼓励居民在自家门前屋后种植树木。根据部落习惯法和酋长制权威，土著居民的首领依然能够掌握一些小型的当地原始森林。到1935年英帝国林业会议在南非约翰内斯堡召开时，这种在社区或部落推广种植小型森林以保护林木的思想开始普及，并推广于南非殖民地区。这种种植森林、重视水土保养的做法让南非在20世纪以来的农业种植和林业开发上取得了良好的

① Richard Grove, “Scottish missionaries, evangelical discourse and the origins of conservation thinking in South African 1820 – 1900”, *Journal of South African Studies*, Vol. 15, No. 2 (1989), pp. 163 – 187.

效果，生态环境也得到了明显改善。

（三）矿产资源开发与林木资源破坏

19 世纪 60 年代末金矿和钻石矿的发现完全改变了南非的经济发展结构，采矿业的飞速发展，让矿区的环境遭受了严重的污染，周边的生态状况恶化，而且在金刚石矿和金矿的开采过程中，南非对燃料的需求进一步增加。为了获取燃料，大量原始森林中的树木遭到滥伐，森林生态净化空气和保持水土的功能被削弱，南非整体的生态环境遭到了前所未有的破坏。采矿业的迅猛发展，让殖民者开始植树造林，但这些林木的种植速度依然赶不上白水岭金矿的开采速度。于是，殖民当局在 1890 年颁布森林保护法令，以缓解林木资源的压力和森林环境的退化。① 然而，采矿业飞速发展带来的木材燃料需求、输送矿产资源的铁路铺设里程增加，这些原因让南非的森林面积持续减少、林木的滥伐仍在继续。最终，导致英殖民当局制定的森林保护法律难以执行，流于形式。②

三　南非水资源及所有权的法律新规

在土地与水资源的所有权及其保护方面，英国普通法中的土地保有制度以及水资源管理等开始逐渐影响到南非。英殖民当局按照英国法中有关水权的制度，在南非建立了水资源开发的法律干预制度。但是，水资源管理与保护依然为白人政府所垄断，促进白人农业的发展成了殖民当局制定南非水权制度的目标，而水资源灌溉则是促使英殖民时期南非水资源法律制度形成的重要因素。

（一）土地保有制度变化引发水权的变化

1813 年，英国的约翰·克拉多克爵士发表宣言，在土地所有人向国家逐年交纳免役地租的前提下，允许国家或公司将土地的所有权转让给个人

① J. Tempelhoff, "The exploitation of timber resources in Northern Transvaal, South Africa, in the 19th century and early conservation measures", *South African Forestry Journal*, Vol. 158, No. 2 (1991), pp. 67 – 74.

② Donal P. McCracken, "Qudeni: The Early Commercial Exploitation of an Indigenous Zululand Forest", *South African Forestry Journal*, Vol. 142, No. 1 (1987), pp. 71 – 81.

所有，这些土地承租人因此而获得对这些被支配土地的所有权。英殖民当局的宣言让南非土地所有权制度发生了重要变化，在土地国家所有和殖民公司所有的情况下，个人在法律规定下也可以成为小部分土地的所有者。土地所有权的改变直接影响了南非河流所有权的分配原则，对此，1869 年英国枢密院提出南非水权立法建议："当南非河流中的水资源流到地界以外时，下游土地所有者有权使用该水资源。"

1873 年亨利·德维利耶爵士出任好望角殖民地的法院枢机，作为南非殖民地的首席大法官，德维利耶爵士对南非水资源做出新规定，允许河岸土地所有人享有水资源的共同使用权并承担相应的保护责任。于是，原本罗马—荷兰法确立的"水道国有"原则被英国法的"水权私有"所取代，殖民者将土地权纠纷解决的方式照搬于水资源纠纷处理案件，个人被允许享有水权。在水资源和水道争议的诉讼中，南非殖民当局的法院甚至援引美国教科书《安格尔论河道》的理论，采纳河岸土地所有人按照比例共用常流河的观点进行裁判。

（二）从水资源国家所有到河岸土地所有人共用

新的水资源法律让 18 世纪中期至 19 世纪初的南非出现了许多因公民获取水资源不足而产生的诉讼案件。在这些水资源争端案件中，上游居民多为被告，而下游居民多为原告，因为河流上下游对水资源的占有与使用争议，下游的原告总是向法院起诉上游的被告破坏了水源环境、过度占用法律规定为共有的水资源。不久后，有关水资源所有权法律的新原则正式确定："英国法彻底改变了水权中国家作为河流所有者的身份并用双重水权制度——公有与私有制度替换之。公有河流定义为河岸土地所有人使用的常流河，而河水流过的土地的所有者被赋予水的全部所有权。根据河岸土地所有人原则，毗邻河流的地产拥有者被授予使用该河水的专有权。"①

按照河岸土地所有人共用水资源的原则，英殖民者在南非颁布了若干部水资源法律，如英国开普殖民地的《1906 年灌溉法》、布尔人德兰士瓦共和国的《1908 年灌溉法》。在 1910 年南非联邦成立后的法律汇编过程

---

① D. D. Tewaru, "A Brief Historical Analysis of Water Rights in South Africa", *Water International*, Vol. 30, No. 4 (2005), pp. 438 -445.

中，英国人的开普殖民地和纳塔尔殖民地，布尔人的德兰士瓦省和奥兰治自由邦，四块不同殖民领地中的水资源法律开始融合。布尔人的罗马—荷兰法与英国人的普通法开始在水法领域出现融合。以《1906年灌溉法》为基础，新的水资源所有权与保护法律开始出现，《1912年灌溉与保护法》就是荷兰法与英国法在南非水权法律上融合的体现。该法对南非水资源开发利用进行了规定：其一，认为最为普遍的间歇性河流是公有河流，改变了原罗马法将常流河看作公有河流的观念；其二，在私人土地上发现的水资源，是土地所有者的专有财产，被称为私水，“私人可以使用私水”。据此，在不污染上游水源且对河流沿岸土地所有人未造成不利影响的前提下，每一位南非居民能够依照法律对流经自己土地上的水资源享有使用权。

在城市、工业等非河流沿岸土地中的水资源管理则需要制定专门的水法律，司法机关成为了解决这些地区水资源分配争议的法律机构。例如，许多水资源争议案件集中在城市和工业用水户当中。由于土地所有权与私人水资源的关联现象，未享有河流沿岸土地所有权的城市和工业用水户只好向南非法院起诉以获取水资源的使用权。而且，法院还在授予他们水资源所有权时提出附加条件，要求城市和工业用水户在利用水资源的过程中，不得污染河流并影响河岸土地所有人的水权。对此，购买靠近河流沿岸的土地，成了20世纪以来南非城市和工业用水户获取私人水资源的唯一途径，造成这种现象的原因来自因土地保有制度变化而引发的水权变化。至此，土地所有权与私人水资源开始相互关联。当然，这样的水资源法律政策让那些无法获取水资源的南非本土居民，以及不能自由参与土地市场竞争的贫困白人等，能够自主争取到他们享有水资源的权利。

四　土壤保护立法与种族偏见问题发酵

在开普殖民地，空前的干旱和土壤的沙化让政府开始重视土壤的保护问题，因干燥少雨而时常导致的森林火灾和草场干枯，让政府试图通过土壤立法来降低南非土壤侵蚀的程度和速度。但是，殖民农牧业的发展却让自然环境保护的立法速度无法追上森林、土壤、空气被破坏的速度。面对农牧业带来的日益严重的土壤危害，南非的英殖民者开始采取保护行动，相关机构的官员召开了全国性会议，将土壤保护确定为农业发展与项目推广的重要内容，但这些手段在立法与实践中却体现出严重的种族隔离偏见。

（一）英殖民早期的土壤保护立法

面对严重的土壤侵蚀问题，英殖民当局尝试引进欧洲的立法、技术与专家，恢复南非的土壤环境，降低侵蚀速度。其中，土壤保护专家协助、推广的等高线种植与畜牧、在沟渠上游修建水坝和加强土壤保护立法是主要的手段。

首先，通过土壤保护立法试图部分或全部废除当时通行于南非农牧业的“烧荒”开垦方式，以限制焚烧植被而引发的土壤裸露和干化。对于已经因焚毁树林和草木而造成的土壤侵蚀，则加大植树种草的力度，加快这些地区土壤恢复的速度。同时，在南非殖民地区建立示范性的试验农村，采取不同农作物轮种制度，实现土壤的有效利用和生态休息，并且保证农产品持续产出利润。此外，还积极地向欧洲各国学习优良的土壤保护方法，为土壤管理和保护工作提供科学培训。[①]

其次，土壤专家和科研机构深入南非进行土壤修复的实践，用科学的方法指导殖民者农业和畜牧业的发展，保护土壤环境。通过立法加大政府对南非森林植被的管控力度，立法禁止焚烧草原、滥伐林木，限制牲畜数量，推广等高线放牧方式，避免牲口踩踏的路径变成水土流失的沟渠。要求在耕种田地之间保留草丛地带，耕田犁地遵守等高线原则，不能顺着山坡而下，避免形成水土流失的小沟渠。此外，最大限度地保留水源地、河流溪水周边的草地以涵养水源，并且用草丛植被填平小峡谷以防止砂石滑落和水土流失。[②]

最后，在“利用性保护”思想下于开普殖民地着手开展土壤保护立法工作。1854 年，开普殖民地成立立法会议，着手制定森林土壤保护法律；1856 年，第一个森林保护区在殖民地乔治区建立，第一个动物保留地也在开普建立；1859 年，《森林和草本植物保护法》获得通过，它是南非第一部环境保护的成文法；1864 年，议会下院专门组成了一个处理殖民地土壤

---

① D. M. Anderson; R. H. Grove, *Conservation in Africa: People, Policies and Practice*, Cambridge University Press, 1987, pp. 29 – 30.

② W. Beinart, “Soil Erosion, Conservationism and Ideas about Development: A Southern African Exploration, 1900—1960”, *Journal of Southern African Studies*, Vol. 11, No. 1 (1984), pp. 56 – 57.

管理问题的委员会①，以解决日益严重的土壤侵蚀问题。遗憾的是，殖民者在南非铺设铁路，让森林砍伐更加频繁，由政府主导的专门化机构解决土壤侵蚀问题的工作被迫中断。1876 年和 1878 年，纳塔尔省又分别成立了“乌姆兰加种植者协会”和“纳塔尔森林委员会”，大力扩建森林保护区限制因农业种植而清理森林的做法，以减缓英殖民地的土壤侵蚀和水土流失。1888 年，开普殖民地新的《森林和草本植物保护法》颁布，正式禁止非洲黑人为了生产生活而砍伐保留地中的森林和植被，为殖民者占领非洲人土地的行为披上了合法的外衣。② 沿袭这种歧视性的土地环境保护观念，1929 年南非成立了“全国土壤侵蚀委员会”。随后，在 1932 年颁布《土地侵蚀法》，在 1946 年颁布《土壤保护法》，在 1947 年颁布《肥料、农场饲料、农药和贮存剂法》。③ 至此，在环境法律和政策实践中，英殖民政府进行资源开发和环境管控的权力越来越大，对土壤保护的力度也有所增强。

综上，在英殖民早期，土壤与环境保护的实践基本停留在专门性立法和政策性宣传之上，利用性保护观念是当时南非制定环境法律制度的根源。一方面，对殖民农牧业发展具有较高经济价值的土壤、林木、猎物等资源成为利用性保护观念下环境立法相对集中的领域，于是《森林和草本植物保护法》《土地侵蚀法》和《土壤保护法》陆续颁布。另一方面，在南非发展至商品化经济阶段之前，农业和畜牧业是殖民地的经济支柱，白人农场主往往拥有强大的政治势力，而环保专家和机构官员对环境的保护与改善行动不得不唯富裕农场主马首是瞻。这导致南非预防土壤侵蚀的法律难以真正地发挥效力，甚至让土壤与环境保护法律制度转变为白人农场主占领黑人保留地、剥夺他们利用自然资源权利的工具。④ 最终，这些原

---

① 全称为：“关于土壤侵蚀、干旱及其相关问题的专门委员会”。

② Richard Grove, “Scottish missionaries, evangelical discourse and the origins of conservation thinking in South African 1820 - 1900”, *Journal of South African Studies*, Vol. 15, No. 2 (1989), pp. 163 - 187.

③ W. Beinart, “The Politics of Colonial Conservation”, *Journal of Southern African Studies*, Vol. 15, No. 2 (1989), p. 144.

④ “即是在土壤侵蚀最严重，急需政府采取行动的赫谢尔地区，土著事务部也仅投入了有限资源，包括资金和部分技术专家，在河沟地区修建土坝，在山坡地上修建等高线梯田。但由于没有进行科学论证和试验，自然损毁严重，部分梯田不但没有阻止侵蚀，反而由于堤岸的聚集作用，使洪水冲破堤岸后变得更为狂暴，大大加重了侵蚀。”参见包茂宏《南非土壤保护的思想与实践》，《世界历史》2001 年第 5 期。

因促使英殖民时期南非的土壤与环境保护法律出现了歧视性保护特征，种族歧视取代利用性保护成为英殖民末期土壤与环境保护立法的核心思想。

（二）《土壤侵蚀法》所引发的种族歧视

1932 年《土壤侵蚀法》的出台让南非在农业部内专门设立了保护土壤和草原的分支机构。同时，为保障土壤不再遭受人为破坏，确保土壤环境恢复“健康”，南非政府还为水利工程的建设和农田的保护提供了大量的资金。而一些官员也希望借鉴当时美国的土壤保护立法与土壤保护区设立的经验，让南非土壤的保护更加具体化与制度化。[①] 于是，持政府干预主义的美国人贝纳特曾展开全国巡回演讲，积极鼓吹土壤环境保护的国家干预政策，并且对南非《土壤侵蚀法》的实践效果进行批判。[②] 在他的呼吁下，1946 年南非《土壤保护法》颁布。受其影响，南非《土壤保护法》体现出效仿美国土壤保护局及其《泰勒放牧法》的总体特征。南非就此催生了地方性土壤保护委员会，它们有自我调控和管理土壤资源的权力。在殖民主义的时代背景下，土壤保护法律可以规制、惩戒南非土著居民农牧业活动对土壤环境的侵害。但是，英殖民者对是否用《土壤保护法》限制白人农民的做法犹豫不决，法律的权威和执行力大打折扣。因此，在实践中，南非地方土壤保护委员会通常会使用教育和劝导的方式，对白人农民的农牧业活动进行规范，而不是严格的法律遵守和惩戒。这就从另一个角度催生了环境法律制度中的种族歧视现象。

例如，在 1936 年《土著人信托和土地法》的框架下，南非政府采取积极购买小块土地的方式，逐渐扩大黑人保留地的面积。而在这些土著黑人信托土地上建立非洲人定居点的规划，基本上都受到了严格的法律限制。此外，对图盖拉河等自西向东的大河源头地区进行保护和限制。所以，土著黑人的居住区受到了英殖者土地管理和土壤法律的限制，种族隔

① 美国在 1933 年设立了土壤侵蚀局，着力减缓土壤侵蚀的速度。在此基础上，颁布了 1934 年《泰勒放牧法》并且在 1935 年形成了专门的土壤保护局。这些法律与机构的构建，强调的是环境技术专家对国家环境问题的管理与支配。同时，《泰勒放牧法》要求定居点必须退出全部现存的公地，其大部分都是优良的草场。这个做法让联邦政府长期以来将公地转让给私人的做法得到终结。

② Wellington Brink, *Big Hugh: The Father of Soil Conservation*, New York: Macmillan, 1951, pp. 138 – 139.

离的环境法律制度及其弊端露出端倪。由此，在南非土壤环境立法和商业化粮食种植大规模兴起的背景下，在白人殖民者土地上从事着分成制农业耕作的非洲黑人，他们得到的利益越来越少。黑人受到的是更多的法律限制，失去的是原农牧业中仅存的小部分生计劳动机会。类似南非城市中的种族隔离，在南非农村地区，白人农场主害怕自己的牛羊牲畜群遭受黑人佃农牲口的病毒感染。他们以隔离传染病为由将黑人佃农及其喂养的牛羊强制隔离甚至抛弃。这种做法毫无根据、十分牵强，极大损害了黑人佃农的生存利益，也剥夺了他们利用农牧业自然资源的权利。

可见，白人政府为了加速商品化农业和畜牧业的发展，过度开垦土地、扩大放牧范围，以便紧随当时全球殖民市场的现实需求，这些活动才是导致南非土壤侵蚀加剧的真实原因。然而，殖民者却将土壤环境的破坏归结于南非本土黑人愚昧落后的耕种方式和生活习惯，认为黑人沿坡耕作、过度放牧、分散群居等活动造成了南非土壤侵蚀和荒漠化。这种片面的观点为种族隔离政策在土壤环境保护领域的推行打开了突破口。于是，带着这种偏见，白人当局以土壤保护为借口，开始了环境改良计划。他们建立保留地让黑人过群居生活，强迫黑人减少他们赖以生存的牲口的数量。表面上的环境保护与改良政策，背地里成了种族隔离的环境法律依据，阻止黑人参与城市化进程、迫使黑人成为白人的服务者、规定黑人只能在保留地中生活。[①] 最终，这些种族分野的环境法律成了南非黑人抵制的焦点。此时南非的土壤环境保护观念已经由殖民初期的“利用性保护”观念（保护殖民经济和农牧业发展所必需的自然资源）转变为对黑人保留地的“歧视性整体保护”观念（用种族歧视眼光否定和攻击一切南非本土黑人的生产生活方式），将南非土壤和自然环境的破坏归结于黑人蒙昧落后的农牧业习惯。

结论

纵观英国殖民时期的南非环境资源立法与实践，其基本规律趋于清

① W. Beinart, “Introduction: The Politics of Colonial Conservation”, *Journal of Southern African Studies*, Vol. 15, No. 2 (1989), pp. 143 - 162.

晰，即南非的殖民地化与经济发展同步进行，南非环境资源问题爆发、环境资源立法的历史进程与殖民者经济开发和政治偏见相互交织。殖民掠夺、经济发展、种族歧视、环境破坏四者不可分割，英殖民时期南非环境资源立法与实践具有鲜明特征：一是英国普通法在环境立法与司法中发挥重要效力。英国通过法官、司法和判例开始影响着南非的环境法律领域，1869 年英国枢密院的立法建议让英国水资源所有权制度于南非发挥效力，1873 年南非殖民地首席大法官亨利·德维利耶爵士用判例确定了“双重水权”与“共同保护”制度；二是利用性保护是该时期环境资源立法的根本原则。在英殖民当局的环境保护立法与实践中，利用性保护思想是指导性原则。以满足殖民地经济利益和资源开发为主要目标，不论是猎物还是林木资源，一旦有利可图的动、植物资源因过度开发而受到影响，英殖民者便会立刻制定法律和政策保护这些南非重要的资源；三是自然保护区和国家公园以整体性保护为目标。例如，英殖民者在 1918 年《猎物保护区委员会报告》中正式确立了野生动物整体性保护的思想，建立保护区对野生动物展开集中的整体性保护，并实行严格的猎杀管制和偷猎制裁法律措施，由于缺少生态学与食物链理论，殖民者单纯以提高保护区中野生动物的整体数量为目标；四是生态系统与生物多样性的相关立法尚未受到重视。从生态系统、物种平衡和生物多样性的角度考量，殖民者为了丰富林木资源而引入外来树种，虽取得经济利益却也致使地下水位降低和水土流失，同时，为保证畜牧业发展而捕杀肉食“害兽”，这些举措破坏了南非的生态系统和生物多样性；五是种族歧视政策是环境资源立法产生争议的主要原因。随着环境危机的全面爆发，黑人的环境利用权利被白人当局剥夺。“利用性保护”观念逐渐转变为“歧视性整体保护”观念，黑人保留地中的环境问题尤为明显。在种族歧视的政治偏见下，殖民者将南非环境与资源问题归结于黑人蒙昧落后的农牧业习惯，黑人获取自然资源的权利被相关法律所禁止。

综上所述，英殖民时期的环境资源立法事实上成了压迫黑人的工具，为殖民者掠夺自然资源、破坏黑人生存环境披上了合法外衣。可见，“种族主义和殖民主义是孪生兄弟，殖民主义是种族主义的基础，而种族主义则是殖民主义的畸形形态。这在南非表现得尤为突出，其种族主义被合法化、法律化和制度化”①。所以，在新南非的法制变革过程中，联合政府力图纠正所有因种族歧视而造成的不平等与非正义。殖民压迫和种族歧视性的环境资源法律被完全废除，一些在实践中被证明有效且不违反宪法的旧法律被修改后部分沿用，自然保护区和国家公园等南非特色的生态环境保护制度被继续沿用并发挥作用，在可持续发展和全球环境治理的理念下，一套全新的生态环境保护与自然资源利用法律制度在新南非的改革过程中逐步构建起来。

① 舒运国、刘伟才：《20 世纪非洲经济史》，浙江人民出版社 2013 年版，第 182 页。

第五编

水环境变迁与地域社会发展

“重淮扬而薄凤泗”：蓄清刷黄与明清泗州水环境变迁

李德楠*

（淮阴师范学院历史文化旅游学院，江苏淮安　223300）

摘要：明清洪泽湖治理中的“凤泗”与“淮扬”冲突，实乃湖水蓄与泄的矛盾对立，反映了黄淮运交汇区紧张的人地关系。泗州地区历来水患多发，但真正引发整座城池沉入湖底的灾患，始于万历六年（1578）潘季驯修筑洪泽湖大堤。洪泽湖筑堤蓄水的过程，伴随着泗州地区水环境的剧烈变迁，再加上明代保漕与保陵问题交织在一起，使黄淮运关系复杂化。洪泽湖治理是针对黄淮运水环境变迁而采取的人为干预手段，但由于是在“蓄清刷黄”的框架下进行的，治水为了保运通漕，故无法妥善解决湖水的蓄泄问题，最终付出了泗州城沉入湖底的巨大代价。泗州地区是古今水利建设中常见的诸多库区之一，是开展人地关系研究的典型区域，厘清“淮扬”“凤泗”“泗州”等区域概念的时空差异，有助于科学评价水利建设中国家整体利益与库区局部利益的关系，有助于推进区域史研究的深入开展，对当前的大运河文化建设也有参考价值。

关键词：洪泽湖；泗州；淮扬；蓄泄矛盾；人地关系

洪泽湖是中国第四大淡水湖，也是淮河下游最大的平原湖泊型水库，这一巨大的平原“悬湖”的形成，与历史上高家堰堤防的修筑密切相关。明中期以后至清前期，为解决黄河夺泗入淮带来的借黄行运问题，先后开挖了南阳新河、泇河、中运河等避黄行运河道，黄河逐渐与运河分离，最

---

* 作者简介：李德楠，淮阴师范学院历史文化旅游学院教授。

后仅交汇于淮安清口一地。为确保漕运船只顺利通过黄运交汇的清口，防止黄河泥沙淤积倒灌，明万历以后大力实施“蓄清刷黄”的治河方略，修筑高家堰堤防，蓄积淮河清水，利用高水位清水冲刷清口以下淤沙，确保漕运畅通。但随着洪泽湖湖底泥沙的不断淤积以及堤防的不断加高，区域水环境变化剧烈，最终导致泗州城沉没于洪泽湖中。

以往有关“淮北”“苏北”“黄淮”“江淮”等的灾害史、社会史、水利史的研究中，多涉及泗州沉城的问题，为本研究的开展提供了基础。①不过具体而言，洪泽湖引发的水环境变迁具有明显的时空差异，存在“凤泗”与“淮扬”的不同、“蓄水”与“泄水”的对立，故上述问题仍有进一步探究的必要。单就“淮扬”一词言之，内涵复杂多变，或为监察区名称，如“淮扬道”等；或为职官称谓，如“淮扬巡抚”“淮扬总督”等；或为政区合称，如“淮扬大捷”“淮扬百姓”“巡抚淮扬”“倒了高家堰，淮扬两府不见面”等。2019年出台的《大运河文化保护传承利用规划纲要》中，提出了打造京津、燕赵、齐鲁、中原、淮扬、吴越六大文化高地的规划布局，将“淮扬文化”提到了更高的地位。鉴于此，本文拟在分析洪泽湖治理与泗州地区水环境变迁的基础上，揭示蓄水与泄水的矛盾对立以及“淮扬”与“泗州”的利益冲突，以有助于认识区域概念的时空差异，为当前的区域史研究以及大运河文化带建设提供参考。

一　水患多发：明万历以前的泗州城

泗州城位于淮河北岸汴河与淮河交汇处，唐宋时期因通济渠和汴河交通之便，曾是淮河下游的两座著名城市之一，与另一座城市楚州并称，宋代诗人梅尧臣《泗州郡圃四照堂》诗描写了泗州“官舻客艑满淮汴，车驰马骤无闲时”的繁荣景象。元代开挖另外一条南北向的京杭运河以后，漕

① 代表性成果如范成泰《泗州城淹没考略》，载淮安市历史文化研究会编《淮安运河文化研究》，中国文史出版社2005年版；张崇旺《明清时期江淮地区的自然灾害与社会经济》，福建人民出版社2006年版；彭安玉《明清苏北水灾研究》，内蒙古人民出版社2006年版；卢勇、王思明等《清时期黄淮造陆与苏北灾害关系研究》，《南京农业大学学报》2007年第2期；张卫东《洪泽湖水库的修建——17世纪及其以前的洪泽湖水利》，南京大学出版社2009年版；马俊亚《被牺牲的局部：淮北社会生态变迁研究（1680—1949）》，北京大学出版社2011年版；赵筱侠《黄河夺淮对苏北水环境的影响》，《南京林业大学学报》2013年第3期。

运不再绕道泗州，交通优势有所下降。明代时由于泗州是皇帝祖陵所在地，紧靠河工治理的中心洪泽湖，其地位仍不可忽视。

从地形地貌来看，泗州城所在位置较低，距河较近，其选址虽得交通漕运之便，但不利于防洪排涝，故向来水患多发。民间传说该地区每年五月十三日乌龙至支祁井望母，故年年“风雨晦冥，岁不衍期”①。传说固然不可信，但夏季多雨易涝确是事实。研究发现，自唐代至北宋时期，泗州的水灾至少发生过 30 次。② 其中，唐宋元三代给泗州造成较大损失的大水灾至少有 6 次，严重时城内水深七尺，故历任州官大多在防洪上有治绩。③据统计，从唐贞元八年（792）到南宋隆兴二年（1164）的 372 年中，泗州发生严重淹城事件达 11 次，平均每 33.8 年一次；黄河夺淮以后，从南宋淳祐元年（1241）至明嘉靖四十四年（1565）“蓄清刷黄”策略实施前的 324 年中，淹城达 13 次，平均每 24.9 年一次；从万历七年（1549）潘季驯基本建成洪泽湖大堤，到康熙十九年（1680）泗州城被全部淹没的 101 年中，淹城 14 次，平均每 7.2 年一次。④ 从以往研究中不难看出，泗州淹城发生的次数越来越多，间隔的时间越来越短，整体上水患呈不断加重的趋势。因水患多发，泗州城及周边水神庙宇众多，如淮渎庙、安淮寺等，还有淮河水怪巫支祁、泗州大圣降水母等传说故事。

自元代南北大运河全线贯通，至清前期开凿中运河以前，徐州至淮安段运河借黄行运，因黄河含沙量大，河道淤积，入海不畅，水患频发。正统二年（1437）四五月间，连续降雨，黄、淮泛涨，淮北、淮南大水，泗州城城垣东北角崩塌，大水内灌，与屋檐齐高，泗州人奔逃到对面淮河南岸的盱山。此后，水患愈演愈烈，嘉靖初担任泗州州判的侯廷训在《泗州灾荒疏略》中，描述了嘉靖初年该地农田严重受灾的情况，称：

① （清）陶澍：《陶澍游龟山访禹迹碑》，载洪泽县政协、洪泽湖历史文化研究会、洪泽县文广新局编《洪泽湖大堤石刻遗存》，中国文史出版社 2016 年版，第 82 页。

② 蒋中健：《泗州自然灾害概述》，载《泗洪文史资料》第 5 辑，政协泗洪县文史资料研究委员会编印 1988 年版，第 304—309 页。

③ 张卫东：《洪泽湖水库的修建——17 世纪及其以前的洪泽湖水利》，南京大学出版社 2009 年版，第 27—28 页。

④ 范成泰：《泗州城淹没考略》，载淮安市历史文化研究会编《淮安运河文化研究》，中国文史出版社 2005 年版，第 98 页。

> 本州地方，前有淮、汴二河，红油、沙湖等五十余湖。田亩高阜者少，湖地十居其七。递年以来，雨阳失时，或麦苗方生而遭被淹没，或稻谷甫熟而尽被漂流，以此灾伤频仍，死伤过半。今自暮春正月至于三月，淫雨连绵，淮、汴二水泛涨，灌通、沙、陡等湖，将前二麦在湖地者尽被淹没。①

上述情景已足以让人震撼，殊不知此后愈演愈烈。嘉靖十二年（1533）以前，无论黄河正流东行贾鲁河，或南循颍、涡、浍等河入淮，黄、淮二河之下游河道尚未淤高，所以泗州水患仅有10次；但嘉靖十三年（1534）以后，黄淮云梯关入海口已逐渐淤塞，河道内形成水下限沙，以致泗州水患趋于频繁，平均不及两年便发生一次。② 嘉靖二十五年（1546）以后，黄河全部经徐邳入淮，泗州以上黄河水流减少，但泗州以下清口黄水增加，淤积倒灌时有发生。

隆庆四年（1570），总河潘季驯提出了“筑堤束水，以水攻沙”的治河方针，大筑高家堰，蓄积淮河清水冲刷清口附近的黄河泥沙。隆庆六年（1570），黄河、淮河同时涨水，水势相冲，洪泽湖清水无法顺畅地流出清口，黄河在清口地区淤积形成门限沙。洪泽湖内清水排出不畅，水位抬高，水面扩大，使泗州地区面临更为严重的水患威胁。万历间担任河南佥事的朱东光，在《贻麦堂记》中记载了隆庆、万历之际的洪泽湖水患情况，称：

> 嘉靖末造，历隆庆以迄万历之六载，淮泗之民罹昏垫而苦水之为眚也久矣。一望沮洳，四野弥漫，居鲜室庐，无论土田。而转徙者半之，即存者四壁萧然，不蔽风雨。率易小刀觅鱼虾为生计，不且家水上，无复耕作之有事矣。③

从上述记载的“一望沮洳，四野弥漫”，可见水环境变迁之剧烈。两

① （明）侯廷训：《泗州灾荒疏略》，载光绪《泗虹合志》卷26《艺文志》。

② 陈琳：《晚明黄淮运对泗州城的影响》，载淮安市历史文化研究会编《淮安运河文化研究文集》，中国文史出版社2008年版，第92—93页。

③ （明）宋祖舜修，（明）方尚祖纂：《天启淮安府志》，荀德麟等点校，方志出版社2009年版，第843—845页。

年后的万历八年（1580），总河潘季驯特别提到，清口壅塞不通是近年才有的事情，早年泗州不倒灌，淮南无决堤。[①] 万历间担任总漕的褚鈇也提到隆庆以来泗州水患才开始加重的事实，称，自隆庆以来，海口淤塞，以致泗州陵寝常被水淹，运道常被冲决，桑田尽变成湖海。[②]

二 沦为釜底：万历六年后的泗州水环境

黄河是一条迁徙无常的河流，有时决于北，有时决于南，北决则侵害鱼台、济宁、东平、临清并波及郓城、濮州、恩县、德州等地；南决则侵害丰县、沛县、萧县、砀山、徐州、邳州并波及亳州、泗州、归德、颍州等地。[③] 万历四年至五年（1576—1577），刑部侍郎邵陛修筑泗州护城堤，在土堤外层砌石，增加防护能力。万历六年（1578）以后，随着高家堰堤防的不断加筑，黄淮"两河归正，沙刷水深，海口大辟，田庐尽复，流移归业，禾黍颇登，国计无阻，而民生亦有赖矣"[④]，收到了一定的效果。但由于潘季驯蓄全淮之水以趋清口的同时，堵塞了洪泽湖周围大涧口、小涧口等处分流河道，导致水位抬高，洪水去路淤塞。黄淮运交汇的清口地区，因运口淤塞，黄水倒灌，泗州城防洪压力增大。绘制于万历十八年（1590）以前的《河防一览·两河全图》显示，泗州城与对面的盱眙城隔河相望，泗州城北近陡湖，南邻淮水，护城大堤为一圈椭圆形的石堤。其中州城与淮河间的护城堤与河堤合二为一，堤防又高又厚，显然是针对淮河洪水。

针对水患多发的特点，泗州城被设计为椭圆形，有护城堤、护城河、城墙三道防线。明代以前，泗州城为东西两座单独的土城，明初合二为一，并将土城改为砖石城墙，周长9里30步，改造的目的显然是为了抵御水患。泗州水患明显加剧，大量耕地被淹没，州城外水高于城濠，岌岌可危。随着洪泽湖堤防的修筑加高，泗州地势更加相对低洼，形同"天井""釜底"。

万历十九年（1591）九月，淮水大涨，水高于泗州城壕，州治浸水三

① （明）陈应芳：《敬止集》卷1《图论》。

② （明）张萱：《西园闻见录》卷89《管治道》。

③ （清）叶方恒：《山东全河备考》卷2《河渠志下·曹单黄河备考》。

④ （明）潘季驯：《河防一览》卷8《河工告成疏》。

尺，于是堵塞水关以防内灌，城中积水无法泄出，城中居民被淹者达十分之九，附近的明祖陵也被淹浸。明祖陵位于泗州城北门外20里处的太平乡杨家墩，明代治河面临着保漕与护陵的双重任务，“祖陵为国家根本，即运道、民生莫与较重”①，要求“首虑祖陵，次虑运道，次虑民生”②。但自明正德、嘉靖以后，祖陵水患问题凸显，万历十六年（1588）潘季驯复为总河，用石块加筑泗州护堤数千丈，以保护陵寝。万历十九年（1591）九月，淮水东决高良涧，西灌泗州祖陵。万历皇帝命工科给事中张贞观前往泗州勘察水势，发现泗州城如水上漂浮的钵盂，且盂中盛满水。祖陵自神路至三桥、丹墀，全部被水淹，高家堰危如累卵，一旦溃决，里下河地区祸患难免。于是提出开浚清口以及海口积沙以泄淮的建议，称：

> 今欲泄淮，当以辟海口积沙为第一义。然泄淮不若杀黄，而杀黄于淮流之既合，不若杀于未合。但杀于既合者与运无妨，杀于未合者与运稍碍。别标本，究利害，必当杀于未合之先。至于广入海之途，则自鲍家口、黄家营至鱼沟、金城左右，地势颇下，似当因而利导之。③

万历二十年（1592）泗州又大水，城中水深达三尺，患及祖陵，大臣议论纷纷，有的建议开富陵湖泄水至六合入江，有的建议浚周家桥泄水入高、宝诸湖，有的建议开寿州瓦埠河以分淮水上流，还有的建议开放张福堤以增泄淮水北入清口水量，但鉴于“祖陵王气不宜轻泄”，最终未能达成一致意见。④ 万历二十三年（1595）再次发生大水，淮河涨溢，淹浸泗州城和明祖陵，东决高家堰。崇祯元年（1628），黄河大决，淹没泗州城。

面对水患淹城的困境，泗州城中百姓采取了暂时栖息城墙、逃居盱山或长期流落外乡等应对办法。河臣官员则采取了加固城墙、加修防洪护堤、紧闭城门水关、加强护城河蓄水、开挖泄水河道、垫高街道等应对措施。明代巡抚邵陛的《新筑盱泗二堤记》中详细记载了万历四年至五年

---

① 《明神宗实录》卷248，万历二十年五月丁亥。

② （明）潘季驯：《河防一览》卷14《祖陵当护疏》。

③ 《明史》卷84《河渠志二》。

④ 《明史》卷223《潘季驯传》。

(1576—1577) 修筑泗州城防洪护堤的情形，此次工程“易沙而石，增卑而高”，新修大堤长1427丈，高9尺，宽1丈。工程尚未竣工，恰遇淮水骤溢，堤防发挥了作用，“泗民幸免于移徙”。然后又利用修造祖陵时淘汰的石块，修筑了石堤一道，长度约为州堤一半，高宽与州堤一致。[①] 万历二十五至二十六年（1597—1598），御史周盘主持填城，垫高城内大小街巷地基21道，垫高房基土方1400多方，使“巢穴者安居，转徙者复兴”[②]。崇祯四年（1631），水灌州城，西门旧水关开洞放水，题准永免久沉水淹田地508顷99亩，免征漕粮折银1269两，免征马价银1680两。[③]

三 重淮扬而薄凤泗：常三省眼中泗州与高宝的对立

前已述及，万历十九年（1591）大水，泗州城如同水中的浮盂，城内水深数尺，街巷中依靠舟筏通行，房舍大量倾颓。潘季驯原来设想的“堰成而清口自利，清口利而凤泗水下”[④] 的目标只实现了前一半，清口较以前畅通，但凤泗水患反而加重，朝野议论四起，纷纷提出泄水减灾的对策，其中以泗州乡绅、时任江西参议的常三省的反对最为激烈，批评朝廷“重淮扬而薄凤泗”的做法，明确提出以“高宝”为中心的淮扬地区与以“泗州”为中心的凤泗地区的对立。

针对泗州地区的水患，泗州乡绅常三省亲历淮河下游诸地考察后，呈《上北京各衙门揭帖》[⑤]，针对“一切被水事迹及今所以处置之宜”，从“城乡水患之实”“清口淤塞之实”“运道利病之实”“水患所由之实”“水势人情之实”“弭患事宜之实”六个方面提出了建议，从泗州水患、清口淤塞、运道利病、治水事宜等方面，力陈万历七年（1579）潘季驯修筑高家堰的危害，认为修筑高家堰“束水攻沙”的方案是错误的，建议恢复淮流故道，多建泄水涵闸，疏通淮河入海入江水道，挑浚清口以上黄河淤沙，减少泗州地区的水患。揭帖提到了这一地区的土地主要有岗田和湖田两种类型，湖田是百姓的主要粮食来源，如今却面临灭顶之灾，曰：

---

① （明）邵陛：《新筑盱泗二堤记》，载乾隆《重修泗州志》卷11《艺文志》。

② （明）王升：《填城记》，载《行水金鉴》卷70。

③ （清）袁象乾：《申请蠲豁荒沉田粮工移》，载光绪《泗虹合志》卷27《艺文志》。

④ （明）潘季驯：《河防一览》卷2《河议辩惑》。

⑤ 光绪《泗虹合志》卷16《上北京各衙门水患议》。

> 窃照泗州城内原有城河，春夏则容蓄雨水，秋冬则开闸泄放，近因淮涨势高，闸不可开而内水积。去年淮复冲城，南门不收而外水入，两水交攻，暑雨且甚，遂至城内水深数尺，街巷舟筏通行，房舍倾颓，军民转徙，其艰难穷困不可殚述，此在城水患之实也。泗人有岗田、有湖田，岗田硗薄，不足为赖。惟湖田颇肥，豆麦两熟，百姓全藉于此。近岗田低处既淹，若湖田则尽委之洪涛，庐舍荡然，一望如海，百姓流散四方，觅食道路，羸形菜色，无复生气。且近日流亡他郡者，彼处不容，殴逐回里，饥寒无聊，间或为非。出无路，归无家，生死莫保。其鬻卖儿女者，率牵连衢路，累日不售，多为外乡人贱价买去，见之惨目，言诚痛心，此在乡水患之实也。

不仅如此，揭帖还提到了淮扬地区“淮民”与泗州地区“泗民”的利益冲突，“泗民杨明恕请于堰南周家桥、单沟一带凿渠通湖，淮民又欲于此比照高堰一体加筑”，特别指出潘季驯不能一视同仁，“重淮扬而薄凤泗”，曰：

> 夫周家桥、单沟一带乃越城以南地方也，盱眙九十里至越城，又七十里至清江浦，中间地形平坦，水之可容者，泗无不受之。至巨浸之来，泗无所容，则徒此少溢万一耳。如欲障蔽淮扬，使水无涓滴入，非尽此百六十里之地而堰之不可，审如是，则水发之时，当直出泗城雉堞之上，非独贻害泗盱，虽寿、亳、临淮、五河诸地亦必不免矣。嗟乎！自行高堰以来，泗人之苦于水患极矣！水患既不可复支高堰，又率不可以轻动，故不得已而请于堰南凿渠，庶淮水可泄，在此犹在彼也。今淮人欲并堰以南而尽筑之，是不使泗之民人尽为鱼，泗之城池立为沼不止。嗟乎！何其忍哉！夫使泗民有田可耕，有地可庐，苟安而已矣。何为此纷纷告扰耶？夫淮与泗孰非朝廷王田，而其民亦孰非朝廷赤子？今潘公动以保护淮扬为名，而于泗则蔑视之，独何心哉？夫使诚利淮扬，亦不可因害凤泗。况凤泗实有害，而淮扬亦无所利，又何为固执乃尔耶？

高家堰是淮扬地区的门户，淮扬地区百姓希望通过修筑高家堰以免除水患，但泗州人反对修筑，原因是筑堤造成了更加严重的积水问题，故上述常三省将淮扬与泗州对立的说辞，遭到下游以“高宝”地区为中心淮扬百姓的反对，于是常三省又写了《与高宝诸生辩水书》，解释了其建议的合理性，坚称都是为地方利益着想，解释说此建议不会移患到淮扬地区，曰：

泗州淮水原是两路通行，一路东至清口会合黄水入海，一路南出大涧口入湖，由湖入江入海。此两路从来久远，以故淮不为梗，累数年始一发。发不大，一二月即消落，发不久，此旧贯也。自近年高堰既筑，旧贯遂失。泗人积苦水患，乃不得已请开施家沟，浚周家桥。如果开浚其两处深涧，尚不及大涧十分之一，其于疏泄淮水，亦不及大涧十分之一。泗人岂乐此而为之？以为复旧贯而不得，即得此亦愈于已也。今议又止浚周家桥一路，为泄几何？顾高邮诸生犹争执不容止，其意亦不过务为乡土耳！岂敢尤怨？但于事未悉，不得不就诸生之言一与诸生辩，惟诸生察之。

诸生揭谓：“开浚周桥、施家沟，水入高宝湖，诚恐诸湖容易受限，水满堤溃，漕涸运阻。”此其说未为无见，但此不独诸生虑之，即泗人亦虑之矣。故其处置之宜，已具前揭中。盖治水之道，欲其安流无害，惟在使之疏通不滞而已矣。故疏九泉之下即油庭、彭蠡亦驯不为梗，而况于高宝诸湖？一阻滞即沟浍雨集，且亦一时皆盈，而况于高、宝湖诸湖？故今年周桥未浚也、施沟未开也，而高、宝湖乃亦不免泛涨甚剧。贻患最烈者，则以壅遏之未有所通故也。为今日计，惟举前揭所陈者酌行之，而又参以诸生芒稻河、子婴沟之说。即淮流虽尽注，湖不为害，况周桥杯勺之水哉？诸生但当求疏通湖水之入江入海，无务与泗人争周桥也。如曰此非旧贯，则欲置彼周桥，便当还我大涧尔！

诸生揭谓：“将都管塘至周家桥一带筑堤，使淮不旁溃，专力冲刷清口。”噫！此其说则舛甚矣！将假此以要挟泗人，务相抵塞则可，若遂欲见之行事，谓为己利，盖亦忽思而已矣！自高堰筑后，淮水泛涨，尚赖周桥一带稍可溢漫而去也。然泗盱民生已不堪其害，若云尽加筑塞，则淮流一无出路，必大至腾涌溢滥。窃恐清口未见冲刷，吾泗已悉为鱼沼矣。①

事实上，只有蓄积足够体量的清水，才能够起到“蓄清刷黄”的效果，因此，为确保漕运畅通，牺牲泗州局部利益是不得不的选择。蓄水意味着泗州地区水患的增加，泄水则意味着高宝地区水患的增加，体现出水能的分配以及水环境影响的地域差异。面对洪泽湖的蓄泄之争，首辅张居正最终选择支持潘季驯，将常三省削职为民。

四 治河无须护陵：清初泗州城沉入湖底

至清代以后，因改朝换代，“护陵寝”不再成为治水者的制约，于是进一步加筑洪泽湖堤，虽然采取了一些御水弥灾的措施，但收效甚微，泗州城水患较明代更加严重。顺治六年（1649）六月，淮黄并涨，大水灌城，淹没田地600余顷，泗州城东南垮塌，城内积水一丈多深，房屋倒塌过半，十月份水退后，街道大片积水。康熙十年（1671），大辟清口，淮水畅流，泗州水患稍减。康熙十八年（1679）十月，淮水又大涨，大水溃堤决城，城内水深丈余。康熙十九年（1680）夏秋之交，黄淮水涨，黄河冲破堤坝，直灌洪泽湖，泗州城外的防洪护堤决口，州城最终沉没于湖中。从地方志所绘《泗州城图》可见，大水与护城堤几乎相持平，大堤上成为灾民的临时居所。城墙的一角被大水冲垮，城内民居庐舍完全没入水中，城内只有13层高的灵瑞宝塔露出塔尖。

泗州城沉没后，地方官员仍设法排水，希望起死回生。康熙二十七年（1688），泗州知州莫之翰建议开古禹王河，引淮水由天长、六合入江。虽未被批准，但表明了地方官积极应对的想法。康熙三十八至三十九年（1699—1700），堵塞唐梗等六坝，增加洪泽湖蓄水量，同时大力疏浚张福口、裴家场等引河，协助清水畅出清口，冲刷门限沙。有的官员还提出了“开三闸”“建三闸”等抵御水患的措施。据乾隆《泗州志》记载，“开三闸”为巡抚牛应元所提出的建议：一是开金家湾、芒稻河泄下河诸湖水入江；二是开周家桥闸泄淮水入白马等湖；三是开武家墩以减杀洪泽湖水势。“建三闸”为督臣褚鈇所建议的导淮措施：一是建武家墩闸，由岔河、

① 光绪《泗虹合志》卷16《与高宝诸生辩水书》。

泾河下射阳湖入海；二是建周家桥闸由草子湖、宝应湖入子婴沟，下广洋湖入海。[①] 乾隆二十三年（1758），要求淮河沿河州县均设立水志，查明涨水尺寸。

泗州城被淹以及沉没，百姓赖以耕作的湖田也大量沉入湖底，“湖田颇肥，豆麦两熟，百姓全藉于此。近岗田低处既淹，若湖田则尽委之洪涛”[②]。泗州城原有泗州十景，即“浮梁练影”“回澜晚钟”“淮水浮烟”“盱山耸翠”“禹王台月明”“灵瑞塔朝霞”“挂剑台秋风”“湿翠堂春霁”“九岗山形蜿蜒”“一字河流环带”。康熙十九年（1680），淮安南北地区连续70天阴雨，上游淮水暴涨，泗州城城墙被冲坏，城郭被淹没，公私庐舍漂没，仅存泗州城内僧伽塔（灵瑞塔）露出水面。后来大水灌城后仅剩三景，“浮桥不归，而一字河、回澜阁、灵瑞塔、禹王台以及邵公堤、湿翠堂俱沉入水”[③]，十去其三，足见水环境变化之剧烈。时至今日，泗州城被埋于地下已300多年，城址仍较完好地保存于地下，被誉为“东方庞贝城”，为研究古代城市布局、古代建筑等提供了极好的实物资料。

五　小结

明清洪泽湖治理是针对黄淮运水环境变迁而采取的工程措施，但反过来又会引发新的水环境问题。泗州城历来水患多发，隆庆六年（1572）黄淮大水以及运口门限沙的形成，是洪泽湖水患加剧的开始，但真正引发泗州城沉入湖底的水患则始于万历六年（1578）潘季驯治河。明代保漕与保陵问题交结在一起，使黄淮运关系复杂化，清代治河摆脱了护陵的束缚，洪泽湖水位不断攀升，导致了更大区域受灾。由于明清时期洪泽湖治理是在“蓄清刷黄济运”框架下进行的，工程措施虽然取得一时效果，但无法根本解决洪水的出路问题，结果泗州城沉没湖底。

今天的泗州城遗址位于淮安市盱眙县境内，属于以地级市淮安、扬州为核心的淮扬地区，但历史上的泗州属凤阳府，行政区划上不同，更存在洪泽湖蓄泄利益的对立。洪泽湖蓄水意味着泗州地区水患的增加和利益的

① 乾隆《重修泗州志》卷3《水利上·汇纪》。
② 光绪《泗虹合志》卷16《上北京各衙门水患议》。
③ 乾隆《重修泗州志》卷2《古迹》。

受损，泄水则意味着高宝地区水患的增加和利益的受损。对洪泽湖东部以“高宝”为中心的淮扬地区而言，“倒了高家堰”是巨大的灾难，但对于洪泽湖南面、西面以“泗州”为中心的凤泗地区而言，“倒了高家堰”则是消除水患的希望所在。“泗州”是古今水利建设中常见的诸多库区之一，是开展人地关系研究的典型区域，厘清“淮扬”“凤泗”“泗州”等称谓的时空差异，有助于科学评价水利建设中国家整体利益与库区局部利益的关系，有助于区域史研究的深入开展，对当前的大运河文化建设也有参考价值。最后，需要指出的是，本文主要分析了洪泽湖治理中的“蓄水”及其影响问题，另外还有“泄水”的问题，而涉及里下河区域社会以及山盱五坝、归海五坝、归江十坝等减水工程问题，将另文具述。

（本文原刊于《湖北社会科学》2019 年第 12 期）

汉唐时期长江流域水环境史研究述评

吕金伟　吴　昊*

（南京农业大学人文与社会发展学院，江苏南京　210095）

摘要：关于汉唐时期长江流域水环境，学界已在河湖水系演变研究、水利建设研究、水环境与城市建设研究、水旱灾害与社会应对研究、水土流失研究、水生动植物研究等方面取得了较大的进展，出现了许多有价值的学术成果。与此同时，也存在着一些不足。加强水环境史料的搜集与整理、借鉴交叉学科的研究方法以及开展专题研究有助于进一步深化汉唐时期长江流域水环境研究。

关键词：汉唐时期；长江流域；水环境；研究述评

长江是我国第一长河，流域面积最广，水资源总量丰富，水环境作为长江流域人类赖以生存和发展的重要场所，与人类之间的关系最为密切。因此，长江流域是人类活动作用于水环境最为频繁的地区之一，也是水环境变化最为深刻的地区之一。

水环境史旨在研究历史时期人类与水环境之间的互动关系。水环境是指由传输、储存和提供水资源的水体，以及与水体密切相连的诸环境要素等组成的生态系统，是水体影响人类生存和发展的因素与人类活动影响水体的因素的总和。长江流域的水环境是长期以来不断演变的结果，与人类

＊ 基金项目：南京农业大学中央高校基本科研业务费人文社会科学研究项目“六朝农业灾害研究”（项目编号：SKYC2020009）；江苏省教育厅高校哲学社会科学研究一般项目“六朝农业灾害研究”（项目编号：2020SJA0056）

作者简介：吕金伟，南京农业大学人文与社会发展学院助理研究员；吴昊，南京农业大学人文与社会发展学院讲师。

对这一地区水的利用、改造、保护等活动息息相关。大体来说，秦汉以前，长江流域人口较少，《史记·货殖列传》云："楚越之地，地广人希"，人类活动对水环境的影响较小；秦汉时期尤其是东汉末年以后，北人不断南迁，长江流域人口逐渐增多，人类活动对水环境的影响逐渐增大；唐代安史之乱以后，北人南迁的第二次浪潮掀起，长江下游地区逐渐成为王朝的经济重心，人类活动对水环境的影响日益加剧；宋代以来尤其是明清时期，长江流域水利建设频繁，水旱灾害频发，水环境逐渐恶化。可见，汉唐时期是长江流域水环境演变的一个重要阶段。有鉴于此，本文对涉及汉唐时期长江流域水环境的研究成果进行梳理，以期为这一领域的研究添砖加瓦。

一　研究进展

关于汉唐时期长江流域水环境，目前学界主要围绕与水相关的问题展开讨论，集中于长江流域河湖水系演变、水利建设、水环境与城市建设、水旱灾害与社会应对、水土流失问题、水生动植物分布等方面。现分述之：

（一）河湖水系演变

长江河道、湖泊、水系是长江流域水环境存在的重要载体。已有研究成果聚焦以下三个方面：一是长江干流河道演变研究。邹逸麟、张修桂主编的《中国历史自然地理》一书探讨了历史时期长江中游河床、下游河床、长江河口的演变，分析了这种演变的自然原因、人文原因及变化规律①，是目前史学界关于长江干流河道问题研究的代表性成果。蓝勇主编的《长江三峡历史地理》一书系统考察了历史时期长江三峡地区自然地理、人文地理的状况，涉及三峡地区水系分布与变迁、水文变迁、水旱灾害等内容。② 张修桂的《龚江集》一书对《水经·江水注》枝江—武汉河段、《水经·沔水注》襄樊—武汉河段等文献进行了校注与复原，并考察

① 邹逸麟、张修桂主编：《中国历史自然地理》，科学出版社 2013 年版，第 274—335 页。

② 蓝勇主编：《长江三峡历史地理》，四川人民出版社 2003 年版，第 50—99 页。

了荆江、青龙江的演变历程。[①] 杨怀仁、唐日长主编的《长江中游荆江变迁研究》一书系统梳理了荆江地质地貌及水沙特征、全新世以来荆江的演变过程、荆江变迁动因及发展趋势。[②] 上述研究成果对于认识汉唐时期长江干流河道演变具有十分重要的价值。

二是长江流域湖泊演变研究。（1）云梦泽演变研究。谭其骧认为云梦泽只是云梦的一部分，两者并不完全相同，云梦泽在战国至三国时期大致位于江汉之间。[③] 石泉、蔡述明的《古云梦泽研究》一书梳理了历史时期云梦泽的演变过程，从文献与湖泊沉积物两个层面指出跨江南北的云梦泽在汉代以前并不存在。[④] 张修桂分析了云梦泽演变与下荆江河曲形成之间的关系，认为先秦至唐代云梦泽的消亡过程就是江陵以下荆江河床的形成过程。[⑤] 金伯欣指出江汉与洞庭相对独立，荆江河床的发育阻断了古云梦的形成，秦汉以来湖水面积不断扩展，但跨江南北的古云梦泽并不存在。[⑥] 宋焕文强调云梦泽确实是存在的，春秋战国时期云梦泽已遭到分割，魏晋南北朝至唐宋时期江汉平原地区围湖造田、水利开发加剧，云梦泽逐渐消失。[⑦] 周凤琴探讨了云梦泽演变的阶段性特征，认为春秋战国至汉初云梦泽的主体位于下荆江以北的江陵、潜江、沔阳、监利、洪湖等地。[⑧] 此外，近年来也有一些学者从“云”“梦”“云梦”“云梦泽”等地名变化的视角探讨云梦泽的相关问题。李青淼、韩茂莉认为“云”“梦”的名称在春秋末期已经出现，“云”为专名，“梦”为通名，泛指包括湖泽及周边荒野的综合地貌，“云梦”的说法出现于战国中后期，但仍为一种综合地貌，“云梦泽”一词可能出现于西汉中期以后，地望局限于汉代华容县南境，后与“云梦”相互混淆。[⑨] 周宏伟则指出“云”“梦”到“云梦”再到“云梦

---

① 张修桂：《龚江集》，上海人民出版社 2014 年版，第 1—122、207—249、318—329 页。

② 杨怀仁、唐日长主编：《长江中游荆江变迁研究》，中国水利水电出版社 1998 年版，第 1—242 页。

③ 谭其骧：《云梦与云梦泽》，《复旦学报》1980 年第 S1 期。

④ 石泉、蔡述明：《古云梦泽研究》，湖北教育出版社 1996 年版，第 1—189 页。

⑤ 张修桂：《云梦泽的演变与下荆江河曲的形成》，《复旦学报》1980 年第 2 期。

⑥ 金伯欣：《古云梦泽初探》，《华中师院学报》1979 年第 3 期。

⑦ 宋焕文：《试谈云梦泽的由来及其变迁》，《求索》1983 年第 5 期。

⑧ 周凤琴：《云梦泽与荆江三角洲的历史变迁》，《湖泊科学》1994 年第 1 期。

⑨ 李青淼、韩茂莉：《云梦与云梦泽问题的再讨论》，《湖北大学学报》2010 年第 4 期。

泽”的名称演变是一种地名命名的发展过程，秦汉至宋代的云梦泽并不存在。[①]

（2）洞庭湖演变研究。张修桂论述了全新世初至20世纪80年代洞庭湖的演变过程，认为先秦至西晋洞庭地区尚未形成大范围的浩渺水面，东晋至19世纪中叶在人口增长、经济开发加剧等因素的影响下洞庭湖湖底淤高，湖面逐渐扩大。[②] 卞鸿翔等人的《洞庭湖的变迁》一书也探讨了全新世初至20世纪80年代洞庭湖的演变过程，但与张修桂的观点并不一致，他们认为先秦两汉时期洞庭湖已经形成浩渺大湖，魏晋至唐宋时期洞庭湖水面逐渐遭到分割与缩小，元明时期洞庭湖水面面积不断扩大，而清代以来总体上呈不断缩小的趋势。[③] 周宏伟对张修桂、卞鸿翔等人的分歧进行辨析，基本上赞同张修桂的看法，并对部分地方做了修正。[④]

（3）鄱阳湖演变研究。谭其骧、张修桂论述了鄱阳湖的演变过程，指出5世纪以前鄱阳地区并不存在大面积的湖泊水体，六朝至隋唐时期鄱阳北湖逐渐形成，唐末五代至北宋初年鄱阳南湖逐渐形成，明清时期鄱阳湖南部地区汊湖不断扩展。[⑤] 项亮指出汉末至唐初鄱阳湖逐渐形成，其中，南朝宋永初二年（421）鄱阳湖大水面出现，唐初鄱阳湖扩展到最大规模，唐代中期以来鄱阳湖地区的农业开发使水面整体上呈缩小趋势。[⑥] 苏守德的看法与项亮基本一致，认为鄱阳湖大水面形成于4世纪末至5世纪初，唐初水面面积达到最大。[⑦] 黄旭初、朱宏富分析了构造运动、海侵等因素对鄱阳湖形成、演变过程的影响。[⑧] 吴艳宏探讨了鄱阳湖口梅家洲的形成、演化对鄱阳湖的影响，认为梅家洲的出现对古赣江来水产生阻水，导致鄱阳湖形成并向南扩张。[⑨]

---

① 周宏伟：《云梦问题的新认识》，《历史研究》2012年第2期。

② 张修桂：《洞庭湖演变的历史过程》，中国地理学会历史地理专业委员会、《历史地理》编辑委员会编：《历史地理》创刊号，上海人民出版社1981年版，第9—116页。

③ 卞鸿翔、王万川、龚循礼编著：《洞庭湖的变迁》，湖南科技出版社1993年版，第43—93页。

④ 周宏伟：《洞庭湖变迁的历史过程再探讨》，《中国历史地理论丛》2005年第2期。

⑤ 谭其骧、张修桂：《鄱阳湖演变的历史过程》，《复旦学报》1982年第2期。

⑥ 项亮：《鄱阳湖历史时期水面扩张和人类活动的环境指标判识》，《湖泊科学》1999年第4期。

⑦ 苏守德：《鄱阳湖成因与演变的历史论证》，《湖泊科学》1992年第1期。

⑧ 黄旭初、朱宏富：《从构造因素讨论鄱阳湖的形成与演变》，《江西师院学报》1983年第1期。

⑨ 吴艳宏：《梅家洲形成、演化及其对鄱阳湖的影响》，《长江流域资源与环境》2001年第1期。

（4）巢湖演变研究。金家年简要钩沉了巢湖演变的历史脉络。[①] 张靖华、陈浩则关注三国时期巢湖的变迁及对居巢县陷没的影响，认为居巢县毁于孙吴、曹魏战争期间来自濡须口的洪水，加之地质灾害频发，使得秦汉时期的古巢湖越过堤坝东侵。[②] 任超逸对《水经注》以来肥水与巢湖连通的看法提出疑问，指出中古时期肥水、巢湖两大流域始终未能连通。[③]

（5）太湖演变研究。谭其骧等人通过田野调查，厘清了太湖以东和东太湖地区水陆变迁、地貌演变的若干问题。[④] 蒋炳兴认为全新世中期以来太湖经历了潟湖、泥沙堆积成陆、洼地积水成湖三个阶段，其中，太湖可能形成于春秋时期，逐渐演变成为湖泊广布的局面。[⑤] 张修桂梳理了全新世以来太湖形成与演变的过程，指出魏晋南朝太湖水面扩展，水体入侵五个岬湾地区，太湖的基本形态得以奠定，唐代元和五年（810）“吴江塘路”的兴筑则使东太湖地区成为一个低洼平原地域。[⑥] 魏嵩山[⑦]、褚绍唐[⑧]先后发文探讨历史时期太湖水系的变迁，涉及汉唐时期的相关情况。王建革考证了太湖与《汉书·地理志》“三江”的关系，认为《汉书·地理志》“三江”就是《尚书·禹贡》“三江”，太湖形成后使得三江水系发生巨大变化。[⑨]

三是运河开凿与淤废研究。运河是人工开挖的河道或利用工程设施改造过的自然河道。长江流域的运河最早开凿于春秋时期，汉唐时期已经形成了初步的运河网络体系。史念海的《中国的运河》[⑩]、陈桥驿主编的《中

---

① 金家年：《巢湖史迹钩沉》，《安徽大学学报》1981 年第 3 期。

② 张靖华、陈浩：《三国时期巢湖变迁与居巢县的陷没——基于“陷巢州、长庐州”现象的回溯性考察》，《中国历史地理论丛》2018 年第 2 辑。

③ 任超逸：《中古时期肥水与巢湖流域连通问题考辨》，《历史地理研究》2020 年第 1 期。

④ 复旦大学历史地理研究室：《太湖以东及东太湖地区历史地理调查考察简报》，中国地理学会历史地理专业委员会、《历史地理》编辑委员会编：《历史地理》创刊号，上海人民出版社 1981 年版，第 187—194 页。

⑤ 蒋炳兴：《太湖的演变史》，《海洋湖沼通报》1989 年第 1 期。

⑥ 张修桂：《太湖演变的历史过程》，《中国历史地理论丛》2009 年第 1 辑。

⑦ 魏嵩山：《太湖水系的历史变迁》，《复旦学报》1979 年第 2 期。

⑧ 褚绍唐：《历史时期太湖流域主要水系的变迁》，《复旦学报》1980 年第 S1 期。

⑨ 王建革：《太湖形成与〈汉书·地理志〉三江》，中国地理学会历史地理专业委员会、《历史地理》编辑委员会编：《历史地理》第 29 辑，上海人民出版社 2014 年版，第 44—55 页。

⑩ 史念海：《中国的运河》，陕西人民出版社 1988 年版，第 65—213 页。

国运河开发史》[①]、邹逸麟与张修桂主编的《中国历史自然地理》[②] 等著作分别考察了历史时期运河的开凿、网络体系、淤废及其影响，涉及汉唐时期邗沟、山阳渎、里运河、破冈渎、江南运河的相关问题。

（二）水利建设

历史时期，长江流域河湖密布、水体丰富，水利建设尤其是农田水利建设相当频繁，水利工程分布广泛。关于汉唐时期长江流域水利建设研究，集中在以下三个方面：一是长江流域水利建设通论式研究。长江流域规划办公室编著的《长江水利史略》一书大致梳理了远古至春秋战国、秦汉、三国两晋南北朝、隋唐宋、元明清、近代等不同时期长江流域水利的基本状况。[③] 毛振培的《长江水利史》一书系统阐述了历史时期长江水利的发展历程，总结了长江流域的治水经验与科技成就。[④] 上述两书都对汉唐时期长江流域的水利建设有所论及。

二是长江中游水利建设研究。方高峰的《六朝政权与长江中游农业经济发展》一书从平原地区的水利工程建设、山地丘陵陂塘灌溉工程的兴建、走马楼吴简所见孙吴长沙地区的农田水利建设三个方面论述了六朝时期长江中游地区水利工程的兴修。[⑤] 牟发松的《唐代长江中游的经济与社会》一书考察了唐代长江中游地区农田水利事业的兴修，阐述了农田水利事业的发展动因与影响。[⑥]

三是长江下游水利建设研究。日本学者中村圭尔探讨了六朝三吴地区的经济开发与水利建设及其带来的影响。[⑦] 王铿论述了东汉、六朝三吴地区的水利事业及其性质。[⑧] 汪家伦考察了东晋南朝江南农田水利的建设，认为这一时期是江南农田水利发展史上的重要阶段。[⑨] 郭黎安梳理了魏晋

---

① 陈桥驿主编：《中国运河开发史》，中华书局 2008 年版，第 324—347 页。

② 邹逸麟、张修桂主编：《中国历史自然地理》，科学出版社 2013 年版，第 446—465 页。

③ 长江流域规划办公室《长江水利史略》编写组编：《长江水利史略》，水利电力出版社 1979 年版，第 44—126 页。

④ 毛振培：《长江水利史》，长江出版社 2019 年版，第 50—110 页。

⑤ 方高峰：《六朝政权与长江中游农业经济发展》，天津古籍出版社 2009 年版，第 44—58 页。

⑥ 牟发松：《唐代长江中游的经济与社会》，武汉大学出版社 1989 年版，第 75—91 页。

⑦ ［日］中村圭尔：《六朝江南地域史研究》，汲古书院 2006 年版，第 150—207 页。

⑧ 王铿：《东汉、六朝时期三吴地域水利事业性质之考察》，《中华文史论丛》2014 年第 4 辑。

⑨ 汪家伦：《东晋南朝江南农田水利的发展》，《古今农业》1988 年第 2 期。

南北朝隋唐时期今安徽、江苏两省淮河以南、浙江省会稽山脉以北地区水利工程的分布与水利事业的发展，分析了淮南、江东等地区发展不平衡的原因。[①] 陈勇论述了唐代长江下游淮南地区、太湖地区、甬绍地区、宣歙山地等农田水利的修治状况及特点。[②] 太湖流域是长江下游水利建设的重要地区，受到学界的关注较多。缪启愉在论述太湖塘浦圩田的兴衰过程时，着重探讨了太湖的农田水利。[③] 郑肇经[④]、《太湖水利史稿》编写组[⑤]分别对历史时期太湖流域的农田水利、防洪工程、海塘工程等问题进行梳理，是太湖流域水利史研究的经典之作，具有十分重要的价值。张剑光、邹国慰考察了唐五代环太湖地区的水利建设，包括整治太湖、整治江南运河、修筑海塘、兴建大量农田水利工程等活动。[⑥] 周晴分析了唐宋太湖南岸的水利建设及对农田水利格局的塑造，认为唐宋时期形成的横塘纵溇水利结构奠定了此后太湖南岸农田水利开发的基本格局。[⑦] 钱克金总结了唐五代太湖流域农田水利、排涝工程建设的成效，指出这一时期太湖流域水环境的优化对区域经济的发展具有促进作用。[⑧] 此外，日本学者斯波义信考察了汉代至民国时期长江下游地区水利系统的发展状况，关注了长江下游地区水利灌溉与中国社会、文化之间的关系，对汉唐时期长江下游水利事业有所论及。[⑨]

（三）水环境与城市建设

长江流域的城市建设与人类对水环境的改造、利用息息相关。史念海梳理了隋唐时期运河（包括邗沟、江南运河在内）、长江的水运交通以及

---

① 郭黎安：《论魏晋隋唐之间江淮地区水利业的发展》，江苏省六朝史研究会、江苏省社科院历史所编：《古代长江下游的经济开发》，三秦出版社1996年版，第164—183页。

② 陈勇：《论唐代长江下游农田水利的修治及其特点》，《上海大学学报》2006年第2期。

③ 缪启愉：《太湖塘浦圩田史研究》，农业出版社1985年版，第13—21页。

④ 郑肇经主编：《太湖水利技术史》，农业出版社1987年版，第49—113页。

⑤ 《太湖水利史稿》编写组编：《太湖水利史稿》，河海大学出版社1993年版，第40—107页。

⑥ 张剑光、邹国慰：《唐五代环太湖地区的水利建设》，《南京大学学报》1999年第3期。

⑦ 周晴：《唐宋时期太湖南岸平原区农田水利格局的形成》，《中国历史地理论丛》2010年第4辑。

⑧ 钱克金：《唐五代太湖流域水环境的优化》，《史林》2011年第4期。

⑨ ［日］斯波义信：《长江下游地区的水利系统》，中国地理学会历史地理专业委员会、《历史地理》编辑委员会编：《历史地理》第3辑，上海人民出版社1983年版，第139—151页。

沿岸扬州、润州、常州、苏州、杭州、益州、荆州、鄂州、江州、洪州、昇州等都会的形成过程。[①] 陈桥驿简要勾勒了长江三角洲城市化的进程及其与水环境演变之间的互动关系。[②] 黄建武等人探讨了长江中游水环境的变迁及对荆州、武汉、宜昌等城市空间位置、空间形态、功能、兴衰、分布的影响，涉及汉唐时期的相关内容。[③]

（四）水旱灾害与社会应对

水旱灾害反映出水环境变迁加诸人类的负面影响。关于汉唐时期长江流域水旱灾害，专题研究并不多见，但学界已有所涉及。汪家伦梳理了历史时期太湖流域的洪涝灾害与治理方略，指出洪涝灾害是制约太湖地区经济发展的重要因素之一，先民的治理措施有得有失。[④] 朱诚等分析了近两千年来长江三角洲水灾的发生频率及危害程度，认为气候因素是水灾的主要影响因素，其中魏晋南北朝是主要水灾期之一。[⑤] 以上两文对汉唐长江流域的水灾都有所关注。牟发松探讨了六朝长江中游湖北地区以水灾、旱灾为主的自然灾害，认为水灾频率较低，但危害严重。[⑥] 郭黎安[⑦]、吕金伟等人[⑧]分别讨论了六朝建康的灾害，认为水灾、旱灾属于发生频繁、危害较大的灾害，与气候变化、环境演变关系至密。陈刚聚焦六朝建康的水灾，分析了"涛水入石头"等文献记载与长江河道演变之间的关系。[⑨]

（五）水土流失

水土流失也是水环境变迁加诸人类的一种负面影响。周宏伟的《长江

---

① 史念海：《隋唐时期运河和长江的水上交通及其沿岸的都会》，《中国历史地理论丛》1994年第4辑。

② 陈桥驿：《长江三角洲的城市化与水环境》，《杭州师范学院学报》1999年第5期。

③ 黄建武、田文宇、揭毅等：《长江中游水环境的变迁与城市的演变》，《华中师范大学学报》2010年第2期。

④ 汪家伦：《古代太湖地区的洪涝特征及治理方略的探讨》，《农业考古》1985年第1期。

⑤ 朱诚、郑平建、史威等：《长江三角洲及其附近地区两千年来水灾的研究》，《自然灾害学报》2001年第4期。

⑥ 牟发松：《六期时期湖北地区的自然灾害述论》，武汉大学中国三至九世纪研究所编：《魏晋南北朝隋唐史资料》第16辑，武汉大学出版社1998年版，第8—13页。

⑦ 郭黎安：《关于六朝建康气候、自然灾害和生态环境的初步研究》，《南京社会科学》2000年第8期。

⑧ 吕金伟、吴昊、王思明：《六朝建康灾害研究》，《江苏社会科学》2018年第6期。

⑨ 陈刚：《六朝建康历史地理及信息化研究》，南京大学出版社2012年版，第40—45页。

流域森林变迁与水土流失》一书分为上、下两编，上编梳理了长江流域的森林变迁、《山经》时代长江流域的生态环境、宋刻疆域图的森林内容及其价值、长江的清浊变化等问题，下编对重要文献资料进行了汇编、注释与评价。[①] 蓝勇主编的《近两千年长江上游森林分布与水土流失研究》一书复原了近两千年以来长江上游地区的森林分布，探讨了水土流失的规律，论述了人类活动与水土流失之间的关系。[②] 上述两书对于我们认识汉唐时期长江流域森林分布变迁与水土流失具有十分重要的价值。

（六）水生动植物

水生动植物是水环境的重要组成部分。已有研究成果集中于两个方面：一是水生动物。夏方胜从环境、资源、经济三个视角出发，论述了唐代长江中下游地区的渔业，认为长江中下游地区良好的水域结构创造出了优越的渔业生态环境。[③] 二是水生植物。王建革探讨了历史时期江南水环境演变与莼菜产区变化之间的关系，指出六朝唐宋时期江南水环境较好，吴淞江的优质莼菜产量较大[④]；论述了历史时期江南水环境变迁与菱、莲及采集活动之间的关系，认为唐代以前江南水体丰富，菱、莲较多，采菱、采莲属于民间农事活动，受到文人的关注[⑤]；分析了历史时期芦苇群落变化与江南湿地生态景观演变之间的关系，指出汉唐时期江南水体丰富，沼泽众多，芦苇群落分布广泛，宋代以来江南不断得到开发，沼泽减少，吴江长桥一带稻田日益增多，明代江南开发加剧，水体减少，芦苇群落逐渐消失[⑥]。

此外，水环境变迁与风土病流行之间的关系也受到了学界的关注。李荣华以汉唐时期长江中下游地区水体中存在的毒虫射工为研究对象，分析了经济开发背景下长江中下游水体不断减少与射工危害范围逐渐缩小之间

---

① 周宏伟：《长江流域森林变迁与水土流失》，湖南教育出版社2006年版，第61—145页。

② 蓝勇主编：《近两千年长江上游森林分布与水土流失研究》，中国社会科学出版社2011年版。

③ 夏方胜：《环境·资源·经济：唐代长江中下游地区的渔业研究》，《中国农史》2017年第3期。

④ 王建革：《水环境变化与江南莼群落的发展历史》，《古今农业》2014年第3期。

⑤ 王建革：《历史时期江南水环境变迁与文人诗风变革——以有关采菱女诗歌为中心的分析》，《民俗研究》2015年第5期。

⑥ 王建革：《芦苇群落与古代江南湿地生态景观的变化》，《中国历史地理论丛》2016年第2辑。

存在的因果关系。①

二 不足与展望

综上所述，目前关于汉唐时期长江流域水环境的研究已经取得较大的进展，出现许多有价值的学术成果，但仍存在可以继续深入之处：首先，聚焦于汉唐时期长江流域水环境变迁的专题研究并不多。比如，关于湖泊演变研究，已有研究成果一方面对汉唐时期云梦泽、洞庭湖、鄱阳湖、太湖、巢湖及其水系演变的阶段特征、整体过程分析有待深入，另一方面对五大湖泊以外其他湖泊演变的状况关注不够；又如，在水旱灾害研究方面，长时段的长江流域水旱灾害史研究难以体现汉唐时期的阶段性特征，而以建康、江南、湖北等地区为对象的灾害史研究又难以反映长江流域水旱灾害的整体状况。其次，由于研究视角的不同，对水体本身状况的讨论较少。比如，汉唐长江下游河水的径流变化、清浊变化、湖泊的总体数量增减与水体面积盈缩、运河的水量大小与通航条件等问题都有待深入分析。再次，对以水为中心的生态系统内部各个要素之间的相互关系关注较少。比如，考察人类对水资源的利用及纠纷，需要对降水—水体水量—水资源分配三者之间的关系加以审视；比如，论述江南塘浦圩田的用水不仅要考量水体数量、面积的变化，而且要关注水的排泄通道改变对水灾的影响。最后，在研究方法上，采用交叉研究方法的成果较少。已有研究多从文献记载的释读、考证、梳理出发，较少借助地理学在历史时期气候、湖泊、地形、植被等方面的成果以及生态学中水生态系统与水域生态系统、环境学中水文地理学等相关学科的知识展开综合分析。

基于上述分析，笔者认为，汉唐时期长江流域水环境史研究仍有继续深化的必要，未来可以从以下几个方面展开：第一，史料是史学研究的基础，应当加强汉唐时期长江流域水环境史料的搜集、整理工作。为了尽可能充分地占有研究资料，不仅要搜集传世文献（包括正史、地理志书、诗歌、文集、农书、医书等）中的水环境史料，而且要搜集考古资料（包括简牍、墓志等）中的水环境史料，还要搜集代用资料（包括孢粉记录、湖

① 李荣华：《汉唐时期长江中下游地区环境的优化——从“含沙射影”词义的演变谈起》，《鄱阳湖学刊》2013 年第 3 期。

泊沉积物等）提取的水环境信息，形成一份较为全面、翔实的汉唐长江流域水环境史料，经过考证、分类以后，分时段、分区域、分类别地展开讨论。第二，进行多学科视角下的汉唐时期长江流域水环境变迁研究。水环境变迁研究涉及历史学、地理学、水环境学、水文生态学等学科的理论与知识，应以历史学研究为基础，借鉴相关学科的理论与知识对具体问题展开具体分析，呈现人类与水环境之间复杂的生态关系。比如，借鉴地理学的知识，探讨气候变化对降水的影响；借鉴水文生态学、农学的知识，考察水生动植物的生长环境与时空分布；借鉴流行病学的知识，分析风土病与水环境之间的耦合关系。第三，开展汉唐时期长江流域水环境专题研究。目前，学界关于汉唐时期长江流域水环境尚未有专著出版，实属缺憾。立足当下，回望历史，可以以汉唐时期长江流域水环境变迁为主线，通过考察水的自然环境及变迁、水资源利用及人类—生态—社会复合系统的运行，探讨以水为中心的生态系统中降水、水体、水资源、水旱灾害等要素之间的内部联系，揭示人类与水环境之间彼此因应、互相反馈、协同演化关系的变化；在此基础上，考量人类生存、发展的基本需求，从水环境变迁的维度论述汉唐时期长江流域的区域发展，审视人类活动在水环境变迁过程中的得与失，为当前长江经济带环境保护中人水关系的调整提供有益的历史借鉴。

浅论昆明莲花池环境变迁对昆明城市环境的影响

梁苑慧*

（昆明文理学院城市学院，云南昆明 650221）

摘要：从元代以来，就有文学作品对昆明莲花池的景色或是人物故事进行了咏唱，使它在昆明城市的历史发展中占据了独特的位置。本文试图通过对昆明莲花池，这个较小的城市环境空间在不同时期发展过程的解析，揭示在不同的社会背景下，城市环境的开发、利用、破坏、恢复及在此基础上进行的再创造的变迁过程，为未来城市的发展方向提供思考的例证。

关键词：景观；城市；环境变迁；昆明莲花池

从一般的词义上来说，“观景”是指观察或观赏事物的风光或景致，只要是山水花木、风俗古迹、自然的、人文的、社会的，只要有可赏之处，皆成为人们游览的对象。而“景观”则不同，它更像是一个系统，这个系统中不仅有丰富的景象，还有一定的文化内涵，甚至还能引起人们主观感受和心理活动的情感抒发。特别是将“景观”纳入城市的范畴，就具有时间性和空间性的特征，是当时当地的人们所生活的一幅包括物质生活与精神生活场景。作为一般性的城市景观，很大程度上都依赖于当地文化特色赋予它的景观意义，昆明莲花池就是一个具有这样典型意义的城市区域。目前，我们能看到的关于莲花池的记载和论述，绝大多数是从文学或是游记的角度来对莲花池进行歌咏的，还较少有从城市环境的角度对莲花

---

* 作者简介：梁苑慧，昆明文理学院城市学院副教授。

池环境变迁进行的相关论述和总结。本文试图从环境史和城市史的角度，通过文学作品、历史事件对昆明莲花池的环境变迁过程进行分析，总结出城市环境发展的未来方向，但因本人学养不足，如有疏漏之处，请多指正。

一　莲花池的起源

昆明莲花池作为城市景观，并不是从来就有的，但是，莲花池究竟成于何时，史书中没有明确的记载。据说最早关于莲花池的记载可追溯到宋代，当时昆明是大理国的“东京”，大理国国王段素兴“性好游狎，广营宫室于东京，多植花草，于春登堤上植黄花，名绕道金棱，云津桥上种白花，名萦城银棱。每春月，挟妓载酒，自玉案三泉，溯为九曲流觞。男女列坐，斗草簪花，昼夜行乐”①。其中，“玉案三泉”在今人的想象中，就被描绘成莲花池的前身。但它到底是不是就是莲花池的前身，这里有两点值得商榷。一是地理方位，本文中所指的“莲花池”是位于昆明市区北部学府路和民院路相交的区域，在明清时期被称为商山脚下。而“玉案山”则是位于昆明西北郊，因山顶有平石如案而得名，唐代道南的《玉案山》②一诗中，就有描述“一局仙棋苍石烂，数声长啸白云间”。二是关于泉眼数量，“莲花池”在《滇志》中载：“又有三龙泉，一出商山下，傍有祠有亭，扁曰第一泉。”③ 说明莲花池只有一个泉眼。宋朝时期段素兴游赏的“玉案三泉”中则明确指出有“三泉”，“玉案山：在昆明县西二十里，又名列和蒙山，其颠方平，高出众山，上有石枰，又曰棋盘山……坡中有三泉，如盆池。郡人春游赏于此”④。元代诗人王升的《滇池赋》中将当时昆明城市周边的景色归纳为“昆明八景”：“碧鸡峭拔而岌，金马逶迤而玲珑，玉案峨峨而耸翠，商山隐隐而攒穹，五华钟造化之秀，三市当闾阎之冲，双塔挺擎天之势，一桥横贯日之虹。”“玉案山”赫然在列，而与之相应的则是商山，这个商山又恰恰是“莲花池”的发源地，由此可见，“莲

① （明）杨慎：《南诏野史》，成文出版社1968年版，第80页。

② 昆明市文化局：《历代诗人咏昆明》，云南美术出版社2004年版，第149页。全诗如下：“松鸣天籁玉珊珊，万象常应护此山。一局仙棋苍石烂，数声长啸白云间。乾坤不蔽西南境，金碧平分左右斑。万古难磨真迹在，峰头鸾鹤几时还？”

③ （明）刘文征撰，古永继校点，王云、尤中审订：《滇志》，云南教育出版社1991年版，第144页。

④ 顾视高：《续修昆明县志》卷1，第5页。

花池”和“玉案三泉”指的并不是一个地方，而是城市不同区域的景色。而且，在王升的诗中，我们没有看到对商山的进一步描述，做一个较为大胆的推测，很有可能，在元代或元代之前，商山周遭仍是人烟稀少，无人定居之所。

二　莲花池的初现及发展

我们现在能确定的是，莲花池是在明朝时期才真正有称谓和记载的。明朝，明军平定云南后，于洪武十五年（1382）开始到洪武十九年（1386）结束，历时四年修筑了昆明城池。位于城门北边的商山西北山脚下有一泉眼，形成于何时也无人知晓，泉水十分清澈，常年不干涸。虽然商山在城门之外，但山上可以砍柴采野菌，泉水还能灌田养水产，满足人们的生活需要，因此，渐渐有人口迁入此地。此时的莲花池也开始被人所知。明朝洪武年间，日本僧人机先写了一组《滇阳六景》诗，提到了六个景点名，“龙池跃金”便是其一。“路入商山境更奇，玉皇坛畔有龙池。行逢柳色烟深处，坐看桃花水涨时。映日金鳞鸣拨刺，含风翠浪动沦漪。由来神物非人扰，变化云雷未可知。”① 诗中的“龙池”就是指今天我们所说的莲花池。它描绘了阳春三月，诗人路经商山，探访商山寺内玉皇坛旁被称为“龙池”的莲花池，岸边烟柳洇绿，桃花绯红；湖内鱼跃波动，浴万道金波；湖面惠风和畅，泛起阵阵涟漪。面对此情此景，诗人陶醉其间并感慨，世上许多瞬间变化之事，谁又能预知结果呢。到了明朝天启年间，《滇志》中对商山和莲花池的记载更为详细：“府城北二十里曰壶山，一曰商山，俗又称蛇山，由东北而来，已开西南滇之望也，其高数十仞，多崖穴卷石，撮土。可刊为洞隐，可诛茅为室。枯槁所居，又多药草紫芝、黄独之属。有泉焉，可取以浴，可以已疾。樵歌牧唱，谷神应知如响。其下多桃花林、共新柳碧沙，相错而成景。”② 又载：“北城外二里有莲花池，池可一里许，四时水不竭，有亭临于上，祀大士。”③ 记载中，明朝时期商

① 昆明市文化局：《历代诗人咏昆明》，云南美术出版社2004年版，第23页。

② （明）刘文征撰，古永继校点，王云、尤中审订：《滇志》，云南教育出版社1991年版，第144页。

③ （明）刘文征撰，古永继校点，王云、尤中审订：《滇志》，云南教育出版社1991年版，第144页。

山的山势比较陡峭，山上多崖洞，山中药草甚多，如紫芝、黄独等。山中还有泉，可用以沐浴治疗疾病。樵夫或是放牧人在山中歌唱，声音缭绕不绝。山下种植了大片的桃花林，一到时节盛开红色的桃花与翠绿的杨柳交相成景，景色优美动人。

清代康熙《云南府志》也记载："商山，在陲山之麓，旧皆桃林，下有冷泉名莲花池，浴之可去风疾。"① 而且清代的莲花池，可谓是达到了发展的巅峰时期。特别是吴三桂从公元1659年进入昆明到1681年被清军平灭的23年里，将半个昆明变成了他的私人花园、宫苑，把五华山的"宝殿"、菜海子（翠湖）的"新府"、北门外（莲花池）的"安阜园"或称"野园"连在一起，而又可乘船经篆塘通往近华浦（大观楼）到西山、直入滇池。特别是于康熙三年（1664）建造在城北的野园，又名安阜园，王思训在《野园歌并序》中写道："吴三桂筑野园滇城北，以处陈园园，穷极土木，毁人庐墓无算，以拓其地，缙绅家有名花奇石，必穿屋破壁致之，虽数百里外，不恤也。"② 可以看出，当时的吴三桂为了建造安阜园极尽奢华，不惜耗费大量的人力物力，导致民怨沸腾。康熙十二年（1673），吴三桂反清，"陈圆圆出家三圣庵伴青灯，法名寂静，字玉庵。清军入滇，陈圆圆投莲花池自沉，玉殒香消葬金马山归化寺旁"③。"商山葬玉坟三尺，过客寻香泣数行"④ 就是对陈圆圆墓的真实写照。清康熙二十年（1681）八月，清军围攻昆明时，安阜园毁于战火，变成一片焦土瓦砾，成了名副其实的"野园"。到了清末民初，陈圆圆的墓和妆台遗址都无痕迹可寻了，人们追怀往事，就立了一块石碑，上刻陈圆圆身着尼装的肖像，以作纪念。有人写诗道："商山遗冢久荒芜，翠海妆楼迹有无？输与钱塘苏小小，埋香犹得葬西湖。"⑤ 清代中后期，基于明代的基础上，昆明文人进一步发展了昆明八景，光绪年间，昆明平民画家张士廉绘就"昆明八景"山水画，当时著名文人宋嘉俊以诗相配。八景之一的《商山樵唱》里的"担荷月黄昏，商山古寺门。唱残樵夫曲，惊起玉人魂。旧路回头认，新腔信口

---

① 康熙《云南府志》卷1《地理》，第1页。
② 昆明市志编纂委员会：《昆明市志长编》卷5，第27页。
③ 昆明市旅游局：《莲花池》，云南人民出版社2009年版，第10页。
④ 袁嘉谷：《袁嘉谷文集》，云南人民出版社2001年版，第66页。
⑤ 刘亚朝：《昆明古城旧话》，云南大学出版社2004年版，第102—103页。

翻。莫嗤嘲哳调，渔笛又孤村”，不仅将商山古寺与月色融汇成一幅美丽画卷，还将历史故事融于诗歌当中，令人吟唱之时，又有无限遐想。而在明代辉煌一时的莲花池，此时已成荒郊和坟地。①

三　莲花池的湮没

清宣统三年（1911），滇越铁路拟在莲花池附近设站，英国想在此地建昆明领事馆，于是英国驻昆领署先后向林余德、郭松寿、张春福等以125两银价租得莲花池土地及水池，并给各姓坟主移葬费，将其地上的坟迁走。② 后因在莲花池设站计划搁浅，英领署便将旁边的土地辟为花园及网球场，盖了洋房别墅，园内植有很多树木花卉，昆明人称之为英国花园，据说在里面还有一株昆明少见的植物——红花羊蹄甲。③ 当时莲花池面积为陆地12公顷，水面4公顷。④ 民国初年，昆明市行政区划把莲花池划入了第三区莲花池正街（穿村心一段）。⑤

在民国二十七年（1938）的政府文件中，莲花池正街除了英国花园还有军需局、养济院、海关、法越义地、英美义地、莲池俱乐部等。⑥ 20世纪40年代，作家黄裳曾到昆明寻找莲花池，彼时的莲花池已完全看不出当年的辉煌，池旁间或有几个洗衣服的女孩子，还有头上包了花布的卖菜乡妇，把菜篮子在池里浸一下，环境实在寂静得很。池畔有一块石碑，上面刻了“比丘尼玉庵像”，是一个枯瘦的老尼，再上去不远又有两块石碑，其一是“明永历帝灰骨处”，另一块也是陈圆圆的古装画像，让黄裳不禁慨叹，“比起那一副老尼来，漂亮得多了”。著名作家汪曾祺20世纪80年代写的《昆明的雨》，也谈到了1944年莲花池的雨：“我有一天在积雨少住的早晨和德熙从联大新校舍到莲花池去。看了池里的满池清水，看了作比丘尼装的陈圆圆的石像”并作诗“莲花池外少行人，野店苔痕一寸生。

---

① 昆明市五华区人民政府编：《云南省昆明市五华区地名志》（内部资料），1983年，第94页。

② 昆明市园林规划局：《昆明园林志》，云南人民出版社2002年版，第287页。

③ 刘亚朝：《昆明古城旧话》，云南大学出版社2004年版，第102—103页。

④ 昆明市园林规划局：《昆明园林志》，云南人民出版社2002年版，第287页。

⑤ 昆明市五华区人民政府编：《云南省昆明市五华区地名志》（内部资料），1983年，第45页。

⑥ 云南省政府：《令为据莲花池住民宋家贵等呈请令饬征用菜地及水田各机关提高地价一案仰遵照办理》，《云南省政府公报》1938年1月12日，第10卷第8期。

浊酒一杯天过午，木香花湿雨沉沉”[①]。20 世纪 50 年代，英国人离去时山上依旧树木葱茏，花草茂盛，洋房也还没有倒塌。山东麓靠铁路边还有一块石碑，上刻“大英帝国地界”[②]。云南著名考古学家孙太初曾在其《鸭池梦痕》一书中写到，民国时期的莲花池完全是一片田园风光，池的周围，菜畦纵横，菜畦以外，是一望无际的“垒垒荒冢”。池内莲花开得相当茂盛，与点点白萍互相衬托，于娇艳中又带有雅淡韵致。平时游人不多，显得十分安静，到了盛夏，游人渐渐多起来，堤上也增加了卖茶、卖煮豆芽和豌豆粉的小摊贩。[③] 这个时期的莲花池在城市背景的映衬下，不论是生态环境还是人文环境，都还是比较质朴、优美、闲适的。

中华人民共和国成立后，1958 年莲花池正式辟为公园，设小船、游艇等游园设施，1959 年共青团昆明市委带领学生整理场地，绿化环境，将莲花池作为青少年游乐活动场。1962 年 10 月，莲花池由共青团昆明市委正式移交昆明市园林局管理，对群众开放，不售门票。1963 年 3 月 25 日，云南省军区将驻莲花池部队使用的 3100 平方米土地（3.1 公顷，包括水面）及 30 间房计 554 平方米，正式移交昆明市园林局管理使用。莲花池公园经规划、整理后，在园内陆续种植了山茶、蜡梅、杜鹃、桂花等树木，成为昆明北郊一块公共绿地。莲花池开放的同时，还将池北的僻静处一直延伸到军用公路（现在的学府路），作为苗圃使用。1964 年至 1965 年，园林局在此开办了一期园林技工培训班。[④] 20 世纪 60 年代以后，莲花池的出水量渐渐少，面积也越来越小。1970 年 2 月，昆明市革命委员会将莲花池公园划归五华区管辖，公园干部工人被调往区属各厂社工作。至此，莲花池公园解体，成为五华区机修厂、纺织工具厂、五区烟丝厂、五华彩印厂、灯具厂等 12 家单位所在地，池水经常干得见底。[⑤] 20 世纪 90 年代，经营浓郁云南特色的风味饮食“过桥米线”的陶鑫国，他在莲花池畔建造了一个专营云南风味名吃过桥米线的“过桥都”，在建造过桥都大楼的过程中，不仅寻找到莲花小学校长张根培和莲花新村民众于 1940 年所立的陈

---

① 王干主编：《箫吹弦诵有余音——汪曾祺地域文集（昆明卷）》，广陵出版社 2017 年版，第 147 页。

② 刘亚朝：《昆明古城旧话》，云南大学出版社 2004 年版，第 102 页。

③ 孙太初：《鸭池梦痕》，云南人民出版社 1992 年版，159 页。

④ 昆明市园林规划局：《昆明园林志》，云南人民出版社 2002 年版，第 287 页。

⑤ 刘亚朝：《昆明古城旧话》，云南大学出版社 2004 年版，第 103 页

圆圆绣像线刻残碑，还从莲花池中打捞出来已被湖水剥蚀了的陈圆圆的梳妆台。陶鑫国还出资整修了莲花池，保住了这一方古迹。[①] 然而，随着城市化进程的加快，莲花池的衰落也日益明显。“莲花池被城中村和工厂包围，水体污染，资源枯竭，楼阁坍塌，名园荒芜。”[②] 2006 年五华区建设局在对莲花池片区进行调查时，发现公共设施严重缺乏，不仅数量无法满足居民的生活需求，而且零星分布于片区内部，使得公共服务设施的服务质量较差，整个片区内的居民生活质量受到很大影响，这些都成为导致城市环境恶化的重要因素。

四　景观再造的莲花池公园

2003 年云南省政府提出以生态建设为前提的城市规划目标，不仅要打造昆明历史文化名城的形象和品牌，完成历史文化名城保护规划，还要对中心城园林绿地系统进行规划，对中心城旧区进行改造与更新规划。在保护城市的自然山水空间基础上，保护老城的历史格局和风貌，保护昆明重要的历史地段和村镇，保护昆明文物古迹，保护昆明优秀的历史建筑，合理布局和建设一批具有地缘文化特色、令人难以忘怀的标志性文化设施。[③] 在这样的规划形势下，2006 年，昆明市委、市政府将莲花池列为历史文化名城项目建设和首批城中村改造试点。

2006 年 12 月 20 日，莲花池片区拆迁工程启动，2007 年 8 月，投资 5000 余万元的 81.7 亩莲花池公园开工建设，至 2008 年 9 月 29 日开园，整体重建历时 1 年。[④] 莲花池公园的重建主要还是以清代吴三桂建设安阜园的风格来建造的，一是陈圆圆为江苏人，清朝吴三桂为了避免陈圆圆的思乡之情，就是按照苏州园林的风格来建设安阜园的；二是莲花池作为历史文化名城项目，最有代表性的时期就是吴三桂时期。因此，在这个基础上，以安阜园为蓝本，将古典建筑、人工山水、花草树木、楹联雕塑作为造园要素，建造出一座现代意义上的古典园林。这座占地面积 81.7 亩，绿化覆盖率达 90% 的园林，主要有十个景观区，分别是：仿造古代昆明城内

① 刘亚朝：《昆明古城旧话》，云南大学出版社 2004 年版，第 103 页

② 昆明市旅游局：《莲花池》，云南人民出版社 2009 年版，第 4 页。

③ 周峰越：《规划昆明》，云南人民出版社 2009 年版，第 104 页。

④ 参见 http：//k. sina. com. cn/article_ 6443990155_ 180177c8b001008rps. html。

的峰奇木秀的五华山，山上还建有揽秀亭的五华聚秀；仿苏州园林，用园内长廊连接阁、舫、榭，中央一池湖水，假山上建有澄怀亭、座啸亭的安阜新韵；在安阜园前修建的陈圆圆的梳妆楼即妆楼倒影；在公园以西靠近城门一带隆起的山峦，建有有追忆明永历帝之意的商山梦痕；在公园湖中间岛屿的亭子及其周围，广种莲花，一到夏秋之际，荷花绽放，绿波盈盈的四面荷风；在湖中建造的反映传统造园手法“一池三山”格局的一池三岛；在公园南面靠近长廊偏西的水域，为了纪念史料中关于莲花池早期有冷泉而修建的冷泉印月；在公园以南，建有通往湖中小岛的长廊，曲径通向陲廊烟柳；在公园以东的牌坊一带，为了纪念明代日本僧人机先所作《龙池跃金》一诗而建造的龙池跃金；还在莲花池东面花坛中立的“曦晨花潮”石刻碑，以纪念现代著名散文家、诗人、云南大学校长李广田先生。此外，位于莲花池公园内“安阜园”东侧山墙，还矗立着高 1.38 米、宽 0.63 米的陈圆圆画像碑。

在莲花池的重建中，我们看到文学诗歌、历史典故与园林艺术的充分融合，每一个景观的设计与创作都能与文化结合，将原本破落、凋零的臭水塘，整治成融优美自然风光和深厚人文历史于一体的园林景区，也改变了周围的城市环境，既为人们提供了休闲娱乐的去处又扩大了城市绿色空间，为城市环境的发展提供了借鉴。“莲花池公园解读着一座城市发展的精髓，从城市园林走向园林城市的一小步，诠释着昆明迈向生态园林文明城市的一大步。在千年历史文化名城昆明现代化的变奏曲中，释放园林元素，建造绿色之城、生态之城、文明之城。”①

余论

从城市景观莲花池的变迁中我们可以看到，莲花池一开始只是作为单纯的自然现象的“冷泉”“龙池”而出现，随着人类活动领域的不断扩大，莲花池逐渐成为一个有亭的景点，后来为了满足人们的观景需要，将泉水汇聚成池，再加上诗人诗作的美化与点缀，使景点的范围与知名度越来越大。加之吴三桂携陈圆圆到此，为其拓广莲花池，建造亭台楼阁、水榭假山、奇花异卉，使得莲花池熠熠生辉。也正是吴陈之间的风尘往事，莲花

① 昆明市旅游局：《莲花池》，云南人民出版社 2009 年版，第 90 页。

池才真正开始闻名遐迩。最终为它发展成为城市景观创造了条件。

从城市环境变迁速度与目标来看，古代环境变迁速度较慢，莲花池从唐宋元时期的寂寂无闻，转变为明代的《滇阳六景》之一，用了三四百年之久。但莲花池环境的剧烈恶化仅用了50年的时间，池水从一汪清水变成一塘臭水，池塘周边的田园风光变成了拥挤的街道，破旧的住宅，嘈杂的工厂。这是城市化发展的不合理给城市环境带来的严重的危害，而今莲花池的重建则又体现了人们对自然环境的向往。莲花池的环境变迁作为城市环境变迁的一部分既反映了人们对工业社会的反思，又体现了对生态环境的追求。

水利、景观与环境理念研究

"人间天堂"的由来：历史时期杭州都市景观体系形成与变迁

安介生*

（复旦大学历史地理研究中心，上海　200433）

引言

江南忆，最忆是杭州。
山寺月中寻桂子，郡亭枕上看潮头。
何日更重游？

——（唐）白居易《忆江南》之一

关于杭州地区历史地理的演变状况，著名历史地理学家谭其骧先生在其重要讲演《杭州都市发展之经过》中有着十分清晰的阐发，这是他对于杭州城市研究的重要贡献。谭先生将杭州发展历史分为六个时期：

（一）山中小县时代，即秦汉六朝八百年（前210—591）；

（二）江干大郡时代，即隋唐三百年（591—896）；

（三）吴越国都及两浙路路治时代，即五代北宋二百四十年（896—1138）；

（四）首都时代，即南宋一百四十年（1138—1276）；

（五）江浙行省省会时代，即元代八十年（1276—1356）；

---

* 作者简介：安介生，复旦大学历史地理研究中心教授、博士生导师。

（六）浙江省省会时代，即自明至今（1356—）

谭先生的分期观点，立足于历史时期杭州地区的政区演变与政治地位，为我们研究杭州地区发展梳理出一条清晰的“红线”，对于我们理解杭州城市发展与社会变迁助益很大。特别是从“山中小县”至南宋首都的发展历程，让人印象深刻。更为可贵的是，谭先生所作《杭州城市发展之经过》一文，虽然是一篇发表于20世纪40年代的演讲稿，实则也是一篇研究杭州城市景观发展与变化之提纲。其中，特别关注到了不同时代杭州城市景观的不同特征及其变迁，如海上贸易的开辟、农田水利的兴建、西湖风景的播扬、海岸石塘的修筑等，都涉及景观史的研究内容。①

一个区域景观的形成过程与学者们的认知过程，都是客观事实的直观反映，需要全面而客观的总结与梳理。政治演变、经济发展，与城市文化及景观变迁有着直接而密切的关联，但是又无法完全画上等号。因此，要想全面认识江南地区城市发展的历史，要想全面认识以杭州地区为核心的浙北区域变迁史，就有必要对今天杭州地区都市景观体系的变迁过程进行重新认识与总结，进行一番更为全面而准确的复原与分析。

必须说明，今天的杭州地区，与以往学者们所述的杭州市有很大的不同。浙江省杭州市作为副省级政区单位，下辖9个区（即拱墅区、上城区、下城区、江干区、西湖区、滨江区、萧山区、余杭区、富阳区）、2个市（建德市、临安市）、两个县（桐庐县、淳安县），面积达到16596平方千米，是一个“大杭州”的地域概念。② 与以往学者所关注的区域相比，“大杭州”区域大为扩展，而本文的论述内容则更聚焦于杭州城市的核心地区，集中于杭州附近县及其周边地带。

一　历史时期杭州地区的建置沿革

在先秦时期的地域格局及区域文化发展中，杭州之地处于所谓“吴”“越”之间，似乎并没有显示出重要的区位价值。现代学者如谭其骧先生

---

① 谭其骧：《杭州都市发展之经过》，载《长水集》（上），人民出版社1987年版。

② 参见《中华人民共和国行政区划简册（2016年）》，中国地图出版社2016年版，第63页。本文的行政区划以此书为准。

等结合考古界及地质界的研究成果，强调了杭州地区之所以在长达800年的时间里，只处于一个“山中小县”的地位，主要与当时的地质及地貌发育状况有关。今天杭州中心城区所在之地，实际是在相当漫长的时间里，由钱塘江所挟带泥沙以及东边海潮顶托，逐渐在海岸边线堆积而成。而在先秦时期，杭州湾并没有完全形成，杭州湾南岸地区尚多为江海水域，还处于泥沙堆积的营造过程之中。西湖不过只是古代海湾里的一个小海湾，而今天杭州西湖以南、以东的平陆地带，在当时还为波涛出没之所。[①] 可以说，结合古今学者的观点，重新审视杭州都市的早期景观发展，我们就会有一种豁然开朗的感觉。

从唐代学者杜佑开始，古代学者将嘉兴之地（今浙江嘉兴市）视为古代越国及古越文化区的北界，故将杭州之地列为古越文化区，对此，清代学者顾栋高很早就提出不同看法。他对于先秦时代杭州地区的发展情况有着非常精辟的理解与分析：“……窃意杭在春秋时尚荒僻，为两国莫居之地，所以越之侵吴，则径入笠泽；吴之败越，穷追至会稽。杭在其中，曾无藩篱之限，谓杭竟为越地者，亦非也……其实，杭（州）、湖（州）二府，春秋时，尚未开辟。自越之会稽（今浙江绍兴市），至吴之檇李（在今浙江嘉兴市）三四百里，旷无人居，不在版图之内。杭近海，自唐以前，尚不宜稼穑。李邺侯为刺史，开西湖，为六井以溉田，民始乐业。况春秋当日乎？余向著论谓杭州为吴、越两国之瓯脱，因阅《嘉兴府志》而复附识于此。”[②] 顾栋高之意，即杭州是吴越两国的“瓯脱之地”，并未完全整合，陆地面积很有限，具有明显的过渡性。在缺乏现代勘探及考古资料佐证之前，顾栋高能够就杭州地区的地貌变迁提出这样客观而准确的观点，实在是难能可贵的。

明人田汝成在《西湖游览志余》卷一中谈到杭州早期发展时，提到了山陵与船渡的重要作用，他指出：“窃谓当神禹治水时，吴越之区皆怀山襄陵之势，纵有平陆，非浮桥缘延，不可径渡，不得于此顾云舍杭登陆也。《说文》：杭者，方舟也，方舟者，并舟也。礼大夫方舟士，特舟所谓方舟，殆今浮桥是也。盖神禹至此，溪壑萦回，造杭以渡，越人思之，且

① 谭其骧：《杭州都市发展之经过》，载《长水集》（上），人民出版社1987年版，第418页。

② 《春秋大事表》卷6上，中华书局1993年版。

传其制，遂名禹杭耳！”① 田汝成之意，与顾栋高的说法可以互相印证，杭州在远古历史上只是“瓯脱”之“旷野”，且水域面积大于陆地面积，人们以船行为主，这些都是我们考察杭州早期发展的重要线索。

据考证，在今天的杭州地区最早见诸记载的县级政区为钱唐县，而钱唐县正是居于钱塘江北岸的江边小县。据《史记·始皇本纪》记载，秦始皇三十七年（前210），秦始皇率领臣下出游南方，“……浮江下，观籍柯，渡海渚，过丹阳，至钱唐。临浙江，水波恶，乃西百二十里从狭中渡，上会稽，祭大禹，望于南海。而立石刻颂秦德……”② 记载文字相当简洁，只提到了几处重要地点，如钱唐。更重要的是，文中提到了当地更重要的标志性景观——浙江。在横渡浙江时遇到了麻烦，水波汹涌，秦始皇等人只好向西行走一百二十里，从浙江河道狭窄处渡江，然后到了会稽（即今浙江绍兴市）等地及海边。浙江，即今钱塘江，因此，从最早的地位及功用来看，当时的钱唐县似乎只是一个江边县城而已。与之相关的最重要的景观，就是浙江。浙江，是古代江南地区人们熟知的“三江”之一，即南江。浙江之上源为安徽省境内的新安江，流经富春地区又被称为富春江，而在今杭州市区的江段又称为被钱塘江。

钱唐，又作钱塘。关于钱塘的来历，还有另一种说法，即钱塘最初就是一段捍海塘：“钱塘，今杭州县也。《钱塘记》云：昔郡议曹华信义立此塘，以防海水。始开，募有能致土石，一斛与钱一千。旬日之间，来者云集。塘未成而谲不复取，皆遂弃土石而去，塘以之成也。”③ 据此也可知，钱塘，取名得自捍海塘，正是因毗近杭州湾海域而建置，其目的无疑是抵御海潮的侵袭。这当然也是钱塘置县的基础与保障。然而钱塘置县之后，海潮与江海活动对于钱塘县的设置还是产生了十分强烈的影响。如清代学者对于钱塘县的早期设置情况进行了较详细的说明：

> 钱塘故城，在今钱塘县西。秦置。始皇三十七年，东游，过丹阳，至钱塘。汉为西部都尉治。后汉省。中平二年，封朱俊为钱塘侯，盖是时复置也。孙策入会稽，以程普为吴郡都尉，治钱塘。《水

① （明）田汝成：《西湖游览志余》卷1，文渊阁《四库全书》本。
② 《史记》卷6《秦始皇本纪》，第260页。
③ 参见《后汉书》卷71《朱俊传》注文，第2310页。

经注》：灵隐山下有钱塘故县，浙江经其南。《元和志》：《钱塘记》云：昔一境逼近江流，县理灵隐山下。今余址犹存。郡议曹华信立塘，以坊海水，乃迁理此地，隋定平巳复，县频迁置。贞观四年，定于斯所……①

据此可知。“县频迁置”一语概括了先秦及秦汉时期钱唐县治所变迁的特点，应该与其复杂的江边环境，包括海潮内浸、泥沙堆积以及江岸迁移有关。

在钱塘县之外，在今天杭州市境内，秦与西汉时期还设置了余杭县与富春县。但是，《汉书·地理志》并没有记载余杭与富春二县境内任何标志性景观。有趣的是，到东汉时期，钱塘县被废弃，而余杭与富春二县，也被归隶为吴郡。《后汉书·郡国志》“吴郡”下记载：“余杭，顾夷曰：秦始皇至会稽，经此，立为县。《史记》曰：始皇临浙江，水波恶，乃西北二十里从狭中渡。徐广曰：余杭也。臣昭案：始皇所过，乃在钱塘、富春，岂近余杭之界乎？”② 而《太平寰宇记》等著作也肯定了这种说法：“夏禹东去，舍舟航，登陆于此，乃名余杭。《吴越春秋》：夫差二十三年，止于余杭山。《史记》：始皇三十七年十一月，过丹阳，至钱唐，临浙江，西一百二十里，从狭中渡。”顾夷曰：“始皇过余杭，因立为县。”可见，余杭山是余杭县设置之基础，余杭之置县，始于浙江之渡口，也是一种典型的江边之县。历史时期余杭县频繁徙治，清代研究者指出：“今余杭县治，《水经注》：浙江东径余杭故县，南新县北。秦始皇南游会稽，途出是地，因立为县。汉末，陈浑移筑南城县后溪南，大塘即浑立以防水也。《元和志》：县东南去杭州七十里，秦始皇舍舟杭于此，因以为名。《县志》：旧城在苕溪南，汉陈浑徙溪北。唐末，吴越王复徙溪南，号清平军。北宋雍熙中，军废，再徙溪北，自后因之。”③ 余杭县频繁徙治，同样是因为其在溪边。

---

① 《钦定大清一统志》卷 217“杭州府”下注文，文渊阁《四库全书》本。此引文似乎有误。《钱塘记》之文字，应出于《元和郡县图志》：“《钱塘记》云：昔州郡境逼近海，县在灵隐山下，至今遗址犹存。郡议曹华信乃立塘，以防海水。募有能致土石者即与钱，乃塘成。县界蒙利，乃迁理此地，是因为钱塘县。”

② 《后汉书·郡国志四》，第 3490 页注文。

③ 乾隆《大清一统志》卷 217。

当时杭州湾比较宽阔，接近东海，杭州地区属于较为典型的濒海地区。如孙吴政权的创始人家族为吴郡富春人，《三国志·吴书·孙坚传》就记载了孙坚勇斗海贼的故事：

> 少为县吏。年十七，与父共载船，至钱唐。会海贼胡玉等从匏里上掠取贾人财物，方于岸上分之，行旅皆住，船不敢进。坚谓父曰："此贼可击，请讨之。"父曰："非尔所图也。"坚行，操刀上岸，以手东西指麾，若分部人兵以罗遮贼状，贼望见，以为官兵捕之，即委财物散走。坚追，斩得一级以还，父大惊，由是显闻……①

"海贼"出现于钱塘，则其人必以海为居。这个故事为我们生动地展示了当时杭州地区的濒海环境。

历史时期杭州地区整合与政区建置特征，可以从高一级的政区建置变迁中发现线索。如两晋时期，江南地区出现所谓"三吴"，即通常所说吴郡、吴兴郡、会稽郡。吴、嘉兴、海盐、盐官、钱塘、富阳、桐庐、建德、寿昌、海虞、娄等县归属于吴郡（治今江苏苏州市），而乌程、临安、余杭、武康、东迁、于潜、故鄣、安吉、原乡、长城等县则归属于吴兴郡（治今浙江湖州市）。会稽郡（治今浙江绍兴市）下则有山阴、上虞、余姚、句章、鄞、鄮、始宁、剡、永兴、诸暨等县。从三吴的建置中可以看到，一方面，当时杭州地区行政建置并没有完成整合，没有形成一个整体性的高层政区；另一方面，就地理直线距离而言，钱塘（杭州市中心）距离越地中心地——会稽，是比较近的，而钱塘归属于吴郡，可见当时钱塘江之地理阻隔作用是十分突出的。三国时期，钱塘曾经为吴郡都尉治所。②

南朝后期及隋唐时期，钱塘郡与杭州的出现，完成了杭州地区政区建置的初步整合，区位价值得到了明显提升。从政治地理格局来看，隋朝统一南北，杭州城市的历史也由此进入了所谓"江干大郡"时期。其原因比较复杂，杭州地区的经济与文化程度的发展，自然起到了重要影响。不过，究其实，则必须承认，在于作为南方六朝政治中心的建康（金陵）地位在隋唐时期受到很大的削弱，而杭州正在这一时期地位得到了提升。

---

① 参见《三国志》卷46《孙坚传》。

② 参见《三国志》卷55《程普传》。

《元和郡县图志》卷二五记载："陈祯明中置钱塘郡，隋平陈，废郡为州。"《乾道临安志》卷二记载："陈置钱唐郡。隋开皇九年，平陈，废郡，割吴兴、吴郡之地置杭州。初治余杭，未几，移治钱唐，省并新城、临安县。仁寿二年，割武康县属杭州，因置总管府。大业初，改为余杭郡，统县六。唐武德六年六月，复为杭州，隶苏州总管。"《隋书·地理志》载，余杭郡下辖钱唐、富阳、余杭、于潜、盐官、武康6县。《太平寰宇记》"杭州"下记载：杭州"在余杭县，盖因其县以立名。十年，移州居钱塘城，十一年复移州于柳浦西，依山筑城，即今郡是也"。由此我们可以得知，杭州之得名，来自余杭，以后为了更大的发展空间，郡治才逐步下移至钱塘，也就是更加靠近浙江与杭州湾。杭州之独立，改变了以往"三吴"政区结构。对此，潜说友指出：

> 自陈后主置钱唐郡，隋文帝废郡，置杭州，炀帝又改杭州为余杭郡，然后旧隶二吴之邑，始专属杭。而吴之为苏，吴兴之为湖，亦于此时相先后。而置杭与二吴，遂各为封境，非四代时比矣。①

隋唐时期是杭州地区区位优势发生重要变化的时期，不仅在杭州城市发展史上具有里程碑的意义，也在文化分区上具有重要影响。隋朝国祚虽然短暂，但是却完成了一个改变杭州城市命运的巨大工程，这就是江南大运河的开通。大业七年（611）冬十二月，"敕穿江南河，自京口至余杭，八百余里，广十余丈，使可通龙舟，并置驿宫草顿，欲东巡会稽"②。据其意，江南大运河的开通，原来只是隋炀帝为了循着秦始皇的足迹，东巡会稽，其目的地是越文化中心地——会稽（今浙江绍兴市）。因此，江南大运河，又被称为浙西运河。据胡三省解释："今浙西运河，自杭州达镇江府，入大江是也。"③ 江南运河是日后京杭大运河的重要组成部分之一，其将杭州融入了全国交通网络，对于日后杭州城市生活的发展起到了重要影响，其开通的伟大意义是无法低估的。

至唐代，杭州在人们心目中的地位，已开始超越会稽。大诗人白居易

---

① 《咸淳临安志》卷43"吴、吴兴二郡考"条，文渊阁《四库全书》本。

② 《资治通鉴》卷181《隋纪五》。

③ 《资治通鉴》卷181《隋纪五》胡三省注文。

在一首诗中指出：

可怜风景浙东西，先数余杭次会稽。
禹庙未胜天竺寺，钱湖不羡若耶溪。
摆尘野鹤春毛暖，拍水沙鸥湿翅低。
更对雪楼君爱否，红栏碧甃点银泥。①

又《寄题余杭郡楼兼呈裴使君》一诗云：

官历二十政，宦游三十秋。江山与风月，最忆是杭州。
北郭沙堤尾，西湖石岸头。绿觞春送客，红烛夜回舟……②

从唐末十国吴越国，乃至两宋时期，杭州地区的区位价值逐步达到了巅峰，可以称之为临安府时期，或“国都”时期。吴越国时期杭州城市的发展，历来为人们所称道。“五代之乱，钱氏据有两浙几百年，号吴越国。”③ 钱镠时期杭州都市建设实现了较大的进展：

镠在杭州垂四十年，穷奢极贵。钱塘江旧日海潮逼州城，镠大庀工徒，凿石填江。又平江中罗刹石，悉起台榭，广郡郭周三十里，邑屋之繁会，江山之雕丽，实江南之胜概也。镠学书，好吟咏。江东有罗隐者，有诗名闻于海内，依镠为参佐。镠常与隐唱和。隐好讥讽，尝戏为诗言镠微时骑牛操梃之事，镠亦怡然不怒。其通恕也如此。镠虽季年荒恣，然自唐朝于梁室庄宗中兴已来，每来扬帆越海，贡奉无阙，故中朝亦以此善之。④

南宋时期，杭州成为行在所（即临时首都）。“建炎三年翠华巡幸。是年十一月三日，升杭州为临安府，复兼浙西兵马钤辖司事，统县九：钱

① （唐）白居易：《答微之见寄》，《御定全唐诗》卷446，文渊阁《四库全书》本。
② 《御定全唐诗》卷459，文渊阁《四库全书》本。
③ 《乾道临安志》卷2。
④ 《旧五代史》卷133《钱镠传》。

塘、仁和、余杭、临安、富阳、于潜、新城、盐官、昌化。”[①] 杭州城市的发展，我们可以从户籍数量记载中窥得一斑。《都城纪胜》“坊院”条称：“柳永《咏钱塘词》云‘参差一（十）万人家’。此元丰以前语也。今中兴行都已百余年，其户口蕃息，仅（近）百万余家者，城之南、西、北三处各数十里，人烟生聚，市井坊陌，数日经行不尽，各可比外路一小小州郡，足见行都繁盛。而城中北关水门内有水数十里，曰白洋湖，其富家于水次起迭塌坊十数所，每所为屋千余间，小者亦数百间……”宋人吴自牧在《梦粱录》中指出：

> 自高宗车驾自建康幸杭，驻跸几近二百余年，户口蕃息，近百万余家。杭城之外，城东西南北各楼十里，人烟生聚，民物阜蕃，市井坊陌，铺席骈盛，数日经行不尽，各可比外路一州郡，足见杭城繁盛耳![②]

《乾道临安志》与《梦粱录》都注意到了杭州城市户籍的繁盛，并对历史时期杭州城市人口的数量变迁进行了一番核理（见下表）。从隋朝的15380户，至唐代开元年间的8万余户，杭州城市的规模已从“山中小县”发展成为“江干大郡”。有宋一代，杭州城市人口的激增，更是令人吃惊。从宋朝初年的7万余户到39万户，124万余口，杭州城的户籍人口数量增加了几倍或十几倍之多，真正发展成为一代都城的巨大规模。吴自牧所说“近百万余家”应该包括未列入统计的外来人口。

表1　　隋唐宋时杭州户籍数量一览

时期	户籍数量	资料来源
隋朝	六县，户一万五千三百八十	《隋书·地理志》“余杭郡”
唐朝贞观年间	五县，户三万五百七十一，口一十五万三千七百二十（九）	《旧唐书·地理志》“杭州上”
唐朝开元年间	八县，户八万六千二百五十八	《新唐书·地理志》“杭州”

① 《乾道临安志》卷2。

② 《梦粱录》卷19“塌房”条，文渊阁《四库全书》本。

续表

时期	户籍数量	资料来源
宋朝户籍 1	十县，户主六万一千六百（八），客八千八百五十七，合计七万四百六十五	《太平寰宇记》“杭州”
宋朝户籍 2	主一十六万四千二百九十三，客三万八千五百二十三	《元丰九域志》
宋朝户籍 3	户二十万五千三百六十九	《中兴两朝国史》
宋朝户籍 4	户二十六万一千六百九十二，口五十五万二千六百七	《乾道临安志》
宋朝户籍 5	主客户三十八万一千三十五，口七十六万七千七百三十九	《淳祐临安志》
宋朝户籍 6	九县，共主客户三十九万一千二百五十九，口一百二十四万七百六十	《咸淳临安志》

资料来源：（宋）吴自牧《梦粱录》卷18；《乾道临安志》卷2“户口”条。

二　历史时期杭州地区山川结构与景观

唐代大诗人白居易曾做过杭州刺史，在杭州城市建设史上发挥过重要作用。对于初来杭州城的印象，白居易在《自中书舍人出守杭州路次蓝溪作》一诗中云：

> ……余杭乃名郡，郡郭临江汜。已想海门山。潮声来入耳。
> 昔予贞元末，羁旅曾游此。甚觉太守尊，亦谙鱼酒美。
> 因生江海兴，每羡沧浪水。尚拟拂衣行，况今兼禄仕。
> 青山峰峦接，白日烟尘起。东道既不通，改辕遂南指。
> 自秦穷楚越，浩荡五千里。闻有贤主人，而多好山水。
> 是行颇为惬，所历良可纪。策马渡蓝溪，胜游从此始。①

白居易又有《余杭形胜》一诗云：

① 《白香山诗集》卷8，文渊阁《四库全书》本。

余杭形胜四方无，州傍青山县枕湖。
绕郭荷花三十里，拂城松树一千株。
梦儿亭古传名谢，教妓楼新道姓苏。
独有使君年太老，风光不称白髭须。①

从白居易的诗中，我们可以看到，唐代杭州城市的景观还是以自然风貌或自然山水为主，谈不上什么市井繁华。而时至南宋，杭州地区的景观体系特征有了较大变化，关于当时杭州地区的景观特征，宋人晁无咎《七述》一文最为有名，其词云：

杭之故封，左浙江，右具区，北大海，南天目。万川之所交会，万山之所重复。或濑或湍，或湾或渊，或岐或孤，或袤或连，滔滔汤汤，浑浑洋洋，累累浪浪，隆隆印印，若金城天府之疆，其民既庶而且有，既姣而多娱。可导可疏，可航可桴，可跋可踰，可辇可车，若九州三山，接乎人世之庐，连延迤逦，环二十里，邑居攸聚，蚁合蜂起，高城附之，如带绕指……②

可以看出，在人文景观背后，自然山川形态为杭州地区景观体系的形成奠定了良好的基础，人们在称赞杭州地区景观时，都会赞叹其自然山川的雄奇风貌。因此，我们在研究杭州城市景观变迁过程中，必须强调与重视其景观的地理基础或自然景观体的分析。我们所论杭州景观地理基础（自然景观），主要可分为两个大部分，一是自然山丘景观，二是各类水域景观。

（一）自然山丘景观

山体景观在杭州都市景观中占据着相当重要的地位。谭其骧先生曾将早期钱塘县称为“山中小县”，正欲体现其地貌山丘丛生的特征。在江南泽国水乡，丛生的山丘往往成为城市建设的重要的基础条件。秦朝统一六

① 《白香山诗集》卷25。
② 《方舆胜览》卷1，第2—3页注文。

国之后，余杭县、钱塘县、富春县都是今天杭州地区最早设置的县级政区，而这三县最初均属于会稽郡，即在文化地理的分区上应从属于“古越”文化带。关于“古越”文化区的民俗特征，越王勾践曾指出：

> 夫越性脆而愚，水行山处，以船为车，以楫为马，往往飘风，去则难从，锐兵任死，越之常性也。①

“水行山处”一语最为关键。正是居于江南水乡之地，江流奔涌，湖泽泛滥，海拔较高山丘成为人类较为安全的栖息之地，也是因之，古代越民后被称为“山越”，他们确实为“山居”之民。

钱塘置县，最初归属于会稽郡。根据《汉书·地理志》“会稽郡”下记载：“钱唐，西部都尉治。武林山，武林水所出，东入海，行八百三十里。”也就是说，除浙江之外，当时钱塘县境内重要的景观标志还有武林山与武林水，而武林山正是武林水的发源地。

杭州府治所长期以来，也是依山而建，最为明证，同时也可体现杭州区域景观体系以山体为核心或主干的特点。《成化杭州府志》记载：“汉以来皆治于武林山，隋以来始治凤凰山，唐及五代、前宋皆因之，建炎以后，即其地为行宫，而守臣始于竹园山建治所。”②

> 汉代以来治所——武林山
> 隋代以来治所——凤凰山
> 南宋以后治所——竹园山

关于武林山的位置，《方舆胜览》卷一记载：“武林山，在钱塘旧治之北半里，今为钱塘门里太一宫道院土阜是也。元名虎林，避唐朝讳，改虎为武。”不过，时过境迁，关于武林山的方位出现了一些争论。如明人邵穆生在《武林山辨》一文中指出：“……故武林山之名，乃杭南北天竺、灵隐诸峰，慧理未来之先，此其祖名总名也。”又曰：“且求武林山者，必

① 李步嘉校释：《越绝书校释》，中华书局2013年版，第222页。
② 引自《浙江通志》卷30《公署上》。

当求武林水，杭南北二山之水，孰有大于天竺、灵隐之溪乎？”① 即指武林并不是什么特定的土阜，而是指天竺山与灵隐诸山的合体。靖康南渡后，武林山前面建起太一宫，宋人楼钥有诗《太一宫后武林山》云：

……武林山出武林水，灵隐后山无乃是。
此山亦复用此名，细考其来真有以。
天目两乳到钱塘，一山环湖万龙翔。
扶舆磅礴拥王气，皇居壮丽环宫墙。
湖阴一峰如怒猊，势临城北尤瑰奇。
吴越大作缁黄庐，为穿百井以厌之。
从来有龙必有珠，此虽培塿千山余。
中兴南渡为行都，崇列原庙太一庐……②

凤凰山，《咸淳临安志》卷二二引《祥符图经》云：“在城中，钱塘旧治正南一十里，下瞰大江，直望海门。山下有凤凰门，有雁池。”《方舆胜览》卷一称：“凤凰山，在城中。下瞰大江，直望海门，今大内在焉。”关于凤凰山景观群落的建造过程，明人田汝成指出：“凤凰山，两翅轩翥，左薄湖浒，右掠江滨，形若飞凤，一郡王气皆藉此山。自唐以来，肇造州治，盖凤凰之右翅也。钱氏因之，递加拓饰，逮于南宋建都，而兹山东麓环入禁苑。张闳华丽，秀比蓬岷，佳气扶舆，萃于一脉，开署布政，驻辇宅中。民吏之所凭依，帝王之所临莅，隐隐赈赈者六七百年，可谓盛矣。……乃即开元宫，建省治，面对吴山，盖凤凰之左翅也。我朝因之，而官司位署，皆列左方，为东南雄会，岂非王气移易，发泄有时也。山据江湖之胜，立而环眺，则凌虚鹜远，环异绝特之观，举归眉睫。”③ 可见，长期以来，凤凰山一带就是官府治所聚集之处。

关于竹园山之形胜，《咸淳临安志》卷二二载：“竹园山，在府治之西南，吴山一脉，独趋而北，隐隐隆起，阴阳家以为今治所之主山。”雍正《浙江通志》引嘉靖《浙江通志》称：“吴越钱氏即州治建国，至宋纳土，

① 雍正《浙江通志》卷267引，文渊阁《四库全书》本。
② 《咸淳临安志》卷15。
③ 《西湖游览志》卷7《南山胜迹》，明嘉靖本。

以其国为州治。高宗南渡，改为临安府，因筑行宫于凤凰山，遂徙府治于今所。元末为杭州路，明洪武初改路为府，即旧址以建府治。”① 《西湖志纂》卷九又称：“竹园山，在府治之西南。《咸淳临安志》：吴山一脉，独趋而北，隐隐隆起。山虽不高，为府治之主山。”

表 2　　　　《咸淳临安志》所记杭州山川景观群落②

类别	名称
城内之山	凤凰山、吴山、七宝山、宝莲山、石佛山、胥山、瑞石山、金地山、茆山、浅山、宝月山、峨眉山、草坞山、宝山、青平山、竹园山、狗儿山、虎林山
城南诸山	包家山、大慈山、龙山、五云山、定山、秦望山、浮山、排山、报山、庙山、坛山
城西诸山	武林山、飞来峰、白猿峰、稽留峰、月桂峰、莲华峰、孤山、粟山、巨石山、巾子峰、霍山、南屏山、小南屏山、慧日峰、雷峰、鸡笼山、赤山、玉岑山、鸦鸡峰、卓笔峰、花家山、月轮山、马鞍山、灵石山、仙姑山、西观音山、龙门山、观山、黄杜山、了头山、茆山、筱山、杨梅山
城东北诸山	临平山、桐扣山、皋亭山、青龙山、母山、佛日山、石膏山、黄鹤山、超山、亭市山、龙珠山、泰山、大旗山、南鲍山、南山、太婆山、白岩山、方山、全山、苎山、杨山、唐墓山、近山、大遮山、乌尖山、饮马山、安乐山、石壁山、龙驹山、法华山、三峰山、洛山、峨眉山、乌头山、石姥山、独山、赭山、马嗥山
江	浙江、捍海塘
海	海门、盐官县海
湖	西湖、石湖、明圣湖、御息湖、临平湖、泛洋湖、像光湖、石桥湖、丁山湖、石鼓湖
河	茆山河、盐桥运河、市河（俗呼小河）、清湖河（以下城内）、运河、龙山河、外沙河、菜市河、下塘河、新开运河、下湖河、余杭塘河、奉口河、前沙河、后沙河、宦塘河、蔡官人塘河、施何村河、赤岸河、方兴河、南渠河、五福渠
溪	（均在城外）西溪、九溪、安溪、凌溪、奉口溪
塘	沙河塘、褚家塘、谢家塘、菜市塘、五里塘、蔡官人塘、走马塘、月塘、土塘二、沈家塘（又呼沈家湾）、永和塘、宦河塘

① 雍正《浙江通志》卷 30，文渊阁《四库全书》本。
② 笔者注：除江、海、河、溪景观之外，采用范围只限于城内。

杭州地区多山地丘陵，处于江南水乡泽国，这些山地丘陵对于杭州城市的发展至关重要。据古人当时之观察，其实，以武林山为核心，杭州核心地区的山丘群落构成了一个相当庞大的体系。如宋释契嵩撰《武林山志》一文称：

> 其山起歙出睦，凑于杭。西南跨富春，西北控余杭，蜿蜒曼衍，联数百里到武林，遂播豁如引左右臂，南垂于燕脂岭，北垂于驼岘岭。其山峰之北起者，曰高峰，冠飞塔而拥灵隐，岑然也。高峰之东者曰屏风岭，又东者曰西峰，又东者曰驼岘岭。其高峰之西者曰乌峰，又西者曰石笋，又西者曰杨梅、石门，又西者曰西源，支出于西源之右者曰石人。其峰南起，望之而蔼然者，曰白猿；左出于白猿之前，曰香炉，益前而垂涧者，曰兴正。右出于白猿之前，而云木森然者，曰月桂。白猿之东，曰燕脂岭；白猿之西者，曰师子。又西者，曰五峰，又西，曰白云，又西者，曰印西，南印西向前走，迤逦于武林之中者，曰无碍……然南北根望而起者，孱颜大有百峰，多无名。其名之者，唯二十有四与城阛相去十有二里，周亦如之。秦汉始号虎林，以其栖白虎也。晋曰灵隐，用飞来故事也。唐曰武林，避讳也。或曰青林岩、仙居洞，亦武林之别号耳。然其岪郁巧秀，气象清淑而他山不及，若其雄拔高极，殆与衡庐、罗浮异矣![1]

山地丘陵对于杭州城市的意义，并不仅限于风光览胜，更在于其实际的文化功能。如非常著名的吴山山脉群落，不仅是古代吴越分区之界，又是杭州城市人口密集地区之一。《西湖志纂》卷九“吴山胜迹”称：“在浙江省城凤山门内。《名胜志》：春秋时为吴南界，以别于越，故名吴。或曰以祠伍子胥，讹伍为吴。故郡志亦称‘胥山’。凡城南隅诸山，曼衍相属，总曰吴山而异其名。”《西湖游览志》卷一二对于吴山一带的形胜做出了十分精辟的描述：

> 盖天目为杭州诸山之宗，翔舞而东，结脉于凤凰山，其支山左折

---

① （宋）释智嵩：《镡津集》卷14，文渊阁《四库全书》本。

遂为吴山，派分西北，为宝月，为蛾眉，为竹园，稍南为石佛，为七宝，为金地，为瑞石，为宝莲，为清平，总曰吴山。奇萼危峰，澄波靓壑，江介海门，回环拱固，扶舆淑丽之气钟焉，是以邑居丛集，华艳工巧，殆十万余家，声甲寰宇，恢然一大都会也。

明人萨天锡《钱唐驿楼望吴山诗》云：

仙居时复与僧邻，帘幕人家紫翠分。
后岭楼台前岭接，上方钟鼓下方闻。
市声到海迷红雾，花气涨天成彩云。
一代繁华如昨日，御街灯火月纷纷。①

山水交融，民居与自然山川完美融合，正是宋代杭州城市景观体系之魅力所在。

（二）浙江、西湖及水井景观

杭州地区最重要的水域景观体之一，首推浙江。浙江之水，在文化地理上为古代吴国与越国的分界处，“到江吴地尽，隔岸越山多”②。潜说友在《三江考》中云：“钱塘江自古曰淛河，见于《庄子》。其为东南巨浸，昭昭也。或又以为支流小水，故《禹贡》不载，殆亦未然。当禹舍杭登陆之时，固尝经行，非遗之也。盖浙江地势洼下，距海尤近，既无事浚治，故不复书。”③ 可以说，远古之时，浙江入海口处及杭州湾面积广袤无垠，而杭州地区入海支流小水众多，浙江之水或不易辨识，古人认知水平相当有限，故而上古文献中浙江情况略而不书。

浙江最著名的景观，便是钱塘潮，而钱塘潮对于杭州城市发展的影响十分复杂。一方面，钱塘潮水凶猛，水势很大，观赏效果极佳，吸引大批游客前来，一睹胜景。“淛河之水，每日昼夜潮再上，常以月十日二十五

① 《西湖游览志》卷12引。
② 《西湖游览志余》卷21引唐诗句。
③ 《咸淳临安志》卷22引。

日最小，月三日十七日最大。小则水渐长不过数尺，大则涛山浪屋，雷击电砰，有吞天沃日之势。”① 另一方面，随海潮而来的海浸成为杭州城市发展的隐患。“江挟海潮，为杭人患，其来已久……既而潮水避钱塘东击西陵，遂造竹落，积巨石，植以大木。堤岸既成，久之乃为城邑聚落，凡今之平陆，皆昔时江也。”② 古人已经意识到，沧海桑田之变化，在杭州湾地区表现相当显著。杭州湾地区的陆地，原本是水域沼泽之地，后来经人工及沙涨而成为陆地沃野。

浙江之沙涨，客观上扩展了陆地面积，在一定程度上促进了杭州城市的发展。如潘同《浙江论》云：“胥山西北，旧皆凿石以为栈道。唐景龙四年，沙岸北涨，地渐平坦，桑麻植焉。州司马李珣始开沙河。胥山者，今吴山也，而俗讹为青山。其时沙河去胥山未甚远，故李绅诗曰‘犹瞻伍相青山庙’。又曰‘伍相庙前多白浪’。景龙沙涨之后，至于钱氏，随沙移岸，渐至铁幢，今新岸去胥山已逾三里，皆为通衢。至宋绍兴间，红亭沙涨，其沙又远在胥山西南矣”。③

当然，杭州城居住环境之变化，最明显的还表现在西湖的营建上。谈到杭州城，就不能不谈到西湖，然而西湖之美，并非天然，而是经历了多年的艰苦营建。西湖之美，历来为文人墨客所艳称，然而，西湖作为一种人工湖，其营建过程，与杭州居住环境的变迁有着密切的关联。西湖由天目诸山之水泉汇聚而成，并非源自浙江水及杭州湾海水。如《西湖游览志》称：“西湖，故明圣湖也，周绕三十里，三面环山，溪谷缕注，下有渊泉百道，潴而为湖。”④ 山泉之水淡而甘甜，宜于饮用。

众所公认，杭州城的发展是自唐朝开始的。其中，不得不提到唐代大诗人白居易的贡献。西湖，古称钱塘湖。《新唐书·白居易传》称：“……乃丐外迁。为杭州刺史，始筑堤捍钱塘湖，钟泄其水，溉田千顷。复浚李泌六井，民赖其汲。”又“先是，城中以斥卤，苦于无水。唐刺史李邺侯泌引湖水入城，为六井，以便民汲。刺史白文公居易又筑堤捍湖，钟泄其

① 《咸淳临安志》卷31。
② 《咸淳临安志》卷31“捍海塘”条。
③ 《西湖游览志余》卷21引。
④ （明）田汝成：《西湖游览志》卷1，文渊阁《四库全书》本。

水，溉田千顷，自为石记。然岁久浚治不时，往往湮塞，钱氏始置撩湖兵士千人。”① 地毗大河出海口及海湾，水利建设对于杭州城市发展而言至关重要，甚至可以说是生死存亡。西湖本是杭州湾的“潟湖”，后由人工围建而成，本在杭州城外。出于杭州湾的海浸问题，海潮的渗透直接影响了杭州城的饮用水问题，这或许是杭州城发展的一大阻碍。而引湖水入城，便成为改善水质及水环境的重要途径。

应该说，西湖地区环境的全面改善，发生在两宋时期，其主要修筑工程包括两大内容：

一是筑堤捍湖，保障水利灌溉。担任杭州地方官的苏轼大力提倡西湖环境之整治，曾在《乞开杭州西湖状》一文中回顾西湖的整治历史，西湖虽美，却有日久淤塞的弊病，如不整治，将有淤废之忧，而直接影响了当地的农业灌溉：

> 杭州之有西湖，如人之有眉目，盖不可废也。唐长庆中，白居易为刺史。方是时，湖溉田千余顷。及钱氏有国，置撩湖兵士千人，日夜开浚。自国初以来，稍废不治，水涸草生，渐成葑田。熙宁中，臣通判本州，则湖之葑合，盖十二三耳。而今者十六七年之间，遂堙塞其半。父老皆言，十年以来，水浅葑合，如云翳空，倏忽便满。更二十年，无西湖矣。使杭州而无西湖，如人去其眉目……

西湖的功用并不仅限于生活用水，还在于农业与养殖业的水利灌溉。“白居易作《西湖石函记》云：放水溉田，濒河千顷可无凶岁。今虽不及千顷，而下湖数十里间，菱茭谷米，所获不赀。”② 西湖之功用卓著，废弃局面有必要进行改变。除苏轼之外，历代杭城官绅为此都付出了艰苦努力。《宋史·郑戬传》称：“以资政殿学士知杭州。钱塘湖溉民田数十（千）顷。钱氏置撩清军，以疏淤填之患。既纳国后不复治。葑土堙塞，为豪族僧坊所

① 《咸淳临安志》卷32“西湖”条。

② 《咸淳临安志》卷33引。

占冒，湖水益狭。戬发属县丁夫数万辟之。民赖其利。"[①]《宋史·王济传》又称："郡城西有钱塘湖，溉田千余顷。岁久湮塞，（杭州知州王）济命工浚治，增置斗门，以备溃溢之患。仍以白居易旧记刻石湖侧，民颇利之。"[②] 可以说，没有西湖的疏浚，就没有杭州一带农渔业经济的平衡发展。

二是引水入城，保障居民的日常饮用。苏轼曾经指出"西湖不可废"的几大理由，首先便是居民饮用水问题："杭之为州，本江海故地，水泉咸苦，居民零落。自唐李泌始引湖水作六井，然后民足于水，井邑日富，百万生聚待此而后食。今湖狭水浅，六井渐坏，若二十年之后，尽为葑田，则举城之人复饮咸苦，势必耗散……" 自唐代建成的"六井"，与西湖相通，至两宋时期已趋毁坏，而"六井"问题直接关系到居民饮用水及生存环境，十分关键。如苏轼所作《六井记》不仅为我们道出了六井的由来，更为我们阐述了杭城水境及生存环境之变迁：

> 潮水避钱塘而东击西陵，所从来远矣，沮洳斥卤，化为桑麻之区，而久乃为城邑聚落，凡今州之平陆，皆江之故地。其水苦恶，惟负山凿井，乃得甘泉，而所及不广。唐宰相李公长源始作六井，引西湖水，以足民用。其后刺史白公乐天治湖浚井，刻石湖上，至于今赖之。始长源六井，其最大者在古清湖，为相国井，其西为西井，少西而北，为金牛池。又北而西，附城为方井，为白龟池。又北而东，至钱塘县治之南，为小方井，而金牛之废久矣。至嘉祐中，太守沈公文通又于六井之南绝河，而东至美俗坊为南井。出涌金门，并湖而北，有水闸三注，以石沟贯城而东者，南井、相国、方井之所从出也。若西井，则相国之派别者也。而白龟池、小方井皆为匿沟，湖底无所用闸。此六井之大略……

身处江海之滨，却无清水可饮用，这正是杭州城居民真实的状况。而"六井"之浚治，并无法一劳永逸，而需要不断清淤整治。《咸淳临安志》等地方志文献保存了多种修复水井的文献，如《乾道重修井记》《咸淳重

① 《宋史》卷292《郑戬传》。
② 《宋史》卷304《王济传》。

修井记》等，都为我们展示了杭城官民为改变生存环境所做出的努力。南宋行都地位的确立，而杭城人口激增，用水问题更为严重。如《乾道重修井记》称：

……自元祐至今已八十年，（六井）率多堙涸，白龟池且为大姓所据，（周）淙念此邦为东南都会，生齿阜繁，况今辇毂所驻，四方辐辏，百司庶府，千乘万骑，资于水者，十倍昔时，傥废而不治，岂不为民病？①

现实的巨大需求，更增加了杭州城市整治水环境的重要性与急迫性。而《咸淳重修井记》则更多地谈到了杭州饮水困难的症结所在：

……凡邦国都鄙，稍甸郊里之地，必有井焉，以济其日用饮食，故曰：井养而不穷。杭为东南一大都会，左江右湖，民物阜繁。厥初，因沙塘奠厥攸居，故不难于得水，然江之融液者，常苦恶，不若湖之为甘且美也。盖江与海通波，湖则受众山流泉而潴之，味之不同也亦宜……于以见六井者，杭人之所利赖，矧南渡驻跸以来，百司庶府，六军万姓，仰于水者，视昔何啻百倍！乾道间，周龙图淙询民之欲，踵苏之规而深致力焉，盖百有余年于此矣！②

浙江之水直通杭州湾，海潮内浸，因此，浙江水质苦恶，不宜饮用。杭州境内湖水则受天目诸山泉水汇集，城内诸井正是山泉之潴留，因此，截断江水，留取泉水，便是杭州城内修复水井工程的意义所在。南宋迁都以后，杭州人口快速增长，生活用水量也激增。而现实中的水井都会因长期使用而淤废不通，因此，修复水井，增加水口便是杭州城市生存和发展的一大关键。“潴而汲者，为井；导而入者，为水口。”③

① 《咸淳临安志》卷33引。
② 《咸淳临安志》卷33引。
③ 《咸淳临安志》卷33“六井”条下。

表3　《咸淳临安志》所见杭城内外诸井名

名称归类	水井（水口）名称	资料来源
西湖六井及水口	相国井（在甘泉坊侧）、西井（一名化成井，在李相国祠前）、水口（在安国罗汉寺前）、方井（俗呼四眼井，在三省激赏酒库西）、白龟池（此水不可汲饮，止可防虞）、水口（在玉莲堂北）、小方井（俗呼六眼井，在钱塘门内裴府前）、水口（在菩提寺前）、金牛井（今废）、南井（一名沈公井，一名惠迁井，在三桥西金文西酒库北）、水口（在丰豫门外龙王堂前分入）、流福坊井（在通判衙前）、水口（在清波门外）、镊子井（在涌金门内北）、水口（在丰豫门近杨府渔庄）、惠利井（在洪福桥西）、水口（在玉莲堂南）、景灵宫园水池、水口（在钱塘门外昭庆山门左）、真珠河（在钱塘门内）、水口（在钱塘门外菩提寺后）	《咸淳临安志》卷三三
城内外诸水井	吴山井、天井、郭公井、郭婆井、郭儿井、上四眼井、下四眼井、白鳝井、鳗井、上井、上八眼井、下八眼井、六眼井、沈婆井、甜瓜井、旧双门外大井、南仓前大井、沈公井、祥符寺井、义井、双井、长惠井、棚心双井、灵鳗井、乌龙井、砂井、龟儿井、西溪方井、西四眼井、炼丹井、烹茗井、相公井、惠利井、金沙井、龙井、葛公双井、观音井、莲花井、冯氏井	《咸淳临安志》卷三七

（三）海运、河运与杭州城市发展

南宋时期海运业之发达，在行都杭州地区表现得最为突出。宋人吴自牧《梦粱录》记载："浙江乃通江渡海之津道，且如海商之舰，大小不等，大者五千料，可载五六百人；中等二千料至一千料，亦可载二三百人；余者谓之钻风，大小八橹或六橹，每船可载百余人。"吴自牧本人与海商群体相当熟悉，因此，对于海运业务有所了解。"自入海门，便是海洋，茫无畔岸，其势诚险。盖神龙怪蜃之所宅，风雨晦冥时，惟凭针盘而行，乃火长掌之，毫厘不敢差误，盖一舟人之命所系也。愚累见大商贾人，言此甚详悉。"① 外洋海运且不论，浙江境内多山，陆路交通十分不便，因此，海运对于杭州居民日常生活而言，也极其重要。"其浙江船只，虽海舰多有往来，则严、婺、徽、衢等船，多尝通津买卖往来，谓之'长船等只'。如杭城柴炭、木植、柑橘、干湿果子等物，多产于此数州耳！明、越、

① 《梦粱录》卷12，第192页。

温、台海鲜鱼、蟹、鲞腊等类货，亦上（滩）通于江、浙。”对于杭州城市景观体系而言，船舶与人口的大量聚集，不仅构成一个独具特色的部分，也成为南宋时期杭州城市经济繁盛、贸易发达的一大标志。“江岸之船甚伙，初非一色，海舶、大舰、网艇、大小船只、公私浙江渔浦等渡船、买卖客船，皆泊于江岸。盖杭城众大之区，客贩最多，兼仕宦往来，皆聚于此耳！”①

与杭州城生存环境与水路交通相关，同样对于杭州城市发展影响巨大的水利工程之一，就是江南大运河。在江南泽国水乡，水网如织，非桥不行，非船难走，河运交通十分重要，而运河在杭州城市交通体系中发挥了至关重要的作用。杭州运河体系通常分为城内与城市两个部分。在宋代，“今城中运河有二，其一曰茆山河，南抵龙山浙江闸口，而北至天宗门。其一曰盐桥河，南至州前碧波亭下，东合茆山河而北出余杭天宗，二门东西相望，不及三百步，二河合于门外，以北抵长河堰下。”② 而运河的主体，则在杭州城市之外，“南自浙江跨浦桥，北自浑水闸萧公桥、清水闸众惠桥、樱木桥、朱家桥，转西由保安闸，至保安水门入城。”

杭州西湖的一大功用，在于为运河补充水源。苏轼曾经阐明开浚西湖的理由，其中一种重要原因也是补充运河的水源：“西湖深阔，则运河可以取足于湖水。若湖水不足，则必取足于江潮。潮之所过，泥沙浑浊，一石五斗，不出三岁，辄调兵夫十余万工开浚。”③ 如果西湖陷于淤废，贸易交通路线受阻，其后果不堪设想。“若西湖占塞，则运河枯涩，所谓南柴北米，官商往来，上下阻滞，而闾阎贸易，苦于担负之劳，生计亦窘矣。”④ 可以说，西湖一旦淤塞，其连锁效应是十分复杂而危险的，直接影响了运河的给水，而运河又关系到杭州城的各种物资的供给及对外贸易活动，直接影响到百姓的日常生活。

更为关键的是，运河实际上由杭州乃至浙江地区多种河流及人工开挖的沟渠组成，构成了相当庞大而复杂的水系网络，因而其社会功用与影响极大。据《咸淳临安志》，与运河相通的河流，除茆山河、盐桥运河外，

---

① 《梦粱录》卷 12，第 193 页。
② 《咸淳临安志》卷 35 “清湖河” 条下。
③ 《咸淳临安志》卷 32 “西湖条” 引。
④ 《武林梵志》卷 12 引。

还有外沙河、菜市河、新开运河、施何村河、赤岸河、方兴河等。如新开运河："在余杭门外，北新桥之北，通苏、湖、常、秀、润等河，凡诸路纲运及贩米客舟，皆由此达于行都。"① 可以说，运河系统构成了杭州城市的外在动力系统，对于杭州城市发展而言，必须讲到江南运河或京杭大运河。其功用是不可低估的。运河水道不仅解决了杭州城的粮食供给问题，更重要的是开辟了水网交通系统，大大促进了杭州地区交通与贸易往来。杭州水路交通发展，舟船数量繁多，营造出特有的水上交通文化。如《都城纪胜》称：

> 行都左江右湖，河运通流，舟船最便，而西湖舟船大小不等，有一千料，约长五十余丈，中可容百余客；五百料，约长三二十丈，可容三五十余客，皆奇巧打造，雕栏画栋，行运平稳，如坐平地。

《梦粱录》也提到河运在杭州日常生活中的功用："向者汴京用车乘驾运物，盖杭城皆石版（板）街道，非泥沙比，车轮难行，所以用舟楫及人力耳。若士庶欲往苏、湖、常、秀、江、淮等州，多雇铜船、舫船、飞蓬船等，或宅舍府第庄舍，亦自创造船只，从便撑驾往来，则无官府捉拿差借之患。"② 正是这种需求极其旺盛，因此，也造成了杭州内河之上船舶云集、往来如织的情景。"论之杭城，辐辏之地，下塘、官塘、中塘三处船只，及航船、鱼舟、钓艇等船之类，每日往返，曾无虚日。缘此是行都，士贵官员往来，商贾买卖骈集，公私船只泊于城北者，伙矣。"③ 可以说，至南宋之时，行都杭州的城市发展已产生了强烈的辐射功能及聚合效应，吸引了大批外来人口向杭州地区移居，"人间天堂"名声已闻名遐迩。

> 杭城富室，多是外郡寄寓人居，盖此郡凤凰山，谓之客山。其山高木秀，皆荫及寄寓者。其寄寓人多为江商海贾，穹桅巨舶，安行于烟涛渺莽之中。四方百货，不趾而集，自此成家立业者，众矣。④

---

① 《咸淳临安志》卷35。

② 《梦粱录》卷12，第193页。

③ 《梦粱录》卷12，第194页。

④ 《梦粱录》卷18。

可见，当时的杭州城不仅是南宋的政治中心，也是发达的经济、贸易及航运中心，形成了高度发达的商品营销网络，与此同时，繁盛的商品经济及内外贸易，吸引了大批人口参与，故而“江商海贾”云集，外郡寄寓人口数量众多。这些人口的到来，不仅是为杭州发达的城市经济与优美的城市风貌所吸引，同时也为杭州城的进一步发展凝聚了源动力。

三 历史时期杭州都市景观体系的形成与变迁

任何区域的景观体系都有一个渐变渐积的过程，而不同时代的景观体系也会有一个高低起伏时期，不会是一成不变的。南宋建立之后，杭州地区的区位价值达到了一个顶峰，而其城市发展成就也得到了世人的认可，因此出现了“天上天堂，地下苏杭”的说法。① 在中国古代城市建设历史上，成为“人间天堂”，应该是一座城市发展水平的至高目标。当然，验证一座城市是否达到了“人间天堂”的水平，其指标也是多方面的。笔者以为，南宋杭州城市建设中人口之繁盛、市场之广大、官民幸福感“爆棚”以及“人间天堂”称号的出现，应该是其中最突出的标志，这在中国以往的城市发展史上也是十分罕见的。

因此，杭州城从一个“山中小县”而成长为“人间天堂”，其城市发展建设的经验值得充分重视与研究。笔者以为，南宋杭州城市发展的主客观原因是相当复杂的，可以从多个方面进行总结与说明。如为了杭州城市地区的稳定，笼络百官与士民之心，南宋在杭州地区实施特殊的财政政策，收到了良好的效果。《梦粱录》就有“免本州岁纳及苗税”“免本州商税”等对此进行了重点关注。“杭州乃吴分野，号古扬州。昔武肃钱王统二浙，地狭民稠，赋敛苛暴，人不堪生。太宗朝纳土后，命考功范旻知两浙诸州事镇抚，除一切苦虐之政，蠲损害之赋，民得更生，四野老稚咸鼓舞于德意之中。”② 其中，免税政策让百姓获益最多，也得到了最多的欢迎与称赞。

宋朝行都于杭，若军若民，生者死者，皆蒙雨露之恩，但霈泽常

① （宋）范成大：《吴郡志》卷50引“谚曰：天上天堂，地下苏杭”，文渊阁《四库全书》本。

② 《梦粱录》卷18“免本州岁纳及苗税”。

颁，难以枚举，姑述其一二焉。遇朝省祈晴请雨，祷雪求瑞，或降生及圣节、日分、淫雨、雪寒、居民不易，或遇庆典大礼明堂，皆颁降黄榜，给赐军民各关会二十万贯文。盖杭郡乃驻跸之所，故有此恩例耳！①

如果单从景观营建角度来看，南宋时期杭州城市体系的构建也达到了一个极致。无论从皇家居所的内府宫廷，到士大夫阶层热衷的亭榭园林，再到平层阶级所聚集的市井坊巷，杭城的营建工作都达到了尽其所能，功能性与美观度力求尽善尽美，最终与山、水、自然景致融为一体，共同构建了十分完善的杭城都市景观体系。下面，而笔者选取三组最有代表性的景观群落分别进行总结与说明。

（一）宫殿景观群落

杭州城市大规模的改造，应肇始于钱镠时期。钱镠拥兵自重，亲率部众进行城市的改造，使杭城面貌大为改观。《资治通鉴》记载："钱镠发民夫二十万及十三都军士，筑杭州罗城，周七十里。"胡三省注云："钱镠以八都兵起后，其众日盛，置十三都。今杭州罗城，镠所筑也。"② 钱镠本人在《杭州罗城记》中提到修建杭州城的起因："余始以郡之子城，岁月滋久，基址老烂，狭而且卑。每至点阅士马，不足回转。"正是当时杭州城的残破已经影响到正常的军政训练活动，因此，钱镠"遂与诸郡聚议，崇建雉堞，夹以南北，矗然而峙，帑藏得以牢固，军士得以帐幕，是所谓'固吾圉'"。然而，杭州城的初步改造并没有让钱镠感到满足，可以说，杭州城的进一步改建，透露出钱镠本人相当先进的城建理念，即不再以军政大务为营建城郭的唯一目的，而是关心到普通百姓的生计，关心到整个城市及地区的经济发展与贸易往来。应该说，这种关心民生疾苦的城市建设理念，贯穿了后来杭州城市建设与发展的历史，影响深远。

……后始念子城之谋，未足以为百姓计，东眄巨浸，辏闽粤之舟

---

① 《梦粱录》卷18，第253页。

② 《资治通鉴》卷259《唐纪七十五》。

> 橹；北倚郭邑，通商旅之宝货，苟或侮劫之不意，攘偷之无状。则向者吾皇优诏，适足以自荣。由是复与十三都经纬罗郭，上上下下，如响而应。爰自秋七月丁巳，讫于冬十有一月某日，由北郭以分其势，左右而翼，合于冷水源，绵亘若干里。其高若干丈，其厚得之半。民庶之负贩、童髦之缓急、燕越之车盖及吾境者，俾无他虑。千百年后，知我者以此城，罪我亦以此城。苟得之于人而损之己者，吾无愧欤！①

可见，钱镠在杭州城市建造中不仅考虑到军政大务的需求，而且考虑到经济、交通（民庶之负贩）、民众生活（童髦之缓急）以贸易（燕越之车盖及吾境者）等种种需求，尽最大可能予以满足，“俾无他虑”。这种建设理念在等级森严的中国传统社会里显得弥足珍贵。而且，我们看到，钱镠的这种理念在后来的杭州城市建设与发展中产生了不可磨灭的影响。

> 钱氏之建国也，筑城自秦望山，由夹城东亘江干，薄钱唐湖、霍山、范浦、凡七十里。城门凡十，曰朝天门，在吴山下，今镇海楼；曰龙山门，在六和塔西；曰竹车门，在望仙桥东南；曰新门，在炭桥东；曰南土门，在荐桥门外；曰北土门，在旧菜市门外；曰盐桥门，在旧盐桥西；曰西关门，在雷峰塔下；曰北关门，在夹城巷；曰宝德门，在艮山门外无星桥。盖其时城垣南北展而东西缩。②

南宋定都杭州之后，即在吴越国基础上进行改建。以大内为例。如《西湖游览志余》卷一称：“吴越国治，在凤凰山下，乃唐以前州治也。其子城南为通越门，北为双门，皆金铺铁叶，用以御侮。宋初，即其宫为州治。政和二年，郡守孙沔改筑双门，易以木石。宋高宗南渡，即州治为行宫，徙州治于清波门内。”这个行宫，即所谓“大内”。“大内，在凤凰山，即杭州州治。建炎三年二月，诏以为行宫。”③ 根据《梦粱录》诸书记载，南宋大内建筑群落甚为恢宏，气势非凡，尽显皇家之威严：

---

① 《十国春秋》卷77《武肃王世家上》引。

② 见《西湖游览志余》卷1。

③ 《咸淳临安志》卷1。

> 大内正门曰丽正，其门有三，皆金钉朱户，画栋雕甍，覆以铜瓦，镌镂龙凤飞骧之状，巍峨壮丽，光耀溢目。左右列阙，百官待班阁子。登闻鼓院、检院相对，悉皆红杈子。排列森然，门禁严甚，守把钤束，人无敢辄入仰视……①

与此同时，各类宫殿的建设同样注重与自然环境结合，努力达到“天人合一”的境界。如德寿宫为高宗所居之地，其艺术修养很高，主动参与了景观的营造。“高庙雅爱湖山之胜，于宫中凿一池沼，引水注之，叠石为山，以像飞来峰之景，有堂扁曰冷泉。”受到群臣的高度推崇。咸淳年间又重建德寿宫，景色更为壮丽出色。“其时重建，殿庑雄丽，圣真威严，宫囿花木，靡不荣茂，装点景界，又一新耳目！”② 杭州宫廷建设注重各种建筑的巧妙结合，形式多样而名目复杂。如景灵宫原为韩世忠的宅基地，后改建为宫。除祖庙之外，景灵宫又增建了前殿五楹、中殿七楹、后殿十七楹等。此外，“宫后有堂，自东斋殿西循庑而右，为大堂三，临池上，左右为明楼，旁有蟠桃亭，堂南为西斋殿，遇郊禋恭谢，设宴赐花于此。西有流杯堂、跨水堂、梅亭；北为四并堂，又有橘井、修竹、四时花果亭宇，不能备载。”③ 建筑名目种类之多，让人目不暇接，可谓聚集了中国传统建筑形式之大成。

表 4　　南宋临安宫阙景观

宫阙种类	宫阙名目
大内宫殿	文德殿（紫宸殿、大庆殿、明堂殿、集英殿，以上四殿，皆即文德殿，随事揭名）、垂拱殿、后殿、延和殿、崇政殿（即祥曦殿）、福宁殿、复古殿、损斋、选德殿、缉熙殿、熙明殿、勤政殿、嘉明殿、钦先思孝殿
祖宗诸阁	太祖皇帝太宗皇帝龙图阁、真宗皇帝天章阁、仁宗皇帝宝文阁、神宗皇帝显谟阁、哲宗皇帝徽猷阁、徽宗皇帝敷文阁、高宗皇帝焕章阁、孝宗皇帝华文阁、光宗皇帝宝谟阁、宁宗皇帝宝章阁、理宗皇帝显文阁、
各宫名称	北宫：德寿宫（重华宫即德寿宫）、慈福宫（即重华宫以奉宪圣太皇太后）、寿慈宫（即慈福宫以奉寿成皇太后）；东宫

资料来源：《咸淳临安志》。

① 《梦粱录》卷 8，第 141 页。
② 《梦粱录》卷 8，第 143—144 页。
③ 《梦粱录》卷 8，第 145 页。

（二）西湖及杭城园林景观

谈到杭州，不得不谈到园林景观。南宋时期是杭州园林景观发展的一个顶峰。“杭郡系南渡驻跸于此地，倚山林，抱江湖，多有溪潭涧浦，缭绕郡境，实难描其佳处。”① 当然，杭州之园林景观，必首推西湖。西湖对于杭州城市景观的营造，不仅在都市景观体系中起到了“画龙点睛”的作用，而且形成了一个都市居民游玩的重要场所。“西湖，在郡西，旧名钱塘湖，源出于武林泉，周回三十里，自唐及国朝，号游观胜地。及中兴以来，衣冠之集，舟车之舍，民物阜蕃，宫室巨丽，尤非昔比。”② 应该说，西湖之得名甚早，从唐代已为人所称道。然而，西湖虽然景致得天独厚，拥有很好的自然基础，但是其发展历史并不是一帆风顺的，更不是一劳永逸的，时常面临淤废的严重威胁。时至宋代，西湖的淤废问题仍十分严重，我们在前引苏轼等众多官员的奏疏中可以窥其一斑。至咸淳年间，南宋官府又对西湖周边环境进行了大规模整治。“……令临安府日下拆毁屋宇，开辟水港，尽于湖中除拆荡岸，得以无秽污之患。官府除其年纳利租官钱，消灭其籍，绝其所莳，本根勿复萌蘖矣。”③ 可以说，没有官府的直接介入，西湖景致或不能维系，稍不留意，西湖也许会成为杭州城市环境的一个重大问题。

中国古代园林艺术博大精深，特别注重造景艺术的构造及组合，讲求密不透风，疏可走马，巧夺天工，崇尚自然。西湖景区经过多年的营建，形成了规模庞大且精巧至极的园林艺术风范，赢得了人们的喜爱。我们看到，南宋时期以西湖核心的景观群落不是单一的，而是景中有景、富丽多彩、四时各有变化的，达到了中国传统造景艺术之极致。“杭州苑囿，俯瞰西湖，高挹两峰，亭馆台榭，藏歌贮舞，四时之景不同，而乐亦无穷矣。”④

---

① 《梦粱录》卷 11“溪潭涧浦”。

② 《咸淳临安志》卷 32。

③ 《梦粱录》卷 12，第 183 页。

④ 《梦粱录》卷 19，第 256 页。

表 5　　西湖胜景及修建

景物群落名称	景观构成
西林桥内	西林桥即里湖内，俱是贵官园圃，凉堂画阁，高台危榭，花木奇秀，灿然可观
西林桥外孤山路	有琳宫者二，曰四圣延祥观，曰西太乙宫，御圃在观侧。内有六一泉、金沙井、闲泉、仆夫泉、香月亭。曰清新亭，曰香莲亭，曰射圃，曰玛瑙坡，曰陈朝桧，皆列圃之左右
苏公堤	自西迤北，横截湖面，绵亘数里，夹道杂植花柳，置六桥，建九亭，以为游人玩赏驻足之地
丰豫门	外有酒楼，名丰乐，旧名耸翠楼。据西湖之会，千峰连环，一碧万顷，柳汀花坞，历历栏槛间，而游桡画舫，棹讴堤唱，往往会于楼下，为游览最
西湖十景	苏堤春晓、曲院荷风、平湖秋月、断桥残雪、柳岸闻莺、花港观鱼、雷峰落照、两峰插云、南屏晚钟、三潭印月

优美的风景自然成为人们的乐居之地，西湖地区在南宋时期人口增长，与景致之优美直接相关。“前宋时，杭城西隅多空地。人迹不到，宝莲山、吴山、万松岭，林木茂密，阒无民居。城中僧寺甚多，楼殿相望，出涌金门，望九里松，更无障碍。自六飞驻跸，日益繁艳，湖上屋宇连接，不减城中。有为诗云：‘一色楼台三十里，不知何处觅孤山’。其盛可想矣!”① 当聚焦于西湖群落景观形成的历史时，我们不难发现，西湖群落的构成主体是以皇家及达官贵人为主体的。其中，皇家之鼓励、提倡以及参与的举措，影响最大。《武林旧事》有“西湖游幸”篇称：

> 淳熙间，寿皇以天下养，每奉德寿三殿，游幸湖山，御大龙舟。宰执从官，以至大珰、应奉、诸司及京府弹压等，各乘大舫，无虑数百。时承平日久，乐与民同，凡游观买卖，皆无所禁……②

据此可知，皇家、官宦们的西湖游幸，业已发展成为杭州城全民联欢的主要推动力，而且声势浩大。这样一来，在皇家、官府的推动下，西湖地区不仅是一个美丽的园林景区，还演化成为一个庞大的全民娱乐、休闲及消费场所，形成了消费量巨大的消费市场。当时杭州有民谚“销金锅

① 《西湖游览志余》卷 23 引。
② 《武林旧事》卷 3，第 52 页。

儿”之语，求其实，就是意指西湖地区。

西湖天下景，朝昏晴雨，四序总宜，杭人亦无时而不游，而春游特盛焉。承平时，头船如大绿、间绿、十样锦、百花、宝胜、明玉之类，何翅（啻）百余；其次则不计其数，皆华丽雅靓，夸奇竞好。而都人凡缔姻、赛社、会亲、送葬、经会、献神、仕宦、恩赏之经营，禁省台府之嘱托，贵珰要地，大贾豪民，买笑千金，呼卢百万，以至痴儿呆子，密约幽期，无不在焉。日糜金钱，靡有纪极，故杭谚有“销金锅儿”之号，此语不为过也。①

南宋时期，杭州私家园林之盛，与皇家园林相映生辉，更为人们所称道。西湖地区便是园林丛集之地。如“西林桥即里湖内，俱是贵官园圃，凉堂画阁、高台危榭，花木奇秀，灿然可观”②。此外，高官富人的园林数量繁多，难以胜数。“皆台榭亭阁、花木奇石、影映湖山。兼之贵宅宦舍，列亭馆于水堤，梵刹琳宫，布殿阁于湖山，周围胜景。言之难尽。”③ 可以说，南宋杭城园林之盛，可以傲视天下，无与伦比。其与西湖美景相得益彰，成为中国园林发展史上的典范。

表6　南宋杭州城内园林名称

园林名称	资料来源
贵王氏富览园、三茅观东山梅亭、庆寿庵、褚家塘、御东园（琼花园）、慈明殿园、杨府秀芳园、张府北园、杨府风云庆会阁、东御园（富景园）、五柳御园、聚景御园（旧名西园）、张府七位曹园、庆乐御园（旧名南园）、屏山御园、张府真珠园、寺园、霍家园、方家溪刘园、集芳御园、四圣延祥御园④、下竺寺御园、柳巷杨府云洞园、西园、刘府玉壶园、四并亭园、杨府水阁、又具美园、又饮绿亭、裴府山涛园、赵秀王府水月园、张府凝碧园、贵张氏总宜园、德生堂、放生亭、新建白公竹阁、新建先贤堂园、三贤堂园、九里松嬉游园、显应观西斋堂、张府泳泽园、慈明殿、环碧园、大小渔庄、玉津御园、张侯壮观园	《都城纪胜》“园苑”

① 《武林旧事》卷3，第54页。
② 《梦粱录》卷12，第183页。
③ 《梦粱录》卷12，第186页。
④ 原注：西湖胜地，惟此为最。

续表

园林名称	资料来源
贵王氏富览园、三茅观东山梅亭、庆寿庵褚家塘御东园（琼花园）、慈明殿园、杨府秀芳园、张府北园、杨府风云庆会阁、东御园（富景园）、五柳园（旧名西园）、张府七位曹园、南山长桥庆乐园（旧名南园）、净慈寺南翠芳园、张府真珠园、谢府新园、罗家园、霍家园、白莲寺园、霍家园、方家坞刘氏园、北山集芳园、四圣延祥观御园、下竺寺园、择胜园、钱塘正库侧新园、隐秀园、谢府玉壶园、四井亭园、杨府云洞园、西园、刘府玉壶园、杨府具美园、饮绿亭、裴府山涛园、西秀野园、集芳园、赵秀王府水月园、张府凝碧园、贵张氏总宜园、水竹院落、张府泳泽环碧园、玉津园、张侯壮观园、王保生园	《梦粱录》卷一九“园囿”

综之，南宋时期西湖之繁盛，驰誉海内，绝非偶然。西湖之美景，自然艳绝天下，而皇家之提倡，士家贵族之参与，百姓之附和，共同营建了以西湖命名的庞大的融美景、美食、休闲、娱乐于一体的综合体，这在中国城市发展史上是少见的，真堪与“天堂”相仿佛。

（三）市井文化及娱乐（生活）景观

杭州都市文化在继承与发扬汴梁（开封市）市井文化成就的基础上，发展成果丰硕，大有后来居上之势，进而成为中国古代都市生活文化成就的典型。在北魏洛阳城之后，杭州市井文化大为繁盛，登峰造极，在中国古代都城历史上无与伦比。笔者以为，这正是杭州被称为“人间天堂”的重要原因之一。

苏轼在提到西湖疏浚问题时，就指出：“天下酒官之盛，未有如杭者也，岁课二十余万缗，而水泉之用，仰给于湖。若湖渐浅狭，水不应沟，则当劳人远取山泉，岁不下二十万工。此西湖之不可废者五也。”① 这里所谓“酒官”应指酒楼饮食行业，在苏轼之时，杭州“酒官”之盛已名扬天下，以至于西湖之水与之兴衰相联系。在建为行都之后，杭州城不仅建设了宫室与官衙等建筑，同时也兴建了大量生活及娱乐设施，大大方便了士绅及百姓生活，人口迅速增长，市场高度繁荣，并形成了“昼夜生活不绝”的都市作息时间表。宋人吴自牧《梦粱录》“夜市”条称：

① 《咸淳临安志》卷32引。

> 杭城大街，买卖昼夜不绝。夜交三四鼓，游人始稀，五鼓钟鸣，卖早市者又开店矣……皆效京师叫声，日市亦买卖……其余桥道坊巷，亦有夜市，扑卖果子糖等物，亦有卖卦人，盘街叫卖，如顶盘担架，卖市食至三更三绝。冬月虽大雨雪，亦有夜市盘卖……①

在中国古代城市发展史上，南宋杭州城之繁盛程度，堪称空前。就市井文化而言，更是繁盛无比，可圈可点之处不少。吴自牧《梦粱录》指出："今诸镇市，盖因南渡以来，杭为行都二百余年，户口蕃盛，商贾买卖，十倍于昔，往来辐凑，非他郡比也。"② 据笔者总结，以下几个重要特征十分突出：

首先，杭州都市建设中的显著特点之一，就是南宋皇室的参与、提倡及鼓励，大量消费及娱乐设施的兴建，官府直接参与，服务设施一应俱全，十分完善，服务于各阶层人士，堪称与民同乐，以至于各类市场异彩纷呈，极度繁荣，大大增加了城市的可居性与舒适度。《都城纪胜》记载称：杭州"人烟浩穰，其夜市除大内前外，诸处亦然。惟中瓦前最胜。扑卖奇巧器皿、百色物件，与日间无异……隆兴间，高庙与六宫等在中瓦相对……帘前排列内侍官帙行堆垛见钱，宣押市食，歌叫支赐钱物，或有得金银钱者。"《梦粱录》又称："杭城风俗，凡百货卖饮食之人，多是装饰车盖担儿，盘盒器皿新洁精巧，以耀人耳目。盖效学汴京气象，及因高宗南渡后，常宣唤买市，所以不敢苟简，食味亦不敢草率也。"③ 又有记载称："官府、贵家置四司六局，各有所掌，故筵席排当，凡事整齐，都下街市亦有之，常时人户每遇礼席，以钱倩之，皆可办也。""四司六局"的名目有：帐设司、茶酒司、台盘司、果子局、蜜煎局、菜蔬局、油烛局、香药局、排办局等。④

其次，海运与河运交通发达使杭州城物资供应丰沛，货源充足，从根本上保证了市场供应需求，保证了市场的繁盛。如《梦粱录》称："杭州人烟稠密，城内外不下数十万户，百十万口。每日街市食米，除府第、官

---

① 《梦粱录》卷13，文渊阁《四库全书》本。
② 《梦粱录》卷13，第195页。
③ 《梦粱录》卷18，第242页。
④ 《都城纪胜》，文渊阁《四库全书》本。

舍、宅舍、富室，及诸司有该俸人外，细民所食，每日城内外不下一二千余石，皆需之铺家，然本州所赖苏、湖、常、秀、淮、广等处客米到来，湖州米市桥、黑桥，俱是米行，接客出粜……”① 又云“杭城富室，多是外郡寄寓人居，盖此郡凤凰山谓之客山，其山高木秀皆荫及寄寓者。其寄寓人多为江商海贾，穹桅巨舶，安行于烟涛渺莽之中，四方百货，不趾而集，自此成家立业者众矣。”②

再次，杭州城市商品经济之发展，主要体现在其店铺品类多，店铺数量大，这也构成了杭州城市的显著特征。《梦粱录》记载：“杭州内外，户口浩繁，州府广阔，遇坊巷桥门及隐僻去处，俱有铺席买卖。盖人家每日不可缺者，柴米油盐酱醋茶。或稍丰厚者，下饭羹汤，尤不可无。虽贫下之人，亦不可免。盖杭城人娇细故也。”③ 如关于“铺席”繁多的盛况，《都城纪胜》称：“……今于御街开张数铺，亦不下万计。又有大小铺席，皆是广大物货。如平津桥沿河布铺、扇铺、温州漆器铺、青白碗器铺之类。且夫外郡各以一物称最，都会之下，皆物所聚之处，况夫人物繁伙，客贩往来，至于故楮、羽毛、扇牌，皆有行铺，其余可知矣。”市场之繁盛，需要巨大的仓库来储藏货物，该书“坊院”条又称：“……城中北关水门内，有水数十里，曰白洋湖，其富家于水次起迭塌坊十数所，每所为屋千余间，小者亦数百间，以寄藏都城店铺及客旅物货。四维皆水，亦可防避风烛，又免盗贼，甚为都城富室之便，其他州郡无此。”可见，当时的仓储设施不仅规模庞大，而且配备齐备，自然为杭州城市经济繁荣奠定了雄厚的基础条件。

最后，市井娱乐文化设施之繁盛，又构成了南宋杭州城市文化的一个重要组成部分，这为世人所津津乐道。其中，以所谓“瓦子勾栏”最为有名。其实，瓦子勾栏与东京开封有关，因此，杭州瓦子勾栏的兴起，又与南宋杭州北方移民有关。如《都城纪胜》“瓦舍众伎”条称：“瓦者，野合易散之意也，不知起于何时。但在京师（即开封）时甚为士庶放荡不羁之所，亦为子弟流连破坏之地。”而关于杭州“瓦舍（子）”的来历，又有一种移民说法。“故老云：当绍兴和议后，杨和王为殿前都指挥使，以

---

① 《梦粱录》卷16，第229页。
② 《梦粱录》卷18，第254页。
③ 《梦粱录》卷16，第231页。

军士多西北人，故于诸军寨左右营创瓦舍，召集伎乐，以为暇日娱戏之地。其后，修内司又于城中建五瓦，以处游艺。今其屋在城外者，多隶殿前司；城中者，隶修内司。”① 因此，可以说，杭州城娱乐文化之繁盛，直接导源于开封时期，皇室、贵族热衷于伎乐，士庶百姓附和响应，移都杭州之后，皇家、贵族以及士庶百姓更是醉心娱乐，登峰造极，于是蔚为大观，让人叹为观止。

表7　　杭城市井及娱乐（生活）设施名称简录

<table>
<tr><th>类别</th><th colspan="2">名称</th><th>资料来源</th></tr>
<tr><td>诸行（团、作）</td><td colspan="2">酒行、食饭行、花团、青果团、鲞团、柑子团、篦刃作、腰带作、金银镀作、钑作、古董行、香水行、花行、</td><td>《都城纪胜》</td></tr>
<tr><td rowspan="2">酒肆</td><td>拍戸</td><td>酒家、包子酒店、宅子酒店、花园酒店、直卖店、散酒店、庵酒店、罗酒店</td><td rowspan="2">《都城纪胜》</td></tr>
<tr><td>官库</td><td>东酒库（大和楼）、西酒库（金文库，有西楼）、南酒库（昇旸宫，有和乐楼）、北酒库（春风楼、正南楼）、南上酒库（和丰楼）、西子库（丰乐楼、太平楼）、中酒库（中和楼）、南外库、东外库</td></tr>
<tr><td>诸市</td><td colspan="2">药市、花市、珠子市、米市、肉市、菜市、鲜鱼行、鱼行、南猪行、北猪行、布市、蟹行、花团、青果团、柑子团、鲞团、书房</td><td>《武林旧事》卷六</td></tr>
<tr><td>瓦子勾栏</td><td colspan="2">南瓦（清冷桥、熙春楼）、中瓦（三元楼）、大瓦（三桥街，亦名上瓦）、北瓦（众安桥，亦名下瓦）、蒲桥瓦（亦名东瓦）、便门瓦（便门外）、候潮门瓦（候潮门外）、小偃门瓦（小偃门外）、新门瓦（亦名四通馆瓦）、荐桥门瓦（荐桥门外）、菜市门瓦（菜市门外）、钱湖门瓦（省马院前）、赤山瓦（后军寨前）、行春桥瓦、北郭瓦（又名大通店）、米市桥瓦、旧瓦（石板头）、嘉会门瓦（嘉会门外）、北关门瓦（又名新瓦）、艮山门瓦（艮山门外）、羊坊桥瓦、王家桥瓦、龙山瓦（城内隶修内司、城外隶殿前司）</td><td>《武林旧事》卷六</td></tr>
<tr><td>歌馆</td><td colspan="2">平康诸坊（上下抱剑营、漆器墙、沙皮巷、清河坊、融和坊、新街、太平坊、巾子巷、狮子巷、后市街、荐桥）、诸处茶肆（清乐茶坊、八仙茶坊、珠子茶坊、潘家茶坊、连三茶房、连二茶坊及金沙桥等两河以至瓦市）</td><td>《武林旧事》卷六</td></tr>
</table>

① 《咸淳临安志》卷19。

小结

关于宋代杭州城市的建设成就，历代有不少赞誉之声。其中，欧阳修所作《有美堂记》相当著名，其文有云："若乃四方之所聚会，而又能兼有山水之美，以资富贵之娱者，惟金陵、钱塘。然二邦皆僭窃于乱世，及圣宋受命，海内为一……独钱塘自五代时，知尊中国，效臣顺，及其亡也，顿首请命，不烦干戈。今其民幸富足安乐，又其俗习工巧，邑屋华丽，盖十余万家，环以湖山，左右映带，而闽商海贾，风帆海舶，出入于江涛浩渺、烟云杳霭之间，可谓盛矣！"[①] 欧阳修所记，道出了两宋时期杭州城市繁荣的重要起因，然究其实，仍然是北宋时期杭州之风貌。而通过《都城纪胜》《梦粱录》《武林旧事》《咸淳临安志》《武林梵志》等著述，让我们领略到了南宋杭州城的繁盛情景。

当然，对于南宋时期杭州城市发展过度奢侈、过分娱乐的倾向，前人早有批评之声。如宋人真德秀指出："……国家南渡，驻跸海隅，何异越栖会稽之日？宗庙宫室，本不应过饰，礼乐、文物，本不应告备也。惟当养民抚士，一意复仇。而秦桧乃以议和移夺上心，粉饰太平，沮铄士气。今日行某典礼，明日贺某祥瑞，士马销亡而不问，干戈顿敝而不修。士大夫豢（于）钱塘湖山歌舞之娱，无复故都《黍离》《麦秀》之叹……"[②] 当然，南宋杭州城的繁盛，可谓皇族、士庶各阶层共同参与的娱乐文化的"大合唱"，传统城市娱乐文化至此也登峰造极，"人间天堂"之誉由此而来，自然就与当时的"国耻家恨"以及"军国大政"很难协调一致了。

当然，就都城景观体系构建而言，历史时期杭州地区的建设过程还是有不少可以供后人借鉴之处。首先，杭州地区的自然条件依山傍海且有浙江穿流而过，但是，并非完美无缺，至少是利弊相参。在唐代以前，杭州城长期处于"山中小县"的地位，很大程度上是自然条件所局限。在那个时代，浙江以及杭州湾大海都没有成为杭州城市繁荣的推动力。此外，气候之不适，也为士人所抱怨，同时成为杭州城发展之阻碍。《清暑堂记》云："杭于吴为一大都会，其地倾而属海，又多陂池，以故苦湿。方春夏

① 《咸淳临安志》卷52引。

② 《两朝纲目备要》卷14，又见《历代名臣奏议》卷97，文渊阁《四库全书》本。

时，梅雨蒸郁，础甓皆汗，披纤衣，覆大厦，犹鼻息奄奄，不得旷快，非有高明之居，曷以御之？于是清暑之堂作焉。"① 显然，建造个别堂厅，对于解决杭州暑热问题，只是杯水车薪。

其次，杭州城市发展的不少"瓶颈"问题，都是依赖历代杭州士民共同改造而得以解决。如西湖的淤塞问题、杭州居民的饮用水问题等，都是通过历代官员及士庶百姓的努力才得以解决，否则，这些重要问题不解决，杭州城市的发展就无从谈起。

再次，"靖康南渡"以及杭州被确立为行都，为杭州城市发展带来了前所未有的助动力。皇室及贵族、官员们都以杭州为永驻之地，无故国之思，大力兴建土木，杭州城市面貌也由此焕然一新。且无论皇室，还是贵族，都讲求园林艺术之奇妙，故而营建水平很高，为西湖美景增色不少。

从次，在推动杭州城市商业、经济、文化发展的诸多有利因素中，江南大运河与海运的功劳不可低估。正是出于发达的河运及海运条件，杭州城市得以物资充足，市场繁盛，皇室与士庶得以优游度日。

最后，在继承汴梁（开封）城市文化特点的基础上，以皇室、贵族、官员乃至平民百姓将城市娱乐文化发展至登峰造极，他们醉心娱乐、安心享受的风貌，更是让人瞠目结舌，叹为观止。"人间天堂"的赞美也由此而来。如据周密回忆：杭州士民游春之时，"都人士女，两堤骈集，几于无置足地。水面画楫，栉比如鱼鳞，亦无行舟之路，歌欢箫鼓之声，振动远近，其盛可以想见。"② 如果没有考虑到当时外敌入侵，国破家亡的现实处境，对于这样官民同乐的情形，我们很难进行刻意的批评与贬斥。这也许就是历史时期杭州城市发展留给人们的困惑吧！

① 《咸淳临安志》卷 52 引。

② 《武林旧事》卷 3，第 54 页。

圩田景观视野下的宁波日月二湖传统风景营建研究

郭　巍　侯晓蕾　崔子淇*

（北京林业大学园林学院，北京　100083；
中央美术学院建筑学院，北京　100102）

摘要：本文首先论述宁波平原圩田景观的发展沿革，然后剖析了鄞西圩区、宁波城市与日月二湖在圩田水系整理方面的关系，并着重梳理了日月二湖的景观营建过程，由此指出日月二湖的生成与宁波平原中的聚落公共空间具有相似性且很大程度上源于圩田开垦机制。日月二湖的布局结构体现了圩田水利系统和开垦方式，是该区域圩田景观的特定表达。最后，将视野扩大到东南系列小平原，进一步揭示出这些地区以圩田景观为基础的传统湖泊景观营建的共性特征，从而为理解我国东南沿海平原地区类似的传统风景营建提供了一种新的角度。

关键词：风景园林；圩田景观；宁波；日月二湖；东南小平原

我国东南地区自太湖以南，分布有大大小小的系列滨海平原，如萧绍平原、宁波平原、台州平原、莆田平原、潮州平原等，面积从数百到数千平方千米不等，这些滨海平原地势低洼、水网纵横、农业发达、聚落密布，是传统时期我国城镇化程度较高的地区之一，其传统人居环境的营建具有较强的共同特征，突出表现在以湖泊和河网为基础的水环境经营方面。

---

* 作者简介：郭巍，北京林业大学园林学院教授、博士生导师；侯晓蕾，中央美术学院建筑学院教授；崔子淇，北京林业大学园林学院博士研究生。

这些地区的城市中，基于水文系统的传统风景营建研究业界已有不少成果，这些研究通常以史料考据方式推测其发展、梳理其演变过程等；或以形态学为基础分析其布局和结构；或者探讨在现代城市发展中的保护与转化等。但较少有研究将其与区域尺度内的景观系统尤其是农业景观系统相联系，而这些地区由于大多属于滨海低地和三角洲，圩田是其主要的农业类型，通过筑堤、设闸和水系整理，“内以围田，外以围水（杨万里语）”，由此形成特有的人居环境单元①，包含了水系流域、空间地域和社区组织等鲜明特征，并以较高的生产力支撑了这些地区在历史时期的城镇化；圩田水系分布在平原的各个角落，成为区域人居环境的支撑体系，同时又塑造了富有诗意的聚落景观。

因此，本文将从宁波平原的圩田景观入手，将其视为一种空间结构和文化表达的结果，通过历史地图、传统舆图、历史照片等图像资料以及地方志、辞赋游记等记载结合现场考察，梳理区域尺度圩田景观的发展沿革，然后探讨日月二湖在圩田景观系统为背景下的形态发展与演变以及与宁波传统城市的关系，自此基础上，从圩田水系和圩田开垦等方面分析日月二湖布局结构与圩田聚落的关系，并将其扩大到滨海系列平原的尺度加以审视，以期为理解我国东南沿海平原地区的传统城市景观提供一种新的角度。

一　宁波平原的圩田景观

宁波平原西、南分别是四明山、天台山，北部临海，地势平坦低洼，平均海拔高程仅 2 米。海浸时期平原则化为海湾，海退后留下大大小小众多潟湖。雨季山溪泛滥，平原内洪灾频发，而平时海潮则顺着甬江、奉化江和姚江回灌数十公里，可以回溯到四明山各山谷盆地之中，并由各支流充斥平原各处，由此土地斥卤。

宁波平原圩田景观开垦及维护的历史较为悠久，伴随着平原的逐渐成陆和移民数量的增加，从 5 世纪开始了一定规模的圩田开垦，8 世纪宁绍

① 侯晓蕾、郭巍：《圩田景观研究：形态、功能及影响探讨》，《风景园林》2015 年第 6 期。

分治以及随后宁波选址三江口成为宁波平原的区域中心后，展开了系统性的圩田开垦。[①] 这一时期修筑了东钱湖、广德湖两大陂塘和渠首引水工程它山堰以及调配水系的仲夏堰，这些载入史册的水利工程表明圩田以陂塘周围和主干河道附近的低洼地围垦为主，由此也形成了较早的一批圩田聚落。

宋代的圩田水利工程主要在于梳理六大主干塘河以及处理与甬江、奉化江及姚江三大潮汐江之间的关系，兴建一批江河交接区域的碶堰和堤坝，堵咸纳淡，行洪排涝。宋代圩田开垦沿着六条骨干塘河两岸深入平原各处，同时围垦了以广德湖为代表的潟湖群，形成了遍布圩区的大量圩田聚落。伴随着龙骨水车等耕作工具的广泛应用，据《宋会要辑稿》记载，宁波平原的圩田在宋代达到了全国最高的亩产量。宁波平原的主体至宋代已大体开垦完成，以鄞江县为例，宋代计入田赋的共计田 746029 亩。[②]

明清圩田水利一方面继续完善河网的碶堰和堤坝，同时，大力修筑海塘江堤，易土为石并逐渐体系化，对于被三大潮汐江及其支流分割成的许多小片河网区逐渐加以整合，这些支流也由潮汐涨落的“下江”变成水位由人工控制的“上河”，逐渐形成鄞西、鄞东、江北等几大圩区和各自相对独立封闭的人工水系。明清圩田开垦主要集中在近海和沿江区域的滩涂。仍以鄞江县为例，明代洪武时期，纳入田赋的有田 844730 亩。[③]

因此，宁波平原的圩田在约千年的开垦中，逐渐形成由江海塘体系—它山堰和东钱湖—六大塘河为骨干的圩田水利结构和叠加在其上的大大小小稠密的圩田聚落（如图 1 所示）。当地居民将这片原本辽阔荒芜的沼泽转化为富饶的农业景观，塑造了宁波平原鲜明的地域景观特征。因此，圩田景观很大程度上成为宁波平原的景观本底，几乎将平原每一寸土地经过了“设计”。

---

① 一般而言，地方层面的土地围垦历史较少有直接的原始资料，但历史时期各地方志对水利和田赋的记载却是非常翔实的，水利是圩田开垦的基础，而田赋则反映出圩田开垦的数量，通过这两点，可以间接的勾勒出圩田开垦的情况。

② （清）戴枚：《鄞县志》卷 8《田赋》，清光绪三年刊本，浙江图书馆藏。

③ 张传保、汪焕章纂：《民国鄞县通志》，鄞县通志馆刊本，浙江图书馆藏；成岳冲：《宁绍地区耕地拓殖史述略》，《宁波师院学报》1991 年第 2 期。

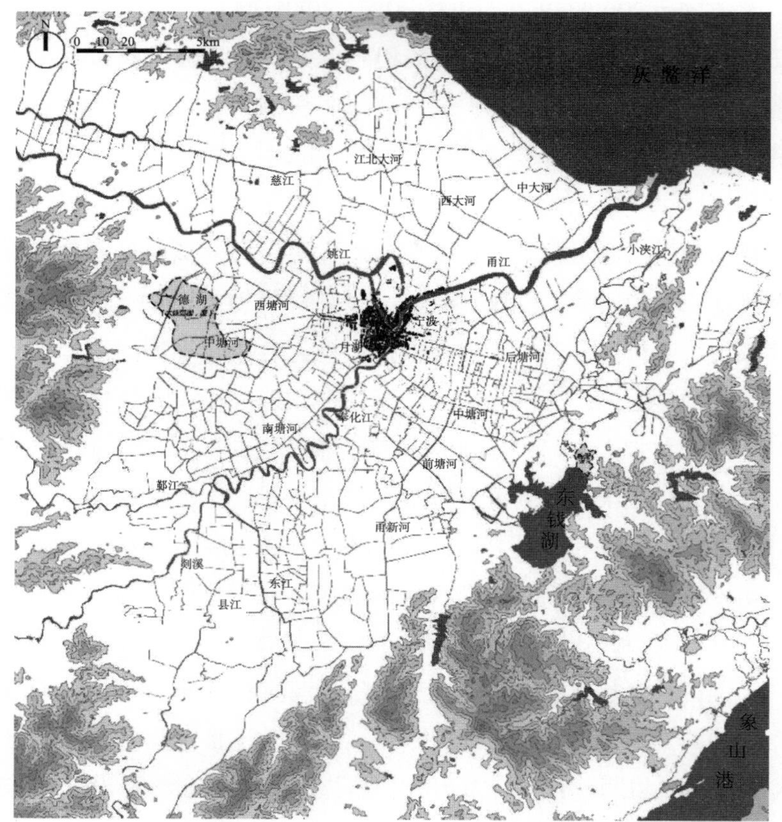

图1　民国时期的宁波平原（底图源于浙江省测绘与地理信息局）

二　鄞西圩区背景下的宁波日月二湖

（一）鄞西圩田水系与日月二湖

宁波平原被甬江、奉化江、姚江划分成鄞西、鄞东、江北等几个不同的圩区，每个区域具有较为独立的圩田水系。其中，宁波城市所在的鄞西圩区形成了始于它山堰和广德湖，流经南塘河、西塘河和中塘河，潴于日月二湖、泄于三碶的圩田水系。

具体而言，833 年，鄮县县令王元暐在鄞江镇樟溪的出山口拦河修建它山堰，开凿南塘河，后又修建乌金、积渎、行春三碶，使樟溪和奉化江得以人工分流，平时樟溪之水，三分入江，七分入河，涝时则反之。“溪江

中分，咸卤不至，清甘之流，输贯诸港，入城市，绕村落，七乡之田，皆赖灌溉。”[①] 它山之水，由南塘河流入宁波长春水门，经南水关里河分别注入日月二湖，成为城内具有滞洪、饮用、酿酒、造景等多重功能的蓄水湖，西部雷山之水经广德湖，广德湖围垦后则经西塘河流入望京水门，亦有部分流入月湖。为防止水溢，在地势稍低的罗城东部临江处，修建了气喉、水喉、食喉三碶以排水。它山堰虽然不大，但控制着上游四明山区近350平方千米的集水面积，每年调剂的地表水超过1亿吨，流量远超广德湖以及鄞东东钱湖等，是宁波平原最大的淡水来源[②]，因此，虽它山堰修筑晚于宁波筑城三江口12年，但宁波城市选址在腹地仅为鄞东一半面积的鄞西圩区，很大程度上便是与其充沛的淡水资源密切相关，尤其在城市发展初期，宁波平原深受海潮影响，充斥盐卤，包括日月二湖在内的水利系统成为城市赖以发展的基础。

宝祐年间，郡守吴潜测量了城中河道、西塘河、南塘河水位，并与鄞西圩田的高程关系进行折算，在月湖东北的平桥设置了水则亭，亭内的水则碑上刻有巨大的“平”字[③]，据此作为排水三碶启闭的依据[④]。由此，鄞西圩区的圩田水利与宁波城市水系完全整合成一起，日月二湖成为圩田水利系统中的重要节点（如图2所示）。

（二）宁波传统城市布局与日月二湖

821年，明州刺史韩察将州城选址在姚江和奉化江交汇处的临水高地即现在的三江口，修筑面积较小的子城，71年后，刺史黄晟修建面积约为350平方千米的罗城。虽经历代变迁，但城市大致保持了基本结构直至民国。

宁波城市布局可以视为传统营城模式在圩区的变体：子城较为居中方正，署衙布置其中，罗城因随水网，形如梨状，北斗河、姚江与甬江依势

---

① （清）全祖望：《鲒埼亭集》，四部丛刊本，浙江图书馆藏。

② 周时奋：《宁波老城》，宁波出版社2008年版，第68—76页。

③ 清代道光二十六年重建水则碑与水则亭，同时“别平字碑石，而已原石贴附碑阴”，因亭基较宋代加高，水则高程变更，已无法作为流域水位标志。

④ 姚汉源：《四明它山水利备览集释初稿》，载中国水利学会水利史研究会、浙江省鄞县人民政府编《它山堰暨浙东水利史学术研讨会论文集》，中国科学技术出版社1997年版，第49—74页。

成为城濠，东西与南北轴线相交于子城海曙楼前，日月二湖分布于中轴两侧，城内河道纵横，道路也随河就势，曲折多变。光绪年间的宁波城厢图虽然方位和尺度与实际具有一定误差，但清晰地表达出传统城市的鲜明意象：规整的城市结构原型与有机自然的圩田景观的结合（如图 3 所示）。

图 2　鄞西圩区圩田水系（底图源于浙江省测绘与地理信息局）

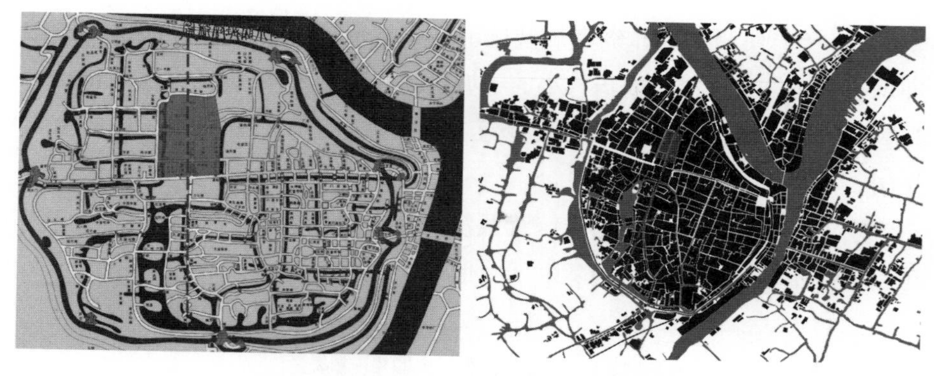

图 3　宁波城厢传统舆图与现代测绘地图的对照
（左图源于浙江图书馆，右图自绘，底图为 1929 年印行的宁波市全图）

日月二湖原先很可能是海退以后遗留在三江口的潟湖，面积应比目前大得多，与地方志记载中宁波平原的马湖、槎湖、雁湖、小江湖、广德湖等类似，不同的是，后者皆因围垦而消失。但伴随着三江口区域的圩田和城市开发，该潟湖也有可能转化为人工陂塘，以用于蓄淡灌溉。城内则为日月二湖，城外湖面积更大，但后来被围垦，“南隅废久矣，独西隅存，今西湖（月湖又称西湖）是也”①。城外湖的残余部分留做城濠之用即为北斗河，其名为河实为湖，虽经围垦，但直到民国，北斗河面积仍然远大于日月二湖。日月二湖终在历代变迁与围垦中得以留存，逐渐转化为宁波传统城市中最重要的公共空间。

（三）日月二湖的风景营建

9 世纪末，日月二湖围入罗城后，甚至到清代“南有大坂，土膏最浓，不须一易，岁致千钟”②，可见一直保有灌溉、调蓄和饮用水源功能，因此尽管宋代天禧年间郡守李夷庚修建了双桥，但“僻在一隅，初无游观，人迹往往不至”③。嘉祐中，钱侯君倚始作而新之。仿杭州浚西湖法，挖淤泥屯土修堤（偃月堤），栽花植柳，修筑湖心“众乐亭”，“于是遂为洲人游赏之地”④。

月湖景观结构的定型主要始于 1093 年，知州刘淑再次疏浚月湖，“增蓓培薄，环植松柳，复因积土，广为十洲……湖遂大治”⑤。随后，知州刘理补葺废坠，随景命名，湖中设四岛：芳草洲、柳汀、花屿与竹洲，东侧为菊花洲、月岛与竹屿，西侧为芙蓉洲、雪汀与烟屿。考虑到堆叠十洲的土方浩大，远超月湖疏浚量，并且宁波及所在的鄞西平原地势低洼，外调土方较为困难，刘淑和刘理很有可能是就着原先的河网港汊，疏通连贯，局部扩大成洲。因此，十洲的修建梳理了月湖与宁波城内的河网水系，刺激了后续月湖周边的景观营建和住宅开发，很大程度改善了月湖偏于西南角隅的尴尬局面，也奠定了月湖及其周边的基本布局。当时的文人舒亶在

---

① （明）胡宗宪修，薛应旂纂：《浙江通志》，明嘉靖四十年刊本，浙江图书馆藏。

② （清）全祖望：《鲒埼亭集》，四部丛刊本，浙江图书馆藏。

③ （清）全祖望：《鲒埼亭集》，四部丛刊本，浙江图书馆藏。

④ （清）全祖望：《鲒埼亭集》，四部丛刊本，浙江图书馆藏。

⑤ （清）全祖望：《鲒埼亭集》，四部丛刊本，浙江图书馆藏。

《月湖记》中记载了这些月湖规划建设的过程，并指出整治后月湖主体“南北三百五十丈，东西四十丈”的尺度，这一格局和尺度基本延续至今。

南宋伴随着宁波城市地位的提升，大量高官巨贾在宁波定居。日月二湖进一步得以开发，世家望族环居湖畔，“并湖甲第，嵯峨尺五，碧瓦朱甍，更仆难数”①。同时，书院、藏书楼在月湖区域次第矗起，学者开课讲学。明清以来伴随着城市人口的进一步增加，日月二湖周围大宅林立，“园林之盛，有如列城”②，并逐渐开始填河筑路，跨河建宅，东西六洲逐渐与湖外陆地相连接。日湖直到明末，仍具有相当水域面积，明嘉靖年间的《宁波府志》记载当时主湖面“纵一百二十丈，衡二十丈，周围两百五十丈有奇”。但在清代淤积加速，主体逐渐成陆，最后到清末几乎缩为河道。

根据1846年的宁郡地舆图和约在同一时期的其它城市舆图，月湖湖中四洲以及日月沿湖沿河地带在清末遍布大量的公共和半公共建筑，可以将其大致分成四类：

表1　　日月二湖沿岸主要公共、半公共建筑

序号	类型	名称
1	寺庙	崇教寺、财神殿、关帝殿、月湖庵、老水仙庙、双城庙、白龙王庙、延庆寺、吕祖殿、万寿庵、梅园庙、七将军庙、花菜园庙
2	书院	月湖书院、柳汀义学、辩志书院、日湖义学
3	祠堂	范式宗祠、贺公祠、周氏宗祠、余相国祠、施氏宗祠、余氏宗祠
4	亭阁	红莲阁、文昌阁、众乐亭、超然阁

除了这些众多的公共和半公共建筑，月湖西南还有历史悠久、自发形成的湖市，买卖日月湖和附近区域出产的鱼虾果蔬等特产。“湖中物产，充牣城隅。其负城为闹市，集百货以兼车。游屐所至，不时可需。”③ 可见，从官宦士大夫到普通市民的各个阶层，日月二湖为其提供了丰富的游览、祭祀、交往、交换等社会公共生活（如图4、图5所示）。可见，经过历代营建，日月二湖区域逐渐从城南偏僻的湖泊与圩田转变为风光优美的城市公共空间。

① （清）全祖望：《鲒埼亭集》，四部丛刊本，浙江图书馆藏。
② （清）全祖望：《鲒埼亭集》，四部丛刊本，浙江图书馆藏。
③ （清）全祖望：《鲒埼亭集》，四部丛刊本，浙江图书馆藏。

图4（上）清末月湖沿岸景观，分别为月湖柳汀上的尚书桥及贺秘监祠、众乐亭、超然阁等建筑群（源于 Http//http：//blog. sina. com. cn/eastabwood）
（下）清末日湖沿岸景观，左图为日湖湖岸边的延庆寺和吕祖殿，右图为日湖湖东之尾，左侧为白龙王庙，右侧为罗城城墙（源于宁波旧影）

图5　1846 年的宁郡地舆图（局部）（源于美国国会图书馆）

三　宁波平原圩田开垦背景下的聚落园林

若将视野从宁波转移到其所在的平原地区，可以发现众多平原聚落的形态布局也与圩田水利系统及开垦方式密切相关。宁波平原的盆地结构使得六大塘河大致呈放射状汇于三江口，圩田开垦多以塘河为基准划分地块，但由于叠加了潮汐河流的曲折故道和遗留湖泊沼泽的残余水体，因此圩田土地划分的形态和尺度十分有机多样。大大小小的聚落遍布平原中的各个圩子，这些聚落很大程度上围绕着层级化的内河加以布局，内河的数量和发育程度是形成聚落布局多样化的主要原因，从围绕着尽端式的圩溇布局到沿着复杂河港的布局方式，这与圩子尺度、地下水位的控制、田面灌溉要求、圩田村落的水上交通等密切相关。①

有些圩田聚落由此形成以圩溇、内河为中心的花园和公共空间，布局简单疏朗，但融入了村民的公共生活，结合了实用性与美观性，典型者如走马塘村中的荷花塘与蟹脐塘、蜃蛟村的蜃池与蛟池、古林镇的塘河及河道的放大形成的小湖、姜山镇的数个方池等形成的花园或者聚落公共空间，有的还将祠堂、村庙、景桥、晒谷场等结合起来而成为聚落中心（如图6、图7所示）。

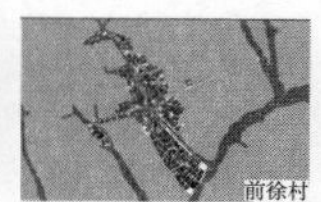

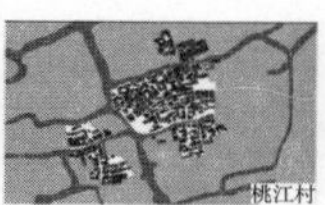

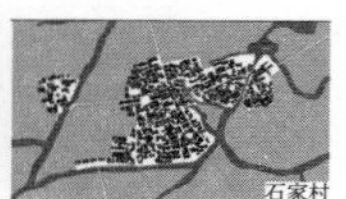

图6　宁波平原20世纪约60年代的聚落与外部圩田景观，尽端式的圩溇和开放式的河道经常会成为村落中的花园和公共空间，这通常以圩田水系和土地分割方式为基础，图中红色为聚落祠堂（包翊琢绘制，底图源于浙江省测绘与地理信息局）

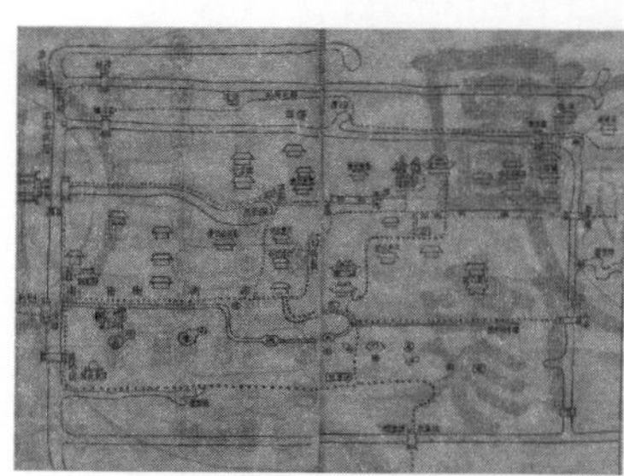
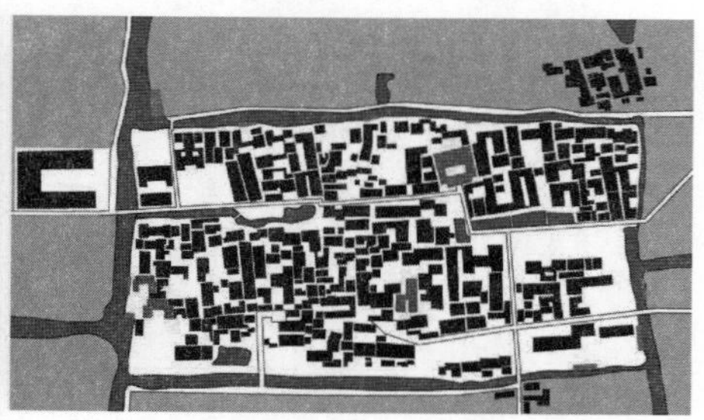

图7　宁波平原走马塘村族谱中的聚落平面与1960年代的聚落形态对照，尽端式的圩溇成为村落中的花园和公共空间，这通常以圩田开垦方式为基础，右图红色为祠堂（左图源于天一阁，右图由包翊琢绘制）

① 郭巍、侯晓蕾：《筑塘、围垦和定居：萧绍圩区圩田景观分析》，《中国园林》2016年第7期。

宁波老城内的日月二湖便是这类圩田花园的典型，其主水域面积约为15公顷，加上月湖十洲和日湖四洲及其河流港汊，面积可达80公顷，几乎占据宁波老城面积的1/4。可以视为这一类圩田聚落花园的尺度放大版本。决定圩田开垦模式的土地划分和包括地下水、雨水以及地表水的水系统同样也决定了日月二湖的营建方式，日月二湖从自然潟湖到人工陂塘到圩子最后演变为城市花园，皆在区域圩田开垦的背景下，尤其是刘淑和刘理的景观经营也可以解读为对圩溇发育的人工促进，因此，月湖十洲、日湖四洲的结构布局实质上反映了宁波平原的圩田开垦特质，是自然形态和人工干预相互作用的结果。

四　东南滨海平原的圩田景观与湖泊型传统风景营建

若将视野再从宁波平原放大到东南系列滨海平原，可以发现宁波日月二湖与嘉兴南湖、余杭南湖、杭州西湖、萧山湘湖、绍兴鉴湖、温州会昌湖、福州西湖和东湖、泉州东湖、潮州西湖等几乎都具有类似的自然发育过程和人工干预方式（如图8所示）：

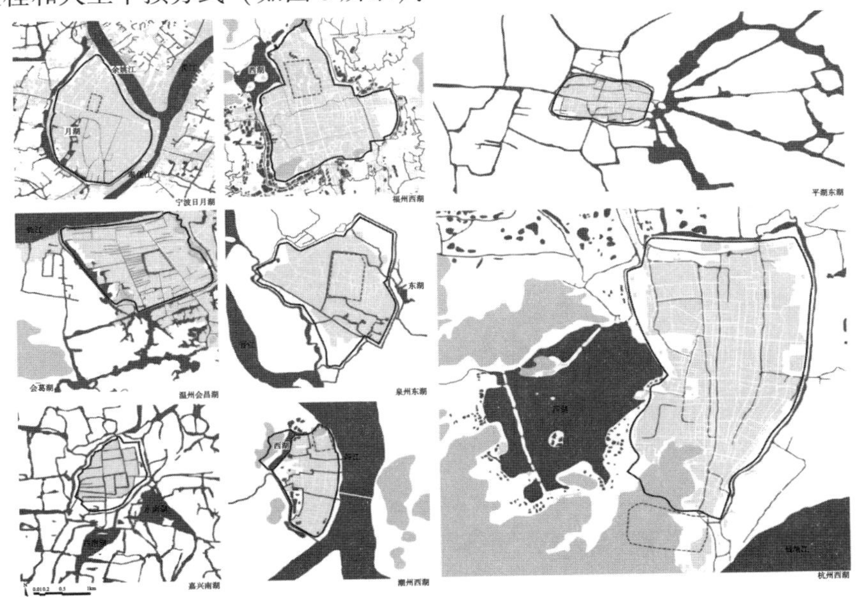

图8　1960年代时滨海平原范围的部分城市与湖泊，红线区域为子城范围（采用同一比例自绘，底图源于浙江省测绘与地理信息局）

滨海岸线的变迁和潮汐河的沉积作用形成了东南系列平原遍布沼泽、潟湖的初始水文环境，土地斥卤，农业生产低下；伴随着水系整理、堤塘建设、闸坝设置，以圩田为主体的农业开垦逐渐分布到各处的滨海平原，潟湖转化为陂塘，成为平原水利体系的一部分，具有饮用、灌溉、滞洪等相关功能；平原聚落发育完善，并产生了滨海平原的中心城市，陂塘湖泊进一步纳入城镇体系，促进了滨海平原灿烂文化的形成与持久健康的发展。其中宁波日月二湖与圩田水利工程、传统城市布局和湖泊风景营建的三者之间的关联较为清晰直观，是东南地区滨海平原以圩田景观为背景的传统风景营建的典型代表。

南宋宁波人楼璹的《耕织图》以宁波圩田景观下的农业耕作为主题，反映出在优美的圩田景观为背景下的居民生产和生活图景，是传统社会中对理想生活的浓缩，其影响是如此之大，历朝历代均加以模仿和标榜，例如康熙皇帝亲自题诗并大力推广宣教的《御制耕织图》即以此为蓝本①（如图9所示）。

图9　康熙年间的《御制耕织图》中表现的聚落、圩田是以宁波圩田景观为原型（源于中国国家图书馆）

① 王加华：《处处是江南：中国古代耕织图中的地域意识与观念》，《中国历史地理论丛》2019年第3辑。

在区域圩田景观的背景下，这些湖泊的水利建设与风景化经营高度整合起来，疏浚筑堤修堰建岛，莫不如此。西湖小瀛洲独特布局可以解读为桑基鱼塘这一圩田类型的变体，其形成于明代中晚期，也正是杭嘉湖平原桑基鱼塘的繁荣时期。而明末祁彪佳的《越中园亭记》记载绍兴部分湖泊风景建设模式是“湖浅处筑为圩，深处蓄为池，种桑栽莲，建高楼其上”①，其风景布局的营建骨架与圩田开垦方式并无二异，与宁波日月二湖的景观营建也具有很大的相似性。这些风景的营建经常形成富有当地特征的“八景”，成为可供大众游览的公共花园。

由于区域自然景观和圩田开垦的进程不同，形成了这些湖泊演变沿革的阶段性差异，萧山湘湖、余杭南湖、绍兴鉴湖等湖泊不同程度地转化为圩田，便是区域水文环境的变化导致其作为陂塘灌溉作用的削弱，最终不同程度地被加以围垦。而以杭州西湖、宁波月湖为代表的部分湖泊由于其城湖关系的特殊性，在区域圩田景观变化的背景下，历经数次淤积，但依然得以保留。

可见，东南滨海平原诸多湖泊类型的传统风景营建，均与圩田景观为主体的区域农业有关。随着滨海平原海退成陆和人口增加，人们兴建水利工程，改造自然的湖泊水系条件以开垦圩田，圩田水利系统成为区域人居环境的支撑系统。湖泊初为农业水利系统的重要组成部分，与逐渐形成并扩张的传统城市相结合，经过历代变迁与经营后形成富有诗意的城湖景观格局。而城湖关系的依赖程度同时也很大程度上成为加速、减缓甚至是逆向湖泊自然进程的重要因素。

五　总结

通过千年的圩田开垦，东南滨海平原逐渐由原本流动不定的沼泽湖泊转化为富饶美丽的宜居家园，从城市到农村、从聚落到农田，圩田水系贯穿滨海平原的各个尺度，将土地划分、聚落营建和风景经营高度地整合在一起。

日月二湖的发展过程很大程度上可以被视为圩田景观背景下传统公共空间的营建，圩田水利系统、圩田开垦方式在日月二湖的布局结构中得以

① 中华书局上海编辑所：《祁彪佳集》，中华书局1960年版，第112页。

充分呈现，它是宁波平原圩田聚落公共园林的代表，与传统城市布局密切相关，也是圩田景观的特定表达。同时，日月二湖也是东南滨海系列平原众多湖泊型传统风景营建的缩影，具有典型的发育过程。因此，从区域文化景观角度对它的研究，有助于理解我国东南沿海类似地区传统城市景观的演变。

（本文原刊于《风景园林》2021 年第 5 期）

写山诗中的寒、雪、泉、松：清代前期贺兰山东坡生态环境窥探

徐　冉*

（西安建筑科技大学中国城乡建设与文化传承研究院，陕西西安　710055）

摘要：清代前期，文人以贺兰山景致为主题创作有写山诗，成为清代贺兰山地区难得的历史记载材料。在结合生态学、地质学等多学科成果的基础上，本文通过对诗文中“寒”“雪”“泉”“松”等内容的提取、辨析，归结出清代贺兰山东坡生态环境的部分认识：一方面，清人注意到贺兰山积雪的季节、坡向差异，并记述道光年间贺兰山山顶积雪期延长的现象，对于研究贺兰山历史气温变化有重要意义；另一方面，沟谷地带是贺兰山东坡区域内水源、植被条件较为良好的区域，也是贺兰山森林的主要分布区，其中油松林是清代人类活动可以触及的主要森林植被。

关键词：贺兰山；写山诗；清代；生态环境

贺兰山地处农牧交错带，因其深处西北内陆、位置独特，为亚洲东部季风区与非季风区、草原区与荒漠区、半干旱区与干旱区、外流区与内流区的地理界线所在，是东亚大地上研究历史时期山地生态环境的绝佳区域。贺兰山地势险要，自古是宁夏平原的军事屏障。至明代，在明蒙军事对峙格局下，贺兰山因蒙古诸部的频繁出入而成为“军事禁区”，“弘治八年，夷人倚山为巢穴，乃奏内地之人，不得往山畋牧”，直至清朝初期，“朔方之人莫敢登贺兰山者”①。随着蒙古诸部纳入清王朝的政治版图，贺

---

* 基金项目：本文为陕西省社会科学基金年度项目“多民族国家构建视域下汉蒙‘共利’模式研究”（项目编号：2020G017）的阶段性研究成果。

作者简介：徐冉，西安建筑科技大学中国城乡建设与文化传承研究院讲师。

① （清）梁份：《秦边纪略》，赵盛世等校注，青海人民出版社1987年版，第316页。

兰山地区的“军事禁区”功用逐渐淡化，贺兰山东坡地区成为宁夏民众樵采的主要区域，“我朝百余年来，外番宾服，郡人榱桷薪樵之用，实取材焉”①。由于贺兰山山地环境复杂，登临人往往只限于局部活动，或囿于文化水平，相关文献记述极少。学者钞晓鸿指出，生态方面的文献比较零散，前人认识有限，必须经过对史料的大量发掘、综合研究，运用现代生态学知识，才能揭示生态系统的变化。② 因此，在结合现代贺兰山自然环境研究成果的基础上，通过对相应历史文献的比对分析，获取山地环境的史料信息，是突破贺兰山历史时期生态环境研究束缚的有效方法。

清代，贺兰山东坡地区梵刹汇集且地近宁夏府城，是当时文人们的游览胜地。“每岁六月，城市村堡多进香山寺，轮蹄络绎，名曰朝山，亦藉以游览涤暑云。”③ 文人在游览贺兰山景致时作有写山诗，其中有部分对当时生态环境的观察和记述，成为清代贺兰山东坡地区难得的文字记载。对于诗文的历史价值，学者周琼认为，结合环境史的研究方法，传统史学认为价值不大的文献如文学艺术色彩浓厚的诗文资料，都保存了大量环境史信息，为专题研究提供了证据。④ 在此方面，学者王双怀曾有积极探索。⑤ 由此，结合环境史研究视野，以写山诗为中心挖掘相关史料，是推动相关地域研究进展的有效途径之一。

一 “寒”“雪”与山地高寒气候

海拔高度与山地高寒气候的联系，很早就已得到古人的观察总结，如宋代沈括就将“平地三月花者，深山中则四月花”的现象，总结为“地势高下之不同”⑥。贺兰山三关口北至大武口之间，为3000米以上山峰的集中分布区域，山势高大险峻，是整个贺兰山的主体部分。此段因地处银川城西，也是明清时期文人雅士认识、观察贺兰山的主要区域。

作为清人对贺兰山生态环境最为普遍、基本的认识，“雪”“寒”是清

---

① （清）张金城、杨浣雨修纂：乾隆《宁夏府志》，陈明猷校，宁夏人民出版社1992年版，第87页。

② 钞晓鸿：《文献与环境史研究》，《历史研究》2010年第1期。

③ 乾隆《宁夏府志》卷3，第86—87页。

④ 周琼：《环境史史料学刍议》，《西南大学学报》2014年第6期。

⑤ 王双怀：《历代“黄河诗”的史料价值》，《中国历史地理论丛》1996年第2辑。

⑥ （宋）沈括：《梦溪笔谈》卷26《药议》，上海书店出版社2009年版，第226页。

代文人描写贺兰山的诗文中经常出现的主题。从诗文主题看，清人多以“望山看雪”的方式为主，如《望贺兰山雪》《腊月望后望贺兰余雪》等，在描写方式上也以整体、远景为主，如“天外一峰划远痕，雪山亘古照边屯”“雪后银城作画图，云收玉立万峰殊”等。碍于山势高峻、技术条件等诸多因素，清人无法登临山顶之上观察，因而写山诗中的“寒”更多是源自“晴雪”的合理联想，如“列嶂千层霁景明，寒辉遥逼促征程”“积素千峰迴，凝花四壁寒”等。

对于贺兰山山顶晴日积雪现象，清人也认识到山体高大的因素，故有贺兰山“高出云表，雪霜凝积，盛夏而后融”的说法。高海拔的地势，形成迥异于山下的高寒山地气候，尤其在3000米左右的高峰上常年的低温，使得大气降水（雨、雪）经常以积雪的形式覆盖于山峰之上。贺兰山与宁夏平原有着近2000米的高差，根据海拔2901米处高山气象站资料，其年平均温为-0.7℃。[①] 因此，在同样降雨的天气下，贺兰山山体上部极容易形成积雪现象，“初秋至仲春，微雨即成雪。雪积在山，日照不融，山头常如披絮”[②]，这自然是“由高至寒”的最佳例证。笔者曾有幸三次亲自见证降雨后贺兰山积雪的景象（分别为2017年4月8日、2018年4月13日、2018年9月27日），因春秋时节气温相对夏季较低，降水相对冬季较多，故而山体存雪面积很大，遍布贺兰山的中上部，在晴朗天气下，恰如清人所述“日照不融，山头常如披絮”的景象。对于生活于宁夏平原地区的人们而言，“峻极于天”的山峰是经常且最易观察的山体部分，三九严寒之外、晴日碧空之下，高大山体上的白雪皑皑，远至百里可见，依然是一幅壮观惊异的自然景象。

山地独特的自然气候与平原地区形成的景观差异，容易引发观者的视觉注意，不仅是山下民众“举目可望”的景象，也成为文人称誉的地方“盛景”。如明代宁夏“八景”中有“贺兰晴雪”景致，即是当时人们对贺兰山顶积雪的直观认识。[③] “贺兰晴雪”在清代不在名列宁夏“盛景”之中，有学者推测为夏日积雪景象难以见到的缘故。[④] 清人对贺兰山高寒

① 宁夏通志编纂委员会编：《宁夏通志》（地理环境卷），方志出版社2011年版，第9页。

② （清）汪绎辰著，柳玉宏校注：《银川小志》，中国社会科学出版社2015年版，第51页。

③ 《梦溪笔谈》卷26《药议》，第226页。

④ 璩向宁、汪一鸣：《近一千年来贺兰山积雪和气候变化》，《地理研究》2006年第1期。

气候的认知，很大程度上来源于对贺兰山积雪时段的观察而产生的合理推测，“其上高寒，自非五六月盛暑，巅常带雪”①，农历五六月在时间上大体对应公历的6、7、8等月，平原地区已是热浪腾腾的夏伏天气，此时贺兰山上才观察不到积雪现象，通过积雪与寒冷气温的逻辑关联，人们自然得出“其上高寒”的普遍性认识。道光年间，文人诗作中有描写贺兰山积雪时段延长的迹象，甚至清代平罗县“八景”之一的“贺兰古雪”在此时也改名为“贺兰夏雪”。时任平罗县训导的王以晋作有“白帝威生万壑间，炎天不改暮冬颜”②，时任平罗知县的张梯则更为明确写道“玉龙终岁卧云端，冬日山光夏日看。白帝西方原做主，令严六月也生寒”③，原本农历五六月不积雪的景象，变成“玉龙终卧”“六月也生寒”的终年积雪的景象，这极有可能是道光年间气温变冷波动的一个表现。同时除山巅积雪残存时间相对较长外，山上积雪通常会在2—3日逐渐融化消失。在积雪消融时，因为阳坡、阴坡的温度差异，阴坡的雪积存的时间相对较长，位于山下的文人们在望山作诗时也注意到这一点，如清人杨芳灿的《贺兰山积雪歌》中“阴崖太古雪未销，新雪又复埋岩腰”④的描述，就是对贺兰山东坡山地温度在坡向差异上的直观反映。

因此，尽管清代“贺兰晴雪”已不被列为宁夏“八景”之中，但在文人诗句中“寒”“雪”等主题的使用，说明在清代贺兰山的高寒气候早为人们所认知，并很可能将其视作为“常态”现象。通过对清人“寒”“雪”主题诗句的梳理，可以得出两个认识：一是清人通过远距离观察贺兰山积雪的季节、坡向差异，结合生活环境和逻辑关联得出“其上高寒”的朴素认识，并非实地踏勘的结果；二是道光年间贺兰山山顶积雪期延长的现象，这对于研究贺兰山历史气温变化有重要意义。

二　“泉”“松”与东坡沟谷环境

高寒山地特征强化了贺兰山地对水汽的冷凝作用，使得贺兰山地成为

① 乾隆《宁夏府志》，第86页。

② （清）王以晋：诗作《贺兰夏雪》，见（清）徐保字、张梯著，王亚勇校注道光《平罗记略》（续增平罗记略），宁夏人民教育出版社2003年版，第333页。

③ （清）张梯：诗作《贺兰夏雪》，见道光《平罗记略》（续增平罗记略），第330页。

④ （清）杨芳灿：《芙蓉山馆诗钞》卷6。

宁夏北部的“多雨中心”，年降水量429.8毫米，其中≥0.1毫米年降水日数就达90天，相比之下，沿山周边地区年降水量却在200毫米以下，降水日数仅有45天。[①] 相对丰富的大气降水，在贺兰山东坡地区形成沿山脊排列、呈“梳”状分布的诸多沟谷径流。据清代方志记载，贺兰山东坡地区“水泉甘洌，色白如乳，各溪谷皆有”，但是沟谷径流并没有形成较大的河流，“以下限沙碛，故及麓而止，不能溉远”[②]。由于贺兰山东坡地区的陡峭山势，造成沟谷水流流落差巨大，极易形成山地河流中的瀑布景观。在清代游山文人眼中，瀑布无疑是最为醒目、有代表性的山地景观，“瀑飞溅溅晴如雨”[③]“瀑布起银虹，飞珠溅崿嶂”[④] 等诗句正是他们对这一自然美景的赞美和观察。

同时，陡峭的地势会加剧地表径流迅速向山下倾泻，加之贺兰山地区的干旱气候，其地表径流存在的规模和时间都相对有限。所以，在贺兰山东坡区域内的67条沟道中，只有13条为长流水沟道，其余均为季节性河流。[⑤] 除过地表径流的方式外，贺兰山东坡地区水资源还储积于山地构造裂隙和风化裂隙带，以地下水的方式在山体裂隙中进行渗流运动，最终在沟谷两侧或山麓形成泉水露出，这是贺兰山东坡区域内最为常见、典型的水源方式。因此，在清人写山诗中“泉”的记述形式频频出现，如“泉静益波澜”[⑥]“四围列翠屏，一泉溜幽壑”[⑦]“泉咽冷松间”[⑧] 等，除过文人雅士对“泉”的喜好外，他们游览山景的过程中对贺兰山东坡地区水文环境特点的认识和观察也是一个极为重要的原因。

尽管贺兰山地降水相对丰富，但是由于蒸发作用强烈，故而大部分山地依然干燥程度较高。因此，泉水溪流所经的沟谷之地，往往是贺兰山东坡林木植被生长茂盛之地，“石径沿溪树百重”[⑨] 就是这一特点的最佳写

---

① 《宁夏通志》（地理环境卷），第116页。

② 乾隆《宁夏府志》卷3，第86页。

③ （清）僧润光：诗作《和陈二猷游山》，见乾隆《宁夏府志》卷21，第624页。

④ （清）解震泰：诗作《游贺兰山》，见乾隆《宁夏府志》卷21，第617页。

⑤ 王小明主编：《宁夏贺兰山国家级自然保护区综合科学考察》，阳光出版社2011年版，第66—67页。

⑥ （清）王家瑞：诗作《偕同人乘雪游贺兰山》，见乾隆《宁夏府志》卷21，第623页。

⑦ （清）赵熊飞：诗作《大悲阁望笔架山》，见乾隆《宁夏府志》卷21，第618页。

⑧ （清）王敬修：诗作《登贺兰山漫兴》，见乾隆《宁夏府志》卷21，第623页。

⑨ （清）僧幻闻：诗作《过小滚钟口宿极乐庵绝句》，见乾隆《宁夏府志》卷21，第624页。

照。清人在描写贺兰山树木的诗句中，多有“松”字出现，如“石径沿溪树百重”的下句“松间明月丽樊笼”[①]“松青加老瘦”[②] 等。由于早在明代宁夏方志中，就有贺兰山“山多松，堪栋梁之用，夏城官私庐舍咸赖以用”[③] 的记载。因此，“松”在清人诗文中的诸多存在，是他们对贺兰山东坡地区代表性植被的自然反应。在游玩的前提下，来自山下的文人们对贺兰山山地环境的接触和观察也更为广泛和深入，尤其是“樵子松林迷野径”[④]“松密森森午尚阴”[⑤] 等描写，展示出松林规模较大，可以让樵子迷路，且达到遮天蔽日的视觉效果。尽管清人诗文描写或有文学夸张的成分，但结合乾隆《宁夏府志》中“树皆生石缝间，山后林木尤茂密”[⑥] 的记载来看，又为贺兰山东坡地区林木资源状况的判别提供了极为有效的历史视角。

“松”是古代对松属乔木的统称，针形枝叶是其最容易辨识的外貌特点。据现代贺兰山植被调查情况来看，针叶林作为贺兰山东坡区域分布最广、面积最大的植被类型，是贺兰山森林植被的构成主体。针叶林植被中按照生长特性又可分为山地寒温性常绿针叶林和山地温带常绿针叶林。山地寒温性常绿针叶林主要为青海云杉林，多分布在2300—3500米左右的高海拔地段。山地温带常绿针叶林主要由油松林、杜松林等构成，主要分布于海拔1900—2300米左右的地段。从清代社会技术条件看，青海云杉林所在的高海拔地区自然不是清代文人游玩所能达到的位置，因此，分布海拔相对较低的油松林、杜松林应该是清代文人诗中“松”的所指。在油松林分布的海拔1900—2300米左右地段内，由于贺兰山干燥的气候环境，对水分要求较高的常绿阔叶乔木无法大面积分布，适应性较强的油松林成为这一地段内的优势树种，除小部分的次生山杨林外，通常松林内树种较为单一。杜松林作为最为耐旱的树种，适应力强，可在土壤瘠薄的山坡和岩缝中生长，但属于小型乔木，树冠稀疏，郁闭度多为0.2—0.4左右，显然无

① （清）僧幻闻：《过小滚钟口宿极乐庵绝句》，见乾隆《宁夏府志》卷21，第624页。

② （清）王家瑞：《偕同人乘雪游贺兰山》，见乾隆《宁夏府志》卷21，第624页。

③ （明）朱栴：正统《宁夏志》卷下，胡玉冰、孙瑜校注，宁夏人民出版社2015年版，第45页。

④ （清）佚名：诗作《望贺兰山雪》，见乾隆《宁夏府志》卷21，第615页。

⑤ （清）僧润光：《和陈二猷游山》，见乾隆《宁夏府志》卷21，第624页。

⑥ （清）乾隆《宁夏府志》卷3，第86页。

法达到遮天蔽日的程度。油松则可生长至高达30米、胸径1米，其郁闭度多为0.5—0.7左右。[①] 因此，清人所见“松林”只能是海拔1900—2300米左右的油松林。

由此，从清代文人在贺兰山东坡游玩的地域分布来看，主要集中于东侧沟谷地带，如小滚钟口、拜寺口、宿嵬口（今宁夏苏峪口）、三关口（即明代赤木口，今宁夏三关口）等处，也是贺兰山东坡区域内水源、植被条件较为良好的区域。结合现代科学考察相关成果来看，清代文人诗文中的“泉”“松”都是对贺兰山东坡生态环境特征和历史状态的观察和记述。其中，“泉”是对东坡地下径流潜流运动的真实观察，“泉”的形成是贺兰山东坡山地构造和沟谷环境共同作用的结果。同时，清代文人对“松”的相关描述，展示出沟谷内油松林的分布状况，对于了解清代贺兰山东坡森林变化具有重要的历史意义。

清代，以贺兰山为主题写山诗的集中出现，展露出清代贺兰山东坡地区人类活动的诸多历史痕迹，尤其诗中对于贺兰山山地环境的相关描述和认知，对了解和复原清代贺兰山生态环境变化的历史状况有重要意义。同时，尽管诗词中有文学意向的发挥，但诗词中对自然环境的描述，是基于对具体环境的实体景观的感知。因此，在借助生态学、地质学等学科方法和知识的基础上，可以将诗词中的历史信息进行提取、辨析，并归结成为符合环境史学科要求的研究史料。综上所述，清代文人诗文中“寒”“雪”“泉”“松”都是对贺兰山东坡生态环境特征和历史状态的观察和记述：一方面，清人注意到贺兰山积雪的季节、坡向差异，并记述道光年间贺兰山山顶积雪期延长的现象，这对于研究贺兰山历史气温变化有重要意义；另一方面，沟谷地带是贺兰山东坡区域内水源、植被条件较为良好的区域，也是贺兰山森林的主要分布区，其中油松林是清代人类活动可以触及的主要森林植被。

① 田连恕主编：《贺兰山东坡植被》，内蒙古大学出版社1996年版，第36、35页。

中国水利史研究路径选择与景观视角

耿　金*

（云南大学历史与档案学院，云南昆明　650091）

摘要：中国水利史研究根据研究视角的不同，可划分为以水利工程为核心的水利技术史、以“人”为中心的水利社会史、水利政治史及以“环境”为核心的水利生态史。水利技术史侧重对水利工程的技术史考察；水利政治史、水利社会史以水利切入，探讨国家在治水中的政治考量以及地域社会关系；水利生态史则将水利史与生态学、环境史交融，探讨水利工程与区域水文、生态环境的内在关系。不同研究路径呈现出水利史研究的不同范式，代表性成果也比较突出，但研究范式化容易将细节问题价值同质化。当前水利史研究需要更多地呈现水利背后复杂的人与自然关系。景观史介入是更新中国水利史研究视野与路径的极好尝试，回归关注水利史研究本体“水利”，并以水利为核心展示“景观”之变化。

关键词：水利史；路径；方法；景观史

中国水利史研究内容庞杂，但主流问题大致可以分为以水利工程技术为核心的水利技术史、以“人”为中心的水利政治史、社会史和以“环境”为核心的水利生态史（环境史）研究等范式。路径选择不同，研究关注的重点也有差异，但不同路径共同在水利史主题下深化各自研究。而随着研究的不断深入与细化，已有路径也面临范式固化、诸多具体研究大多可在已有范式中找到逻辑归属的瓶颈，这制约着水利史研究的进一步发

* 基金项目：本文是国家社科基金青年项目“17—20 世纪云南水田演变与生态景观变迁研究”（项目编号：18CZS066）的阶段性成果。

作者简介：耿金，云南大学历史与档案学院副教授。

展。因此，在已有路径基础上，需要引入新视角，拓展研究路径。

历史地理学一直关注景观，注重探讨各个历史时期景观的空间差异及影响景观变迁的社会和自然因素。[①] 由于景观概念涵盖人与自然互动关系，近些年也成为环境史研究的重要选题。目前史学界与水相关的景观史研究，或以历史水域景观为研究对象[②]，或以农田景观的形成与演变为研究对象[③]，水利作用与地位不突出。本文希望能从水利角度思考自然景观与人文景观的叠加、融合过程，考察区域环境、社会、文化变迁的内在动力。在系统梳理水利史研究的路径选择及其发展过程基础上，思考水利对区域景观的塑造功能及水利在景观形成中的作用与意义。

一 中国水利史研究的路径选择与范式困境

水利史内涵如何界定？在不同时期其内涵有所不同，而且随着研究不断深入，水利史的外延也在扩大。郑肇经是近代中国水利史研究的重要奠基人，其在1939年出版的《中国水利史》中将历史时期治理大江大河、修筑人工河渠、农业灌溉、抵御灾害的水利工程建设，以及围绕水利而形成的国家制度设计（书中专指水利职官）等视为水利史研究对象。[④] 姚汉源的《中国水利史纲要》是中国水利史研究中的扛鼎之作，也没有直接定义“水利史”概念，只指出水利史研究关注的主要内容：“应包括水利各部门的历史，如防洪治河、农田水利、航运工程、城市水利、水能利用、水力机具以及有关文献、人物等等。各部门发展阶段不尽相同，综合分期应当有主次，古代水利以防洪治河、农田水利、航运工程三者为主。”[⑤] 即他主要关注历史上的防洪治洪、农田水利与航运工程，当然也涉及其他人

---

① 李良、蓝勇：《中国历史景观地理研究回顾与前瞻》，《光明日报》2013年2月20日，第11版。

② 如安介生对湖州地区水域景观的现成与演变过程的分析与探讨，见安介生《历史时期江南地区水域景观体系的构成与变迁——基于嘉兴地区史志资料的探讨》，《中国历史地理论丛》2006年第4辑。

③ 如王建革对江南地区农田景观演变背后折射的农田耕作制度、水文环境变化等相关问题的研究。见王建革《宋元时期吴淞江圩田区的耕作制与农田景观》，《古今农业》2008年第4期；《唐末江南农田景观的形成》，《史林》2010年第4期；《水文、稻作、景观与江南生态文明的历史经验》，《思想战线》2017年第1期；《19—20世纪江南田野景观变迁与文化生态》，《民俗研究》2018年第2期。

④ 郑肇经：《中国水利史》，商务印书馆1993年影印版。

⑤ 姚汉源：《中国水利史纲要》，水利电力出版社1987年版，第15页。

类水利行为，以及围绕此行为而形成的技术、思想乃至文献以及人物等内容。基于此，可将凡从事历史时期与水利活动、水利事业相关的史学研究，皆视为水利史研究。在研究水利本体基础上又可延伸出诸多问题，如在区域水利治理与分水中形成的社会问题、水利治理中的国家制度与政策问题、水利治理中的生态与环境问题等。

（一）以“水利工程”为核心的水利技术史研究

水利技术史的核心在于技术，但对“技术”的理解与定义却因人而异。总体上可以将技术理解为人所创造的控制自然和改造自然的过程的总和。[①] 进一步说，学术界关注的“技术”其实包含两层含义，即技术本体与技术知识。中国水利史研究中的“技术”主要是指历史时期以人力施工为主，材料上未采用混凝土等现代材料、未引入现代工程科学作为指导的农业时代的技术体系。[②] 而中国传统水利技术史研究不仅包括对水利工程建筑技术史的复原，还应该包括古人对水资源转换、利用及管理而形成的知识体系的总结。

可以说，中国水利史研究是以水利技术史为起始的，早年的研究群体也主要来自水利科学研究单位或部门，如中国水利水电研究院水利研究室（现为水利研究所），其中以姚汉源、周魁一等为代表。20 世纪 50 年代，姚汉源开始整理《中国水利技术史讲义》纲要，晚年仍强调要以“历史上水利工程技术作为研究的重点”[③] 来开展自己的水利史研究。周魁一先后著有《农田水利史略》及《中国科学技术史 · 水利卷》等[④]，后者分“基础学科篇”与“工程技术篇”，详细论述了历史时期治水过程中工程技术的具体环节。此后，谭徐明也在水利技术史领域有著作出版。[⑤] 这些水利史研究专著虽然也涉及社会、制度等相关问题，但多以水利工程技术为核

---

① 远德玉：《技术是一个过程——略谈技术与技术史的研究》，《东北大学学报》2008 年第 3 期。

② 张景平：《丝绸之路东段传统水利技术初探——以近世河西走廊讨赖河流域为中心的研究》，《中国农史》2017 年第 2 期。

③ 友仁：《水利史研究的开拓者——访姚汉源教授》，《中国水利》1986 年第 4 期，第 43 页。

④ 周魁一：《农田水利史略》，水利电力出版社 1986 年版；《中国科学技术史 · 水利卷》，科学出版社 2002 年版。

⑤ 谭徐明：《都江堰史》，中国水利水电出版社 2009 年版。

心。此外，郑肇经在20世纪80年代主编的《太湖水利技术史》[①]，集中论述了太湖地区的水利技术发展。其中负责撰写太湖水系、塘浦圩田、溇港圩田演变部分的缪启愉在此前还专门撰写了《太湖塘浦圩田史》[②]，该书虽以农田演变为中心，但太湖流域的圩田演变与水利活动关系密切，仍是一部农田水利技术史著作。

总体而言，以治黄河、长江、大运河及其他重要水利工程为中心展开的工程技术史研究，奠定了中国水利技术史的基本框架，但传统水利技术史仍有诸多问题可以深究，如水利工程修筑中的技术知识是如何逐步形成的，水利知识的革新、传播过程是怎样的等问题。熊达成、郭涛编著的《中国水利科学技术史概论》就将水利技术史囊括范围扩大至水利工程之外，包括中国古代水利认知中的各种基础知识（水流、泥沙运动规律，水文测验等）、水利规划思想及在历史上形成的水利名家与名著等内容。[③] 关注技术知识本身的形成、演变过程，有助于理解中国古代水利工程在修筑、维护或废弃、新建背后的深层次原因。

水利知识的形成是古人观察水文经验与技术长期积累的结果。古代水利官员或水工通过对区域水文的多次考察获取经验总结，并经过数代之传承，形成了系统的知识体系，这种水利技术知识体系也被称为水学，是水利事业推动下理论发展的结晶。宋代是江南水学体系形成与完善的关键时期。苏轼言："当今莫若访之海滨之老民，而兴天下之水学。古者，将有决塞之事，必使通知经术之臣，计其利害，又使水工视地势，不得其工，不可以济也。"[④] 王建革在江南水利史研究中指出，古代江南治水中形成一套完善的科学知识体系，这种治水知识在五代十国的吴越时期就积累达到了一定水平，吴越继唐之后，发展巩固了江南的圩田水利技术，宋以后水学实践继续得以传承。[⑤] 谢湜也指出，11世纪是唐代以后江南水学真正兴起的一个时代，形成以郑亶为代表的"治田水学"及以单锷为代表的"治

---

① 郑肇经主编：《太湖水利技术史》，农业出版社1987年版。

② 缪启愉：《太湖塘浦圩田史研究》，农业出版社1985年版。

③ 熊达成、郭涛编著：《中国水利科学技术史概论》，成都科技大学出版社1989年版。

④ 苏轼：《禹之所以通水之法》，《苏轼文集》卷7"杂策"，孔繁礼点校，中华书局2011年版，第220页。

⑤ 王建革：《宋代以来江南水灾防御中的科学与景观认知》，《云南社会科学》2017年第2期。

水水学”之争。[①]

（二）以“人”为核心的水利社会史与水利政治史研究

张俊峰对明清时期国内外中国水利社会史研究的阶段性特征进行分析，指出中国水利社会史推进的基本路径：经历了早期对魏特夫“治水国家”说的批判，以及借用国家与社会关系理论分析水利与社会、水利与国家，再到之后借用宗族研究等人类学研究方法，探讨宗族社区向水利社区的转变，并最后通过对日本水利共同体理论的回应与质疑，完成中国水利社会史的自我超越。[②] 近年，张俊峰又提出要发掘新史料、运用多学科方法、以水为切入点进行新的综合和整体性研究。[③] 虽然水利社会史研究一直在资料搜集（向下）和理论构建（向上）上不断进行创新与尝试，但都难免因研究范式固化而发展受阻。

水利史研究的发展在以“人”为核心的这个层面有两种趋向：一个是向下的，也就是水利社会史；一个是向上的，即水利政治史。20 世纪 80 年代以后，随着中国社会史研究的突起，很自然地就有了水利与社会史的结合，水利社会史“从边缘日渐走向中心”[④]。在此前，中国水利史著作中较少有涉及地域社会问题的探讨。中国水利社会史研究受日本学界影响较大。大致来说，日本中国水利史研究经历了三个阶段：第二次世界大战前后的“停滞论”、20 世纪六七十年代的共同体理论和 80 年代以来的“地域社会论”[⑤]。后两种理论在中国水利史学界有较大影响，特别是共同体理论在 20 世纪 90 年代以后成为国内水利社会史讨论的热点。对于共同体理论的形成、演变与发展过程，钞晓鸿已有较为系统的阐述，并对以森田明为代表的水利共同体体理论中的共同体解体与地权关系等内容提出商榷、质疑。[⑥] 钱杭以浙江萧山湘湖为例再论水利共同体问题，归纳出了“库域型”

---

① 谢湜：《十一世纪太湖地区的水利与水学》，《清华大学学报》2011 年第 3 期。

② 张俊峰：《明清中国水利社会史研究的理论视野》，《史学理论研究》2012 年第 2 期。

③ 张俊峰：《当前中国水利社会史研究的新视角与新问题》，《史林》2019 年第 4 期。

④ 赵世瑜：《小历史与大历史：区域社会史的理念、方法与实践》，生活·读书·新知三联书店 2006 年版，第 52 页。

⑤ 张俊峰：《水利社会的类型：明清以来洪洞水利与乡村社会变迁》，北京大学出版社 2012 年版，第 10 页。

⑥ 钞晓鸿：《灌溉、环境与水利共同体——基于关中中部的分析》，《中国社会科学》2006 年第 4 期。

水利社会概念[①]，其水利共同体研究建立在解构湘湖水利文献形成背后的文化与地域社会关系上，具有十分鲜明的区域特点。

循着日本学者的水利史研究路径看，可以发现国内水利史研究除了在对水利共同体理论进行探讨之外，也在走水利地域社会史的路子，不过却将水利地域社会研究的深度、广度向前推进了。行龙的水利社会史研究更重视“自下而上”的田野考察，认为“作为一种学术追求与实践，走向田野与社会也是区域社会史研究的必然逻辑”[②]。他指出，水利史研究应该从治水为主转向水利社会为主，本质上即强调从水利本体研究转向以水利为中心的社会研究。[③] 张俊峰在大量田野调查、搜集大量碑刻文献的基础上讨论地域分水纠纷问题，以山西泉水开发利用中形成的地方社会为案例，提出泉域型水利社会。[④] 董晓萍等又提出“不灌而治”节水型水利社会。[⑤] 围绕水资源的开发与利用形成了复杂的地域社会关系，而解构社会关系就成了北方水利社会史研究的重点。总体而言，北方水利社会史研究，更多基于水资源短缺而形成的地方权力运行，以水权的争夺为核心，这种权力还包括对神灵信仰的请入及国家干预。[⑥]

相比于北方对水资源的激烈争夺，南方对水的态度稍有不同，这主要与南方水资源相对丰富有关，很多地方形成了协同一致对抗水患的社会关系，如长江中游地区的垸田社会，这种共同体以“护堤”为中心，形成的主要动因是防洪需求，与灌溉需求的水利共同体有很大不同。灌溉农业下的水利共同体表现为以“用水权”为核心，垸水利共同体表现为以“修防责任”为核心。[⑦] 除了江汉地区，涉及共同修堤以防御洪水的区域大多都

---

① 钱杭：《库域型水利社会研究——萧山湘湖水利集团的兴与衰》，上海人民出版社 2009 年版。

② 行龙：《走向田野与社会——中国社会史研究的追求与实践》，《读书》2012 年第 9 期。

③ 行龙：《从“治水社会”到“水利社会”》，行龙、杨念群主编：《区域社会史比较研究》，社会科学文献出版社 2006 年版，第 103—104 页。

④ 张俊峰：《泉域社会：对明清山西环境史的一种解读》，商务印书馆 2018 年版。

⑤ 董晓萍、蓝克利：《不灌而治理——山西四社五村水利文献与民俗》，中华书局 2003 年版。

⑥ 张景平、王忠静：《从龙王庙到水管所——明清以来河西走廊灌溉活动中的国家与信仰》，《近代史研究》2016 年第 3 期。

⑦ 张建民、鲁西奇主编：《历史时期长江中游地区人类活动与环境变迁专题研究》，武汉大学出版社 2011 年版，第 436—437 页；鲁西奇：《“水利社会”的形成——以明清时期江汉平原的围垸为中心》，《中国经济史研究》2013 年第 2 期。

存在这样的问题，如笔者研究的杭州湾南岸地区在修筑江塘抵御钱塘江潮水中，即以得利田田亩多少确定派费多寡以及兴工数量，形成特定范围的“水害防御共同体”。

水利史研究需要关注底层社会，也要关注围绕治水而形成的上层政治史问题。本质上，政治史也是以“人”为核心的。从政治史角度研究水利，其实开展得比较早。20 世纪 30 年代，冀朝鼎就从水利区的划分与中国政治经济中心变迁关系出发，提出“基本经济区”概念，将水利与历史上统一与分裂等问题间的关系进行理论阐释，成为水利政治史研究的经典论著。① 西方学者魏特夫在对中国等东方国家的水利史研究中，提出了“治水—专制主义社会”理论分析范式。② 由于水利与政治之间的关系复杂，长期以来，对此问题的关注渐趋冷淡，学界对水利政治史研究较少。而近些年，和卫国以清政府对海塘水利工程的政策与行为为主线，通过水利工程透视政治史问题，以政治史视角考察水利工程的修筑。③ 贾国静对清王朝治理黄河的研究也同样有政治史关照④，表现出以治水为核心的政治史研究仍具有极大活力与空间。

（三）以“环境”要素为核心的水利生态史（环境史）研究

水是水利史研究的关键对象，而水的载体可以是江、河、湖泊、水库、塘坝等，河道、湖泊等历史自然环境演变一直是历史自然地理研究的重要内容。如谭其骧、张修桂先生，在大量史料考订基础上，最大限度地复原历史时期河道、湖泊、海岸线等的演变过程⑤，为后期水利生态史研

① 冀朝鼎：《中国历史上的基本经济区与水利事业的发展》，朱诗鳌译，中国社会科学出版社 1998 年版。

② 魏特夫：《东方专制主义：对于极权力量的比较研究》，徐式谷等译，中国社会科学出版社 1989 年版。

③ 和卫国：《治水政治：清代国家与钱塘江海塘工程研究》，中国社会科学出版社 2015 年版，第 11 页。

④ 贾国静：《水之政治：清代黄河治理的制度史考察》，中国社会科学出版社 2019 年版；《黄河铜瓦厢决口改道与晚清政局》，社会科学文献出版社 2019 年版。

⑤ 张修桂：《云梦泽的演变与下荆江河曲的形成》，《复旦学报》1980 年第 2 期；《洞庭湖演变的历史过程》，《历史地理》创刊号，上海人民出版社 1981 年版，第 99—116 页；谭其骧、张修桂：《鄱阳湖演变的历史过程》，《复旦学报》1982 年第 2 期；《汉水河口段历史演变及其对长江口段的影响》，《复旦学报》1984 年第 3 期；《荆江百里洲河段河床的历史演变》，《历史地理》第 8 辑，上海人民出版社 1990 年版，第 198—203 页。

究奠定基础。生态史（环境史）视角研究水利史有两种路径：一是在水利史研究中介入环境因素，目的仍在解释社会变迁；二是更注重对自然因子与人之间的互动关系探讨。水利社会史本质上也属于社会史范畴，而社会史在自身发展中也在介入其他相关领域的研究方法，生态史是较早被倡导要进入社会史研究的。[①] 越来越多的学者认识到，社会史研究不仅需要考虑各种社会因素的相互作用，而且需要考虑生态环境因素在社会发展变迁中的“角色”和“地位”；不能仅仅将生态环境视为社会发展的一种“背景”，而是要将生态因素视为社会运动的重要参与变量。[②] 生态史（环境史）研究介入水利社会史研究很快就成为一种新的研究取向。胡英泽以山西、陕西交界的黄河小北干流段为空间，分析明清以来黄河河道变迁与滩地淤涨变迁对区域社会变迁的影响。[③] 钞晓鸿就汉水上游的汉中地区的水资源变化与水利关系探讨国家权力与地域社会之间的整合关系。[④] 佳宏伟分析了清代汉中府以水利为中心的国家与地方社会关系。[⑤] 整体上看，北方水利史研究中引入环境变迁因素，目的仍是希望为历史上的社会关系、权力结构提供生态（环境）解释，仍然属于水利社会史研究的大范畴。

以上两种生态史研究路径在江南地区也都有所呈现。冯贤亮对江南太湖、浙西地区的水利史研究，也基本延续环境史视角看地区社会变化的路径[⑥]；真正以生态构成要素展开水利史研究的以王建革为代表，其学术研究转型过程，某种程度上也代表了目前史学界水利史研究的转型，早年对华北地区的水利史研究还关注水利社会史[⑦]，近些年专注于江南地区的水环境与水利系统演变关系研究，力图通过具体的水环境变迁逐步揭示江南

---

① 王利华：《社会生态史：一个新的研究框架》，《社会史研究通讯》2000 年第 3 期。

② 王先明：《环境史研究的社会史取向——关于“社会环境史”的思考》，《历史研究》2010 年第 1 期。

③ 胡英泽：《流动的土地：明清以来黄河小北干流区域社会研究》，北京大学出版社 2012 年版。

④ 钞晓鸿：《清代汉水上游的水资源环境与社会变迁》，《清史研究》2005 年第 2 期。

⑤ 佳宏伟：《水资源环境变迁与乡村社会控制——以清代汉中府的渠堰水利为中心》，《史学月刊》2005 年第 4 期。

⑥ 冯贤亮：《明清江南地区的环境变动与社会控制》，上海人民出版社 2002 年版。

⑦ 王建革：《河北平原水利与社会分析（1368—1949）》，《中国农史》2000 年第 2 期。

水利系统演变背后的驱动因素，以解析环境与技术之间的互动关系[①]。在其带动下，团队成员不断推出水利生态史成果。王大学在对江南海塘研究中，较早引入动植物研究视角[②]；孙景超对吴淞江流域的潮水灌溉问题进行研究[③]；周晴对嘉湖（嘉兴、湖州）平原水网形成过程的探讨[④]；耿金对浙东山会平原水利系统演变与水文生态变化关系进行研究[⑤]；吴俊范从太湖以东地区低乡、高乡与滨海区的水环境差异出发，探讨河道与聚落形成的发生机制[⑥]等。

长江中游地区的水利生态史与江南地区有相同之处，诸如水系环境、农田制度等，但也有其区域特点。张家炎对江汉平原区的水利与环境问题的研究，更强调农民对环境的感知与应对过程，关注农民的行为如何引起了环境变化，以及他们如何应对变化了及变化中的环境，最后这些变化如何反过来影响他们的行为。[⑦] 在环境史研究中，往往环境与人类活动已融为一体，环境变化影响人类活动，人类活动影响环境变迁，此二者之间在历史时期并不表现为泾渭分明的对立关系。

水利技术史是水利社会史、政治史、环境史研究深入开展的基础，但水利技术史的研究门槛不低。老一辈水利史学家大多兼具与水利相关之自然科学知识及较好的史学功底。但随着学科不断细化，少有学者既懂水利科学知识，又愿意花大量时间在史料解读上；而史学研究者对史料的解读往往因缺专业学科知识，形成“史”与“技”的分离，这无疑是当前水利技术史之困境所在。此外，中国水利技术史研究长期致力于技术的复原与挖掘工作，容易忽略与技术同行的社会与环境。在研究内容上，在中国古代传统水利技术知识体系生成、演变与传播，以及近代以来西方科学技术

---

① 王建革：《水乡生态与江南社会（9—20 世纪）》，北京大学出版社 2013 年版；《江南环境史研究》，科学出版社 2016 年版。

② 王大学：《动植物群落与清代江南海塘的防护》，《中国历史地理论丛》2003 年第 4 辑。

③ 孙景超：《潮汐灌溉与江南的水利生态（10—15 世纪）》，《中国历史地理论丛》2009 年第 2 辑。

④ 周晴：《河网、湿地与蚕桑——杭嘉湖平原生态史研究（9—17 世纪）》，博士学位论文，复旦大学，2011 年。

⑤ 耿金：《9—13 世纪山会平原水环境与水利系统演变》，《中国历史地理论丛》2016 年第 3 辑。

⑥ 吴俊范：《水乡聚落：太湖以东家园生态史研究》，上海古籍出版社 2016 年版。

⑦ 张家炎：《克服灾难：华中地区的环境变迁与农民反应：1736—1949》，法律出版社 2016 年版，第 4—5 页。

传入后对中国水利技术及水利工程修筑、治水、用水及区域水环境影响等内容方面，目前水利技术史研究的关注还不够。

就水利社会史研究而言，诚然日本学者及国内学人将中国水利社会史研究引向了更丰富的人文领域，但不可否认，水利社会史研究也逐渐进入瓶颈期，早期提出的具有广泛影响、在学界形成共识的一些理论框架，逐渐成为制约水利社会史向前发展的枷锁。要从宏观上把握社会演进规律，需要有理论的提升与建构，但当理论本身陷入停滞后，其所代表的学科发展也将出现困局。要进一步推进水利社会史研究，要么打破既有的理论体系，从区域实际出发，深挖以水利为中心形成的社会网络；要么继续引入新的学科方法，将水利社会史的研究变得更立体、丰富。水利生态史研究受区域水文环境及文献丰富程度影响较大，要深入开展需要有文献与生态两方面条件。

环境史研究最希望“复原”历史时期人与环境的互动过程，而该过程的最外在表现就是“景观”变化。在中国水利史研究路径与视野的取向中，要有对区域整体景观变化动力、过程、结果的关照，揭示一些区域发展演变的内在规律，特别是一些水利在当地环境变迁、社会发展中具有决定性影响的区域。以景观视角重新审视中国水利史研究，不仅能丰富当前中国水利史研究的路径和方法，还能充实、深化传统的水利问题研究。

二　景观：水利史研究的另一视角

历史地理研究习惯将研究对象进行二元划分，分成历史自然地理和历史人文地理。从景观的形成角度而言，却不存在完全的自然与人文的分离。西方地理学在其发展过程中，曾过分注重区域自然现象而忽视作为地理的其他因素，为解决该矛盾，施吕特尔提出地理学的景观概念（或称景观论），认为景观是地球表面通过感官察觉到的事物，包括自然形成的和人类改造的，即自然景观和文化景观。希望通过可感觉的地表整体（即景观），来统一整合地理学中系统与部门（或统一性与多样性）、自然与人文的二元论现象。① 从景观史的学术梳理中也可以看出，早期史学家引入景

① 晏昌贵、梅莉：《景观与历史地理学》，《湖北大学学报》1996 年第 2 期。

观，也是希望能克服历史地理研究中只重视对自然景观框架的关注，而未能涉及景观自身鲜活的具体内容。20 世纪 50 年代，霍斯金斯从长时段视角，梳理英格兰景观形成与演变的历史过程，提出从自然景观和人文景观中去了解人类社会的发展，认为地理学在景观的框架解释上做出了诸多努力，揭示地貌、天然植被等景观的基本结构，但对结构之上的人类活动及其细节特征关注不够，而历史学研究景观则是要去探讨这种景观形成的方式方法。[①] 即关注自然景观改变的人类活动过程，以及在人类活动过程中形成的人文景观。20 世纪 70 年代，华裔地理学家段义孚著《神州》一书，即将自然地貌与人文景观有机结合，跳出传统区域地理研究范畴，在历史长时段视野下考察中国地理景观变化过程及景观背后的人类活动。[②] 故以“景观”研究环境变迁，本身有对人与自然互动关系的整体性关照。近些年，国内历史地理学开始重新重视景观研究[③]，并且出现一些新的研究方向[④]。应该说，景观概念本身所具有的弹性，为探析人类活动与环境变迁关系提供了极佳的视角。

（一）景观与环境

目前以“环境”为核心开展的水利史研究，无论在方法、路径，还是研究成果上都有不少积淀。要在传统水利史研究中引入景观研究视野，需要回答景观与环境有何区别，为何要用景观概念或从景观视角研究中国水利史，否则难以说明此研究路径（或视野）之必要。

不同学科对景观（landsacpe）的定义有所不同，但大致可从三个层次进行把握。第一层是美学的景观，与“风景”同义；第二层是地理学的理解，将景观视为地球表面气候、土壤、地貌、生物各种成分的综合体，接

---

① 霍斯金斯：《英格兰景观的形成》（中译本序），梅雪芹、刘梦霏译，商务印书馆 2018 年版，第 2 页。

② 该书 2019 年中文翻译本在国内出版。段义孚：《神州：历史眼光下的中国地理》，赵世玲译，北京大学出版社 2019 年版。

③ 如邓辉《从自然景观到文化景观：燕山以北农牧交错地带人地关系演变的历史地理学透视》，商务印书馆 2005 年版。

④ 如张晓虹关注声音景观，认为声音可以直接唤起人们对一个地方的感官记忆，成为与可视的物理景观和人文景观有同等价值的文化景观要素。参见张晓虹《倾听之道：Soundscope 研究的缘起与发展》，《文汇报》2017 年 3 月 31 日，第 W12 版；《地方、政治与声音景观：近代陕北民歌的传播及其演变》，《云南大学学报》2019 年第 2 期。

近生态系统或生物地理群落等术语；第三层是景观生态学（landscape ecology）的景观，指空间上不同生态系统的聚合。目前历史地理学界基本使用的是地理学层面的景观概念，而环境史则希望能在景观生态学的内涵下对“景观”进行解析。

《辞海》对“环境”的解释是围绕人群的外部世界及人类赖以生存和发展的社会和物质条件的总和①，此概念界定比较宽泛。环境史研究中的环境主要指除去社会属性的“人”之外的环境，强调人与外部环境的互动过程。景观史研究也关注人与环境的互动，不过这里的环境更多指可见的地表景物。可见，环境史与景观史在研究对象与内容上有交叠，一些学者很自然就将景观史视为环境史的研究范畴，并将其作为环境史研究的一个分支。但根源上，“景观”与“环境”有区别，集中体现在两方面：一是“景观”包含艺术概念，而“环境”更侧重生态或地理的概念；二是“景观”概念更具体，可细化为地理区域中的可视特征。② 此外，从二者学术史看，环境史与景观史也并不存在先后递进关系，且景观史产生时间更早。具体而言，环境史是在环境危机下催生的历史研究，更关注生态过程，而景观史是建立在视觉特征基础上，不是由环境问题引发的历史研究，与图像学、地理学紧密相连。环境的概念虽然包括景观，但景观史并不是全部包含于环境史研究中。景观史涉及环境史研究的一个领域，二者有共同的研究关注点，但是研究出发点和落实点都不同。③ 在研究理论上，环境史在初期的研究容易走入“衰败论”逻辑陷阱，尽管近些年这种逻辑体系被逐渐抛弃；景观史研究更多只是关注不同历史时期景观的变化过程，这个变化过程本身没有好坏之分，都是不同历史时期人地关系的一个面向。因此，从这一点看，景观史与环境史明显不同。

然而，环境与景观在很多具体研究中又有等同的含义，许多研究常以“景观”指示区域的综合环境要素。在研究人与环境互动过程中，涉及的环境要素种类繁多，任一种单一环境要素都不能统合区域整体环境变迁及内在生态链。因此，一些区域环境史研究会用“景观”来统呈环境（生态）要素的诸多方面。从此角度言之，“景观”一词也有生态系统的内涵。

---

① 辞海编辑委员会：《辞海（1999 年版缩印本）》，上海辞书出版社 2000 年版，第 3418 页。

② 杨禅衣：《景观与环境史》，《沈阳大学学报》2015 年第 6 期。

③ 金云峰、陶楠：《环境史、景观史、园林史》，《风景园林历史》2014 年第 8 期。

如一位美国学者阐述第二次世界大战对日本环境影响，这种影响大多是恶性的，但也有良性的，涉及战争期间人与自然要素的互动，如战争对日本资源消耗、战争与农药化肥使用关系、渔业资源在战争期间的修复等，共同构成了当时日本的生态"景观"格局。[①] 此时的景观就具有了更宽广的外延。当面对环境要素的综合分析时，西方学者乐于使用景观概念。故景观概念用于环境史研究有其优势：首先，景观作为可视的地表覆盖，可聚焦研究对象；其次，景观也有较为宽泛的统合生态系统诸要素的含义，能实现对区域进行具体与宏观的综合性研究。

（二）水域景观与水利景观

安介生以江南嘉兴地区的水田和海塘为核心，提倡水域景观研究，指出水域景观大体包括自然景观和人文景观。水域景观是基于自然地貌而划分的景观类型，以水体作为景观构成的最基本要件，既包括那些由各种形态的水体独立形成的景观本身，即水体景观（landscapes of water body）或称水景（Water Scapes），如河流、湖泊、池塘等，也包括那些直接与水体黏着在一起的景观项目，如桥梁、圩岸、水坝、海塘等。[②] 该水域景观的概念囊括了以水为中心而形成的自然与人文两方面内容，对推进水域史、水利史研究都有极大价值。不过，笔者尝试将水域景观中的水利部分抽出，将研究主体转移，以水利为核心探讨景观变化。那"水利景观"应该如何界定？

大体言之，以"水"为中心开展的景观研究可以有三层含义：其一为水域景观，由围绕水体而形成的水域、过渡域及陆域三部分的景观构成；其二为水利景观，以水利工程的设计与景观规划为研究对象；其三为前者与后者的交叉重叠，即水利工程构建后形成新的水域景观。本文研究的水利景观概念主要是基于第三层含义而展开的论述，核心是水利工程。

水利即指人类围绕水而开展的各种趋利避害行为，也包括对水的利用。"水利"一词在先秦古籍中即已出现，而水利行为在中国古人的生产

① William · M. Tsutsui, "landscapes in the dark valley: Toward an environmental history of wartime Japan", *Environmental history*, No. 3, 2003, pp. 294 - 311.

② 安介生：《历史时期江南地区水域景观体系的构成与变迁——基于嘉兴地区史志资料的探讨》，《中国历史地理论丛》2006 年第 4 辑。

生活中也开展得很早，《周礼·考工记》载“匠人为沟洫”即为农田水利：“九夫为井，井间广四尺，深四尺，谓之沟；方十里为成，成间广八尺，深八尺，谓之洫。”[①]“沟”与“洫”都是田间水道。古人的水利行为不仅在农田中，随着人类改造与利用水的能力的提升，大江大河也成为人类“水利”营造与利用的对象。当然，避害也是其中重要原因，即治理江河以减少水患，治水患同时也能兼顾农业灌溉。此外，河道开凿也有方便人类出行交通的诉求。司马迁《史记·河渠书》载：蜀守李冰“凿离堆，辟沫水之害，穿二江成都之中。此渠皆可行舟，有余则用灌浸，百姓飨其利。至于所过，往往引其水益用溉田畴之渠，以万亿计，然莫足数也”[②]。中国古代水利工程很早就发展出了这三方面的功能，用于农田灌溉、抵御灾害及改善交通。在近代西方水电技术传入后，水利的功能又扩展出了发电，不过为发电修筑的大坝也兼具防洪、灌溉等功能。因此，可大致将传统时期的水利工程归纳为农田水利工程、防洪治河工程、航运工程及城市水利工程。水利景观就是围绕水利工程、水利设施而形成的地表景物，以及因水利设施建设而形成的水域、陆域景观。传统时期的水利景观就可包括：以灌溉沟渠、提水设施等为中心而形成的农田灌溉型水利景观；以抵御河湖海水患灾害为核心的水利工程景观，诸如海塘、河堤、大坝等；以航运为目的开凿的河道景观；以保障城市用水供应、空间设计需要而修筑的城市水利景观。

从工程尺度上看，水利工程可大可小，水利景观也呈现出不同的规格，如以大型水库、运河等为核心的巨型水利景观，为农田灌溉、排水而构建的中型水利景观及田间沟渠等小型水利景观。随着人类科技的进步，对自然改造能力的不断提升，水利工程的体量也在不断升级，各种巨型水利工程修建所带来的地表景观与生态系统的变化也将是革命性的。

水利工程不仅只是水利设施，也是人类作用与改变地表景观的直接载体。水利景观的含义也不只是等同于水利工程景观，而是包括以水利工程为驱动因素而形成的综合性地表景观，包括在水利工程修筑中形成的新水域景观、重塑的地貌景观，以及修建的人文建筑景观等。

① 李文炤：《周礼集传》卷6“考工记”，赵载光点校，岳麓书社2012年版，第543页。

② 《史记》卷29，中华书局点校本2016年修订本，第1697页。

三　水利景观史的研究路径与意义

从景观演变视角来研究地区水利工程，已有部分成果，主要探讨区域景观形成过程中的水利塑造过程与效果，如对江南核心区的研究。江南从唐代开始逐步成为中国最重要的基本经济区，这种经济中心地位的取得也是在水利技术的推进与提升过程中完成的，水利不仅仅塑造了江南的水乡农业，也逐步完成了江南核心区从自然水域景观向人为构建的水网景观转变。地处杭州湾南岸的绍兴，传统时代水乡河网景观的形成，即是在水利工程的不断推进下完成的。① 另外，20 世纪 30 年代，美国学者乔治・B・克雷西就探讨了奉贤县境内的景观形成过程，突出海塘、运河等水利工程在当地综合性景观形成中的影响：最外围的海塘保卫着内部地势较低的农田免受潮水侵袭，在较新的堤坝内，河道呈规则的直线排列，而位于内侧深处的老堤坝内的旧土地，则呈现的是不规则图案，两者形成了鲜明对比；海塘外是大量盐场，分布着成千上万个晒盐盘。在旧堤坝内外，也形成了完全不同的聚落分布形态，甚至因堤坝内外植物生长状况的差异，房屋建筑材料也呈现明显不同。在水网工程框架下，百姓生活也围绕水利为核心的农田展开，老人看护稻田免受鸟害，孩子们照看着水牛，妇女们给庄稼除草，船夫们划着他们的小船，一群男人和男孩在操作灌溉泵。② 传统时期，这种以海塘、河网为主干的农田景观，广泛分布于滨海地区，水利工程搭建起了区域的景观框架与生活场域。

从更大空间尺度看，以景观演变来呈现历史时期国家发展路径选择的研究也在出现。德国学者大卫・布拉克伯恩从水文、地貌景观演变视角讲述 18 世纪以来德国的国家发展进程，其主旋律即为人类不断征服自然，改变地貌、水文环境，实现了德国国家“形象”的塑造。在征服与改造自然过程中，修筑水利工程（诸如修建大坝等）对水环境改造及由此而带来的景观格局的变化有决定性影响。③ 当然，水利在不同区域或国家中的作用

① 耿金：《13—16 世纪山会平原水乡景观的形成与水利塑造》，《思想战线》2018 年第 3 期。

② George B. Cressey, "The Fenghsien Landscape: A Fragment of the Yangtze Delta", *Geographical Review*, Vol. 26, No. 3 (Jul. 1936), pp. 396 – 413.

③ 大卫・布拉克伯恩：《征服自然：二百五十年的环境变迁与近现代德国的形成》，胡宗香译，卫城・远足文化 2018 年版。

与意义各有不同，对管理水、利用水十分频繁之地区，水利工程之意义就极为明显，其不仅推进了当地新的整体性景观的形成，而且塑造了当地特有的生态环境与社会关系等。

水利景观史研究在研究方法与路径上与环境史类似，需要借助跨学科的综合研究法。对历史时期水利景观的本体—水利工程展开研究，首先就需要关注水利工程学、水文学等自然科学；此外，由于水利工程或水利设施本身是基于人类活动而建造或运行的，所以也需要运用诸如人类学、社会学、考古学、艺术学等人文社会科学知识。在具体方法上，考古学是复原历史时期的诸多水利景观的基础。借用考古学方法，通过对人类改造适宜当地环境过程中产生的各种水利设施、水利遗址等进行考古复原，探索景观演变与人类活动的内在关系，是当前景观考古学研究的重要内容。如英国殖民者在开发新的殖民地澳大利亚时，很快认识到由于当地降水时空分布上的不均匀，仅仅依靠自然水流是无法获得发展的，因此殖民者在澳大利亚修建了一系列的水利工程，包括水井、水坝和蓄水池等，这些水利活动创造了当地一系列的水资源管理景观，这种景观是自然和人文交汇作用的结果。① 而通过对这些水利工程的技术复原，部分还原了当地景观的变化过程与驱动因素。此外，将考古学与 GIS 技术结合，是复原部分历史水利景观的重要方法。考古学可以展现不同时期水利遗址的空间分布与形态结构，而 GIS 则可以重建（模型）历史时期部分自然景观结构，将此二者叠加，可直观呈现区域人地关系（人水关系）的特点和变化过程及水利景观的演变轨迹。

在研究材料的获取上，古地图有极大价值，“作为人类与物理环境的图形信息的来源，地图与景观是密切相关的，二者经常共同发展”②。如杭州湾南岸地区，不同历史时期修筑了大量的海塘工程，并构筑了完备的水网系统，这些海塘、水网工程构成了叠加的景观呈现。在当地历史地图中海塘分布、河网走向一目了然，为呈现直观的景观变化过程提供材料依据。进入近代以后，图像拍照技术的出现，也为水利景观史研究提供了重

---

① Susan Lawrence and Peter Davies, “Learning about landscape: Archaeology of water management in colonial Victoria”, *Australian Archaeology*, No. 74 (June, 2012), pp. 47 - 54.

② 伊恩·D. 怀特:《16 世纪以来的景观与历史》，王思思译，中国建筑工业出版社 2011 年版，第 19 页。

要素材。此外，目前可用的航拍影像，特别是前几十年的航拍影像对于研究景观变迁具有极大价值。杭州湾南岸的河道、海塘景观在20世纪60年代的影像航拍中还有大量的反映。20世纪八九十年代以后，当地的地表景观格局就发生了变化，不同时段的航拍影像图，可以清晰揭示当地水利景观的变化过程。

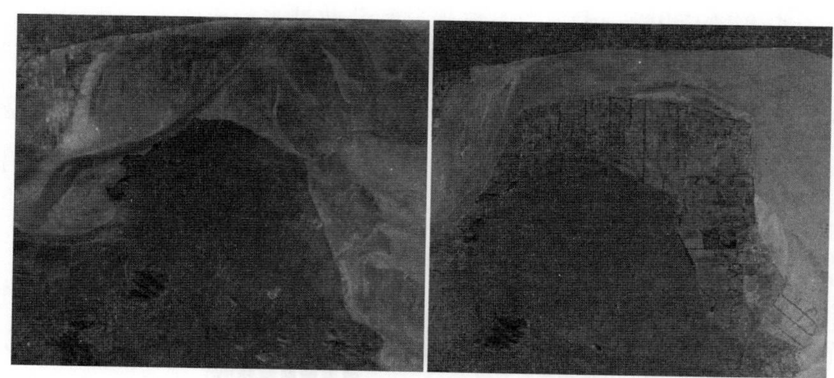

图1 20世纪60（左）、70（右）年代山会平原北部影像

景观史研究为开展传统的水利史研究提供了新的视角，即将历史研究置于客观连续的景观实物之上开展区域综合性分析。而水利景观史研究可以让人类重新回到大地景观生态系统，思考水文过程，以及人类对水域环境的改造与适应，并在涉水的不同学科间建立起对接平台，形成新的知识体系。[①] 就农田水利景观史研究来说，可以部分复原传统农耕时期的水利农田景观。在当前机械化时代背景下，许多传统的水利设施，诸如灌溉旋转水车、龙骨提水车等传统农田景观中的重要元素正在消失，开展水利景观史研究可以为传统农业景观复原奠定基础。另外，对以大型的水利工程为核心而形成的区域景观史研究而言，其研究价值更大，对水利工程修筑前后或废弃前后景观变化过程的揭示，本身即是对人与自然互动过程的展示。20世纪50年代以后修筑的各种大型水利工程，围绕其形成的水利景观问题还需要做大量细致研究与挖掘工作，如三峡水利工程修筑带来了长江中游地区水域景观、地貌景观的巨大变化，需要对历史时期三峡区域景观演变做长时段梳理，以揭示水利工程在多大程度、多大范围影响了当地

① 刘海龙：《景观水文：一个整合、创新的水设计方向》，《中国园林》2014年第1期。

环境。此外，由水利工程带来的沧海变桑田的景观变化也需给予更多关注，这以沿海地区的海塘修筑与农田营建最为典型。另外，无数大小不一、分布广泛的众多水库、池塘等基层水利设施，在维持本地工农业生产及生活用水需求的同时，也改变了本地的地表景观，而这种景观也是当地人与自然相互作用最直观的外在展现。

四　结语

中国水利史研究成果无论是专著还是论文，无论是全国性的还是区域性的，用汗牛充栋形容不为过。如此众多的研究成果，迫使我们要理出一个相对合理的学术框架，并将这些独立的研究“归位”，便于在谱系指导下开展更深入的研究。当然，本文所归纳与总结的路径难免有不足与疏漏，而且随着近年对水利史问题研究的不断深入，单纯以所谓某种路径开展研究其实很难解决研究对象中涉及的复杂问题。故而水利史研究既要有相对明晰的路径归纳，又不能过分突出路径上的分异而造成不同学科之间交流的阻隔。比如，近年对大运河历史的研究成为热点，不同学科、不同视角的研究成果层出不穷，出现诸如经济史、交通史、文化史、城市史等诸多视角下的多元成果。路径不是唯一的，关键是要解决什么问题。近年，规划学、人居环境科学等视角下推进的对传统水利进行的研究也不断出现，通过对水利兴修与人居环境的营造、调适及治理等问题的解析，讨论水利工程与人居之间的互动与共生关系①，为水利史研究带来新的思考。

总体而言，不同研究路径互相补充，共同丰富了中国水利史研究，且各自都仍具有相当活力。水利技术史研究是中国水利史体系构建中的基石，也是开展其他与水利相关问题研究的基础。长期以来，学界在水利工程技术史研究上投入大量精力，也从科学技术史的角度为我们廓清了中国古代重要水利工程的核心技术，但对于水利技术知识体系的研究，仍有极大空间。水利社会史拓宽了人类与水利关系的认知视域，将水利修筑、维护乃至废弃背后更复杂的人类社会实态尽情彰显，也集中显现了中国内部文化巨大差异所带来的水利社会形态的多元与复杂。水利生态史（环境

① 袁琳：《生态地区的创造：都江堰罐区的本土人居智慧与当代价值》，中国建筑工业出版社2018年版。

史）将一直以来被水利史研究中忽视的人与自然要素之间的互动过程纳入考察视野，这无疑是中国水利史研究在新的研究层面上的极大进步。但也要看到，要想再深化中国水利史研究，不仅要在具体问题上不断细化，还需要在研究路径与范式上有所革新。

水利兴修本质上是人类根据自身发展需要对环境做出的趋利避害行为，人们因地制宜，改造水土环境而形成水利系统，实现人类自身发展需要，也在地貌景观的塑造上留下人类活动印记。景观史介入中国水利史研究，不仅拓展了已有研究路径与视野，也深化了研究对象与内容，展现水利工程对区域环境（包括自然环境与人文环境）的整体影响，对揭示区域环境变迁、人地关系等问题都有参照意义。另外，以景观视角研究水利，突出的是水利在区域景观塑造中的作用，以及水利工程在当地景观中的核心位置，而在景观的形成与塑造过程中，人是推动这一切的背后核心动力，人活动于景观之中，也影响、改变着景观的形成与走向。没有水利工程的修建与维持，不会有各种基于水利工程而形成的民众生活场景；但如果没有人，水利工程也失去存在的价值与意义。因此，人是景观中最关键之元素。

（本文原刊于《史学理论研究》2020 年第 5 期）

第七编

环境、水务与区域社会治理研究

两宋时期华亭地区的水利和农田建设

张剑光*

（上海师范大学人文学院，上海　200234）

摘要：五代至两宋时期，华亭县特殊的地理环境，决定了把开挖和疏浚河道当作发展农业生产的前提条件。对淀山湖、吴淞江、顾会浦、泖水的反复疏浚，可以看出水利兴建的整体面貌。其次，吴淞江和沿海地区的河道塘浦，大量设置闸门，是水利建设的一个重要特色。尤其是南宋以后，设置闸门以控制水位、阻挡咸潮的作用越来越突出。修筑堤岸是华亭地区水利工程的另一特色，有利于圩田农业的全面普及。华亭县农业经济此后有较快的发展，与农田水利建设有很大的关系。

关键词：华亭县；两宋时期；水利；闸门；圩田建设；围田

唐玄宗天宝十载（751），设华亭县。之后，华亭县经历了一个不断向前的发展变化过程。这种发展，不仅是指自然环境的变迁，同时也是指社会结构和经济面貌的发展，自然环境和人类社会的互动，构成了多姿多彩的历史进程。至两宋时期，华亭县人口的增加，对农业生产提出了新要求。原有的地理环境，并不适合经济发展的需要，在这种情况下，人们通过改变河道的宽狭和河水的流向，开始向河流和湖泊要土地，但同时盲目的围田也带来很多负面的问题，河道变狭影响到河水的下泄速度。其时大量水利疏浚工程的出现，一方面反映了人们的主观能动性，通过改变自然环境，获取了较大的经济回报，另一方面自然环境的改变既出现了不少有利的因素同时也有不利的后果，造成了另一种新的环境问题。

---

* 作者简介：张剑光，上海师范大学人文学院教授、博士生导师。

元初水利名家任仁发曾说："江南水利，最为易晓，虽三尺之童皆知其然，但浚河港必深阔，筑圩岸必高厚，置闸窦必多广。"[①] 他将南方水利建设概括成三个方面，即疏浚、设闸和筑堤防。事实上，两宋时期江南的水利，的确主要是从这几个方面展开的。

本文讨论的区域主要是指两宋时期的华亭县，前兼及五代，后直至元初。玄宗天宝年间，从吴郡东境析置的华亭县，范围相当辽阔。据《绍熙云间志》卷上《道里》记载，县境东西长一百六十里，南北阔一百七十三里。[②] 大体而言，西与昆山和五代时设立的吴江接壤，北面与南宋时设立的嘉定县以吴淞江为界，东南以小官浦为界，西南至风泾为界，与嘉兴、海盐接壤，东临大海。至元二十九年（1292），华亭县东北成立上海县。因此本文讨论的时间段主要是指华亭县设立之后，至上海县成立之前。

一 河道疏浚与治理

特殊的地理环境，决定了古代长江下游地区开挖和疏浚河道是十分必要的，因为河道对农业生产的作用巨大。明人谈到流经昆山、嘉定、上海三县的吴淞江，"所溉田以顷计累万，而淤寒不通，疏决之者，惟宋与元一再耳"[③]。特殊的地理环境，决定了吴淞江南华亭县的先民们对河道疏浚工作特别重视。河道治理是地方官的工作重点，是农业生产的重要保障。华亭县河道的疏浚，主要从五代以后开始。我们以几处较大的湖泊和河道为例做些观察。

（一）淀山湖的疏浚

淀山湖地区周围大约二百里，"北由赵屯浦、东由大盈浦泻于松江，东南由烂路港以入三泖"。宋代，整个湖区"茫然一壑，不复可辨"[④]。大小水体密布，河渠交织，总体地势低洼，是太湖的下游附属湖，作为太湖

---

① （元）任仁发：《水利集》卷2《水利问答》，《四库存目丛书》史部，第221册，齐鲁书社1995年版，第82页。

② （宋）杨潜：《绍熙云间志》卷上《道里》，《上海府县旧志丛书·松江县卷》，上海古籍出版社2011年版，第12页。

③ 范纯：《沪渎龙王庙记》，张建华、陶继明主编：《嘉定碑刻集》第6编，上海古籍出版社2012年版，第742页。

④ （明）顾清：正德《松江府志》卷2《水上》，《上海府县旧志丛书·松江府卷》，上海古籍出版社2011年版，第26页。

的泄水道、承水湖，承接西边小湖、南边三泖及华亭西南地区大量上游来水，通过赵屯浦与大盈浦排入吴淞江，继而入海。不过到北宋以后，太湖水向大海下泄开始出现问题："北宋以后，海面始接近目前海面，遂使潮汐倒灌，将太湖下游各河口淤浅，此后就出现水灾频仍，治水问题也就日趋迫切。"①

对淀山湖的治理，最早是吴越国。其时置撩浅军，治河筑堤，其中一路自急水港下淀山湖入海，人们认为这是"治湖之先声"②。之后，水环境问题到南宋就比较突出。

南宋中后期，由于一些"权豪势要之家占据为田。今山寺在田中心，虽有港溇，阔不及二丈，潮泥淤塞，深不及二三尺……西北风，水下殿山湖、泖，则昆山、常熟、吴江、松江等处水涨泛滥。皆因流下不决，积水往来为害"③。围田造成的后果一是向海口的排水通道不畅，二是淀山湖湖面快速缩小，湖的东、北面由于受潮水的顶托，泥沙沉积，湖面缩小，水灾严重。南宋以后，政府感觉到问题的严重，遂对淀山湖进行治理。如淳熙间，提举常平罗点开淀山湖，言此湖上通苏、湖、秀，三州水全靠斜路等港通泄，下经大小石浦，入吴淞江。他认为"戚里豪强之家占以为田，水由是壅"。他对淀山湖的围田情况进行了详细的调查，"奏请开浚，且为图以献"。整治的时候，百姓踊跃，"不日而毕，所济田百万亩"。为了让后人知道不能再堵塞泄水通道，他"刻石著其事"。绍熙元年（1190），提举常平刘颖疏淀山湖，泄吴淞江，禁民无得侵筑，"还淀山湖以泄吴淞江之水，禁民侵筑毋使逼塞大流，民田赖之"。然而不知是什么原因，刘颖的提议最后"不果行"④。

元代至元二十八年（1291），全面疏掘淀山湖，前后历经二年多，工程才大体完成："至元三十一年，平章铁哥奏：太湖、淀山湖昨尝奏过先帝，差请民夫二十万疏掘已毕。"⑤ 杨维祯《淀山湖志》详细记述疏浚工程

---

① 褚绍唐：《历史时期太湖主要水系的变迁》，《复旦学报·历史地理专辑》1980 年第 S1 期，第 43—52 页。

② （清）诸福坤：《淀湖小志》卷 2《治水》，《上海乡镇旧志丛书》第 8 册，上海社会科学院出版社 2005 年版，第 14 页。

③ （元）任仁发：《水利集》卷 3《至元二十八年潘应武言决放湖水》，《四库全书存目丛书》史部，第 221 册，第 92—93 页。

④ （清）诸福坤：《淀湖小志》卷 2《治水》、《治水名臣传》，《上海乡镇旧志丛书》第 8 册，第 14—15、18 页。

⑤ （元）脱脱等：《元史》卷 65《河渠志》，中华书局 1977 年版，第 1638 页。

的具体进展："至元二十八年，江淮行省燕参政（公楠）言：……有淀山湖者，富豪之家占据为田，以致湖水涨漫，损坏田禾。由是都省奏命其左右司郎中都哩默色（笃里迷失）相与开挑……明年，江浙行省请诸都省，委前浙西盐使实迪（沙的）促之。言水利人潘应武抵论：去冬今春，开浚沟浦三百余处，并无一处通彻，仅有迩淀湖之曹家门百余丈而已。三十年，又值霖潦，都省复奏命断事官图垺实（脱列失）……相视到合修湖泖河港、合置桥梁闸坝九十六处，总用夫匠一十三万，可修一百日了毕。都省之张参议者挺议所占湖田是宋系官田地，宋亡之后富户据之，合收粮米还官为挑河支用。都堂然之，故即湖田开新港三条，阔约三十余丈；及浚赵屯、大盈二浦，活疾湖流而遂辍焉。"① 工程前后跨三年，不但直接挖湖床，而且对淀山湖的进出水港浦进行开挖，建造桥梁和闸坝。

（二）吴淞江的疏浚

东西横贯上海地区，并且沟通太湖与大海的重要通道吴淞江，是太湖最主要的排水通道。② 吴越国天宝年间，钱镠撩浅军的一部分"径下松江"③，应是沿着吴淞江直到入海口。可见吴越时期，吴淞江就出现了淤浅的问题。

吴淞江河道环绕屈曲，影响过水速度，这是一个比较重要的问题。后人谈道："自湖至海凡五汇、四十二湾。五汇者，安亭、白鹤、盘龙、河沙、顾浦，乃江潮与湖水相会合之地也。古云'九里为一湾，一湾低一尺'。"④ 由于太湖水自吴淞江一路东下，在今上海西部地区会遇到海潮，上游带来的泥沙就会淤积沉淀。比如盘龙汇，"介于华亭、昆山之间，步其径才十里，而洄穴迂缓逾四十里，江流为之阻遏。盛夏大雨，则泛溢旁啮，沦稼穑，坏室庐，殆无宁岁"⑤。面对河道环曲，宋代很多官员想要改

---

① （明）张国维：《吴中水利全书》卷18引《淀山湖志》，文渊阁《四库全书》本。

② 关于吴松江治理，学界已有许多成果，如王文楚《试探吴淞江与黄浦江的历史变迁》，《文汇报》1962年8月16日；褚绍唐《吴淞江的历史变迁》，《上海水务》1985年第3期；李敏、段绍伯《吴淞江的变迁与改道》，《学术月刊》1996年第7期；傅林祥《吴淞江下游演变新解》，《学术月刊》1998年第8期；王建革《"汇"与吴淞江河道及其周边塘浦（九至十六世纪）》，《历史地理》第22辑，上海人民出版社2007年版，王建革《10—14世纪吴淞江地区的河道、圩田与治水体制》，《南开学报》2010年第4期。

③ （清）吴任臣：《十国春秋》卷78《武肃王世家下》，中华书局1983年版，第1090页。

④ （明）顾清：正德《松江府志》卷2《水上》，《上海府县旧志丛书·松江府卷》，第23页。

⑤ （宋）朱长文：《吴郡图经续记》卷下《治水》，江苏古籍出版社1999年版，第53页。

变这种状况。

北宋中期，大规模改变松江河道环曲，特别是白鹤汇的工程正式启动，主要通过两次开挖，使河道发生变化，从此吴淞江有新江和旧江之别。嘉祐六年（1061），韩正颜宰昆山，开凿白鹤汇，“如盘龙之法”。后来熙宁六年（1073）漕运使郏亶“又浚治之，遂为民利”。整个开凿工程应该说主要是嘉祐年间的事情，崇宁年间可能只是局部浚治。韩、郏两位对松江河道做了哪些改动呢？史书云：“松江东注，委蛇曲折，自白鹤汇极于盘龙浦，环曲而为汇，不知其几，水行迂滞，不能迳达于海。今所开松江，自白鹤汇之北，直泻震泽之水，东注于海，略无迂滞处，是以吴中得免水患。”① 旧江是指从白鹤汇至盘龙浦这一段，河道都是委蛇曲折，行水缓慢，不利于泄洪。白鹤汇在青龙镇西，盘龙汇在青龙镇东，这两段弯曲河道已日益淤浅，影响河水东下。北宋中期，通过两次开挖，使河道发生变化，放弃原来在黄渡以南的旧河道。② 开凿的新河道自白鹤汇之北至盘龙浦之北，比旧河道缩短四十里，直接通向大海。

新江开挖后，也带来了一些意想不到的问题。如原青龙镇旁的旧江日益浅狭，使青龙镇经济和交通受到较大的冲击。新江的出现，使得江水水流分散，加速旧江河道的淤浅，影响大船的进出。由于青龙镇旧江淤浅严重，不仅影响航运，而且还影响涝水排泄。崇宁二年（1103）开浚青龙江，“役夫不胜其劳”，加上同时进行的吴淞江工程，共使用劳力五万人，死者一千一百六十二人，费钱米十六万九千余贯石，但积水仍未退去。③

（三）顾会浦的疏浚

顾会浦是华亭县南北向的重要通道，“直县西北，走七十里，趋青龙镇”，是县城抵外贸港口青龙镇的主要河道。由于浦穿镇而过，再进入青龙江，因而顾会浦实际上是华亭县的交通运输生命线。宋人谈到顾会浦是“南通漕渠，下达松江，舟艎去来，实为冲要。平畴芳甸，傍罗迤逦，灌溉之厚，民斯赖焉”。这样一条重要的水道，却存在着自然条件上的缺陷：

① （宋）杨潜：绍熙《云间志》卷中《水》，《上海府县旧志丛书·松江县卷》，第33页。

② 盘龙汇和白鹤汇河道具体的变化，学术界已有比较详细的研究。可以参看满志敏《宋代吴淞江白鹤汇与盘龙汇一带河道演变》，载《历史地理》第22辑，上海人民出版社2007年版。

③ （元）脱脱等：《宋史》卷96《河渠志六·东南诸水上》，第2384—2385页。

"自簳山之阳，地形中阜，积淤不决，渐与岸等。每信潮吐纳，才及半道而止者，垂三十年。"这种中间地形稍高引起水流不畅，甚至要蔓延至两岸的问题，一些官员看到后"恻然，有浚浦便民之志"①。顾会浦较大的疏浚工程在宋朝至少有三次。

北宋仁宗庆历元年（1041），华亭知县钱贻范组织疏浚，"始于邑郛，终于江濆"，"增深四尺，概广八丈，无虑役工十万二千九百五十，畚土平道者不预焉。距县半里，旧设堰堤，壅其上流，今则仍贯"②。第二次为南宋高宗绍兴十五年（1145），起因是前一年发生大水，"苏、秀、湖三州，地形益下，故为害滋甚"，"沃壤之区，悉为钜浸"。其次是官方发现顾会浦"上流得故闸基，仅存败木，是为旱潦潮水蓄泄之限"，遂决定开挖河道。秀州通判曹泳主持工程，"官给钱粮，而董以县令簿尉"。开挖工程"起青龙浦，及于北门"，共分为十段，"因形势上下，为级十等。北门之外，增深三尺，而下至镇"。这次整治后，"浦极于一丈，面横广五丈有奇，底通三丈。据上流，筑两挟堤，因旧基为闸而新之。复于河之东辟治行道，建石梁四十六，通诸小泾，以分东乡之渟浸"。工程用工二十万，用粮七千二百石，用钱二万五千缗。顾会浦在疏浚之后，"自簳山东西民田数千顷，昔为鱼鳖之藏，皆出为膏腴"③。第三次大规模疏浚是在南宋孝宗乾道二年（1166），两浙转运副使姜诜与令丞主持华亭县水利疏浚工程。之前江南淫雨害稼，引起大饥。人们发现这主要是由于"岁久填阏，雨小过差，则泛滥弥漫，决啮堤防，浸灌阡陌"，长期不维护水利，一碰到自然灾害就会成灾。有人提出华亭县水利问题较为严重，孝宗于是让姜诜等在华亭"浚通波大港，以为建瓴之势"，疏浚顾会浦只是工程中的一项。"乃浚河，自簳山达青龙江口，二十有七里，其深可以负千斛之舟。因其土治高岸，护青墩旁，故水所败田数万亩，还为膏腴。"

宋代因为顾会浦在运输上的重要地位，一再疏浚，但效果并不理想。

---

① （宋）杨潜：绍熙《云间志》卷下《记》引章岘《重开顾会浦记》，《上海府县旧志丛书·松江县卷》，第58—59页。

② （宋）杨潜：绍熙《云间志》卷下《记》引章岘《重开顾会浦记》，《上海府县旧志丛书·松江县卷》，第59页。

③ （宋）杨潜：绍熙《云间志》卷下《记》引杨炬《重开顾会浦记》，《上海府县旧志丛书·松江县卷》，第63—64页。

后人曾说："宋庆历、绍兴、乾道间，旋开旋塞。"[①]

（四）泖水的疏浚

泖水是华亭县西南地区一些湖泊和河道的统称。《云间志》记载："按县图，又以近山泾，泖益圆，曰团泖；近泖桥，泖益阔，曰大泖；自泖而上萦绕百余里，曰长泖。"[②] 是湖泊和河道合在一起的水系，当时称为泖水。自古以来，一直称"泖，华亭水也"。圆泖或称上泖，大泖或称下泖。《朱泾志》记载："朱西南为长泖，受浙西诸水；西北为大泖，受淀湖诸水。"[③] 三泖同样会有不少水利问题："长泖、山塘为邑境腹内诸水之源……今长泖、山塘日浅日狭，海潮自黄浦来，浊入清出，淤塞甚易。因其势而导之，当自长泖、山塘始。盖圆泖、大泖东入娄、青二境，自西迤北以入江，其在金邑长泖最为灏瀚，今皆淤塞，终虞水患也。"[④] 水利灾害还是会经常发生。

《朱泾志》当然说的是后代的情况，而实际上圆泖和大泖早在北宋末期就呈现出注入吴淞江的水流不畅的问题，因而曾有过设法疏通的举措。据范成大记述："宣和元年十月四日，御笔访闻平江府常熟县常湖，秀州华亭泖，并可为田。仰赵霖相度措置，召租限一季了当，具便民利害，图籍岁入以闻。霖又应诏为之修围常湖……又围裹华亭泖，通役八万三千七百六十五工。杨泖中心开河三条，共长九百四十八丈，各阔十丈，水深三赤。随河两畔筑岸，高阔六赤。顾亭泖心开十字河，共长一千五百二十九丈五赤，阔七丈，水深四赤。随河两畔筑岸，高阔各六赤止七尺。及开陆家港小河，长二百丈，阔四丈，水深三赤。筑岸高阔六赤。宣和二年八月十一日，诏旨罢役。"[⑤] 围垦将河道变狭，引起流水不畅，政府只能在河的两旁筑岸，以保住泖水的宽度。

---

① （明）卓钿：万历《青浦县志》卷1《山川》，《上海府县旧志丛书·青浦县卷》，上海古籍出版社2014年版，第23页。

② （宋）杨潜：绍熙《云间志》卷中《水》，《上海府县旧志丛书·松江县卷》，第33页。

③ （清）朱栋：《金泾志》卷3《附近诸水》，《上海乡镇旧志丛书》第5册，上海社会科学院出版社2005年版，第31页。

④ （清）朱栋：《金泾志》卷3《附近诸水》，《上海乡镇旧志丛书》第5册，第32页。

⑤ （宋）范成大：《吴郡志》卷19《水利下》，江苏古籍出版社1986年版，第291页。

二　设置闸门和坝堰控制水位

沿主要河道，如吴淞江及沿海地区的河道塘浦，水利建设的一个重要手段是设置闸门。这是华亭地区水利建设的一个特色。从简单地引水到能对水流实施控制，按照人们的需要来运用水资源，设置闸门是一个十分有效的方法。古代水闸众多，有进水闸、节制闸、分水闸等，沿海地区的人们通过设置闸坝以控制潮水，“沿江近海通潮江浦，汉唐以来悉设官置闸，潮来则闭闸以澄江，潮退则启闸以泄水，故江无淤淀之患，潮无泛滥之忧”①。也就是说，设闸门可以下泄内河清水，来潮时冲刷感潮之浑水。

与设闸门能起到同样作用的是设置坝堰。筑堰技术，在唐代江南地区已经得到大规模运用。白居易有诗谈到苏州城是“七堰八门六十坊”②。也就是说苏州城的河道上有七座堰。而苏州《图经》记载：“废堰一十有六。”苏州的这些堰主要是“以遏外水之暴而护民居”③。华亭地区同样出现了闸、堰并现的情形。郏侨曾说：“钱氏循汉唐法，自吴江县松江而东至于海。而沿海而北至于扬子江。又沿江而西至于常州江阴界。一河一浦，皆有堰闸。所以贼水不入，久无患害。”④ 闸与堰并提，说明有的河浦是用闸门阻挡外水进入，有的是用堰。同时堰和闸门都可以冲刷河道，避免淤积。哪些河道设闸，哪些河道设堰，明代人认为，“古人于滨江濒海通潮江浦，悉设官置闸，潮至则闭闸以澄江，潮退则开闸以泄水。其潮汐不及之处，圩田四围亦设门闸，因旱涝而时启闭焉。港之小者不通舟楫则筑为坝堰，而穿为斗门蓄泄，启闭法亦如之。又于闸外设撩浅之夫，时常爬疏积滞，置铁扫帚等船，随潮上下，以荡涤浮淤”⑤。按这段话的意思，华亭县沿江、沿海河道都要设闸筑堰，但大体而言，大的塘浦上置大闸，小的塘浦上置坝堰。设闸还是设堰，其实是看需要，如果河道不通船只就设堰，建设成本较小。因此，有学者认为，“大的闸由国家力量介入管理，小的坝堰肯定

① （明）王圻：《东吴水利考》卷2，《四库全书存目丛书》史部，第222册，第49页。

② （唐）白居易：《白居易集》卷21《九日宴集醉题郡楼，兼呈周、殷二判官》，中华书局1979年版，第456页。

③ （宋）朱长文：《吴郡图经续记》卷中《水》，第48页。

④ （宋）范成大：《吴郡志》卷19《水利下》，第282页。

⑤ （明）方岳贡等：崇祯《松江府志》卷17《水利中》引“御史江有源奏略”，《上海府县旧志丛书·松江府卷》，第355页。

是民间管理。当时国家介入大闸水利的力量往往还是军事力量"[①]。

吴越时，设立闸门是水利建设的重要手段，"钱氏循汉唐法，……一河一浦，皆有堰闸"[②]。沿吴淞江到海口，在河道的交汇处，设置水闸。这种大河道上的大闸，不但控制着整体塘浦的感潮，而且对四周圩田用水都能及时调适。其时圩田也有闸门，但规模不同，作用不一。圩田的闸门主要是按需启闭保证一围之田的排水和进水，而主要河道的闸门，规模较大，影响区域广阔，对抵御潮水来袭作用特别明显。[③] 不过闸门的设置位置很有讲究，如果闸门太深入内河，就很有可能湮塞，"古人置闸，本图经久。但以失之近里，未免易堙"。所以后人认为设闸的位置要靠近内河和吴淞江交汇处："治水莫急于开浦，开浦莫急于置闸，置闸莫利于近外。若置闸而又近外，则有五利焉：江海之潮，日两涨落。潮上灌浦，则浦水倒流。潮落浦深，则浦水湍泻。远地积水，早潮退定，方得徐流。几至浦口，则晚潮复上。元未流入江海，又与潮俱还。积水与潮，相为往来，何缘减退。今开浦置闸，潮上则闭，潮退则启。外水无自以入，里水日得以出。""外水不入，则泥沙不淤于闸内，使港浦常得通利，免于堙塞。"至于在河道的具体位置，认为，"置闸必近外，去江海止可三五里"[④]。至于为什么要在距离江海三五里远的地方，不是更往外，主要是"日有澄沙淤积，假令岁事浚治，地里不远，易为工力"。这种闸门前的淤积，需要每年有人疏浚，需要有专门的撩浅人员负责管理。

在吴淞江岸边置闸，五代以后一直这样做。北宋后期至南宋时，吴淞江河床发生变化，主泓道水量减小，河水分成多股入海，所以设闸更加容易。宋徽宗大观三年（1109），两浙监司请开淘吴淞江，在江上置十二闸。之后奏章下工部，工部说："吴淞江散漫，不可开淘泄水。"[⑤] 能在吴淞江上设水闸门，说明其时吴淞江下游有些地方已十分浅狭，如果河面仍很宽阔，水比较深，是不可能设闸的。元初，任仁发在吴淞江设置了十闸，"开江身二十五丈，置闸十座，每闸阔二丈五尺，可泄水二十五丈"。王建革认为："任仁发……是在一丈五尺之河上建的闸，显然也很难是吴淞江

---

① 王建革：《吴淞江流域的坝堰生态与乡村社会（10—16世纪）》，《社会科学》2009年第9期。
② （宋）范成大：《吴郡志》卷19《水利下》，第282页。
③ 王建革：《宋元时期太湖东部地区的水环境与塘浦置闸》，《社会科学》2008年第1期。
④ （宋）范成大：《吴郡志》卷19《水利下》，第286—287页。
⑤ （元）脱脱等：《宋史》卷96《河渠志六·东南诸水上》，第2385—2386页。

的主泓道，与宋时的塘浦相比，几乎就是一个小的泾浜之规模。”① 任仁发设立的水闸中，有一座近年来被意外地发现。2001 年 5 月，位于上海城区内的延长西路与志丹路交叉路口，发现了一座水闸遗址。学者考证后认为这是一座建造于元代的水闸，遗址总面积 1300 平方米左右，平面呈对称八字形，方向为西北—东南走向，整座水闸由闸门、闸墙、过水石面、夯土、木桩等部分组成，是迄今考古发现的中国规模最大、做工最好、保存最完整的一处元代水闸遗址。② 不少学者认为该座元代水闸是元泰定二年（1325）任仁发所建造的赵浦闸。③ 有人根据任仁发设水闸的目的，推测该水闸主要为了泄水挡沙，以助吴淞江的防淤和疏浚。按照建造者理想的设计，涨潮时关闭闸门，使泥沙沉积在闸门外，退潮时开启闸门，利用水位落差产生的高速水流，用上游的清水将闸外的泥沙冲走，从而达到防淤和疏浚的目的。④

通向吴淞江的河道常采用设闸的方式控制水流。郏侨谈到吴淞江“盖沿江北岸三十余浦，唯盐铁一塘，可直泻水北入扬子江外，其余皆连接于江”，因而他认为要“相度松江诸浦，除盐铁塘及大浦开导置闸外，其余小河，一切并为大堰”⑤。盐铁塘与吴淞江相交处的闸门，就是在宋代中叶建成，至明代仍在附近复置闸门。⑥ 北宋徽宗政和四年（1114），吴淞江开挖工程后，自华亭至青龙江的顾会浦上，据《吴中水利全书》记载：“自簳山达青龙江口二十七里……置东西四十八闸，闸板尺有一寸。浚月河长三千三百五十五丈，广六尺。”⑦ 东西四十八闸，是通向顾会浦支流的闸

① 王建革：《宋元时期太湖东部地区的水环境与塘浦置闸》，《社会科学》2008 年第 1 期。

② 上海博物馆考古研究部：《上海市普陀区志丹苑元代水闸遗址发掘简报》，《文物》2007 年第 4 期。

③ 何继英：《志丹苑元代水闸遗址与元水利专家任仁发》，上海博物馆编：《志丹苑：上海元代水闸遗址研究文集》，科学出版社 2015 年版，第 128 页。

④ 陈杰、陈静：《上海志丹苑遗址元代水闸的技术解析》，上海博物馆编：《志丹苑：上海元代水闸遗址研究文集》，第 130 页。

⑤ （宋）范成大：《吴郡志》卷 19《水利下》，第 282 页。

⑥ （清）章树福：《黄渡志》卷 1《江闸》，《上海乡镇旧志丛书》第 3 册，上海社会科学院出版社 2004 年版，第 18 页。

⑦ （明）张国维：《吴中水利全书》卷 10《水治》，文渊阁《四库全书》本。其他各书，对顾会浦置闸都有记载。如绍熙《云间志》卷中《水》云：“因浚塘，又于县之北门，筑两挟堤，依旧基为闸，以时启闭。”该书卷下引章岘《重开顾会浦记》谈到修浦时，监州曹咏“按上流得故闸基，仅存败木，是为旱潦潮水蓄泄之限”。这里的故闸当是庆历二年（1042）兴建的，“盖百有六年，河久不浚，而沦塞淤淀，行为平陆”。重修时“因旧基为闸而新之”。

门。从浚河费用来看，四十八闸的木石所费惊人，各闸的修建成本比较高，各闸门的规模应该很大。二十七里就有四十八闸，平均一里多就有一闸门，估计是沿途的浦、塘和更小的泾、沥都是筑了闸的。

元朝建立，华亭县继续置闸。潘应武为应付水灾危害，在至元三十年（1293）于太湖东部地区兴修水利，增加“桥梁闸坝九十六处”。当时治理着眼点是在湖田区，应当是在淀山湖周边地带。[①] 在吴淞江不断淤塞的同时，淀山湖和三泖地区的积水增加，这一带成为官方置闸重点，因这时塘浦河道变小和泾浜的发展，闸也开始变小，同时小型的坝堰开始替代原来的大、小闸。

沿海河道，设闸门主要为抵御咸潮的内侵，南宋时期人们的认识十分清晰。绍兴年间，张叔献请求在吴淞江以南华亭县各河道上置闸，仿北宋旧制，“依元祐古迹，在华亭置闸，以捍咸潮”[②]。他上状称：“古来筑堰以御咸潮，元祐中于新泾塘置闸，复因沙淤废毁，今除十五处筑堰及置石堗外，独有新泾塘、招贤港、徐浦塘三处见有咸潮奔冲，淹塞民田，今依新泾塘置闸一所，又于两旁贴筑咸塘以防海潮透入民田。其相近徐浦塘，元系小派，自合筑堰，又欲于招贤港更置一石堗。”[③] 孝宗乾道二年（1166），前权知秀州孙大雅曾说：“昨所领州，其境内欲水潦可以无忧而又足以御旱者，莫若修闸与斗门，以时启闭之为利也。”孙大雅因为做了知州，所以充分认识到闸门对沿海地区的作用，他提议“若官于诸港浦分作闸或斗门，度时启闭，不独可以泄水，而旱也获利”[④]。不过，官员们的认识并不一致。绍熙《云间志》卷中记录：“华亭东南并巨海，自柘湖堙塞，置闸十八，所以御咸潮往来。政和中，提举常平官兴修水利，欲涸亭林湖为田，尽决堤堰，以泄湖水。”由于将堰闸全部废去，结果造成“湖水不可泄，咸水竟入为害。于是东南四乡为斥卤之地，民流徙他郡”。后来官员复故堤堰，但新泾塘为通盐运，没有修堰，于是“海潮朝夕冲突，塘口至

---

① （明）张国维：《吴中水利全书》卷10《水治》，文渊阁《四库全书》本。

② （宋）李心传：《建炎以来系年要录》卷148，绍兴十三年四月庚辰，中华书局1956年版，第2387页。

③ （明）张国维：《吴中水利全书》卷13《张叔献请筑新泾塘招贤港堰闸状》，文渊阁《四库全书》本。

④ （清）徐松：《宋会要辑稿》之《食货八·月河闸》，上海古籍出版社2014年版，第6168页。

阔三十余丈，咸水延入苏、湖境上”①。从这段记述来看，宋人的记载中堰闸不分，估计当时大多是堰，但有的堰上是有闸门的。乾道二年（1166），这一带的闸出现了反复，由华亭向青龙江的闸一度改成坝堰，堰的设置实际上是封死入海口，有利于挡潮，不利于排水。在河道上置闸，河两旁设堰，主要目的是为抵御咸湖。② 乾道七年（1171），丘密在华亭县及相邻的三县“募四县夫，经始于九月二十六，毕工于十二月二十七日，堰成。并筑堰外港十六所，港之两旁，塘岸四十七里八十五丈有奇”。丘密之后，到了乾道十年（1174），中使宣谕守臣张元成增筑，还特置监盐堰官一员，招土军五十人，置司顾亭林，巡逻以防运私发诸堰。堰成的结果，“今堰外随潮沙涨，牢不可破，三州之田得免咸潮浸灌之患”③。按《云间志》的记载，丘密所修的运港大堰，阔三十丈，深三丈六尺，厚二十一丈九尺。此外各河旁也修堰，共有十八堰，分别是艭墩泾堰、黄姑泾堰、张恋泾堰、老儿泾堰、何家泾堰、善泾堰、张泾堰、徐家泾堰、邵家泾堰、新开泾堰、招贤泾堰、管家泾堰、戚家泾堰、丫叉泾堰、吴塔泾堰、蒋家泾堰、竹冈堰、砂冈堰。这十多条堰，最阔的十五丈，最狭的三丈，一般在五至十一丈之间，其宽度是无法与运港大堰相比。深一般在一丈至三丈之间，超过三丈的只有艭墩泾为三丈五尺。堰的厚度都没有记载，估计与大堰是无法相比的。

张泾堰是沿海十八堰之一，在当时有效地抵捍了咸潮。乾道二年六月，权知秀州孙大雅就提出要修闸或斗门。孝宗下诏“委本路漕臣同秀州守臣躬往相度措置，候农隙兴工”④，实际上就已开始规划工程了。之后两浙转运副使姜诜与众官员“行视其宜”，认为“尽开诸堰，适能挽潮为害。闸河以潴水可矣，将以决泄，而下流犹壅，则无益也”。乾道二年十一月，“姜诜奏请于张泾堰增庳为高，筑月河，置闸其上”，“谨视水旱，以时启

① 杨潜：绍熙《云间志》卷中《堰闸》，《上海府县旧志丛书·松江县卷》，第35页。

② 《宋会要辑稿》之《食货八·月河闸》（第6169页）谈到乾道三年（1167）三月二十一日，权两浙路计度转运副使姜诜言：“华亭县新泾、招贤泾虽有水河，泄水不快，今相度，欲于张泾、白苎、陈泾、新泾四处各置一闸，遇苏、秀、湖三州水泛，候潮退，即开闸以杀水势。”似乎四处是各置闸一座。

③ （宋）杨潜：绍熙《云间志》卷中《堰闸》，《上海府县旧志丛书·松江县卷》，第35—36页。

④ （清）徐松：《宋会要辑稿》之《食货八·月河闸》，第6168—6169页。

闭”。其时深挖了自榦山至青龙江口的顾会浦二十七里河道，“因其土，治高岸，护青墩旁，故水所几田径数万亩，还为膏腴。为闸，于邑东南四十有八里。增故土七尺，甃巨石，两址相距，常有四尺，深十有八板”。闸板是一块一块组合而成，“板，尺有一寸。以时启闭，故咸潮无自而入”。闸旁有月河，张泾闸月河长“三千三百五十有五尺，广常有六尺”①，这是因排涝而兴起的置闸，闸在堰上，疏浚河道的泥土使张泾堰闸显得很高大，对抵御潮水十分有利。不过由于淤塞严重，仅过了四五年，仍改闸为堰，并内移堰址。②

三　修筑堤岸和建设圩田

与疏浚河流同样重要的一个方法是修筑堤岸。郏侨说：“古人治平江之水，不专于河，而筑堤以遏水，亦兼行之矣。故为今之策，莫若先究上源水势，而筑吴松两岸塘堤。”又云：“今之言治水者，不知根源。始谓欲去水患，须开吴松江，殊不知开吴松江，而不筑两岸堤塘，则所导上源之水，辐凑而来，适为两州之患。盖江水溢入南北沟浦，而不能径趋于海故也。倘效汉唐以来堤塘之法，修筑吴松江岸，则去水之患，已十九矣。”③郏侨主要是针对治理吴淞江而谈论的，认为用筑堤的方式，可以治水，不一定非用开河深挖的办法。后代一些治水利的专家也是看清了这一点，提出疏浚要和筑堤并用。

江南水乡的人们在进行水利建设时修筑堤岸的目的，是让堤岸包围中间的土地：“堤河两涯，田其中。”这样的做法，就是叫圩田。用通俗的话说就是“内以围田，外以围水”，“河高而田在水下，沿堤通斗门，每门疏港以溉田，故有丰年而无水患”④。华亭县沿吴淞江和各支流地区，大量兴建圩田。圩田有大有小，从数里到数十里不等。具体的形式是一样的，即

---

① （宋）杨潜：绍熙《云间志》卷中《水》，《上海府县旧志丛书·松江县卷》，第36页；同书卷下《记》引许克昌《华亭县浚河置闸碑》，第64页。按：许克昌文认为修张泾闸在隆兴甲申八月，即隆兴二年（1164），时间上与《宋会要辑稿》及《宋史》卷173《食货上一》记录的乾道二年（1166）有两年误差。

② 郑肇经主编：《太湖水利技术史》，农业出版社1987年版，第35页。

③ （宋）范成大：《吴郡志》卷19《水利下》，第282—283页。

④ 马端临：《文献通考》卷6《田赋考六·水利田》，中华书局2011年版，第147页。此段话应出自杨万里《诚斋集》卷34《圩丁词十解·序》。

外围以水，内为河堤包围着的农田。农田中间分布着纵横交错的小河渠，相互沟通，通向圩外的大河道，相连处用水闸调接水位。理论上旱时开闸能引江水入小河渠灌溉农田，涝时关闭闸门不使江水进入农田区。如果做到了这样，就可以有效地确保圩内的农田成为丰产良田。

江东地区很早以前就重视圩田建设。吴地先民早在春秋晚期就已开始大面积改造大平原低洼沼泽地，最常见的就是采用圩田的方法。① 到唐代，政府进行了大规模的屯垦，太湖东南地区的湖荡沼泽经过开挖塘浦和排涝，成为良田。苏州嘉兴屯田，已经采用“畎距于沟，沟达于川”的方式，“上则有涂，中亦有船，旱则溉之，水则泄焉”②。这样的塘浦沟洫系统的建设，确保了农田作物的丰收，取得的成效十分显著。

唐末以后，华亭县农田建设全面铺开，在低洼地带一般是采用圩田方式来开垦荒地。吴越国时，圩田建设出现高潮，太湖东部地区，包括沿吴淞江两岸及淀山湖地区全部开始兴建圩田。吴越国的圩田主要采取这样的建设方式：“自二江故道既废，而五湖所受者多，以百谷钟纳之巨浸，而独泄于松陵之一川，势不能无浸溢之患也。观昔人之智亦勤矣，故以塘行水，以泾均水，以塍御水，以埭储水，遇淫潦可泄以去，逢旱岁可引以灌，故吴人遂其生焉。”③ 实际上就是在农田中开挖塘、泾，平时用来灌溉农田，涝时作为排水沟渠。在塘、泾上建设塍和埭，以使水不因为水位变低而流失掉，涝时不因为水位变高而排泄不出。宋人郏侨亦说：“浙西，昔有营田司。自唐至钱氏时，其来源去委，悉有堤防、堰闸之制。旁分其支脉之流，不使溢聚，以为腹内畎亩之患。是以钱氏百年间，岁多丰稔。惟长兴中一遭水耳。”④ 他谈到的吴越国农田建设，其实主要就是塘浦、泾之类的小河道疏浚和相应配套工程的建设，这些建设的主要目的是发展农业生产。

吴越国的方法到了北宋仍在继续采用，淀、泖地区的圩田都修筑高圩岸，因为高圩岸可以抬高河道水位，保护圩内土地，使河水流入吴淞江：

① 缪启愉：《太湖塘浦圩田史研究》，农业出版社1985年版，第6页。

② （清）董诰：《全唐文》卷430，李翰《苏州嘉兴屯田纪绩颂》，中华书局1983年版，第4375页。

③ （宋）朱长文：《吴郡图经续记》卷下《治水》，第51页。

④ （宋）范成大：《吴郡志》卷19《水利下》，第278页。

“古者堤岸高者须及二丈，低者亦不下一丈。借令大水之年，江湖之水，高于民田五七尺；而堤岸尚出于塘浦之外三五尺至一丈。故虽大水，不能入于民田也。民田既不容水，则塘浦之水自高于江，而江之水也高于海，不须决泄，而水自湍流矣。故三江常浚，而水田常熟。其冈阜之地，亦因江水稍高，得以畎引以灌溉。”① 筑起高高的堤岸，应该是这时人们治理水利的重要方法，而且的确是起到较大的成效。这种大圩大约是五里或七里为一纵浦，七里或十里为一横塘，“因塘浦之土以为堤岸，使塘浦阔深，堤岸高厚”②。当代学者认为五代“修高圩岸，河道整齐划一，大圩像棋盘一样地有序”。这种大圩“实现广大地域的统一规划，统一疏浚，统一大闸维护”③。当然，实际为塘浦围绕的农田，可能不会真的完全像棋盘一样，但多少给人规整划一的感觉。

堤岸修成后，要不断加以维护保养，“方是时也，田各成圩，圩必有长。每一年或二年，率逐圩之人，修筑堤防，浚治浦港。故低田之堤防常固，旱田之浦港常通也”④。每隔一或二年，要对堤防进行加固，对浦港进行疏浚。修建的圩田到北宋中期，出现了很多问题，主要是原有的高耸堤岸渐遭破坏，无法抵御大风和大水。“转运使王纯建议，请令苏、湖、常、秀，修作田塍，位位相接，以御风涛，令县令教诱殖利之户，自作塍岸，定邑吏劝课为殿最，当时推行焉。”⑤ 王纯根据具体情况，想要把各家各户的堤岸连起来，不过他是想使用民间力量，让农民自做塍岸：“又缘当时建议之时，正值两浙连年治水无效。不知大段擘画，令官中逐年调发夫力，更互修治。及不曾立定逐县治田年额，以办不办为赏罚之格。而止令逐县令佐，概例劝导，逐位植利。人户一二十家，自作塍岸，各高五尺。缘民间所鸠工力不多，盖不能齐整。借令多出工力，则各家所收之利，不偿其所费之本。兼当时都水监立下官员，赏典不重，故上下因循，未曾并聚公私之力，大段修治。”⑥ 政府官员只是劝导和督促，工程要靠百姓自己来修。每一二十户为一个单位，修了高五尺的塍岸，但由于上下用功不

① （宋）范成大：《吴郡志》卷19《水利上》，第268页。
② （宋）朱长文：《吴郡图经续记》卷下《治水》，第54页。
③ 王建革：《水流环境与吴淞江流域的田制（10～15世纪）》，《中国农史》2009年第3期。
④ （宋）范成大：《吴郡志》卷19《水利上》，第268页。
⑤ （宋）朱长文：《吴郡图经续记》卷下《治水》，第53—54页。
⑥ （宋）范成大：《吴郡志》卷19《水利上》，第270页。

够，所修圩田并不十分理想。显然，到北宋中期，圩田开始小型化，一二十户相连的塍岸，中间能保护的圩田很小。宋仁宗皇祐中，吴及知华亭县，“常率逐段人户各自治田”，“浚河不过一二尺，修岸不过三五尺”，所修堤岸长度有限，高度不够。

熙宁年间，司农丞郏亶参考前人做法，计划系统化整治农田和水利。他同样采取蓄水灌溉、开挖沟渠、设堈门调节水位等方式。他提出：“议者或谓曩年吴及知华亭县，常率逐段人户各自治田，亦不曾烦费官司，而人获其利。今可举用其法。”他的做法与吴及的做法大同小异，同样是依靠“逐段人户”来修塍治田，即以圩为修治河道的单位，但区别的是加强了县级政府的作用，即以县域为治理责任范围，将修治圩田和河道整治放在一起考虑。他提到华亭圩田有特殊性：“华亭之田，地连冈阜，无暴怒之流。浚河不过一二尺，修岸不过三五尺，而田已大稔矣。然不逾二五年间，尚又湮塞。”① 华亭的河道不宽，堤岸不高，稍加整治，农业就能取得丰收，水利整治效果较为明显，但因为修治比较方便，河道湮塞也比较容易。

南宋至元代，随着华亭县农业垦殖的不断推进，堤岸和塘浦问题也越来越多。华亭县的地理环境，决定了修筑的堤岸应达到一定的高度。淀、泖地区的圩田，围岸西高东低，在圩田四周修筑的圩岸需要“高阔各六尺止七尺”②。这种尺寸其实是五代以来的大圩尺寸。淀、泖西部地区即今大盈浦一带，由于河道注水吴淞江，也需要四周有数尺高的圩岸。然而实际情况并不乐观，当时流行的围田中是一个个小圩田，堤岸根本达不到这个标准。如赵霖提出：“目今积水之中，有力人户，间能作小塍岸，围裹己田，禾稼无虞。盖积水本不深，而圩岸皆可筑。但民频年重困，无力为之。”③ 这种小圩其实是很难抵挡大水，农田被淹的可能性很大。淀山湖一

① （宋）范成大：《吴郡志》卷19《水利上》，第270页。

② （宋）范成大：《吴郡志》卷19《水利下》，第291页。

③ （宋）范成大：《吴郡志》卷19《水利下》，第287页。关于“围田”的概念，有学者认为围田就是圩田，有学者认为这是圩田的不同阶段，有学者认为围田是指积水状态的围垦，重点在于堤岸的筑成，可参考周晴《12—13世纪嘉湖平原的水文生态和围田景观》，《社会科学》2009年第12期。笔者认为，围田主要是指围垦湖泊、河道旁的沼泽荒地，具体的方法是“围裹己田”，“坚筑塍岸”，即在围垦的土地四周筑起大堤岸。围田是指土地围垦的初始时期，其内被围的土地自然是修成圩田。

带，原来的泄水区域被围成小圩，使淀山湖入吴淞江水道受阻，沿湖圩岸更易被破坏。一旦破坏，水入圩田之内，会引起水灾，这样很多有力之家就自己修筑小圩，只想保证自家农田不被水淹。乾道二年（1166）四月七日，吏部侍郎陈之茂言："比年以来，泄水之道既多堙塞，重以豪右有力之家以平时潴水之处，坚筑塍岸，广包田亩，弥望绵亘，不可数计，中下田畴易成泛溢，岁岁为害，民力重困。数年之后，凡潴为陂泽，尽变为阡陌。"很多人围田以后只注重小范围内的建设而忽略整体的水利系统，特别容易引起水灾，所以孝宗说："闻浙西自围田即有水患，前此屡有人理会，竟为权要所梗。"① 说明南宋圩田建设，私人筑塍岸保护田地的做法十分流行，但政府很难对大面积的田地修筑大岸和开挖大河道，因而一旦水灾来临，个人所修的水利设施是难以抵挡洪水的。乾道六年（1170）十二月十四日，监行在都进奏院李结说："乞召监司、守令相视苏、湖、常、秀诸州水田、塘浦紧切去处，发常平、义仓钱米，随地多寡，量行借贷与田主之家，令就此农隙，作堰车水，开浚塘浦，取土修筑两边田岸。立定丈尺，众户相与并力，官司督以必成。且民间筑岸，所患无土，今既开浚塘浦，积土自多，而又塘阔水深，易以流泄。田岸既成，水害自去。"② 他认为修治水田的基本方法一是开塘浦，塘浦要既深又阔，二是要将开挖的泥土在土地四周堆成圩岸，要制定堤岸的标准。说明围垦土地，需要深挖塘浦，高筑堤岸，这是农田水利建设的基本方法。

元朝时期，地方政府同样认识到领导农民建设圩田水利系统的重要性。元朝至元三十年（1293），有官员提出政府修堤岸和农时不能冲突，要掌握节奏，以便农民理解："浙西河道闭塞，水害伤田，委官相视开挑河道，高筑围岸堤防……今访问得田里谙晓农事耆老，说浙间每岁插种之后，比至六月耘籽已毕，直候秋成。季夏一月，农家颇有闲暇"。修围岸

① （清）徐松：《宋会要辑稿》之《食货六一·水利杂录》，第7527页。不过，有学者认为宋代的塘浦系统其实到南宋时瓦解了，之后吴淞江流域主要发展出的是泾浜体系，这是农田建设时期人为造成的具有干枝结构的网状水系，这种结构非常稳定地存在了近500年。这种结构下的圩田水利模式一般是小圩模式。在冈身感潮地区，泾浜体系比较密集，且末端水系有弯曲化现象；在低地地区，为了排水的方便，河道的干枝体系较为顺直。参考王建革《泾浜发展与吴淞江流域的圩田水利》，《中国历史地理论丛》2009年第2辑。笔者认为古代上海地区自然地理环境存在着不少差异，塘浦体系和泾浜体系应该是适应不同地理环境的水系结构，似不是前后相继的两种系统，泾浜和塘浦本质上说并没有多少差别。

② （清）徐松：《宋会要辑稿》之《食货八·水利下》，第6153页。

堤防要在合适的时候，才不至于妨碍农时。那么围岸堤防怎样修筑呢？任仁发提出了一些具体的技术方法："围岸一切事，为功不细，今岁修筑，虽已成就，缘一时旋取湿土堆筑，经值春夏雨水，不无少有淋损去处。若季夏一月，略加修浦，又于秋收之后十二月及来岁正月为始，载行增修，添用椿笆，低者高之，狭者阔之，缺者补之，损者修之，更令田主从便栽种榆柳桑拓，所宜树木三五年后盘结根窠，岸塍赖以坚固，此诚良久之计。"① 围岸修筑牵涉到很多技术问题，要用木桩、要上面种树、湿土堆积时间太长后会下陷等，这些都是地方官员必须加以考虑的。

总体上说，五代至两宋元初，人们筑堤岸成风，同时注重开浦疏浚，改变了华亭县原来的水网结构，形成了新的农田环境。最早是以大圩田最为多见，之后改成了小圩田，其目的都是为了保证土地免遭水灾，及时灌溉。由于各级政府和民间对农田水利建设的重视，农业经济总体上发展较快。

四　沙泥土地的大量围垦

华亭县在五代至北宋时期，湖泊星罗棋布，还没有开垦的荒野之地众多。宋代沈辽《云间》诗云："野天茫茫秋水清，生尽蒲蔍无人耕。不知三吴地力壮，老鹤空向烟中鸣。"② 有识之士认为这里的土地肥沃，要尽快组织人力前来开垦耕种。

北宋时期，一些湖泊周围有可能被围垦成田的地方，被人们垦挖。元祐时，单谔说："自松江于海浦诸港，复多沙泥涨塞，茭芦丛生，堤旁亦沙涨为田。是以三春霖雨，则苏、湖、常、秀，皆忧弥漫……今欲泄太湖之水，莫若先开江尾茭芦之地，迁沙村之民，运其涨泥，凿吴江堤。"③ 吴淞江沿岸泥沙沉积，从北宋中期以后慢慢成为沙田，百姓前来耕种，建起村落。宣和元年（1119）十月四日，徽宗听说秀州华亭泖"可为田"，"仰赵霖相度措置，召租限一季了当，具便民利害，图籍岁入以闻"。赵霖又

① （元）任仁发：《水利集》卷3《分司牒为修筑田围》，《四库全书存目丛书》史部，第221册，第101页。

② （元）徐硕：《至元嘉禾志》卷28《题咏》引许尚《华亭百咏·云间馆》，《宋元方志丛刊》，中华书局1990年版，第4634页。

③ （宋）范成大：《吴郡志》卷19《水利下》，第284页。

应诏“围裹华亭泖，通役八万三千七百六十五工。杨泖中心开河三条，共长九百四十八丈，各阔十丈，水深三赤。随河两畔筑岸，高阔六赤。顾亭泖心开十字河，共长一千五百二十九丈五赤，阔七丈，水深四赤。随河两畔筑岸，高阔各六赤止七尺。及开陆家港小河，长二百丈，阔四丈，水深三赤，筑岸高阔六赤。宣和二年八月十一日，诏旨罢役”①。在这些围垦区，政府有全面的开垦计划，兴修纵横塘浦河道。柘湖地区，也具备了围垦的条件。许尚说：“展武沉沦后，波澄一鉴明。桑田复更变，触目总柴荆。”② 湖面在缩小，到处都是野草。《吴地记》记载柘湖周围五千一百十九顷。明人指出柘湖五代时与大海相连，“后渐堙塞，令余积水若陂泽。然以今视之，凡查山之西北，张堰之东南，黄茅白苇之场，皆其地也”③。

最大规模的围垦是在淀山湖地区。淀山湖地区是低洼之地，湖塘密布，开发成本较高，在北宋时并未完全得到开发。郑侨曾说，平江府“积水几四万顷”，超过太湖的面积。这些积水之地，亦有高下之异，浅深之殊，“潴泻之余，其浅淤者，皆可修治，永为良田”，而淀山湖就是其中最重要的一个积水区域。④ 至北宋中后期，政府仍没有能力对淀山湖地区进行大规模开发。

南宋时期，随着人口的增加和对粮食的需求，淀山湖周围地区的围垦必要性开始突出。绍兴末年，军队曾经占湖围田，号为“坝田”，但影响并不是很大。⑤ 此后，在“隆兴、乾道之后……三十年间，昔之曰江、曰湖、曰草荡者，今皆田也”，而淀山湖“湖之围为田者大半”⑥。任仁发《水利集》卷三记载：“归附后，权豪势要之家占据为田。今淀山寺在田中心，虽有港溇，阔不及二丈，潮泥淤塞，深不及二三尺……去夏一水，淀山湖、太湖四畔良田至今不可耕种。今年可耕者，皆是以人力与天时争胜负，农家日夜踏车车水出田，子女脚皮生趼，田外河港水高于田内三五尺。近有稻禾将熟，又为暴风骤雨激破围塍，全围淹没，子女号天恸哭，

① （宋）范成大：《吴郡志》卷19《水利下》，第291页。

② （元）徐硕：《至元嘉禾志》卷28《题咏》引许尚《华亭百咏·柘湖》，《宋元方志丛刊》，第4623页。

③ （明）方岳贡：《崇祯松江府志》卷五《水》，《上海府县旧志丛书·松江府卷》，第134页。

④ （宋）范成大：《吴郡志》卷19《水利下》，第283页。

⑤ （宋）卫泾：《后乐集》卷13《论围田札子》，文渊阁《四库全书》本。

⑥ （宋）卫泾：《后乐集》卷13《论围田札子》、卷15《郑提举札》，文渊阁《四库全书》本。

老农血泪交颐。今秋虽曰大熟，即目菜麦无土可种。或遇风雨，来岁又是荒歉。”① 这里虽然是在说淀山湖地区的水灾，但可以看到湖的周围都已经成为圩田。政府在围垦，而权豪势要者的围垦可能更为多见。任仁发又云：“又松江有湖名曰淀山，周回几二百里。……此湖淤淀，其寺已在湖岸之上；今则湖岸又复开拓于六七里之外矣。盖由此湖东向，与海潮相接，积淤成涂，为豪富圈占，致使二百里湖面大半为田。”② 至元初，淀山湖大量湖面被开发成粮田。为什么原先的水面到这时都成了田地，任仁发认为“惟淀山湖之东岸、北岸，与浑潮相接最近。若上源所注不急，则潮沙由此以注湖内，渐成淤淀”③。原来当时海潮在湖的东、北两面可以顶到湖边，而泥沙就沉积下来，慢慢露出水面变为粮田。后人据此说淀山湖“宋南渡后，渐至堙废”，“潮沙淤淀，渐成围田”④，应该大体上就是这种情形。

围垦荒地成为粮田，在当时是非常有利可图的做法，引得有权有势者跃跃欲试，而政府发现权势豪族普遍在围田，就想办法加以禁止。淳熙十年（1183），大理寺丞张抑说：“陂泽湖塘，水则资之潴泄，旱则资之灌溉。近者浙西豪宗，每遇旱岁，占湖为田，筑为长堤，中植榆柳，外捍茭芦，于是旧为田者，始隔水之出入。苏、湖、常、秀昔有水患，今多旱灾，盖出于此。乞责县令毋给据，尉警捕，监司觉察。有围裹者，以违制论；给据与失察者，并坐之。”政府还对当时的围田进行统计，共一千四百八十九所，“每围立石以识之”⑤。也就是说，用石头做好标识的围田是合法的，以后再私自围湖垦挖就成了非法。不过上有政策，下有对策，如淀山湖地区的围田根本停不下来，反而日益严重。淳熙十一年（1184）十一月三日，浙西提举刘颖上奏：“相视得华亭县淀山湖阔四十余里，所以潴泄九乡之水。近岁被人户妄作沙涂，经官佃买，修筑岸塍，围裹成田，

---

① （元）任仁发：《水利集》卷3《至元二十八年潘应武言决放湖水》，《四库全书存目丛书》史部，第221册，第92页。

② （元）任仁发：《水利集》卷4《大德八年前都水庸田司书吏吴执中言顺导水势》，《四库全书存目丛书》史部，第221册，第110页。

③ （元）任仁发：《水利集》卷3《至元二十八年庸田司集议吴中水利》，《四库全书存目丛书》史部，第221册，第94页。

④ （清）黄之隽：《乾隆江南通志》卷61《河渠志·水利一》“淀山湖”条，文渊阁《四库全书》本。

⑤ （元）脱脱等：《宋史》卷173《食货上一·农田》，第4186—4187页。

计二万余亩。以此北乡之田遇水无处通泄，遇旱亦无由取水灌溉。”户部勘当后说：“如系妄作沙涂、包占湖面去处，即仰照条开掘施行。”① 从这段话来看，淀山湖被围垦的土地数量很大，结果造成的水害就比较严重。官方不但没办法及时制止权势者的围垦，相反将他们的围垦“经官佃买”后成为合法的土地，修筑岸塍后围裹成圩田，就变成了二万余亩粮田。在这种情况下流水不畅，遇旱没水灌溉，十分有可能。所以，破坏淀山湖原来的地理环境，政府实质上是重要的推手。淳熙十三年（1186），浙西提举罗点《乞开淀湖围田状》曰：“浙西围田，堙塞水势，所在皆有，独淀山湖一处，为害最大，因被奸民包裹围田，筑断堰岸，致水势无由发泄。”② 他认为要开挖围田，还田于湖。

围湖占田可以增加土地面积，政府可以收更多的税，但政府为何对围田一而再地反对呢？这多少使人有点不能理解。其实，这种反对是政府衡量取舍后的态度，因为政府发现围田后河道的过水、泄水能力大大下降，对周围的民田会产生较大的危害。卫泾曾说：“某寓居江湖间，自晓事以来，每见陂湖之利，为豪强所擅，农人被害，无所赴诉。淀山一湖，广袤四十里，泽被三郡……数十年来，湖之围为田者大半，皆出豪右之家，旱则独据上流，沿湖之田，无所灌溉，水则惟知通放湖田，以民田为壑，兼湖水既不通，浊潮贮渟通湖水道，浦溆皆为之湮塞。江湖既隔绝，旱无所灌溉，水无所通泄，旁湖被江民田无虑数千顷，反为不耕之地，细民不能自伸，抑郁受弊而已。”③ 淀山湖蓄水、灌溉机制受到严重影响，普通民田深受其害。无计划的盲目围田，造成恶果众多，难怪上至政府官员，下至社会有识人士，反对声四起。再如龚明之对北宋末年赵霖在三泖地区的围垦也不太认可，他说：“霖意不过三说：一开治港浦，二置闸启闭，三筑圩裹田。”指出：“霖所建明与郑正夫差异，霖专主置闸之说，正夫则属意于开纵浦横塘，使水趋于江而已。窃谓二公之论，与今日又不同。往时所在多积水，故所治之法如此。今所以有水旱之患者，其弊在于围田，由此

① （清）徐松：《宋会要辑稿》之《食货六一·水利杂录》，第7536页。

② （明）聂豹：正德《华亭县志》卷2《水下》，《上海府县旧志丛书·松江县卷》，第110页。

③ （宋）卫泾：《后乐集》卷15《郑提举札》，文渊阁《四库全书》本。

水不得停蓄，旱不得流注，民间遂有无穷之害。舍此不治，而欲兴水利难矣。”① 他认为赵霖的围田造成了南宋后期民间的无穷之害，大水时浦塘没法及时排水，旱灾时没水灌溉。

鉴于这样的认识，政府有时会出手对私人围垦土地做一些打压。淳熙十三年（1186），浙西提举罗点亲自指挥人开掘淀山湖地区的围田：“罗点提举浙西常平，以淀山湖泄诸水道，戚里豪强占以为田，故水壅不泄，民田病之，奏乞开浚。有旨命点躬亲相视开堀，农民闻命，欢跃不待告谕，各裹粮合夫先行掘凿。于是，并湖巨浸，复为良田。”② 当然，这里罗点所做，并不是退田还湖，他只是想部分恢复原来的水利，对有影响的部分围田进行开挖，使湖水能为民田灌溉。时人谈道：“淳熙间，今吏书罗丈为使者，因阅词诉，遣僚吏相视利害之实，即以上闻，即日报可。被旨开掘山门溜五千余亩，乃一湖喉襟，由是数十年之害，一旦尽除，灌溉之利亦渐复。八九年间，小有水旱，果不为灾，此利害晓然易见者。”③ 罗点开掘的是围田的一个喉襟之处，应是围田外的一条堤坝。一旦废坝，湖水就能流到原来湖泊的周围地区。

南宋后期，权豪势要之家大量围垦土地的行为仍在持续。《吴中水利全书》卷四云：“宋时淀山在水心，并湖以北中一澳曰山门溜，东西五六里，南北七八里，正当湖流之冲，为古来吞吐湖水之地。山门溜之中，又有斜路港、大石浦、小石浦，与昆山县邻界，通泄湖流后潮沙淤淀，渐成围田。”④ 至元初，这种情况越演越烈。杨维祯《淀山湖志》云：“至元二十八年，江淮行省燕参政（公楠）言：浙西诸郡之水，聚于太湖，湖有几处入海河道。有淀山湖者，富豪之家占据为田，以致湖水涨漫，损坏田禾。”⑤ 围田严重破坏了淀山湖地区原来的河水运行系统，“淀山湖东大、小曹港斜沥口汊港固是水之尾闾门，今为权豪势要占据为田，此处水路卒难复”。原来是塘浦行水的通道，现在经过围垦变成为个人的小圩田。

---

① （宋）龚明之：《中吴纪闻》卷1《赵霖水利》，《全宋笔记》第3编第7册，大象出版社2008年版，第184页。

② （明）王鏊：《姑苏志》卷12《水利》“淳熙十三年”条，《北京图书馆古籍珍本丛书》第26册，书目文献出版社1988年版，第217页。

③ （宋）卫泾：《后乐集》卷15《郑提举札》，文渊阁《四库全书》本。

④ （明）张国维：《吴中水利全书》卷4《水脉》，文渊阁《四库全书》本。

⑤ （明）张国维：《吴中水利全书》卷18《志》，文渊阁《四库全书》本。

除淀山湖周围外，华亭县一些河道周围的沙地也被大量围垦。黄震说："窃考本县图志，南北东西各有放水之处，东以蒲汇通大海，西以大盈浦通吴淞江，南至通波塘，直至极北亦通吴淞江，此华亭所以常熟，自小人妄献利便，将泄水之地塞为沙田，朝廷不知，一时听信可为利，所得毫末，而华亭一县多被淹没，公私交病，所失甚多。今若准旧开浚，则百姓自然利赖其为修田岸也，大矣。"① 作为重要的泄洪通道，一些大河的作用十分重要。不过河道两岸的沙田为百姓围垦，使河道变狭，影响过水的速度。尽管政府可以从一些沙田收到一些租税，但华亭境内常会发生洪水，许多地方被淹。再如上海县东部地区，农田也在大量的拓展。如知县吴及在缘海修建海塘百余里后，"得美田万余顷，岁出谷数十万斛，民于今食其利"②。海塘修筑后，受海塘保护的地区未遭咸潮危害，直接保护了万余顷可以当作农田来耕种的土地。

由于濒湖地区、河道边缘区域的土地比较肥沃，围垦成田后的直接意义是扩大了耕地面积，马上就可以种植作物，因此第二年的粮食产量相当可观，而政府可以得到较多的赋税。赵霖在《筑圩篇》中曾说："天下之地，膏腴莫美于水田。水田利倍，莫盛于平江。缘平江水田，以低为胜。"③ 湖田、河道田的围垦，实际上都是水田，很快就能成为农业的丰产区。很多人认为围田对水利有很大的影响，如导致行水不畅，自然环境改变，而南宋人黄震却表达了不同的看法，他说："议者多谓围田增多，水无归宿，然亦只见得近来之弊。古者治水有方之时，污下皆成良田，其后堤防既坏之后，平陆亦成川泽。熙宁八年旱，太湖露丘墓街井，今瀼荡等处，尚有古岸，隐见水中，以此知近来围田不过因旱岁水减，将旧来平地被水处，间行筑土奈耳。就使围田尽去，水之未能速入海自若也，何能遽益于事？况围田未易去者乎？"④ 按照黄震的说法，围田与水灾没有必然关系，就算围田全部挖去，流水还是不会畅达。

---

① （明）张国维：《吴中水利全书》卷15《黄震申嘉兴府修田塍状》，文渊阁《四库全书》本。

② （宋）郑獬：《郧溪集》卷21《户部员外郎中直昭文馆知桂州吴公墓志铭》，文渊阁《四库全书》本。

③ （宋）范成大：《吴郡志》卷19《水利下》，第287页。

④ （宋）黄震：《黄氏日抄》卷84《代平江府回裕斋马相公催泄水书》，文渊阁《四库全书》本。

五 结论

自五代以后，特别是两宋至元代，华亭县的水环境发生了较大的变化。一是大量的河道得到疏浚开挖，二是河道上修建了大量的闸门和坝堰，三是随着河道塘浦的开挖修筑了大量的堤岸，建设了广大的圩田，四是在湖泊、河道的周围及沿海地区围垦了大量沙地。这些人工治水治田的手段和方法，与五代以前纯自然的水环境相比发生了较大的变化。进行农田水利建设后的华亭县，逐渐成为全国著名的粮食产地，号称“国之仓庾”。时人王炎说：“两浙之地苏、湖、秀三州，号为产米去处，丰年大抵舟车四出。”① 华亭县作为粮食重要产地的一部分，一旦遇上丰年，大量粮食外运，为商品经济的发展逐渐奠定基础。笔者曾经对华亭县人口数进行过估算，唐末华亭县有 12780 户，如果以每户约 6 口计，华亭县的总人口为 76680。北宋初期，华亭有户为 54941，口 113143；南宋绍熙前，整个华亭实有户约为 131966，每户有 5 口计，有口约 659830；至元十三年（1276）记录的户口数，如果按每户五人计，松江府约有口数为 1172350。南宋末年华亭县已有户 234471，按每户五口计，达 117 万。② 人口规模的这样扩大，以及大量粮食至元代的北运，说到底是和华亭县农业生产规模的扩大有直接关系的，而没有大规模的农田水利建设，华亭农业发展是不可能这样快速的。

（本文原刊于《河北师范大学学报》2021 年第 2 期）

① （宋）王炎：《双溪类稿》卷 21《上赵丞相》，文渊阁《四库全书》本。
② 张剑光：《唐至元初上海地区人口数的估算》，《史林》2017 年第 6 期。

肥瘠之变：民国时期洞庭湖区湖田地力的衰退及其应对

刘志刚[*]

（湖南大学岳麓书院，湖南长沙　410082）

摘要：洞庭湖区湖田围垦曾取得过巨大的经济成就，时至民国，湖田地力衰退的趋势却愈发明显，成为制约这一区域农业经济发展的一种不可忽视的生态危机。究其缘由，主要是湖田老垸的“低田化”、土地利用的过度、肥料利用的不足等因素所造成的。对此，民国政府与社会采取了一些应对的举措，主要有机器排渍，放淤抬田；抑制剥削，扶植自耕；管理肥料，科学施肥等。它们虽然成效不彰，但已显现出这一区域土地制度走向革命与生产技术进行现代转型的新方向。

关键词：洞庭湖；湖田围垦；地力损耗；生态变迁

清代至民国，洞庭湖区历经多次大规模的湖田围垦，农业生产取得了巨大的成就，曾有“湖南熟，天下足”的美誉。然而，社会经济却长期停滞不前，处于一种典型的“有增长而无发展”（黄宗智语）的状态。这无疑是多种因素所造成的，包括自然灾害的频发、政府官员的贪渎、地方豪强的侵夺、技术水平的低下等。当前学界对这些方面的影响已有较为深入的阐述，在此不予赘述，但对湖田围垦中的地力损耗现象却少有论及。然而，这是直接关涉湖区农业生产可否持续发展的重大问题，也可由此窥见其时社会经济发展的基本状况及所遭遇的生态困境，对于当今农业生产中

---

* 资助基金：湖南省社科基金一般项目：“20世纪洞庭湖区血吸虫病传播与防治的环境史研究”（项目编号：17YBA425）；“中央高校基本科研业务费”。

作者简介：刘志刚，湖南大学岳麓书院副教授。

更合理地利用土地资源具有一定的借鉴意义。有鉴于此，本文不揣浅陋对这一问题进行一次专门的探讨，以就教于大家。

一　湖田地力及其衰退现象

洞庭湖由于泥沙不断涌入，淤积出数百万亩肥田沃土，素来是主要的粮食产地之一。乾隆《华容县志》称："邑俭，瘠地使然耳。惟西鄙平衍近湖濡，腐春草腴田，岁收胜他产。"① 嘉庆《长沙县志》也记载："其筑堤障水以艺稻者，曰'低田'……幸而全收，其利较倍，故人多趋之。"② 正因如此，清乾隆年间湖南巡抚胡宝瑔奏称："湖南多系水乡，近湖处所，圩围耕种，丰收之年，亩可数钟。"③ 而且，这样的生产优势得到了较长期地保持，直至晚清民国时期洞庭湖湖田肥沃、物产丰富依然为人们所称道。光绪《巴陵县志》仍记有："若垸田、洲田最称肥美，所产稻、粱、菽、麦、黍、稷、芝麻、菜子、棉花远胜东乡，复有撒谷不待耕耘，五月早熟，殊有自然之利。"④ 据称，益阳也是"产谷之区以下乡为最盛……各里堤垸相接，弥望绿野，实膏腴之地也"⑤。成书于清末民初的《湖南民情风俗报告书》则说："年丰垸农一岁之收，可抵山农数岁之收。垸民至厌粱肉，山民恒苦菜食。"⑥ 光绪末，湖南巡抚岑春蓂曾说：洞庭湖"垸内田禾，倍加丰稔，即垸外荒滩，有种皆收，俗称一年收可敌三年水"⑦。

民国年间，有人曾调查指出：临澧的合口、新安二区"旱田占百分之八十，然极肥美，一年有三四次收成，较水田所获为多"，尤以荞麦为多，丰年产量较该县其他各区皆高，主要是因"当澧水流域，土质肥沃，适宜

① 狄兰标：《华容县志》卷3《水防》，乾隆二十五年刻本。

② 赵文在：《长沙县志》卷14《风土》，嘉庆十五年刻本。

③ 胡宝珠：《奏明堪过堤垸情形折》，乾隆十九年四月十日，见《宫中档乾隆朝奏折》第7辑，台北故宫博物院1982年版。

④ 杜贵墀：光绪《巴陵县志》卷7《物产》。

⑤ 张步天：《洞庭历史地理》，山西人民出版社1993年版，第235—236页。

⑥ 孙炳煜：《华容县志》卷1《风土》，光绪八年刻本，民国十九年重刻本。

⑦ 参见彭雨新、张建民《明清长江流域农业水利研究》，武汉大学出版社1993年版，第250—251页。

种植荞麦”[①]。其时，黄浪如则比较了湖区九县山田与湖田的特征，认为前者“土质瘠恶，产量亦少而种类复杂”，后者则“土质肥美，产量丰盛而单纯”[②]。沅江保安垸首曾继辉也有言：“自藕池溃口以后，全湖被淤，湖身渐高，湖水渐浅，太阳久照，热力至足，故土性温暖而肥沃异常。”[③] 正因如此，这一区域流传着“种湖田，养母猪，发财只要两三年”，“巴陵广兴洲，十年九不收，如有一年收，狗也不呷白米粥”等民谚。[④] 从整体上看，洞庭湖区耕地面积广大，地势低平，细粘物质较多，富含氮、磷、钾等养分及腐殖质，地下水非常丰沛，确实堪称“落土成苗”“泥巴捏得出油来”的好去处。

然而，时至清末民国，这一区域的生态危机也开始为人们所发现，即湖田地力的衰退对农业生产造成了巨大的威胁。清末民初成书的《湖南民情风俗报告书》记载了湖南各县上中下三等农田的调查数据，其中洞庭湖区各州县中下等田占比居一、二位的是湖田比例最高，且是晚清荆江“四口”南流后最先淤出，并开启新一轮围垦高潮的安乡、南洲厅（南县）两地。[⑤] 民国时期，彭文和就指出洞庭湖湖田生产的一大隐忧，即“地力日渐消耗”[⑥]。王育瑨甚至说：“凡过于低陷之湖田，实无农作上价值，且肥力亦失。”[⑦] 刘绍英在调查中也发现：“所谓滨湖土地肥沃，只能限于新辟土地而论。大体新辟垸田每市亩稻谷产量为五至六石，十年以后便开始减低，最恶劣的只有三石，普通也不过四五石左右。”[⑧] 曾任湖田洲土调查团团长的魏方详细对比了新老两类堤垸的生产状况，详细开列出有关调查数据：老垸每亩产稻 4 石，而新垸则 8 石；老垸产棉子 150 斤，新垸则 300 斤；老垸产麦 2 石，新垸 3 石；老垸产豆 2 石，新垸 3 石，据此认为湖区

---

① 曾继梧：《湖南各县政治调查笔记（下）》，民国二十年铅印本，湖南省图书馆藏，第166、188—189 页。

② 黄浪如：《洞庭湖滨各县农村经济概况》，《合作与农村》1936 年第 4 期。

③ 曾继辉：《洞庭湖保安湖田志》，岳麓书社 2008 年版，第 131—140 页。

④ 参见徐民权等《洞庭湖近代变迁史话》，岳麓书社 2006 年版，第 22 页。

⑤ （民国）湖南法制院编印，（清）湖南调查局编印，劳柏林点校：《湖南民情风俗报告书》，湖南教育出版社 2010 年版，第 51—62 页。

⑥ 彭文和：《湖南湖田问题》，萧铮主编：《民国二十年代中国大陆土地问题资料》第 75 册，成文出版社、（美）中文资料中心 1977 年版，第 39510 页。

⑦ 王育瑨：《洞庭湖沿岸的湖田及农家》，《现代农民》1941 年第 10 期。

⑧ 刘绍英：《租佃制度与土壤保存》，《明日之土地》1946 年第 2 期。

农业生产“平均五十年就可使土地肥沃度减少一半”，因而发出严厉警告“若任这种情况，继续下去，不加以人为补救，不过百年，可能变成一个荒芜的平原”①。而且，这种地力衰退的趋势在中华人民共和国成立后相当长的时间里仍然在继续发生。据称：中华人民共和国成立初年湖区的国有农场中就存在着“地力逐年降低”的现象。② 这一时期，洞庭湖进行了大规模的围垦，但是“垸田渍害严重，潜育性水稻土要占60%上下，一般比正常农田低产三百至四百斤”，可知湖田地力与围垦规模是呈反比关系的。③

如此看来，清代以来洞庭湖区农业生产有着两种完全不同的面相，从总体上看是一派丰收富足的美好景象，但从湖田单产上看却呈现出衰败、凋敝的趋势。相当长的时期里，两者的矛盾因有大量肥沃的新洲土淤出而得以长期掩盖下来。即便如此，时至晚清民国，这一区域的谷米产量也已大不如前，谷米输出地位岌岌可危，除去当时人口增多与自然灾害频发的因素之外，也可以说是湖田地力衰退的必然结果。

二 湖田地力衰退的成因分析

概而言之，湖田地力的衰退主要是老垸“低田化”、土地过度利用与肥料不足三大方面因素所造成的。其中，老垸“低田化”受制于洞庭湖水沙关系的变动，土地过度利用属于破坏性经济行为，而肥料不足则是传统农业生产技术低下的表现。

（一）老垸的“低田化”

清代以来，洞庭湖大量洲土被围垦成田，湖泊水域面积严重萎缩，湖底高程也因泥沙淤积而不断抬升。也就是说，洞庭湖消纳洪水的能力在长期的泥沙淤积与湖田围垦两方面的作用下呈明显的下降趋势。夏秋时节，这一区域往往洪水不能泄、渍水无处消。早在清乾隆年间，澧州知州何璘就指出：“（引者：国初）垸既无多，筑不甚高……多不过三日，少不过一

① 魏方：《洞庭湖区农地改革的展望》，《明日之土地》1947年第10期。

② 湖南省志地方志编纂委员会编：《湖南省志》（第8卷），湖南出版社1992年版，第740页。

③ 湖南师范学院地理系编：《湖南农业地理》，湖南科学技术出版社1981年版，第118页。

二日，而水退甚速”，自雍正朝筑大围堤后，“每五川骤涨，平陆至水深数尺，经五六日不退”[①]。晚清以来，这一问题愈来愈严重，一些老垸几乎丧失了渍水外泄的能力。民国年间，有垸首就呈称：“刓管悉被封塞……因之遇渍则水不能出……洼者成泽国。”[②]

随着洞庭湖湖田围垦的增多，这种老垸“低田化”的现象愈发严重。据称：“大抵光宣之际所修老垸地势最低，民十七以前新围之垸地势较高，而最近所淤之草山比较更高。”[③] 毋庸置疑，清光绪朝之前所修堤垸地势必然更为低下。民国时汉寿人徐蔚华就说道：“咸丰迄今，以余目睹之水高于地约二丈；康熙迄今，以先辈之言证之，水高于地共计有二丈七、八尺。”[④] 是时，曾继辉也有言：“夫洞庭今日一堤战之秋也……惟有建筑堤塍加高培厚，庶可与波臣对敌。”[⑤] 正因如此，这一区域形成了“水在地上流，船在屋顶行；人在地上行，船在天上行”的“悬湖”奇观。[⑥]

老垸的“低田化”造成渍水外泄不畅，地下水位升高，原本肥沃的土地变为低产的冷浸田、青泥田。经有关调查发现，这一区域“地下水位高，潜育化严重，土壤质地黏性重，通透性能差，耕性不良”的湖田属于产量较低的“二等宜农耕地”[⑦]。沅江保安垸首曾继辉也说过：“上垸土高地肥，为上业；中下垸渍水所归，且港路甚远，常苦旱潦，为中、下业”，并提及南县、沅江一带同样“有上、中、下田亩三等摊费”[⑧]。民国年间，汉寿县也因“湖水逆犯，沅流下侵”，致使“垸老淹多，多成下业”[⑨]。这一现象的出现是固化围垦与流动淤积共同作用的结果。[⑩] 而且，随着湖田围垦规模的增大，围垦区内外这种“外成高岸，湖皆为田”；“内如釜底，

① 何玉棻：《同治直隶澧州志》，岳麓书社 2010 年版，第 178—179 页。

② 曹时雄、向敬思纂：《沅江白波闸堤志》，民国铅印本，湖南省图书馆藏，第 11—14 页。

③ 曹时雄、向敬思纂：《沅江白波闸堤志》，民国铅印本，湖南省图书馆藏，第 49 页。

④ 徐蔚华：《洞庭湖七十年变迁记》，参见李跃龙《洞庭湖志》，湖南人民出版社 2013 年版，第 154—155 页。

⑤ 曾继辉：《保安湖田志续编》卷 2“致省政府委员曾凤冈书”，民国铅印本，湖南省图书馆藏。

⑥ 参见徐民权等《洞庭湖近代变迁史话》，岳麓书社 2006 年版，第 30 页。

⑦ 聂容芳：《洞庭湖——演变、治理与综合开发》，湖南人民出版社 2013 年版，第 28 页。

⑧ 曾继辉：《洞庭湖保安湖田志》，岳麓书社 2008 年版，第 538 页。

⑨ 曾继梧：《湖南各县地理调查笔记（上）》，民国二十年铅印本，湖南省图书馆藏，第 146 页。

⑩ 刘志刚：《清代以来洞庭湖区渍涝特征与灾害防治》，《华南农业大学学报》2017 年第 5 期。

田皆成湖”的反向演化关系会越来越突出。

从这个角度看，洞庭湖区老垸地力的衰退与新垸的不断开垦是共生在一起的，可以说是其沧海桑田演变的两个方面，事实上也是湖田地力自然休耕的一种方式。正因如此，若任其自然演变，这一区域的农业生产只能在长期停滞不前中徘徊。

（二）土地的过度利用

土地的过度利用是湖田地力损耗又一重要缘由。然而，这种只顾眼前而不图长远的垦植行为也不是无缘无故的，主要是由如下两个方面造成的：

一是土地使用权的不稳定。明清以来，赴洞庭湖垦荒的以外来客户为主，他们往往是春来秋去，“捆载以归，去住靡常”，所垦湖田也多是官府的税外之地。[①] 这两方面的不确定性也就决定了他们必定会尽可能地榨取湖田地力。民国时人有言：“这一片广大的沃野，因为所有权的不确定，如是便在各自占有的形式下去生产了。占有者是以现实的眼光去耕种的，即收获一年算一年。”[②] 晚清以来，虽然政府放松了围垦禁令，不少外地或土著绅民获得土地承佃权或所有权，但佃户主要来自外地，主佃关系较为松散，佃户频繁迁徙是常有之事。民国时人刘绍英就认为这是佃农不养地的一个重要原因，称：“佃户的迁徙对于土地始终不能发生深切恒久的联系，佃户迁徙的一个内在原因，是由于对地主的不满，或对于土地的地力不易大量的剥夺良好收益，因之总以为迁地为良。”当然，这种迁徙很大程度上又是由“佃权的薄弱”所造成的，也就是“佃户佃权之保持，主权完全操于地主之手，各国虽不乏有法律的限制，佃户究竟无力与地主为敌”[③]。在这样的产权关系中，加之外来者“耕作此间，总抱着发财念头而来”，也就“多为掠夺经营。一年之中，利用土地多至四次，少亦两次”[④]。这让土地使用者有意识地去养护地力的可能性荡然无存。

---

① 参见彭雨新、张建民《明清长江流域农业水利研究》，武汉大学出版社1993年版，第245页。

② 黄自兴：《如谜一般的天祐垸》，《明日之土地》1946年第2期。

③ 刘绍英：《租佃制度与土壤保存》，《明日之土地》1946年第2期。

④ 彭文和：《湖南湖田问题》，萧铮主编：《民国二十年代中国大陆土地问题资料》第75册，成文出版社、（美）中文资料中心1977年版，第39386页。

二是地主过度的压榨使佃农不得不进行掠夺性耕种。广大贫苦民众开垦湖田以求“发财”本无可厚非，但只重眼前利益则事出有因，即他们在那套产权制度中处于相当弱势的地位，若养护地力反而于己更为不利。民国时人魏方就曾尖锐地指出了这一问题，并严厉谴责道：“租佃制度不良，促使地力的急剧枯绝。”[①] 对此，孟昭乾有较为详细的阐述：“佃农们如果想要在田地里下点本钱，施一点肥料，希望多收成一点，但是多收获的东西，地主们还非要多分不可。不然，就要撤佃，这样算起来还要赔本，何况佃农们更没有多余钱，谁肯去改良土地去呢？”[②] 正是主佃双方在收成分配与土地控制上的这种不平等的地位极大地抑制了佃农对湖田地力的养护。20 世纪 40 年代，刘绍英调查了南县、湘阴、沅江三县十个新旧堤垸肥瘠状况，发现自耕农比例高的堤垸，土地肥力保持较好，而佃农比例高的则反之，并列举了全为自耕农的保田垸，虽已开辟了二十余年，地力却相对良好，而佃农比例高的东丰垸则地力严重受损，进而指出：“地主对于佃户佃租的诛求过苛，使佃农永远无力从事储蓄以为施行土壤保存工作的资本”，而且“为了要供给地主苛刻的佃租，总希望尽量剥夺地力以求补偿，并期改善本身的生活以及财富的蓄积”[③]。

从土地产权制度上看，地力损耗归根结底在于湖田使用权与所有权的严重分离。土地的大量所得以地租的方式离开了土地，让使用者与所有者对谁来养护土地相互推诿，正如民国时人魏方所言，这“对于地力的合理保存是一个很大的威胁”[④]。实际上，这种两权分离现象在当时是极为普遍的，因而也就不难知道各地农业生产都存在着不同程度的地力衰退，洞庭湖区只不过表现得更为明显而已。可以说，地力损耗是土地产权制度长期失衡的必然结果，是其在生态层面的一种不良反应。

（三）肥料利用的不足

广大贫苦民众采用“劫掠耕种”，无休止地剥削地力，也与这一区域肥料相对匮乏、肥料利用技术极为低下等因素密切相关。俗话说：“庄稼

① 魏方：《洞庭湖区农地改革的展望》，《明日之土地》1947 年第 10 期。
② 孟昭乾：《提高警觉从速实现耕者有其田》，《明日之土地》1948 年第 1 期。
③ 刘绍英：《租佃制度与土壤保存》，《明日之土地》1946 年第 2 期。
④ 魏方：《论建设滨湖农业区——从土地关系立论》，《明日之土地》1947 年第 4 期。

一支花，全靠肥当家”，“地靠粪养，苗靠粪长”，“有收无收在于水，多收少收在于肥”①。据科学测定：“亩产1000斤稻谷，需从土壤中吸收氮20—35斤，磷9—13斤，钾21—23斤。由于流失和脱氧作用的影响，稻田施用的氮、磷、钾三元素肥份，被利用的分别为51%、30%与64%左右，因而实际施肥量比水稻实际吸收量要增加30%—50%不等。”② 正因如此，如果不适当补充土壤所需矿物元素，那么地力枯竭与随之而来的农业减产将难以避免，即便洞庭湖这样的肥田沃土也不例外。

传统时期，我国农业生产中肥料来源较多，几乎一切生产、生活的有机废料皆可入肥，且有石灰、草木灰等无机肥料。同治《宁乡县志》就记载：乾隆以后“粪田方法，薅草坯，烧火土，采青草拾牛、狗粪，沤田地。栽插后，用石灰散布田中，能杀虫、肥土。又或用棉枯、桐枯、菜枯及牛骨灰者”③。就洞庭湖区而言，由于“田多粪少，不敷充用”，民众所用肥料种类较之他处是比较单一的，“多以苦子、丝草、草皮、蚕豆茎、石灰、石膏、草灰、油饼，以及其他杂草杂料以肥田”，所用石灰、石膏则“都来自外县”，也有购买人兽粪的，却仅“限于近城市之地”，其中“以苦子与其他草类等为肥料之最普遍者，粪料次之，石灰、油饼又次之”④。可知，湖草及其他草料肥是这一区域的主要肥料来源。

实际上，早在乾隆《华容县志》中就有“腐春草腴田”的记载。⑤ 民国时李振也有言：“滨湖各县又多刈割湖中生长之湖草，在插秧前犁入土中，以增加有机质。”⑥ 直到20世纪60年代湖草仍是湖田最为主要的肥料。血防专家陈祜鑫在调查中发现：“临湘县湖汉型疫区一千八百一十四户农户中，92.36%的农户以湖草作为水、旱田的主要肥料，3.66%的农户以湖草作为水、旱田的次要肥料；仅2.70%的农户以人粪及1.27%的农户以畜粪作为水、旱田的主要肥料，24.34%的农户以人粪及23.99%的农户

① 湖南省志地方志编纂委员会编：《湖南省志》（第8卷），湖南出版社1992年版，第860页。

② 湖南师范学院地理系编：《湖南农业地理》，湖南科学技术出版社1981年版，第74页。

③ 郭庆飏：《宁乡县志》卷24，同治六年刻本。

④ 黄浪如：《洞庭湖滨各县农村经济概况》，《合作与农村》1936年第4期。

⑤ 狄兰标：《华容县志》卷3《水防》，乾隆二十五年刻本。

⑥ 李振：《湖南省土地利用与粮食问题》，萧铮主编：《民国二十年代中国大陆土地问题资料》第75册，成文出版社、（美）中文资料中心1977年版，第28164—28165页。

以畜粪作为水、旱田的次要肥料。”[①]

这样的肥料构成使其用量大增，造成了肥料来源的严重不足。据称：“一亩湖洲可产干草50至100公斤”，仅可“肥田一亩”[②]。若施用的是鲜草，则重量无疑将成倍增长。也有记载：“湖区冬水旱稻田以黑草、芦青（野青）、凼子粪作底肥，每亩约30担。”[③] 以一担100斤计，则相应的是3000斤。我们知道，在传统技术条件下人耕10亩是水田区成年男子劳作的极限，那么每年仅肥料一项就重达30000斤。即便这一区域肥源充足，民众所付出的体力也难以想象，所以当地对打湖草、刹山青有“肩上挑起坑”的说法。[④] 而且，肥料的单一化对于地力的补充也是极为不利的。民国时就有人针对湖区棉田用肥时说：“以就地取材，施用田产肥料为宜，但田产肥料种类甚多，成分各异，若侧重一种，则配合失宜，于棉之生长，自欠优良……仅以施肥失当，而致棉之生育不良，产量低减，其不合于经济也明矣。单用湖草为肥料者，实蹈此弊。”[⑤]

而且，肥料的相对匮乏造成了肥料价格高昂，也让这一区域广大贫苦民众难以承受。有记载曰：乾隆年间，善化县收谷一石需枯饼、灰、粪等肥料费用近千文。[⑥] 据相关史料，民国时期湖区人粪尿“每担价格自一角至二角左右”，“油菜饼与大豆饼平均每担价格约二——三元，芝麻饼每担约三元，棉籽饼每担亦约二——三元”，“苦子之种子大多数由市场购进，每担价昂时，自八九元至十四五元不等，价廉时仅五六元，普通农家购买三两升，即已够播种之用”，可作间接肥料的石灰，“每担价格约五六角”[⑦]。也有说，石灰价多年来稳定在“每年担谷购石灰九至十三担之间”[⑧]。其他肥料则须从外地市场上输入，但“价又昂也”[⑨]。而且，随处

① 陈祜鑫：《血吸虫病的研究和预防》，湖南人民出版社1964年版，第21页。

② 参见徐民权等《洞庭湖近代变迁史话》，岳麓书社2006年版，第234页。

③ 华容县志编纂委员会：《华容县农业志》，中国文史出版社1991年版，第227页。

④ 参见刘大江、任欣欣主编《洞庭湖200年档案》，岳麓书社2007年版，第410页。

⑤ 熊传澧：《湘省滨湖各县棉作调查报告》，《实业杂志》1929年第141号。

⑥ 吴兆熙：《光绪善化县志》卷16《物产》，湖湘文库本。

⑦ 李振：《湖南省土地利用与粮食问题》，萧铮主编：《民国二十年代中国大陆土地问题资料》第75册，成文出版社、（美）中文资料中心1977年版，第28216页。

⑧ 陈百岁、夏陆英：《今昔七里江——简记七里江石灰采掘、锻炼史》，《益阳文史资料》第15辑，政协益阳县委文史资料委员会1988年版，第109—111页。

⑨ 彭文和：《湖南湖田问题》，萧铮主编：《民国二十年代中国大陆土地问题资料》第75册，成文出版社、（美）中文资料中心1977年版，第39386页。

可见的湖草也是有一定价格的。据称：光绪年间，南洲一带的草山“三四月间芦草初生，割卖肥田，计船论价，大船满载三四百文，小船一二百文”①。民国二十七年（1938），有关机构对岳阳县水稻生产成本进行了核算，显示：“田租和田地投资利息，占总成本的43.9%；人工占28.8%；肥料占12.7%；畜工占8.8%；农具折旧占4.5%；种子占1.3%。”② 可知，肥料费在湖田成本中高居第三位，无疑是压在广大贫苦民众头上的沉重负担，成为这一区域湖田地力养护的巨大障碍。

湖区广大民众对肥料缺乏一些基本的认识，这也是其肥源不足、利用率低的重要缘由。民国时曾有人指出：“在施肥方面言之，农民亦只知墨守陈法，对于土宜之辨识，肥料之配合，施肥之分量，施肥之时期与次数等重要问题，农民皆未能加以注意，亦不知应如何注意，故对于肥料之施用，多有不当之处，结果生产力受影响而减少产量，且土壤理学的性质亦因而变劣也。”③ 段毓云在《南县乡土笔记》中也说道：“一般农人尚不知肥料成分，乃淡气、燐酸、加里三种要素。对于植物生长功效各有不同，如淡气是助长叶与实，燐酸是助长果与谷，加里是助长茎与根，互相作用，缺一不可。仅知用石灰作肥料，殊不知石灰无非碱化田中有机物及肥料沉藏田底者，使成肥料之谓也。高田切不可用，如用之反使泥硬，各垸低田多用石灰，故所获之谷较多，就是此种理由。”④ 毋庸置疑，对于农业生产中土壤需要何种元素、所施肥料当如何搭配、何时施用最为有利，以及与所种作物是否相宜等问题，其时广大贫苦民众显然是无从获取，也无心细致观察，更多的是依据传统经验，就近获取肥田之物，因而很难达到养护地力的目的。

而且，湖区广大民众严重缺乏育肥、保肥的意识。据有关试验显示，每1000斤紫云英增产稻谷42.2—66.6斤，平均每市斤绿肥氮素增谷6.75—9.5斤，比每市斤化肥氮素的增产数多1.9—5.65斤，故有民谚曰：“草籽种三年，坏田变好田”“种好一丘肥，换来一丘粮”“一年红花草，

① 曾继辉：《洞庭湖保安湖田志》，岳麓书社2008年版，第24—27页。

② 岳阳县粮食志编纂组：《岳阳县粮食志》，1990年，第70页。

③ 李振：《湖南省土地利用与粮食问题》，萧铮主编：《民国二十年代中国大陆土地问题资料》第75册，成文出版社、（美）中文资料中心1977年版，第28247页。

④ 段毓云：《南县乡土笔记》，1830年石印本，湖南省图书馆藏，微缩胶片，第48页。

三年泥脚好"[①]。但长期以来，这一区域绿肥种植率却并不乐观。民国时彭文和就说道："至肥料之施用则甚少，及较为利用合理者，亦只于秋收之后，略播种苦子，以为绿肥。"[②] 民国三十一年（1942），华容县的紫云英种植面积仅2100亩，1949年才增为8000亩，全县的绿肥面积仅8万亩。[③]此外，广大贫苦民众在灌溉时不注意保水保肥，基本上是漫垅灌水，排水则丘丘串连，致使肥水随处扩散，流入沟港河湖之中，对肥料带来极大的浪费。[④] 而且，直到20世纪50年代，湖区民众在施肥中仍以基肥为主，"很少用作追肥"的，对作物生长的促进效果亦不甚明显。[⑤]

这一区域由于"田多人少"的生产环境使其肥料过度依赖相对单一的草料肥，以致肥田效果欠佳。而肥料用量过多，也造成了肥源匮乏，推高了肥料价格，使养护地力成为广大贫苦民众难以承受的负担。同时，由于民众缺乏基本的肥料知识与育肥、保肥意识，肥料利用中浪费现象相当严重。就是这样，在缺乏充足肥料的滋养下，湖田地力在一轮又一轮的利用中无疑遭受巨大的损耗。

三　湖田地力的养护及其不足

面对湖田地力的日益损耗，民国时期政府与社会采取了一些应对的举措，但成效甚微。具体情况如下：

（一）机器排渍，放淤抬田

对于老垸低田来说，养护地力最为急迫的便是防治渍涝，降低地下水位。早在清雍正朝，湖南巡抚王国栋大修洞庭湖水利，就曾力图要改变这一区域"疏浚不力"的状况。[⑥] 光绪年间，为了排泄渍水，南洲厅十余垸

---

① 参见湖南省地方志编纂委员会编《湖南省志》第8卷《农林水利志·农业》，湖南人民出版社1992年版，第867—869页。

② 彭文和：《湖南湖田问题》，萧铮主编：《民国二十年代中国大陆土地问题资料》第75册，成文出版社、（美）中文资料中心1977年版，第39386页。

③ 华容县志编纂委员会：《华容县农业志》，中国文史出版社1991年版，第213页。

④ 湖南省国土委员会办公室、湖南省经济研究中心编：《洞庭湖区整治开发综合考察研究专题报告》，湖南省1985年，第438—440页。

⑤ 常德市农业局编：《常德地区志·农业志》（送审稿）上，1990年5月，第104页。

⑥ 《清世宗实录》卷59，雍正五年七月戊辰。

在三仙镇开港浚河，取得了一定的成效。① 但是，随着湖田围垦的增多，湖区大量老垸失去了渍水自排的能力，而排渍技术却长期未见改进，直至民国年间依然以旧式水车为主，人工抗御渍涝灾害的能力相当低下，从这个方面去养护地力也就无从谈及。

随着西方水利技术的传入，利用机器排渍开始成为一种新的选择。比如，民国二十二年（1933），常德商会在老城圈溷阴洞建抽水机站。② 同年，澧县“向江苏省立农具制造所定购抽水机三具”，并且预计“每垸至少须合支一具”③。甚至，有人详细制定了湖区各堤垸的抽水计划、机器安装数量与抽水面积。④ 事实上，民国各级政府也在这一区域积极推动抽水设备的使用。民国二十年（1931），国民政府颁布《湖滨各县堤垸装设抽水机排除渍水办法》，为湖区新式抽水设备的使用指明了方向。⑤ 民国二十三年（1934）湖南省府所拟定的《滨湖各县堤垸装设及其排除渍水规范书》也明确表示：“滨湖各县堤垸，装设机器，排除渍水，实为一最重要而值得研究之问题。”⑥ 民国三十五年（1946），沅江县参议会议决：“先就西六乡所围垸各自购置抽水机若干架先行试用”，并要求各乡公所“督饬购办”，后锡安乡双穗垸购买抽水机 3 台、37 马力。⑦ 民国三十六年（1947），南县在“援华物资”中获得 3 台 14 寸和一台 12 寸水泵及柴油机，种福垸自行置备了 10 多台 15 马力的抽水机。⑧ 民国三十七年（1948），湖南省建设厅制订了《洞庭湖垸田机力排渍示范区计划草案》，准备“设立机力排渍示范区”⑨。广大民众在利用机器排渍上对政府也充满

---

① 段毓云：《南县乡土笔记》，民国十八年石印本，湖南省图书馆微缩胶片，第 27—29 页。

② 常德市堤防委员会编纂：《常德市堤防志（公元前二七七年——公元一九八八年）》，湖南省新闻出版局 1989 年版，第 175 页。

③ 佚名：《一月来之本场：抽水机运澧租借》，《棉业》1933 年第 1 期。

④ 佚名：《洞庭湖排水增产计划》，《机械农垦》1949 年第 1 期。

⑤ 参见李勤《二十世纪三十年代两湖地区水灾与社会研究》，湖南人民出版社 2008 年版，第 244—245 页。

⑥ 刘善佩拟：《滨湖各县堤垸装设及其排除渍水规范书》，《实业杂志》1934 年第 197 号。

⑦ 湖南省湘阴县水利水电局编印：《湘阴县水利志》，1990 年，第 153 页。

⑧ 参见聂容芳《洞庭湖——演变、治理与综合开发》，湖南人民出版社 2013 年版，第 325—326 页。

⑨ 参见聂容芳《洞庭湖——演变、治理与综合开发》，湖南人民出版社 2013 年版，第 325—326 页。

期待，希望灾害发生时能多派抽水机救灾[①]，大力“训练农民使用技术”，以及“设厂供应”抽水机[②]。

然而，由于洞庭湖区渍水既深且广，少量抽水设备实难应对。民国三十六年（1947），地处荆江以南的松滋县有堤垸“购进美制 198 型柴油机三台及水泵设备……用于排渍抗旱”，因渍水太大而“无济于事”[③]。民国三十七年（1948），这一区域渍灾大爆发，种福垸的十七架抽水机“只能摆在堤务局闲着无用”[④]。甚至，有堤垸本以为抽水机效力惊人，花大价赴上海、长沙等地购买，并聘请专人管理，但实际排渍效率“还不如人车快”，以致“十多年来没有人说抽水机有用”[⑤]。可知，民国中后期洞庭湖区机器排渍已见诸行动，但是在日益深重的渍灾面前实际效果却并不理想，以此来养护湖田地力的目的更难以企及。

另外，放淤抬田，降低地下水位。荆江来水因泥沙含量高，通过人为引导灌入堤垸中，能有效增加泥沙淤积厚度，这有利于减轻渍涝灾害，也可提高土壤肥力，还能扩大洞庭湖的蓄洪量。可以说，这是这一区域防治洪涝灾害，遏制地力衰退的治本之策。湖区广大民众对此是早有认识的，清末民初沅江保安垸垸首曾继辉就说过：“昔日此间湖民尝欲其所占湖地速变为洲，则将堤塍掘口开河流以灌之，以为放淤之计”[⑥]。但当时政府对民间这种私自放淤行为是严厉禁止的，因其稍有不慎便淤塞河道、冲毁堤垸，且各自是以淤高所占湖田为目的，常引发水利纠纷。[⑦] 正因如此，曾继辉对在大通湖旁掘河放淤表示过坚决的反对。[⑧]

民国后期，由于洪涝灾害日渐加重，政府看到了放淤抬田的价值，将其视为一项重要的治湖举措。民国二十七年（1938）湖南省水利委员会发布的《划定洞庭湖湖界报告》就明确提出“分区放淤以淀高滨湖各垸之地

---

① 易定戎：《滨湖风灾与水灾》，《社会评论》（长沙）1948 年第 67 期。

② 佚名：《湖南省滨湖农业区第一期建设计划草案》，《金融汇报》1947 年第 38、39 期合刊。

③ 湖北省松滋县粮食局编印：《松滋县粮食志》，1984 年，第 124 页。

④ 杨哲民：《目击滨湖大水灾》，《新时代周刊》1948 年第 7 期。

⑤ 易定戎：《滨湖风灾与水灾》，《社会评论》（长沙）1948 年第 67 期。

⑥ 李祖道等：《沅南三十五垸代表宣言书》“白水浃图书说”，1933 年铅印本，湖南省图书馆藏。

⑦ 曾继辉：《洞庭湖保安湖田志》，岳麓书社 2008 年版，第 187—188 页。

⑧ 曾继辉：《答覆王委员整理洞庭水道意见书（五）》，民国铅印本，湖南省图书馆藏。

势”，并制定了具体的放淤办法与放淤时间。[①] 民国三十六年（1947），水利专家何之泰在《洞庭湖水利问题》一文中也指出：“滨湖堤垸……应于秋收后分区轮流放淤，藉以改良土质，并减入湖泥沙。”[②] 民国三十七年（1948）颁布的《整理洞庭湖工程计划》对放淤之事更是做了详细规划：“兹拟将滨湖农田分为东部、南部、北部三部，每部内分为若干分区，以从事新式灌溉工程，并轮流放淤，以肥农田”，且提出具体的放淤办法，甚至还估算了放淤可能带来的经济效益。[③] 以上计划充分显示出放淤抬田对于改善湖田地力有着巨大的作用，虽因时局变动与财力不足而未见施行，但对此后大规模治湖工程的开展无疑提供了重要的技术支撑。

（二）抑制剥削，扶植自耕农

为了应对湖田两权分离所带来的过度利用问题，一些有识之士积极阐扬孙中山“耕者有其田”的主张，呼吁政府抑制地主剥削，大力扶持自耕农的发展。刘绍英就指出：“租佃制度是土壤保存的一个致命伤，也就是改良农业，增加生产的一个大障碍”，希望“今后的建国途中……本耕者有其田的愿望，一面以法律把佃农稳定在固定的土地上，一面以实力普遍的创定自耕农，在一定的期限内，把佃农完全消灭到自耕农中去”[④]。

署名梦云的也认为：洞庭湖的“租佃问题之亟待解决……已属刻不容缓……在社会发展的前途，更有其无法解除的阻力”，并依据“国父遗教中提示关于解决农民问题的办法，是要‘保护佃农’、‘扶植自耕农’”，提出“逐步废除租佃制度而实行民生主义中平均地权的土地政策……方为解决租佃问题之唯一途径”[⑤]。魏方在调查洞庭湖洲土问题时也发现苛刻的剥削是造成地力衰退的重要原因，认为必须进行“农地改革”，具体有“由公地管理，进到私权限制”，“由永佃自耕的扶植，进到农场合营”等途径，而且政府应当下大决心，从整理公地开始，“组织公营农场，合作

① 佚名：《勘测划定洞庭湖湖界报告》（民国二十七年六月），《长江水利季刊》1947 年第 1 卷第 1 期。

② 何之泰：《洞庭湖水利问题》，《湖大工程》创刊号，1947 年。

③ 佚名：《整理洞庭湖工程计划》，《长江水利季刊》1948 年第 1 卷第 4 期。

④ 刘绍英：《租佃制度与土壤保存》，《明日之土地》1946 年第 3 期。

⑤ 梦云：《谈滨湖租佃问题与实行土地政策》，《金融汇报》1947 年第 46 期。

农场，自耕农场"[①]。

实际上，国民政府也已认识到土地问题的紧迫性，曾在一些地区进行过"二五减租""三七五减租"等改革活动，试图"扶植自耕农"的发展，却因广大地主的强烈反对而收效甚微。就洞庭湖区而言，长期以来所奉行的是"强管山，霸管水"的地方法则，与"洲土大王"有错综复杂关系的国民政府更不可能真正实行土地改革，不可能从土地制度上遏制湖田地力衰退的趋势，这一点也恰好彰显出其时中国共产党开展土地革命的必要性与正当性。

（三）广积肥料，科学施肥

洞庭湖区肥料匮乏主要是地浮于人的生产环境所决定的，使湖田难以获得足够养分。直至民国，这一区域广大民众是以打湖草、担湖泥为主要手段来滋养土地的，但前文可知它们肥力有限，来源有限，难以遏止地力衰退趋势。民国中后期，一些有识之士呼吁政府在湖区肥料管理、利用与供给上应采取积极举措。彭文和就讲道："唯此间天然肥料颇形缺乏，则人造肥料之施用，亟宜推广"，以及"奖励绿肥作物之栽植，多养家畜"等途径来增加肥料来源。[②] 也有人主张：政府应当"积极注重农业改进，设立科学肥料厂"，并加大对"土壤之改良"的宣传力度[③]，以及委托专门机构研究"所在土地各种肥料中之成分"，再根据植物的实际需求，"规定各种田产肥料适当配合法及施用量"，向农民进行广泛的宣传，并设立专门试验示范场。[④] 由此可知，肥料利用的科学化可以说是这一时期改良土壤、养护地力的一个基本趋向。

为应对湖田地力的衰退，提高粮食产量，当时政府在肥料利用上主要有两大举措。其一，是加强城镇人粪尿的管理，成立肥料公司，增加肥料供应。比如长沙，在光绪年间"城内收运粪便，全赖瓢舀桶挑"，"也有人手提粪箕，随带勾扒，觅拾野粪"，到光绪二十八年（1902）准予设立私

---

① 魏方：《洞庭湖区农地改革的展望》，《明日之土地》1947年第10期。

② 彭文和：《湖南湖田问题》，萧铮主编：《民国二十年代中国大陆土地问题资料》第75册，成文出版社、（美）中文资料中心1977年版，第39510页。

③ 汪盛苞：《建设滨湖农业区必要性及其途径》，《金融汇报》1947年第46期。

④ 熊传澧：《湘省滨湖各县棉作调查报告》，《实业杂志》1929年。

营粪业码头；民国年间，民众为收集粪便，私自搭建了不少简陋的“公厕”。到20世纪40年代，一些肥料公司经政府批准得以建立起来，有南门的培农公司，小吴门的振农公司，浏阳门的裕农公司，北门的挖港子惠农公司，草潮门的清平公司、太和公司，还有一些小型的粪业码头，等等。[①]这些举措对于改善城市环境，增加农村肥料供应无疑起了积极的作用。然而，这在湖区一些小城镇却遇到了巨大的阻力。比如沅江县，民国三十六年（1947）县长王一凡批准在县城成立“肥料统制所”，禁止市民自建厕所，遭到了数百人的抗议，所建公厕也被砸毁。此后不久，该县长也被迫调离。[②]

其二，是推广化学肥料。民国时期，这类肥料在湖南的销量甚少。究其缘由，“一方面限于经济能力，缺乏肥料购买费，一方面舶来之化学肥料，所谓肥田粉者，赝品居多，施于农田后，反使土质变坏，农民皆不愿多付此一笔肥料购买费”[③]。为此，湖南省政府有关部门组织肥料供给合作社，指导肥料利用方法，大力推广硫酸亚、石灰炭、骨粉等无机肥，对经费不足的发放肥料贷款。如民国二十五年（1936），推广石灰炭、骨粉524万斤，推广农户达22.28万户，使用面积91.54万亩，每亩增产稻谷10斤以上。民国三十一年（1942），全省肥料贷款200万元，增产稻谷20万担。民国三十二年（1943），贷款4187.85万元，增产稻谷41.87万担。[④]

就洞庭湖区而言，政府在化学肥料上也是有所投入的。据称：“民国三十五年（1946），湖南省农业善后推广辅导委员会，配给华容硫酸铵22吨，硝酸铵45吨，发放到北景港、注滋口、万庾、清凉（今鲇鱼须）、梅市（今梅田）、章台镇（今城关镇）等10个乡镇……民国三十六年（1947），国民政府中央农林部棉产改进处汉口分处湖南滨湖植棉指导区，在华容推广硝酸铵38.5吨，骨粉20吨，分给全县34个棉花生产合作社使

① 张厚时：《南区环卫事业的今昔》，《长沙市南区文史资料》（第5辑），第98—105页。《建国前长沙市郊蔬菜产销概况》，《长沙市郊文史》（第4辑），第1—7页。

② 邓企华：《一九一九——一九四九沅江县三十年大事记》，《沅江文史资料》（第1辑），政协沅江县委员会文史资料研究委员会1984年版，第165—204页。

③ 李振：《湖南省土地利用与粮食问题》，萧铮主编：《民国二十年代中国大陆土地问题资料》第75册，成文出版社、（美）中文资料中心1977年版，第28216页。

④ 湖南省地方志编纂委员会编：《湖南省志》（第8卷），湖南人民出版社1992年版，第182页。

用。后又分到硫酸铵22.5吨，分配到19个乡镇稻田使用。”[①] 可见，民国中后期，政府在化学肥料的投入上确实采取了一些积极行动，但对面积广大的湖田而言这些肥料不过杯水车薪而已，不可能扭转地力衰退的趋势，只是彰显出了这一区域农业现代转型的一个新方向。

四 结语

清代至民国，洞庭湖淤出了数百万亩肥沃的湖田洲土，因此得以长期居于粮食主产区的地位，但在这繁荣的背后却潜伏着地力不断衰退的生态危机。这是大自然对人类的贪婪索取做出的无声反抗，是对传统社会制度残酷压迫发出的严厉警告，同时也暴露了当时农业生产能力上的严重不足。长期以来，人们比较关注不利于农业生产的水旱等自然灾害与社会制度中的弊病，却忽视了这种与它们密切关联在一起的生态危机所造成的隐性破坏。从某种程度上讲，它恰好是自然与社会因素之所以能最终影响农业生产的至关重要的中间环节。而且，地力衰退并非这一历史时期洞庭湖区所特有的，而是各地农业生产中普遍存在的现象。因此，对这一问题展开深入研究具有重大的学术价值与现实意义。

① 华容县志编纂委员会：《华容县农业志》，中国文史出版社1991年版，第213—220页。

并行不悖：20世纪七八十年代滹沱河流域生态社会管理的历史考察与启示
——以河北省石家庄地区为例

张学礼*

（石家庄铁道大学）

摘要：生态社会管理是维护生态环境、构建良好生态管理机制的重要环节。本文以河北省石家庄地区为例，通过查阅环境保护机构档案资料，从构建全社会生态管理、健全生态管理机构、提升生态敬畏意识等方面梳理20世纪七八十年代该地区生态社会管理的现状并总结经验与启示，以期为当代生态社会管理提供借鉴和思考。

关键词：20世纪七八十年代；生态社会管理；石家庄；历史启示

生态科学管理机制的构建是维护水生态环境的重要环节，是政府宏观生态管理职能的职责所在，在维护生态健康环境中发挥着极为关键的作用。本文以石家庄地区为例，考察与反思20世纪七八十年代生态环境管理的历史，以期对提升当前社会生态环境管理效能有所裨益。

一　构建水生态保护的科学运行机制

在生态环境治理的初始阶段，人们对于如何科学有效地进行行政管理缺乏充分认识，以至于出现“无所适从”的现象，这也反映出改革开放初期，人们对于环境问题认识的相对淡化。尽管这一时期的环境污染问题其实已经相当严重。“在工作方法上存在着极大的盲目性，一个时期干什么，

---

* 作者简介：张学礼，石家庄铁道大学马克思主义学院副教授。

心中没数，手中无典型，上级抓得紧，我们就忙一阵，上级不吭声，我们就闲一阵，上面有情况，我们就抓瞎材料，积累零碎，片面，可做依据的东西少，往往是水来土墩，兵来将挡。”①

社会管理在维护生态环境中发挥着重要的作用，良好的社会管理制度可以有效提升生态环境质量，减少生态副作用出现的频率。“当前存在的大量环境问题约占1/3都与我们缺乏管理或管理不善有关，只要加强管理，因管理不善造成的环境污染与破坏，便可以迅速减下来……据估算，现在污水排放量的30%到50%是由于管理不善造成的，这就是说，只要我们采取些措施，加强企业环境管理，大力推进环境用水和节约用水，污水量就可以减少35%到50%。”②

（一）构建水生态保护的全员介入管理机制

水生态环境保护涉及社会多个管理部门，只有各个部门在行政权力实施过程中都以生态意识为出发点，尊重自然规律，形成全社会生态保护的管理理念，才能真正实现水生态保护的长久化和制度化。20世纪80年代的山西省介休县工业废水排放治理即为典型案例。该县环保部门和其他部门通力协作，发挥各自的职能作用，以生态维护为准线，其主要举措是：计划部门负责对环境保护和各项经济社会发展事业的综合平衡计划指导；建设部门在审批基本计划时把好“三同时”③关；工商行政管理局通过签发营业证，把好“三同时”关，并通过一年一度的定期检查，对不按规定排放污染物的企业，立刻吊销营业执照；经济部门负责对企业治理项目的把关，每季度一次检查，对无故不完成治理计划的企业给予通报批评，直至撤换其领导班子；银行和财政部门负责对排污费、罚款征收和排污费使用进行监督；矿产部门和农业管理部门负责对煤炭基地和商品基地开发中

① 《石家庄市环境保护办公室关于1978年度工作总结》，1978年12月28日，石家庄地区环境保护办公室档案，石家庄市档案馆藏，档案号：57－1－3。

② 石家庄地区环境保护工作会议文件之五：《郭志同志在全省环境保护工作会议上的讲话（初稿）》，1984年8月19日，石家庄地区环境保护办公室档案，石家庄市档案馆藏，档案号：65－1－12。

③ “三同时”制度：指一切新建、改建和扩建的基本建设项目、技术改造项目、自然开发项目，以及可能对环境造成污染和破坏的其他工程建设项目，其中防治污染和其他公害的设施及其他环境保护设施，必须与主体工程同时设计、同时施工、同时投产使用的制度。

的生态平衡和环境承载能力进行把关；科技管理部门负责对环境保护科技人员的培训；工会部门负责发动群众监督，发挥社会舆论的作用；法院负责根据环境保护法，追究违法单位的法律责任；宣传部门负责环境保护的宣传教育。从实际效果来看，该县的生态管理效益明显。“这个县有县以上企业36个，社队企业116个，到目前为止，该县已经治理的工业废水量以及达到国家排放标准的废水量，分别占废水排放总量的57%和43%。”①

与此相反，如果社会各管理职能部门缺乏生态环保意识，就会造成环保管理部门工作上的被动，从而会造成生态环境的污染和破坏。石家庄地区在1982年“三同时”制度执行报告中曾指出，个别部门消极的生态意识是导致“三同时”不能落实到位的因素之一。“我区的新建、扩建、改建项目大部分没有按这一规定办事，没有写环境影响报告书，就有了计划和投资，甚至有的已经动工，环保部门还不知道，有的项目是到了有关部门了解到的，有的是听说到的，有的是检查时发现的，如藁城县医院、赞皇县酒厂、藁城县酒厂，这样，当我们知道后，有的已经审批，有的已经动工，有的准备试投产，有关部门的“三同时”把关不严，环保部门监督权就很难行使，工作很被动。”②

（二）要将生态环境保护纳入国民经济发展计划和经济管理轨道

“环境保护工作说起来重要，做起来不要。”③ 其主要表现特征为：生产主体在进行生产计划实施过程中，从生产计划的制定、生产工艺的提升和改进到生产效率的激发和奖励实施，均没有将消除生产过程中的生态破坏作为实施方案的组成部分。即使在做经济效果评价过程中，也忽视了对生态效益的考核和关注，生产项目能够坚持做到生产设计方案和生态环保方案同步进行的占比较小。

我国环保部门明确规定了“三同时”制度，即在新建、改建工程时必须提出对环境影响的报告书，经环境环保部门和其他相关部门审批后，才

① 石家庄地区环境保护工作会议文件之五：《郭志同志在全省环境保护工作会议上的讲话（初稿）》，1984年8月19日，石家庄地区环境保护办公室档案，石家庄市档案馆藏，档案号：65－1－12。

② 《关于1982年“三同时”执行情况的报告》，1982年10月20日，石家庄地区环境保护办公室档案，石家庄市档案馆藏，档案号：65－1－7。

③ 《1980年石家庄地区环境保护办公室工作总结》，1980年12月25日，石家庄市环境保护办公室档案，石家庄市档案馆藏，档案号：65－1－6。

能进行设计，其中，防治污染和其他公害的设施，必须与主体工程同时设计、同时施工、同时投产，各项有害物质的排放必须遵守规定。但是，实际上是不执行的多，执行的少。有的厂新建时有治理项目，但是“三废”治理装置达不到要求，污染仍然很严重。“如栾城县络酸厂，自 1978 年试车至今，在没有验收的情况下变相生产，致使废渣堆积如山，地下水严重污染，东风农药厂 1976 年投产以后，废水中的有机磷超标排放标准的几十倍。”①

1980 年，石家庄地区环保机构调查发现：“1980 年基建项目 48 项，总投资 2134.45 万元，其中有污染的项目 38 项，坚持‘三同时’的项目 6 项，投资 1979.65 万元，占有污染项目的 15.7%，‘三废’治理项目资金 35 万元，占有污染项目投资的 1.8%”②。

（三）健全组织设置，提升执行效率

各级环境保护机构是执行国家有关环境保护方针政策和法令监督检查及推动本地区防治污染、保护环境的保证。“我区仅获鹿县城设有环保科，其他都是纪委和建委代管，这样就形成了下面无腿，耳目不灵，下面情况不能及时反映，上级精神不能及时传达，工作很难开展，如实行超标排放废水收费，行署 1980 年 48 号文件规定，自 1980 年 6 月 1 号起，全区实行排污收费，但是因为无环保机构，仅仅六个月开始了收费，其他十一个县未动。”③

二　提升社会群体的生态认知水平

从政府职能来看，关注生态环境保护的理念在改革开放之初就已经构建。“在 20 世纪 80 年代初，国家就把环境保护确立为一项基本国策，以‘国务院决定的形式发布实施’，并制定了‘经济建设、城乡建设、环境建

① 《1980 年石家庄地区环境保护办公室工作总结》，1980 年 12 月 25 日，石家庄市环境保护办公室档案，石家庄市档案馆藏，档案号：65－1－6。

② 《1980 年石家庄地区环境保护办公室工作总结》，1980 年 12 月 25 日，石家庄市环境保护办公室档案，石家庄市档案馆藏，档案号：65－1－6。

③ 《1980 年石家庄地区环境保护办公室工作总结》，1980 年 12 月 25 日，石家庄市环境保护办公室档案，石家庄市档案馆藏，档案号：65－1－6。

设同步规划、同步实施、同步发展，实现经济效益、社会效益和环境效益相统一’。”[①] 由此可见，从国家宏观管理层面来看，我国已经充分意识到了环境问题在国民经济发展中的重要影响。在改革开放之初，石家庄地区环保机构已充分认识到生态环境问题的重要性。“中央领导同志三令五申要消除污染，保护环境……并制定了‘全面规划、合理布局、化害为利、依靠群众、大家动手、保护环境、造福人民’的环境保护方针。”[②] 同时，河北省相关部门也发出了相关文件来督促实施。但是在实际的工作中仍存在各种问题。“有一些单位至今还是不能够引起足够的重视，没有把环境保护纳入到重要位置，既不采取措施，又不进行治理，而是年年向农民赔款，致使环境污染，没有及时进行控制，而是在继续发展。”[③]

改革开放之初，石家庄市环保部门能够充分地认识到生态环境保护的重要性，这是难能可贵的，但是“政策再好，如果不实行也会失去意义”[④]。

（一）树立“水”生态的敬畏意识

历史上，滹沱河流域的水患给人类生产生活带来了严重灾难。随着水环境变迁，历史上的水患之灾在现代人的安全意识范围内逐渐消退，以至于对“水”的敬畏之心也逐渐淡化。以河北省藁城县为例，20 世纪 80 年代以来，藁城县境内河道受风沙侵袭严重，再加上部分群众思想麻痹，沿河各村常有损坏河堤的现象，并且在河滩地上植树育林。“为此，水利部门年年抓堤防修复和清理树障工作。但是毁堤设障现象仍然存在，在滹沱河大堤内建有房屋3000 余间，其中新兴安村整个村庄坐落在河堤内。”[⑤]

1996 年，滹沱河流域发生了较大的洪水，从对洪水成因的分析中发现人们水患意识的淡化是其原因之一。以河北省深泽县为例，在这次洪水中“深泽县的大梨元，安平县的里河、长汝距北大堤较近，为加强安全感，

① 曲格平：《曲之求索：中国环境保护方略》，中国环境科学出版社 2010 年版，第 iv 页。

② 《石家庄市环境保护办公室关于 1978 年度工作总结》，1978 年 12 月 28 日，石家庄地区环境保护办公室档案，石家庄市档案馆藏，档案号：57 – 1 – 3。

③ 《石家庄市环境保护办公室关于 1978 年度工作总结》，1978 年 12 月 28 日，石家庄地区环境保护办公室档案，石家庄市档案馆藏，档案号：57 – 1 – 3。

④ 曲格平：《曲之求索：中国环境保护方略》，中国环境科学出版社 2010 年版，第 iv 页。

⑤ 《藁城县志》，中国大百科全书出版社 1994 年版，第 143 页。

近些年向北大堤发展建房，村庄与北大堤之间仅有200—300米的宽度。由于村庄挤占了洪水通路，村庄阻水更为严重，水头加大、水流集中、流速快”①。

（二）摒弃“生态与生产对立”的片面思维

在经济建设中，最大的问题在于：只讲生产观点，不讲生态观点；只顾眼前的需要，不顾将来的需要；只关注经济效果，不注意环境效果；只考虑部门局部利益，不考虑社会整体利益；只安排主体工程建设，不注重环保设施建设。把经济建设和保护环境对立起来，甚至不惜以破坏自然环境和资源为代价，换来所谓高速度，工厂建成之日，就是污染泛滥之时。其主要特征是“往往只从本单位、本地区的局部的、近期的生产效果考虑问题，搞生产，只强调产品质量，不注意排泄物的处理，把大自然当做‘三废’的垃圾桶，任意污染环境，搞基本建设，只强调扩大生产能力，不注意资源、能源的综合利用和环境保护，搞经济核心，只计算本单位的利益，不计算整个社会的效益”②。“他们对污染问题抱着无动于衷、无能为力的态度，有的同志认为生产和治理‘三废’是对立的，认为抓了治理就影响生产，妨碍生产，有的单位在全国第一次环境保护会议后就没有提出过有效的环境保护和治理污染的措施，有的单位连这样一次重要会议的精神也不传达，他们既不抓也没人管，一直冷冷清清，没有成效。”③

人们应强化从人类生存与发展的战略高度统筹经济发展和生态环境保护的关系，更要摒弃在自然界面前肆无忌惮的反生态短视行为。构成生态环境的各种自然因素，也是经济建设所必不可少的宝贵资源要件。所以，构建良好水生态环境，也是为了保存资源，也是为经济发展提供物质基础。反之，经济发展了，资源丰富了，技术进步了，又可为生态保护提供外部条件和支撑。因此，二者是相互促进、相互依存的。

生态意识的构建是一个循序渐进的过程，尤其是改革开放之初，在自

---

① 李保江：《滹沱河“96·8”洪水暴露问题及分析》，《河北水利》1997年第3期。

② 石家庄地区环境保护工作会议文件之五：《郭志同志在全省环境保护工作会议上的讲话（初稿）》，1984年8月19日，石家庄地区环境保护办公室档案，石家庄市档案馆藏，档案号：65－1－12。

③ 《苏佐山同志在我省环境保护工作会议上的讲话》，1977年1月，石家庄地区环境保护办公室档案，石家庄市档案馆藏，档案号：65－1－1。

然界的生态容量相对较大的背景下，人们更加缺少对自然生态的保护意识，往往把生产和环保相对立。“邯郸地区某村办了一个电镀厂，干了没几天，村里的河流成了黄水，牲口喝了水就死，人用水洗脚起疙瘩，皮肤瘙痒，由于他们不懂得环保知识，结果是全村人受害，石家庄地区栾城县铬酸厂不到两、三年的功夫，就把附近农村的地下水全部污染，很显然这都是不算经济帐、生态账的结果。”① 无极县的部分干部群众对环保工作同样存有“误解”，“我们干了这么多年，从没见过因为我厂的污染死过人；现在生产这么忙，治理污染顾不上；中国地大天大，有点污染也没啥”②。

随着自然界对人类社会的不断“报复”，人们的生态意识得以逐渐形成。“经过以往十年的努力，各级领导干部和广大人民群众，对环境和环境保护的认识，应该说是有了一个相当大的提高，十年前人们对‘污染危害’，‘生态平衡’等等，还很陌生。”③ 20 世纪 80 年代，人们的生态意识逐渐增强，尤其是在城市里，“环境知识比较普及了，反映污染危害，要求保护环境的来信来访逐渐增多”④。但是，这一时期仍然存在口头重视，实际忽略的现象。“原因固然很多，但是归根结底还是有的领导干部对环境保护认识不深，没有摆到应有的位置来对待。”⑤

（三）发挥生态环境教育的教化作用

政府环保部门在行政管理实施过程中，应该充分认识到生态环境教育的重要性，实现行政管理和教育感化的有效结合。河北省获鹿县在整顿农

① 石家庄地区环境保护工作会议文件之五：《郭志同志在全省环境保护工作会议上的讲话（初稿）》，1984 年 8 月 19 日，石家庄地区环境保护办公室档案，石家庄市档案馆藏，档案号：65 - 1 - 12。

② 无极县计委环境保护办公室：《加强领导，开创环境保护工作新局面》，1984 年 10 月 26 日，石家庄地区环境保护办公室档案，石家庄市档案馆藏，档案号：65 - 1 - 12。

③ 石家庄地区环境保护工作会议文件之十二：《为实现我国环境状况的根本好转而奋斗——城乡建设环境保护部部长李锡铭同志在第二次全国环境保护会议上的讲话（1984 年 1 月 1 日）》，石家庄地区环境保护办公室档案，石家庄市档案馆藏，档案号：65 - 1 - 12。

④ 石家庄地区环境保护工作会议文件之十二：《为实现我国环境状况的根本好转而奋斗——城乡建设环境保护部部长李锡铭同志在第二次全国环境保护会议上的讲话（1984 年 1 月 1 日）》，石家庄地区环境保护办公室档案，石家庄市档案馆藏，档案号：65 - 1 - 12。

⑤ 石家庄地区环境保护工作会议文件之十二：《为实现我国环境状况的根本好转而奋斗——城乡建设环境保护部部长李锡铭同志在第二次全国环境保护会议上的讲话（1984 年 1 月 1 日）》，石家庄地区环境保护办公室档案，石家庄市档案馆藏，档案号：65 - 1 - 12。

村社队电镀厂的工作实践中，总结出的经验是："行政干预不是万能的，光靠行政命令工作很难做好，整顿中，我们在做好行政干预的同时，加强了环境宣传教育工作。"① 获鹿县环保部门一方面宣传国家的环保政策和行政规定，一方面宣传电镀"三废"对生态环境、人体健康的危害性。同时，进一步向群众说明如何正确处理好眼前利益和长远利益的关系，"经过一个阶段耐心细致的工作后，规定撤销点、厂大部分很快就停产了，但是仍有的思想不同，还继续生产，有的表面上停了，背地里却还在干，面对这种情况，我们不怕麻烦继续去做工作，经过这样反复的努力，目前全县应撤销的15个电镀厂、点，除个别电镀点仍在做工作外，绝大部分都停产了"②。

生态环境保护是一门科学，无论是社会管理者还是被管理者都需要具备相关知识背景，这样才能有效推动生态环境保护的有序发展。"一件事情要做好，先要使大家懂得为什么要这么做这件事情，怎样去做这件事情。有了统一的思想，才能有共同的语言、共同的行动。"③

加强宣传教育，以隐性教育和显性教育相结合，建立起普遍意义上的社会群体对于水环境构建的认同意识。目前，滹沱河流域的水生态环境保护宣传教育还是做了大量的工作，政府有关部门通过标语、广播、报纸等形式进行宣传和教育。但是，从基层来看，存在宣传重视和实际工作相脱离的倾向。以节约水资源为例，从调研数据来看，"您所在的地方有没有节约水资源，珍惜水资源的宣传教育?"其中回答"没有的"占到11.69%，"有，很重视"占到27.92%，"有，一般重视"占到60.39%。这就说明宣传和落实的"两张皮"，个别地方还不能够真正地把各项水环境保护措施落到实处。

---

① 《获鹿县环保科关于整顿农村社队电镀厂、点的工作报告》，1982年8月26日，石家庄地区环境保护办公室档案，石家庄市档案馆藏，档案号：65-1-12。

② 《获鹿县环保科关于整顿农村社队电镀厂、点的工作报告》，1982年8月26日，石家庄地区环境保护办公室档案，石家庄市档案馆藏，档案号：65-1-12。

③ 石家庄地区环境保护工作会议文件之四：《薄一波同志在全国第二次环境保护工作会议上的讲话》，1980年1月12日，石家庄地区环境保护办公室档案，石家庄市档案馆藏，档案号：65-1-12。

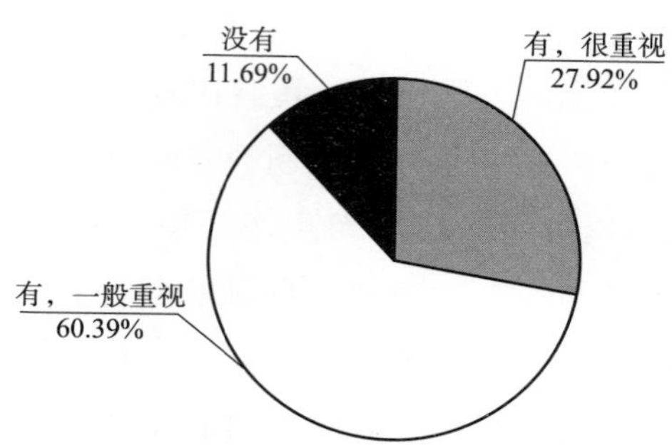

图 1 “节约水资源，珍惜水资源的宣传教育”问卷情况

生态意识的构建是人类在生产活动中保持生态平衡的首要前提，只有把生态意识真正融入主观意识中，才能有效地协调好发展和生态的辩证关系。也正是由此，“由于环境意识不高，一些可以防止的环境问题不能防止，一些可以治理的环境污染不能治理”①，甚至，从某种层面上来说，公众生态意识的构建的难度要远远高于从物质层面和技术层面去应对生态问题的影响。笔者在河北省平山县东冶沟村调研时发现，滹沱河河道内一边是保护河道的宣传标语，一边是各种侵占河道的非法建筑物和非法的采砂活动，二者形成了鲜明的对比。

在对于问题“您了解村里打井是否需要政府审批”的回答中，“需要，很严格”只占到了22.73%，这也说明个别地方对于农村水环境管理存在一定的缺失。

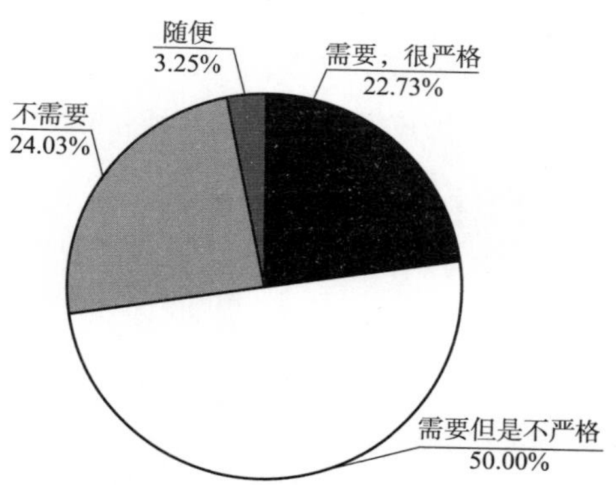

图 2 “农村水井管理现状”问卷情况

① 曲格平：《曲之求索：中国环境保护方略》，中国环境科学出版社 2010 年版，第 395 页。

（四）突出乡镇企业生态管理的特殊性

乡镇企业具有自身特性。农民群体由于自身教育水平所限，缺乏相应的科学知识和生态意识，因此，农民所办企业科技含量相对较低，设备较简陋，资金较短缺，环保意识淡薄。同时，乡镇企业也存在产品选择不当、厂址布局不合理、重生产轻环保等问题。此外，乡镇企业投资小，见效快，转产容易，但是生态治理难度较大。由于村落的居住空间所限，往往一个小厂会危害到几个村庄，一台设备可搅扰四邻不安。乡镇企业的环境污染，直接影响到企业生产和群众正常生活。“1980 年藁城市设置环保机构以后，因污染而上访的人很少，1989 年以后，上访者就达 30 余人。”① 此外，还存在企业短视行为严重的现象，“有些企业个体户只顾赚钱，单纯追求经济效益，环境问题根本不顾，以环境换取眼前的利益”②。

由此，生态环保宣传工作就显得愈发重要。1986 年以来，藁城县每年为有关部门订阅《中国环境报》和《环境管理通讯》等相关环保刊物，在各类公共场合设置环境保护宣传橱窗，编印了环境保护文件选编，政府部门领导在电视台做了关于加强环保工作的电视讲话，还在县委党校举办的乡镇长学习班上增加了环保内容。这些举措有效地提高了当地的环境意识。

制定法规政策，加强依法管理。1986 年 3 月，藁城县颁布了《乡镇街道企业环境保护暂行规定》和《乡镇街道企业实行超标排污收费的规定》，大大促进了该县的乡镇企业环保管理工作。1986 年该县召开第一次乡镇环境保护管理会议，提出新建项目由乡镇企业局、工商局和城建环保三家联合把关，环保部门主要负责的联合审批制度。

环保部门除行使行政管理职能之外，针对乡镇企业技术相对薄弱的特点，也应提供更多环保技术的支持，从而实现企业、社会的共同受益。“藁城市东街王志江镀锌厂外排废水中，六价铬高达每升 66 毫克，严重超

---

① 藁城市城建环保局：《加强环保管理　促进乡镇企业健康发展》，1990 年 3 月 5 日，石家庄地区第四次环境保护会议材料，石家庄地区环境保护办公室档案，石家庄市档案馆藏，档案号：65－1－63。

② 《发展乡镇企业　保护城乡环境》，1990 年 3 月 5 日，石家庄地区环境保护办公室档案，石家庄市档案馆藏，档案号：65－1－63。

过国家标准，我们为其设计了废水处理厂，沉淀池、回用池及化学处理工艺，使其外排废水中六价铬基本接近国家标准。”①

加强乡镇企业污染的法制化管理。根据《国务院关于加强乡镇、街道企业环境管理的规定》，河北省制定了《河北省乡镇、街道企业环境管理实施办法》《河北省乡镇、街道企业建设项目审批权限的规定》，石家庄制定了《关于乡镇、街道企业环境保护管理办法》。部分县市依照国家、省关于乡镇企业的管理办法，先后制定了地方法规，从而加强了对乡镇企业污染的管理，起到了积极的推动作用，产生了良好的效果。1986 年，藁城县制定了《乡镇、街道企业环境管理暂行规定》和《对乡镇、街道企业实行超标收费规定》，加强了该县的环境法治建设。

三　小结

（一）提升生态意识的重要性

生态破坏具有一定的不可见性。这也导致生态环境恶化情况缺少直观性和可见性，从而也导致部分社会群体缺乏足够的生态保护意识。所以，提高全体社会成员的生态意识尤为重要。正如美国前副总统阿尔·戈尔在给《寂静的春天》写序时深刻指出的：“环保意识的迅速觉醒是最具根本性的。一个正确思想的力量远远超过许多政治家的言辞。”

（二）构建生态文明教育体系

也正是由于部分社会群体缺乏生态意识，所以构建生态文明教育体系就显得尤为重要。目前，我国的生态文明教育虽然取得了一定成绩和教育效果，但是仍存在一定的问题，如体制机制不健全、缺乏顶层设计、教育体系不完善等。这就要求政府部门提高认识，努力构建科学、完善、有效的生态文明教育体系。

---

① 藁城市城建环保局：《加强环保管理　促进乡镇企业健康发展》，1990 年 3 月 5 日，石家庄地区第四次环境保护会议材料，石家庄地区环境保护办公室档案，石家庄市档案馆藏，65－1－63。

（三）完善生态管理制度体系

生态管理是维护生态环境的关键所在。原环境保护部部长曲格平指出："现存的许多环境污染问题，是管理不善造成的。据工业典型调查分析，一半左右的污染是由于管理不善造成的。"① 所以，我们应高度重视生态管理制度体系的构建。当前，我国政府各级生态环保机构已实行垂直化管理，生态管理职能日趋加强，有效提升了政府行政管理效能。当然，与目前的生态形势要求相比，政府行政管理还存在较大提升空间，因此，我们应总结历史时期正反两方面的经验和做法，以史为鉴，为今所用。

① 曲格平：《曲之求索：中国环境保护方略》，中国环境科学出版社 2010 年版，第 31 页。

寻找新水源：英租界供水问题与天津近代自来水诞生

曹　牧*

（天津师范大学历史文化学院，天津　300387）

摘要：供水问题是中国城市近代化的重要部分。它不仅反映了中西技术、卫生观念和城市管理理念的差异，也体现了城市从自然获取水资源方式的变化。近代中国自来水的诞生大多与租界和西方人有关，在早期自来水建设中也体现了西方群体对中国城市环境的适应。本文梳理了天津首家自来水厂建立前后关于水源选取、卫生标准、水厂组织形式等问题，总结租界探寻新水源的过程并在此基础上讨论供水变化中体现的城市中人与自然的互动关系。

关键词：天津；租界；供水；自然资源

清末中国的几个重要口岸城市相继出现了早期自来水系统。这种新型供水方式因体现了近代科技、卫生和市政管理等几个城市发展的重要方面而被视为中国城市近代化转向的重要标志。仔细观察清末最早的自来水厂不难发现，它们几乎都与租界和西方侨民有着千丝万缕的联系，若转换视角，部分早期自来水工程建设也是西方人移居中国城市后，将自身文化特色、生活习惯和技术水平与当地特有自然条件相结合，从而获取生存发展所需资源的结果。

天津是清末民国中国北方最大的港口和经济中心，1860 年开埠后一度

---

* 基金项目：天津市社会科学青年项目（项目编号：TJZL16－001Q）。

作者简介：曹牧，天津师范大学历史文化学院副教授。

建有九国租界，在城市近代化和自来水建设方面极具代表性，也为我们观察城市新群体对水源选择的讨论提供了一个难得的案例。天津的西方侨民用碎石铺设马路，修建具有欧洲特色的楼宇，填平泥塘建造花园，用二十年的时间在中国人居住区之外塑造出一个“街道宽平，洋房整齐，路旁树木葱郁成林，行人蚁集蜂屯，货物如山堆垒，车驴轿马辄（彻）夜不休，电线联成蛛网，路灯列若繁星”① 的摩登都市景观。同时，界内的卫生标准和疾病预防工作也随着欧洲同时期逐渐展开的卫生变革而日益强化，出现了卫生思想“大分流”②。无论在英国本土还是租界，水质都因与疾病传播和居民健康联系紧密而逐渐成为维持人口健康的一条重要防线。③ 建设自来水厂是租界获取符合自身卫生标准的新水源，进而适应天津环境、持续发展的重要措施。

对于天津这样一个深受水环境影响的近代口岸城市来说，供水方式的变化不仅体现了彼时社会发展的多样性和居民生活方式的转化，也反映了中西居民不同的卫生观念和应对环境问题的方法。在西方人探求符合其卫生标准的努力中，我们亦能看到一个外来居民群体出于生存需要而对当地城市环境的改造与适应过程。天津首个自来水厂的诞生标志着新旧取水方式的转变而具有重要研究价值，但相关研究的推进则受到新资料匮乏等问题的阻碍。因此，本文拟引入近代天津最重要的英文媒体《京津泰晤士报》（*Peking and Tientsin Times*）资料，分析租界早期市政记录和水源讨论等内容，希望能够结合天津自然历史背景梳理租界探寻新水源的历程，在补充相关研究细节之余，讨论近代社会背景下城市供水变革中体现出的人与自然互动关系。

一　天津的水资源状况

天津地区西部有黄土高原与太行山脉形成的高地，东北部有燕山山脉及其余脉，尽管人们能在城市以北的蓟州看到高度达 750 米以上的巍峨石灰岩或花岗岩的山体，以及其南部断裂带的山谷和少数海拔 200 米左右的

---

① （清）张焘：《津门杂记（卷下）》，清光绪十年（1884）刻本，第 22—23 页。

② ［美］罗芙云：《卫生的现代性——中国通商口岸卫生与疾病的含义》，向磊译，江苏人民出版社 2007 年版，第 76—78 页。

③ “Cholera and the London Water Supply”, *The Times*, 1853. 11. 25, issue 21595, p. 5.

缓丘，然而这些被统称为山地的区域在面积上仅占当前城市行政区划面积的4.5%。[①] 天津区域地貌绝大部分是平原和洼地，从高空俯瞰，海河平原就仿佛一个西北高东南低的倾斜着的簸箕，吸引着周边山地水源汇流到低洼的河谷中心地带，汇入短促的海河主河道注入渤海。这种特殊的地理结构造就了天津卫“九河下稍，海陆通衢”的交通优势。

天津一方面坐拥海河及其支流带来的充足水量，甚至在雨季常常泛滥成灾，另一方面却如同海中孤岛一般，在咸水压力下保持着对清泉的渴求。天津地势低洼又临近海滨地带，纵然地下水位较高，但大多是盐卤的咸水几乎无法饮用，因此北方常见的井水在天津却仅能用于日常盥洗，偶有的几口淡水井因此异常宝贵，被冠名“惠”“义”等雅名，井水亦被称为“甜水”。不过随着城市发展，此类甜水井日渐稀少，康熙年间城内尚存的数口明代水井几乎全部荒废，乾隆时期城内饮水更为困难，以致“围城无水，有吁天得泉者，虽一时侥幸”。城内饮水依赖河水，“居民万户皆仰给郊外，昏暮之求，远者十里，近者亦不下一二里”，取水者多加上运输工具（水筲或者水车）封闭不严，运水繁忙时亦出现“罂缶压道，余滴浸街，即值久晴，仍愁泥滑”的奇特景象，若转而购水，亦要承担“水一担不过三斗，非钱五文不可得……以三斗水之资，去日食之半”[②] 的不菲水资，供水困境可见一斑。

然而即便是河水也并非全部适宜饮用。海河有多条分支，水源条件各有不同，水质优越的也不多。三岔河口以下河段因为经常受到海潮上涌的影响而咸涩难饮，上游支流又大多流经黄土裸露地带，普遍存在泥沙含量过高等问题，相对而言，只有恰好流经老城北门外、地理区位优越的南运河水源状况尚可。南运河水虽然同样含有黄土地带泥沙而不算清澈，但因为从太行山西侧山地汇入的清漳水冲淡了河道中黄土丘陵下泄的泥沙，在一定程度上提升了水质口感，在被苦水和浑水浸泡的天津成为一股清流。天津人认为“御河水”（南运河水）口味清甜，能够浇灌出御河白菜等驰名中外的“蔬菜四珍”，因此在天津逐渐形成的买水售水体系中售价最高，南运河沿岸也成为城市最主要的取水地点。

---

① 天津环境保护丛书编委会：《天津生态环境保护》，中国环境科学出版社2013年版，第17—19页。

② 本部分引文均来自乾隆《天津县志》卷5《山川》，第22—23页。

天津的城市发展与河流水源关系密切，一方面河流水运带来的便利、暴雨洪灾的记忆印刻在城市发展历程中，而另一方面，饮水缺乏也在潜移默化中改造着天津人的生活。几乎随着城市一同诞生的购水和售水网络、城市居民的节水习惯，以及其他水文化特征，是数百年间天津居民在适应城市环境和资源状况过程中形成的生活习惯，而这也恰好是迁居而来的西方居民融入当地环境时最为缺少的部分。与接受东方生活方式相比，西方人更倾向于在自身文化基础上，创造出一条适应当地环境的新路，其中最重要的一步便是解决水源问题。

二　租界与水源新要求

1860 年天津被迫开埠，同年 11 月英法殖民者在海河沿线的紫竹林附近考察后，划定了第一块租界地，随后租界数量和面积不断增加，于老城区东南部建造了一片颇具规模的“国中之国”。

租界建设的一大特点是在规划和建设风格中对本国原有建筑特色的保留和传承。以英租界为例，在咪多士道一带便集中分布着英式风格的公园、教堂、哥特式风格的市政大楼，以及英国俱乐部，这些建筑加上碎石铺就的道路和配套出现的宾馆、商号、西餐厅等服务设施，构造出与租界外格格不入的生活图景，也同时体现了租界内外文化的迥异风格。

仅从生活用水角度便能清晰地看到这种差异。租界刚刚开辟时，其低洼肮脏的自然环境便饱受诟病，在《中国时报》主编亚历山大·米琪（Alexander Michie）笔下，租界最初“尽是一些帆船码头、小菜园、土堆以及渔民、水手等居住的茅屋，而这些破烂不堪肮脏茅屋彼此之间被一道道狭窄的通潮沟渠隔开……两个租界地区是一些肮脏又有害健康的沼泽地”[①]。在他们看来华人居住区情况也并不好，河道中充满废水，“运河是一条充满垃圾的深沟”[②]，但令人惊讶的是，中国人不仅能够忍耐苦涩的井水，还能喝下肮脏的河水——只不过有时是将河水“倒在大缸里让脏东西沉淀到缸底之后过滤”[③]，有时则是直接饮用。1895 年一个英国侨民在河

① *Chinese Times*，1888 - 11 - 03，天津市档案馆，档案号 W199。

② ［英］雷姆森：《天津租界史（插图本）》，许逸凡、赵地译，天津人民出版社 2009 年版，第 34 页。

③ A. B. Freeman - Mitford，*The Attache at Peking*，London：Macmillan and co.，limited，1900.

畔亲见中国船夫在河上洗漱饮水后写道："大多情况下我不是一个愿做断论的人，但有两件事我非常确定，一个是死亡，另一个是天津人是这个星球上感觉最迟钝的人种。对于后一条值得称颂的评论，我的理由是，他们惯于饮用稀释的废水，并在其中洗浴，却自鸣得意颇为享受。"①

中外两群体对天津城市环境中水源清洁程度判断的差异，有来自卫生观念、经济和科技发展等深层要素的影响，也有来自生活饮食习惯差异的直接作用。与中国人相比，西方人更倾向于饮用冷水而不是烧开后的热水，并会进食生冷蔬菜制成的沙拉②，因此容易受生水水质的影响，也更重视水源清洁问题。欧洲用水习惯普遍认为城市下游水源不够清洁，但租界恰好位于老城区海河下游，因此要获得上游水源，就要派家中仆役出门取水或从中国水夫处购水。然而无论是中西卫生观念差异影响还是潜在的殖民优越感作祟，英国主人常常在生活中陷入对中国仆人的信任危机，进而引发因卫生质疑而出现种族隔离观念。出于对公共卫生安全的恐惧，优雅的英国贵妇在租界花园中发现带着孩子卧病街头的中国母亲，也会狠下心来以威胁健康为由向警察投诉，要求将其迅速驱逐。③

由此可见，当殖民者迫不及待或迫不得已地从中国人手中接过水桶时，内心往往是矛盾的。他们纵然可以在空间上创造一个自成一体的"国中之国"，但无法阻止两种文化的碰撞：运送食物、水源的中国商贩，为雇主服务的中国仆役，以及在西方人生活中不可或缺的家佣们，无时无刻不强调着中外文化和生活习惯的差异。西方雇主经常互相交流对中国仆人的管理经验，但事实上无论是监控，还是纠正生活习惯，都不能一劳永逸地解决问题。摆脱中国环境而获得饮水，是租界追求水源独立的一种尝试，而要达到这一目的，则必须建立一套新型工业供水系统。

三　英租界的水源大讨论

天津英租界虽然早有建造水厂的想法，但是碍于经费不足而一再搁置。1883 年 6 月 29 日李鸿章亲手扭开上海自来水厂供水闸门，惊喜地看

---

① "Water?", *Peking and Tientsin Times*, 1895 - 02 - 23. 注：本文引用报刊内容已获大英图书馆（The British Library）授权。

② "Water?", *Peking and Tientsin Times*, 1895 - 02 - 23.

③ "The Park and Contagion", *Peking and Tientsin Times*, 1895 - 06 - 29.

到浑浊的河水在沉淀池里变得清澈[1]，这也标志着英租界在上海主导的新型供水设施的正式启动。上海的新变化，显然带给了同为港口城市和租界所在地的天津更多的希望。事实上，在上海自来水正式供应的同时，天津便传来要仿效上海创办水厂的消息[2]，然而正当各界期待“析津人士得以饮和食德”[3] 时，该厂却因无人入股经费难以支绌而不了了之，津市自来水希望再次破灭，租界居民的卫生焦虑和悲观情绪进一步蔓延。

1894 年 6 月，香港暴发霍乱，天津同样也面临着瘟疫威胁，然而在租界人士看来，本地人“亲眼见到亲人死于疾病，邻居被夺走性命，但却将一切归结为命运、偶然、天意或者任何其他因素，而对最为明显的肮脏问题视而不见”，因此“天津本地居民的表现，让我们知道不能寄希望于(他们能够) 设定卫生标准、安排卫生活动，并进行整理清洁街道工作”[4]。10 月，中国商人的汽船公司发生火灾，在没有风力助燃的情况下，火舌仍然迅速夷平了靠近海河的栈房。[5] 火场并非缺乏人力和帮手，只是狂猛的火势让大多数人束手无策，这说明即便临近水源、人力充足也不能确保火灾一定能被扑灭。一个结论是明确的——无论应对瘟疫还是火患，保障租界安全最关键要素仍然是足够的供水。围绕供水的讨论随之在居民层面先行展开，进而影响日益扩大，变为有提议人支持，受董事会重视，最终可以提交租地人大会讨论的正式议题。在此过程中，租界最大的英文媒体《京津泰晤士报》作为公共讨论平台发挥了无可替代的推波助澜作用。

《京津泰晤士报》创刊于1894 年，前身是亚历山大·米琪主编的《中国时报》。这份由天津英租界主办的报纸，将自己定位为立足英国，服务租界的公众媒体。年逾七旬的报纸主编白令罕（William Bellingham）在发刊词中写道：“《京津泰晤士报》本质上是英帝国的，这样说不是为了冒犯任何国家。假装支持或赞成一些与我们观点不同国家的看法非常愚蠢……避免世界主义不是去搞狭隘的民族国家主义，我们将秉承‘国际礼让’，竭尽全力保证论断公正。”[6] 基本阐明了办报立场——报纸为英租界服务，

---

① 《傅相游踪》,《申报》1883 年 7 月 1 日，第 3 版。

② 《津信摘录》,《申报》1883 年 6 月 29 日，第 2 版。

③ 《析津近事》,《申报》1883 年 8 月 26 日，第 1 版。

④ “Sanitary Precautions”, *Peking and Tientsin Times*, 1894 - 06 - 09.

⑤ “The Lessons of the Fire”, *Peking and Tientsin Times*, 1894 - 10 - 13.

⑥ “Mr. Bellingham”, *Peking and Tientsin Times*, 1895 - 03 - 02.

具有相应观点和立场，但报道注重客观公正，反映实情。在此种精神指引下，《京津泰晤士报》很快成长为北方最具影响力的英文报刊，它刊载的内容包括早期英租界的政治动态、工部局活动、社会新闻以及关系租界重要事项的民众反馈等，在推进租界市政建设方面同样发挥了重要作用。京津泰晤士报的编辑们最早发现了租界居民对供水的关注，他们一方面自嘲“尽管报纸编辑应该万事通，但很遗憾我们不是工程师”①，另一方面则积极地刊载读者们提出的问题，在租界中引起共鸣和深入讨论，也让报纸成为不同意见碰撞的中心。

英租界关于供水的早期讨论提出了获取水源的三种模式：取海河水、挖掘深井水以及远途调水。三类提议各有利弊，其中，取海河水最为简便但问题也最明显。租界位于老城下游，河水中必然存在一部分生活污水，因此即便最终选择使用河水供给水厂也要进行较为严苛的卫生处理，比如蒸馏。然而在当时的技术水平下，每蒸馏处理25吨水就要消耗1吨煤，能源消耗数量不菲，实现起来也有难度。

第二种选择是挖掘深井水。天津地下潜水水位较高且全区百分之九十的地区位于咸水区，普通深度的水井只能获得咸涩难咽的苦水。此时租界讨论的掘井，乃是利用现代机械钻探技术进行的深井挖掘，能够将井深增加数倍，获得承压水层中的深层地下水。② 与潜水相比，深层水源因为经过沙石自然过滤而更为清澈，且因处于承压水层中，井水能自主上涌，也省却了机器抽取的麻烦。地下水源冬暖夏凉，对管道和机器皆有保护，是当之无愧的优良水源。从操作角度看，此时机械钻井法已经在俄国、美国等地的矿业工作中崭露头角。③ 在澳大利亚，人们搭设井架，用新的钻井方法在大平原上打取了不少自流井，自动喷出的清洁水源足以供应当地人畜饮用和农业生产。此时钻井技术已经传入中国，1877年唐廷枢聘用美国技师，用近代动力钻探技术在台湾成功打出第一口油井④，这些均可证明

① “Water for Tientsin”, *Peking and Tientsin Times*, 1895-07-20.

② 《钻地奇闻》，《申报》1897年10月7日。

③ 1897年7月30日西伯利亚钻井一眼深达6571英尺，创当时最深井记录。同年柏林、巴黎均有钻地得温泉水的记录。详见《钻地奇闻》，《申报》1897年10月7日。

④ 1877年唐廷枢从美国邀请两位美国技师在台湾主持钻凿油矿，1881年又以月薪二百五十两聘请英国矿师玛士至台湾复勘油矿。见《拟开油井》，《申报》1877年12月4日，第2版；《复勘矿》，《申报》1881年6月13日，第1版。

无论从技术还是人力角度看，19 世纪 90 年代在天津钻探深井已不成问题，只是深井建设仍然要面对巨大的风险。毕竟钻探不仅花费巨大、耗时漫长，而且因为地层构造复杂，很可能耗尽财力后仍然一无所获。

第三种方法是远途调水，其具体方案又可细分为两类。第一类，是通过建造渠道连接临近河流实现跨流域调水。这种脱离实际的宏大设想 1895 年便出现在租界供水讨论中。[①] 提议者建议从五十英里（约 80 千米）外的浑河调水，但从当时租界的财力或行政支持程度看，显然无法实现。第二类，是利用铁路从唐山运水到天津。唐山至天津之间已有铁路联通，因此有运水的可能，然而要实现这一设想，除了拥有一条可供运输使用的铁道外，还需要其他准备工作。比如定制铁质储水车厢（每辆能够承装 10 吨左右清水）；与铁路运输公司达成每日运送几个车皮清水的协议；组织一些值得信赖的本地居民负责运输、配送、定价；以及解决运营和盈利等具体问题。[②] 从远程调水方案出现的时间不难看出，这种舍近求远的极端供水想法大多出现在租界极其缺水的时期，而且至今为止没有任何资料显示此类建议被付诸实践。

总体而言，租界的水源讨论基本围绕河水和井水两大选项，并在此基础上形成了两个观点鲜明的对立阵营。我们此处不妨称之为井水派和河水派。井水派坚定地支持钻取深层地下水，认为只要钻井成功，便能获得良好水源。钻井固然复杂，但天津不仅有澳大利亚的先进经验可以学习，还有价格优势可以利用——如果选用中国劳力替代外国工人并从中国钻探公司租用钻头，可以节约钻探实验投资的资金。他们认为天津的低平地势容易导致地表水积存变质，因此海河干流的水源不能直接饮用，如果将来采用深井水，也应该将管线地下的部分完全封闭起来，以防咸涩的潜水污染清洁用水。

同样，从地理角度出发，他们认为天津无法像上海一样选择河水水源，因为上海水厂取水口在黄浦江，趁涨潮之际取水可避免水源污染，而天津的水厂只能设在海河干流，无论潮水如何涌入，污物并不会有所增减。在此种情况下，租界所在的海河下游就是天津老城区粪污秽水的下水

① “Water”, *Peking and Tientsin Times*, 1895-02-23.

② “Correspondence: Water”, *Peking and Tientsin Times*, 1896-08-29.

道，河水与废水无二，“在任何文明社会中，这种水都不能被充作饮用水源”①。饮用河水已经严重威胁到居民健康，保障饮水安全的唯一方法便是钻井。

河水派则认为不应舍近求远放弃近在咫尺的河水，而去耗费精力和时间钻井。在他们看来，学习澳大利亚的掘井经验也是荒谬的，因为大洋洲除井水之外别无他水可用，而天津则完全没有必要放弃自己近河的优势。相对而言，上海自来水建设中对钻井的尝试则应获得格外关注，因为上海曾经“钻凿了深达 600 英尺的深井来寻找优质水源，但只发现了沉积土层。钻孔机探入了不确定的深度，却没有触及含水层，自此之后所有尝试打井取水的努力被搁置起来”②。尽管上海比天津海拔略高，但是鉴于这两座城市近似的地理位置，打井取水可能最后只会竹篮打水一场空。

当大多数人质疑河水水质时，河水的支持者们也同样在怀疑城市井水的清洁程度。他们引用英国公共卫生学家哈瑞·琼斯（Harry Jones）医生的论述，指出都市井水存在潜在危险，即“城市井水是死人尸水的代名词”③。在琼斯医生的回忆录中曾经提到在他的教区有一眼广受欢迎的深水井，能源源不断地提供闪烁着粼粼光芒的清泉，但人们最终发现这些闪光的东西是死人尸水浸入的结果。同时他们也摘引“权威主管分析师”的研究结论，认为海河水“过滤后便是非常优质的水源，水质好过大多数欧洲或美国的大城镇”④。既然河水经过严格过滤就能满足家庭生活所需，为何还要徒劳地钻井，获取一些同样质量不能保证的水源呢？如果费尽周折打出的井水质量不明，同样需要过滤才能饮用，那才是对精力和金钱的极大浪费。

四　筹建自来水公司的努力

以《京津泰晤士报》为平台的讨论持续了一年多后，供水话题终于从坊间热议的闲话，变成租地人会议和工部局大会讨论桌上的正式议题。1895 年 9 月，租界中最具影响力的八位要人把共同制定的一套供水计划提

① “Correspondence: Water”, *Peking and Tientsin Times*, 1895 - 09 - 21.

② “Water”, *Peking and Tientsin Times*, 1895 - 09 - 14.

③ “Dead Men's Broth Alias Urban Well Water”, *Peking and Tientsin Times*, 1895 - 10 - 26.

④ “Water”, *Peking and Tientsin Times*, 1895 - 09 - 14.

交至租界工部局，希望能够获准建立“天津自来水厂”（Tientsin Water Works），后者很快把这份计划作为提案在次年年初的租地人大会上提交公众审议。

租界的第一份供水计划选用河水作为水源方案。在工程建设意见之外，水厂的推动者们还向租地人出示了一份建设条件，展示了新水厂将会带来的丰厚利益，以及对用户少之又少的要求。他们承诺“天津自来水厂”不仅会保障租界公务用水，还要向租界所有居民住宅供水，并随着租界的扩展不断铺设水管以满足新区需求。水厂会承担因铺设管道造成路面损坏而产生的修复费用，私人消费者在一定限度内还可以享有优惠价格，甚至可以与租界工部局共同商议确定水价。租界只要能够为水厂提供建设用地，允诺包括铺设水管和安装基本设施等工作在内的25年独立经营权。① 为了体现诚意，水厂推动者承诺如果以上诺言不能践行，租地人大会还可以将供水权随时收回，转给任何公司或是个人经营。

这份计划详尽、条件诱人，给大部分人以希望，以至于在租地人大会刚刚揭幕时便有人感叹，多年悬置的供水问题如今终于要付诸实践了！然而令人意想不到的是，第一套供水方案连同拟建水厂的提议在会议上却遇到了空前阻力，尤其在水源选择方面遭到尖锐的批评。因供水方式和水源产生的分歧，导致会议迟迟不能做出决定，水厂第一套方案在大会上既没有获得肯定，也未被彻底否决——相关讨论被无限期推迟了！

一个酝酿已久、多方设计、关乎民生的项目，竟然没有一举通过审核，其中固然有英式严谨迟缓的决议风格的影响，但也同样存在其他因素的干扰。首先，是租界普通侨民对水厂水源选择的质疑。天津的河水和井水水源优劣问题已经历经长时间的辩论，两者各自优劣情况不言自明：河水确实有受到污染的可能，但经过过滤尚可使用；井水虽然洁净却要承担很大的风险。从水厂投资和公司运营角度看，采用井水不仅投入更大，风险也更高，采用河水作为水源明显更有助于营利。普通侨民无法确定水厂供水方案的选择，究竟是出于逐利的需要，还是真正出于居民健康的考量。

水厂选择了河水，反而促使更多侨民相信井水的纯净无害，甚至认定井水才是最健康优质的水源，而“海河的河水即便经过过滤最多也只能用

① “Land - renters’ Meeting”, *Peking and Tientsin Times*, 1896 - 01 - 25.

来灌溉花园”，中国人正是因为经常饮用污水所以才“感觉变得迟钝，也无法辨别他人轻易便能发觉的不洁问题”。侨民不打算轻易相信推动人做出的保证和承诺，坚持要求自来水公司全力挖掘深井，除非有明显证据证明无法获得深井水源时，才能退而求其次地使用海河水，因为“居民们必须知晓，他们一旦同意工部局的提议，就是自己关死了获得洁净水源的大门”①。

其次，是水费定价问题。天津自来水厂在选择水源计划时声称，如果不钻探深井会减少一些耗费，从而降低水价，然而从公布的售价来看，他们的水价仍然是同期伦敦的6倍到10倍！不仅如此，在付出高昂的水价后，市民们获得的还是受到“化学干扰”的水源，尽管所谓干扰仅仅是向河水中投放少量石灰以清洁水质，但在反对者的描绘下其所造成的健康风险也足以吓跑一批未来用户。

再次，是水厂的最终所有权问题。彼时欧洲城市卫生管理潮流中，政府正逐渐着手收回卫生设施的运营权，以避免私人公司出于利益的运作而产生垄断或者其他有损市民基础生活需求的行径。因此，尽管英租界工部局当时没有足够的资金建立和运营水厂，租界侨民同样希望在水厂建立之前进行一些有远见的计划。比如预先建立规范巩固政府权限，在英租界章程中增添条款，规定租界工部局有权在预定价格基础上对自来水公司进行回购，同时规定供水产生的额外利润由经营者和消费者平均分配，并减少用水大户的利益分红。

最后，一些外界因素同样影响了英租界的决策。租界居民希望天津自来水厂的几位提议人能够给出更多的供水方案，同时也希望招徕其他个人或团体参与竞争，因此准备召开一场供水特别会议。然而，租地人大会刚刚落下帷幕，法国租界工部局的自流井挖掘工作便正式破土动工。1896年2月，法租界查尔斯·詹姆森（Charles D. Jameson）指导的钻井工作②，几乎完全照搬了英租界供水讨论中的井水方案，包括借用中国矿业工程公司的钻井工具，选用价格低廉的本土工人等。组织者乐观地估计，不出一个

① “Correspondence: The Water Question”, *Peking and Tientsin Times*, 1896-02-01.

② 法租界钻井工作直到1896年6月2日仍在持续推进中，除钻井外，还在租界范围紧靠海河除凿建储水池，连接水管，预备向租界各处送水。见《津沽夏景》，《申报》1896年6月2日，第2版。

月或六周时间，就能打出好水。而英国人对邻居的行为，则更多持观望和嘲笑态度，他们用特有的英式幽默祝福这次钻井取水“或将以打出一口油井而宣告胜利结束”[①]。因为刻意等待法租界的打井实验结果，原定三月单独召开的供水讨论会议只得再次推迟并陷入观望状态。

显然，此时的天津英租界居民和决策者都打算按部就班、不急不缓地解决供水问题，但很快天津特异的自然环境便改变了他们的想法。1896 年是一个大旱之年，进入五月，海河水位持续下跌，导致航道淤塞[②]，河道充满垃圾甚至影响航运功能[③]。六月，海河水位更低，污染加剧，租界只能不断提醒居民们格外注意河水水质，务必将水源烧开后饮用。[④] 九月，水量没有任何改善，大沽港口的东段航道水流细弱到连中国本土的平底舢板都不能航行，港口南部航道很快面临停航，货物运输因此全面受阻。[⑤] 然而在租界焦急地组织人力清掏河道淤泥时，不期而遇的大雨骤然而落，洪水冲入周边村庄。十月中旬，城北灾民涌向天津。[⑥] 旱涝多灾的一年刚刚过去，1897 年年初，一场大火再次侵袭老城，再次提醒租界供水之紧迫。[⑦]

在短短一年中，天津再次向租界侨民们集中展示了它的持续干旱、连绵暴雨、灾民和频繁火灾，让他们终于清醒地意识到无论选择何种水源，对于租界来说最紧迫的是建立一套独立稳定的供水系统，因为与维持基本生存相比，追求最佳水源显然仅仅是一种过于耗费时间的奢求。

维持生存和健康的基本需要驱使侨民尽力摆脱细枝末节的纠缠，以便迅速获得一套安全的现代供水设施。此时，经过一年钻探尝试的法租界仍然没有发现任何深层地下水源[⑧]，英租界居民们开始逐渐倾向并表现出对使用海河水源供给水厂的支持。他们先是认可了水厂原定的河水消毒措施并迅速接受“化学处理只会去除水中的细菌，对水源和人的身体没有危

① “Local and General”, *Peking and Tientsin Times*, 1896-02-08.
② “Our River”, *Peking and Tientsin Times*, 1896-05-16.
③ “Local and General”, *Peking and Tientsin Times*, 1896-05-23.
④ “Local and General”, *Peking and Tientsin Times*, 1896-06-13.
⑤ “The River”, *Peking and Tientsin Times*, 1896-09-12.
⑥ “Local and General”, *Peking and Tientsin Times*, 1896-10-03.
⑦ “Local and General”, *Peking and Tientsin Times*, 1896-10-17.
⑧ 《津沽帆影》，《申报》1896 年 6 月 21 日。

害"[①] 的结论，继而对于水厂的第二个供水费方案也表现出更为支持的态度。与之前的凭空指责相比，此次更多提出的是建设性意见，其中包括：水厂盈亏数目超出百分之十的部分由社会公众集体分红，用水大户如工务局、游泳馆、澡堂等处水费应该酌情减少，以及取消水厂推动人股份，改为支付他们充足的报酬等内容，为完善供水计划提供了很多帮助。

1897 年 4 月，经过 4 个小时的陈述和辩论，天津自来水公司（Tientsin Water Works）的供水计划击败了其他公司的竞争方案，最终通过了租地人大会的审议。[②] 水厂决定采用海河水源供水，利用快滤池和慢滤池两种手段净化海河水源，为了降低水价，消防和街道公共清洁用水将使用不过滤的海河水，这样可以将整体价格下调一倍。

1898 年 2 月 21 日，天津自来水公司召开第一次法定会议，水厂管线铺设工作也随之迅速展开。1898 年 6 月水厂召开第一次年度会议时，河岸边和厂房内已经竖起了高高的水塔，泵房、过滤池、沉淀池，以及河畔的取水泵站也已经基本完工。[③] 河水由泵站抽取，经管道运进水厂后，会被先收集到容量达 10 万加仑的钢制沉淀罐中，待半流质泥沙完全沉淀到罐底后导入滤水池，在净水池暂存后被泵上水塔，通过管道输送到用户家中。

1899 年 1 月 1 日，经过接近四年的筹备、论证和建设，天津自来水厂终于开闸供水，这也象征着天津第一套现代化工业供水系统正式运营。至此，租界关于供水的讨论告一段落，城市进入了新旧两套供水系统并行时期。

五　结论

水是城市生存发展不可或缺的资源，也是城市人工环境与外界自然环境联结的纽带。水源选择和供水设施建设可以体现城市的发展状态、资源的取舍标准，以及特定的文化社会特色。

英租界探寻新水源的过程，也是西方居民群体对东方陌生城市环境的适应和改造过程。中西不同的卫生标准和生活习惯决定了英国侨民在天津的水源寻觅之路必然充满曲折坎坷。然而归根结底，他们付出的所有努力

---

① "Correspondence: Water", *Peking and Tientsin Times*, 1897－03－13.

② "Local and General", *Peking and Tientsin Times*, 1897－04－16.

③ "The River", *Peking and Tientsin Times*, 1898－07－02.

都是出于生存需要。因此，与其说租界居民的水源讨论和水厂建设是一场推进城市近代化的壮举，不如说它是一段西方侨民维持生命安全的异域寻水记。

如果仔细观察不难发现，尽管租界在这场寻水历程中充分调动了主观能动性，却始终无法摆脱天津的地域环境局限。天津自来水厂既不是世界也不是中国的首个近代水厂，建厂之前有充足的供水案例和计划可以参考，但是要找到最适合当地环境特点的方案也绝非易事。租界的最终供水方案无疑是本地环境与规划经验结合后最因地制宜的成果。

简而言之，天津英租界的水源寻求过程，既展现出社会因素对部分居民群体，在水源标准确定和适应、改造城市环境方面产生的影响，也同时表现了城市工程改造中理想规划与地域环境条件的被动结合。英租界的案例，从多重角度再次证明了城市建设与环境、社会要素之间形成的互动关系，对我们进一步探寻城市与环境关系具有借鉴价值。

德占时期青岛城区的供水方式变革

赵九洲　王碧颖*

（青岛大学历史学院，山东青岛　266071）

摘要：受特定的水文、地质等自然条件的制约，青岛地区虽濒临大海却极度缺水。德国人占据青岛后，大力推进自来水建设，改变传统供水方式。他们由近及远，先后开辟了海泊河、李村河两大水源地。他们不断扩大供水量，并大力扩展自来水管网，改善了青岛的供水条件。供水变革在一定程度上改善了青岛的城市卫生状况，若干通过水源传播的传染病得到了有效控制。但德占时期的供水变革却并不彻底，传统的供水模式也顽强地保留了下来。而且，自来水工程的兴建打上了深刻的殖民主义烙印，殖民者为了确保水质，拆毁了许多村庄，限制华人的自由活动，确保自来水有限供应欧人区，后期还进行了歧视性的定价。青岛近代供水模式的确立和发展是青岛近代化历程中的重要一环，在青岛城市发展史上留下了浓墨重彩的一笔。

关键词：德占时期；青岛；传统供水；自来水

清末民初，我国城市居民用水从传统的取用井水、河水和存储雨水转向使用自来水，实为我国城市供水方式的重大变化。历来研究供水变革的论著多集中在上海、北京、天津、汉口等城市，而对青岛的关注较少。刘亮对青岛饮水问题进行了专门探究，但关注重点放在了国民政府的危机管理，而时间则侧重抗战胜利以后。① 托尔斯泰·华纳对供水问题也有探讨，

---

* 作者简介：赵九洲，青岛大学历史学院教授；王碧颖，青岛大学历史学院硕士研究生。

① 刘亮：《饮水问题与国民政府城市危机管理——以抗战胜利后的青岛为中心》，《江西师范大学学报》2015 年第 4 期。

但只是作为德占时期青岛城市规划与发展的总体论述中一个很小的断面。[①] 余凯思重点讨论了青岛殖民地建设中德国人与华人之间的碰撞与冲突，部分内容涉及了供水问题。[②] 笔者认为，德占时期青岛水务部门在水源地开辟、自来水管网兴建、供水组织管理等方面进行了大量有益的探索，拉开了青岛供水方式近代化的帷幕。

一　缺水的滨海区域与捉襟见肘的传统供水模式

与其他城市相比，青岛建设自来水的进程要快得多。上海于 1845 年设立英租界，却迟至 1880 年才筹划兴建自来水系统，至 1883 年才正式开始供水。[③] 天津于 1860 年设立英租界，却迟至 1898 年才开始构建自来水系统。[④] 青岛于 1891 年才开始形成集镇，“青岛村初为渔舟聚集之所，旧有居民三四百户，大都以渔为业，今之天后宫太平路一带，乃三十年前泊舟晒网之所。章高元驻兵而后成为小镇市矣”[⑤]。青岛于 1897 年 11 月 14 日被德军强占，城市发展渐入快车道，于 1898 年即谋划建设水源地，至 1901 年已经建成最早的自来水管网。从开埠至自来水启用，不过四年多的时间，供水变革推进速度其他城市无出其右者，这与青岛的自然环境特质息息相关。

表面来看，青岛市水资源极为丰富，全市海域面积约 1.22 万平方千米，海岸线（含所属海岛岸线）总长为 905.2 千米，其中大陆岸线 782.3 千米，市区南依黄海，西拥胶州湾，可以利用的海水资源几乎是没有穷尽的。[⑥] 但海水无法满足生产生活之需，与大连、秦皇岛、唐山、天津、烟

---

① ［德］托尔斯泰·华纳：《近代青岛的城市规划与建设》，青岛市档案馆编译，东南大学出版社 2011 年版。

② ［德］余凯思：《在“模范殖民地”胶州湾的统治与抵抗——1897—1914 年中国与德国的相互作用》，孙立新译，刘新利校，山东大学出版社 2005 年版。

③ 参见杨嘉祐《上海老房子的故事》，上海人民出版社 2006 年版，第 147 页；张伟锷《上海指南》，上海科学技术出版社 1980 年版，第 3 页。

④ 参见李绍泌、倪晋均《天津自来水事业简史》，载中国人民政治协商会议天津市委员会文史资料研究委员会编《天津文史资料选辑》第 21 辑，天津人民出版社 1982 年版，第 28—29 页；李原《天津知名企业》第 2 卷《城建 交通》，解放军出版社 1989 年版，第 343 页。

⑤ 赵琪：《胶澳志》，成文出版社 1968 年版，第 4 页。

⑥ 相关数据取自青岛政务网“市情综述”，网址：http://qdsq.qingdao.gov.cn/n15752132/n15752711/160812110726762883.html。

台、威海、上海、宁波、厦门、湛江等城市相似，青岛也是典型的缺水型滨海城市[①]，而且受制于特殊的自然环境条件，淡水资源更为匮乏。

青岛境内河流较多，主要分为大沽河、胶莱河两大水系，另有沿海诸多较小的河流。据统计，流域面积大于100平方千米的河流有34条，而大于10平方千米的则多达272条。尽管境内河流众多，但缺少源远流长的名川巨渎，水源汇集范围与水量输入的规模都非常小，这使得青岛可以利用的淡水资源极为有限。流量最大的大沽河干流也只流经烟台、青岛两市辖境，全长179.9千米，流域面积4613.3平方千米。北胶莱河与南胶莱河干流总长130千米，流域面积5478.6平方千米。[②]

青岛市区位于以崂山余脉为骨架所形成的半岛，东邻崂山，西抵胶州湾，自东向西坡降较大，市区境内尚有浮山、太平山、青岛山等诸多低山，地势更为崎岖不平。[③] 这样的地形使得降水迅速宣泄而难以留存。同时，由于森林的短缺，高处的土层又薄，降水迅速流失，更进一步造成了这一地区饮水供应困难。[④] 比如1898年6月8日开始的一场大雨持续了36个小时，致使海泊河宽度猛增为20米，水深达半米至1米，但看似巨大的淡水资源在雨后很快流失。[⑤]

此外，市区坐落于花岗岩地层之上，坚硬致密，建筑条件良好，但不利于雨水下渗，对地下水的涵蓄也极为不利，地方志中记载道："负山临海，地质岩沙，虽有小溪细流，而清泉罕见。"[⑥] 谢开勋也指出："青岛是个刚硬的地质，地底下的涌水，又不旺盛。"[⑦]

20世纪80年代的普查资料显示，青岛市多年平均淡水资源总量为29.29亿立方米，其中地表水为24.68亿立方米，占比超过八成；地下水为4.61亿立方米，占比不足两成。其中，可供开发和利用的水资源多年平

---

① 霍明远、张增顺主编：《中国的自然资源》，高等教育出版社2001年版，第393页。

② 青岛市史志办公室编：《青岛市志·水利志》，新华出版社1995年版，第13、19页。另可参考李广雪、刘勇等《胶州湾地质与环境》，海洋出版社2014年版，第81—86页。

③ 王文祥：《沿海开放城市与经济特区手册》，中国国际广播出版社1988年版，第105页。

④ 青岛市档案馆编：《青岛开埠十七年：〈胶澳发展备忘录〉全译》，中国档案出版社2007年版，第13页。

⑤ 青岛市档案馆编：《青岛开埠十七年：〈胶澳发展备忘录〉全译》，中国档案出版社2007年版，第16页。

⑥ 赵琪：《胶澳志》，成文出版社1968年版，第1135页。

⑦ 谢开勋：《二十二年来之胶州湾》，中华书局1920年版，第49页。

均值只有13.78亿立方米，每人每年平均拥有水资源为472.42立方米，仅为全国平均值的17%，属于严重缺水地区。在极端枯水年份，淡水供应量只有1亿立方米左右，仅为城市生产和人民生活需求量的1/3。[①]

在传统时代，青岛周边地区的生活用水，主要来源有三：一是直接取自河流、山泉等裸露的天然水体，其中尤以河水最为常见。比如位于今李沧区的东大村，嬉戏的孩童“在水边黄沙中随手扒个窝，稍事沉淀，捧起渗出来的河水喝个痛快、洗个干净”，村民经常取河水饮用，取水方法为“在近水的沙滩上挖个洞，洞里栽上（青岛方言，放上、安上的意思）一个没底的旧圆斗（青岛方言，即柳条筐），就在圆斗里取水吃。倘若因下大雨沙石淤了洞口，找不到圆斗了，最早过来打水的人就会另挖洞再另栽上个圆斗，继续取水”[②]。再比如位于今黄岛区红石崖街道的郝家村，明初“立村后，先人们在村东河底挖了一口水井。但一遇天旱，往往无水；遇到汛期，又常被淹没，只好饮用河水”[③]。饮用泉水则多在山中，时至今日，青岛仍有相当多的市民入浮山取山泉饮用。后来的自来水也多半取自河水。

二是取自井中，因为并不是所有的聚落附近都有河水，所以掘井而饮是国人最普遍的取水方式。青岛地区亦不例外，古之水井即颇多，上文提及郝家村人于明代在村东所挖水井，到清乾隆二十七年（1762）福建厦门人师重山迁来，又在村西北约200米处打了一口水井，深约8米，直径约1.2米。[④] 青岛市区无较大河流，故而开凿水井为最简便的取水方式。

三是直接取用雨水。青岛有民间传说讲述了白沙河的来历，其中还提及“人也不会打井，吃水怎么办？也就是接点雨水吃吃，吃雨水夏天能行，一到冬天就不行了”[⑤]。德国人占据青岛后，在最初几年里还兴建了一些规模较大的地下水窖，经由雨水下水道收集雨水，以备街道洒水之用。

---

① 参见刘灏《青岛市城市供水问题》，载《认识与探索》编辑组编《认识与探索：青岛市经济社会发展战略研究》（内部印行本），1985年，第317页；青岛市史志办公室编《青岛市志·公共事业志》，新华出版社1997年版，第32页。

② 青岛市李沧区政协文史委员会编：《李沧文史第四辑：记忆中的村庄（上）》，青岛出版社2008年版，第169页。

③ 青岛市黄岛区政协文史资料委员会编：《黄岛文史资料》第7辑《黄岛村落·红石崖街道卷》（内部印行本），2007年，第79页。

④ 青岛市黄岛区政协文史资料委员会编：《黄岛文史资料》第7辑《黄岛村落·红石崖街道卷》（内部印行本），2007年，第79—80页。

⑤ 张崇纲编：《青岛的传说》，上海文艺出版社1988年版，第189页。

但后来没再修建，可能是成本较高且水质不好。[①] 德国人的这一举措，或许也参照了青岛周边某些干旱地区储藏雨水的做法。

1897 年，德国人初入青岛，即入乡随俗，使用井水作为用水来源，中国军队兵营和青岛村原有的水井即满足了基本的饮水需求。但此后人口激增，“以用水不给”[②]，德国人不断扩大和新建水井[③]，“人口多了，井太少，实在困难”，“所以各区常添凿新井，越添越多，后来竟掘了 160 多个，仍然还是不够用的”[④]。在 1898 年 10 月的记载中，仍然指出优质饮用水不足。[⑤] 1899 年 10 月的《备忘录》中，依然提出“这些水井”“是青岛居民迄今为止的唯一水源”[⑥]。即使在野战医院中，供水也是通过水井来进行，虽然技术水平明显上升，“借助一台由电动机驱动的压力水管从水井中汲取”[⑦]，但同样是在使用井水作为供水来源，时有匮乏之虞。

随着城市人口的急剧增长，在传统取水方式难以满足生产生活用水需求的现实压迫下，德国人开始规划新的供水体系，原因有三：一是殖民政府有着强烈的模范殖民地建设诉求。德国人在中国攫取势力范围相对较晚，为在列强竞争中取得后发先至的优势，更好地展示德国的形象和攫取中国的资源，致力于将胶澳租借地打造成可以作为殖民榜样的城市，“完成和实现一整套在绘图板上设计的、宽敞、整洁、卫生并且因此也堪称模范的城市设施”[⑧]。而这一“模范殖民地”的重要展示窗口就是“干净的房屋、整洁的街道和现代化公共卫生设施”。故而德国人对胶澳租借地进行了大量的建设，借鉴其他国家在中国的租界城市如上海、香港等地的发

---

① ［德］托尔斯泰·华纳：《近代青岛的城市规划与建设》，青岛市档案馆编译，东南大学出版社 2011 年版，第 147 页。

② 赵琪：《胶澳志》，成文出版社 1968 年版，第 1155 页。

③ 青岛市档案馆编：《青岛开埠十七年：〈胶澳发展备忘录〉全译》，中国档案出版社 2007 年版，第 13 页。

④ 谢开勋：《二十二年来之胶州湾》，中华书局 1920 年版，第 49 页。

⑤ 青岛市档案馆编：《青岛开埠十七年：〈胶澳发展备忘录〉全译》，中国档案出版社 2007 年版，第 14 页。

⑥ 青岛市档案馆编：《青岛开埠十七年：〈胶澳发展备忘录〉全译》，中国档案出版社 2007 年版，第 47 页。

⑦ 青岛市档案馆编：《青岛开埠十七年：〈胶澳发展备忘录〉全译》，中国档案出版社 2007 年版，第 48 页。

⑧ ［德］余凯思：《在“模范殖民地”胶州湾的统治与抵抗——1897—1914 年中国与德国的相互作用》，孙立新译，刘新利校，山东大学出版社 2005 年版，第 255 页。

展经验，因此，作为民生之基础的供水工程也就提上了日程。

二是因为传统供水模式与德国殖民者的生活方式颇多抵牾。殖民者大多来自已经具备自来水系统的近代化城市，抵达近代化刚刚起步还通过水井取水的青岛后，大都不适应，迅速发展自来水系统的诉求较为强烈，而殖民政府对此颇为重视。《备忘录》中提到，大力发展使得德国人在胶澳租借地的生活水平“达到不太低于德国本土的水平”[①]，德国驻军临时居住在无现代供水设施的中国兵营内，而他们在国内却住在宽敞的供排水水平高的军营中，尽可能早地建造有新式供水设施的兵营是绝对必要的。[②] 军队如此，平民亦是如此，基础供水设施建设已经刻不容缓。

三是公共卫生现状与用水安全问题对德国人威胁严重。在现代化供水变革推进之前，青岛也因饮水问题而饱受传染病之苦。传统取水方式最大的问题是饮水不洁，各种有害物质极容易进入河流和水井，夏季暴雨之后，传统水源往往遭受严重污染。而开埠后随着人口的增加，生活垃圾和废水的排放量剧增，殖民政府在华人聚居区公厕建设方面投入不足，这又导致了人粪便的处置不当，进一步加剧了水源的污染，容易导致水源性传染病的流行，其中最常见的是伤寒（德国人称为大肠伤寒）、痢疾和霍乱。1898 年 10 月 1 日至 1899 年 9 月 30 日间，德国驻军共有 13 人死亡，其中死于伤寒者 7 人，死于痢疾者 3 人。1899 年 10 月 1 日至 12 月 18 日间，又出现了伤寒大流行，驻军死亡 29 人，平民死亡 2 人。[③] 1899 年以后，伤寒仍时有流行，第二任德国总督叶世克也于 1901 年 1 月死于伤寒。

早期传染病的肆虐，迫使德国殖民者积极推进供水变革。他们认为，在租借地德属地区出现的疾病，往往源自居住拥挤、生活贫苦的华人社区，在大鲍岛临时搭起的“席棚村”是瘟疫滋生的温床，“伤寒病菌得以通过低凹处、颗粒细、多孔并龟裂的土层，进入地下水以及水井中”，“这些井都没有防止不洁的地下水流入的设施，特别是倾盆大雨时，污水大量

---

① 青岛市档案馆编：《青岛开埠十七年：〈胶澳发展备忘录〉全译》，中国档案出版社 2007 年版，第 14 页。

② 青岛市档案馆编：《青岛开埠十七年：〈胶澳发展备忘录〉全译》，中国档案出版社 2007 年版，第 52 页。

③ 青岛市档案馆编：《青岛开埠十七年：〈胶澳发展备忘录〉全译》，中国档案出版社 2007 年版，第 46—47、49 页。另可参看刘亮《饮水问题与国民政府城市危机管理——以抗战胜利后的青岛为中心》，《江西师范大学学报》2015 年第 4 期。

流入水井。虽然井水按照医生的要求煮沸后才能饮用，但病菌肯定是由井水传播的；因为根据经验，被污染的水几乎始终都是造成大肠伤寒病流行的重要原因”①。

出于殖民政府的殖民本位主义考量，德国人不愿意在华人聚居区投入大量资金与物力改善居住条件，最有效的措施便是建设自来水系统，确保饮用水的清洁无污染。所以，殖民政府在1899年的瘟疫流行后加快了兴建自来水工程的进程，1901年的发展规划中强调“在为普遍改善青岛卫生条件而采取的措施中，最主要的当属自来水供应”②。

二　供水变革：青岛自来水的兴起与发展

兴修自来水工程，首要的工作便是选择水源地。如前所述，青岛的地势，具有南北高起，中间低下，东高西低的特征，距离城区较近的水系也多为东西走向，较大的河流从北至南依次分布为白沙河、李村河、海泊河，以及靠近崂山山麓沿山之走势流淌的南九水河。德占时期胶澳租借地东西南三面临海，其北部边界，据《备忘录》称，其北侧边界大约在白沙河一带③，即今天流亭镇、夏庄镇、王哥庄一线。青岛水源地的选择，主要也是围绕以上三条河流展开，由近及远，先开发距市区4千米的海泊河，再开发距市区12千米的李村河。而最远的白沙河，则由日本人主持开发，于1919年4月动工，1920年5月完工。④

根据青岛的地形地势，德国人认为只有青岛海湾的南山坡才适于建设城市居住和贸易区⑤，即主要需水区为今太平路一带，而此处距离崂山一带和作为北部边界的白沙河较远，虽然“胶澳区内之水流最大者为白沙河”，但其“源于巨峰北麓之鱼鳞口”⑥，取白沙河水，成本较高，最好的

① 青岛市档案馆编：《青岛开埠十七年：〈胶澳发展备忘录〉全译》，中国档案出版社2007年版，第46—47页。

② 青岛市档案馆编：《青岛开埠十七年：〈胶澳发展备忘录〉全译》，中国档案出版社2007年版，第149页。

③ 青岛市档案馆编：《青岛开埠十七年：〈胶澳发展备忘录〉全译》，中国档案出版社2007年版，第24页。

④ 赵琪：《胶澳志》，成文出版社1968年版，第1139页。

⑤ 青岛市档案馆编：《青岛开埠十七年：〈胶澳发展备忘录〉全译》，中国档案出版社2007年版，第13页。

⑥ 赵琪：《胶澳志》，成文出版社1968年版，第170页。

水源选择，应是距离越近越优，当时殖民当局关于水源地选择有三种方案：一是，在小鲍岛村向东南延伸的山谷中建造一水库，用自来水管向新建市区供水，但这一方案面临的问题是成本较高，雨季拦蓄水量未必能够在干旱的季节里供给足够的饮水，而且岩层的裂隙可能会导致漏水严重；二是在海泊村附近的一条大河谷中对自坡地流下的地下水进行截流，这一方案面临的问题主要是水源质量、成分的检测以及水量的测量，故而总督府打算在那里通过挖深井来检验井水的化学成分和细菌情况以及了解地下水的水量，如果调查结果满意，就优先选择海泊河实施饮用水供应，否则就采用其他方案；三是从崂山引水，架设长达 25 千米的高架山泉水管道，但由于耗资甚巨，只是前两个方案行不通时的备选方案。

通过接下来的打井测量，证明海泊河足以达到向青岛供应数量和质量都能完全令人满意的饮水的目的①，故而第一个水源地便选在了这里。德国当局首先对海泊河的地下水储量和质量进行了仔细调查，发现水源地的情况很好，完全符合提供无可指摘的饮用水的前提条件。从 1899 年到 1901 年，共开挖了 50 口沉井，另外打了 5 口 3 管井，“只要输水管道接通，迄今为止供水方面的问题——常常缺水及水质不好——就完全解决了”②。德国人进而用虹吸管将各水井中的水集中到一口集合井内，再用两台柴油抽水机抽到观象山上，上修贮水池，加漂白粉消毒后，再借由高程差形成的压强向市区供水，1902 年工程全部完成时每日平均供水能力为 400 立方米，此后不断完善，到 1906 年日均供水能力已经达到 1000 立方米。

海泊河水源地建成后，初步解决了德国人居住区的需求。但随着城市的快速发展和人口的大量涌入，供水量很快就无法满足需求了。③ 1904 年时，日耗水量在最高耗水月份将近 1250 立方米。到 1905 年，日耗水量在最高耗水月份已达 1300 立方米。④ 以至于不得不在海泊河支流广造林、新挖井，甚至必须中断自来水供应以维持基本需要，但更糟糕的是，“海泊

---

① 青岛市档案馆编：《青岛开埠十七年：〈胶澳发展备忘录〉全译》，中国档案出版社 2007 年版，第 57 页。

② 青岛市档案馆编：《青岛开埠十七年：〈胶澳发展备忘录〉全译》，中国档案出版社 2007 年版，第 106 页。

③ 青岛市史志办公室编：《青岛市志·公用事业志》，新华出版社 1997 年版，第 37 页。

④ 青岛市档案馆编：《青岛开埠十七年：〈胶澳发展备忘录〉全译》，中国档案出版社 2007 年版，第 377 页。

谷由于地势构造和土质情况未能继续开辟水源”①，新的水源地建设必须提上日程，目标是李村河。

1905 年，“在发现李村蕴藏有丰沛而无菌的地下水后，立即就在那里建起了自来水厂”②，具体地址在张村河、李村河交汇处的闫家山村旁。起初，只是凿井十余处截取李村河地下水层之水，借助抽水机将水经由铁水管送到海泊河水源地。此后继续施工，至 1909 年方才最终建成独立的水源地，共掘井 18 口，后增至 23 口，1927 年进一步增加到 48 口。将井中深层水用抽水机抽出后，再通过管道输送到贮水山（德国人称毛奇山）上的贮水池，经由山顶较高海拔形成天然的压力，将水输送到城区。然后依靠山高形成的压力，送到市区各地。③ 日供水量达到 5000 立方米，与海泊河水源地合计达到了 6400 立方米。第一次日本侵占时期，最大日供水量达到了 1 万立方米。④

海泊河水源地到观象山山顶贮水池之间铺设有内径 350 毫米，长达 4.2 千米的输水管道；李村河水源地至贮水山顶的贮水池之间则铺设有内径 400 毫米、长 11 千米的输水管道。输水管道德国人多用坚固耐久、抗压力强的钢管，日本人占领青岛后，为增强管道的耐腐蚀性，多用铸铁管。德占时期供水管线每一百米便设置一处石标，标明石标处与水源地间的距离，还在路旁每 1.5 里便设置一处电话，方便工作人员在水管发生故障时及时通报，水源地和水道局便可及时安排人手整修。

输水管道如同主动脉，而配水管道则有如毛细血管，后者构成了庞大的管网，本就极为复杂。1914 年日军进逼青岛时，德军又在投降前“将关于水道之重要文书图样付之一炬”⑤，使得德占时期的配水管道资料大都湮灭。所以，关于德占时期的配水管网布设详情，我们已经很难勾勒清楚。据悉，德国人聚居区已大都通水到户，普通民众也往往可以利用公共水龙

---

① 青岛市档案馆编：《青岛开埠十七年：〈胶澳发展备忘录〉全译》，中国档案出版社 2007 年版，第 444 页。

② 青岛市档案馆编：《青岛开埠十七年：〈胶澳发展备忘录〉全译》，中国档案出版社 2007 年版，第 526 页。

③ 鲁海、鲁勇：《青岛掌故》，青岛出版社 2016 年版，第 373 页。

④ 青岛市史志办公室编：《青岛市志·公用事业志》，新华出版社 1997 年版，第 37—38 页；赵琪：《胶澳志》，成文出版社 1968 年版，第 1136—1137 页。

⑤ 赵琪：《胶澳志》，成文出版社 1968 年版，第 1138 页。

头取水。青岛水质不适于使用铅管，所以规定“凡屋内上水管不得使用纯铅管，而专用瓦斯管，又恐瓦斯管因酸化作用而生赤绣，故内外均镀亚铅以资防护”①。

配水管布设的殖民本位色彩也非常浓厚，虽也兼顾华人区，但华人区管道长度、分布密度都远不如欧人区。1901 年，海泊河水厂建成后，华人劳工聚居的大鲍岛只安装了少量公用水龙头。1902 年，管线扩展了 3000 米。1903 年，全年配水管线扩展了 6211 米。② 1904 年，管线又扩展了 4508 米。1905 年，扩展了 3500 米。1906 年，配水管线扩展 9500 米，总长度达到了 35000 米，安装家用水龙头的家庭达到 130 户，比上年增加了 65 户。③ 到 1907 年，市区安装私用水龙头的家庭数已达 185 户，公共水龙头达到 34 个，配水管网总长达到 46. 889 千米，1908 年达到了 54. 039 千米，1909 年进一步增长到 69. 699 千米。此后，建成污水下水道的街区已全部强制安装了自来水。④ 直到德占期结束，华人居住区下水道并未实现雨污分流，自来水管网也仍不完善。

德国殖民政府构建起了青岛最初的近代城市供水网络，为后世供水系统的进一步完善打下了基础。而供水变革的深入发展，也显著地改变了青岛的公共卫生条件。1901 年以后，水源性传染病感染人数下降，而死亡率也显著下降。霍乱在特定年份流行，如 1902 年夏天就非常严重，共有 235 名中国人感染，死亡 170 人。欧洲人只有 12 人感染，死亡 6 人。1907 年霍乱又曾小规模流行，37 名中国人患病，其中 20 人死亡，而欧美人士则无人患病。此后伤寒、霍乱、痢疾都没有再大规模爆发。⑤ 从中亦可看出，供水系统与公共卫生事业并未对华人一视同仁，华人从中所得远不如欧美人。

经过几年努力，青岛自来水管网长度已非常可观，青岛也逐渐成为东

---

① 赵琪：《胶澳志》，成文出版社 1968 年版，第 1145—1146 页。

② 青岛市档案馆编：《青岛开埠十七年：〈胶澳发展备忘录〉全译》，中国档案出版社 2007 年版，第 252 页。

③ 青岛市档案馆编：《青岛开埠十七年：〈胶澳发展备忘录〉全译》，中国档案出版社 2007 年版，第 444 页。

④ ［德］托尔斯泰・华纳：《近代青岛的城市规划与建设》，青岛市档案馆编译，东南大学出版社 2011 年版，第 177 页。

⑤ 青岛市档案馆编：《青岛开埠十七年：〈胶澳发展备忘录〉全译》，中国档案出版社 2007 年版，第 200、525 页。

亚地区著名的卫生城市，吸引了众多的游客，殖民政府洋洋得意地宣称“青岛因其特别良好的卫生条件会发展成为一个令人喜爱的海滨浴场”，“整个中国沿海地区没有与之相媲美的游泳和疗养地”①。当然，青岛也只是殖民者和极少数上层中国人的乐土，围绕着自来水系统的发展，不同阶层之间的碰撞也非常激烈。

三　不彻底的供水变革与不同阶层的碰撞

我们需要注意的是，殖民政府所倡导的供水变革并不应被过分拔高，他们发起的供水变革其实并不彻底，在十七年的殖民统治中，井水从未完全退出历史舞台。如前所述，1909 年青岛自来水管网长度约 70 千米，供水量 6400 立方米。2019 年青岛贮配水管道达 3000 多千米，日供水量超过 100 万立方米。后者两项数值分别为前者的 43 倍与 156 倍。② 虽然时隔 110 年之久，但对比之下亦可看出早期供水系统之孱弱。

水源地开辟之初，由于供水量有限，要优先满足德国军队、医院以及德国平民使用，因此，除了一部分人使用自来水外，其他人的水源来源仍靠井水。此后，随着水源地的进一步建设与开发，使用自来水的人群覆盖面才逐渐扩大，但整个德占时期井水的使用一直比较普遍。1905 年的某一天，德国商人马牙在太平山（德国人称为伊尔梯斯山）南麓打猎，口渴难耐时发现有几只刺猬聚在树林中的一汪清泉旁饮水，马牙也掬水而饮，感觉甘甜可口，便在泉水源头处动工兴建了一口水井，命名为“刺猬井”，崂山矿泉水就是在这口水井的基础上发展起来的。③ 可见，其时德国人也有掘水井而饮水的情形。而普通中国人依赖井水的情形显然更为普遍。

卫礼贤在青岛传教时，其学生杨仲财的父亲曾给传教士们当挑水工和园艺工，其时仍用挑水工，当也还使用水井。④ 卫礼贤又记录了日德交战过程中自来水遭受破坏时的情形，“只有我们小山坡上的水井仍然被锁住，

---

① 青岛市档案馆编：《青岛开埠十七年：〈胶澳发展备忘录〉全译》，中国档案出版社 2007 年版，第 217—218 页。

② 孙贴静：《青岛供排水 120 周年水务保障能力迈上新台阶》，半岛网 12 月 21 日报道（http://news. bandao. cn/a/320923. html? ivk_ sa = 1023197a）。

③ 杨军主编：《名牌故事》，青岛出版社 2005 年版，第 21 页。

④ ［德］卫礼贤：《德国孔夫子的中国日志——卫礼贤博士一战青岛亲历记》，秦俊峰译，福建教育出版社 2012 年版，第 16 页。

所以我们全部的用水不得不依赖院子里的井水。好在井里还有很多水，所以并没有发生水荒”①。亦可见水井一直都在使用。

日军在龙口登陆后，以 5 万大军进逼青岛，德国人以兵少不敷分布，将李村河沿岸防御撤退，烧毁机关室，炸碎烟筒，毁坏唧筒（即水泵）之主要部分，将李村水源地完全破坏，斩断城市用水。② 德军投降后，日本人在短时间内迅速修复旧的供水设施，仍无法满足需求，“限令水道仅供官衙与军用”③，故而对于平民百姓，只能“开放市内旧井以资供给”，让当时的百姓备感缺水的痛苦④。实际上，直到第一次日据时期，即使在建成白沙河水源地后，井水的使用仍很普遍。青岛一直存在太平井，只要水源不足或天遇大旱，就修复并启用太平井，而最开始的太平井就是德国人初至时打的那一百六十余处水井，至 1947 年，太平井数量仍多达 637 眼。⑤

德国人占领青岛后，青岛的人员构成主要分为三类。按照华洋分治的管理办法，随德国军队到来的德国军人、商人及其他投机者、各国人士是第一类，他们大多习惯于享受更方便的自来水供应方式，对自来水的需求更大，也对水源地开发与自来水工程全力支持，而且在自来水工程修筑完成后，这些人也是第一批受益者。第二类，是一些中国的大商人以及逊清遗老，这些人或是有钱或是有权或是有名，即使无法居住在租借地最优越的地方，也不至于居住在台东台西，他们或是有人服侍照顾或是可以在德国人之后享用自来水的便利，如赵尔巽在来青岛与张广建秘密相见时，就最满意青岛住地“水龙一开，热水自来”⑥，因此，即使他们不是支持自来水的主力，却也不是反对的排头兵。第三类，则是占据青岛人口最大部分的下层人民，他们大多居住于传统沿河村落，或是据井为生，因此也是受水源地建设和自来水工程威胁最大的人。《备忘录》中提及，“居民很快适

---

① ［德］卫礼贤：《德国孔夫子的中国日志——卫礼贤博士一战青岛亲历记》，秦俊峰译，福建教育出版社 2012 年版，第 15 页。

② 赵琪：《胶澳志》，成文出版社 1968 年版，第 1137 页。

③ 赵琪：《胶澳志》，成文出版社 1968 年版，第 1138 页。

④ 赵琪：《胶澳志》，成文出版社 1968 年版，第 1138 页。

⑤ 青岛市史志办公室编：《青岛市志·公用事业志》，新华出版社 1997 年版，第 53 页。

⑥ 鲁勇：《逊清遗老的青岛时光》，青岛出版社 2006 年版，第 2 页。

应了政府的更替”，“没有出现与当地居民发生激烈冲突和严重麻烦事件”[①]。但阶层之间的挤压与碰撞却是一直存在的。

德国人初到青岛时，为了获得水源和确保饮水清洁，拆毁了大量村庄。他们先将登陆点附近的会前村拆迁，强令居民离开故土，占据当地井水。为了获得适合居住的向海坡地，他们摧毁了青岛村，将“与欧人区相连的全部华人居民点，除了少数过去的老下青岛村的华人房屋，全部拆除”[②]。为了在海泊河谷地取水和建设水源地，德当局认为“海泊村必须拆毁，以保证新的自来水管道不受污染”[③]。拆除海泊村百姓世代居住的村落，迁移他们的住址，使他们丧失了祖产和田地。

除此之外，德国人为保持水土，解决无法控制雨水在高处流失的问题，除在山溪筑坝外还有计划地在水源地周边植树造林[④]，以及为建设河流水源地，迁移近河村落，禁止河流两岸砍伐树木。而当地人习惯于焚火烧荒、伐木生火，为了保持水土、保证水源地水量及洁净，德国人在河边植树造林并禁止中国人在此处砍伐、烧荒、种植，并颁布相关法令与惩治法则《保护树木告示》《禁止损坏山林告示》《禁止毁坏树木花草告示》等，如有违反者，西人罚款华人罚洋或罚工，这对普通民众生计的影响非常大。[⑤] 而接下来提及的水价、水的商业化与传统用水思想的碰撞；对于供水问题的矛盾，压迫与反抗之间，难免发生对于水问题的冲突。

在初期通过地下管道实现自来水供应后，并不是直接就实现了像我们今天这样的供水到户，初期的自来水主要是通过集水井和街上的水龙头、水站“免费取用”，海泊河水源地尚在建设之中时就已部分进行供水，只是供水量不大，而自来水仍然没有与全部家用龙头接上，不过这一工程一直处于进行之中，即使后期建成多个水源地后，大部分传统民居仍采用公共水龙头用水。与欧人相比，华人取水用水仍较为麻烦。

---

① 青岛市档案馆编：《青岛开埠十七年：〈胶澳发展备忘录〉全译》，中国档案出版社2007年版，第19页。

② 青岛市档案馆编：《青岛开埠十七年：〈胶澳发展备忘录〉全译》，中国档案出版社2007年版，第149页。

③ 青岛市档案馆编：《青岛开埠十七年：〈胶澳发展备忘录〉全译》，中国档案出版社2007年版，第127页。

④ 青岛市档案馆编：《青岛开埠十七年：〈胶澳发展备忘录〉全译》，中国档案出版社2007年版，第13页。

⑤ 谋乐辑：《青岛全书》，青岛出版社2014年版，第64—66页。

而与自来水的供应相伴随而来的是水的商业化。由于建置不久就开始构建自来水系统，青岛并未像北京、天津等城市那样，经历传统供水模式商业化的历程，并未出现大量水铺、水夫，历史上关于售卖水的记载也非常少。据胡存约《海云堂随记》残本记载，丁酉年（光绪二十三年）三月十四日，即1897年4月15日，“商董首事集议本口禀县商铺数目”，在此次统计中，青岛口有六十五家商铺，“计车马旅店九，洪炉一，成衣，估衣，剃发三，油坊、磨坊、染坊六，杂货、竹席、瓷器店铺七，药铺二，当铺一，织网、麻草、油篓木材八，肉鱼盐铺行六，鞋帽、皮货各一，沙布绸店、洋广杂货店三，酒馆饭铺九，酱园豆副（腐）坊各一，糕店茶食三”①，如此细致的记录，其中并无商业卖水的记录，因此可以推断，当时青岛水的供应并未形成商业化规模。

随着自来水系统的建成与运营，青岛人也面临着从非商业化的供水向商业化供水的转变。殖民政府为供水系统建设投入了大量资金，修建李村河第二座水厂时即投资83万金马克，此后1905—1908年每年用于扩建自来水网的预算额分别为25.3万金马克、35万金马克、10万金马克和16万金马克，到1911年用于供水工程的总投资累计达到了200万金马克。为了平衡收支，增加政府收入，提供维护费用，水费的征收就是必然且自然而然的。托尔斯泰·华纳认为欧人区开始征收水费的日期是1904年4月1日，这一天“结束了向青岛的欧人家庭免费供应饮用水，而代之以所谓的‘水费’”②。但这一判定并不准确，因为该年的《备忘录》中记载：“自今年4月1日起提高了水费，凡是住户接头尚未装水表的，则按居住房间数付费。”显然，此前已经在欧人区安装了水表并征收了水费。在1902年10月记录备忘录时，称如果明年，即1903年可以在各个房子装上自来水，就要开始收水费③，而《备忘录》中第一次正式提到征收水费，是称从1904

---

① 民主建国会青岛市委员会、青岛市工商业联合会编：《青岛工商史料》第2辑（内部印行本），1987年，第134页。

② ［德］托尔斯泰·华纳：《近代青岛的城市规划与建设》，青岛市档案馆编译，东南大学出版社2011年版，第177页。

③ 青岛市档案馆编：《青岛开埠十七年：〈胶澳发展备忘录〉全译》，中国档案出版社2007年版，第206页。

年4月1日起提高水费[①]，但在1902年10月到1903年10月的备忘录中，却没有提及是否开始征收自来水费以及何时开始征收水费。更奇怪的是，在民国时期的《胶澳志》中，称街上的水龙头、水站为公共“卖水栓”而非德国《备忘录》中所称“免费取用”，且1902年海泊河水源地建成以后就开始收水费，并于市内各所设置公共卖水栓，对于居民开始给水，订有官设水道给水规则，规定安设专用水道、给水之水量、水表及小费等[②]，即当时的中国编纂者认为自从开始使用自来水后就进行收费。没有找到其他的记载来确定到底德占时期什么时候开始征收水费，不确定开始于1902年海泊河水源地建成时或是1903年到1904年之间。对比《备忘录》与《胶澳志》的记载，比较合理的猜测是1903年开始收费。

华人区收取水费较晚，但并非为了关照华人，而是要通过鼓励华人使用自来水，以降低欧人患传染病的风险。在传染病基本得到控制后，殖民当局于1908年才在华人区收费。华人区专利阀水龙头（即收费的公用水龙头）的收费却比较贵，规定2芬尼可打水36升，折合每立方米55.56芬尼，而欧人区家庭水龙头每立方米只收费40芬尼。这样的价格差异显然并不公平，也打击了华人使用自来水的热情。据德国人记载，收费后华人使用自来水“极为有限”，更加青睐“小水塘和未受检查的水井”[③]。因为从来都是免费最受人们青睐，收费总会引发抵触，而歧视性的定价政策更是会使得华人疏远自来水。

德国人在青岛十七年的殖民统治，事实上推动了青岛市自来水事业的发展，初步建构起了近代化的供水系统，这为此后的城市供水发展奠定了基础。德占时期的供水变革具有一定的积极意义，但我们更应注意到殖民政府发展供水事业的局限性。供水变革并未完全终结传统的供水方式，供水工程兴建过程中损害华人利益的事情频繁发生，享用水资源时也存在种族和阶层的不平等。

---

① 青岛市档案馆编：《青岛开埠十七年：〈胶澳发展备忘录〉全译》，中国档案出版社2007年版，第309页。

② 赵琪：《胶澳志》，成文出版社1968年版，第1154页。

③ ［德］托尔斯泰·华纳：《近代青岛的城市规划与建设》，青岛市档案馆编译，东南大学出版社2011年版，第179页。

第八编

知识、文本与环境史研究

清代黔西南地区涉林碑刻的生态文化解析

刘荣昆*

（贵州师范大学历史与政治学院，贵州贵阳　550025）

摘要：清代中后期黔西南地区出现大量涉林碑刻，这既是区域性人地关系紧张的映照，又彰显出区域性生民强烈的生态意识。涉林碑刻中蕴含着深厚的生态文化内涵，具体包括内化于心的生态思想、外化于行的生态实践两个方面，其间透露出古人对森林重要性的认知，同时又表现出规约的可操作性，从而促使规约具有较强的生命力，进而内化为保护生态的优良传统。

关键词：生态文化；涉林碑刻；黔西南

清代中后期黔西南地区出现部分涉林碑刻，据不完全统计，目前共搜集、查阅到15通关于森林的碑刻资料。其中一部分是护林碑刻，如《绿荫“永垂不朽”碑》《长贡护林碑》《必克“众议坟山禁砍树木”碑》《长贡“万古不朽”护林碑》。大多数碑刻涉及保护森林的内容，《禁约总碑》《水淹凼四楞碑》《马黑“永垂千古”碑》《秧佑乡规碑》《八达三楞碑》《海河“奉示勒石齐心捕盗”碑》中有严惩偷盗树木、笋子、竹木的条款；《阿能寨公议碑》《阿能寨谨白碑》中有禁止乱砍山林、树木柴薪的条文；《梁子背晓谕碑》进行山林定界并禁止越界砍伐林木；《者冲“立碑安民”碑》中有倡导保护山林树木的内容；《灵迹山池碑》赞叹山川灵气。关于

* 基金项目：2018年度贵州省教育厅高校人文社会科学研究项目“清代黔西南地区涉林碑刻研究”（项目编号：2018SSD18）。

作者简介：刘荣昆，历史学博士，贵州师范大学历史与政治学院教授。

黔西南碑刻的研究，有陈明媚《黔西南乡规民约碑碑文分析》[①]、李晓兰《碑刻与黔西南乡村治理》[②]、邱靖等《乡规民约碑所见清代黔西南少数民族地区的乡村治理》[③]、徐海斌等《黔西南地区所存明清碑刻文献的整理与研究现状综述》[④] 等相关文章，目前的研究成果主要倾向于分析碑刻的乡村治理内涵，对碑刻的生态文化内涵少有触及。森林对于喀斯特地貌特征明显的黔西南地区而言显得更为重要，因为植被破坏是导致石漠化的关键因素，剖析涉林碑刻的生态文化内涵，能进一步还原清代黔西南地区人们的护林意识，从而为当今的森林保护提供借鉴。基于此，本文尝试从生态思想、生态实践两个层面对清代黔西南地区涉林碑刻中蕴含的生态文化进行梳理分析。

一　内化于心的生态思想

（一）强烈的护林意识

清代黔西南地区人口增长较快，特别是外来移民较多，道光初年兴义府有有产客民 16941 户、无产客民 7321 户、城居有产不填丁客民 1370 户，总计 25632 户。[⑤] 喀斯特地理环境下的人口容量较为有限，大量增加的人口势必加剧人地关系的紧张，黔西南地区人均田地数量低于全省水平，据咸丰《兴义府志》卷二四《田赋》及卷二五《赋役志・户口》记载，兴义府总田地数为 38492 亩[⑥]，总人口数为 281900 人[⑦]，依次推算，兴义府人均田地数约为 0. 13 亩。为了解决吃饭问题，不适宜耕种的山地成为开垦对象，在开垦过程中，必先清除喀斯特地貌上原有的植被。因住房、燃料、器物、棺木等方面对木材的需求，增加的人口势必消耗更多森林。随着森林破坏日趋严重，禁止及严惩偷盗的规约应时而生。

涉林碑刻中有一些明令禁止偷盗树木的规约，如“禁山林不准乱砍”

---

① 陈明媚：《黔西南乡规民约碑碑文分析》，《兴义市民族师范学院》2013 年第 1 期。

② 李晓兰：《碑刻与黔西南乡村治理》，《理论与当代》2013 年第 2 期。

③ 邱靖、周会、吴俊等：《乡规民约碑所见清代黔西南少数民族地区的乡村治理》，《兴义市民族师范学院》2016 年第 6 期。

④ 徐海斌、吴俊、周会等：《黔西南地区所存明清碑刻文献的整理与研究现状综述》，《兴义市民族师范学院》2016 年第 4 期。

⑤ （清）罗绕典：《黔南职方纪略》，成文出版社 1974 年版，第 68 页。

⑥ （清）张锳：《兴义府志》，贵州省安龙县史志办公室校注，贵州人民出版社 2009 年版，第 339 页。

⑦ （清）张锳：《兴义府志》，贵州省安龙县史志办公室校注，贵州人民出版社 2009 年版，第 447 页。

“不准估偷竹木，争夺田地”等。禁止偷盗树木的规约建构起保护森林的第一道防线，对于违禁偷盗树木者，给予不同程度的惩罚，重至原物9倍的赔偿，“其盗窃物件，必一赔九”。有的直接标明罚款数额，如“议被贼已盗马牛，不熟与瓜菜竹木等项，即时拿□□□众团头，罚银十两充公”“犯偷竹笋竹木罚三吊六”“不准纵火烧林，违者议该罚钱一吊二”“偷人瓜笋，□人林木，男者罚钱三千六百文，女者罚钱一千二百文”“倘有不遵，开山破石罚钱一千二百文，牧牛割柴罚钱六百文”。有的罚款用作公益事项，如“伤犯一草一木，众议拿获，罚钱一千二百文修路”“罚银八两八入祠”“若有仁人见者报信，谢银一两二；赃贼俱获者，谢银二两四”①。惩罚是构筑在禁令上的又一道防线，惩罚并非目的，而是保护森林的手段。惩罚越严厉，说明保护森林的决心越坚定，护林意识越强烈，从而树立起一道强劲的护林防线。禁令设立于前，惩罚紧随其后，禁令与惩罚构筑起保护森林的双重防线。

（二）融合风水观的护林思想

部分涉林碑刻中蕴含浓郁的风水观念。贞丰县珉谷镇长贡寨附近有两座山，为了保护寨子风水，在清咸丰年间于两座山脚各立了一块护林碑——《长贡“万古不朽”护林碑》及《长贡护林碑》。《长贡“万古不朽”护林碑》认为村寨周围森林茂盛与否关乎人丁、财富兴衰，“盖闻山管山兮水管水，□山管人丁水管财，固立寨所不可不知也”。因森林遭到严重破坏，继而出现山穷水尽的现象，“但山穷水尽”，全村公议培育树木以蓄风水：“固此众议培前后左右山林树木，禁蓄以培风水。”②《长贡护林碑》认为大树能“茂荫儿孙”，古树乃坟山龙脉所在，因“竟有不识之子孙，儿毁伤龙脉，砍伐古树，惊动龙神，祖茔不安”。立碑目的在于保护坟山林，进而实现子孙兴旺的愿望，“毋得擅砍坟山，子孙发达，常产麒麟之子，定生凤凰之儿”③。以风水观保护森林虽然带有一定神秘色彩，但其目

---

① 贵州省黔西南布依族苗族自治州史志征集编纂委员会：《黔西南布依族苗族自治州·文物志》，贵州民族出版社1987年版，第99、100、105、96、98、106、106、107、101、109页。

② 贵州省地方志编辑委员会：《贵州省志·环境保护志》，贵州人民出版社2002年版，第852页。

③ 贵州省黔西南布依族苗族自治州史志征集编纂委员会：《黔西南布依族苗族自治州·文物志》，贵州民族出版社1987年版，第102页。

的积极向上，美好愿望的加持强化了人们保护森林的动力。《绿荫“永垂不朽”碑》认为好的风水、茂密的森林关乎人的聪明才智，“窃思天地之钟灵，诞生贤圣；山川之毓秀，代产英豪。是以维岳降神，赖此朴棫之气所郁结而成也。然山深必因乎水茂，而人杰必赖乎地灵”。地灵才能多出英才，地灵的关键在于茂盛的树木，然而关乎村寨龙脉的后山树木受到过度放牧、采石等多重破坏，“近来因屋后丙山牧放牲畜，草木因之濯濯，掀开石厂，巍石遂成嶙峋。举目四顾，不堪叹息！”从“濯濯”“嶙峋”“不堪叹息”诸语可以看出，森林及山石风景都曾遭到严重破坏，针对此种情况，周边村寨商定培植树木、禁止开挖山石，“于是齐集与岑姓面议，办钱十千，榀与众人，永为世代，□后龙培植树木，禁止开挖，庶几龙脉丰满，人物咸□”，以期龙脉丰满、广出人才。《必克“众议坟山禁砍树木”碑》认为名山以树木为尊，树木更是关乎坟山的阴阳之美，“历来名山，以树栲为尊，平阳以阴林为重。况坟山所以培植阴阳之美，可不重验之哉！”于是保护树木以培育风水，“故戎瓦坟山，积树以培风水；戎赖岗林止伐，以补后龙”[①]。册亨县立有张锳批示的《禁伐山石碑》，山石开采破坏森林，妨碍地脉，“恐妨地脉，永禁而勒螭碑，长保云根，爱护而添螺翠”[②]。《者冲“立碑安民”碑》中有山林树木与人丁兴旺密切联系之语，“山树林木，地□□朴，人丁兴旺，求宽怀以待人”[③]。《灵迹山池碑》“灵由山水效”[④] 的碑文蕴含着青山绿水共兴灵气的思想。

黔西南地区涉林碑刻大多分布在布依族聚居的村寨，布依族有神山、神林、神树崇拜的习俗，这与涉林碑刻中的风水观是一致的，是一脉相承的。布依族每年三月三、六月六都有祭祀神山的活动，祭祀仪式大体相同，由布摩主祭，祈求神山保佑人畜平安、农业丰收等，神山被视为具有神圣性，不能随意砍伐神山上的树木。神林在布依族村寨又称“风水林”，禁止任何人破坏，其植被通常较好。

---

① 贵州省黔西南布依族苗族自治州史志征集编纂委员会：《黔西南布依族苗族自治州·文物志》，贵州民族出版社 1987 年版，第 101、108 页。

② （清）张锳：《兴义府志》，贵州省安龙县史志办公室校注，贵州人民出版社 2009 年版，第 273 页。

③ 贵州省黔西南布依族苗族自治州史志征集编纂委员会：《黔西南布依族苗族自治州·文物志》，贵州民族出版社 1987 年版，第 123 页。

④ 兴义市文化体育旅游和广播电影电视局：《兴义风物之文物古迹》，贵州科技出版社 2014 年版，第 162 页。

坟山林通常也是风水林，禁止破坏其间的树木花草，有的以法制的形式加以固化和彰显，如《必克“众议坟山禁砍树木”碑》中有“一议戎瓦、戎赖山林、树草、秧青（有机肥料）并不准割”[①] 的戒令。风水林具有调节气候、涵养水源、保持水土、保护生物多样性等多种作用。崇拜的树种有榕树、枫香树、椰树、榉树、金丝楠等，寨神树的象征意义大多为保护村寨平安、风调雨顺、六畜兴旺，家神树祈求保护家人平安。布依族对神树都很敬重，逢年过节以香、纸、贡品祭祀，并系上红绫。禁止破坏神树，即便神树枯死，也不能砍伐，只是另择新树替代。对神树的敬畏不仅保护了大量古树，更重要的是其中衍生的生态意识能发挥更广泛的生态保护作用。

涉林碑刻中的风水观念中蕴含着人与自然和谐共生的整体生态观思想。从人居环境看，茂密的森林给人们提供物质和精神上的双重实惠，物质上森林以木材、食物、服饰、肥料等多种形式提供人类生存所需的大量资源，精神上森林给人们提供审美享受和生态安全。对山地民族而言，森林是人们生存的重要物质基础和生态安全保障。涉林碑刻中含有一个因果链环，风水林遭到破坏，亦即破坏了龙脉、地脉，将对区域性的人丁、财富、环境造成不利影响，因而，为防止产生不利局面，村民共同商议保护森林。尽管其间涉及神秘因素，但当地居民对森林重要性的认识是显而易见的，人与森林紧密联系在一起，人与森林生死相依，人的生存依赖森林，墓地也要选择在森林茂密的地方。风水观与禁令相结合是一种传统文化与乡规民约二元同构的护林方式，风水观指向的子孙发达、财富兴旺、环境优美乃是人心所向，神秘力量中裹挟正面引导，容易形成良好的内驱力。具体的禁令条款约束于外，内外共同发力，最终有利于保护森林，造福于寨众。

二　外化于行的生态实践

（一）划清森林权属

清晰的森林权属之于森林管理和保护至关重要，尤其是在资源有限的

---

① 贵州省黔西南布依族苗族自治州史志征集编纂委员会：《黔西南布依族苗族自治州·文物志》，贵州民族出版社 1987 年版，第 109 页。

情况下，森林权属的意义愈加重要。兴义城南 15 千米处布依族聚居的安章村有一块划定牧牛公山界域的《梁子背晓谕碑》，碑文内容如下："给示定界，永杜争端事：案据安章梁子背居民人等，互相控争牧牛公山一案，经本县差提核案审核查讯，岂埂地方纳洞、坡朗、坡马、白下、喇叭、以埂、颜弄坡、高卡等。惟岂埂埋有众姓坟冢①，历系牧牛公山，断令二比均不得开挖栽种树木等项，让给黄姓祖坟前后左右四十弓，伊妻坟墓二十弓，二比遵结，饬令立石定界在案。诚恐无知之徒，在彼开挖栽种②，复行争讼，合行出示晓谕。为此，示仰安章梁子背居民人等知之，勿得放出牛马践踏禾苗，不准乱伐别人山林树木；勿得隐行别人地内乱摘小菜。在彼若不遵规，经地□□□三千六百入公，报信者赏银六百文，知悉。嗣后尔等岂埂牧牛官山，只许葬坟，不准开垦，尚有违禁，即许禀究，勿得徇情容隐，不得挟嫌妄极藉兹事端，自干重咎。"③ 牧牛公山的权属问题引起县衙的重视，说明争端的严重性，进而表明划定权属的重要性。经官方核定双方山林的权属范围，并"立石定界"，明确其只能作坟山林，不准乱伐树木及开垦土地，并有重罚违禁者及奖赏举报者的规定。从定界、明用、赏罚三个层次可以看出，这是要把牧牛公山置于监管之下，而其中最关键的环节在于定界，正所谓"给示定界"，才能"永杜争端"。

当森林权属不清时，可能会出现公地的悲剧，使用者在追求利益最大化时，势必过度攫取资源，在超过森林自我修复限度的情况下，导致森林环境恶化。古代"牛山之秃"暗含公地悲剧的影子，"牛山之木尝美矣，以其郊于大国也，斧斤伐之，可以为美乎？是其日夜之所息，雨露之所润，非无萌蘖之生焉，牛羊又从而牧之，是以若彼濯濯也"④。原本树木茂密的牛山，遭到过度砍伐、放牧后，变成了"濯濯童山"。牛山从林木葱郁向光秃转变的直接原因在于对森林的过度利用，然而究其根本原因还在于牛山处于临淄之郊，权属不明，属于公共资源，在利益最大化动力驱使下，促发了过度利用森林的局面，导致公共资源遭到严重破坏。公地的悲

① 说明移民较多。

② 连坟山都开挖耕种，可见耕地的紧张程度。

③ 贵州省黔西南布依族苗族自治州史志征集编纂委员会：《黔西南布依族苗族自治州·文物志》，贵州民族出版社 1987 年版，第 118 页。

④ 《孟子译注》，杨伯峻译注，中华书局 1960 年版，第 263 页。

剧固然与人性的自私有关，但更重要的是权属不明及监管的缺位。明确资源权属，至少有两方面的积极意义：其一在于规范及引导，明确使用范围可以减少争夺资源的事端；其二在于使资源有了合理利用的可能及恰当的监管。权属与监管和谐统一，资源一旦权属明晰，权属的主体会履行监管职责，不在权属范围内的人员获取资源则属于侵权，权属主体势必拿起监管武器，最终使资源得到较好保护。“互相控争牧牛公山一案”正好说明梁子背居民对山林权属问题的重视，因“牧牛公山”权属不明，所以对簿公堂，在县衙的调解下，划清了牧牛公山的界域，即明确了权属。这从侧面可以看出，在清代中后期，随着人口增多，人地矛盾愈发突出，更容易激发对权属不明资源的争夺。划清公山权属显然有利于森林保护，一方面可防止非权属主体获取资源，另一方面增强了权属主体对山林资源管理的自主性、积极性，为了能够持续利用森林资源，适度利用森林资源及补充种植树木自在情理之中，进而避免了“牛山之秃”的悲剧。

（二）集体护林行动

涉林碑刻体现出较强的公共性，规约禁令的商议、惩处方式的议定、立碑人落款等都表现出护林行为的集体性。碑文中禁令、惩处方式大多为公议而定，如《长贡“万古不朽”护林碑》较为典型。培育树木通过公议决定：“众议培前后左右山林树木”，公议做出的培育树木决定，有利于强化公众的行动力，显现出培育树木的良好效果；惩治违禁者，轻则公议罚款，如“在众议拿获，罚钱一千二百文修路”；重则公议送官方处理，如“众议赴官究治”；最后特别强调立碑公之于众，即“特立此碑示众”①。《长贡护林碑》意在保护罗氏家族的坟山林，必须取得家族成员的同意，于是此碑为合族公议而立，“是以合族老幼子孙，合同公议，故立碑以示后世子孙”。《必克“众议坟山禁砍树木”碑》中“公同议禁”“合族公议”说明其间的条款由族人共同商议订立，“公□向令，责罚奠谢”透露出惩处违禁者也需共商议决。公议立碑在当时较为普遍，《水淹凼四楞碑》为“方各寨乡、各户人等公议”；有的碑刻直接称为公议碑，如《阿能寨

---

① 贵州省地方志编辑委员会：《贵州省志·环境保护志》，贵州人民出版社2002年版，第852页。

公议碑》，开篇直言“立公议碑”；《阿能寨谨白碑》“全寨岑、韦二姓乘心公议”；《秧佑乡规碑》各户“协议禁条”；《八达三楞碑》为“齐心众议”而立。立碑落款也体现出较强的民主性，《水淹凼四楞碑》由各寨乡、各户人等“同立”，《阿能寨公议碑》由“几寨人等同立”，《马黑“永垂千古”碑》由“同众花户人等共立”，《绿荫“永垂不朽”碑》为“众寨公议”而立。①

立碑主体不尽相同，有合族、合寨、联合村寨等不同形式，“公议”“同立”等说明民众的参与性较强，规约在村民或者族人共同协商的基础上达成共识，体现出浓厚的村民自治色彩。禁令本具有强制性特征，但其形成的关键环节为共同协商，汇聚着立约主体的集体意识，有较高的认可度和共识性，更有利于立约主体自觉遵守规约。基于此，禁令的教化、引导价值更胜于惩戒价值，于是更能激发村民履行规约的积极性和主动性，从而促发护林的自觉意识，尽可能避免破坏森林行为的发生。

涉林碑刻有较强的公共告知性特征，碑刻立于人流量较大的公共场所，便于碑刻内容的传播。有的碑文中直接含公之于众之意，《长贡护林碑》中有“告白”二字；《阿能寨谨白碑》《阿能寨公议碑》都立于寨中水井旁；《灵迹山池碑》立于高卡龙潭附近；《曾家庄“禁约总碑”》立于古驿道旁。把碑刻立于公共场所一方面增强了规约的传播性，来往人等均可看到碑刻内容；另一方面具有较强的提示性，通过增加村民看到碑刻的频次，进一步熟知碑刻内容，在思想深处留下深刻印迹，从而增强其履行规约的自觉意识。碑刻文字有保留时间较长的优势，可尽量延长规约以字面形式存在的时间，进而发挥其引导、教育及约束作用，促进规约内容的传承。好的规约历经传承，会变成相应群体内部的传统文化。保护森林关乎村民的长久利益，规约在传承过程中内化为优良传统，使保护森林的自觉意识得到增强乃至固化。

三　结语

清代黔西南地区出现大量涉林碑刻，这是应对人地关系矛盾的具体措

① 贵州省黔西南布依族苗族自治州史志征集编纂委员会：《黔西南布依族苗族自治州·文物志》，贵州民族出版社 1987 年版，第 97、98、99、100、101、102、103、105、107、109 页。

施，其间蕴含着强烈的生态意识。“靠山吃山”是山地民族的传统生存法则，山上有森林覆盖才能支撑生计，倘若变成光山秃岭，生计必然失去依托，对山地民族而言，森林可谓生存之本。基于对森林重要性的认识，当森林的破坏影响到人的生存时，保护森林的意识就会愈发彰显，因此必须采取定规立约的方式保护森林，以促使森林长期发挥生计效应。黔西南地区涉林碑刻中保护森林的条款惩罚分明，足可见当地居民保护森林的强大力度和坚定决心，折射出立约者对森林重要性的清醒认识及浓厚的生态保护意识。涉林碑刻中的规约具有较强的可操作性：首先，规约与当地民俗信仰相结合，吸纳了神山森林体系（神山、神林、神树三位一体）信仰中的元素，乡土气息浓郁，神圣信仰与禁令规约二元融合，共同形成保护森林的强大力量；其次，森林权属明晰，权属主体权责分明，使森林处于明确的管护之下，偷盗者将会付出代价；再次，规约为集体意志，经立约者认同而定，既有法制色彩，又有浓厚的誓言特性，若有违反，意味着违约违誓，即违背了自己的本心，重信用的古人通常是不会违背初心的，这更加激发了履行规约的自觉意识。涉林碑刻中的护林规约以乡土文化为根基，经历长时间的传承，又内化为传统文化的一部分，发展成保护森林、保护生态的优良传统。

对山地民族而言，森林更能彰显其生态及生计功能。在喀斯特地貌突出的黔西南地区，一旦森林被严重破坏，就会造成石漠化、山体滑坡、干旱等自然灾害，脆弱的生态环境将变得更加不适宜居住。从生态功能层面看，森林显然是山地民族生存的基本保障。从生计层面看，森林为山地民族提供大量生存资料，衣食住行都与森林密切相关。基于森林的重要功能，森林保护显得至关重要，但如果把保护与实际情况剥离开来，就不一定能起到好的效果。黔西南涉林碑刻能给当今的护林工程提供启发，保护森林应该基于森林利用可承受的限度，适度考虑林区居民的生计，要做到护林与用林协调统一，充分调动林区居民保护森林的主动性和积极性，结合林区居民的传统森林文化来保护森林。

（本文原刊于《北京林业大学学报》2019 年第 4 期）

彝族社区保护森林的民俗祭祀仪式调查
——以弥勒阿哲彝族《祭龙经》的内容和祭祀仪式为案例

师有福*

（红河州民族研究所，云南蒙自　661199）

摘要：在彝族传统文化中，人们用民俗节日祭祀活动的形式把经典文献内容吟诵出来，以表达万物生存平等的维度、天人合一的和谐理念。在看似神秘的各种祭龙仪式中，通过一整套祭祀仪式的严肃性、经书内容吟诵的严谨性过程，实现了传承文化、保护自然、优化生存环境的目标。仪式体现了对自然的崇敬，经书内容反映了民族的天文历法和宇宙观。本文

* 作者简介：师有福，红河州民族研究所副所长、研究员。

以抄于民国十二年并于2019年翻译完成的弥勒阿哲彝族《祭龙经》13篇内容为主，介绍阿哲人祭龙仪式和经书内容中以“树”为核心的人与自然和谐相处的民俗文化。

一　《祭龙经》保存地的文化地理和祭龙仪式

本文翻译介绍的《祭龙经》指彝族阿哲支系保存的经书，所考察的仪式也以阿哲人的祭龙仪式为主介绍其活动程序。

（一）地理人文

阿哲彝族主要居住在弥勒市西南部的五山乡、巡检司镇，在周边的华宁、开远也有分布。滇东南阿哲彝族居住的地方，位于六诏山脉西南段，南盘江中游东岸。南起开远市螺蛳塘，北至弥勒古北大黑山，全长约65千米，东西宽约25千米，最低海拔800米，最高2004米余。

五山山梁，南盘江南北两岸的彝族称之为虎山。在这股山梁上被称为虎山的有：高甸老虎山、价格虎君山、长冲撵虎山、冲子虎山等。这个神秘的山梁上分布着古老的崖画，金子洞坡崖画有彝文、人、太阳、箭头、动物等内容，构成远古先民祭祀太阳神的场面；虎君山崖画距金子洞坡南6000米，画中有彝文、人、羊、鸟、猴、弓箭等符号，反映了祭祀猎神的场面；虎君山南3000米处又有高甸狮子山红石崖崖画，画幅古朴粗犷，分三个版面，多为人、祭物、葫芦、箭等图案。三个地方的崖画南北连成一线。从色泽、形式、特点内容来判断，成画时间在3000年以上。

汉时，在今天的巡检司高甸铜厂和西扯邑老寨开采铜、黑铁矿，并用土炉冶炼。部分铜矿、铁矿用马帮运往婆兮（今华宁盘溪）。元、明、清加强了对五山地区的管理，设巡检、宣抚两司和十八寨民屯军屯。致使该地区汉人移民逐渐增多，部分汉民融合于彝族阿哲支系中。

这片区域居住着4万多彝族阿哲支系族人。据明《天启滇志》载，阿车为爨蛮遗裔。阿车即今阿哲，是南中大姓爨氏范围内较有地位影响的一个彝族支系。在三国诸葛武侯定益州、平南中时，阿哲先祖济火（彝名妥阿哲）助武侯平南中有功，公元225年被蜀汉政权封为罗甸国君，阿哲家支世长水西至清康熙、雍正改土归流止，达1400多年。其间，阿哲家支分流迁徙各地者甚多。

弥勒阿哲和双柏县、易门县阿车，文山县阿查，红河县阿折（现为哈尼族）均为爨氏时代的阿车后裔，文化历史同源。弥勒彝族阿哲支系，一部分是远古世居下来的东爨蛮部；一部分是从昆明北郊迁来的，如五山大黑土的王姓；一部分是从贵州水西经威宁—鲁甸—寻甸—马龙—宜良—路南—华宁—曲溪分流出来的，如小黑土昂姓。多数成员则是自明、清改土归流后从通海、华宁、建水、开远逃难而至的，如童、师、普、杨等姓。

（二）祭龙仪式

彝族阿哲支系祭龙时间在每年二月初一至初三，二月二苍龙星座抬头时为正祭。祭祀准备工作从正月初二开始。正月初二上午，由轮流当任本年度祭祀活动的人员按规定数量向各户收储大米，作祭龙时焐米酒和祭祀时集体就餐食用。

正月初二中午后全村男性进行集体狩猎。在狩猎过程中，主持祭龙的人用葫芦取回邻村的龙潭水，藏于其他人难以发现的地方，在祭龙时用来洗龙和除邪。仪式举行之前，这个水不能让女人看见，也不能让其他村的人发现，否则视为不灵，要重新去取。

二月初一开始在固定场地杀鸡，簸鸡卦选龙头。场地以一棵大椎栗树为核心，通过清理、除草，把地板藤拴在神树上，点上鸡血、鸡毛，候选人烧香叩拜后，依次簸鸡股骨。根据鸡股骨的卦象确定是否被选为龙头。龙头一般为六人，负责清理神林、准备龙树林中的所有祭祀用品，还要办伙食等。

二月初二，全村成年男子进龙山，按照《祭龙经》正文12篇的内容顺序，依次举行祭龙仪式。在进入用毛石围砌的龙神树旁边，扎三道火门，火门边摆放用野白椿树削成的四片四角形图案三个，内放烧红的小石子六枚，祭祀用品进入火门时用圣水淬。视为除邪。

扎火门的同时，毕摩念《请天神经》，邀请诸路大天神、毕摩护法神下凡护法。在祭祀牺牲旁边念诵《除邪经》，把祭祀用的黑毛公猪、公鸡和一切使用的祭物身上的邪气全部驱除。之后才钻火门进入神树边，正式开始杀猪、鸡，清理神树四周。边念经边举行请龙、取龙、洗龙仪式，在神树周围插芦苇枝、松枝、椎栗树枝，摆放日月、农具，用芦苇围龙树，

取猪膀骨、鸡股骨制作人类生命之门，铺松毛等。

下午时分，举行分龙肉、与龙交媾、撒种等仪式。之后围龙树集体就餐，带新火种回家。

初三上午祭公龙树。祭毕，把日月神送西方（有些村子送往东方）大树下安顿。

下午毕摩挨家挨户念经驱邪，之后把邪鬼送往北方，在入村主要路口用尖刀草扎拴防鬼门。同时祭祀祖庙，全村老少男女在庙前会餐。会餐时宣布违反神林保护及村规民约的惩处办法。

祭龙仪式举行三天。其间，头年祭龙到今年祭龙所生的小孩，父亲要背着他带上祭祀用品去向神树拜年。祭品的一半由集体享用。祭祀期间，禁忌很多，如妇女不得做针线活、男子不能挖地。

二 《祭龙经》的篇章结构

我们在弥勒阿哲地区收集了6部《祭龙经》，最早的抄于道光二十年(1840)，其余5部抄于光绪年间和民国初年。本文翻译介绍的蓝本是刘世忠先生抄于民国十二年的《祭龙经》。这份《祭龙经》正文部分共12篇，其结构顺序为：

《纳才苏》，意思是“请天神经”。请天神下凡护法，使祭龙仪式顺利举行。

《汝特苏》，“汝”指会咬死蛇类的长脚短身蜈蚣，“特”是驱逐的意思。书名含义为“驱逐害龙虫书”。念诵经书时，清理龙宫，念毕就把石龙从龙树下的龙宫中跪地双手托出，放于铺好的绿色松毛上，用白酒清洗。

《妥特苏》，“妥”专指祭祀用的黑毛猪身上的邪气，意为“驱逐邪气书”。念这篇经书时把猪拴在固定的树下，边念经边用松枝点清水从头到脚清洗猪身。

《俄勒苏》，“俄”指龙树旁边的三道火门，“勒”是“进、钻”，名称为“钻火门书”。在龙头带领下，所有的参祭人和祭祀用的牺牲、用具、食物、植物都要钻火门除邪。

《犍呗苏》，“犍”这里专指祭祀用的猪，“呗”是念诵。把猪清洗干净后拉到龙树边，念诵经文过程中用竹刀或野白椿树刀把猪杀死，清理内脏，按祭祀程序及用途分类摆放肉骨。

《猡次猡耶》，“猡”指所有祭祀用的植物、食品、龙树边新杀的猪鸡肉，“次”是洗，“耶”是“驱”。把这些祭品集中起来，念诵本篇经书，以示“洗净除秽”。

《胚飕苏》，“胚”指猪膀骨，“飕”指生命之门。意思是安装“生命门书”。在龙树上距离地面1米6高处，取鸡股骨、松叶等安装。

《普于纳于扯苏》，彝族祭龙的主题是请种子神、葫芦神“普”和花神、生长神“纳”，公母雌雄对应；“于”为魂，“扯”是特邀。意为“特请普纳下凡书”。把猪肉按户分清摆于龙树周围后念诵。念毕，每户一份，装好带回。

《直候苏》，“直候”意为献酒，向龙神祭献酒、肉、白米饭。祭献后把日月送东方大树下。

《普佐呆纳佐呆苏》，“佐呆”直译为“饭献”，书名意思是“向普神纳神献饭”。猪、鸡肉煮熟后向普、纳二神祭献。

《孰节节贴勒》，“孰”为狩猎，“节节”为离开，“勒”为“去”。书名意思是把损害庄稼的“猎物驱除去”。念这篇经书时，参祭人分工合作同时表演狩猎场面。

《舍赛司苏》，“舍赛”是种子，“司”为撒。意为“撒种子书”。龙树周围的主祭仪式完成后，念这篇经书，参祭人围在龙树周围接种子回家。

三 《祭龙经》反映的主要内容

（一）天地方位概念

彝族文献中，每一部完整的文献都涉及方位和空间结构的内容。在这些方位空间结构中，各种神在一定的空间范围内行使着自己的权力，层次明确、职责清晰。

1. 方位

彝族方位以北斗和南箕先分北极南极，“默俄”代表南极，“默拉”代表北极。

四方。普通四方是按照日、星运转影响地球气候规律，用直都（日出）、直德（日落）、斋于（南箕）、施纳（七星）代表东西南北。

哲学概念的四方五位用颜色表示。东绿、南红、西黑、北白、中黄。汉传文化用白色代表西方，兽用白虎，通称西方白帝，居白金财神；黑色表示北方，兽用蛇龟合一的玄武，通称西方黑帝，居煞神。彝文化与汉文化在这里出现了差别。

彝族四方五位用颜色表示，尼（绿东）、能（红南）、挰（黑西）、突（白北）、审（中央），动物用鳄鱼、大象、尼能亥尼诺神鸟（驮太阳的红绿色神鸟）、黄猴子、黄红相间的雄鸡代表东、南、西、北、中五位。

彝族文献认为，鳄鱼在天地初产时做出了牺牲，为天地的完善贡献了生命，故让其掌管东方尊位。

大象是和平与维护动物生命秩序的神，位立南方，处大位置。

尼能亥尼诺神鸟驮太阳周转，功劳特别大，处于西方高位。

黄猴子。彝族认为，在蜻蜓竖眼睛时代的末期，由于人类无聊贪婪，围猎黄猴子并将其装在空心大树筒里面，杀牛羊举行丧葬仪式，违反了不得杀生的天律，受到天神撒病种、死种的灭绝处罚。从此，万物会生死，黄猴子被天神封为死神、病神，位在北方天区。

黄红相间的雄鸡掌管中间。远古洪荒时代，由于贪婪黑心人养白虎吃太阳，天神造出了七个太阳报复人类，六个被神人射落。剩下一个不愿意出来。黄红相间的雄鸡招喊太阳有功，带来光明，所以金鸡位在中央核心位置。

八卦是在四方基础上发展的。十月太阳历的十卦、十二月太阴历的十二地支卦、六方卦、九宫卦等，都是从两级四方基础上逐步发展形成的。

2. 上下层级

彝族上下结构层级也和方位结构形式一样，从合二而一的二元结构基础上拓展而来。

首先有清气浊气二元概念，清气浊气二元运动媾和生万物始祖冬德宏利。冬德宏利日长九千九、夜长八万八，把清气顶上九千九层高的苍穹成为天，浊气踏下八万八层低的下面成为地。天地出现后分出天上、天空、大地三级，与人为中心的活动空间分为神仙界的天上、天空，人界的地上，矮人国的地下。以人界的地上为起点，从下往上为：

一层为咪氏（大地），人类活动界。

二层叫略策呆格嘎（高山丛林与云层交汇处），众神仙聚会场所。

三层是纳德突波山（天空白云山），死神首领居住地，亡魂受审地方。

四层是以太阳母亲为代表，温暖照亮大地，哺育万物，要让她顺利运转，维护万物生机。《祭龙经》上说的护花神、生长神“南赛”就居住在这一层。

五层是以月亮舅舅为代表，时而明时而暗，保护着太阳母亲为大地服务。《祭龙经》记载的种子神“普神”、葫芦神就在这一层。当然，涉及人类诞生的种子需要播撒时，必须得到第六层掌握生命之根的众神的同意。四层和五层叫默嘎（天空）。

六层叫尼纳，以星星为代表。人类万物生命之根、生命之种在这一层上，一颗星代表地上一条命，生命之星降落，人魂就归天。所以，在丧葬时要翻经书查看死者的亡魂兆星落于何处，能够找到就处理，免得又祸害别人。

七层叫尼纳戈德，意思是九千九百层天上。三大元神、至上神策耿纪等大神居住的神宫，主宰天地万事万物。

八层叫捏纳，黑洞天区，居住着天地始祖影子魂神清气德玉波和漂浮雾魄神浊气达玉嫫。

九层叫捏纳亥尼亥，意思是八万八高的黑洞天区。天地宇宙万物无常的孕育区域。“于”和“波（浊音）”两种气神居住。

方位和上下构成了彝族文化的空间概念，这种空间结构理念反映了彝族的哲学观、生命观和宇宙观。

（二）天文历法信息

《祭龙经》反映出了彝族两种不同时代的不同历法文化痕迹。

第一种是物候历法。这一时期的人类以女性氏族采集生活为主，对“年”的概念处于模糊阶段。他们把一年分为三个时段，按现在的话语也可以说是三个季度。分别是暖季、热季和冷季，由三位女神管理。

天女神妮比尔阿梅，大雁带路驾仙鹤，管暖季；地女神添比德阿梅，鹞鹰带路乘坐虎头老鹰，管热季；长寿仙女撇兀突阿梅，经书上可能抄漏或什么原因，没有介绍驾什么鸟、什么鸟带路，管冷季。在其他经书中三位神女也有许多任务。

第二种是以太阳影子周转为依据的十月历法和以月亮朔望为依据的十

二月历法。

《祭龙经》"祭祀普神纳神篇"和"撒种篇"记载，"耿纪旧年完，沙方新月始。一年四段大，一月四时吉"。彝族文献是五言古诗体，用白话文解释就是"耿纪的旧年已经过完，沙方的新月份又开始。一年有四个季度，一月分四个时段"。

耿纪是游牧时代贡献卓著的首领，在他的时代，组织人员测绘太阳影子的移动规律，创造了一年分十个月的太阳历，被经书神话为太阳神、畜牧神。"耿纪旧年完"指的是由太阳神耿纪执掌的太阳年已经结束。

沙方是农耕时代的杰出领袖，他组织人员根据月亮朔望影响海潮及植物生长的规律，制定了一年十二个月的农耕历法。被后世神话为月亮神、农耕神。"沙方新月始"就是说由沙方掌握的月份开始了。"耿纪旧年完，沙方新月始"，两句话联系起来就是"年神耿纪掌握的年已经过完了，沙方掌握的月份开始了"。一个是太阳神、畜牧神管年，成为年神；一个是月亮神、农耕神，成为月神。这个文化信息，同时也隐含了中国传统十天干与十二地支搭配形成60年一个轮回的甲子历法的原生文化。

"一年四段大，一月四时吉"中的"四段"指四季，"四时"是指十月太阳历每月有36天分九个时段。

彝族先民使用十月历后，每年分四个季度，由四位天女神和东方神、南方神、西方神、北方神参与管理四季。

（三）农耕文明内容

《祭龙经》中的农耕种植方面，主要反映在"撒种篇"。经文记载，彝族的食用植物果实的顺序是：首先发现可食用的是藤类果实，其次是树上的果实，最后是草本类果籽。荞籽是最先种植的旱地草本类粮食，自屋毕摩发现的稠是最先种植的稻类粮食。稻类稠的种植，标志着彝族先民进入农耕时代。彝族的"五谷"概念顺序是荞、稠、小麦（青科）、大麦、高粱。

畜牧时代的彝族先民，对畜牧禽驯养的顺序是：猪、狗、鸡、绵羊、黄牛、水牛、马、山羊、鸭、老鹰等。

畜牧时代也好，农耕时代也罢，都离不开天公地母的护佑，即祭龙时必须祭祀的对象。天公天母叫"默谷陆玉颇、默谷陆玉嫫"，地公地母叫

“咪索捏玉颇、咪索捏玉嫫”，是被祭祀的主要神。

火神的名字叫“纳成颇”，谷神是“自屋”，酒神是“擦普”。经书中出现“自屋白米饭，擦普煮的酒，还有黑绿红茶”三样来祭献龙神。彝族的酒是擦普根据野生葡萄与其他果子在一起发酵发明的，属于藤类果实酒，不是糟糠酒。

根据《祭龙经》中的农耕文化信息和历法内容，彝族是农耕民族和游牧民族混血而成的民族，是远古以畜牧生产为主的太阳神崇拜的太阳部落和以农耕生活为主的月亮神崇拜的月亮部落融合而成的后裔。

（四）万物平等观念

1. 世间万事万物平等是自然界和谐相处的基础

彝族文献记载，远古时候，天地互婚，白雪当面粮，冰链作金条，冰雹作银子，彩云制衣裳。人神共享，动物同乐。只因人类出现黑良心的贪婪人，养虎吃太阳，养狗咬月亮，养黑蜂啃星星，用神缸收云彩。天神震怒，大地漆黑，洪水暴发，人类第一次受到灭顶之灾。这是螳螂竖眼睛时代。过了近千年、万年，天神又造人，同时造出七个太阳烤晒人类作为报复，神人阿文射落太阳，大地形成火海，人类又灭绝，这是蜻蜓竖眼睛时代。尔后，人类又被天女所传，养公鸡喊出了太阳，人类逐渐多起来，并用活猴发丧，杀牛羊血流成河。动物魂上天告状，封寿开始。天神封人寿9900、马寿6600、牛寿3300、羊寿2200、庄家1100年，实际为99、66、33、22、11年。传令官假传圣旨，死神、病神、瘟神到处窜，人类动物又死亡。人魂又告状，天神最后说三人活100岁，每人33.33333岁。从此，死亡是必然，恶者寿短，德者寿长。

人类经过几次大灾难后，认为万物有灵魂，都是公母元素的和谐相生、延伸演变，万物在宇宙间是平等的。所以，砍树盖房要祭树神，挖地要祭土地神，狩猎要祭猎神，插秧要祭谷神，吃新米要祭祖先神同时要给狗先吃饱，杀生要祭天神，火把节要祭太阳神，中秋节祭月亮神，二月二祭龙节要祭日月星和种子神，五月五祭洪水神等，有烦琐的祭祀活动。但是，这些活动是维系民族文化心理必不可少的仪式，也是民族节日文化的载体。

2. 善待树林植物是人体生命三道轮回的基本条件

与空间三界三层相对应，彝族轮回观也是按照三世轮回理念反复不断的。三世为上世、今世、来世。上世在天上，人与星星对应，天上一颗星地下一个人。上世在天界苏纳，受太一神策耿纪等神支配，道德行为善良，脱胎于凡间降生后，衣食福禄无忧，德善智者甚至赋予显达官位，否则穷困潦倒或多灾多难。今世的命和运是在天界苏纳时确定的，先定死亡时间和一切运气，才给人降生。所以，毕摩在做重大祭祀礼仪时首先要念《请天神经》，请下万物始祖神冬德宏利诺的父亲雾神、清气神、魂神德玉颇，请下其母瘴仙、浊气神、魄神达玉嫫，有魂魄万物才会生长盛衰变化，只有魂魄神明了万物的开始繁衍和终结周转。

彝族在为亡魂超度时念诵的《请天神经》中说，“生命种子在天上，生命花朵地上开”。今世之花是由前世之种决定，今世在地上生活，是上世的延续，福禄吉凶、泰康逻难都由上世的道德行为确定。今世的勤劳、隐忍、善良、仁义、明智、豁达和懒惰、急躁、恶行、毒辣、昏庸、狭隘又决定了来世的前程命运。因此，人生有因才有果，施善因获得善果，种恶因获的恶报。因果通于三世，我们现在的境遇美满，固不必踌躇满志；我们现在的境遇困苦，也无须怨天尤人。过去的善因使我们现在境遇美满，现在若不续种善因，未来必然困苦多难；过去的恶因使我们现在境遇困苦，现在若能努力行善，未来的境遇也必将改善，所谓鉴因知果。明确这个道理，人人的立身处世的态度就会崇善、行善，家庭、社会、自然万物就会相处和谐。

来世由上世和今世决定，上世的修炼和今世的德行决定着来世的归宿。今世变来世是与人的灵魂观念连在一起，彝族认为人有十二个灵魂（有的书上说三个，分别是在天魂、归祖魂、守家魂），来世变生是守家魂。通过亡魂送天受审、归祖，由天界确定来世变成什么。一般情况下来世变女、男再生，说明上世、今世修炼的好，否则就变成牛、马、狗、猪、鸡、蛇、乌鸦、绿翠鸟等。有的属于先变人再变动物，有的是先变动物再变人，有的是在动物中先后变成马、猪、狗。情况复杂。

彝族在人、动物、祖先（神）三道中不断轮回。亡魂受到天神惠顾，达到再生托生于世间的条件后，天神还要与各种植物神商议，让葫芦做头、树干为躯、星星为眼、木耳做耳、银为牙、叶子作舌、树枝为手、石头当心、藤子为肠、土为肉。经各种植物神同意后，在父亲身上储存三个月，然后进入母体孕育九个月，才得以降生。所以，彝族讲的是九月怀胎。

没有植物神的同意，在三道轮回中，灵魂想重新降生于世做人，是不可能的。因此，对植物龙树的顶礼膜拜，是为了人类自身的进一步发展。彝族祭龙主要是祭祀人类的人口生产神和庄稼作物丰收的生产神，人对植物树木处于一种完全依赖关系。树龙石虎，阴阳平衡，人与植物和谐共荣是祭龙的目的。

四　祭龙习俗对森林保护的作用

弥勒巡检司镇、五山乡的彝族阿哲支系有32000人，习俗相同，语言相通，文献典籍一致。这一片区，自1950年开始对森林资源造成过四次破坏。第一次是20世纪50年代末号召大炼钢铁，原始松林被砍伐土炉烧炼铁渣；森林公有，无节制乱砍建盖公社集体房屋。直径40厘米以上的标直松树基本砍光。第二次是20世纪60年代末建盖大队合作医疗和其他房屋时，森林又遭到乱砍伐。第三次是1978年至1982年，部分村民趁林业管理混乱之际，随意乱砍倒卖。第四次是烤烟种植大量上山，森林开始锐减。

但是，尽管有以上四次破坏，在阿哲地区只要保持祭龙习俗的村落，村周围还是有几株上千年的古树，有几片茂密的原始森林。在实地考察中，五山乡的牛平村委会片区、箐口自然村、冲子村小组、中寨小组，巡检司镇的高甸村委会片区、上尖山和核桃寨村小组、平地村小组，仍然保留着茂密的乔木林和灌木林。

2010年开始，山区农村推广煤炭烤烟。党的十八大以后，生态文明建设作为国家战略，护林员责任落实，森林得到有效保护。保护生态的自觉性逐步提高，森林覆盖面逐步扩大，消失了30多年的野猪也回归了。在保护民族文化根脉、传承传统优秀文化过程中，阿哲祭龙习俗在各个村庄已经恢复了固定的节日活动，巡检司镇陶瓦村的祭龙节还于2016年被批准为省级文化保护项目。

人与森林动植物和谐相处是阿哲《祭龙经》的主旨内容，在一系列庄重肃穆的程序化祭龙仪式中，既有对村民道德的教化，也有对古老文明行为准则的传承。在万物平等、三道轮回观念支配下，阿哲地区的祭龙习俗，无疑是对森林保护的一种民俗传统模式。

中国环境史研究的知识结构与研究热点
——基于 CiteSpace 的知识图谱分析

郑　星*

（九江学院社会系统学研究中心，江西九江　332005）

摘要：环境史研究在全球生态环境逐渐恶化、环境危机日益加剧的背景下，受到学界和现实社会越来越多的关注，已经成为我国学者重点研究的领域。借助知识可视化分析工具 CiteSpace，对中国知网中 421 篇环境史研究文献进行量化分析，可以清晰直观地展示我国环境史研究的演进趋势，建构我国环境史研究的知识图谱。1999—2017 年间我国环境史研究经历了发展期、稳步增长期以及快速发展期。研究发现，经过 19 年的发展，我国环境史研究取得了长足的发展，但仍存在研究较为薄弱的环节。未来环境史研究既要进一步加强环境史史料的收集和整理，推进环境史学科的发展，同时亦要推动学科交叉研究，拓展研究领域，加强学科建设，推动建立学术共同体。

关键词：环境史；CiteSpace；知识图谱；可视化分析

自工业革命以来，人类赖以生存的环境正悄然发生着变化。自然资源日渐枯竭，生态环境日趋恶化，自然正以前所未有的反作用报复人类。在环境危机日益加剧的背景下，从 20 世纪 60 年代起，许多欧美学者开始重新思考人类与自然之间的关系，进而使得环境保护主义思潮逐渐兴盛起来，并导致众多学者开始注重探究人地互动视域下的环境变迁以及人类围绕环境问题采取的各种应对策略，从而促使环境史这一新兴学科的诞

---

* 作者简介：郑星，九江学院讲师。

生。从某种程度上说，环境史这一学科自诞生之日起，就把人与自然之间的互动关系作为历史研究的新视野，不仅增加了历史学研究的新维度，为历史学研究提供了新的思路，而且还拓展了历史学研究的广度和深度。

我国的环境史研究虽然起步较晚，但随着国内各种环境问题的凸现，也涌现出大量学术成果，其中出现不少从定性和定量视角对国内环境史研究状况进行回顾、梳理和分析的文章。① 这些文章虽然为我们深入了解国内环境史研究的基本现状提供了比较好的帮助，但都缺乏从更宏观的定量视野对国内环境史研究的基本现状进行更为深入的挖掘。因此，本文拟运用 CiteSpace 软件以定量分析的视角，对 1999—2017 年间 CNKI 数据库刊载的我国环境史研究的相关论文进行量化分析，以期能够全面反映 19 年间我国环境史研究的现状以及发展脉络，为当前生态文明建设提供理论支撑与历史鉴戒。

一　研究思路与数据来源

CiteSpace 是 Citation Space 的简称，可翻译为“引文空间”。它是由美国德雷赛尔大学计算机与情报学教授陈超美开发的一款多元、分时、动态的引文可视化分析软件。② 本文首先以 CNKI 数据库为数据源，以 1999—2017 年为研究时段，并以“环境史”为关键词进行检索，共获得数据 436 条，对检索结果中的新闻报道、会议通知等无效数据进行剔除之后，共获得可以用于量化分析的研究数据 421 条，进而通过年度发文数量以及期刊论文载文量进行相应的文献计量分析，接着运用 CiteSpace 软件强大的可视化和统计功能对 421 条数据中的关键词、作者、发文机构等进行统计分析，并生成可视化知识图谱，以便深入探究并清晰直观地展现国内环境史研究

① 主要包括：张国旺《近年来中国环境史研究综述》，《中国史研究动态》2003 年第 3 期；佳宏伟《近十年来生态环境变迁史研究综述》，《史学月刊》2004 年第 6 期；汪志国《20 世纪 80 年代以来生态环境史研究综述》，《古今农业》2005 年第 3 期；高凯《20 世纪以来国内环境史研究的述评》，《历史教学》2006 年第 11 期；陈新立《中国环境史研究的回顾与展望》，《史学理论研究》2008 年第 2 期；梅雪芹《中国环境史研究的过去、现在和未来》，《史学月刊》2009 年第 6 期；薛辉《文献计量学视野下大陆地区环境史研究现状与展望（2000—2013）——基于 CSSCI 的统计和分析》，《保山学院学报》2015 年第 1 期。

② 李杰、陈超美：《CiteSpace：科技文本挖掘及可视化（第二版）》，首都经济贸易大学出版社 2017 年版，第 2 页。

的热点领域及发展前沿。

二　环境史研究现状概括

（一）文献年际变化趋势分析

依据对可用于量化分析的421条数据进行的年度分布统计分析可以看出，如图1所示，1999—2017年间，国内环境史研究文献数量虽然有波动但整体呈现上升趋势。其中，2006年之前有关环境史研究的文献数量较少，平均每年只有4篇左右；2006年以后，有关环境史研究的文献数量日渐增多，平均每年多达32篇左右，到了2014年达到峰值。总的来说，在1999—2017年这一时间段内，2014年国内环境史研究的文献数量最多，高达50篇；1999年和2002年最少，各只有1篇。国内环境史发文量表现出良好的增长态势，究其原因，一方面欧美国家环境史研究成果越来越多地被引介到国内，从而引起众多国内学者从不同视角去思考环境史的学科属性这一问题；另一方面则是近些年来随着水资源紧缺、生物物种减少等环境问题的日益突出，国内学者对环境史产生了愈来愈浓厚的研究兴趣，从而产生了不少研究成果。

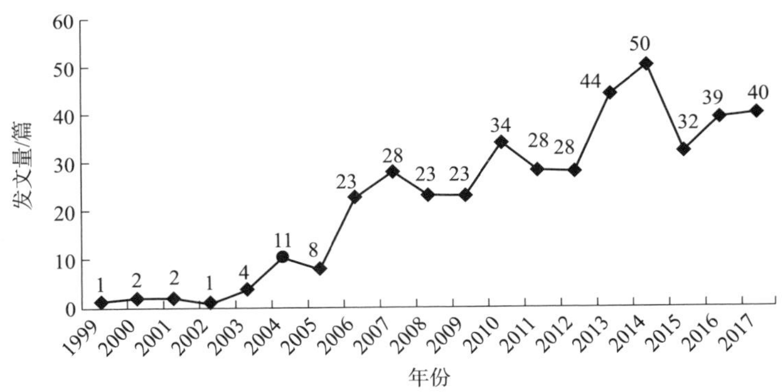

图1　1999—2017年环境史研究文献的年度分布

（二）基金资助文献状况分析

基金资助论文是指受国家政府部门或基金组织提供科研经费开展科学

研究的项目或课题所取得的阶段性成果以科研论文形式发表出来的论文。①根据统计，1999—2017 年间 421 篇研究论文中有基金资助的论文共有 56 篇，占所统计论文总数的 13.3%，可以看出，1999—2017 年间环境史研究论文中有基金资助的论文所占比例较低。具体基金类型和资助情况如表 1 所示：

表 1　　1999—2017 年基金资助环境史研究论文情况统计

基金年	国家社会科学基金	国家自然科学基金	国家级其他基金	教育部基金	省市基金	合计
2017	10	1	2		3	16
2016	5					5
2015	4					4
2014	6				1	7
2013	3	2				5
2012	2				1	3
2011						0
2010	5	2	1			8
2009	4					4
2008	1					1
2007	1					1
2006	1			1		2
合计	42	5	3	1	5	56

具体来看，自 2006 年以后有关环境史研究论文中有基金资助的论文开始出现，到了 2010 年出现了一个高潮，基金资助论文开始不断涌现，尤其是到了 2017 年，基金资助论文的数量大幅度上升，从中可以看出国家各级部门对环境史研究的重视程度不断提升。从基金资助类型上看，资助环境史研究论文的基金级别较高，主要以国家社科基金为主，而其他级别基金资助比例较低。

① 董建军：《中国知网收录的基金论文资助现状和被引情况分析》，《中国科技期刊研究》2013 年第 2 期。

（三）期刊来源分析

如图2所示，1999—2017年这一时间段内，国内刊载有关环境史研究的文献主要集中在17个期刊。其中，刊载在《学术研究》上的文献数量最多，高达24篇，可以说目前《学术研究》是国内环境史研究的重要学术阵地；另外，刊载文献数量大于等于10篇的期刊除了《学术研究》之外，还有7个，分别是《史学理论研究》《世界历史》《鄱阳湖学刊》《中国历史地理论丛》《郑州大学学报（哲学社会科学版）》《史学月刊》《历史研究》。从刊载文献的期刊级别来看，国内刊载有关环境史研究文献最多的17个期刊中属于CSSCI核心的共有12个，这12个期刊共刊载环境史研究文献142篇，约占1999—2017年刊载文献数量的34%，由此可以看出，核心期刊在国内环境史研究中发挥着举足轻重的作用，同时亦反映出这一时间段内国内环境史研究整体水平较高。另外，在国内刊载有关环境史研究文献10篇及以上的期刊中，只有《鄱阳湖学刊》不是核心期刊，但其刊载文献数量为15篇，从中反映出非核心期刊在国内环境史研究中也占有一席之地。

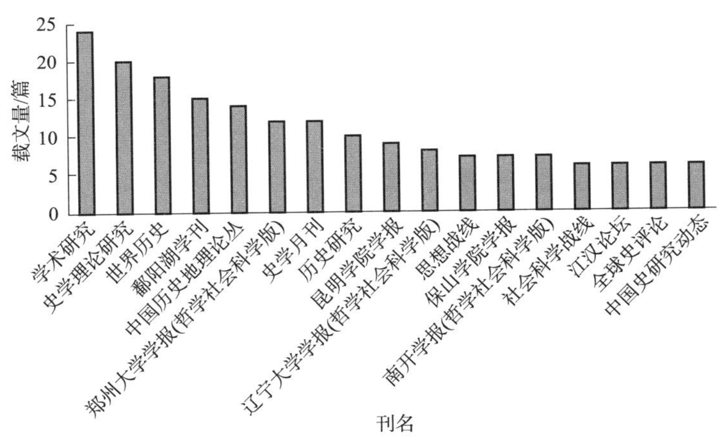

图2　1999—2017年刊载环境史研究文献数量较多的期刊

（四）高产作者和核心机构分析

经过统计可知，1999—2017年间环境史研究的421篇文献是由157位作者所完成的，平均每位作者发文量约为2.7篇。再对所有作者的发文量进行进一步的统计可知发文量为1篇的作者共有87人，占发文作者总数的55.4%，发文量为2篇的作者共有33人，占发文作者总数的21%，发文量超过3篇的作者有37人，占发文作者总数的23.6%。为了能够全面反映发文作者的学术影响力，有必要对发文量较多的作者进行更进一步的统计分析。由文献计量学中的普赖斯定律可知要想确定核心作者首先要找出发文量最多的作者①，由此可以统计出梅雪芹发文量为23篇，是发文量最大的作者，依此可以折算出核心作者必须发文超过3.6篇，也就是说发文量超过4篇的作者都可以成为核心作者。由于发文量超过4篇的核心作者较多，为了便于制表统计，本文只统计了发文量超过6篇的核心作者。

发文量超过6篇的核心作者具体如表2所示，1999—2017年间环境史研究的核心作者有梅雪芹（23篇）、包茂宏（18篇）、高国荣（10篇）、王利华（10篇）、滕海键（8篇）、周琼（6篇）、付成双（6篇）、江山（6篇）。这说明1999—2017年间国内环境史研究领域已经涌现出一批具有深厚研究功底、引领学术前沿的研究者，但同时亦存在持续进行环境史研究的作者数量仍然较少的问题。

表2　　环境史研究的高频作者及高被引文献分布

序号	作者	发文量（篇）	被引频次最高的文献
1	梅雪芹	23	《从环境的历史到环境史——关于环境史研究的一种认识》
2	包茂宏	18	《环境史：历史、理论和方法》
3	高国荣	10	《什么是环境史？》
4	王利华	10	《生态环境史的学术界域与学科定位》
5	滕海键	8	《略论美国现代史上的三次环保运动》
6	周琼	6	《土司制度与民族生态环境之研究》
7	付成双	6	《从环境史的角度重新审视美国西部开发》
8	江山	6	《德国环境史研究综述与前景展望》

统计分析独立作者或者第一作者所在机构的发文量是分析国内环境史研究核心学术机构的一个重要内容，同时也是全面了解1999—2017年间国

① 普赖斯定律是以作者的最低发文数作为高产作者入选的主要标准，其具体计算公式为$M = 0.749\sqrt{N_{max}}$，M是指作者群体中作者的最少发文量，Nmax是指作者群体中作者的最多发文量。参见丁学东《文献计量学基础》，北京大学出版社1993年版，第220—232页。

内环境史研究机构地域分布状况的一个重要手段。利用 CiteSpace 对 1999—2017 年间国内环境史研究机构数据进行提取和整合，选取出排名前 22 位、发文量大于等于 3 篇的研究机构进行分析，如图 3 和表 3 所示：

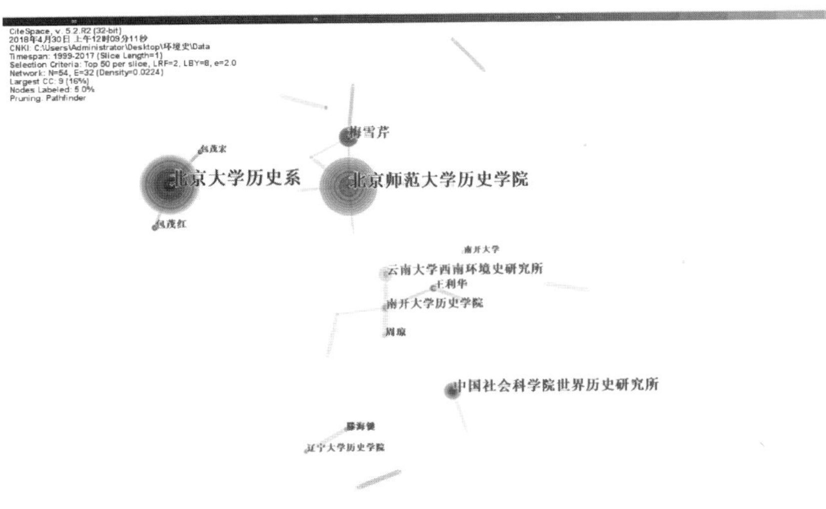

图 3　作者与机构合作网络知识图谱

表 3　　　　环境史研究高发文机构

序号	机构	发文量	序号	机构	发文量
1	北京师范大学	49	12	复旦大学	6
2	南开大学	42	13	中国人民大学	6
3	北京大学	26	14	西南大学	6
4	云南大学	23	15	南昌航空大学	6
5	中国社会科学院	19	16	东北师范大学	5
6	陕西师范大学	12	17	中山大学	4
7	辽宁大学	9	18	吉林大学	3
8	首都师范大学	8	19	华中师范大学	3
9	厦门大学	7	20	南京大学	3
10	河北师范大学	7	21	山西大学	3
11	清华大学	6	22	广西师范大学	3

从统计结果可以看出发文量位居前列的 22 家机构共发文 256 篇，占总发文量的 60.8%，这反映出这 22 家机构在国内环境史研究领域的领先地

位。从具体研究机构分布来看，北京师范大学（49 篇）、南开大学（42 篇）、北京大学（26 篇）、云南大学（23 篇）、中国社会科学院（19 篇）等研究机构的研究成果较为丰富，发文总数遥遥领先。由此可见国内环境史研究具有明显的地域特征，国内环境史研究的主要机构集中于北京、天津、昆明。从地域上看，国内环境史研究已经逐渐形成了以北京（北京师范大学、北京大学、中国社会科学院、首都师范大学、清华大学）为核心，辐射天津（南开大学）、昆明（云南大学）、沈阳（辽宁大学）、长春（东北师范大学）、厦门（厦门大学）、南昌（南昌航空大学）等地的分布格局。

通过 CiteSpace 生成的可视化聚类时区图，可以进一步了解 19 年间国内环境史研究机构的发展状况。对 1999—2017 年间国内环境史研究机构数据进行整合统计，然后通过 CiteSpace 生成节点数为 24，连线数为 1，网路密度为 0.0036 的研究机构聚类时区图。如图 4 所示，从时间演进状况来看，表 3 统计的前 22 名高发文机构中有 9 个机构出现在 2005 年以后，只有 1 个机构在 1999 年就已经出现。从图 4 可见 1999—2017 年，19 个时区分布着若干研究机构，可密集程度随着时间的推移逐渐发生变化，如 2005—2008 年及 2012—2014 年，在这两个时间段内环境史研究机构不断涌现，但在其他一些时段则出现放缓的状况。但是随着环境史研究的不断

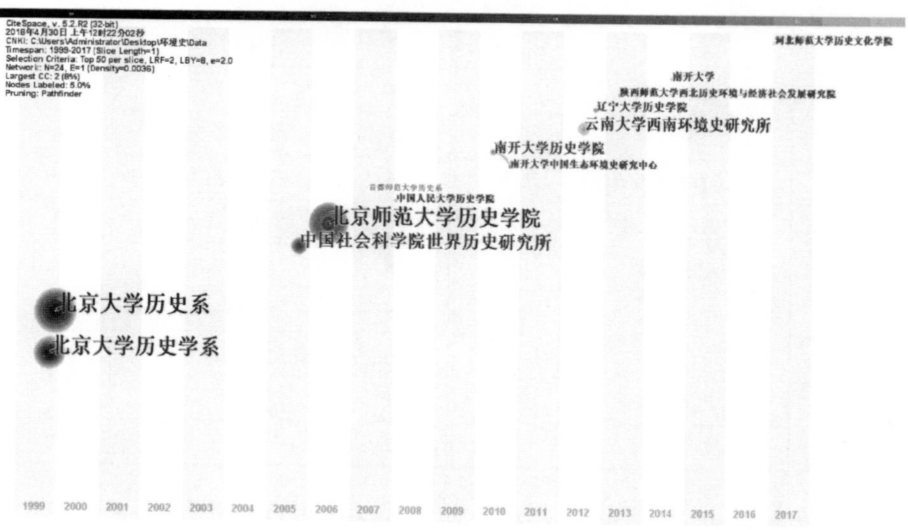

图 4　环境史研究机构聚类时区

深入，国内亦开始出现诸如中国人民大学、首都师范大学、辽宁大学、陕西师范大学、河北师范大学等一批具有一定成果积累的环境史研究机构。同时，从研究机构聚类时区图知识图谱中也能看出核心研究机构的马太效应依然存在，这些核心研究机构目前仍旧处于优势地位，为国内环境史研究的持续繁荣注入了强大动力。核心研究机构中诸如北京大学、北京师范大学、中国社会科学院等，其学术传承、发展状况良好，同时也具有一定的辐射引领作用，逐渐带动和影响国内其他学术机构走上环境史研究的道路，从而间接形成了一批环境史研究的学术共同体。

三　环境史研究热点及主题演化

（一）高被引文献分析

一个研究领域的高被引文献能够反映其在该领域所具有的学术影响力，意味着其在理论或者概念上的突破和创新，因此对环境史高被引文献进行系统分析，可以更加清晰直观地了解该领域在不同时期的焦点主题。通过对1999—2017年间中国知网中有关环境史研究被引文献进行统计，再运用文献计量学中的h指数来确定高被引论文①，可以得出1999—2017年中国知网中有关环境史研究高被引文献共计24篇，占该段时间中国知网中有关环境史研究文献总量的5.7%，具体信息见表4：

表4　国内环境史研究高被引文献②

序号	作者	标题	被引频次	年/期	期刊名
1	包茂宏	环境史：历史、理论和方法	133	2000/04	史学理论研究
2	张国旺	近年来中国环境史研究综述	38	2003/03	中国史研究动态
3	包茂宏	唐纳德·沃斯特和美国的环境史研究	57	2003/04	史学理论研究
4	包茂宏	中国环境史研究：伊懋可教授访谈	33	2004/01	中国历史地理论丛

① h指数的定义是N篇论文中有h篇论文每篇至少获得了h次的引文数，其余的N－h篇论文中各篇论文的引文数都成h时，h就可以称作h指数。参见赵基明、邱均平、黄凯、刘兵红《一种新的科学计量指标—h指数及其应用述评》，《中国科学基金》2008年第1期。

② 为了从高被引文献中看出国内环境史研究的发展脉络，表4对高被引文献按发表时间排序。

续表

序号	作者	标题	被引频次	年/期	期刊名
5	侯文蕙	环境史和环境史研究的生态学意识	70	2004/03	世界历史
6	唐纳德·沃斯特、侯深	为什么我们需要环境史	62	2004/03	世界历史
7	景爱	环境史：定义、内容与方法	48	2004/03	史学月刊
8	高国荣	什么是环境史？	71	2005/01	郑州大学学报（哲学社会科学版）
9	包茂宏	英国的环境史研究	28	2005/02	中国历史地理论丛
10	滕海键	略论美国现代史上的三次环保运动	32	2006/01	赤峰学院学报（汉文哲学社会科学版）
11	李根蟠	环境史视野与经济史研究——以农史为中心的思考	76	2006/02	南开学报
12	刘翠溶	中国环境史研究刍议	65	2006/02	南开学报
13	高国荣	20 世纪 90 年代以前美国环境史研究的特点	43	2006/02	史学月刊
14	梅雪芹	论环境史对人的存在的认识及其意义	27	2006/06	世界历史
15	王利华	生态环境史的学术界域与学科定位	67	2006/09	学术研究
16	梅雪芹	从环境的历史到环境史——关于环境史研究的一种认识	43	2006/09	学术研究
17	倪根金	中国传统护林碑刻的演进及在环境史研究上的价值	24	2006/04	农业考古
18	梅雪芹	环境史：一种新的历史叙述	32	2007/03	历史教学问题
19	尹绍亭、赵文娟	人类学生态环境史研究的理论和方法	28	2007/03	广西民族大学学报（哲学社会科学版）
20	王利华	作为一种新史学的环境史	38	2008/01	清华大学学报（哲学社会科学版）
21	陈新立	中国环境史研究的回顾与展望	30	2008/02	史学理论研究
22	高国荣	环境史在美国的发展轨迹	25	2008/06	社会科学战线
23	梅雪芹	中国环境史研究的过去、现在和未来	38	2009/06	史学月刊
24	唐纳德·沃斯特、侯文蕙	环境史研究的三个层面	24	2011/04	世界历史

通过对表4统计信息的分析，可以大致看出国内环境史研究的学术发展脉络，主要体现在如下三个方面：

第一，早期国内环境史研究主要是引介国外环境史研究理论和研究成果，着重介绍国外环境史研究的现状以及存在的问题。如2000年包茂宏在《环境史：历史、理论和方法》一文中认为随着环境和生态危机成为全球共同关注的突出问题，环境史这一学科应运而生，并呈现出一种跨学科研究的趋势，当前全球环境史研究瞄准的区域主要集中在欧美和非洲，研究成果亦较多，而对亚洲和拉美等地区关注度则相对较少，亟须开拓对上述地区环境史的深入研究。[①] 又如包茂宏在《唐纳德·沃斯特和美国的环境史研究》一文中不仅从环境史理论、环境知识史、新西部史等三个方面深入介绍了美国著名环境史研究专家唐纳德·沃斯特的主要研究成果，并且就环境史研究现状、世界环境主义运动发展等问题对唐纳德·沃斯特进行了深入的访谈。[②] 总之，在该阶段国内的环境史研究还是以介绍国外环境史发展现状为主，缺乏对本土环境史研究理论体系的建构。

第二，之后国内对环境史的研究除了继续引介国外环境史理论和成果外，已经逐步开始对环境史的学科性质、研究对象以及研究方法进行深入的探讨。例如，2004年景爱在《环境史：定义、内容与方法》一文中强调，环境史是研究人类与自然的关系史，其研究的内容不仅包括人类对自然环境的影响，而且还包括人类开发利用自然的新途径，因此，其研究方法是多元的，需要相关学科相互配合和借鉴。[③] 2006年王利华在《生态环境史的学术界域与学科定位》一文中在国外环境史研究者对环境史进行界定的基础上，重新界定了环境史的定义，认为环境史是运用现代生态学思想，并借鉴多学科研究方法来处理史料，进而深入考察在不同时空条件下人类生态系统的发展演变过程。[④] 2006年梅雪芹则在《论环境史对人的存在的认识及其意义》一文中强调环境史研究仍然把人及其活动当作研究的主题，同时以人与自然相互作用为视角更为深入地探究人类发展历史。[⑤]

---

① 包茂宏：《环境史：历史、理论和方法》，《史学理论研究》2000年第4期。

② 包茂宏：《唐纳德·沃斯特和美国的环境史研究》，《史学理论研究》2003年第4期。

③ 景爱：《环境史：定义、内容与方法》，《史学月刊》2004年第3期。

④ 王利华：《生态环境史的学术界域与学科定位》，《学术研究》2006年第9期。

⑤ 梅雪芹：《论环境史对人的存在的认识及其意义》，《世界历史》2006年第6期。

总之，随着国内环境史研究的不断深入，国内学者已经逐步意识到环境史的内涵特征、研究内容、研究方法等仍有待完善。

第三，随着对环境史学科属性、研究内容等的深入探讨，国内学者逐步构建起本土化的环境史研究理论体系。例如，2008 年陈新立在《中国环境史研究的回顾与展望》一文中系统梳理了国内环境史研究的既有成果，指出国内环境史研究在吸收借鉴国外理论方法基础上，已经实现从揭示自然环境变迁的原因转变到深入探讨人地关系上。[①] 2009 年梅雪芹在《中国环境史研究的过去、现在和未来》中强调，国内环境史研究者已经意识到环境史具有比较明确的研究对象、理论以及方法，完全可以成为一门独立学科，并认为环境史研究立足点主要在自然与文化之间。[②] 综观上述学者的研究，不难看出，随着国内环境史研究的持续升温，国内环境史研究亦逐步走向深化，获得了长足的发展，为后续国内环境史进一步研究奠定了良好的基础。

（二）研究主题及其演化分析

关键词作为表明学术论文研究主题的重要指标，不仅能够反映学术论文的核心内容，而且其关联性在一定程度上也可以揭示学科领域中知识的内在联系，反映学科领域内的研究热点与前沿演进状况。[③] 有鉴于此，本文以“环境史”为关键词，通过关键词共现分析对环境史研究的主要方向和热点进行深入挖掘。具体的操作方式如下：时间跨度为 1999—2017 年，时间切割设置为 1 年，阈值选择为 TOP50，运行 CiteSpace 得到关键词共现网络图谱，然后通过寻径剪枝的方式得出由 62 节点和 92 条连线组成的 1999—2017 年环境史关键词共现网络图谱（图 5）以及环境史研究领域高频关键词列表（表 5）。

① 陈新立：《中国环境史研究的回顾与展望》，《史学理论研究》2008 年第 2 期。

② 梅雪芹：《中国环境史研究的过去、现在和未来》，《史学月刊》2009 年第 6 期。

③ 杨怡、张晓芳、朱雪梅：《地理教科研热点与作者构成年度报告——基于 2017 年〈中学地理教学参考〉论文的 CiteSpace 分析》，《中学地理教学参考》2018 年第 5 期。

图 5　1999—2017 年国内环境史研究关键词共现网络图谱

由图 5 可知，1999—2017 年间环境史研究关键词共现网络图谱整体上较为紧密，反映出 19 年间环境史研究始终是围绕上述关键词而展开的。在 CiteSpace 可视化图谱中，关键词出现的频次决定了节点圈层的大小。如图 5 所示，关键词出现的频次越多，其节点圈层圆环越大，越能反映出该领域的研究热点所在。依据关键词节点频次、中心度等统计情况，可以统计出 1999—2017 年国内环境史研究领域出现频率较高的关键词共有 24 个，其中影响力较高的核心关键词有 18 个，分别是环境史（309 次）、美国（22 次）、历史地理学（12 次）、中华人民共和国（12 次）、中国环境史（8 次）、人类（7 次）、北美洲（7 次）、美利坚合众国（7 次）、环境问题（7 次）、环境变迁（7 次）、自然（6 次）、人与自然（6 次）、视野（5 次）、学科（5 次）、生态文明（4 次）、全球史（4 次）、环境保护（4 次）、生态史（4 次），括号内标出的是核心关键词节点出现的频次。

依据 CiteSpace 统计分析的结果，将节点频次出现较多的 24 个关键词导出，制成表格，具体如表 5 所示，上述关键词是国内环境史研究领域中使用较多的代表性词汇。其中除了上文列举的国内环境史研究领域影响力较高的 18 个核心关键词外，还包括 6 个较为重要的关键词，分别是“英国”“美国现代化”“荒野”“环境保护主义”“环境”“马立博”等。从上述关键词中可以看出，国内环境史研究的内容较为广泛。

表 5　环境史研究领域高频关键词

排序	关键词	频次	排序	关键词	频次
1	环境史	309	13	视野	5
2	美国	22	14	学科	5
3	历史地理学	12	15	生态文明	4
4	中华人民共和国	12	16	全球史	4
5	中国环境史	8	17	环境保护	4
6	人类	7	18	生态史	4
7	北美洲	7	19	英国	3
8	美利坚合众国	7	20	美国现代化	3
9	环境问题	7	21	荒野	3
10	环境变迁	7	22	环境保护主义	3
11	自然	6	23	环境	3
12	人与自然	6	24	马立博	3

环境史是以研究历史上人类与环境交互作用为中心的学科，注重探究人地互动视域下的环境变迁以及由此而引发的人类对自身环境意识的思考，进而探讨人类围绕环境问题采取的各种应对策略。结合环境史高被引文献和高频关键词统计结果以及环境史研究关键词时区图谱（图6），可以清晰直观地展现该领域研究轨迹及发展趋势。

如图 6 所示，1999—2017 年国内环境史研究主题的发展路径大致分为国内外环境史研究状况、环境史学科属性、中国环境史理论建构这三条线索。

第一，发展期（1999—2005 年），该时段出现的高频关键词为“环境史”“美国”“学科”“自然”“人类”等，这一阶段国内环境史研究主要就国外环境史研究现状特别是美国环境史研究状况以及国内环境史研究的发展趋势进行深入考察。具体来看，包茂宏、梅雪芹①等分别对国外的环境史研究状况进行了深入的考察，详细介绍了国外环境史研究的流派和成

① 详见包茂宏《唐纳德·沃斯特和美国的环境史研究》，《史学理论研究》2003 年第 4 期；《德国的环境变迁与环境史研究——访德国环境史学家亚克西姆·纳得考教授》，《史学月刊》2004 年第 10 期；《英国的环境史研究》，《中国历史地理论丛》2005 年第 2 期；梅雪芹《从环境史角度重读〈英国工人阶级的状况〉》，《史学理论研究》2003 年第 1 期。

果及其研究前沿与学术走向。

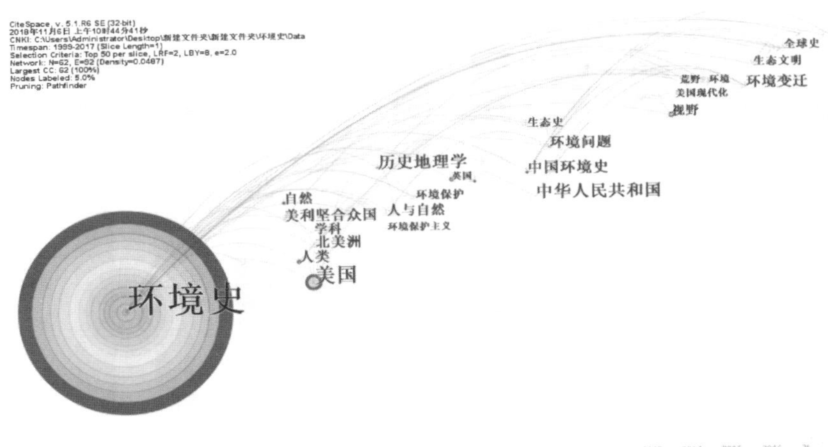

图 6　1999—2017 年国内环境史研究关键词时区图谱

第二，稳定增长期（2006—2012 年），这一时间段出现的主要高频关键词主要为"历史地理学""生态史""中国环境史"等，该阶段国内学界除了集中探讨环境史的学科定位以及其与历史地理学之间的学科关系外，还开始深入探讨中国环境史理论建构等相关问题。如朱士光、王利华、王玉德、侯甬坚①等学者都认为环境史与历史地理学有较大的区别，是一门注重探讨历史上人类社会与自然环境之间的相互关系以及以自然为中介的新学科。刘翠溶、梅雪芹、赵九洲②等学者则认为环境史研究属于典型的交叉综合研究，就当前中国环境史研究而言就必须要打破以往的学科分野，顺应时代和社会的发展需要，探索适合中国环境史发展的新途径，走科学和历史结合、自然和文化并举的中国特色环境史研究之路。

第三，快速发展期（2013—2017 年），此时间段出现的主要高频关键词为"环境变迁""生态文明""全球史"等，该阶段国内学界更多地关

---

① 详见朱士光《关于中国环境史研究几个问题之管见》，《历史地理论丛》2006 年第 2 辑；王利华《生态环境史的学术界域与学科定位》，《学术研究》2006 年第 9 期；王玉德《试析环境史研究热的缘由与走向——兼论环境史研究的学科属性》，《江西社会科学》2007 年第 7 期；侯甬坚《历史地理学、环境史学科之异同辨析》，《天津社会科学》2011 年第 1 期。

② 详见刘翠溶《中国环境史研究刍议》，《南开学报》2006 年第 2 期；梅雪芹《中国环境史研究的过去、现在和未来》，《史学月刊》2009 年第 6 期；赵九洲《中国环境史研究的认识误区与应对方法》，《学术研究》2011 年第 8 期。

注于环境史研究对当前生态文明建设的现实意义以及全球环境史研究的兴起。如王利华认为从我国环境史的研究中可以发现，知行脱节是我国历史上生态环境持续遭到破坏的重要原因，要想推进我国生态文明建设必须要加强知行合一，大力推广生态环境知识的普及。[①] 高国荣则强调全球环境史研究的兴起是全球史和环境史两个领域相互融合发展的结果，其不仅有助于从更深层次揭示环境对人类社会的影响，而且还扩展了环境史研究的广度。[②]

四 结论与建议

（一）结论

本文以1999—2017年间CNKI数据库刊载有关环境史研究的421篇文献为研究对象，通过统计分析文献产出作者及发文机构状况展示国内环境史研究中的核心作者和核心研究机构，进而借由CiteSpace分析得到的关键词共现网络图谱和时区图谱进一步深入辨析环境史研究热点及演进趋势，分析得出1999—2017年间国内环境史研究的重点，可以得到以下结论：

第一，1999年以来国内环境史研究经历了发展期（1999—2005年）、稳步增长期（2006—2012年）、快速发展期（2013—2017年）这三个主要发展阶段，而且在不同时期研究的侧重点亦有所不同。此外，自2006年以来有关环境史研究文献中基金资助的文献不断涌现，反映出国家各级部门对环境史研究的重视程度不断提升。

第二，国内环境史研究逐步形成了以梅雪芹、包茂宏、高国荣、王利华等八位学者为代表的核心作者群，并形成了以北京师范大学、南开大学、北京大学、云南大学、中国社会科学院等为代表的环境史研究高发文机构。根据这些核心作者以及高发文机构地域分布情况来看，当前我国环境史研究机构呈现出明显的地域不平衡性，北京、天津成为国内环境史研究机构最多的地区。另外，由于地域和学缘等因素的影响，当前国内环境

① 参见王利华《从环境史研究看生态文明建设的“知”与“行”》，《人民日报》2013年10月27日，理论版。

② 参见高国荣《全球环境史在美国的兴起及其意义》，《世界历史》2013年第4期。

史研究团队之间的联系强度与合作关系仍相对薄弱，亟待加强。

第三，从高频关键词共现网络图谱（图5）来看，“环境史”“美国”“历史地理学”“中华人民共和国”等出现频次最高，随着对环境史学科属性、研究内容等的深入探讨，“中国环境史”“环境变迁”“人与自然”“学科”“生态文明”“生态史”等成为近些年的研究热点。

（二）建议

从1999年以来，国内环境史研究取得了丰硕的成果，为未来环境史研究的进一步深入开展提供了坚实的基础。然而，当前国内环境史研究仍存在不少问题，未来环境史研究还应该重点关注以下几个方面：

第一，加强环境史史料的收集和整理，推进环境史学科的发展。从目前学界对于环境史史料相关文献的讨论来看，大多数研究者都重视对正史、档案、地方志、笔记小说等古代传统史料中环境史史料的收集和整理，而对近现代的相关环境史史料则重视不够，出现了重古轻今的状况。有鉴于此，今后要进一步加大对诸如报纸杂志、日记书信等近现代文献中环境史史料的收集和整理，扩大环境史史料收集的范围。同时，在当前新技术背景下，要正确运用计算机、网络等技术，尽可能全面掌握各种环境史资料，建立环境史史料数据库，为环境史学科进一步发展提供资料支撑。

第二，推动学科交叉研究，拓展研究领域。环境史作为一个新兴学科，虽然国内学界对通过跨学科的研究方法推动其向纵深发展达成共识，但在实际研究应用方面仍较为薄弱。这就需要国内环境史研究中拥有不同学科背景的学者能够共同开展深入的探讨和交流，明晰跨学科研究方法不仅仅是停留在理论层面，而是要在理论和方法上有所创新，并应用于具体的环境史研究中，从而有助于丰富和提升环境史的相关研究。因此，在未来一段时间内除了要加强全球环境史、环境口述史、城市和乡村环境史等领域的研究，推进环境史与其他学科的有机融合发展以外，还要从环境史视野出发为当前生态文明建设提供理论指导，不断增强环境史研究观照现实的力度。

第三，加强学科建设，推动建立学术共同体。个体学者研究目前已成为科学研究的重要组成部分，但由于领域知识的专业性以及知识增长的动态性，个体学者很难具备所有的专业知识和研究资源，因此需要推动学术共同体的建立，加强学者之间以及学术团队之间的交流合作来解决日益复杂的学术难题，推动环境史研究的稳步发展。当前因为地域和学缘等因素的影响，国内环境史研究团队之间的合作与联系较少，所以未来国内环境史研究应该进一步构建具有广泛学科背景和影响力的学术团队，加强学术机构间的合作性，形成稳定的合作群体，扩大机构间的合作力度。

（本文原刊于《中国石油大学学报》2020 年第 1 期）

第九编

制度、赈济与近代国家及地方的灾害救治

制度的外延：清代“照以工代赈之例”政策的变化与得失

牛淑贞*

（四川大学历史文化学院，四川成都　610065）

摘要：清代，政府突破以工代赈制度主要施用于官修工程的政策限制，将以工代赈制度外延，在没有预案的情况下，“照以工代赈之例”大量修筑民力无法修复的灾毁堤埝，反映了其体恤民艰、重本务农的执政理念，以及灾后临时组织动员人力与资源助力民间重建以农田水利工程为主的基础设施的努力。这种努力是国家与民间基于预防灾后可能出现的经济危机与社会不稳定的考量，突破官修、民修界限后的合作。因受工价支付标准低、经办人员侵蚀工费等因素影响，对这一善政成效的评估不可过高。这一政策受国家财政状况的影响，经历了从有限发展到扩张，再到萎缩的变化过程。

关键词：清代；以工代赈；研究

清代，以工代赈项目采取预案制，即地方政府平时通过预先调查建立项目库，遇到灾年，即按图索骥快速、从容地开展以工代赈。但是，“照以工代赈之例”兴修的工程并没有列入项目库，而是临时根据实际需要确定是否兴修，属于制度的外延。有关这类应急性以工代赈工程的相关制度

* 项目基金：本文为2014年国家社科基金项目“清代至民国以工代赈研究”（项目编号：14BZS111）的阶段性研究成果；2019年国家社科基金西部项目“清代至民国时期四川灾害史料的整理与研究”（项目编号：19XZS015）的阶段性研究成果之一。

作者简介：牛淑贞，四川大学历史文化学院教授。

及其实践状况，以往的研究鲜有关注。① 有鉴于此，本文拟对清代“照以工代赈之例”制度的运作过程、成效及其影响因素等内容进行探析，洞悉政府在没有预案的情况下如何组织动员人力与资源完成此类应急性的以工代赈工作，以期有助于全面、深入了解清代以工代赈制度及其运作机制与效能。

一

清代“照以工代赈之例”兴修的工程既有官修工程，也有本应民修的堤埝、驿道，以民修堤埝为主。其中官修工程有灾毁与非灾毁工程两类，但非灾毁工程往往位于灾区，大多与防灾有关。乾隆四年（1739），直隶河道总督顾琮奏请照以工代赈之例拨帑银六千九百多两挑挖沧州、青县两减河。工部议复同意。② 该工程并非灾毁工程，但可防灾。政府照以工代赈之例兴修的灾毁工程，多为工程浩大，难以劝用民力的急工。十年（1745），山西应州城垣因历年久远坍塌不堪，知州吴柄于请求动帑修理，预算需工料银一万七千四百二十一两，“适值本年秋禾被灾，援照以工代赈之例题准兴修”③。十三年（1748），山东省大范围疏浚水道，“即照以工代赈之例，随宜兴作，俾灾黎得以稍资生计，亦一举两善之道也”④。十五年（1750），直隶多处堤埝因水灾残缺，须于汛前修补。次年，直隶总督方观承亲自履勘后，对于难用民力，又不应另案动帑兴修的灾地工程，“照兴工代赈例办理”⑤。二十六年（1761），堵筑黄河漫工工程重大，“势不得不资用民力，今仿以工代赈之例，令附近被水各州县传集人夫，计工给值。灾民既得糊口，工务亦可速竣，于公私皆有裨益”。二十七年（1762），直隶浚筑文安等县的千里长堤，霸州的六郎堤，天津西沽等地的叠道，以及南运堤埝等工程，“灾地难以劝用民力，请照兴工代赈例，每土一方，给米一升，盐菜钱八文，令贫氓于停赈后赴工就食”⑥。

---

① 参见拙作《浅析清代中期工赈工程项目的几个问题》，《内蒙古大学学报》2008 年第 4 期；周琼《乾隆朝以工代赈制度研究》，《清华大学学报》2011 年第 4 期等。

② 《清实录》第 10 册，中华书局 1985 年版，第 440 页。

③ （清）吴炳纂修：《应州续志》卷 2，清乾隆三十四年刻本。

④ 《清实录》第 13 册，中华书局 1986 年版，第 147—148 页。

⑤ 《清实录》第 14 册，中华书局 1986 年版，第 65—66 页。

⑥ 《清实录》第 17 册，中华书局 1986 年版，第 182、351 页。

总体而言，照以工代赈之例兴修的官修工程多为水利工程，其实施地域集中分布在直隶、山东等拱卫京畿的省份；实施时间主要集中在国家财政状况较好的乾隆时期；所需钱米主要来自官帑与漕粮；实施程序与一般的以工代赈项目一样，先由地方主管官员向上级官员或中央申报，经上级官员或工部官员甚至皇帝批准后，由工程所在地的地方政府负责组织实施。

清代，照以工代赈之例兴修的民修工程也以水利工程居多。政府出于体恤灾后民力艰难、预防水患及保证农业生产正常进行等方面的考虑，给一些民修的堤埝提供全部或部分资金实行以工代赈，属于“法外施恩”。这些民堤民埝多半属于百姓自卫田庐，且例应官督民修的工程。[①] 这些堤埝属于工大费繁的急要工程，灾后民力无法承修，“圣恩高厚，以民修之项作官修，体恤百姓者既至，而以工赈为救荒之善策”[②]。这样一来，“工赈可免迟误，实于民生有裨”[③]。

就笔者寓目的史料来看，清代的“照以工代赈之例”政策始于康熙年间，雍正年间也有所继承，但实施地域及频次都颇为有限。康熙十六年(1677)，徐、萧、丰、砀四州县“小民当叠灾之后，实难责之枵腹力作，若听其自然，又恐有溃决夺河之患”，于是，靳辅奏请将这四州县境内本属民修的黄河堤坝予以官修，“不特将来之运道无虞，田庐可保，而此际流离死徙之灾黎皆可招徕畚锸，寓赈于工，诚一举而两得，有裨国计民生”[④]。雍正十一年（1733），丰润营田观察使陈仪奏，该县民埝“向系民自加修”，因该县是年秋遭灾，“民力不支，除所用物料动帑备办外，请令地方官各酌给米粮，以工代赈，后不为例”。十二年（1734）正月，直隶总督李卫与工部均议复同意其奏请。直隶故城县与山东省德州卫及武城县的毗连地界，是运河东流转弯的地方，“向未筑有堤埝防御，一遇水发，弥漫流溢”。十二年正月，李卫奏请劝谕民间攒筑土埝，“量给食米，以工

① （清）杨景仁：《筹济编》，李文海、夏明方主编：《中国荒政全书》第2辑第4卷，北京古籍出版社2004年版，第205页。

② （清）杨景仁：《筹济编》，李文海、夏明方主编：《中国荒政全书》第2辑第4卷，北京古籍出版社2004年版，第205页。

③ 中国第一历史档案馆藏档案（以下简称“档案”），乾隆八年四月初五安徽巡抚咯尔吉善奏报暂行借拨银两以济工赈事，档号：04-01-35-0711-028。

④ （清）靳辅：《靳文襄奏疏》卷3，文渊阁《四库全书》本。

代赈”，获朝廷批准。①

乾隆年间，照以工代赈之例修筑民堤民埝的频次和地域均大为扩展。七年（1742），清廷将安徽庐、凤、颍等“连年被灾地方”的民修工程，“照兴工代赈之例酌量办理”②。十三年（1748），浙江巡抚顾琮奏称，余姚县的鸣鹤、石堰二场逼近海滨，大塘外还有榆柳、利济二塘，“外御海潮，内卫田庐，实为紧要”。这些工程原应民间自行修筑，但去年秋季遭受风潮，民力艰难，工部议准，“照以工代赈例兴修”，得旨：依议速行。③二十二年（1757），卫辉等府遭水灾，侍郎裘曰修奏令地方官督率民夫开挖淤沙，引入大河，“俾田水有所归，以期普行涸出，不误春麦”。上谕：“疏浚沟塍原民间自理之事”，考虑到该地刚刚遭灾，民力艰难，令河南巡抚胡宝瑔让各地每天酌量发给在工劳动的民夫一些饭钱，“亦属寓赈于工之意”④。三十一年（1767），常德府遭受严重水灾，灾民口食维艰，“岂能复有余力营修堤垸？”谕令照二十九年（1764）湖北监利官修民堤做法，将所有应修民垸统一官修，以恤民力。“灾后兴举堤工，无食贫民兼可资以工代赈之益。”⑤

嘉道之后国家财力下降，照以工代赈之例兴办民修水利工程的情况大为减少。湖北省既是白莲教起义滋扰的地方，又因汉江涨发而遭大水灾，嘉庆元年（1796），将荆门本应官督民修的堤工官修，以工代赈。⑥道光二十九年（1849），江、淮、扬等地的堤圩多被水冲破，政府“劝民举行，以工代赈”⑦。光绪八年（1882），黄河盛涨，历城等地的民堤漫决，利津民灶各坝也被冲刷溃决。谕令山东巡抚任道镕督饬印委各员据各地受灾轻重情形，“分别工赈”⑧。

通过上文的研究可以看出，清代“照以工代赈之例”政策的实施地域涉及江苏、浙江、安徽、湖北、江西以及直隶、河南、山东等省份，体现

---

① 《清实录》第 8 册，中华书局 1985 年版，第 766、767 页。

② 《清实录》第 11 册，中华书局 1985 年版，第 119 页。

③ 《清实录》第 13 册，中华书局 1986 年版，第 56 页。

④ 中国第一历史档案馆编：《乾隆朝上谕档》第 3 册，档案出版社 1991 年版，第 65 页。

⑤ 《清实录》第 18 册，中华书局 1986 年版，第 407 页。

⑥ （清）杨景仁：《筹济编》，李文海、夏明方主编：《中国荒政全书》第 2 辑第 4 卷，北京古籍出版社 2004 年版，第 205 页。

⑦ 赵尔巽等：《清史稿》第 13 册，中华书局 1976 年版，第 3846 页。

⑧ 《清实录》第 54 册，中华书局 1987 年版，第 101 页。

出清廷对于这些税赋主要来源省份的农业生产与灾荒赈救的重视。在这些省份遇到民间无力修复直接关系来年农业收成的堤埝及其他急重险要水利工程时，国家基于体恤民艰、防灾及预防灾后可能出现的经济危机与社会不稳定现象的考虑，往往会突破以工代赈制度主要施用于官修工程的政策限制，对事关民生问题的地方农田水利工程等基础设施的灾后重建给予财力许可范围之内的帮扶。其实施过程大致经历了三个阶段：康雍年间的有限实施，乾隆年间的大力推广，嘉道之后的收缩。其在每一阶段的实施数量、规模与其时国家财政状况的优劣呈正相关。在康乾时期，尤其是乾隆年间国家财力状况好的时候，国家以兴办以工代赈为己任，在其活动中占有主导地位，将本应民修的诸多工程照以工代赈之例予以兴修；嘉道之后，随着国家财力的严重下降，政府照以工代赈之例修筑民修工程的数量与规模也随之萎缩，对灾后地方农田水利工程重建工作的直接干预程度大为降低。

二

清代，照以工代赈之例修复灾毁民修工程的筹资方式有全额动项兴修、补贴部分钱粮，以及借帑兴修分年摊还三种模式。在前两种模式中，工程由地方官负责经办；在第三种模式中，工程则由地方绅衿负责经办，地方政府予以监督。

其一，动项兴修，即其所需资金是由政府直接拨给，不需要偿还。“民堤、民埝原系民力自行修筑，不动帑项，如遇灾歉后民力实不能办者，照以工代赈之例，动用公项。”[①] 康熙十六年（1677），官修徐、萧、丰、砀四州县境内的民修黄河堤坝，以工代赈，约需银十万余两，靳辅提议在大修河道原题准银二百五十一万七千六百余两内的题定节省银二十五万一千二百余两内动支。[②] 河南省贾鲁、双洎、汝、颍、沙、渚、淇、卫等河每遇夏秋大雨，宣泄不及，冲塌堤岸，淹没民田。乾隆二年（1737），署理河南巡抚尹会一令受灾各地的官员“查卑薄虚松之处，督民增培高厚，以为来岁捍御之计”，其中丰收地方的堤岸让百姓自行修筑，“被水歉收

① 《清实录》第11册，中华书局1985年版，第194—195页。
② （清）靳辅：《文襄奏疏》卷3，文渊阁《四库全书》本。

处”堤岸的修筑费从司库存公项下支给。“以民力卫民田，贫民亦得以力作度日。”① 七年（1742），江南总督德沛奏请在拨存芜湖关税盈余银两内酌拨资金，开浚蒙城县潘家湖等九处民修湖沟，并加筑土埂，“以济民食”，获工部议准。② 山东德州运河堤岸“例系民筑民修”，因河水冲刷，堤身多有残缺，“水发之时漫决甚易”，而“民力有限，势难责其加筑宽厚”。加之，二十二年（1757）的直接赈济于次年二月结束，正值青黄不接之时，巡抚蒋洲奏请动项将临清以下运河挑浚深通，将两岸民埝一起加筑高厚，“寓赈于工，堤埝藉得高厚，可收捍卫之益”③。道光八年（1828），冀州衡水县照以工代赈之例挑挖东海子沟渠所需土方银二千四百五十两，于藩库存贮办理水利工程余剩银内拨给。④

乾隆年间政府为了避免对于灾民的派累，还将一些本应“照业食佃力之例”⑤ 修复的农田水利工程改为发帑“照以工代赈之例”修筑。乾隆四十三年（1778）十一月，高晋奏请，把贾鲁河至涡河有停淤的河段，“照业食佃力之例，归于岁修水利案内，一律疏浚”。乾隆认为“所筹未为妥善”，因为河南省是年漫水下注，水势大且持续时间较长，各州县濒水村庄受灾较重。若如高晋所奏方案办理，势必要用民力，“灾后贫黎岂能堪此”。而且是年河南、安徽沿河受灾各州县“非寻常可比”，其疏浚工程绝不能照常规筹办，“复滋派累”。谕令高晋于祥符、仪封合龙后，会同郑大进、闵鹗元沿途查勘，对应挑河工进行预算，具折奏报朝廷发帑兴工。其应疏浚的河工责成郑大进、闵鹗元率属办理，“俾得善后久远，并使沿河灾民力作糊口，尤合寓赈于工之意”⑥。

此外，清代还把一些本应民修的驿路照以工代赈之例动项兴修。山东驿路壕沟向系民间按亩出夫挑挖，乾隆五十七年（1787），德州一带发生旱灾，民食艰难，巡抚觉罗吉庆奏请将济南、东昌二府属，中路自长清县

① 《清实录》第9册，中华书局影印1985年版，第841页。

② 《清实录》第11册，中华书局影印1985年版，第194—195页。

③ （清）高晋等纂：《钦定南巡盛典》卷39、卷51，文渊阁《四库全书》本。

④ 《清实录》第35册，中华书局1986年版，第217—218页。

⑤ 清代，地方政府以谁受益谁出资的原则，采取按亩、按粮、按夫摊征的方式筹集经费修建地方农田水利工程。后来，由于出银代役在运作中出现一些诸如工程草率完工的弊端，而在江浙皖等租佃关系较为发达的省份，采取“业食佃力”的办法修建地方农田水利工程，即由业主出饭食钱，佃户出力，共同完成地方水利工程的修建。

⑥ 《清实录》第22册，中华书局1986年版，第342—343页。

起，由齐河、禹城、平原至德州，东路自茌平县起，由高唐、恩县至德州，所有大路壕沟，雇觅贫民挑宽四尺、加深二尺，每土一方，照直隶奏定之例，给米一升，银一分，以工代赈。所需银两于司库贮存工程银拨支。[①]

有时候政府拨给的款项并不能完全满足需要。如乾隆四年（1739），南靖县照以工代赈例给帑建造护城堤坝及城外桥梁，“但工费甚大，帑项不敷”[②]。

其二，补贴部分钱粮。它与动项兴修的区别在于，政府不会全额补助整个工程用款，只提供灾民的口粮或津贴。乾隆三年（1738）七月，沧州等地多处民埝漫溢，规模小的由民力堵筑，稍大的民埝，总督李卫奏请“可否量给口粮银两，助其工作?”民埝虽旧例是由民间自行修补，但乾隆帝顾念两年以来这些地方屡遭水患，民力艰难。让总督派人确查其中工程稍大的漫口，由朝廷赏给银米兴修，“即寓兴工代赈之意，俾穷民力作糊口，而残缺堤埝亦得速行告竣”[③]。二十二年（1757），卫辉等地发生水灾，上谕：“疏浚沟塍原系民间自理之事，但该处当被灾之余，民力殊堪轸恻，着通饬各属，于派拨民夫每日按名量给饭钱，亦属寓赈于工之意。”[④]二十三年（1758），山东“照以工代赈之例，酌给食米钱文”，令兰郯二县的灾民挑挖陷泥、燕子、芙蓉三段河工，“就工谋食”[⑤]。光绪七年（1881），昌邑县境内的胶潍二河堤岸被冲决多处，“闾阎当水灾之余，无力再行捐办”。山东巡抚任道铭“体察情形，当酌发银两，为以工代赈之计”。山西省城西北的浏石堰，“当西来山水之冲，为阳曲、太原两县屏障，关系最重，向系民捐民修”。十八年（1753）闰六月，该堰被山水冲决五六里，如令民间照常堵筑如此浩大的决口，“民力实有不逮”，政府“酌发款项，以工代赈，俾令赶紧修复”[⑥]。

其三，借帑修筑，分年征还。对于一些民力无法修复的灾毁工程，政

---

① 《清实录》第26册，中华书局1986年版，第1026页。

② （清）姚循义修，（清）李正曜纂：《南靖县志》卷1，清乾隆八年刻本。

③ 中国第一历史档案馆编：《乾隆朝上谕档》第1册，档案出版社1991年版，第295—296页。

④ 陈振汉：《清实录经济史资料：农业编》第2分册，北京大学出版社1989年版，第327页。

⑤ （清）高晋等纂：《钦定南巡盛典》卷41，文渊阁《四库全书》本。

⑥ 水利电力部水管司、科技司，水利水电科学研究院编：《清代黄河流域洪涝档案史料》，中华书局1993年版，第708、714、798页。

府先借款予以兴工代赈，然后由灾民分年偿还借款，颇有现代无息贷款的意味。分期还款在一定程度上减轻了灾民的负担。这种由民间通过向国家贷款来筹措灾毁农田水利工程修建经费的方式，实际上是地方灾后重建经费筹措方式的变革。其意义在于灵活运用国家财力，调动地方社会对于灾后重建农业基础设施的积极性，使国家与地方社会在灾后形成合力，共渡难关。乾隆二十年（1755），江南遭灾，虽经多方抚恤，仍怕来年青黄不接的时候，“闾阎糊口维艰”，次年，谕令尹继善等人筹修下河及芒稻河等处河工，“俾小民得趁工觅食，而水利堤防均有利赖，洵为一举两得”。最终，除疏浚山阳县市河、宝应县黄浦河，修筑安东县平旺河子堰，疏浚邳睢属峰山闸下的旧引河等工程外，还采取借帑修筑分三年征还的办法，修筑了桃源、清河两县六塘河两岸的民修堤堰。这些汛前急工“皆足资小民口食”①。

在这一筹资方式中，所借帑金五花八门，有州县积存堤费、留备军需款、大工剩余银两以及藩司库银等名目，还有让工程受益者中的富户认捐的情形。如乾隆二十九年（1764），湖北黄梅修筑例应民修的江堤，以工代赈，绅士石毓钰等请求照按亩出夫例，让“有力之户代无力贫户量出雇费，呈缴在官，酌给做工人夫饭食钱文”。预算需一万两银，认捐各户只有二千多两，鉴于工程紧迫，“即于各州县积存堤费钱文内，照黄梅县应借之数，暂行借给及时赶办。来年仍在黄梅县各户名下照数征还借给之州县归款”②。三十五年（1770），河南修筑沁堤，以工代赈，预算需工料银五万八千多两，因民力拮据无法办理，在司库留备军需的雍正四年（1726）地丁银二十万两内借用，分十年按粮摊征还款。③ 五十八年（1793），河内、武陟二县例应民修的堰工，因这两县连年积歉，民力拮据，借支藩司库项银九十八万多两，后由这两县按粮摊征，五年还清。④

在乾隆年间国家财力富足的情况下，朝廷会因体恤民力艰难等原因，

---

① 《清实录》第15册，中华书局1986年版，第365页。

② 档案，乾隆三十三年□□□抄录湖北盐驿道朱椿修筑黄梅县堤工原稟，档号：03－1008－083。

③ 档案，乾隆三十五年三月二十九河南巡抚富尼汉奏请借项修筑河堤以工代赈事，档号：03－1010－007。

④ 档案，乾隆五十八年七月二十日河南巡抚穆和蔺奏为抚恤河内武陟二县被水居民事，档号：03－0324－052。

酌情将一些本拟或已经借项修复的民堤民埝动用公项修筑，反映出政府施政的灵活性与务实性。乾隆三十二年（1767），湖北黄梅等县董家口以上界连江西德化一带江堤溃缺多处，预算需银一万七千九百余两，高晋等人奏请："借动公项，照例交民自修，分年征收还款。"上谕："该处地滨江湖，所有堤工自应及时修补，以资保障，但念黄梅等县频年偏被水灾，闾阎不无竭蹶。况借项鸠工按年摊扣，民力终多拮据……所有此项堤工，著加恩即动用公项，交地方官实力妥办，毋庸借帑扣还，俾贫民得以赴工糊口，是于捍卫田庐之中推广以工代赈之法，实属一举两得。"① 江陵县南岸以及公安县各漫口应补修堤塍向来属于民修，但因灾后民力拮据，五十三年（1788），毕沅奏请，"借帑兴修，俟事竣按粮摊征"。上谕：是年，荆州应修万城各堤工，以及监利堤工，因其水灾较重而予以官修。江陵、公安两地各堤塍虽向例应归民办，"第念该处甫经漫淹之后，民力恐不免拮据，所有该两县此次应修各堤银一万九千二百余两，并著加恩一体动用官项，此后再照例办理"②。五十九年（1789），惠龄奏："京山、荆门各州县堤塍漫水之处，刷塌甚宽，例应民修，但需费甚巨，请借帑兴修，按年征还归款。"上谕军机大臣："此项冲损堤堰虽例应民修，但今年被水较重，均著加恩官为修理，准其作正开销，不必征还归款，俾被灾之处民力得免拮据。"③ 道光十五年（1835），湖北嘉鱼等县堤塍被水冲毁，民力拮据无法摊修。讷尔经额等奏请动项培修紧要堤工。上谕：该督等勘估紧要各工，自应动项分别加培修复，咸宁、蒲圻、嘉鱼、汉川、沔阳五州县预算需土方夫工银四万五千余两，准于该省司库存剩抚恤余银项下动支兴工，使逃荒归来的贫民可以佣工糊口。④

即使借帑兴修民堤、民埝这种打了折扣的以工代赈，在道光之后国穷民贫的状况下已无法开展，间有官员奏请实行，或不了了之，或以官修、民修有界为辞明确拒绝。道光十一年（1831），朱士彦等奏请借帑兴修无为州东南以及铜陵县境内民力难于修复的堤坝，这些工程"如乘冬令兴修，俾附近居民挑土趁工，亦可藉资糊口"。这些工程朱士彦等已查勘过，

---

① 《皇朝文献通考》卷24，文渊阁《四库全书》本。
② 《清实录》第25册，中华书局1986年版，第798页。
③ 《清实录》第27册，中华书局1986年版，第512页。
④ 《清实录》第37册，中华书局1986年版，第20页。

“系属实在情形”。道光帝又派人前往履勘，“是否系必不可缓之工？如必应兴办，或乘此冬令修筑，俾附近灾民佣趁，藉资口食；或俟来春再行兴工，并著查明有何款项可以借动，将来如何归款之处，一并据实具奏”①。这种做法看似慎重，实为其时国家财力艰难、款无所出的故作姿态。光绪年间，黄河北徙，山东沿河两岸夹堤大多坍塌，李心溪等人倡约七州县绅民兴修南岸夹堤，工大力微，数年未竣。九年（1883），该夹堤再次被水冲塌多处，山东职员李道凝等“以筑堤防河，工久民疲等词”恳请朝廷拨发津贴，以工代赈。十年（1884）三月，上谕令陈士杰体察情形，奏明办理。后来，陈士杰奏请在赈款项下酌拨二三千两，发给李道凝等办理夹堤未竣工段，以工代赈。光绪帝并没有批准。他称：“此工究系民埝，每岁防汛，公家势难兼顾，应各归各县绅民自行修守，以节糜费。”② 堤埝失修致农业失收，农业失收致赋税减少，更无力修复堤埝，形成一种恶性循环。

上文所述清代照以工代赈之例的三种筹资模式，表明国家突破以工代赈制度主要施用于官修工程的政策限制，以组织者与监督者的角色，对事关民生问题的地方农田水利工程等基础设施的灾后重建给予三种程度不等的干预。

三

以工代赈与直接赈济的最大不同之处在于，有劳动能力的受赈济者必须通过参加包括工程建设在内的各种劳动才能获取赈济。因此，对照以工代赈之例这一救灾善政成效的评估势必要从“灾民需要满足程度”与“工程运作过程及其完成情况”两个方面展开：

其一，灾民获得赈济的钱粮是否能够满足需要。尽管史籍中缺乏对因“照以工代赈之例”而获得赈救的灾贫民人数的记载，但通过对其工价支付标准的探讨，可在一定程度上判定其成效。“照以工代赈之例”与一般的以工代赈的工价支付标准基本一样。康熙年间，基本按照正常工程的标

① 《清实录》第35册，中华书局1986年版，第1162—1163页。

② 《清实录》第54册，中华书局1987年版，第495—496页。

准支付以工代赈的工价，“照例每方给银一钱四分”①。雍正年间，工价大降，大多时候仅酌给米粮。“自雍正十三年以后，照例准给官价十分之三。自乾隆七年以后，照例准给官价一半。”② 乾隆二年（1737），河南照以工代赈例修筑“被水歉收处”的民堤，每挑土一方，给饭食银四分，加夯硪银一分。③ 四年（1739）夏，黄河河南段涨水，两岸堤工多处被水冲塌，河南山东河道总督白钟山除对官修堤工予以代赈兴修外，还因“灾民力有不能”，对其中两座例应民修的堤工“酌给食米，于来岁二三月间修补”，但却未“照大堤按方给价”④。这几条史料足以证明，魏丕信认为此类民修工程的工价，由正常工程工价的十分之三升为十分之五的时间为乾隆五年（1740）⑤，是不准确的。

乾隆年间，朝廷允许地方政府据实际情况奏请加价。“民工原无给价助修之例，只以偶歉，给助半价。至灾重而工程又急，及召募兴修，而畚作之人未必即系应修此堤之人，半价恐尚不敷，督抚自应筹画请旨。”⑥ 乾隆十三年（1748），山东开浚沂、兰等河，实行以工代赈，起初也打算照以工代赈之例“土工方价给半”，二月，经郯城县令王植等地方亲民之官“据实力争”后“加给全价”。

> 查东省漕规原不及江南，如江南土方内连硪水银至一钱二分五厘，东省例止九分九厘，倘照给半之例，每方仅得银四分有奇，易制钱仅三十余文，在易土一方，两人或可力就，难土一方，即三人未必裕如，半价几何，两三人分受，饿夫易饥，何能资口，而一夫赴工，八口待哺，米价正腾，何以畜家，加以河工所用硪锨皮蔴镢耙筐担之属及硪夫锨手工食，又当取足于此，是四分有奇之数且不能全得，则赈之不成为赈，又晓然可知工与赈两无所益，将使以工代赈之举反失

① （清）靳辅：《文襄奏疏》卷3，文渊阁《四库全书》本。

② （清）姚碧：《荒政辑要》，李文海、夏明方主编：《中国荒政全书》第2辑第1卷，北京古籍出版社2004年版，第813页。

③ 《清实录》第9册，中华书局1985年版，第841页。

④ 《清实录》第10册，中华书局1985年版，第490页。

⑤ ［法］魏丕信：《18世纪中国的官僚制度与荒政》，徐建青译，江苏人民出版社2003年版，第218页。

⑥ 《清实录》第13册，中华书局1986年版，第56页。

寓赈于工之意。职司此地者卫民适成厉民，何以对此灾黎，此职所日夜为怀而不敢遽以从事者也。[①]

乾隆十三年（1748）三月己酉，上谕内阁：山东兴修沂河两岸堤堰工程，“该部议照以工代赈之例，土方工价准给一半，乃系向来成例，自应照此给发。惟是东省被灾甚重，其民情之艰窘实非他处可比，若拘常例给发，恐赴工之民仍不足以糊口，著加恩将此项土方工价按数全给，俾其食用有资”[②]。加给全价之后，“赴工之民极为踊跃”[③]。这种“加恩给发全价”的做法，被修志人士称为“异数也”[④]。有时，半价不敷的情况是由地方士绅捐款解决。十三年（1748），绍兴府领藩库备公银一万七千多两，“照以工代赈例给发半价”修复榆柳、利济二塘坍损部分，“监生谢宏业以灾黎拮据，半价不足，独捐银六千余两协助修筑”[⑤]。

从乾隆十六年（1751）开始，以工代赈工价支付标准发生变化，即改变以往以工代赈“向例较之河工成规给价转少”的做法，对于那些实属紧要工程，亟应兴工修筑的以工代赈工程“当照原价给与”，“其嗣后各省以工代赈之处，俱令分别工程缓急，照此办理”[⑥]。照以工代赈之例兴办的工程自然也遵循这一工价支付标准。二十三年（1758），山东照以工代赈之例挑挖陷泥、燕子、芙蓉三段河工，“照河工土方成例，每方给银八分一厘”，“令兰郯二县赈后灾黎就工谋食”[⑦]。五十六年（1971）二月，直隶兴修清河道、大名道、天津道及通永道的堤埝、河道各工，“照以工代赈例，每土一方给米一升、银一分”[⑧]。但是，道光年间其工价又接近半价。道光八年（1828），直隶冀州东海子沟渠淤塞，夏秋雨大，使南宫、枣强等处的洼地均有积水。积水一时不能涸出，有碍春耕，必须赶紧疏浚。“估挑旱土，若按官工例价，每方给银七分，为数稍多。”尽管当地村民愿

① （清）王植修，（清）张金城续修：《郯城县志》卷11，清乾隆二十八年刊本。

② （民国）杨士骧修，孙葆田纂：《山东通志》卷首，民国七年铅印本。

③ 《清实录》第13册，中华书局1986年版，第147—148页。

④ （清）王植修，（清）张金城续修：《郯城县志》卷3，清乾隆二十八年刊本。

⑤ （清）李亨特修，（清）平恕纂：《绍兴府志》卷16，清乾隆五十七年刊本。

⑥ 中国第一历史档案馆编：《乾隆朝上谕档》第2册，档案出版社1991年版，第585页；《清实录》第14册，中华书局1986年版，第312页。

⑦ （清）高晋等纂：《钦定南巡盛典》卷41，文渊阁《四库全书》本。

⑧ 《清实录》第26册，中华书局1986年版，第428页。

挑挖，但“因工段较长，力有未逮，恳请酌给方价”。上谕：“准其援照道光四年以工代赈成案①，挑河者每方给银四分五厘②。”

尽管乾隆年间会因民力太过艰难而酌情全额支付一些照以工代赈之例兴办工程的工价，且从乾隆十六年（1751）开始对其中的急要紧迫工程全额支付工价，但总的来说，有清一代照以工代赈之例的工价多数时候是低于正常工价的，再加上清代通货膨胀的持续缓慢上涨，灾贫民所能够获得的实际赈济效果不可高估。

其二，“照以工代赈之例”工程的完成情况如何，在其申报及运作过程中，是否存在地方官员投机钻营、督办不力，以及经办人员侵蚀工费等弊端，也是评价清代“照以工代赈之例”成效需要考量的重要因素。

前文大量引述的《清实录》中的相关记载已能充分说明清代照以工代赈之例修建、修复的工程数量之多，而地方志中的相关记录不仅能说明其数量之多，更能反映出其在地方社会生产及救灾、防灾中的价值，以及其工程类型已不仅仅限于农田水利工程，还有城工。限于篇幅，在此仅举数条以证之。乾隆三年（1738），高阳县照以工代赈之例修成了永安堤，“从此河水洋洋顺流不惊，孟仲峰一村置永安堤外，村墟无恙，而洿土兼获河淤之利”③。直隶连年遭受水灾，四年（1739），经地方官员勘查了解，九十三个县的田中积水以及河渠堤埝需要疏浚修理，共计工程五百二十三处。直隶总督孙家淦将“平常工程照以工代赈之例者十之三”，“其照代赈工程者，县于州县库项动支，统入以工代赈案内报销”④。十一年（1746）四月十一日，山西应州知州吴柄于援照以工代赈之例动工兴修州城，十月初八日竣工。⑤十五年至十六年（1750—1751），绩溪县“奉旨恩准动帑照以工代赈例”兴修了县城外的长度共计数十里的七十一条石坝。⑥

不可否认，在“照以工代赈之例”的申报及其运作过程中存在着诸种弊端。清代中期，政府较多地把民修堤埝照以工代赈之例予以官修的做

---

① 所谓“道光四年以工代赈成案”，是指是年直隶办理以工代赈时，将每土一方应给工银一分、米一升，改为筑堤者统给银三分五厘，挑河者统给银四分五厘。

② 《清实录》第35册，中华书局1986年版，第217—218页。

③ （民国）李晓泠：《高阳县志》集文，民国二十年铅印本。

④ （清）贺长龄编：《清经世文编》卷109工政15，清光绪十二年思补楼重校本。

⑤ （清）吴炳纂修：《应州续志》卷2，清乾隆三十四年刻本。

⑥ （清）陈锡修，（清）赵继序纂：《绩溪县志》卷1，清乾隆二十一年刻本。

法，使一些地方官员趁机投机钻营，奏请把一些并不急迫的民修工程予以拨帑代赈，工部对此发出禁令。乾隆十三年（1748），工部议奏：

> 御史袁铣奏，官修工程遇水旱不齐之年，疏内或拦入以工代赈字样，以致部驳。请嗣后不必牵混，应如所奏。令将官修、民修之处分晰声叙。至所称民间堤埝被灾力艰，而工程又急，令督抚声明请旨，估计办理……督抚自应筹划请旨，倘偶遇偏灾，而工程非迫不及待，仍令遵例，不得概请。从之。[①]

在“照以工代赈之例”工程投入运营之后，督办官员不尽责、经办人员侵蚀工费等弊病均会使工程的质量难以保证。为了激发经办人员的工作热情，提高工作效率，除制订有一套赏罚分明的奖惩制度外，皇帝还总会在上谕中警告地方官员在“照以工代赈之例”兴办工程时，“严察吏胥，务使百姓均受实惠”，以及“督饬该州县等认真经理，务收成效，断不准有名无实”[②]。但是，由于清代以工代赈人事管理机制本身存在诸多疏漏与不足，以及一些官员自身的官品与素养不高，使以工代赈在实践中不可避免地出现侵蚀工费、工程质量低劣等弊病，影响了其成效。[③]“照以工代赈之例”兴办工程时也出现类似的弊病。乾隆二十九年（1764），湖北黄梅县修筑江堤以工代赈，以黎明五为首的十位主持工务的绅衿，在黄梅知县和刚中等官员的支持与袒护下，克扣工价，偷工减料，并以修坝为借口，大肆勒索民脂民膏。[④] 三十二年（1767），乾隆帝为了避免重蹈黎明五等人侵蚀堤费的覆辙，而将是年该县拟修的溃决堤塍交地方官动用公项办理。上谕：“借项鸠工按年摊扣，民力终多拮据。而一切派委重事仍令绅衿承办，势必仍蹈黎明五等故辙，于事更无裨益。所有此项堤工，著加恩即动

① 《清实录》第13册，中华书局1986年版，第55—56页。

② 《清实录》第9册，中华书局1985年版，第841页；《清实录》第35册，中华书局1986年版，第217—218页。

③ 参见拙作《清代以工代赈经办人员选任办法及其存在问题探究》，《史志学刊》2019年第2期，第4—10页。

④ 刘文远：《清代水利借项研究》，厦门大学出版社2011年版，第289—290页。另，该案件后来成为黄梅戏传统剧目《瞿学富告坝费》的故事原型。

用公项交地方官实力妥办，毋庸借帑扣还，俾贫民得以赴工糊口。”[①] 但是，三十四年（1769）六月，这段堤塍因大雨水涨再次溃口。朝廷动用公项办理，“原期工归坚实，以为永远捍卫田庐之计”。修好刚一年多“即已溃塌若此?”谕令：“从前系派何员承办稽查，并动项若干，如何核销保固之处，着吴达善、高晋即速查明，各行具奏。”七月，高晋复奏：湖北黄梅扁担裂江堤溃决处由前任黄梅县知县吕世庆承修，请敕湖广省督抚查明溃决丈尺，令原来承办的人员赔修。从前不能实心督办的道府官员也要查明参处。上谕：“此项堤工，濒江捍御所资，关系最为紧要。前年江水暴涨致使其堤残缺较多，恐民修力或不赡，工作未得实济”，而动帑修筑，“以期永固”。但其报竣刚满一年，就因江水涨发而溃塌，“是承修之员不能如式坚筑，实难辞咎”。谕令吴达善迅速查明该堤工溃决丈尺，令吕世庆赔修。并将相关稽查验收官员一并查明参奏。七月，湖广总督吴达善覆奏，吕世庆承修扁担堤工溃口九十七丈一尺，原任麻城县知县刘希向承修的凉亭口堤工溃口八十八丈五尺。吕世庆承修的工程还有内堤等处溃口三十六丈四尺。“此项工程动帑兴筑甫及年余，即已溃塌。应责令原承办之委员，各按段落赔修。”[②] 也许正是因为黄梅县民堤连续出现侵蚀钱款以及工程质量低劣等情形，使得乾隆帝在三十五年（1770）四月河南彰德府遭旱灾后，对于无地耕作的贫民通过借帑兴修丹、沁两河工程以工代赈时，特别强调：

> 此等代赈工程，既经借帑兴修，必须令赴工贫民均沾实惠，而该处河工堤岸亦得永资利赖，于公私方有裨益。倘承办官员督办不能实力，其中或有胥吏因缘为奸，一任地方土作匠头包揽侵渔，转致诸弊丛生，糜帑剥民，地方大吏恐难身任其咎。著即交与何煟，令其拣派贤能大员实心经理，仍即亲赴工所，加意稽查，务期工程得归实用，而贫民亦足资其口食。如仍有名无实，闾阎未蒙其利，徒将帑项任意开销，经朕察出，必将承办各员重治其罪。现在新任巡抚永德将次到豫，并将此一并谕令知之。[③]

① 《皇朝文献通考》卷24，文渊阁《四库全书》本。
② 《清实录》第19册，中华书局1986年版，第182—183、210、217页。
③ 《清实录》第19册，中华书局1986年版，第465页。

清廷对于办理以工代赈过程中存在的贪腐等现象，采取了赔修、重治其罪等措施予以惩处，并辅之以训谕教导，构筑起防止管理不力与腐败的控制机制，在一定程度上保证了照以工代赈之例所办工程的质量及对灾民的赈济落到实处。

四

一般情况下，清代的以工代赈项目实行预案制，辅之以临时根据需要加增的照以工代赈之例兴办的应急项目。政府在没有预案的情况下，将以工代赈制度外延及这些应急工程，组织动员人力与资源将其顺利完成，足见其效率与组织程度之高。照以工代赈之例修筑的工程包括官修、民修工程，但侧重于民力无法及时修复的灾毁堤埝，反映了清廷体恤民艰、重本务农的执政理念，以及灾后助力民间重建农业生产基础设施的努力。这种努力是国家与民间基于预防灾后可能出现的经济危机与社会不稳定的考量，而突破官修、民修界限后的合作，也是国家在财力许可的情况下突破以工代赈制度主要施用于官修工程的政策限制，对事关民生问题的地方农田水利工程等基础设施的灾后重建给予的干预。其干预程度受国家财政状况的影响经历了从有限发展到扩张，再到收缩的变化。在其资金筹措的三种模式中，政府始终扮演着组织者与监督者的角色，从中可以看出政府崇本务实的行政运作能力，以及政府与民间灾后合力重建以农田水利工程为核心的地方基础设施的方式。

（文章原载于《湖北社会科学》2019年第12期）

困境与路径：清光宣时期云南灾赈近代化转型研究

聂选华*

（云南大学西南边疆少数民族研究中心，云南昆明 650091）

摘要：清朝光宣时期，云南与全国一样同处于“清末自然灾害群发期”或“清末宇宙期”，各类自然灾害频繁暴发，官府以清中前期形成的荒政制度为蓝本，按照救灾赈济活动所遵循的原则、步骤和所运用的策略及举措等开展灾赈工作，但因这一时期国家和云南地方财政资源短缺，传统荒政制度并未在云南救灾实践中得到有效贯彻和落实。在此期间，云南处于社会转型的阵痛期，传统经济结构和社会阶层的裂变与整合推动着地方赈济事务从传统向近代转变，主要表现为民间救灾力量纷纷兴起，灾赈措施被迫近代化，救灾力量、物资、钱款实现从单一向多元的转变。尤其是电报通讯、铁路运输等近代科技被运用到救灾环节中，新闻报刊适时宣传近代救荒思想和救灾策略，国内外救灾力量积极参与捐款救灾，相继促进了云南灾荒赈济由传统向近代的转型，为云南灾赈的近代化发展提供了可行性路径。

关键词：光宣时期；云南；灾赈；近代化；转型

明清以来，云南水旱、地震、冰雹、蝗虫等自然灾害频次增加，“清

* 基金项目：2017年度国家社会科学基金重大项目“中国西南少数民族灾害文化数据库建设”（项目编号：17ZDA158）阶段性成果。

作者简介：聂选华，云南大学民族学与社会学学院助理研究员、云南大学民族学科研博士后流动站师资博士后。

代以后不仅灾害记录增多，灾情记录日益详细，而且程度严重的灾害数据开始进入记录范畴"①。清光宣年间，云南也处于"清末自然灾害群发期"（"清末宇宙期"），气象灾害、地质灾害、疫疾灾害及其他各类自然灾害频繁暴发，生态环境和社会环境骤变，灾情及救济得到各界关注。学界对清代云南灾荒的研究，主要集中在传统荒政制度、历次灾荒及赈济状况的探讨，趋向于分时段、分区域的个案分析，对区域救灾中呈现出的灾赈思想和救荒举措的近代转型关注较少。本文从灾赈近代化的角度，对清光宣时期云南灾赈进行分析，探寻云南近代灾赈思想及措施的变迁，从而对近代化潮流中云南灾赈近代转型的整合与调适问题进行探讨。

一　清光宣时期云南灾赈近代化转型的困境

清代荒政以中国儒家提倡的民本思想为依归，通过在官僚制度体系内部构建和完善国家管理体制，责成各级官府就灾情开展适时救灾。清光宣时期，由于传统荒政制度在云南难以继续贯彻，使得灾荒赈济这一传统政治体制的实践活动在社会公共服务中黯然失色。清末新政与近代云南资产阶级民主革命活动的开展，促使西方近代思想、科学和技术不断传入云南，云南被迫走向近代化，灾赈也因此面临由传统向近代转变的困境。

（一）传统荒政制度的弊坏

嘉道朝以前，云南官府继承历朝沿袭下来的荒政制度，在历次灾赈中都显示出前所未有的主动性，救荒实践注重因地制宜。"传统荒政是国家通过其官僚制体系治理赈济灾荒之公共行政事务。在政治与行政融合的表象下，荒政演进内含官僚制通过构建和完善赈济灾荒的公共行政体系，达致提升荒政的行政效能和表达政治价值诉求的合理化过程。"② 清代是中国古代荒政发展最为鼎盛的阶段，"清代救灾，已形成一套完整、固定的程序。地方遇灾，经报灾、勘灾、审户，最后才是蠲免与赈济。这一系列环

① 周琼：《云南历史灾害及其记录特点》，《云南师范大学学报》2014年第6期。

② 谢亮：《传统荒政的公共性与行政国家成长的再审视——基于"官僚制实践困境"命题中的行政伦理》，《浙江社会科学》2011年第10期。

环相扣的办理程序的确立，标志着清代荒政日臻制度化、经常化”[①]。经顺治至道光六朝，云南灾荒呈现出愈演愈烈的态势，每当灾害肆虐，清政府为维护正常的社会秩序，根据荒政程序先后在云南施行赈济、蠲缓、平粜、借贷等系列灾赈措施。嘉道时，清王朝面临严重的封建专制制度性危机，国库亏空严重制约了全国的灾赈进程。此时云南经济社会由盛转衰、经济萎靡，民族矛盾突出、边境动荡不安等问题给光宣朝的救荒埋下了重大隐患。“晚清时期灾荒发生频率高、破坏性大，就与当时政治腐败、战争频繁有明显的关系。”[②] 咸同云南回民起义给云南社会经济社会造成重创，农工商业困顿不堪，自然灾害接踵而至，导致灾荒赈济步履维艰。

清光宣时期，云南政局衰败，仓储弊坏，府库空虚，致使边疆地区的荒政制度难以有效开展，救灾财源往往需省外接济。光绪三十三年（1887），云南灾荒赈款由苏属（辖苏州、松江、常州、镇江、太仓四府一州）、宁藩（辖江宁、淮安、扬州、徐州、海州、通州等府州）筹措，“惟江南灾祲之后，捐赈已疲，顾不易集。兹饬由苏属筹垫五千元，并宁藩筹垫五千元电汇至滇，以资急赈”[③]。云南兵革屡兴，频征军饷，而财政却益形窘困，府库支绌，遇灾荒连年，灾黎嗷嗷待哺，赈灾所需款项浩繁，传统荒政在云南各府州县已趋向衰退，灾赈流于形式。清光宣时期云南的财政比较拮据，“自甲午庚子两次赔偿兵费以来，岁去之款骤增四五千万，虽云未尝加赋，而各省无形之搜刮已罄尽无遗……在富饶者力可自给，中资之产无不节衣缩食，蹙额相对。至贫苦佣力之人，懦者流离失所，强者去为盗贼”[④]。尽管此时云南地方在灾害冲击下仍能保留清前期完备的灾赈体制和救灾措施的部分内容，但整个清朝荒政制度在云南的施行已明显滞后。尤其是英法等西方近代化势力的入侵，导致云南自然经济逐渐解体，使灾荒暴发后下层民众的经济生活状况不断恶化。

在传统灾赈中，仓储充实与否是地方官府救荒能力、社会资源整合力

---

① 李向军：《清代荒政研究》，中国农业出版社1995年版，第23页。

② 康沛竹：《晚清灾荒频发的政治原因》，《社会科学战线》1999年第3期。

③（清）端方：《为饬苏属并宁藩分筹垫款汇滇济赈请饬查收事致云南锡制电台（光绪三十三年七月十一日）》，中国第一历史档案馆，电报，档号：09-05561。

④ 李文治：《中国近代农业史资料》（第1辑），生活·新知·读书三联书店1957年版，第913页。

强弱的重要体现，它是地方政府灾变前后公共管理能力是否得到提高的重要指向。《救荒六十策》载："救荒之策，备荒为上"，而"备荒莫如裕仓储"①。云南地居边疆贫瘠之区，光宣时期的灾赈所需钱粮需从军饷项下腾挪散放，而军需粮饷则又由四川、湖南、湖北等邻省解派，军需供给不足，灾赈乏力，刻难缓待。光绪三十一年（1905），云贵总督丁振铎奏："所有常年防饷专恃协济，湘鄂久未照解，四川协饷亦经锐减，仅解银三十五万数千两，滇省西南江普各防月饷岁需银八十九万有奇，出入计抵不敷已巨。近又按年筹解赔款、派款、汇丰款、专使出洋经费，岁共输银四十六万七千两，各库微有积存，早已搜索一空。"② 咸同军兴以来，云南三仓体系趋于崩溃，虽各府均设有官仓、常平仓和社仓，但米谷等粮食储藏严重不足，严重制约了光宣时期云南官府的救荒成效。"清代云南的仓储制度，以咸同兵燹为标志，经历了发展与衰落两个时期。雍正乾隆朝，是云南仓储的发展时期，咸同兵燹后，仓储制度走向衰落。"③ 王水乔认为，云南全省 87 个地区建有仓储，有 29 个地区的常平仓和社仓因兵燹被毁，12 个地区的常平仓和 4 个地区的社仓被焚毁，全省一半以上的仓储均遭到破坏。云南原本较为完备的仓储制度因军兴破坏殆尽，加因官吏克扣倾冒、腾挪变卖和屡派苛捐，三仓皆破败不堪，或是谷物亏空而粮仓犹在，或是仅有文献记载而仓库仅剩基址；又地方官办赈迟缓、积弊日久，最终导致云南官府的赈济能力不断下降，灾黎固难沾其实惠，这为士绅和海外力量开展灾荒赈济提供了时机。

（二）救灾的被动近代化

"20 世纪前十年是辛亥革命酝酿和准备的时期，这是国内外各种政治冲突和社会矛盾日益激化、革命形势逐步形成的一个历史阶段。在促使革命形势渐趋成熟的诸种因素中，灾荒无疑是不能不加注意的因素之一。"④ 19 世纪末，民主革命思潮广泛传播，清政府想方设法筹集经费并及时向下

① （清）寄湘渔父编撰：《救荒六十策》，沈云龙主编：《近代中国史料丛刊三编》，文海出版社有限公司 1989 年版，第 1 页。

② （清）丁振铎：《奏为滇省剿匪赈灾饷需无着请拨的款接济事（光绪三十一年九月二十八日）》，中国第一历史档案馆，朱批奏折，档号：04－01－01－1073－001。

③ 王水乔：《清代云南的仓储制度》，《云南民族学院学报》1997 年第 3 期。

④ 李文海：《清末灾荒与辛亥革命》，《历史研究》1991 年第 5 期。

摊派，增加了广大民众的负担，但未能切实解决因灾荒蔓延带来的系列民生问题。“耕种则雨水不均，无利器以补救之，水旱交乘，则饿殍盈野。强有力者，铤而走险，以夺衣食于素丰之家，而政府目之为寇盗，捕而刑之，或处之于死。”[①] 光绪三十一年（1905），云南昆明、邓川、浪穹、石屏、蒙化、太和、寻甸等11州县遭遇大水，洪流泛滥，民房、田亩概被漂没，秋收失望，灾情奇重。云南省城“东南两城外数十里民房、田亩概被淹没，并由涵洞溢灌入城，东南隅各街巷亦水深数尺及丈余不等”[②]，一度成为云南洪涝的重灾区。由于这时期清廷户部在云南加收苛捐杂税，允许地方官自筹税收和四处筹饷，使得云南财税体系紊乱，在自然灾害接连暴发之际，却难以得到政府及时的救助。

19世纪末20世纪初，法国资本不断向云南邮政进军，修筑滇越铁路，法国东方汇理银行昆明分行在云南办理金融投资业务等，促使云南政治、经济、文化以及交通和通信等领域的近代化进程逐步加快。“外国的资本主义势力在云南的渗透，破坏了自给自足的自然经济体系，同时也刺激了云南民族工业的发展。”[③] 滇越铁路开通和蒙自开关，西方科技文化不断输送到云南腹地，推动了云南近代社会的转型，云南被迫走向近代化，“云南的近代化进程并不是随着生产力的发展顺理成章的发展进程，而是在外力的压迫下被动地开始了由传统文明向现代文明过渡的近代化历程”[④]。清末云南水旱、洪涝、冰雹、地震和疫疾等灾害不断暴发，尽管官方灾赈及灾后重建的过程中传统荒政制度体系有一定程度的损益变化，但“随着门户开放和西学东渐的影响，传统的减灾政策与救荒制度也呈现出近代科学化的特征”[⑤]。由于蒙自、思茅、腾越海关相继设立，云南贸易、金融、铁路、邮政、通信等领域的近代化发展，对云南内部统一市场的建设以及工业化、城市化进程产生了积极的影响，这为云南灾赈近代化的转型创造了

---

① 民：《金钱》，载张枬、王忍之：《辛亥革命前十年间时论选集》（第2卷），生活·读书·新知三联书店1960年版，第991页。

② （清）丁振铎：《奏为云南省城猝被水灾现经设法疏消筹款赈抚情形等事（光绪三十一年九月初二日）》，中国第一历史档案馆，录副奏折，档号：03－5608－056。

③ 张红：《中法战争后法国势力的渗透与云南的半殖民地化》，《云南教育学院学报》1989年第2期。

④ 汪良平：《云南近代化形成独特性的思想文化情结》，《商场现代化》2012年第25期。

⑤ 卜风贤、冯利兵、彭莉等：《明清时期减灾政策与救荒制度》，《中国减灾》2007年第11期。

重要条件。

二　清光宣时期云南的灾赈近代化转型路径

清光宣时期，云南社会转型中各种社会力量不断分化，传统封建统治下的社会整合模式面临严峻挑战。在灾荒面前，云南民间社会力量及留日学生群体积极参与救灾，社会资源的整合在一定程度上满足了灾赈的多样性诉求，同时也促进了灾赈的近代化转型。尤其是近代化新型交通工具、新兴通信工具和传播媒介依赖其宽阔的筹赈视野及灵活的筹赈手段、多样的施赈方法，为云南灾赈实现由传统向近代的跨越提供了可行性路径。

（一）民间社会力量的参与

中国传统荒政思想极其丰富，制度比较完善，储粮备荒和临灾施赈皆要求注重时效和标本兼治。“清朝顺康雍时期，荒政制度的恢复重建及具体实践，是在承袭明制的基础上进行变通修缮并加以改进发展而成的，后经乾隆朝的完善发展至顶峰时期。”① 清代荒政程序及赈济的制度化、法律化、程式化，从根本上保障了灾赈活动能取得一定的预期效果。晚清荒政思想源于清政府和地方官府的救荒理论和实践经验，但也因时局变迁和地域差异发生变化。“荒政思想的嬗递作为一种行政观念的变迁，是近代社会从传统到近代转变的侧影，呈现出晚清中国在步入近代化时，思想上‘传统为体’，技术上‘近代为用’的‘体用不二’的传统与近代交融，且各自怡然自得的历史情景。”②

清光宣时期，云南官僚体制松弛、吏治腐败，各府州县大多仓廒未能得到有效管理。云南省城的广储仓“原系旧府仓，道光八年新建太平仓于大西城内，二十九年总督林则徐、巡抚程矞采奏明将前省城绅士所捐谷石存贮，广储仓作为义谷平粜之用。因咸丰七年变乱，复将仓谷移存太平仓，城外仓廒概毁，仅遗基址。光绪七年，经绅管③勘明旧界，具禀云南

① 周琼：《清代审户程序研究》，《郑州大学学报》2011 年第 6 期。

② 贺娜：《传统荒政思想的近代嬗递》，《理论界》2008 年第 1 期。

③ 云南省图书馆藏（光绪）《云南通志》稿本记载为“绅管”，疑为“绅官”。

府卯庆麟立案，永远归入义仓，以便日后起建，由绅士随时经管”①。由于云南官府未能及时提供传统救荒所需的钱粮来救荒，义仓的重要性逐步凸显出来，地方官绅以个人名义捐金生息，或捐谷贮藏，推动着云南灾赈由官赈到义赈的逐渐转变。“义赈在晚清‘丁戊奇荒’后扮演了赈灾体系中的主要角色”②，晚清“随着社会政治生活和经济生活的新的变化，开始兴起了一种‘民捐民办’，即由民间自行组织劝赈、自行募集经费，并自行向灾民直接散发救灾物资的‘义赈’活动”③。清光宣时期云南政治、经济、文化等领域的近代化，促进了荒政思想的变化，云南官府在被动性临时救灾的基础上，逐步向积极主动救灾和防灾御灾转型。在仓储建设方面，云南传统三仓制体系逐渐瓦解，在客观社会形势的变化下，形成了“一种合官民之力、共建共举的积谷体制，故多处仓储径以“积谷仓”或“积谷义仓”为名。而晚清时期仓储建设的主体内容，也正是这种官方督导下的积谷体制的推广”④，新建义仓还号召社会好善士绅、商人共同捐资救荒。光绪十年（1884），楚雄府知府陈灿积极“筹款积市石⑤谷四百石零，又劝城乡殷实户捐市石谷五百石零，共千石”⑥。从官办常平仓以备救灾，到以民间力量为主体积极建设义仓储粮防荒，仓政的演变反映出云南三仓建设发生了结构性和根本性的转变。

清光宣时期，云南民间救灾力量以地方精英中的士绅群体和一般平民的义举为典型，他们举行诸如捐银、施粥、恤嫠以及买谷平粜等慈善救济活动，主动参与救灾。光绪十八年（1892），昭通府属恩安县、鲁甸厅等地方水旱频仍、饥馑荐臻，云贵总督王文韶、巡抚谭钧培恳准先发帑银三千两用以赈济，又有“广西州绅士王炽捐银一千两，鲁甸厅绅士李正荣捐

---

① （清）岑毓英等修，（清）陈灿等纂：（光绪）《云南通志》卷37《建置·官署》，云南省图书馆藏，清光绪二十年刻本。

② 苏全有、邹宝刚：《晚晴赈灾思想研究述评》，《防灾科技学院学报》2011年第1期。

③ 李文海：《晚清义赈的兴起与发展》，《清史研究》1993年第3期。

④ 朱浒：《食为民天：清代备荒仓储的政策演变与结构转换》，《史学月刊》2014年第4期。

⑤ 市制容量单位和重量单位，通称为石。市石以下有市斗、市合、市勺、市撮，均以十进。在中国古代和近代各个时期，“石”所规定的表示单位的具体数量各有不同。

⑥ （清）崇谦修，沈宗舜纂：（宣统）《楚雄县志》卷4《食货述辑》，云南省图书馆藏，据清宣统二年稿本传抄度藏。

棉衣一千件、现银五百两”①。光绪二十九年（1903），维西县属饥荒严重，“地方官绅、商贾捐资办平粜”②。宣统年间，剑川州属发生洪灾，大水漂没民田、淤积河道，有士绅蒋次禄“慨捐百金”③，经雇募工人疏浚，田多涸出。光宣时期的云南灾赈，民间士绅、商人参与救灾，并逐渐成为此时防灾救灾的重要组成部分。在晚清中国政治体制变革和调整的过程中，历经从制度到实践的近代化革新，荒政及其官僚体系在既有知识化和制度化的基础上，也逐渐步入近代意义上的国家行政体制，为灾赈的近代化转型奠定了基础。光宣年间，在近代中国历史前进方向和潮流的推动下，云南灾赈在救荒仓储制度、国家赈济措施、政府蠲赈及恢复生产等领域的损益变化和发展，传统的官僚政治在赈务实践中对社会力量的整合与调度，是云南区域社会近代化进程中有效解决国家整体能力下降、市场和社会有所发展但又收效甚微等内在诉求的真实写照。从具体的赈务措施来看，近代云南官府对灾荒的直接赈济在灾赈主体、救济款项和方式以及施救范围等方面，较之康雍乾以及嘉道时期都有较大的改变和延伸，具有鲜明的时代性特征。

（二）新兴灾赈力量的出现

“在中国由传统农业社会向近代工商业社会转型期间，政府的财政基础与管理职能发生着相应的变化，尤其是在与国际接轨的过程中，中国传统的救灾政策开始呈现出了近代化趋向。”④ 光宣时期，云南留日学生关心云南社会命运，积极为云南灾荒募捐并将善款电汇回滇，在一定程度上也弥补了赈款的不足。光绪三十二年（1906），云南旱魃为虐，迤东、迤南一带赤地千里，人民之困于饥馑者不下数百万，老弱妇稚或饥毙道侧或转死沟壑，如饿殍载道，见者惨目，闻者伤心，人民陷于死亡，嗷嗷待哺者甚多。《云南》杂志记载：“前经马芥堂军门、赵樾村观察于川楚直普各省

---

① 龙云、卢汉修，周钟岳等纂：《新纂云南通志》卷161《荒政考三·赈恤·工赈》，云南省图书馆藏，1949年云南省通志馆据1944年刻本重印。

② 李炳臣修，李翰香纂：《维西县志·第二大事记》，云南省图书馆藏，据民国1932年稿本传抄废藏。

③ 赵藩：《向湖村舍诗二集》，云南省水利水电勘测设计研究院编：《云南省历史洪旱灾害史料实录（1911年〈清宣统三年〉以前）》，云南科技出版社2008年版，第516页。

④ 刘方键：《中国历史上的救灾思想与政策》，《福建论坛》2010年第10期。

募集款项，汇省赈济，但水旱频年，乡间米粟成告乏绝，饥民得金无米可易，奔走终日，怀璧以殒者，比比皆是。"[①] 1908 年，留日学生"马介堂诸公出而劝捐，留东同人闻之，当已尽其所有捐助"[②]。此后，云南留日学生公举席聘臣至中外各地募集捐款，并往暹罗一带采办米谷，将其运回云南办理赈济事宜。

滇越铁路的修筑和蒙自开关，加快了云南社会的近代转型，传统荒政制度在云南面临着向近代化转型的机遇。在自然灾害面前，尽管云南官府和地方社会都采取了应对举措，但报灾、勘灾、审户和发赈等完整的荒政程序及其运行已不再严密。有清一代，每当遭遇较大自然灾害的时候，云南地方官员皆要及时上报灾况，踏勘灾情，并适时奏请蠲免钱粮，并向殷实之家募赈，倡导富足之士绅和商人捐资救荒，设法筹集更多的救荒物资，以期弥补官赈的欠缺。晚清时期，向海内外社会各界募集赈务款项渐次成为义赈活动的重要环节，无论官宦之家，抑或平民百姓，急公好义和乐善好施在募赈和扶危济困中经常发挥着不可替代的作用。光绪年间，以留日学生为主体的云南同乡会发布《云南水旱灾募捐公启》，为募资救荒奔走呼号，促动留日云南学界、政界和商界诸公倾囊相助，竭力捐资救灾（见表1—表3）。1907 年，留日云南同乡会发布《云南灾荒赈款汇滇报告》称："敝同人等原拟广筹资金，与各大仁人善士所赐款一并派前云南杂志总编辑员席聘臣，由安南购米回赈，以副慈怀，奈力量薄弱，所志未遂，不得已特嘱席全数汇滇，托前任贵州提学使陈小圃先生代为赈放，先生博济为怀，久为全国所深信，必能妥为救济，以副各位仁人俯救滇省灾危之至意。"[③]

表 1　1906 年云南留日同乡会云南荒灾赈款统计　单位：元/角

姓　名	捐　款	姓　名	捐　款
顾视高	三十元	何国钧	十五元
陈伯械	十五元	解永嘉	十五元
吴　琨	十五元	谢崇基	五元

① 云南留东学生：《云南水旱灾募捐公启》，《云南》1907 年第 6 期。

② 中国科学院历史研究所第三所编：《云南杂志选辑》，科学出版社 1958 年版，第 304 页。

③ 留日云南同乡会：《云南灾荒赈款汇滇报告》，《云南》1907 年第 11 期。

续表

姓　名	捐　款	姓　名	捐　款
李燮阳	十五元	顾品珍	六元五角
赵　伸	二元五角	以上共捐：一百一十九元	
以上各捐收到之者，已全数汇京转汇，特此声明			
李　沛	黄毓兰	冯家骢	李鸿祥
谢汝翼	罗培金	王廷治	胡开云
由云龙	杨兆麟	姚　华	陈国祥
以上诸子均已各捐巨款，因大款计名单均已带京，俟查悉再为备登			
备注：以上系去年十二月所捐者，外尚有并芳名及捐款亦一并失记者，俟北京回信来，再为备登，以志盛意			

资料来源：数据由《云南》杂志1907年第7期附录《云南荒灾赈款》统计而得。

表2　　1907年云南留日同乡会云南荒灾赈款统计　　单位：元/角

姓　名	捐　款	姓　名	捐　款
云南杂志社	五十元	丁煜年	五十元
丁恩年	五十元	杨　枢	三十元
王克敏	二十元	顾视高	十元
黄毓成	五元	赵文渊	一元
杨发源	三十元	佴　鹍	五元
段朝选	五元	华封祝	五元
邓绍森	一元	张本钧	一元
李厚本	一元	李钟本	一元
王承浚	一元	张本钧	一元
杨镜清	一元	王毓嵩	四元
段　宽	二元	李燮义	一元
吕占东	一元	马　标	一元
赵　伸	二元	刘钟华	三元
李春醲	三元	王继贞	三元
赵　鳌	二元	李　崧	二元
赵文彬	三元	孙志曾	一元
邓绍湘	二元	孙光祖	一元
张文清	二元	曹观仁	一元
保廷樑	一元	朱吉甫	五角
潘元谅	五角	以上共捐：三百零四元	

资料来源：数据由《云南》杂志1907年第7期附录《云南荒灾赈款》统计而得。

表 3　　1907 年日本振武学校一至八班云南荒灾赈款统计　　单位：元/角

班级	姓名	捐款	姓名	捐款	姓名	捐款
第一班	吴观乐	一元	林风游	一元	黄均超	一元
	曾承业	一元	俞应麓	一元	陆绍武	一元
	张寿熙	一元	张　宣	一元	张焕琪	一元
	文　润	一元	周郁文	一元	兴　宗	五角
	程恒式	五角	方日中	五角	宋子扬	五角
	余范傅	五角	颜景宗	五角	李长润	五角
	宋邦翰	五角	王世义	五角	唐　凯	五角
	宋镇涛	五角	张汉堂	五角	李兆纶	五角
	张文通	五角	巨纯如	五角	桂　城	五角
	王子甄	五角	史瓛臣	五角	张裕交	五角
	熊腾骏	五角	共捐：二十一元			
第二班	共捐：八元五角					
第三班	陆光熙	十元	王大吉	六角	培　模	五角
	士　傑	五角	程晋煌	五角	彭程万	五角
	包述侊	五角	井介福	五角	陈兴亚	五角
	李宝楚	五角	霍色哩	五角	鹏　兴	三角
	隆　寿	三角	勒　伦	二角	江　煌	二角
	文　奎	二角	德　山	二角	何浩然	二角
	尹同愈	二角	恒　成	二角	鸿　宾	二角
	余维谦	二角	陈　经	二角	张鼎勋	二角
	春　荣	一角	共捐：十七元六角			
第四班	孙学渊	十元	和　顺	二元	维　钦	一元
	刘　楷	一元	张　鉴	一元	李盛唐	一元
	熙　洽	一元	苏振中	一元	杨玉亭	一元
	应振复	一元	于　珍	一元	景　云	一元
	王大中	一元	德　权	一元	于文萃	一元
	于国翰	一元	赓　都	一元	陈荆玉	一元
	施承楷	一元	邢士廉	一元	王兴文	一元
	王培元	一元	宝　清	一元	吉　兴	一元
	泽　溥	五角	冯舜生	五角	高钟清	五角
	延　年	五角	孙广廷	五角	彭士彬	五角
	丁澄复	五角	刘浚桥	五角	张焕相	五角
	毛钟成	五角	赵家栋	五角	共捐：三十九元五角	

续表

班级	姓名	捐款	姓名	捐款	姓名	捐款
第五班	段志超	十元	邓宝	十元	雷崇修	一元
	茹欲立	二元	高冠英	二元	何廷榆	一元五角
	邹序彬	一元	宋式骉	一元	田宗浈	一元
	宋元凯	一元	端木彰	一元	马宗燧	一元
	张宗福	一元	王镜澈	一元	王锜昌	一元
	李刚培	一元	文 钟	一元	郑遐清	一元
	王昺坤	一元	周子丹	一元	国 桢	一元
	雷宠锡	一元	潘守蒸	一元	张秀敬	一元
	谢刚德	一元	夏尊武	一元	共捐：四十六元五角	
第六班	周炯伯	二元	任和森	二元	方鼎英	二元
	潘协同	二元	尹凤鸣	一元	张辉瓒	一元
	周 澂	一元	汤荫棠	一元	王书云	一元
	陈庆明	一元	王登进	一元	夏道南	一元
	柳大熙	一元	梁刃木	一元	李良荃	一元
	高 镜	一元	无名氏	一元	张子固	一元
	尚 达	一元	孙德馨	一元	王瀛蛟	一元
	张瑞麟	一元	师□章	一元	共捐：二十七元	
第七班	阮中兴	二十元	顾 琳	一元	文 钜	五角
	白宝瑛	五角	盛 业	五角	潘祖培	五角
	李培尧	五角	田辅基	五角	王鸿卿	五角
	李兴利	三角	张国宾	二角	共捐：二十五元	
第八班	欧阳权	二元	王 鋆	二元	晋延年	一元
	何厚倞	一元	维 新	一元	成 功	一元
	普 治	一元	张惟圣	一元	金 秀	五角
	王金钰	一元	长 升	五角	裕 文	五角
	增 福	五角	增 荣	五角	宣傅谟	五角
	无名氏	五角	无心人	五角	斌 文	二角
	文 中	二角	海 福	二角	共捐：十八元六角	
	恩和、恒山、德钦、永昌、睿昌 五人共捐三元					
以上共捐：一百九十五元二角						

资料来源：数据由《云南》杂志1907年第7期附录《云南荒灾赈款》统计而得。

从表1—表3可看出，云南留日同乡会积极为云南灾荒赈济劝捐，在日本国求学的云南学生、民主党人以个人或多人联合的名义捐款，为云南的灾赈做出了积极的努力。尤其是日本振武学校的云南留日学生更是乐善好施、慷慨助捐，八个班的学生捐款达一百九十五元之多。除云南杂志社捐助五十元外，有中外日报馆代收捐款三千元、时报馆代收捐款三千元，另有张蔚堂捐献宝物一件，约值七千余洋元。[①] 云南留日同乡会学界、政界和商界的仁人君子以博济为怀，倡导募捐，惠恤桑梓，是光绪年间云南灾赈中的一支新兴力量，这不仅拓宽了云南灾荒中的救灾主体，而且还丰富了赈灾款项的来源，在一定程度上促进了云南灾赈的近代化转型。

（三）新闻报刊的积极宣传

清光绪年间，新闻报刊作为社会大众了解社会现实的传播媒介，在云南报灾和赈灾方面起到了重要的宣传作用。1906年4月，《云南》杂志在日本东京创办，在积极担负起云南宣传孙中山“三民主义”思想重担的同时，还刊载广濑《预备救荒刍言》和南崐仑生《云南赈米转运局之腐败》等人的论著，对云南灾情及救灾弊病予以大力揭露，宣传近代救灾方法，促进了近代灾赈思想的传播，对备荒救灾起到了积极的动员作用。《云南》杂志每期都发布云南灾情和灾区物价，鼓励留日学生、革命党人和商人为滇省灾荒捐款。另外，《云南》杂志还发挥监督的功用，先后刊载云南留日同乡会赈灾款项及电汇的情况，及时传递灾情信息和灾款去向，促进了云南留日同乡会思想的统一，有效地调动留日学界、政界和商界的力量广泛参与捐款救灾。

光绪朝时期，杨庶堪、朱必谦在重庆创办的《广益丛报》、同盟会陕西分会在京东创刊的《秦陇报》、重庆总商会自办的《商会公报》以及天主教在华第一份期刊《益闻录》等报纸杂志，先后分别发布云南灾情，呼吁社会各界极力捐资赈济。《广益丛报》记载：“滇省于癸巳（1893）、甲午（1894）两年曾遭荒歉，致冻馁死者枕藉相属，然区域犹偏于东昭各府一带，今灾区之广，增于前者数倍，则死道路填满沟壑者当不知凡几

① 《云南荒灾赈款》，《云南》1907年第8期。

也。"① "近来云南省垣疫疠盛行，多有卒然起病不及救治者，闻每日死人有一百数十名之多，致寿木店材器顿缺。"② 光绪七年（1881）和光绪十八年（1892）《益闻录》先后报道"云南省垣疫疠盛行"和大水肆虐后"省城淹浸成为泽国，乡间村堡尽没水中，屋宇坍塌，人畜漂流，或被墙壁塌压而死者，莫计其数，尸身随流浮荡"③ 的凄惨情况。日本东京的陕西和甘肃留学生协同创办的《秦陇报》在报道灾情的同时，还相应地刊载《筹滇新策》，对策文中的"赈济全省灾民"④ 一策对于寻求社会各界援助具有重要的导向作用。

以上各类报刊对云南灾情及筹赈方案和消息的接连报道，尤其是上海天主教会创办的《益闻录》在传教的同时，还秉持客观的态度发布灾情、间接性参与救灾，使云南灾赈工作获得了社会公众的广泛了解和支持，灾赈力量不断整合，推进了灾务活动的开展。

（四）电报通信工具的运用

电报作为一种先进的通信工具，中法战争后很快在云南得到广泛使用。光绪十二年（1886），云南官府接朝廷谕准，架设由蒙自通往四川的通信线路（滇川线），揭开了云南电报事业的序幕。此后，云南各府州县发生灾情，地方官均通过电报据实汇报灾情。光绪三十一年（1905），浪穹县发生水灾，署浪穹县知县吴昌祀电禀称，六月初五以后，浪穹"连日大雨，湖水泛溢，河堤冲决，淹没民田，秋收失望"⑤。灾荒发生后，"饥民之待食，如烈火之焚身，救之者，刻不可缓"⑥。电报的快捷性在云南灾荒救济方面发挥着巨大效用。光绪十七年（1891），云南宣威、永善、师宗、东川等地方灾赈所需银两即是用电报实现请示的："云南赈需奉旨拨银十万，今由四川盐厘津贴应解京饷及边防经费凑拨十万速解云南，先电

① 《滇省灾象已成》，《广益丛报》1906 年第 115 期。

② 《云南多疫》，《益闻录》1881 年第 126 期。

③ 《云南大水》，《益闻录》1892 年第 1219 期。

④ 《筹滇新策》，《秦陇报》1907 年第 1 期。

⑤ （清）丁振铎：《奏为云南寻甸州属等地五月中旬被水委员抚恤并被灾田粮分别应蠲应缓照例办理事（光绪三十一年）》，中国第一历史档案馆，附片，档号：04－01－04－0006－005。

⑥ 李文海：《历史并不遥远》，中国人民大学出版社 2004 年版，第 244 页。

知户部。”① 电报在云南灾赈中的运用，避免了长途马递驿投的劳苦，缩短了款项调派时间，有助于灾民及时获赈。

电报通信在云南的广泛运用，加强了云南与其他省份的联系。尤其是电报使得报灾周期缩短，灾情信息传递迅速，赈务能得到快捷的办理，促使灾荒危害程度有所降低。电报用于云南灾赈，使防灾救灾手段在云南边疆地区取得了突破和创新，电报增强了灾赈的时效性，使云南灾荒赈济和灾害预防手段初步具备了近代性的特质。

（五）近代化交通工具的运用

滇越铁路将云南与资本主义经济体系链接在一起，云南交通运输由此步入较快的发展轨道，推进了云南经济社会的近代化进程。“滇越铁路是近代云南经济的大动脉，它在云南近代化中‘充当了历史不自觉的工具’，对云南的近代化过程产生了较大的影响。”② 滇越铁路使云南交通运输得到了较大的改善，光宣时期云南灾荒发生后，各地仓储亏空之际，从越南购买的米粮通过铁路运至云南，或平粜粮价，或直接补给灾黎。“铁路之利于漕务、赈务、商务、矿务、厘捐、行旅者，不可殚述”，“纵使穷乡僻壤，在水之央，背山之麓……就近致之不啻一举手之劳耳”，且“火车运行一日则可至三千里矣”③。1903 年滇越铁路越南段开通，前往越南购米以备云南救灾是最理想的选择。光绪乙巳（1905）、丙午（1906）两年，云南大旱致百里内外无米可购，“粤督岑春萱拨银十万元交往住港邑商石文光、魏文灿、卢琼玖、李在田、李葆基、王瑞、尚辅仁等购运越米，委员王瑚解赴临安设普济局，于各村寨设局分赈”④。光绪三十三年（1907），“各省官绅亦先后力筹接济，合之本省提拨款项设立总局，选派员绅分赴

---

① 《为云南赈灾需由四川凑拨经费速解云南事（光绪十八年七月十七日）》，中国第一历史档案馆，军机处电报，档号：10－00288。

② 章青琴：《清代云南交通的发展及其对商品经济的影响》，《大庆师范学院学报》2006 年第 6 期。

③ 《造铁路即以救灾说》，宜今堂主人辑：《皇朝经济文新编（五）》，文海出版社 1983 年版，第 80 页。

④ 丁国梁修，梁家荣纂：《续修建水县志稿》卷 1《善举》，云南省图书馆藏，1933 年据 1920 年铅字排印重刊本。

黔蜀及越南等处采买米石，运赴各寨，分途赈粜”[①]。1907年，留日云南同乡会也意欲将诸捐款交由席聘臣前往越南购米回赈，尽管未能成行，但铁路的运输效率已为云南留日同乡会所关注。前往越南采办米谷，通过滇越铁路运回，较之前往四川和贵州采买运输更为容易，且运输量大，在急赈中发挥了独特的作用。云南近代化交通运输使“移粟就民”这一传统荒政效率得到了大幅度的提升。

施坚雅认为：“地方官员有责任救助穷人，在必要的时候减免租税，然而在烦冗的官僚政治下，国家有限的资金要保证公共救济事业的充分实施是非常困难的，针对此种情形，尽管不同地区实施的步调不尽一致，学者们在这一点上却达成共识，即国家把这种责任逐渐地转移到了地方是无可置疑的。”[②] 清前期，云南地方灾赈主要由政府主持并有序进行，康雍乾时期完整且严密的荒政制度得以在云南边疆民族地区推行，灾荒赈济取得了良好的社会效用。历经咸同回民起义，云南地方仓储遭受严重破坏，英法等西方近代化势力的入侵，云南传统社会开始被迫向近代转变，业已完备的灾赈体系受到前所未有的冲击，云南官府的救荒能力受到削弱，而近代报刊、交通、通信等运用于救灾，又推动了云南赈务的近代化，且云南留日同乡会不断探索新的救灾方式和路径，使晚清灾赈呈现出明显的近代化特点。

三　清光宣时期云南灾赈近代化转型的社会效应

清光宣时期，云南官府的政治权威不断下降，传统荒政制度受到西方思想文化的冲击，云南原有的灾赈整合模式所依赖的条件不断丧失。在云南官赈乏力、私赈见效甚微的情况下，民间社会力量和留日学生群体参与捐款救荒，使灾赈主体实现多元化。尤其是近代交通、报刊、通信等科技文化的介入，在区域灾赈力量的整合和物资调度与分配中发挥着重要作用，并成为近代化潮流中云南灾赈近代化转型的主要推动力量。

---

① （清）锡良：《奏为滇省办理赈粜各员绅勤劳倍著请立案择优汇奖事（光绪三十三年十二月二十三日）》，中国第一历史档案馆，朱批奏折，档号：04－01－01－1082－027。

② ［美］施坚雅（G. William Skinner）主编：《中华帝国晚期的城市》，叶光庭等译，陈桥驿校，中华书局2000年版，第422页。

（一）灾赈主体实现多元化

清康雍乾时期，在长期救灾过程中形成的行之有效的荒政制度及措施，在光宣时期云南赈务中却未能严格按照既定规定执行，救灾主体由官方逐渐转向以官民结合为主，并向着多元化发展，官府救灾向官绅合作开展救灾和防灾转变，民间社会力量在灾赈中比较活跃。民间士绅积极参与地方灾赈活动，使得官府与社会的互动关系得到重新塑造，各士绅或士绅群体的社会公共事务的治理方式及其成效也因此得到赞许和复制，传统官僚体系在演进的过程中因民众深度参与灾荒赈务活动而得以调整。嘉道以后，随着清朝统治的衰微和云南吏治的败坏，专制主义集权基础下的国家灾赈体系不断受到破坏，加之云南兵事屡兴、仓储匮乏、捐纳泛滥、财政拮据，官府在持续性的规模灾赈中的能力受到限制和削弱，而地方士绅和个人等民间力量不断增强，云南承袭的传统灾赈体系因时代的变迁而转变，义仓得到较大的发展，其管理权从官府转移到地方士绅，且其社会保障功能得到较大发展。另外，由于《云南》杂志刊载灾的荒救济论著有效地传播了先进的救荒和防灾知识，使得晚清云南的灾赈思想、形式和内容等都呈现出新的特点，为官民赈济提供了坚实的思想基础和合理的实践路径。

在云南灾赈近代化转型的过程中，中央和地方、政府和社会、国内和国外之间协同赈灾，灾赈主体从政府主导转向政府和社会多方参与，实现了从单一救灾向多样救灾的转变，在一定程度上调和了云南社会各阶层的矛盾，也缓解了因灾带来的社会压力。云南社会整体的近代化直接促成了云南赈务由传统向近代的转变。特别是近代荒政思想的传入及报刊传媒、电报通信、铁路运输等新兴救灾方式和手段的灵活开展，地方士绅、商人、个人和新兴社会团体主动参灾赈活动并成为新兴的社会力量，拓宽了救灾经费和米粮物资的来源，社会力量想方设法筹集灾赈资金，且发挥着越来越大的作用；云南留日同乡会发动学界、政界和商界人士捐款赈灾，在一定程度上促进了官方和民间社会力量的有效结合。

（二）地区之间的流动性加强

西欧学者称我国为“饥荒的国度”，综计历代史籍中所有灾荒的记载，灾情的严重和次数都是令人震惊的。[①] 清朝完整的荒政制度无论是在灾害信息传报、灾情勘察、受灾程度确定，还是在赈济程序、施赈时限、赈济标准等方面都有明确的规定。嘉道以来，清廷灾赈体系在云南面临着严峻的挑战，传统官赈受阻，但灾荒救济仍是云南官府的职能之一，在灾荒救济中官绅议蠲议赈，竭力恢复或新建义仓，设局平粜以救济灾黎。魏丕信认为，“18 世纪所创造的那些制度和程序当然已不再起到同以往一样的作用，但它们并没有被忘记，它们仍可利用……在保护国民免受或减少自然灾害侵袭的活动中，它们仍代表着一种有效的政府行为模式——一种值得认真研究的模式”[②]。光绪三十一年（1905），云南雨旸失时，五谷连岁不登，夏秋之际始旱继涝，三迤地方受灾严重。云南府“城外金汁、盘龙等河堤同时漫决，势等建瓴，顷刻过肩灭顶，东南两城外数十里民房、田亩概被淹没，并由涵洞溢灌入城，东南隅各街巷亦水深数尺及丈余不等”[③]。省城附近洪流泛滥，受灾特别严重，昆明等十余州县田禾尽被淹没，云贵总督统率所属官员筹划赈济，将仓库存积米谷调出，及时发放给灾民，随后将灾情电禀清廷，请求邻近各省平价卖给米粮。清政府知悉灾荒严重，随即向云南划拨赈款银二十六万两。时任两广总督的岑春煊从越南购买大米、旅黔同乡官王玉麟购办黔米并运送至云南接济灾荒，这都极大地促进了地区间救灾物资调集和转运的融通。

孙中山《中国的现在和未来》一文指出：“中国所有一切的灾难只有一个原因，那就是普遍的又是有系统的贪污。这种贪污是产生饥荒、水灾、疫病的主要原因。”[④] 1906 年 2 月，孙中山和黄兴认为，“云南最近有两个导致革命之因素：一件是官吏贪污，如丁振铎、兴禄之贪污行为，已引起全省人民之愤慨；另一件是外侮日亟，英占缅甸，法占安南，皆以云南为其侵略之目标。滇省人民，在官吏压榨与外侮侵凌之下，易于鼓动奋起，故筹办云南地方刊物，为刻不容缓之任务”[⑤]。筹办的《云南》报刊每

---

① 邓云特：《中国救荒史》，商务印书馆 2011 年版，第 9 页。

② ［法］魏丕信（Pierre－Etienne Will）：《十八世纪中国的官僚制度与荒政》，徐建青译，江苏人民出版社 2012 年版，第 5 页。

③ （清）丁振铎：《奏为云南省城猝被水灾现经设法疏消筹款赈抚情形等事（光绪三十一年九月初二日）》，中国第一历史档案馆，录副奏折，档号：03－5608－056。

④ 中国社科院近代史所编：《孙中山全集》（第 1 卷），中华书局 1981 年版，第 89 页。

⑤ 中国科学院历史研究所第三所编：《云南杂志选辑》，科学出版社 1958 年版，第 1 页。

期都刊载云南灾赈信息，或公示云南留日同乡会学界、政界和商界的慨捐义行，或发文揭露云南赈米局总办的腐败，“云南设赈米局，购川黔米。局之总办为道员何光燮，已去滇之亡滇总督丁振铎所信任之人物。初办之际，尚无可疵。近日以来，利令智昏，居心剥削，钩结[1]转运局委员，从中设种种方法，克扣夫马脚，出入米价，坐分余润以饱私囊，视滇民之痛而不恤”，并呼吁“望我海内外云南同胞，或官或商，或学生诸，随地募捐，惠恤桑梓；或电告政府，速去何光燮、吴学祁，以活我云南将死之百万饥民”[2]。同时，《云南》杂志还分期刊载宗辕《救水旱之唯一方法》，详述滇省应当如何兴水利、除水害以及图示和计算方法，提高了人们对救灾措施的认识。嘉道以前，由于生产力、交通条件、通信技术等的限制，云南传统赈务活动多限于地方自救。咸同变乱以来，伴随着中国政治制度的转型和社会治理模式的嬗变，云南民间社会力量得以兴起和发展，通常以组织化的形式参与地方赈务活动，并得到社会公众的普遍认可。尤其是中国华洋义赈救灾总会云南分会、中国红十字会昆明分会等常设性机构及事务所、协济会、赈济会、筹赈会等各种临时性质救灾机构，均以不同的组织方式参与云南灾荒赈济，在推进近代云南慈善事业发展的同时，也相应地促进了云南灾赈的近代化转型。此外，以传教士为先导的外国慈善活动逐渐介入云南慈幼、育婴、灾赈等领域，传教士则通过宗教活动直接渗透到云南地方社会事务中，他们开展的灾赈活动促进了跨地域的资源调整和配置，从而加速了云南地方纵向和横向的社会流动。更重要的是，光宣时期云南边疆民族地区的灾赈不再局限于一地一域，而是横跨多省和跨国际救灾，救灾区域不断扩大，并涌现出新兴的灾赈社会阶层，各地区间的联系更加密切，近代化的报灾方式、赈灾手段使地区之间的流动性得到强化，救灾力量得到相应补充和有效整合。

四　余论

晚清是中国荒政制度的衰败时期，传统完备的荒政体系失位、变革滞后，传统灾赈措施被削弱，灾赈体系渐趋颓败，这一现象也在边疆民族地

---

① 《云南》杂志1907年第8期记载为“钩结”，疑为“勾结”。

② 南崐仑生：《云南赈米转运局之腐败》，《云南》1907年第8期。

区的赈务中表现出来。清光宣时期，云南每次重大自然灾害暴发后，均造成严重的社会影响，加上咸同回民起义及连岁灾变，云南区域社会经济进入短暂停滞期。尽管官府想方设法筹备灾赈事宜，但边疆危机和专制统治危机并发，官方灾赈逐渐失势，不得不寻求士绅和个人等社会力量参与救灾，以补偏救弊。云南传统灾荒赈济以官赈为主，云南民间社会力量的救灾活动仅是国家灾赈活动直接或间接的被动响应，士绅和民众救灾仅是官赈的补充。传统赈务与近代化的灾赈活动相比较，无论是在募捐手段、散赈方式、救济范围，抑或是在赈济理念、组织结构、灾赈性质及技术手段运用等诸方面都存在着明显差异。

在晚清云南被迫向近代转型的过程中，近代化技术手段、运输方式、传播媒介、汇兑业务以及新型救灾方式组成了区域灾赈的多元化模式，冲破了此前因信息传输滞后造成的募捐和灾赈各环节的多重束缚，并使民间社会力量的救荒实践在本地或世界范围内扩散开来。清光宣时期云南灾赈的近代化转型，破除了传统救荒机制带来的灾赈困境，加速了云南地方社会的分化和社会结构的变迁，近代化的灾赈路径在救灾理念、方法和效果上均具有传统官赈无法逾越的可行性和优越性，在引发云南社会整合基础变化的同时，也加速了区域之间社会灾赈力量和物资的流动和联动。诚然，云南灾赈近代化转型如何在近代化潮流中更好地形成并实现“区域化”“本土化”“规模化”“正规化”和“制度化”的发展，区域性的灾赈近代化模式何以得到完善，是一个值得深入反思的论题。

（本文原刊于《郑州大学学报》2018 年第 4 期，收入本书有修改）

风水、科举与泄洪：1849 年南京城大水灾研究

徐正蓉　杨煜达　孙　涛*

（昆明理工大学马克思主义学院，云南昆明　650031；
复旦大学历史地理研究中心，上海　200433）

摘要：气候变化的社会适应受到多种社会经济因素的影响，也包括传统文化因素。本文拟以历史文献、地图资料、DEM 数据为基础，复原 1849 年南京城极端水灾的降雨过程、空间分布以及灾害应对措施。为减轻水灾的危害，引发了引玄武湖通长江的讨论，南京籍士绅和百姓认为，开挖玄武湖通长江的水道会破坏南京城的风水，损坏南京城士子的科举运势，影响士绅日后升迁和家族兴盛，影响南京地方社会发展。这表明，在中国复杂的传统社会中，文化观念对气候变化的社会适应有非常重要的影响作用，这种作用的发挥，需要通过具体的制度因素来达成。这说明，在中国复杂的传统社会中，制度文化对气候变化的社会适应起着基础性的作用，观念文化所起的作用同样不能小觑。1931 年，玄武湖通长江工程成功实施，这说明，在复杂社会背景下，文化观念对气候变化社会适应的影响作用，随着制度变迁、教育促进、媒体引导等因素的影响，不断发生变化。文化对气候变化社会适应的影响，或是提供障碍，或是提供机会，也处于不断的变动之中。

关键词：气候变化；极端气候事件；中国；社会适应；观念文化；风水

一　前言

全球气候变暖对生态系统、人类社会系统等产生了明显而深远的影

---

* 作者简介：徐正蓉，昆明理工大学马克思主义学院讲师；杨煜达，复旦大学历史地理研究中心教授、博士生导师；孙涛，复旦大学中国历史地理研究所空间综合分析实验室工程师、硕士生导师。

响。[①] 自20世纪80年代始，气候变化的社会影响和适应成为国际性科学问题，一系列的研究计划致力于减缓和适应气候变化，过去全球变化研究计划（PAGES）把认识人类—气候—生态系统在多时空尺度上的相互作用机制与过程作为其研究主题之一[②]，国际全球环境变化人文因素计划（IHDP）注重分析、理解人类—自然耦合系统中的人文因素，以减缓和响应全球环境变化[③]。

人类社会是高度复杂的巨系统，其应对气候变化亦是复杂的过程。已有研究表明，人类社会适应气候变化受到资源、技术、经济等因素的影响和限制。[④] 文化因素作为人类社会特有的产物，其复杂性、高度异质性，使不同社会的适应行为都带有各自的社会文化特征，这已引起学术界的高度关注。全新世晚期气候异常带来的前所未有的环境压力，促使Akkadian、Classic Maya、Mochica、Tiwanaku等通过减少社会的复杂性、放弃城市中心、重组供给和生产系统的方式，以更低的生存水平适应长期的干旱。[⑤] 非洲的传统文化对气候变化的适应有积极和消极的两面性影响，南部非洲的许多地区视砍伐树木、燃放野火等毁林行为禁忌，这有助于当地适应气

① IPCC，"Climate Change 2014：Impacts，Adaptation，and Vulnerability"，In：Field CB，VR Barros，DJ Dokken，KJ Mach，MD Mastrandrea，TE Bilir，M Chatterjee，KL Ebi，YO Estrada，RC Genova，B Girma，ES Kissel，AN Levy，S MacCracken，PR Mastrandrea and LL White（ed.），*Part A：Global and Sectoral Aspects*，Contribution of Working Group II to the Fifth Assessment Report of the Intergovernmental Panel on Climate Change，Cambridge：Cambridge University Press，2014，p. 1132.

② PAGES，"Past global changes：Science Plan and Implementation Strategy"，In：IGBP Secretariat（ed），*IGBP Report*，No. 57，2009.

③ Jill JA，"The International Human Dimensions Programme on Global Environmental Change（IHDP）"，*Global Environmental Change*，Vol. 13，Issue 1，April 2003.

④ Klein RJT，Smith JB，"Enhancing the capacity of developing countries to adapt to climate change：A policy relevant research agend"，a. In：Smith JB，Klein RJT，Huq S（ed），*Climate Change，Adaptive Capacity and Development*，London：Imperial College Press，2003，pp. 317 – 334；Brooks N，Adger WN，"Assessing and enhancing adaptive capacity"，In：Lim B，Spanger – Seigfred I，Burton E，Malone EL，Huq S（ed.），*Adaptive Policy Frameworks for Climate Change*，New York：Cambridge University Press，2005，pp. 165 – 182；Adger WN，Agrawala S，Mirza M，Conde C，O'Brien K，Pulhin J，Pulwarty R，Smit B，Takahashi K. "Assessment of adaptation practices，options constraints and capacity"，In：Parry ML，Canzaini OF，Palutikof JP，van der Linden PJ，Hanson CE（ed.）*Climate Change* 2007：*Impacts，Adaptation and Vulnerability*，Cambridge：Cambridge University Press，2007，pp. 717 –743；Hornsey MJ，Harris EA，Bain PG，Fielding KS，"Meta – analyses of the determinants and outcomes of belief in climate change"，*Nat Clim Change*，Vol. 6，No. 6，2016.

⑤ Peter B. deMenocal，"Cultural responses to climate change during the late Holocene"，*Science*，Vol. 292，No. 27，May 2001.

候变化、提高适应能力。[①] 而布基纳法索、肯尼亚、马达加斯加、坦桑尼亚等国的部分地区因受阶级、性别、社会地位、禁忌等的影响，气候变化的适应政策难以实施。[②] 古巴、加拿大的一些地区有食物分享的传统，这对灾害应对有促进作用。[③] 总体上，这些研究更多的是利用考古学、文化人类学等学科的研究手段，揭示了人类文明早期或相对简单的文明社会中文化因素在应对或适应气候变化中发挥的独特作用，并讨论了文化因素的作用方式，大大推动了对这一问题的认识。

中国文化源远流长，在近6000年的人类历史上，中国文化长期延续发展而从未中断。在广土众民的环境中，中国文化内容丰富而复杂，又自成体系。[④] 中国文化直接影响着占全世界20%的人口的思维和行为，加上不同程度受中国文化影响的海外华人及日本、朝鲜半岛、东南亚诸国，中国文化可以说是当今最重要的文化系统之一。

中国拥有连续、丰富的历史文献资料，这些资料不仅可以用于研究历史时期气候的变化，还可以用来研究气候变化的影响、人类社会的适应。这为揭示气候变化的影响和适应机制提供了可能。以中国丰富的历史文献资料为基础，大量的研究揭示了气候变化对战争、政治、人口、农业、经济、社会等的影响。[⑤] 而复杂文化体系中具体文化要素如何影响气候变化的社会适应，尚缺少具体的研究。这样的研究不仅可以增进对中国传统社

---

① Chisadza B., Tumbare M. J., Nyabeze W. R., Nhapi I, "Linkages between local knowledge drought forecasting indicators and scientific drought forecasting parameters in the Limpopo River Basin in Southern Africa", *Int. J. Disast Risk Re.*, Vol. 12, June 2015; Murphy C, Tembo M, Phiri A., Yerokun O., Grummell B., "Adapting to climate change in shifting landscapes of belief", *Climate Change*, Vol. 134, September 2016.

② Jonas Østergaard Nielsen, Anette Reenberg, "Cultural barriers to climate change adaptation: A case study from Northern Burkina Faso", *Global Environmental Change*, Vol. 20, Issue 1, February 2010; Rakotonarivo O. S., Jacobsen JB, Larsen H. O., Jones J. P. G., Nielsen M. R., Ramamonjisoa B. S., Mandimbiniaina R. H., Hockley N., "Qualitative and quantitative evidence on the true local welfare costs of forest conservation in Madagascar: Are discrete choice experiments a valid ex ante tool?", *World Dev.*, Vol. 94, June 2017.

③ Sygna L, "Climate vulnerability in Cuba: the role of social networks", *CICERO Working Paper*, Norway: University of Oslo, 2005, p12.

④ 梁漱溟：《中国文化要义》前言，上海人民出版社2005年版。

⑤ 章典、詹志勇、林初升、何元庆、李峰：《气候变化与中国的战争、社会动乱和朝代变迁》，《科学通报》2004年第23期；方修琦、郑景云、葛全胜：《粮食安全视角下中国历史气候变化影响与响应的过程与机理》，《地理科学》2014年第1期；方修琦、苏筠、尹君、滕静超：《冷暖—丰歉—饥荒—农民起义：基于粮食安全的历史气候变化影响在中国社会系统中的传递》，《中国科学：地球科学》2015年第6期；裴卿：《历史气候变化和社会经济发展的因果关系实证研究评述》，《气候变化研究进展》2017年第4期；方修琦、苏筠、郑景云、萧凌波、尹君等：《历史气候变化对中国社会经济的影响》，科学出版社2019年版。

会如何适应气候变化的认识，更可推进学术界对复杂文化体系下具体文化因素对气候变化的社会适应的影响研究。

南京城位于北纬32°00″至32°05″、东经118°45″至118°50″之间（如图1所示），西濒长江，东枕山岭，属北亚热带湿润气候，四季分明，雨水充沛。它拥有2400多年的建城史，是中国历史上重要的古都。清代南京是总管长江下游地区江苏（含上海）、安徽及江西三省的两江总督驻地，是清政府统治长江下游地区的政治、军事中心，城市人口达70万人①，是当时中国最大的城市之一。这一地区的财税、粮食、物资对清王朝有重要意义。1842年，著名的《南京条约》签订于南京长江江面之上。中国历史上规模最大、影响最广的科举考场江南贡院坐落于此。

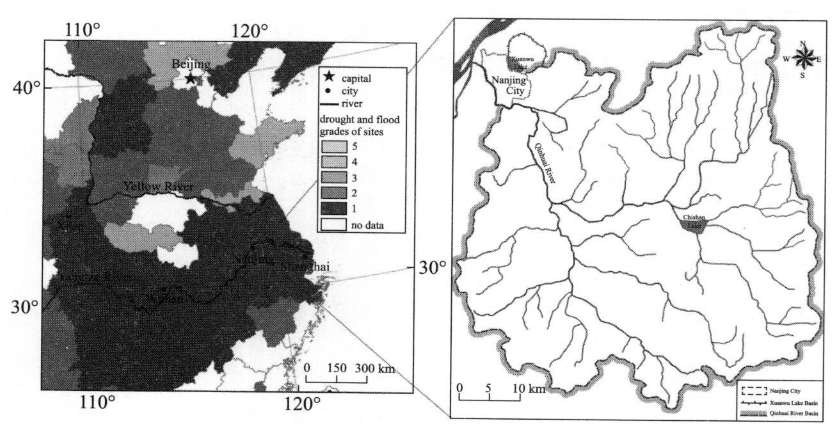

图1　研究区域

南京城位处长江南岸的江南丘陵区，城西、城北多山，城区西部有大片山地，城区中部、西部、南部多池塘河道。玄武湖位于南京城北部，容纳南京城西北部诸山来水，流经城内注入秦淮河，玄武湖来水量与南京城洪涝灾害有密切关系。1849年，中国长江中下游地区发生极端水灾②，长江中下游地区6省432个县级政区中的237个受灾，南京城及其周边地区为重灾区③。

① 曹树基：《中国人口史·清时期》，复旦大学出版社2001年版，第72—77页；江伟涛：《近代江南的城镇化水平研究》，复旦大学，博士学位论文，2013年。

② 杨煜达、郑微微：《1849年长江中下游大水灾的时空分布及天气气候特征》，《古地理学报》2008年第6期；晏朝强、方修琦、叶瑜、张学珍：《基于〈己酉被水纪闻〉重建1849年上海梅雨期及其降水量》《古地理学报》2011年第1期。

③ 杨煜达、郑微微：《1849年长江中下游大水灾的时空分布及天气气候特征》，《古地理学报》2008年第6期。

玄武湖壅水加剧了南京城的洪涝灾害，由此引发了引玄武湖通长江的讨论。这就提供了一个具体的观念文化要素在社会适应过程中发挥作用的很好的案例。本文将在利用历史地理学方法重建事件过程的基础上，围绕此案例，具体分析作为中国传统文化要素之一的“风水”观念，在玄武湖通长江的讨论中所起的作用，展示中国传统社会中文化因素如何影响社会适应，以加深我们对复杂文化体系下社会适应气候变化的复杂过程及其机制的认识。

二　材料和方法

（一）资料

种类丰富、内容翔实的历史文献资料，为本文的展开奠定了基础。这些历史文献资料来源包括方志、文集、实录、资料汇编等。我们从中主要提取1849年大水灾被灾区域、灾情、赈济等内容，尤其是南京地区的相关资料、南京城市水系资料、玄武湖演变发展历史资料，以及清至民国时期，南京地区对玄武湖直通长江的数次讨论的资料。本文使用的地图资料分别是1856、1909、1935、1950年等年份的不同比例尺的南京地图，以提供南京城区的历史地理信息。本文还使用了数字高程模型DEM数据。文章使用的资料及提取内容如表1所示。

表1　　使用资料及提取内容概况

资料类型		提取信息	资料来源
历史文献	方志	秦淮河、清溪、玄武湖等南京城市水系发展历史；玄武湖通长江计划；1849年南京城水灾记录	《后湖志》《玄武湖志》《金陵后湖事迹》《后湖事迹汇录》《景定建康志》《光绪续纂江宁府志》
	文集	1849年玄武湖通长江计划的讨论；1849年南京城水灾灾况	《白下琐言》《乙酉被水纪闻》
	档案	陆建瀛、傅绳勋等人奏报的1849年大水灾灾情、赈济等	《清宣宗实录》《道光朝上谕档》
	资料汇编	傅绳勋、祥厚等人奏报的1849年水灾区域、灾情、赈济等	《清代长江流域国际河流洪涝档案史料》《中国三千年气象记录总集》《江苏省近两千年洪涝旱潮灾害年表》《中国荒政书集成》

续表

资料类型	提取信息	资料来源
地图资料	南京城河流、湖泊、城墙、城门、水闸、居民区等	1856 年《江宁省城图》；1909 年《陆师学堂新测金陵省城全图》；1935 年《南京城市图》；1950 年《南京图》
DEM 数据	南京地区 DEM 数据	中国科学院计算机网络信息中心地理空间数据云平台（http：//www.gscloud.cn）

（二）方法

本文使用历史地理学方法，结合历史文献资料、南京地图资料、DEM 数据，利用 QGIS 复原 1849 年南京城水灾分布图，以分析南京城该年水灾的灾害过程、空间分布、灾害程度等。还使用历史分析法，依据历史文献资料记载，分析中国传统文化要素“风水”观念对当时社会的影响与作用机制。

三　结果

（一）大水灾对南京城的影响

1849 年，长江中下游地区梅雨异常，致使长江中下游地区发生极端水灾，南京及其周边地区属于重灾区。[①] 南京城自 5 月下旬至 11 月下旬处于积涝状态。5 月上中旬，南京地区微雨，5 月 19 日开始，连日大雨，昼夜不止，南京城开始积涝。6 月初至 7 月中旬，南京城又阴雨连绵，暴雨频繁，南京城洪涝灾害加重。8 月中旬时，南京虽连晴两旬，上游过境流水较多，下游江水顶托，城中积水不退反增。9 月，城中高地积水已退，低洼之处尚有较多积水。直至 11 月，城内尚有积水未退之处。

以南京地区 DEM 数据为基础，得到南京城 1 米垂直分辨率的地形高

① 杨煜达、郑微微：《1849 年长江中下游大水灾的时空分布及天气气候特征》，《古地理学报》2008 年第 6 期。

程，结合历史地图与历史文献记载的受灾地点，利用 QGIS 绘制出 1849 年南京城受灾的示意图（如图 2 所示）。从示意图可知，南京城被淹面积将近 19 平方千米，占城市总面积的 44% 左右。南京城地势西北高、东南低，致使洪水主要集中在中部、南部、东部低洼地区。城内大部分建筑浸于水中，“城中、城北屋脊仅露，城南如汉港，非刺船不能行”①，衙署、兵丁和民众房屋被水淹浸、损坏、倒塌，人们居无定所，两江总督府、江宁府署等重要衙署被淹，两江总督陆建瀛只能移驻他处办公②，江南贡院积水严重，贡院考场墙垣倒塌，科举考试无法如期举行，曾连续两次申请延期③，满营官兵备操校场长时间积涝，备操训练无法开展④。城外情况也不容乐观，大片田地被淹，未收获的小麦、禾苗、豆子等农作物，长期浸泡水中，霉烂腐坏，加上长期阴雨连绵，民众收获的小麦无处晾晒，发芽霉变者居多，该年农作物收成大大减少。⑤ 洪水泛涨，冲毁沿江沿河堤岸，“圩堤处处冲坍”⑥，“圩围溃决”⑦，部分阻隔外水进入南京城的水关损坏，城内、城外只能任由洪水淹浸，甚至出现了民众被水淹死的情况，“居民猝不及防，间有毙伤人口”⑧。该年，南京城民众经历了长达半年之久的“栖食无依”的生存危机。

---

① （民国）夏仁虎纂：《玄武湖志》，《金陵全书·甲编·方志类·专志》第 4 册，南京出版社 2013 年版，第 661 页。

② 姚济：《乙酉被水纪闻》，中国科学院近代史研究所：《近代史资料总 30 号》，中华书局 1963 年版，第 40—45 页。

③ 《清宣宗实录》卷 470，道光二十九年七月，中华书局 2008 影印本，第 7 册，第 42202 页。

④ 水利电力部水管司科技司、水利水电科学研究院：《清代长江流域西南国际河流洪涝档案史料》，中华书局 1991 年版，第 891 页。

⑤ 水利电力部水管司科技司、水利水电科学研究院：《清代长江流域西南国际河流洪涝档案史料》，中华书局 1991 年版，第 892 页。

⑥ （清）佚名著，李文海、贾国静点校：《道光己酉灾案》，清抄本，李文海、夏明方、朱浒主编：《中国荒政书集成》第 6 册，天津古籍出版社 2010 年版，第 3943 页。

⑦ 水利电力部水管司科技司、水利水电科学研究院：《清代长江流域西南国际河流洪涝档案史料》，中华书局 1991 年版，第 897 页。

⑧ （清）佚名著，李文海、贾国静点校：《道光己酉灾案》，清抄本，李文海、夏明方、朱浒主编：《中国荒政书集成》第 6 册，天津古籍出版社 2010 年版，第 3943 页。

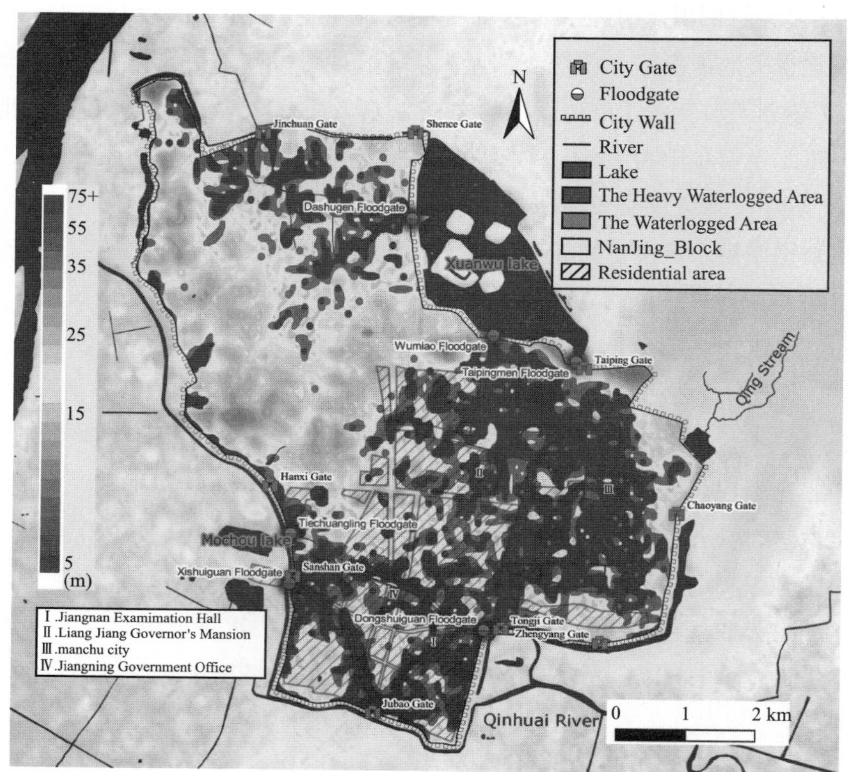

图 2　1848 年南京城洪涝灾害空间分布

（二）玄武湖壅水对南京城内涝的影响

南京城位于长江南岸的江南丘陵区，地势高低不平。城内西部有大片山地，城区内多池塘河道，低洼地区容易壅水。汛期排水一直是南京城水利建设的首要问题。

城内正常排水依赖秦淮河，正常情况下秦淮河平均水位为 6. 57 米，低于南京城内居民区，高于长江低潮水位。但在洪水暴涨的年份，秦淮河水位在武定门闸处则高达 9. 90 米①，远较过去城内居民区高。因此南京城自明代以来即设水闸，控制秦淮河进出城的水道。而长江发生大洪水时，洪峰高度高于秦淮河，便会通过秦淮河倒灌。如 1954 年长江洪峰高度达

① 南京市地方志编纂委员会：《南京水利志》，海天出版社 1994 年版，第 21 页。

10.22 米，就倒灌入秦淮河内。[①] 1849 年长江洪水也通过秦淮河倒灌，由于水闸损坏，部分洪水涌入城内，加剧了城市内涝。

1849 年南京水灾，主要诱因还是长江全流域的强降水导致的大洪水。据研究，该年长江中下游梅雨期长达62 天，且在梅雨期内有三次较大的强降水过程[②]，是历史上罕见的水灾。与之相对应的 1954 年大水灾，是有器测资料以来最严重的一次，梅雨期长 48 天，梅雨期降水为 623.4 毫米，5—7 月降水达 892.6 毫米[③]。类比 1954 年的情况，1849 年 5—7 月降水量不会少于 1954 年的情况。

由于正常汛期南京城关闭秦淮河上的水关，使得南京城不受秦淮河水侵灌，但同时使得南京城内的水不能排除，所以降水情况对南京城内涝的影响很大。当时南京城面积为43 平方千米，但西部主要为山地，降水会形成地面径流，潴积到城市的池塘、水道等低洼地区，不能容纳就会溢出，地势偏低的居民区积水受灾。1849 年如与 1954 年的 5—7 月降水量相同的话，仅城市内降水即达 3.83×10^{7} 立方米，由于缺少南京城市汛期径流系数，我们使用邻近的常州城市汛期径流系数 0.71[④] 作为参考，则可以产生径流 2.72×10^{7} 立方米雨水流入城市的低洼地区，足以让南京城发生严重内涝。

玄武湖的存在加剧了南京城潴水的问题。玄武湖的水面高程为 11 米左右，水面面积为 3.6 平方千米，流域面积为 26 平方千米，在当时高于南京城内大多数居民区的海拔高程，为南京城居民提供了生活用水。今天的玄武湖随着城市的发展其水面高程已低于多数南京城建城区，发展成为景观公园。整个清代玄武湖疏浚记录几无，蓄水量不足 300 万立方米，已丧失了蓄洪的功能。只要一次暴雨，流域内洪水进入玄武湖，湖内即无法容纳而泄入城内。由于玄武湖是除秦淮河外，最重要的流入南京城市的水系，在秦淮河封闭的情况下，玄武湖就成为南京城市内涝最重要的外水来源。

1849 年按照前述降水量和径流比计算，5—7 月玄武湖流域来水达

---

① 南京市地方志编纂委员会：《南京水利志》，海天出版社 1994 年版，第 21 页。

② 杨煜达、郑微微：《1849 年长江中下游大水灾的时空分布及天气气候特征》，《古地理学报》2008 年第 6 期。

③ 南京市地方志编纂委员会：《南京水利志》，海天出版社 1994 年版，第 16—17 页。

④ 颜亚琴、庄杨、刘丹杰、殷奇红：《常州市运北片区汛期平均径流系数的探析》，《江苏水利》2017 年第 7 期。

1.65×10^7立方米，与南京城市内降水所产生的径流合计，城市积水达到了4.37×10^7立方米，其中仅玄武湖的来水就占到了全城积水总量的37.68%，而玄武湖水的效应是叠加在城市内水基础上的，造成的影响更为严重。所以，控制玄武湖水并将其在汛期时直接排出长江，是减轻南京城内涝的有效措施。

（三）大水灾的应对措施

清政府为解决民众栖食无依、城市正常运行受阻等问题，采取了多种应对措施。首先，在水灾发生后，两江总督陆建瀛、江苏巡抚傅绳勋等，将灾情上奏道光帝，请求赈济，蠲缓各项正、杂额赋。道光帝先是以内府银拨款一百万两，交户部解交督抚赈济南京等地①，九月又展赈江苏太湖、金山、靖江、溧阳、上元、江宁②六厅县被水灾民，十月下旬，江苏省临江、临河、临湖的五十七州厅县，成灾及勘不成灾田亩，分别给予蠲缓③，缓征江苏上元、江宁等六十九厅州县被灾庄屯旧欠正、杂额赋④。其次，为避免胥吏贪污侵蚀赈款、赈粮，“筹办赈务，由公正殷实之绅董，分司其事，动用库款，尤力求撙节，不经胥吏之手”⑤。再次，实行以工代赈，使用“柜田之法，以土护田，坚筑高峻”⑥，田内水以水车涸之。最后，清政府从福建等地调粮至南京，对运至南京等灾区的商贩米船，一律暂行免常关税，并以允许“载豆石回籍”吸引外粮入南京。⑦ 总体上看，清政府在水灾应对中扮演着主导角色，所进行的灾害赈济起到了一定的效果。

在社会层面各阶层亦积极应对，以减缓水灾的影响。大水灾来临时，受灾民众避居高处求生，房屋、农作物等被水淹，民众只能尽量宣泄积

---

① 《清宣宗实录》卷469，道光二十九年六月，中华书局2008影印本，第7册，第42194页。

② 《清宣宗实录》卷471，道光二十九年八月，中华书局2008影印本，第7册，第42207页。

③ 水利电力部水管司科技司、水利水电科学研究院：《清代长江流域西南国际河流洪涝档案史料》，中华书局1991年版，第898页。

④ 《清宣宗实录》卷476，道光三十年正月，中华书局2008影印本，第7册，第42278页。

⑤ 《清宣宗实录》卷475，道光二十九年十二月，中华书局2008影印本，第7册，第42253页。

⑥ 《清宣宗实录》卷469，道光二十九年六月，中华书局2008影印本，第7册，第42194页。

⑦ 《清宣宗实录》卷472，道光二十九年九月，中华书局2008影印本，第7册，第42218页。

水，减少损害，并在洪水消退后补种杂粮菜蔬。[①] 此外，民间士绅、富户响应政府号召积极赈灾，据历史文献记载，地方士绅、富户都在南京城1849年大水灾中捐钱、捐粮以助救灾。

（四）玄武湖通长江的讨论

1832年和1841年，南京城发生极端水灾并引发了关于引玄武湖通长江的争论。

1849年，南京城发生大水灾。时年，以江宁布政使杨文定为主的部分人已认识到，要减轻南京城洪涝灾害，应在南京城西北开挖一条河道，引玄武湖水直通长江。于是，杨文定“令委员协同承办司董，齐赴城外，丈量插桩定志，将于开春动工”[②]。

杨文定派人勘测玄武湖通江水道的举动，引起了南京社会各阶层的注意，全城民众、士绅人心惶惶，“三学诸生不期而会者一百余人，奔赴藩署，公呈阻止”[③]。其后，相继有梅曾亮、陈作霖、甘熙、甘勋、魏源等士绅、官员阻止。梅曾亮以《为江宁水患上陆制军疏》上疏陆建瀛，认为引玄武湖通长江的提议是“妄议”，泄湖放水，南京城“特大龙正脉斫为两段”，主张挑浚玄武湖，遇大水时以水车运之。当时，年仅13岁的陈作霖查考《建康实录》《丹阳图经》《景定建康志》诸书，作《后湖不可通江议》，力陈引玄武湖通江之弊端，认为玄武湖“为胎元之水，气一外泄，则会城之中，上而达官，下而民居，皆有不利”[④]，清淤泥、除秽草、培长堤较为可行。甘熙认为玄武湖水“通秦淮，出西关，归大江，为钟山随龙养荫真正胎水，断不可旁泻”[⑤]。魏源是当时中国最早关注西方思想和文化的著名思想家，被称为“中国睁眼看世界的第一人”，听闻南京开山泻湖

---

① 水利电力部水管司科技司、水利水电科学研究院：《清代长江流域西南国际河流洪涝档案史料》，中华书局1991年版，第892页。

② （清）甘熙：《白下琐言》，《笔记小说大观·十五编》第10册，新兴书局有限公司1984年版，第6423页。

③ （清）甘熙：《白下琐言》，《笔记小说大观·十五编》第10册，新兴书局有限公司1984年版，第6424页。

④ （民国）夏仁虎纂：《玄武湖志》，《金陵全书·甲编·方志类·专志》第4册，南京出版社2013年版，第703—707页。

⑤ （清）甘熙：《白下琐言》，《笔记小说大观·十五编》第10册，新兴书局有限公司1984年版，第6422页。

的事情，认为是妄行，特意拜访陆建瀛并劝说玄武湖不可以通长江。① 之后，南京城引玄武湖通长江的事情传至北京，在北京为官的南京官员听说引玄武湖通长江皆惊恐万分，侍御史范小云欲弹劾主持此事的官员。

玄武湖通长江的计划终止于1850年。该年正月底，两江总督陆建瀛带人亲自查勘南京龙脉，认为玄武湖所在之处"乃正脉，入城之处，关系全城大局，万万不可挖动，利不可知，害必先见。我等忝居民上，纵不能为地方兴利，岂敢贻害将来"②。玄武湖通长江的计划在南京士绅、民众的阻止下，未付诸实践。

1851年、1931年，南京城发生极端水灾，复引发了引玄武湖通长江的争论，如表2所示。

表2　　清至民国时期南京城引玄武湖通长江计划数次讨论

时间	人名	当时职务	籍贯	是否同意通江	备注
1832年	不详	中宪公	不详	否	玄武湖关系全城，刻《金陵诸山形势考》，广为宣传玄武湖风水
1841年	成世瑄	江宁布政使	贵州石阡	是	听从部分人建议，拟引玄武湖通长江，经甘熙以南京龙脉劝说，停止引湖通江计划
	甘熙	户部郎中	江苏南京	否	将家刻《金陵诸山形势考》辑录《后湖水道考》，劝说成世瑄
1849年	梅曾亮	户部郎中	江苏南京	否	引玄武湖湖通江，南京龙脉将斫为两段
	陈作霖	无	江苏南京	否	玄武湖水为南京城胎元之水，不可外泄
	甘熙	户部郎中	江苏南京	否	玄武湖水为钟山龙脉的随龙养荫胎水，不可旁泻

① （清）甘熙：《白下琐言》，《笔记小说大观·十五编》第10册，新兴书局有限公司1984年版，第6425页。

② （清）甘熙：《白下琐言》，《笔记小说大观·十五编》第10册，新兴书局有限公司1984年版，第6424页。

续表

时间	人名	当时职务	籍贯	是否同意通江	备注
1849 年	甘勳	无	江苏南京	否	作《水利论》《后湖形势论》，携三学诸生阻止玄武湖通长江
	范小云	侍御史	江苏南京	否	引玄武湖通长江不妥，计划上书劾奏
	魏源	兴化县知县	湖南邵阳	否	玄武湖通长江为妄举
	陆建瀛	两江总督	湖北沔阳	是	梅曾亮、陈作霖、甘熙、甘勳、魏源等以龙脉受损劝说，认为玄武湖关系全城大局，不可挖动
	杨文定	江宁布政使	安徽定远	是	全城黎民、士绅及陆建瀛等阻止实施玄武湖通长江计划
1851 年	不详	不详	不详	否	引玄武湖通长江破坏南京城风水
1931 年	魏道明	南京市市长	江西德化	是	玄武湖通长江，可减缓南京城洪涝灾害

在历次关于玄武湖通长江的讨论中，支持者，如成世瑄、陆建瀛、杨文定等皆为非南京籍、在南京为官的官员。而反对者主要为南京籍的士绅、民众，他们认为引玄武湖通长江，会损毁龙脉，破坏南京城风水，进一步损害南京的整体运势，包括人运、财运和科举运势等。

四　讨论

“风水”，别称“堪舆”，它的核心内容是对居住环境进行选择和处理。[①]“风水”最早记载于晋代郭璞《葬书》之中：“葬者，乘生气也……经曰：气乘风则散，界水则止，古人聚之使不散，行之使有止，故谓之风水。”[②] 但中国风水观念的出现时间远早于晋代，新石器时代中国先民的聚落选址、殷商时期甲骨文的“卜宅”等就已体现出了风水观念的影响。汉

① 范今朝：《论风水的地理学价值及其在中国古代地理学中的地位》，《地理研究》1994 年第 1 期。

② （晋）郭璞：《葬经》，文渊阁《四库全书》本。

代系统化的风水理论开始形成①，经过魏晋南北朝时期的不断完善，唐朝后期中国风水理论逐渐传播至朝鲜半岛、日本及东南亚等地②。

历史时期风水广泛运用于中国的阴阳宅建筑、城镇营建及日常生活之中，甚至当代社会生活的许多方面都有风水的影子。阴阳宅的选址、朝向、建设，皆需进行风水占卜，因为风水优良的阴阳宅可以庇荫当代人和子孙后代。③ 公共建筑也受风水的影响，公宅、园囿、寺观、道路、桥梁等的选址、规划、设计、营建，都讲究风水。④ 城市、村镇的形成与风水有密切联系，历史时期的帝王都城，如西安、北京、洛阳、开封、南京，皆公认拥有绝佳的风水条件，帝王们在“风水宝地”上大兴土木，希望良好的风水能保佑王朝繁荣、延续，许多城市、村镇、村落的选址、建设、扩展方向等亦受风水左右。⑤ 传统社会中采矿、立水碓、凿井、植树等生产生活行为也一定程度地受到风水的影响。

讲求风水，可以使人与周围的自然环境、气候、气象等形成和谐互助的关系，带来泽被当代及后代的好运气。⑥ 风水“趋利避害”的特性，对大多数人有极强的吸引力，在古代，上至皇帝，下至平民，皆笃信风水。

传统社会认为风水对科举考试有重要影响。科举是中国古代独特的选官制度，是维持传统中国社会最重要的制度之一。⑦ 它开始于隋唐时期，废弃于清光绪二十一年（1905），是一种相对公平的人才选拔形式，通过科举考试，便可进入统治阶层，获得个人乃至整个家族社会地位的提升。⑧ 而传统的贵族或社会高层，如果后代无人通过科举考试，其家族的社会地

---

① 范今朝：《论风水的地理学价值及其在中国古代地理学中的地位》，《地理研究》1994 年第 1 期。

② 尹弘基、沙露茵：《论中国古代风水的起源和发展》，《自然科学史研究》，1989 年第 1 期。范今朝：《论风水的地理学价值及其在中国古代地理学中的地位》，《地理研究》1994 年第 1 期。

③ 尹弘基、沙露茵：《论中国古代风水的起源和发展》，《自然科学史研究》1989 年第 1 期。

④ 中国国家地理杂志社：《中国国家地理 · 风水专辑》，2006 年第 1 期；Li W. Y.，“Gardens and illusions from late Ming to early Qing”，*Harvard Journal of Asiatic Studies*，Vol. 72，2012.

⑤ 陈爱平：《从风水的视角看中国古都分布》，《青海师范大学学报》2003 年第 6 期；中国国家地理杂志社：《中国国家地理 · 风水专辑》2006 年第 1 期。

⑥ 尹弘基、沙露茵：《论中国古代风水的起源和发展》，《自然科学史研究》1989 年第 1 期；Dan W.，“Foreigners and Fung Shui”，*Journal of the Hong Kong Branch of the Royal Asiatic Society*，Vol. 34，1994；中国国家地理杂志社：《中国国家地理 · 风水专辑》2006 年第 1 期。

⑦ 何忠礼：《二十世纪的中国科举制度史研究》，《历史研究》2000 年第 6 期。

⑧ 何炳棣：《明清社会史论》，中华书局 2013 年版，第 133—154 页。

位也会很快下降。科举制度保证了传统中国社会的阶层流动，从而在一定程度上保证了社会的稳定。中国传统社会认为，良好的风水可以保佑科举运势旺盛。明清时期，中国许多地方通过营建风水塔、搬迁府学、为府学更名、兴修水利、填塞河港等行为改变地方风水，以提升地方科举运势。①

晚清时期，南京城发生多次大水灾并引发严重的洪涝灾害，给南京城官员、士绅、民众等不同群体带来深刻影响，并引发多次关于引玄武湖通长江以减轻洪涝灾害的讨论。玄武湖通长江计划经多年讨论而未付诸实践，与当时官员、士绅、民众担忧风水被破坏、引发不良后果的畏惧心理有关，又与地方社会官员—士绅—民众的微妙关系紧密联系。

士绅是地方社会的精英阶层，在地方社会中拥有政府和公众普遍认可的政治、经济、法律特权，他们参与地方行政，对地方决策有重要影响，有时候甚至起决定作用。② 士绅的这种社会地位主要通过科举获得。普通民众极其渴望通过科举考试上升为士绅阶层。③ 本地人士如果通过科举考试，获得了到京城或外地做官的资格，便可以在中央层面维护地方的利益。因此，开挖河道引玄武湖通长江计划，受到了南京士绅、民众的普遍反对。士绅认为，开挖河道破坏南京城风水，会影响本地人士通过科举考试的机会，这将导致本地士绅的特权地位受到影响，而士绅家族通过科举的人数减少，更会导致家族走向衰落。④ 在传统中国这个重视家族传承的国度中，家族衰落是最让人担心的事情，是士绅无论如何也不愿看到的，即便这种担忧只存在某种可能性，都是无法接受的。以儒生、普通民众为主的群体，则渴望通过科举提升个人和家族的社会地位，因而同样畏惧破坏风水致使通过科举的可能性变小。在如此心理状态下，当时的士绅便率领地方儒生、民众前往衙门，阻止玄武湖通长江计划的实施。

外地籍官员接受地方士绅劝说。一方面，引玄武湖通长江会破坏南京

---

① 陈进国：《事生事死：风水与福建社会文化变迁》，厦门大学，博士学位论文，2002 年；黄志繁：《明代赣南的风水、科举与乡村社会“士绅化”》，《史学月刊》2005 年第 11 期；王福昌：《自然、文化与权力——明清时期闽粤赣边乡村风水研究》，《社会科学》2009 年第 10 期。

② 瞿同祖：《清代地方政府》，法律出版社 2011 年版，第 282—330 页。

③ 张仲礼：《中国绅士研究》，上海人民出版社 2008 年版，第 8—17 页。

④ 张仲礼：《中国绅士研究》，上海人民出版社 2008 年版，第 133—173 页；瞿同祖：《清代地方政府》，法律出版社 2011 年版，第 284—287 页。

城风水，南京城发展将受到影响，而地方发展好坏是官员政绩评判的标准之一，政绩往往又与官员的升迁有关，破坏风水极有可能会影响其仕途升迁。另一方面，对于成世瑄、陆建瀛、杨文定等外地籍官员来说，地方事务繁杂，对地方情况可能知之甚少，而士绅对当地情形十分了解，尤其是士绅中的“官绅”一般都有行政经验，在公共工程、地方防务及一些复杂情况上，可以给出咨询建议乃至参与执行。[①] 南京地区官员必须借助当地士绅来实施地方治理，否则政令难以通行。同时，如果在得不到地方士绅同意的情况下强力施行，势必会引起作为绅士奥援的在京南京籍官员的攻讦，这也将影响自身的仕途。所以，官员最后否决通长江之议，既是对绅士的让步，亦有对自身利益的考量。

从前述讨论可以看出，作为文化要素的“风水”观念，其对社会行为的影响，体现在通过对预期前景的恐惧而对社会行为的选择性安排上。在这一点上，中国风水观念和非洲传统居民文化禁忌并无差别。但是，我们也看到，风水观念能在玄武湖事件中发挥作用，主要在于制度性因素，即科举制度。通过科举考试的机会决定了当时地方和士绅家族的兴衰，使得任何可能削弱地方通过科举考试人数的举措都会受到地方士绅和民众的强力反对。所以，在中国这种复杂的传统社会中，制度安排周密，作为观念的文化要素在社会适应中发挥作用，实际上需要通过相应的制度来实现。

同时，在中国传统的复杂社会里，文化的构成因素多样，虽然大多数人都迷信风水，但风水与传统儒家正统文化相冲突，作为一种游离于儒家正统文化之外的“俗文化”，它受到正统儒家学者的反对。[②] 而风水理论的所谓验证，大都建立在传说和迷信的层面上。因此，在传统文化占统治地位的清代，也多次有人提出引玄武湖直通长江的合理建议，这并非偶然。而在短短的80年后，民国时期南京国民政府于1931年实施了这一计划，也进一步说明随着社会制度的转变，相应的观念文化也并非牢不可破。

1931年，长江中下游地区再次遭遇百年一遇大水灾，南京城涝灾严重，引玄武湖直通长江的计划再次被提出并付诸实践。时隔80余年，玄武湖通长江的计划得以实施，与许多因素有关。一是当时科举制度已被废

---

① 瞿同祖：《清代地方政府》，法律出版社2011年版，第282—330页。

② 李晓方、温小兴：《明清时期赣南客家地区的风水信仰与政府控制》，《社会科学》2007年第1期。

弃，中国社会经过了辛亥革命推翻帝制、新文化运动传播科学和新文明、“通俗教育”和“平民教育”为主体的社会教育逐步展开，社会风貌较 19 世纪有所改变。[①] 二是引玄武湖通江计划受到了南京国民政府的支持。1928 年，国民政府定都南京，政府高层多有西方留学背景，先后任职南京市市长的刘纪文、魏道明、马超俊等曾赴欧、美、日留学，他们相对重视科学，引玄武湖通长江计划一经提出，便得到了中央的支持和市政府的大力推进。三是当时南京为国民政府首都，需要将南京城从中国传统城市建设为现代化的都市，其中水道的改良为城市建设最优先的基础工作。[②] 四是技术的进步，当时玄武湖泄水工程经过详细的工程测量和规划、施工，保证了工程达到既能汛期泄水、亦能保持平时所需水位的双重目的。[③]

五　结论

1849 年，中国长江流域发生极端水灾，对南京城人口、农业、城市运转、城市基础设施等造成严重影响。清政府通过赈济、蠲免、以工代赈、调粮、免常关税、劝捐方式应对洪涝灾害，民间社会也积极参与。大水灾引发了开挖河道引玄武湖通长江以减少城市洪涝灾害的讨论，而风水观念作为中国的一种择吉避凶的观念文化，普遍影响着当时社会各阶层的心理，为求地区科举、人运、财运的旺盛，避免产生影响城市与家族发展的不良后果，士绅、民众的反对导致这一举措归于失败。

由此可见，在中国传统复杂的社会中，观念文化同样在气候变化社会适应中扮演着重要的角色。但是，这种观念文化发生作用，和非洲土著居民的信仰、禁忌、种族、性别等文化因素发生作用的路径并不完全相同，需要和具体制度因素结合，通过成熟的制度文化的巨大惯性来制约人们的行为选择，从而达成其目的。从这个意义上说，在复杂社会中，制度文化在社会适应中起着基础性的作用，但观念文化所起的作用同样不能小觑。

---

① 南京市地方志编纂委员会办公室编：《南京通史 · 民国卷》，南京出版社 2011 年版，第 224—241 页。

② 南京市地方志编纂委员会办公室编：《南京通史 · 民国卷》，南京出版社 2011 年版，第 211—213 页。

③ 南京市政府：《疏浚玄武湖通江水道案》，《南京市政府公报 · 公牍》1932 年第 112 期，第 43 页。

通过本案例我们同样可以看出，在复杂社会背景下文化是动态的，在制度变迁、教育促进、媒体引导等因素的影响下可以发生相应的转变。文化为气候变化适应，或是造成障碍，或是提供机会，也处于不断的变动之中。对于复杂文化系统的深入了解并理解其在气候变化的社会适应中可能扮演的角色及其影响途径和机制，是增强社会适应能力建设不可或缺的部分。

空碛行潦——民国时期河西走廊洪水的灾害社会史管窥

张景平[*]

（兰州大学历史文化学院，甘肃兰州　200433）

摘要：以民国档案文献为主的地方文献中保存了某些有关河西走廊洪水灾害的信息，由此展示出洪水灾害在这一典型干旱区引发的某些具有代表性的社会现象。本文梳理了对洪水侵蚀土地的瞒报、片面追求灌溉效益导致的“工程型”洪水以及地方社会对洪水后新成湿地的争夺三个现象，指出在自然条件和传统技术条件下，洪水造成的损失和增益对于干旱区区域社会整体而言无关轻重，而洪水治理成本则过于高昂，故地方社会可以有条件的选择忍受洪水损失，而洪水的意外增益亦很难维持。在干旱缺水的整体社会背景中，洪水的实际危害无法充分凸显。

关键词：河西走廊；民国时期；洪水；区域社会

河西走廊是中国西北部重要的灌溉农业区。该区域处于祁连山与走廊北山的夹峙之间，因为气候干燥少雨，“干旱”成为外界对这里的一般印象。的确，在这个年均降水量30—200毫米、蒸发量1000毫米以上、最大河流年均径流仅为20亿立方米的地区，水资源的匮乏从古至今都是制约社会经济发展的重要问题。尤其在民国时期，河西走廊各流域都不同程度地

---

* 基金项目：本文为国家社科基金青年项目“晚清以来祁连山—河西走廊水环境演化与社会变迁研究”（项目编号：18CZ068）阶段性研究成果。

作者简介：张景平，兰州大学历史文化学院研究员、兰州大学水与社会研究中心主任。

出现用水矛盾激化甚至流域性水利危机的情况，引起了学术界的关注。[①]但同样在这片区域中，洪水灾害亦时有发生。洪水冲溢河道、弥漫于茫茫戈壁之上，此种场景并非稀见。仅以河西走廊西部重镇酒泉为例，在防洪工程日渐完善的1949年之后，洪水仍然曾三次冲进城区。[②]至于民国时期，河西走廊洪水灾害则亦有不少见诸史料。河西走廊洪水的成因较为统一，主要为夏季祁连山区暴雨引发山洪，致使各内陆河猛涨。[③]但洪水作为一种灾情，则是这片土地上的一些独特的自然社会因素相互作用的结果，并最终形成一些引人遐思的社会现象。目前对于河西走廊洪水灾害的研究主要属于自然科学范畴。笔者长期整理河西走廊水利史文献，发现若干与洪水相关的民国时期微观社会史料，在此谨作敷陈，以就教于各位方家。

一 “内部”洪灾：水权考量下的洪灾瞒报

玉门县蘑菇滩毗邻安西三道沟地区，疏勒河主河道从两地之间经过，为两地界河。1934年6月，疏勒河突发洪水，不但淹没大片耕地，还引发河道中泓线向右岸摆动，侵蚀大片耕地。依据惯例，凡水蚀沙压之耕地，民众都会向政府报告以核销田赋。然而，此番灾情发生后，玉门方面并无报灾之举措。直到1936年，此事由邻县安西民众向上级政府机关第一次提出：

> 玉民放刁作伪，其端又不可胜计。民廿一年古五月昌马河大涨、水复东徙，奸绅马四爷、黄二爷、刁民刘复礼、刘再兴地亩二顷余皆没河中。当时顿蹄号泣，丑态皆民所亲见……后竟欺瞒官司、匿灾不报，一逞狼跋、犬彘不若。[④]

① 相关学术综述参见张景平、王忠静《干旱区近代水利危机中的技术、制度与国家介入：以河西走廊讨赖河流域为中心的研究》，《中国经济史研究》2016年第6期。

② 其具体情形参见李缵涛《新中国成立后洪水三进酒泉城纪实》，《酒泉文史资料》第11辑，政协甘肃省酒泉市委员会编印2000年版，第186—191页。

③ 此方面具体研究成果甚多，其集中论述可参见葛其方《我国最干旱的地区及其洪水灾害》，《气象》1983年第9期；代德彬、庞成、胡晓辉《河西走廊暴雨灾害致灾机制及减灾对策》，《现代农业科技》2018年第4期。

④ 安西县民众代表：《呈为恃凶强横武断河流伏乞县长为民做主由》，1936年5月，酒泉市档案馆历3－1－2123。

作为被指证的对象，玉门方面对此坚决否认：

前年夏水稍大，中流侵岸，……然安人谓漂没地亩云云，绝非实情。此隰地盖鳏寡数家偶然自耕，十不一获，不与科田相等。……清平民国，何来如此灾象？①

一面是旁观者极力指认受灾，一面是受灾者矢口否认，由此构成一种奇特画面。此种看似围绕灾害的争议，其背后则与当地的灌溉秩序密切相关。疏勒河是玉门、安西两县主要灌溉水源，两地分别从疏勒河右岸、左岸取水灌溉，虽有分水办法，但纠纷一直不断。1936 年夏天，安西、玉门又因争水发生纠纷，原因是 1934 年夏季洪水引发河道向玉门方向摆动后，安西方面取水口无水可引，不得不重新开辟渠口，致使原渠道延长近两华里。② 疏勒河流域传统渠道无衬砌，渗漏严重，故在水权安排方面专门设置此种损耗的份额，称为“润沟水”，渠道愈长则“润沟水”愈多。③ 1935 年，安西方面向玉门提出，应增加己方用水量以补足新增的“润沟水”的份额，遭到玉门方面拒绝。④ 1936 年春季安西方面修整取水口时，将原渠口宽度自行扩大半尺，玉门方面闻讯前来阻止，双方爆发冲突，安西方面被殴毙一人。安西方面上书管辖安西、玉门等七县的甘肃省第七行政督察区专员要求解决。⑤ 然而，安西方面在呈文中对增加“润沟水”一事却轻描淡写，却将重点放在 1934 年洪灾造成的河流改道和玉门耕地侵蚀一事，这又是什么原因呢？此处必须提到作为河西走廊传统水利秩序基础的“按粮分水”。

“按粮分水”中的“粮”即“皇粮”，意为田赋。此制度于明代后期

---

① 玉门县民众代表：《呈为安西劣绅王伏令马占元虚词混捏强夺水源事》，1936 年 5 月，酒泉市档案馆历 3－1－2123。

② 甘肃省第七区专员：《三道沟开渠诸事实情若何宜履实具报以彰慎重的指令》，1936 年 6 月，酒泉市档案馆历 1－1－425。

③ 关于润沟水的记载，参见《河西志》，第六章“水利”，张掖专区文化局编印 1958 年版，甘肃省图书馆西北文西部藏，第 44 页。

④ 此事不见于 20 世纪 30 年代档案。1947 年甘肃省政府对疏勒河流域安西玉门两县分水方案重新进行整体调处时曾列举主要冲突：“二十四年两县蘑菇滩三道沟两处商议整顿水权，安西以渠道改易、水行迂回，故主张增加相应水分，未得响应。”见甘肃省第七区专员《安玉旧案调查记》，1946 年 11 月，酒泉市档案馆历 1－1－1546。

⑤ 参见前引安西县民众代表《呈为恃凶强横武断河流伏乞县长为民做主由》。

逐渐形成，其制度核心是以田赋为依据分配灌溉水量，从农户、灌区直到县域之间的水量分配皆以此安排，玉门、安西两县之间的分水亦不例外。①安西县深知，在灌溉水量有限的情况下，己方要求增加所谓“润沟水”必然导致对方玉门县的灌溉水量减少，上级政府仅凭渠道长度的单方面延长恐怕很难支持更改水量分配规则。然而，田赋的征收问题始终是各级政府的头等大事，而对“沙埋水冲”之地的田赋核销自清代开始即为重要行政事务；一旦指明对方的土地被侵蚀，则田赋数量必然下降，对方田赋总额下降则所应分配之灌溉水量亦当下降，指出这一点上级政府不会不干预。

此种策略果然引起第七区专员的重视，指示玉门县政府详细勘察，并要求重点回复“究竟有无地亩冲毁事项”②。对于此种指控，玉门县从官到民自然矢口否认，玉门县长尤其强调“查去岁职县田赋并无报减积欠，安西民众所控坍毁地亩等情，实为无主熟荒，并无确实切实灾情”。第七区专员见此报告后，当即于原件批示按“通行民事纠纷办理”，不再过问。③最后经协调两县，将安西县水口扩大一寸，以示象征性照顾到新增“润沟水”，就此终结此番纠纷。④

作为一件河西走廊常见的水利纠纷案例，1936 年安玉纠纷从产生到解决并无特别之处。但玉门方面 1934 年究竟是否遭遇严重的洪水灾害？答案是肯定的。1934 年蘑菇滩民众代表给玉门县政府上的呈文中，即提到在此次洪灾中损失牲畜、房屋若干，更为严重的是“腴地三百余亩尽落河中”，民众“横罹此无告之巨灾惨祸”，要求减免当年赋税。⑤最后是否有赈恤之举动，档案无证。然而就是同一批民众，在 1936 年矢口否认曾遭受灾祸，这说明耕地的损失与水权的损失相比是微不足道的。事实上，河西走廊地广人稀，耕地资源几乎无限，奈何干旱少雨，无灌溉即无农业，有限的水

① 关于河西走廊“按粮分水”制的主要归纳，参见前引张景平、王忠静《干旱区近代水利危机中的技术、制度与国家介入：以河西走廊讨赖河流域为中心的研究》，《中国经济史研究》2016 年第 6 期。

② 甘肃省第七区专员：《令玉门县政府详实调查安玉水利案的指令》，1936 年 5 月 25 日，酒泉市档案馆历 3 - 1 - 2123。

③ 玉门县政府：《为具报安玉水案情形的呈文》，1936 年 6 月 7 日，酒泉市档案馆历 3 - 1 - 2123。

④ 甘肃省第七区专员：《令安西县玉门县政府妥为裁处水利案的指令》，1936 年 7 月 10 日，酒泉市档案馆历 3 - 1 - 2123。

⑤ 黄三复等：《呈为横遭洪灾颗粒无存垂怜以苏民命事》，1935 年 9 月，酒泉市档案馆历 3 - 1 - 2022。

源是比土地更重要的资源。因此，当民众意识到上报灾情有可能会被褫夺水权时，他们宁可自己承受灾害的损失。群众隐忍自救的例子以讨赖河中游的酒泉县最为典型。在1952—1953年土改复查时曾纠正一批因土地面积较大而被划入富农的错误，理由是这些农民原本耕种沿河肥沃土地，但在历次洪水中土地被侵蚀，不得不转垦荒滩。报告指出，这些新垦地由于贫瘠不得不广种薄收，故面积虽大而“反动政府没有承认”，所以“税收没有增加”，仍然按照“本来临河田地征收”。新开垦的荒滩位于渠道末梢，灌溉常常不能足量灌溉，故土地面地虽大但农民的生活水平“尚在一般中农之下”①。

河西走廊诸内陆河的河道普遍摆动十分频繁，一次大的洪水即可造成较为严重的土地侵蚀，这种隐瞒洪灾不报的情况非常普遍，不止局限于疏勒河流域。根据对黑河中游高台县1940年档案的不完全统计，当年夏天至少有四个保向县政府报告了耕地被洪水侵蚀的情况。但第二年年初县府编制的《民国二十九年高台县政概要》中“灾害”一栏显示，就只一个保的洪灾向甘肃省作了申报。② 未上报的四个保，全部位于三清渠灌区，此灌区的干渠渠口在上游临泽县境内，涉及与临泽县的分水问题。有趣的是，三清渠四个保因受灾产生的田赋积欠，县府当局给省政府的汇报时，理由竟为“气候异常致使灌溉失期”③。但在县内，政府大方承认这四保遭受洪灾。1941年，同属四保的沙河村与南古村发生冲突，作为沙河村传统燃料来源地的柴滩被南古村村民开垦，引发沙河村不满。县政府支持南古村，指出“该村旧有地亩，三成已毁于去岁洪灾”，理当体恤。④ 由此可见，高台县政府并非完全不承认“洪灾”，而是只在“内部”予以承认。

当然在这里应当指出，惧怕在“按粮分水”制下对被褫夺水权固然是隐匿洪灾的最重要原因，却不是唯一原因。在一个常识意义上的“干旱区”，上级官员对洪灾采取一种忽视态度，也是民众及县级官员没有报灾

① 酒泉县第三区：《第三区查田定产中若干问题的请示》，日期不详，酒泉市肃州区档案馆2-4-731。

② 高台县政府：《民国二十九年高台县政概要》，1941年1月，张掖市档案馆未编号民国档案。

③ 高台县政府：《高台县二十九年田赋分区额征情形表》，1941年1月，张掖市档案馆未编号民国档案。

④ 高台县政府：《为开垦柴滩不宜阻拦以详为宣示给第二区的指令》，1941年4月28日，张掖市档案馆未编号民国档案。

愿望的原因，他们更愿意上报“旱灾”①。另外，许多被冲毁的土地确实并非承担赋税的正式耕地，毕竟在地广人稀的河西走廊，私开荒地从来难以被禁止。

在地方官员瞒报洪灾的同时，另一个耐人寻味的现象是，地方政府与民众在修筑防洪堤防方面非常不积极。1937年酒泉县县长在一份统计河渠工程的表格中，于“防洪堤坝”中填写“无”，备注中说明如下：

> 河西诸河除黑河等枝外，多数仅夏秋行水，冬春干涸，且长流戈壁、杳无人烟。以极瘠苦之地征括极巨量之别赋，修此十无一用之巨堤，空耗物力，别无必要。故并诸县俱无。②

此间透露出清楚的信息，即社会认为修筑防洪堤坝的性价比太低，宁可忍受偶然的洪水，也不愿花费巨资修建十年才用一次的堤坝，尤其是当这个“巨资”是由民间社会承担的时候。

二　与洪共舞：引洪灌溉中的“工程性”洪水

在现代水利工程普及之前，河西走廊灌溉时间集中于夏秋，大抵从每年四月开始到十一月结束。灌溉期间特别是夏初，河水水量不丰，用水颇感紧张，上下游之间的用水纠纷多发生于此时，河道往往因水流尽数入渠而干涸。然而一俟汛期到来的夏季或灌溉期结束后的冬季，干涸的河道立即形成浩浩汤汤的奇特场景。然而此种大河奔流的景象对广大民众而言并不浪漫，因为他们赖以生存的灌溉工程会把河水变成冲毁房屋、淹没田地的滔天洪水，这其中尤其以金塔县的遭遇最为典型。

金塔县位于讨赖河流域下游，汉代曾于此设会水县，但因位于走廊北山之外、远离纵贯河西走廊东西交通干线，自汉以后长期没有设置郡县。清康熙末年，清廷在这里开设屯田，后设肃州州同一员于此处，形成实际

① 参见张景平《“旱”何以成“灾”：1932—1953年河西走廊西部“旱灾”表述研究》，《学术月刊》2019年第7期。

② 酒泉县政府：《为报全县河渠工程计划表的呈文》，1937年8月4日，酒泉市档案馆历2-1-1071。

上的县级行政区划，辛亥后正式命名为金塔县。[①] 该区域土地资源丰富，但自屯田开展之初，就面临灌溉用水不足的问题。每年5月，当地主要作物小麦处于灌溉关键期，而河流尚未进入汛期，此时上游的酒泉绿洲占用了讨赖河径流中的大部分灌溉水源。故早在乾隆时期，金塔绿洲南部的若干灌区就与酒泉绿洲最下游的茹公渠进行协议分水，以维持基本灌溉。[②] 然而到夏季汛期或冬季灌溉停止后，下游完全是另一番景象，讨赖河干流以及支流洪水河、临水河、清水河等河水集中下泄，自南向北经过走廊北山鸳鸯池峡谷进入金塔盆地，地势骤缓、水势益大，天然河道皆成漫流，宽度往往可达数千米。道光年间肃州州同冀修业在左右岸修筑堤坝，人称"东西栏河"，将河道收束至不足五百米。"东西拦河"的最北端，一道拦河堤坝以及并列安置的六渠渠口将二者联结起来。东西河堤、拦河坝、分水口，三者共同构成讨赖河最下游的一个引水工程：王子庄六坪。[③]

王子庄地区是讨赖河最下游的一个灌区，由六条干渠组成，当地称渠为"坝"，六条干渠自东至西，分别为户口坝、梧桐坝、三塘坝、威虏坝、王子东坝、王子西坝。六条干渠渠口并排安置，渠底高程一致，宽度以各渠所承担之赋税面积决定，赋税愈多则渠口愈宽，以此实现按比例分水。[④] 这种按比例分水之法称为"镶坪"，故渠首称为"六坪"，即放射状的六条干渠渠首之意。其中梧桐坝的渠口最窄，仅有九尺宽，承担着非灌溉用水时期的河水下泄，最终汇入中国第二大内流河黑河。

从上述描述可以看出，王子庄六坪的工程安排事实上十分不利于防洪。第一，以堤防收窄河道本身十分不利于行洪，两侧堤防不得不愈筑愈高，一旦溃决会加剧洪水的冲击力，同时每年的堤防培筑给当地民众带来了沉重的赋役负担。[⑤] 第二，自然河道中水流的下切作用十分明显，河道

---

① 参见《讨赖河卷叙记》，张景平、郑航、齐桂花主编：《河西走廊水利史文献类编·讨赖河卷》，科学出版社2016年版，第x—xvii页。

② 参见民国《创修金塔县志》卷4《水利》，甘肃省图书馆藏抄本。

③ 参见顾淦臣《重修金塔六坪记》，《甘肃省水利林牧公司同人通讯》1944年第32期。此文价值甚大，不但详细描述了"六坪"工程构造，亦对六坪遭受之水灾有全面之介绍。收入张景平、郑航、齐桂花主编《河西走廊水利史文献类编·讨赖河卷》，第145—149页。

④ 参见民国《创修金塔县志》卷2《渠系》，甘肃省图书馆藏抄本。

⑤ 堤防培筑耗费人力甚多，故令各乡分段包干，成为每年县府之一大任务。参见《金塔县水利委员会三至八次会议记录》，收入张景平、郑航、齐桂花主编《河西走廊水利史文献类编·讨赖河卷》，第401—404页。

刷深是自然趋势，但民众为了保持分水公平，始终把维持“六坪”进水口高程不变作为水利活动的核心。这种人为抬高河床的方法，事实上使渠首在洪水期间成为巨大的阻滞物。第三，“六坪”最为致命的缺憾，在于完全没有预留退水与溢洪设施，一条九尺宽的梧桐坝显然无从宣泄洪水，洪水只能沿各渠奔流而下，直接冲向村庄和耕地。

收束河道、阻滞行洪、退水不畅，三种因素叠加，致使“六坪”地区具备了遭受洪灾的全部必要条件。六月开始，讨赖河进入夏季汛期，洪水往往把灌浆甚至将要成熟的田禾冲毁淹没，农民只有“荷锸号泣，不知今岁生计又在何处”①。除了夏季汛期的常见洪水之外，冬季洪水亦具有更大的破坏力。夏季洪水的危害主要在于其冲击力，但河西走廊夏季洪水历时较短，危害时间不会过长，冬季洪水则不然。十一月开始，讨赖河逐渐进入冰期，流动冰凌从上游祁连山区漂下，在“六坪”因河道收窄、排泄不畅，开始大量堆积，由此形成凌汛。② 冰水夹杂，漫过东西河堤以及拦河坝，缓慢而稳定地覆盖农田、逼近村落；如凌势过大，致使拦河坝溃决，则冰水一泻而下，部分村庄积水可达一人之深。且气温继续下降，浸泡于冰水中之村庄将彻底封冻，而附近因地势平衍，受灾百姓无处躲避，只得栖身树上，景象之凄惨难以备述。③

既然“六坪”从防洪角度来看是如此不合理，当地民众为何不谋求改进？事实上，当地民众对此并非不知“六坪”不利防洪的弱点，但确实有不得已之处。王子庄“六坪”的设计理念，实际是以最大程度引水灌溉为旨归。这个位于讨赖河最下游的灌区，平时深受灌溉用水不足的困扰，故夏季洪水就是一年中最为重要的灌溉水源。为了最大量的引用这些洪水，王子庄民众与地方官不惜使用筑堤收束河道的办法逼水入渠。至于拦河坝，本为讨赖河流域乃至河西走廊常见之水工建筑，但上游各坝普遍强度

---

① 金塔县户口坝民众代表：《呈为洪水冲决颗粒无收乞放赈济以活民命事》，1939 年 7 月 11 日，酒泉市档案馆历 1—1—139。

② 冰凌最为严重的是 1939 年冬季，时任县长赵宗晋不得不电请第七区专员协调酒泉协助抗洪。参见《金塔县长请求酒泉派人出物协助金塔抵御水灾等事给七区专员的电文及七区专员处理意见》，1939 年 12 月 29 日，酒泉市档案馆历 1—1—142。

③ 此种情形，民初金塔县知事李士璋曾作诗云：“辛酉仲冬月十一日到小梧桐坝勘水一片汪洋竟成泽国民有巢居树上者赋此志慨。”参见民国《创修金塔县志》卷 10《艺文》，甘肃省图书馆藏抄本。

有限，一遇暴洪辄自行溃坝，洪水不至入渠，实际起到防洪之效。[①] 但“六坪”拦河坝因位于下游，且河道比降甚小，洪水冲击力已大不如上游，民众又改良修筑方法，使其尤其坚固，这使“六坪”失去了一道防止洪水入渠的重要保障。[②]

然而对于年年肆虐的洪水，当地民众却长期选择忍受。民国工程师曾指出，民众“贪水”心态现象严重，明知夏季洪水入渠危害极大，但仍然在主动引导洪水入渠。[③] 至于泛滥导致的损失情形，当地人视为一种可以承受的代价。在一桩与水利无干的民事案件中，两户居民因借用骡马交纳正赋粮草而马匹被军用汽车撞死一事发生纠纷，借用一方坚称此种意外责任不在己，而以洪水灾害为譬：

> 人各有天命，若王子六坝年年发水，今年损东家、明年损西家，并无定势、随时转轮、各自情愿，不能缘由我家受水，便倒坝翻沟让你们众人不去浇地了。[④]

“倒坝翻沟”是当地俗语，意思是渠首毁坏、渠水溢出，引申为各种极为恶劣的行为，这里意思是人为放弃灌溉。这里的信息在于，民众能容忍这种灾害的关键原因是洪水造成的损害是随机的、代价是由大家共同承受的。金塔地广人稀、人均耕地面积很大，加之讨赖河毕竟是一条年均径流不到6亿立方米的内陆河流，看上去面积相当可观的洪水淹没区也只影响数量很少的人口；对于一条干渠而言，不加节制地引洪入渠，虽然因洪水损失个别民户的利益，但却使其他人获得更多的灌溉之利，整体上是合算的。而且金塔全县有比较发达的民间赈济活动，虽无法证明就是因补偿局部洪灾被淹民众而发达，但确实也起到了一定意义上的“保险”作用。[⑤]

---

① 参见张景平《丝绸之路东段传统水利技术初探》，《中国农史》2017年第2期。

② 参见前引顾淦臣《重修金塔六坪记》。

③ 参见前引顾淦臣《重修金塔六坪记》。

④ 金塔县政府：《梧桐坝曹某控户口坝蔺某折损马匹故为抵赖案的笔录》，1943年7月，酒泉市档案馆历5－1－4300。

⑤ 曾余20世纪40年代担任金塔县建设科长的张文质先生曾应政协金塔县委员会之邀写作《民国时期金塔县的慈善事业》一文，提及金塔曾有每年冬春定期施粥的制度，由当地士绅轮流主办。此文只成初稿而张先生已逝，手稿由笔者2012年在兰州城隍庙购得。

然而，如果洪水的后果要由一个稳定的群体去承担，地方社会立即变得无法接受。20世纪三四十年代之交，“六坪”中的三塘、户口两坝因退水发生纠纷，其实质是三塘坝在渠道上私自安装了一个简易退水装置，一旦洪水过大就引入梧桐坝，梧桐坝容纳不下，便漫溢到户口坝，如此三塘坝安全无虞而户口坝年年受灾，由此引发纠纷。① 这也从侧面补充说明了另一个问题，即六条相距不远的放射状渠道很难选择退水分洪装置，因为分自己的洪必然损害他人。后由工程师改造“六坪”，说服农民在坪口即将一部洪水放入荒滩，同时设计退水装置，使“六坪”有计划地逐次退水，此问题方告暂时解决。

三　争夺洪灾的“遗产”：洪水引发的草湖纠纷

在河西走廊的生产生活体系之中，以“农田＋人造林＋渠系”为核心的人工绿洲具有核心地位，绿洲边缘还有大量湿地存在。这些湿地多处于农田与戈壁体系的结合部，一般位于地下水集中出露区、灌溉余水排泄区或河道两侧，水草丰茂，是绿洲社会重要的畜牧地。这一类湿地在近世河西走廊被称为“草湖”或“湖滩”。故河西走廊虽然自汉代起即兴起灌溉农业，但畜牧业始终占有相当地位，草湖的作用极为明显。然而，有一种草湖的存在并非稳定，这即是因洪灾而生成的草湖。民国时期酒泉、金塔交界的暗门草湖即为其中一例。

酒泉、金塔两县同属讨赖河流域，酒泉位于上游，金塔位于下游。民国时期，两县之间以大片戈壁为天然界限。大约在20世纪20年代初，讨赖河连续数年发生较大洪水，对上游酒泉绿洲造成一定破坏。洪水涌入戈壁后溢出河槽形成漫流，使原本荒芜的戈壁形成许多水洼和小型湖泊，逐渐形成一片新的草湖。这片戈壁位于两县之间，其归属原本并不明确。自此处新形成草湖后，两县民众纷纷进入放牧羊群，一开始并无冲突。1926年秋天，双方牧羊人在此间因琐事发生口角，引发一次中等规模械斗，虽无明显伤亡，却也由此引发了金塔民众要求明确此处草湖归属的请愿活动。金塔方面认为，此处草湖距最近的酒泉村庄也有10华里，但距离金塔方面只有不到3华里，且一直为金塔地区民众采集过冬燃料白茨的传统区

① 甘肃省参议会：《参议员赵积寿建议金塔县长督促三塘坝人民修理坝渠沿照旧退水案咨》，1942年11月6日，甘肃省档案馆藏14－22－765。

域，酒泉民众一般不涉足此处，相应放牧权益应明确划归金塔。[①] 酒泉方面则针锋相对，认为这片草湖的形成原因来自洪水，而洪水对酒泉造成极大伤害，故“天道循环，以彼新成之草湖补益旧圮之田庐”，理应作为酒泉民众受灾之补益；至于金塔虽距离较近，但其于洪灾中毫无损失，不应再占放牧利权。[②] 时作为金塔、酒泉两县共同上峰的肃州镇守使裴建准对酒泉方面的说辞不以为然，明确将此处放牧权益归属金塔。[③] 裴离任后，酒泉方面曾再次争取确权，亦无结果。[④] 后由于讨赖河进入枯水小周期，不复大洪水，这片草湖失去补给，大约在20世纪30年代中期逐渐干涸，不复刍荛之利，两造纠纷亦自然消解。

至迟在清代，河西走廊绿洲已普遍有将冬春非灌溉期的河水放入绿洲边缘的草湖以维持其植被的举措，故民众对草湖与河水之间的关系十分清楚。在这个意义上，酒泉民众把因洪水而新出现的草湖当成洪水的“遗产”是非常自然的。另外，由于河西走廊内陆河的基本水文特性，洪水灾害导致的受灾面积一般不大，不会形成流域性的大洪水；在20世纪20年代的讨赖河流域洪水中酒泉受灾而金塔无虞，酒泉民众从这个角度出发，把自己当成草湖这笔洪水遗产的唯一继承人，即便明知此区域是邻县民众的习惯活动区域。在此，与灾害相关的心理空间范围随着洪水的延伸悄然发生了延展，并进而突破了人文的、自然的界限。可惜金塔民众并不能共享酒泉民众这种延展的空间观念，他们反驳道：“倘夏水复大，草湖展至县邑，则全县可为酒民驰突之地乎？恐无此理。”[⑤] 除却现实的利益之争，自然环境造就的对灾害的不同感知，也致使双方无法形成共鸣。

金塔、酒泉之间的暗门草湖之争出现于民国，但关于草湖问题的处理，事实上早已有之。清中叶山丹草湖坝灌区已经形成了一种比较合理的划分。草湖坝是山丹重要的灌区，自上而下分十条支渠，形成十个子灌

① 金塔县民众代表：《呈为酒泉铧尖乡民强占草湖畜牧无赖伏祈裁断疆界以安民生事》，1926年10月25日，酒泉市档案馆未编号民国档案。

② 酒泉县民众代表：《呈为被潦损业唯以草湖延命祈示判断由》，1926年11月3日，酒泉市档案馆未编号民国档案。

③ 金塔县政府：《金塔县草原调查表》，1943年7月，酒泉市档案馆历5-1-4290。

④ 酒泉县民众代表：《呈以昔年旧案裁断不公未便遵结以利公平由》，1928年4月3日，酒泉市档案馆未编号民国档案。

⑤ 金塔县民众代表：《呈为闻邻县浮词狡赖全邑公愤伏惟大老爷明断由》，1926年11月20日，酒泉市档案馆未编号民国档案。

区，依次以头坝到十坝命名。其中的七坝到十坝关于草湖问题形成了这样一种默契，即八坝附近草湖由七坝民众放牧，九坝附近草湖由八坝民众放牧，十坝附近草湖最大，由九坝、十坝民众共同放牧。之所以能够产生这样的默契，是因为此片区域属于丘陵谷地，七坝到九坝的民众均无法就近排放灌溉余水，而只能在下游灌区附近形成草湖。[①] “灌我水即我（草）湖”[②]，基于共同地理环境而产生的同理心，八坝和十坝民众得以容许邻坝民众到自己灌区附近放牧，心理空间得到了来自现实的支持。

然而，山丹草湖坝地区草湖的和平划分还有赖于一个重要的自然条件作为保证，即草湖坝水源为泉水汇集而成的地面径流，其水文特性十分稳定，鲜少旱涝之虞。草湖的维系只需各坝民众稳定地将灌溉余水灌入即可。对于那些作为洪水遗产的草湖而言，要维持这份遗产是很困难的，还可能导致更为复杂的纠纷。在疏勒河支流赤金河，1937 年的一次夏季洪水汇潴在赤金镇以北的长疏地一带，使原本即存在的草湖面积大幅扩大。全面抗战爆发后，当地迎来甘新公路修筑和玉门油矿勘察，技术人员及工人数量猛增，多收购羊皮制衣御寒，并须采买肉类，致使长疏地一带农户竞相养羊。适逢洪水带来草湖扩大，羊群所需青草不成问题。然而好景不长，一两年后潴留之洪水日渐蒸发，草湖又逐渐缩小，长疏地一带农户颇感焦虑。长疏地一带之农业灌溉，所依凭者为每年在赤金河中修筑之简易柴稍坝，一到汛期辄被冲毁。1940 年，长疏地民众出资聘请玉门油矿有关技师，在河中修建半永久式引水建筑一座，可确保在汛期不被冲毁，同时新开水渠一道直通草湖，待汛期水位高时可分一半水入草湖，由此可维持草湖面积不减。然而工程修建到一半时，下游天津卫一带的民众包围了工地，强烈要求停工。[③]

天津卫是位于长疏地下游的一个灌区，道光年间曾和长疏地发生用水纠纷，最后由官方裁定分水办法。[④] 但官方用水规程只规定了非汛期的分水办法，汛期不在其列，原因是汛期上游的简易柴稍坝必然被冲毁，下游

① 山丹县政府：《为澈查草湖坝水利情形的呈文》，1944 年 6 月 16 日，甘肃省档案馆 15－11－413。

② 甘肃省第六区：《为报山丹草四坝水利案已解决的代电》，1948 年 3 月 22 日，甘肃省档案馆 015－011－416。

③ 此事件过程之描述，参见甘肃省第七区《为报玉门县乡民争执分水致油矿局技师被围事的代电》，1940 年 5 月 2 日，甘肃省档案馆 14－1－248。

④ 参见道光《赤金断水碑》，玉门市博物馆收藏列展。

可以引洪灌溉。长疏地请玉门油矿局改建渠首，无疑是钻了制度的空子，而尤其令下游民众愤怒的是长疏地居然宁可把河水浇灌草湖都不肯让下游灌田。长疏地方面自觉理亏，不知是否经“高人”指点，居然想出下面一种令人啼笑皆非的理由：

> 赤金河夏季多雨洪，冲漂庐舍淹毙人畜。……草湖为天然滞洪之所，民国二十六年洪水，端赖此湖分蓄，不至成灾。今日民等以科学之法，引洪入湖，分杀水势，此欧美诸国常见之法，可保地方无虞。所谓见利忘义、肥草畜羊之指控，皆浮词捏诬，碍难接受。①

此种说辞给出了另一种叙事逻辑，即将草湖作为蓄洪区进行描述。这个说法编造事实，在具体细节方面漏洞百出，致使省府方面极为不满，勒令立即停止修建，拆毁渠首半成品。② 不过从这种近乎闹剧的申辩中，我们可以发现长疏地要坚定继承洪水“遗产”的决心，甚至不惜把正常的汛期来水说成是洪水。洪灾给予某些地区改善生计的契机，如何把这种契机长久地保存下来，显然成为区域社会重要的公共课题。

四　结论与余论

以上我们简单地介绍了近代河西走廊三种与洪水相关的社会现象。区域社会为维持水权而瞒报“内部洪水”，被水侵蚀的耕地可以在别处重新开垦，丰沛的土地资源在一定程度上补偿了为水付出的代价。在为片面争取更多灌溉用水的“与洪共舞”中，民众在代价均摊的前提下对洪水灾害表示出了相当大的隐忍态度。这固然说明，灌溉的利益仍然是干旱区农业社会必须首先考虑的问题，无论水权或水量皆是要尽力争取的对象；但另一点更为重要的在于，干旱区特殊的气象与水文条件，决定了这里的洪水灾害是局部、短暂的，洪水对于整个区域社会而言只是癣疥之疾，不是心腹大患。其实要减轻洪水灾害的影响并不难，在地广人稀的戈壁河道修建

① 玉门县民众代表：《呈为赤金峡草湖为天然滞洪区正宜分行洪水由》，1940 年 7 月，甘肃省档案馆 14－1－248。

② 甘肃省政府：《令第七区专员从速解决玉门县赤金水利案的训令》，1940 年 8 月 12 日，甘肃省档案馆 14－1－248。

可靠的护岸工程、官方动用强制力量迫使民众放弃全部引洪入渠的想法而施行渠首分洪，都可以有效防止洪灾，但这都要以消耗大量的有形无形资产为前提，投入甚至可能大于洪灾造成的损失，地方社会和政府都没有足够的兴趣，故水灾不能成为一种社会认可的灾害。只是当洪水偶然造成新生草湖，地方社会才会因争夺这意外的遗产而把“受灾”作为一种口实提出来，但效果并不明显。相反，当有人试图分割灌溉用水去维系这意外的草湖时，立即遭到绝大多数人的一致反对。总而言之，无论是可以承受的洪水危害还是意外之喜的洪水遗产，其“损益”对于地方社会而言都不甚重要，洪水危害在河西走廊水资源整体匮乏的底色中并不能凸显。

河西走廊洪水灾害被逐渐遏制是1949年之后的事，改革开放以来基本绝迹。中华人民共和国政府在大力推动水利现代化的过程中，逐渐完备了各种护岸和防洪工程，即便是荒无人烟的戈壁滩也可见各种堤坝，这使得河流侵蚀土地的状况不再发生，而“按粮分水”的水权制度也不复存在，瞒报洪灾损失并无必要。在金塔地区，通过水库和现代化渠系建设，绝大多数洪水被水库拦蓄，民众不必冒着受灾的危险亦可享受洪水带来的富余水资源，洪水究竟是资源还是灾难不再听天由命。通畅的泄洪河道和严格的泄洪制度，则使冰凌壅塞造成的冬季洪水一去不复返。与洪水的被完全驯化同时，新的草湖也不再可能因某次洪水而“意外”出现；而今我们看到的河西走廊任何湿地的扩大，几乎都是科技人员与政府合作，精心规划、合理调度生态水量的结果。当然我们也不应该忘记这样一个事实，那就是1979年党河水库副坝垮塌造成了荡涤敦煌全城的巨大洪水灾害，其严重程度是未建设水库时的“自然”洪水所无法比拟的。① 在传统技术条件下的河西走廊洪水灾害，犹如地方社会身上长期流血的小伤口，虽不致命却可导致贫血、影响机体健康；以现代水利技术为核心的现代水利体系，如同止血创可贴将其彻底封护，使得身体能更有活力的舒展运动。然而，如果操作不当致使创可贴剥落，则会导致伤口更严重的撕裂。其实灾害这个伤口，在人类社会的集体上始终不曾完全愈合。在河西走廊已有四十多年远离洪水灾害的今天，回顾几乎被遗忘的民国洪水灾害，并非没有必要。

---

① 党河水库垮坝事故简介，参见《甘肃省志·水利志》附录《大事记》，第294页。

附 录

多学科理论与方法的交流与互鉴
——“环境史研究的区域性与整体性”学术会议综述

王 彤 张丽洁*

（云南大学西南环境史研究所，云南昆明 650091）

摘要：2019 年 9 月 21—22 日，“环境史研究的区域性与整体性”国际学术会议在云南大学胜利召开，不同学科的与会者们就环境史研究的区域性和整体性的焦点问题进行了广泛深入的探讨，内容涉及环境变迁史、环境社会史及环境史理论与方法等诸多方面。他们在分析和讨论当前环境史研究现状的基础上，结合各自学科知识的特点，就环境史研究的理论与路径、主题与内容等进行了进一步探索。

关键词：环境史；区域性；整体性；争鸣；探索

2019 年 9 月 21—22 日，由云南大学西南环境史研究所主办的“环境史研究的区域性与整体性”国际学术会议在云南大学东陆校区召开，来自国内外 80 余位不同单位和领域的专家学者参会。与会者们就环境史理论与方法、主题与内容、视角与路径等方面进行了深入交流和探讨，研究领域涵盖全球与区域环境史，农业、水利与环境，区域灾害及其应对机制，黄河生态水环境，历史动物研究以及其他环境问题等诸多主题。特别是人类学、生态学和环境科学等领域学者的加入，给环境史研究注入了新的视角和方法，使这次会议更兼有包容性、前瞻性和现实关怀意义。

---

* 作者简介：王彤，云南大学历史与档案学院博士研究生；张丽洁，云南大学历史与档案学院博士研究生。

一　环境史理论与方法的再探讨

中国环境史自20世纪七八十年代兴起以来，经历了从借鉴和吸收国外优秀环境史理论与方法到自我探索符合本土环境史理论与方法的转向。随着中国环境史研究的日趋成熟，越来越多的学者更注重从自身的学科实际出发，积极融入其他学科的理念与方法，理解和研究中国历史环境问题。本次会议亦是汇集了历史学、民族学、生态学等领域学者，他们从各自领域视角出发再次阐释了环境史问题的研究方法与路径，大大拓展了环境史研究面向。

（一）全球环境史案例与方法研究

中国环境史虽然兴起已有四十余年，但学界对环境史的认识一直处于不断拓展和深化之中，环境史理论与方法的内涵和外延亦在不断深入和扩大。云南大学尹绍亭教授基于对东日本海岸受大海啸侵袭地区的实地考察，认为2011年日本海东岸的海啸灾害是自然变化和人类活动共同作用的结果，人在与自然相处过程中需要进一步明确自己的“生态位”，才能与自然和谐相处，避免灾害的发生。吉首大学杨庭硕教授认为环境史理论与方法的重建，需要自然与社会二者演变规律并重，要在探讨两者交汇点、结合机制和方式的基础上，揭示历史上人与环境的利弊得失，总结经验教训。研究者不仅要注重因地域、时段的不同所表现的异与同，还要在辩证统一的关系格局下，确保人与环境共生共存，应既关注其“共性”，也要注重“特性”，还应先界定时空限度，以及民族地区自然与生态环境差异，不可错乱了时空维度、文化与环境的维度、文化与生态的维度。厦门大学钞晓鸿教授以英国景观史家霍斯金斯的《英格兰景观的形成》为切入点，认为环境史研究的学术史在包含通常的历史研究学术史的做法外，其还具有自身的特点，环境史研究中的史学史在内容、时限、视野、方式、方法等诸多方面以不同程度展现，需要进行仔细地梳理和辨析。云南大学段昌群教授认为全球百年生态环境变化和八大环境问题是一个过程性积累效应，环境史需要借鉴环境科学等其他学科的理论与方法，在呈现全球不同阶段环境面貌的同时，厘清人与环境关系问题的实质。云南大学周琼教授认为中国环境史研究既需要对环境整体史框架及其理路进行宏观思考与探讨，又需要对不同时空背景下的环境片段进行分析，把握区域环境史发展进程的特点及规律，区域性与宏观整体性研究互为因果，相辅相成，缺一不可。同时注意整体研究与个案研究的关系，二者切入环境问题的角度和研究范围虽有差异，但却是协调统一的。碎片研究是整体构建的基础，有质、量的碎片可为整体史提供支撑，与宏观研究互补，成为关照整体史的视角和途径。

与环境史刚兴起时相比，当下环境史研究在理论与方法方面有进一步的拓展，年轻学人更是以现有环境史研究为基础，积极引入其他学科比较分析的方法，试图建立新的理论与方法分析框架，并就其中的热点问题进行剖析和探索。重庆科技学院程鹏立副教授认为借鉴环境社会学强调社会变量和实地调查的研究方法，有可能弥补环境史研究的不足。他通过环境史和环境社会学的比较，并尝试对环境社会学关注的一个“癌症村”案例进行分析，把环境史和环境社会学研究的借鉴和互补运用到实践研究中，建立一个新的分析框架。九江学院郑星讲师以定量分析的视角，从文献年际变化趋势、基金资助文献、期刊来源、高产作者和核心机构等方面对1999—2017 年间 CNKI 数据中的环境史论文进行量化分析，梳理出环境史研究热点及主题演化脉络，认为我国未来环境史研究既要进一步加强环境史史料的收集和整理，推进环境史学科的发展，同时亦要推动学科交叉研究，拓展研究领域，加强学科建设，推动建立学术共同体。

（二）区域环境史理论探索与构建研究

中国台湾“中央研究院”王明珂研究员从流传于中国西南地区的两则神话谈起，分析其中蕴含的多元族群并存内容，以及人们讲述这些神话的人类生态意义。认为这是由中国西南地区丰富而复杂的地形、地貌所形成的，多元环境也发展出多元生计的族群，形成了多元族群并存的局面。他从人类学和民族学的视角，呈现了西南地区多样的自然环境和多元族群关系交织互动的环境与社会发展过程。中国人民大学夏明方教授详细梳理了江淮流域从史前到现代的环境变化脉络及社会经济变迁历程，认为不管江淮的空间如何盈缩无常，但它位处长江、黄河之间的“中间地带”位置不变，也总处于一种流动的状态和给人以捉摸不定的感觉。南宋以前，江淮发展有着自身的体系，南宋黄河夺淮后，淮域走衰，成为被人们忽略和遗忘的“沦陷区”，使两淮地区的生态系统发生了根本的转向。在今后的生态史研究中，需要结合国内外社会经济史的理论与方法，进一步关注“生态脆弱带”地区的环境变化，以及人与自然关系变化背后的复杂动因。辽宁大学滕海建教授在梳理了当前“东北区域环境史”研究的主题与内容、框架与线索、问题与困局、范式与路径的基础上，认为对自然与社会关系的探讨应当在时空框架内，分区、分时段，将专题和个案研究与全局、长时段的整体研究有机结合起来，以多维、多线、多要素关联这些概念范畴和逻辑，来解析和构建区域环境史。

二　环境史主题与内容的再深化

中国的环境史研究从20世纪七八十年代兴起至今，不仅在研究理论与方法上有进一步提升和拓展，而且在研究主题和内容上亦不断扩大和细化。与会的不同领域学者分别从农业、水利以及环境关系角度，进一步分析农业经济社会的发展对环境变化的促进作用，又有学者对不同区域灾害发生的原因及其与环境变化的关联，以及灾害应对情况进行了探讨。还有研究内容的逐步细化，不仅着眼于对黄河环境变迁等与现实环境相关的重大生态问题的进一步探讨，亦有对历史动物问题和其他具体环境问题的深度反思。

（一）农业、水利与环境研究

区域社会经济发展深刻影响着环境变化，特别是不同历史时期农业水利工程、作物引种、农业技术等社会经济政策、农业科技水平、作物种类的变换对具体区域生态环境带来的改变与塑造，以及对社会经济发展的影响。

上海师范大学张剑光教授详细探讨了唐宋时期华亭县人地关系的变化与自然环境变迁的相互关系，认为历史时期农田水利建设在环境塑造与变迁中发挥着重要作用。自唐天宝以后，华亭县人口逐渐增多，农业水利随之日渐兴盛，建设了广大的圩田，至南宋形成了圩田农业经济。水利的发展深刻地改变着华亭县的自然环境，但不合理的开发也在很大程度上限制了当地社会经济的发展。湖南大学刘志刚副教授认为民国洞庭湖地区地力的衰退主要是人为过度消耗地力而引起的生态退化，需要协调人地关系，促进环境恢复。清代至民国，洞庭湖虽淤出了数百万亩肥沃的湖田洲土，长期居于粮食主产区的地位，但因“垸老田低”与不合理的农业开发，造成了繁荣背后的巨大生态危机，即地力的不断衰退。历届政府虽采取了诸多解决措施，但收效甚微，可见地力衰退的隐性生态问题值得我们进一步关注。南京农业大学李昕升副教授考察了明代以来南瓜在我国的引种和传播情况，认为南瓜能够传遍中国大江南北，遍布零星土地和边际土地，主要和南瓜的生态适应性有关。因此，以南瓜这一特有的细部之“物”作为突破口，可以管窥南瓜引种与自然生态、社会政治、思想文化及个人生命之间的复杂关系。自然科学史研究所杜新豪副研究员认为古人可以运用自然规律来进行农事安排和农业生产，以达到天人和谐共处的目的。农业占候是中国古人对未来的某个特定时期或一段时期内晴雨、水旱、丰歉等情况的预测，以期合理安排农事活动，获得农业的好收成。他还从社会史的角度，分析了日用类书中农业占候兴起的缘由，以及它的主要内容、占候对象以及它的潜在读者群体。扬州大学王旭讲师认为中国古代国家的中央集权与漕运是相互影响的关系，并影响着漕运周边地区环境的发展走势。唐安史之乱后，淮南东部地区，无论是人口、经济等方面都在国家的漕运体系和农田水利事业中均占据着重要的地位，水利和漕运的发展与国家政治、自然环境紧密相连，促进了水利工程功能的不断变化，也折射出自然环境与社会经济发展的矛盾。

（二）区域灾害及应对机制研究

人类的历史在很大程度上就是与灾害抗争的历史，灾害发生的频次、范围及影响随着时间的推移都在不断扩大。人们在经历各种灾害的过程中，防灾、避灾和减灾的方法、技术、制度等亦在不断发展，对灾害防治起到了很好的资鉴作用。

兰州大学张景平研究员重点考察了民国时期河西走廊由洪水灾害引发的社会现象，认为时人对土地利益的片面、过度追逐造成了当地自然环境的过度开发，致使灾害的发生。他剖析了近代河西走廊洪水灾害的三个极为典型的现象，认为在河西走廊干旱的自然条件以及传统技术条件下，洪水治理的高昂成本使得地方社会更趋向于选择忍受洪水带来的损失。南京农业大学吴昊讲师重点关注的是魏晋南北朝时期洛阳的灾害，认为洛阳城市灾害的发生与城市资源开发及环境变迁有着密切关系。他从魏晋南北朝时期洛阳灾情概况分析入手，发现从时间上看，洛阳的灾害具有高发性、并发性和不均衡性等特点。此外，在灾害的影响之下，洛阳的城市建设出现了修建、破坏、再修复的循环往复的过程。复旦大学徐正蓉博士研究生以南京玄武湖为中心，考察了极端水灾在栖、食等社会层面的直接响应，展现了不同社会背景下，同一响应内容因观念、技术、政策的不同而出现的不同结局，有助于我们更好地认识气候变化的社会响应。云南大学王彤博士研究生探讨了20世纪70年代云南德宏地区的疟疾类型特征及其防治情形。受当地生态和社会环境影响，德宏是疟疾高发区，在20世纪50—70年代间，在不同的时段内，随着政策的变化，德宏地区疟疾防治和流行呈现出不同特点，反映了国家对地方社会治理的波动。

灾害的发生势必会造成社会经济的破坏和社会秩序的不稳，因此灾前预防和灾后重建是任何政权都需要准备和应对的，清代荒政借鉴了历代之经验教训，各项制度措施逐渐趋于完备。云南大学聂选华博士讨论了清末云南积谷备荒制度的建设。他认为清末云南省的积谷备荒于光绪十六年（1890）开始，于宣统元年（1909）停止，积谷制度在云南省建立和发展的这段时间里，取得了较为显著的成效。清末云南积谷是西南边疆地区积谷备荒制度的重要实践，而对制度的调整和优化则推动了西南边疆地区仓储备荒机制的发展和转型。四川大学牛淑贞教授分析了清代“照以工代赈之例”政策的变化及其得失。该政策属于以工代赈制度的外延，通过这一政策的施行修筑完成了大量民力无法完成修复的灾毁民埝，反映的是政府关注民生的执政理念，政府通过组织动员人力和资源进而实现民间农田水利工程等基础设施的建设，由于受到工价支付标准低、经办人员侵蚀工费等因素的影响，该政策的施行效果的评估不可过高。

（三）黄河生态水环境研究

黄河是中国的母亲河，其中上游流域也是中国先民最早活动和生活的场所，长期超负荷的开发不仅导致了黄河流域局部地区的生态破坏，而且影响了区域社会的发展与国家的稳定。明清以来，中央王朝倍加重视黄河环境的改良，投入了大量人力物力进行治理。

中国人民大学赵珍教授对清代青海西部地区蒙藏之间的“抢案”进行

了生态解析。考察了自清乾隆至咸丰年间发生在该地的藏族人强掠蒙古人牲畜财物的事件，以及清政府采取的会哨、处理“抢案”和助蒙古自保的相关措施，认为其发生原因主要在于当时该地人多地峡的人地矛盾和草原草场原生态的恶化。清廷在实施会哨过程中，充分依据黄河结冰期等气候特点以及草场枯荣的季节变换规律，从中显示了人类社会自身发展必须遵循与自然在同一系统协调演进的基本原理。山东大学贾国静教授从生态史的角度考察了清代河工，重点关注了清代黄河尾闾的治理。认为清代黄河治河实践以黄淮运水系青口和云梯关外尾闾处，疏治尾闾则牵动着更为复杂的人与自然的关系。透析了河工问题背景之下复杂的人与自然的关系，清廷的认知和实践则带来了更加复杂的影响。中国社会科学院古代史研究所孙景超助理研究员重点探讨了黄河流域水利环境变迁与争取边界调整之间复杂而微妙的关系，认为政区边界的调整通常也是多因素共同作用的结果，成为导致“山川形变”这一原则不能贯彻的重要原因。淮阴师范学院李德楠教授探讨了明清时期蓄清刷黄之策对区域环境的影响，重点阐述了对泗州城水环境变迁的影响。明清时期的洪泽湖治理所遵行的是“蓄清刷黄济运”，意在治理黄淮的水运环境，但引发了新的水环境问题，即泗州城水环境变迁。云南大学张丽洁博士研究生讨论了清代河南省额定河工款项管理制度，主要利用清代河工钱粮档案资料复原了河南省定额河银的空间分布形态，认为河工经费管理制度存在的规定与制度执行上的内在矛盾导致了额定河银征收困难，使得定额制度本身难以建立，最终使得黄河河工经费在乾隆后期迅速成为国家财政的沉重负担。

（四）历史动物研究专题

动物作为生态链中不可缺少的一环，其数量和种群的分布变化深刻影响着整体环境质量的发展，而特殊动物物种分布范围的盈缩和数量增减更是环境变化的晴雨表，人类社会在发展过程中与动物的关系一直处于不断变动之中，从而很大程度上亦反映出了环境变化尺度。动物环境史研究转向不仅有助于从另一视角理解环境变迁的过程，还让我们对动物认知和情感史有了更为全面的了解。

中国科学院大学曹志红教授长期致力于历史上“虎”的研究，提出了历史时期虎患问题的研究视角与方法。认为当前“虎患”研究有以还原历史事实为主，逐渐转为环境史、生态学等学科多学科交叉研究的趋势。未来虎患问题的深入研究可通过可视化的手段，呈现虎患烈度以及人虎冲突的烈度，以细化问题研究。云南大学耿金讲师重点关注了中西方对麻雀认知和态度的变化历程，透析了这种变化背后的内在文化逻辑。中国古代对麻雀有着复杂感情，20 世纪 50 年代对麻雀的认知和态度出现极大转变，初始认为是外来物种，而后则极力反对，采取灭雀行动。上述转变的存在与人类思想、文化观念、政治诉求有着密切的关系，对麻雀认知和态度的变化折射出人类中心观思想的普遍存在。南昌大学吴杰华讲师以历史上的人蛇互动为中心，考察了中国古代人与自然感情及自然文化的变迁。中国古代对蛇的认识大致以五代宋初为限，在此以前古人对蛇的认识以恐惧为主，对斩杀蛇的行为以颂扬居多。古人对蛇的认识逐渐发生的转变，还深刻影响着中国古代的蛇文化。陕西师范大学张博博士研究生重点关注 20 世纪 50—60 年代内蒙古的“打狼保畜”运动，梳理和分析了研究区打狼活动的演变历程及其产生的影响。中华人民共和国成立后为保障牧业的发展，政府通过多种措施史无前例地解决了内蒙古地区的狼害问题。在打狼运动的背后反映的是传统草原牧业生产方式的大变革，传统的“人兽共存格局”逐渐被打破，动物“资源化”的观念出现。文章深入分析和反思其背后的牧业生产方式和观念，进而为解决现下所面临的问题提供思路。华东师范大学历史系姜鸿博士研究生以大熊猫为例，考察了近代以来中国野生动物走向世界的史实，揭示了其背后复杂的文化和政治等因素。认为近代欧洲文明在全球范围内的扩散重塑了野生动物的价值，博物学和全球贸易给传统文化带来冲击，博物学知识的产生在商业、生态和政治文化方面引发了连锁反应，最终在文化、生态和政治文化等方面产生影响。

（五）其他环境问题研究

工业革命以来，随着第二、三产业的发展，环境问题日趋多样和复杂，如何在实现人类自身发展的基础上，促进环境的不断修复和改善。这不仅需要转变发展方式，亦需要从历史中吸取教训和经验。历史学者试图从中外发展史中的突出环境问题个案中，寻找破解环境难题的方法。

云南省社会科学院杨福泉研究员从云南旅游地非土著动物放生导致的外来物种侵入与旅游人口超过地方生态承载量两大问题入手，通过对抚仙湖乌龟的盲目放生和丽江水资源过度开发两个典型案例的分析，认为当代旅游发展和与民众信仰会引发社会生态问题，需要处理好环境与发展的关系，做到有序持续地开发。郑州大学高凯教授主要梳理和分析了中国历史上“霾”增多的原因及其启示。认为中国历史上霾的产生不仅与历史气候、政治、人口等要素有关，还与新作物的引种推广以及农业不合理的开垦有关。应当在客观地认识古代霾发生的同时，更加重视气候变化及其可能带来的粮食安全等问题。北京林业大学李莉副教授讨论了林业史研究中的环境问题。她在系统梳理近年来北京林业大学林业史丰硕研究成果的基础上，重点分析了其中与环境史交叉的相关研究问题及研究方法，并对今后学科间的合作提出预期。西安交通大学裴广强博士主要梳理和分析了近代以来美国的能源消费和大气污染之间的一般性关系，认为对中国的大气污染治理具有重要的启示性意义。并从能源的消费结构、能源服务和能源效率等维度出发，分析了近代以来美国的大气污染问题和主要原因，认为提高能源效率是解决污染问题的长效途径。

三 环境史视角与路径的新动向

景观是环境的重要组成部分，因此，环境史与景观史在研究对象和内容有交叉和重叠之处，特别是人与自然的互动深刻地影响了景观的变化和塑造，因此景观的变化从侧面反映了环境的变迁。同时，近代以来，随着科技的发展，城市环境面貌变化尤为巨大，从城市环境变迁视角出发，汲取环境建设与保护的经验教训，亦是学界关注的焦点。

（一）景观与城市环境史研究

复旦大学安介生教授分析了历史时期杭州城景观体系的形成和变迁。首先厘清了历史时期杭州地区的建置沿革，并进一步分析了历史时期杭州地区的山川结构与景观，并通过对杭州城市景观变迁过程中的自然景观的总结，即自然山丘景观、浙江、西湖及水井景观和海运、河运与杭州城市发展。最后选取了三组最有代表性的杭州城市的景观群落，即宫殿景观群落、西湖及杭城园林景观和市井文化及娱乐（生活）景观进行分析，全面考察了杭州都市的景观体系。北京林业大学郭巍教授认为圩田景观是一种空间结构和文化表达的结果。在利用多种图像资料、传统方志等文字资料以及实地考察的基础上，重点考察了宁波平原的圩田景观及其与宁波日月二湖营建的关系，探讨了其形态的发展与宁波传统城市的关系，为理解中国东南沿海平原地区传统城市景观提供新的角度。西安建筑科技大学徐冉讲师分析了清代文人写山诗中的贺兰山景致描写，重点突出了对寒、雪、泉、松等自然景观的认识，并运用生态学和植物学相关知识进行分析，很大程度上复原了清代贺兰山的气候、水文等生态环境变化状况，认为尽管诗词中有文学意向的发挥，但诗词中对自然环境的描述，是基于对具体环境的实体景观的感知，对我们了当时的环境状况变化具有重要意义。

城市用水及水环境变化一直受到学界的关注。天津师范大学曹牧讲师通过考察天津英租界解决供水问题的历史过程，深入展现和证明了城市建设与环境、社会要素之间的互动关系。租界内西方侨民受到中西方文化差异的影响，他们对生活用水的要求与中国人十分迥异。为满足其水源需要，在河水和井水这两大水源中选择何种为水厂之水源经历了较为漫长的过程，最终是在天津独特自然环境的影响下才得出了最终选取海河水作为水源的结论。实际上，西方侨民在租界的供水需求从根本上来说是出于生存的需求，而最终租界供水方案的确定是本地环境和规划经验综合作用后的结果，是城市中人与自然互动关系的体现。青岛大学赵九洲教授重点探讨了德占时期青岛城区的“供水革命”。受当地水文、地质条件的影响，青岛城区的淡水实际极度缺乏。由于传统用水模式难以满足日益增加的用水需求，以及当时存在的传染病等公共卫生问题，德国人进入青岛后逐渐开始规划新的供水体系，并在较短时间内完成了自来水管网的建设。但德国人在青岛的“供水革命”并不彻底，传统的用水模式依旧存留。同时，由于自来水工程建设所需，在拆迁了大量村庄的同时，水源保障措施对当地传统的生活方式产生了影响。在自来水逐渐商业化的过程中，还存在歧视性的定价政策，中国人取用较多的公用水龙头的定价总体高于欧人区的定价。云南大学梁苑慧副教授梳理了历史时期昆明莲花池景观的变迁历史，在反思历史时期莲花池变迁的基础上，总结了其对当下昆明城市环境建设和发展未来方向的启示。莲花池属于昆明城中较小的一个城市环境空间，在不同的社会背景下，莲花池的自然景观和人文景观在历史时期经历了开发、利用、破坏和再次被开发的大致历程。莲花池的景观变迁在一定程度上是历史环境变迁的一个缩影，近代城市化进程对莲花池带来一定的负面影响，而现今在人与自然和谐相处诉求下的“景观再造”，既是对工业革命的反思，也是为未来城市发展提供历史的思考。

（二）自然资源与技术选择路径研究

云南省少数民族古籍整理出版规划办公室和六花副研究员认为木氏土司的资源开发及环境管理政策是金沙江的自然与人文环境变迁的主要动力。她以明清时期木氏土司在金沙江流域的金矿开发为例，考察木氏土司政权的势力扩张、移民垦殖、人口格局乃至区域文化与环境的互动。认为木氏土司有效的行政管理政策，促进了其对资源的开发利用，改变了区域的聚落、人口分布和资源转移路线，是本区域生态变迁的主要内驱力。北京大学王长命讲师认为明代河东盐池环境的退化与时人採盐生产方式、知识储备及技术选择密切相关。他爬梳了明代有关河东盐池湖底矿床层序记载的文献，呈现了明代满池捞採方式的普及与明人对河东盐池湖底矿物层序认知加深过程的详尽观察和客观记录，并利用现代盐湖矿床剖面材料加以解释和说明，进而分析盐根埋深、矿物组分情况及环境指征，指出明人利用湖底矿物层序中“盐根”为指征，开发了他们视作盐根“衍生物”的盐板，致使盐板分布与盐板畦田的区域重合。南开大学方万鹏讲师认为中西方学界受历史经验差异的影响，切入水能利用研究的路径明显不同。中国学者或者研究中国相关问题的学者审视水力机械受到中国长期处于农业主体性社会历史经验的影响，将其定义为农业机械，中国应该积极参照并有选择地借鉴西方的学术话语，搁置历史经验差异的成见，丰富研究的切入路径，以期更为准确地刻画出历史原貌。云南大学杜香玉博士对中华人民共和国成立 70 年来学界对橡胶的认识进行了全面梳理，认为人们对橡胶的认知变化过程很大程度上反映了环境认知态度的转变。她从环境史视角出发，详细梳理了 20 世纪以来国人眼中的橡胶认知过程，对橡胶及其作用、认知的历史功过进行梳理、探究，还原不同时期橡胶的时代面目，再现学者眼中外来物种的经济化、本土化、逆生态化历程，对当今生态治理及本土生态修复，具有极大的资鉴作用。

随着环境史研究的进一步深入，亦有学者结合数字信息技术和 ArcGIS 技术路径，对区域环境要素的细微变化进行进一步的分析，以找出其变化规律和趋势。水利部减灾中心徐海亮教授基于水利部信息中心技术和各省市相关资料及多种评价指标体系，分析了近六十年来西南地区气象干旱及气候环境变化情况。利用20世纪60年代以来的实测气象资料，结合干旱灾害记载，重建了西南地区省市气温、降水变化和干旱灾害的60年序列，认为西南地区年代际气温普遍趋增、相应降水趋减，干旱化态势持续发展。随着部分重要大气环流系统及要素的正、负位相在世纪交接前后的相互转化，20世纪70年代以来中国气候正发生深刻、复杂的变异，出现东部“北涝南旱”、西南持续干旱化的新格局。这一趋势将涉及未来西南干旱气候及灾害环境的发展变化，影响政府和社会应对和决策。云南大学潘威副教授以多种历史文献材料为支撑，在ArcGIS环境下重建了1644年以来，今浙江、上海、江苏地区的入境台风方向。他通过综合考察包括源地、拐点、频率、强度、发生时间、生存时间和运动路径等在内的台风生成要素，判断台风的运动机制和造成的社会影响。

（三）环境保护的律法与规约研究

红河州民族研究所师有福研究员认为红河彝族祭祀仪式中蕴含着丰富的生态保护传统。他以2019年翻译完成的弥勒阿哲彝族《祭龙经》13篇（抄于民国十二年）为基础，详细介绍了《祭龙经》保存地的文化地理和祭龙仪式情况，及其篇章结构和反映的主要内容，认为《祭龙经》中的仪式体现了对自然的崇敬，既有对村民道德的教化、也传承了古老文明的行为准则，即对森林进行保护的一种民族传统模式。贵州师范大学刘荣昆教授通过对黔西南护林碑刻的分析，认为清代黔西南地区出现大量涉林碑刻，既是应对人地关系矛盾的具体措施，其间又蕴含着强烈的生态意识，不仅内化于心，更外化于行，成为保护森林、保护生态的优良乡土文化传统。

亦有学者从官方法律文本、机构设置及民间规约入手，探讨了古代环境保护的措施及效用，如阐述法律文本，民俗意识及契约精神在不同时段、不同场域中发挥的不同作用，特别探讨了国家和民间执行情况对环境保护的实际效果。湘潭大学刘海鸥教授从法律和行政两方面梳理了明清两代皇家陵园、苑囿、猎苑、围场等特殊区域的管理和保护措施，认为明清政府颁布了大量的法律、设置了规范严密的管理与保护机构，形成了完备的特殊区域保护法律制度，客观上有利于珍稀动植物资源的保护，但亦有一些失败教训带给我们深刻的警示与反思，如某些特殊区域保护的法律在制定、适用、执行过程中未能兼顾民生，导致特殊区域保护与民争利，甚至影响到封建帝国的统治根基。湘潭大学李天助博士研究生认为清代在国家法律之外，还有民间保护规约保障着社会运行，其中蕴含着森林资源保护、水资源保护、动物资源保护、矿产资源保护以及城镇环境卫生治理等丰富的生态保护内容，并在具体实践中形成了包括举告、裁断、执行等在内的一套完整的“司法”程序，有效弥补了国家法律在基层社会调控作用不足和缺乏柔性的缺点，构成一种乡村生态环境保护的内生秩序，可为当今生态文明建设带来启发和借鉴。石家庄铁道大学张学礼副教授以环境保护机构档案资料为基础，从构建全社会生态管理、健全生态管理机构、提升生态敬畏意识等方面梳理出20世纪七八十年代石家庄地区生态社会管理的现状、经验与启示，以期为当代生态社会管理提供借鉴和思考。湘潭大学张小虎讲师总结了南非国家公园与保护区建设、森林、水及土壤资源的保护历程，认为虽然南非的殖民地化与经济发展同步进行，南非环境资源问题爆发、环境资源立法的历史进程与殖民者经济开发和政治偏见相互交织，为殖民者掠夺自然资源、破坏黑人生存环境披上了合法外衣，但在客观上起到了保护自然资源的作用。

四　环境史研究的探索与展望

此次会议不仅汇集了来自中外环境史学者的进一步探索和讨论，更吸引了来自历史地理、农史、科技史、环境科学等其他领域学人的探究和研讨。在环境史研究理论、方法、主题和内容等方面均取得了长足进展，主要体现在以下几个方面：

首先，此次会议体现了历史与现实的良好沟通与对接功能，环境史的现实关怀功用得到彰显。如黄河是中华民族的母亲河，黄河流域的生态安全与保护关系着中国社会经济的持续发展，本次会议中赵珍、贾国静等多位学者亦就明清时期黄河流域开发及其生态问题进行了深入的分析，并从环境史视角阐述了黄河水利兴修及其治理背后的环境动力与变化过程，在展现环境与社会交织影响的复杂面向的同时，总结了历史上黄河治理的经验教训，以供当下资鉴；雾霾和水土流失问题亦是当前环境保护工作中不可回避的问题，如高凯厘清了历史上“霾”产生的自然和社会背景，梳理了林业开发中的资源破坏行为，在分析和总结原因及结果的基础上，提出了相应的治理措施，亦值得当前参考。

其次，本次会议体现了多学科的交流与对话，环境史多学科互动的特征得到加强。本次与会学者分别来自历史学、民族学、人类学、历史地理学、生态学、环境科学等不同学科领域，并就共同的环境史理论与方法问题进行了对话与互鉴。不同学科学者充分发挥学科之长，在环境史研究中充分融入本学科知识，提出了很好的理论框架和技术路径。如王明珂研究员从生态人类学的角度，提出了族群的生态适应性问题，尹绍亭通过对日本东海岸大海啸的实地考察，认为灾害的发生是自然和人为多种因素合力的结果，需要环境史研究者在实地观察和了解的基础上，进行科学的分析和严谨的论证。徐海亮和潘威分别通过数字信息技术和 ArcGIS 技术的运用，很好地复原和预测了区域环境的变化规律及其走向。同时，与会者们还试图构建中国话语体系的环境史理论，强调本土化与国际化的融合，在充分吸收现有中外研究的基础上，思考中国环境史研究的方法和路径，如方万鹏等分别对中外学界的相关问题研究分野进行了较为深入的反思，认为中外研究必须相互摒弃偏见，取长补短，才能实现本土与国际的有效结合。

最后，本次会议体现了环境史的知识理论转向，环境史的反思和批判精神得到发扬。21 世纪以来，随着环境史研究理论与方法的不断深入，主题和内容的不断拓展，学界对环境的关注开始从环境各要素发展及环境变迁视角向环境技术、政策、文化等环境知识理论转向，开始将环境知识作为反思和批评的对象，更加强调社会表征及其内在结构、个体间与环境的互动关系，从而解释出具有差异性、断裂性的不断变化的环境与社会发展史。如师有福、刘荣昆、刘海鸥等都有意或无意地从知识理论视角出发，对环境法律法规及民间生态规约背后的生态文化逻辑进行了较为深入的解析，既解构了区域社会发展的环境社会因素，同时也从知识建构中反映了生态文化变迁和建构的知识对生态文化的形塑作用。而且，对环境知识的探讨，也会指向对现实环境问题及其发展的思考和理解。

当然，与会者无论是在整体或区域、理论上抑或方法上，仍需继续深入研究。与会者多是从历史学、民族学、人类学视角与方法进行环境史的理论与路径建构，对生态学、环境学科等理工科的理论框架借鉴的相对较少；在研究区域存在不均衡现象，多偏向与中国环境问题的研究，国外环境史研究较少，特别是南美洲、非洲、大洋洲等地区的环境史研究几乎没有，尚有许多“飞地”值得拓展和深入研究。此外，从研究主题和内容上看，亦有进一步细化的空间，如火灾、疾病等灾害研究相对较少，需要进一步予以关注。但瑕不掩瑜，本次环境史会议的召开，不仅是西南环境史研究的重要节点，亦推动中国环境史研究的不断向前，特别是中青年学者队伍的逐渐壮大，给环境史研究注入了新的血液和力量，未来可期。

（本文中若有对学者们论点理解不当之处，敬请原谅）

（本文原刊于《昆明学院学报》2021 年第 4 期）

后　　记

十年时光，在历史长河中就是转瞬即逝的一刻，对地球自然生态演替史而言更是微不足道。但对2009年5月继南开大学王利华先生创立的“中国生态环境史研究中心”之后成立的、国内第二家环境史研究机构“云南大学西南环境史研究所”来说，十年约三千八百个日夜所走过的足迹，却记录和印证了研究所师生在国内外师友支持下砥砺前行的每个过往。怀着对师友的感恩和感激、对环境史尤其是西南环境史学深深的眷恋之情，在中国环境史学蓬勃发展充满希望的时代，出于对历史及过往的尊重，筹备已久的十周年庆，终于在2019年9月21—22日如期举办。因为考虑到研究生的学术使命，同时也期望西南环境史研究所能够继续作为中国区域环境史研究的阵营之一、以生态基础特殊和生物多样性突出的云南为阵地，继续在环境史研究及人才培养中耕耘、前行，因此确定了会议的名称及性质是“环境史研究的区域性与整体性”国际学术会议。

在海内外师友的支持下，会议如期在云南大学东陆校区举行，来自中国社会科学院、北京大学、中国人民大学、复旦大学、南开大学、中国台湾“中央研究院”历史语言研究所、美国芝加哥大学、德国海德堡大学以及中国海警局、水利部减灾中心、山东大学、厦门大学、湖南大学、四川大学、兰州大学、华东师范大学、中国科学院大学、陕西师范大学、郑州大学、天津师范大学、西安交通大学、北京林业大学、辽宁大学、西安建筑科技大学、南京农业大学、扬州大学、上海师范大学、青岛大学、湘潭大学、南昌大学、吉首大学、石家庄铁道大学、云南师范大学、云南民族大学、云南省社会科学院等国内外40余所高等院校、科研院所的80余位历史学、民族学、人类学、生态学、环境科学等自然科学与人文社会科学领域的专家学者参会。借与会学者莅临昆明的机会，邀请他们在云南大学做了高水平的学术讲座（前后总共进行了十余场西南环境史研究的系列讲座），对青年学生的环境史思想及意识的养成、对云南大学环境史学的建设，起到了积极的作用，如中国台湾“中央研究院”历史语言研究所所长王明珂院士在会议前一天举办的高水平讲座，座无虚席，盛况空前；会议期间厦门大学钞晓鸿教授的讲座，会后原云南大学林超民教授、尹绍亭教授的讲座，还有吉首大学杨庭硕教授、德国海德堡大学金兰中教授，陕西师范大学侯甬坚教授、周宏伟教授，中山大学费晟教授，云南省社科院杜娟研究员的讲座，都引人入胜……在中国昆明一度形成了环境史研究的热潮，昆明也一度被学界誉为中国环境史研究的三大重镇之一。

会议结束后，为更好地呈现专家学者们关于环境史的理论与方法、主题与内容、视角与路径的思考，申请到第二批“云岭学者”培养项目“中国西南边疆发展环境监测及综合治理研究”（项目编号：201512018）的出版资金，并与中国社会科学出版社签订出版合同。历时四载，经过诸多专家学者们对文章的精心打磨以及中国社会科学出版社宋燕鹏编审的细心校对，论文集终于面世。除与会学者外，部分学者因故未能出席会议，征得原作者同意后，亦将其论文收入其中，在此特呈感谢。

本次会议得到了学界的鼎力支持，与会学者还有王明珂研究员、段昌群教授、钞晓鸿教授、赵珍教授、贾国静教授等相关领域的专家。此次会务工作得到了原西南环境史研究所全体师生的协助和支持，耿金、徐艳波、曾富成、张丽洁、聂选华、杜香玉等同学曾为会议的筹备及进行，付出了认真、踏实的努力……研究所其他师生的名字，虽然不能一一列出，在此一并表示感谢！

书稿呈交出版社编辑校订的过程中，我因工作调动，拖延了进度，有愧于学界师友的信任，为此深感忐忑与不安！其间具体的出版事宜、与出版联络的工作，都有赖原西南环境史研究所博士杜香玉负责，在此特别致谢！

论文集付印在即的时刻，已经是我到中央民族大学入职的第三个年头。回忆过往，深刻领悟到了“白驹过隙”的含义。但所有的过往、每一个瞬间，连同为之倾全部心力奋斗了十余年的西南环境史研究所，以及支持研究所工作的海内外师友的每一分珍贵的情谊，都深深烙进了记忆的书页上，这些因西南环境史而具有的情谊，在每一个回眸的瞬间，都能让我因感恩、感动和温暖而在瞬间就氤氲了双眸，同时也成为敦促我在新场域、新天地里继续进行环境史研究的动力。

仅以此论文集的出版，致敬所有为环境史学的起步及建设，付出过辛勤努力的师友及同仁们！

2023 年 3 月于北京